磁畴：磁性微结构分析手册

[德] 亚历克斯·休伯特（Alex Hubert）
鲁道夫·舍费尔（Rudolf Schäfer） 著

岳明　屠国华　张红国　吴琼　译

机械工业出版社

本书由两位国际知名的磁畴专家所著,内容涉及磁学、磁性材料领域的物理、测量技术、器件应用等多个方面,是该领域公认的经典著作。本书涵盖了关于磁畴的从实验科学到理论研究的完整内容,并且广泛地介绍了关于磁畴研究的新进展。讲解了从纳米尺度到宏观尺度的材料磁性微结构(磁畴)的研究内容。通过"介观磁学"的方式,建立磁性材料的原子基础和技术应用(从计算机存储系统到电机磁心)之间的联系。

本书作为磁学领域相关研究的理论和实践基础书籍,适合该领域的专家学者、从业者及相关专业的学习者阅读。

Translation from the English language edition:

Magnetic Domains:The Analysis of Magnetic Microstructures

By Alex Hubert and Rudolf Schäfer

Copyright © Springer - Verlag Berlin Heidelberg 1998

(Corrected,3rd Printing 2009)

This Springer imprint is published by Springer Nature

The registered company is Springer - Verlag GmbH

All Rights Reserved

北京市版权局著作权合同登记 图字:01 - 2017 - 2746 号。

图书在版编目(CIP)数据

磁畴.磁性微结构分析手册/(德)亚历克斯·休伯特(Alex Hubert)等著;岳明等译.—北京:机械工业出版社,2020.7

书名原文:Magnetic Domains:The Analysis of Magnetic Microstructures

ISBN 978-7-111-65739-2

Ⅰ.①磁… Ⅱ.①亚…②岳… Ⅲ.①磁畴 Ⅳ.①O482.51

中国版本图书馆 CIP 数据核字(2020)第 092367 号

机械工业出版社(北京市百万庄大街22号 邮政编码100037)
策划编辑:林 桢   责任编辑:林 桢 任 鑫
责任校对:陈 越 李 婷 封面设计:鞠 杨
责任印制:李 昂
北京捷迅佳彩印刷有限公司印刷
2022 年 6 月第 1 版第 1 次印刷
184mm×260mm·28.75 印张·2 插页·769 千字
标准书号:ISBN 978-7-111-65739-2
定价:239.00 元

电话服务   网络服务
客服电话:010 - 88361066 机 工 官 网:www.cmpbook.com
        010 - 88379833   机 工 官 博:weibo.com/cmp1952
        010 - 68326294   金 书 网:www.golden - book.com
封底无防伪标均为盗版   机工教育服务网:www.cmpedu.com

译者序

　　为了实现碳达峰和碳中和的目标以及绿色可持续发展的宏伟蓝图，我国的新能源技术正在蓬勃发展，这也是在新的工业革命时代争取领先地位的重要机遇之一。在此背景下，作为重要的功能材料，永磁、软磁和其他磁性材料的产业化发展在我国也迎来了前所未有的繁荣景象。结合我国的资源特点，开发出技术含量更高、环保性更高、附加值更高的磁性材料产品，使我国从磁性材料生产大国走向磁性材料技术强国，这是相关行业的研究人员和技术人员的历史责任。

　　技术的突破源自扎实的基础知识储备，高性能材料的研究与开发需要深厚的理论和实践积累。磁畴理论是磁性材料研究的重要切入点之一，是微观磁性和结构特征与宏观磁性之间的桥梁。随着现代技术产品向小型化发展的趋势，小尺寸甚至低维磁性器件日益重要，随之而来的就是磁畴效应的影响逐渐凸显。因此，相关行业的技术人员在产品研发过程中需要对磁性微结构有所了解并需要经常查阅资料。因此一本全面、可靠、翔实且深入的磁性微结构理论参考书就成为所有从业人员的必需品。

　　本书是一本关于磁性材料的磁畴研究的经典专著。书中包括了大量的珍贵图片和该领域研究的最新进展。本书涵盖了关于磁畴的从实验科学到理论研究、从纳米尺度到宏观尺度的材料微磁结构研究的完整内容，并且广泛地介绍了关于磁畴研究的最新进展。通过"介观磁学"的方式，建立磁性材料的原子基础和技术应用（从计算机存储系统到电机磁心）之间的联系。对于磁学研究的工作者和专家均具有重要的学习和参考价值。本书关于磁畴研究的深度和广度均处于同类著作中的领先水平。

　　本书英文原版自出版以来，一直没有中文翻译版。分析其原因一方面是本书专业性较强且体量大，翻译工作量较大；另一方面是本书以往主要供专门研究磁性微结构和磁化行为的专业人员使用，他们大多具有深厚的英文功底和专业知识，完全可以直接阅读原书。但是，随着近年来磁学前沿不断涌现出新现象和新问题，更广泛领域内的研究者开始意识到磁性微结构的重要性，并将其应用在各自的研究工作中。同时，相关行业的工程师和磁学专业的学生也需要一本将磁性微结构理论和实践相联系的工具书和教科书。

　　基于这样的迫切需求，我们与机械工业出版社合作，组织团队对本书进行了翻译，以帮助更多读者学习、参考。

　　在本书翻译工作中，岳明教授负责原书前言、第1章、第5章5.1～5.3节和第6章6.1～6.3节的内容；屠国华教授负责第3章3.4～3.8节的内容；张红国负责第3章3.1～3.3节、第4章、第5章5.4节、5.7节和5.8节的内容；吴琼负责第2章、第5章5.6节的内容；张红国和吴琼共同负责第5章5.5节和第6章6.4～6.7节的内容。屠国华教授对全部翻译内容进行了仔细校对，为最后定稿提出大量宝贵建议。

　　此外，本着忠实原书的原则，为了尽力准确、全面地展示原书中的信息和细节，本书翻译采取了以下处理方式：

　　1）在照顾中文阅读习惯的同时，有选择地保留了原书的部分语序和结构。

　　2）针对书中的专业词汇经历了多次讨论，多数采用了国内前期经典著作中的译法。

　　3）原书中有许多斜体标注的词汇，是原书作者基于自己的深厚造诣和对磁畴理论的精深理解所强调的重要内容,为此我们对相应内容采用粗体的方式进行了强调。

4)为了使翻译保持简明、一致,我们对原书中的序号和章节引用方式等做了修改,使其更易阅读、查找。

本书翻译工作历时 6 年,经历 4 次全文校改,期间得到了中国钢研科技集团有限公司方以坤研究员和中国科学院宁波材料技术与工程研究所夏卫星研究员的支持帮助和宝贵意见,在此表示衷心感谢。由于译者水平有限,翻译过程中有不妥之处,敬请各位读者批评指正。

原书前言

磁畴是磁性材料微观结构的基本单元，其将材料的基本物理性能与宏观性能及应用联系起来。对于材料磁化曲线的分析需要有对其内在磁畴的理解。近年来，人们对于磁畴分析的兴趣逐渐浓厚起来，这可能是因为材料的日益优化和器件的逐渐小型化。在较小的样品中，可以出现可测量的磁畴效应，但其在较大样品中则倾向于相互抵消了。本书意在为所有面对迷人的磁畴世界的人提供参考。同时，磁畴图片也成为组成本书的一个重要部分。

在概述了磁畴研究的历史发展情况（第 1 章）之后，我们将着重对磁畴观察技术（第 2 章）以及磁畴理论（第 3 章）进行全面讨论。如果不了解相关材料的参数，就无从谈起磁畴分析。因此，在第 4 章中对这些参数的测量进行了讲述。在第 5 章中详细讨论了观察到的主要磁畴图形类型的物理机制和行为，并根据样品的晶体对称性、感生或晶体各向异性的相对强度以及样品尺寸等又将其进行了细分。第 6 章主要涉及磁畴的技术相关性，这对于使用磁性材料的不同领域是不同的。这些讨论涉及形成电机铁心的软磁材料，没有磁畴的潜在作用它就不能工作；还涉及用于磁记录系统的磁性传感器件，其可能会受到磁畴相关的噪声效应影响。

在本书中（第 5 和 6 章），我们着重对于真实磁化过程的分析，尤其是那些引起磁化曲线不连续和不可逆的过程。这些方法适用于若干重要的应用领域，例如磁性传感器和变压器材料。在其他领域，如块体多晶软磁材料，在观察到的基本过程与磁滞现象可能的技术描述之间建立起联系是比较困难的。对于磁滞现象的正式描述，在第 6 章最后一节中通过引用现行教科书进行了简短介绍，并在其论证中使用了磁畴的抽象概念。磁滞理论的简化假设与实际磁畴行为的复杂性之间的差异是否在技术上相关仍然是一个有趣的尚待解答的问题。

本书的目的之一就是汇集对于众多磁性材料的研究获得的知识。尽管电工钢、高频磁心、永磁体或者计算机存储媒介的技术领域少有共同之处，但大多数这些材料的磁性微结构遵循相同的规律，其差异只是定量上的而不是定性上的。

尽管很多磁学学者都偏好于使用旧的高斯单位制，但本书中还是采用了国际单位制，只是偶尔才参照旧的单位制。但是我们都倾向于在所有实际例子中将公式简化为无量纲，这样获得的结果能够得到更广泛的应用，同时数学表达式也不再依赖单位制体系了。

但是有一个例外。材料的磁偶极矩密度用矢量场 $J(r)$ 来表示（单位为 T 或者 Vs/m^2），其物理量名称为磁极化强度，常被简称为磁化强度。尽管在严格的国际单位制中，磁化强度用 $M(r)$ 来表示，其单位为 A/m，与 J 的关系为 $M = J/\mu_0$。但我们绝不会使用后者，因此不会造成混淆。我们的选择与 P. C. Scholten 的建议一致，只是他也许会倾向于使用 M 而不是 J，但我们觉得那样会引起混乱[⊖]。总之，在大多数情况下我们都仅使用磁化强度方向的约化单位矢量，且将这个矢量场简写为 $m(r)$。

细心的读者会在本书中发现相当多的原创性的，没有在其他地方发表过的内容。它们意在提高对一些抽象概念的理解并检查其适用性。它们也有助于填补已发表的资料中的空缺。而这些空缺也许太小或者不够重要而不能成为一个单独的出版物，但是它们也许会对打算进入这个

⊖ 因此，本书中基本材料方程以 $B = \mu_0 H + J$ 的形式表示。——译者注

领域的初学者形成障碍。

本书中,除了常规的进行编号和标明图题的图片,我们还提供了有独立编号的"示意图",它们意在帮助阅读理解,但不需要进一步的解释(感谢 John Chapman 建议了这种方法)。

Alex Hubert

Rudolf Schäfer

目 录

符　号　表

A

$\boldsymbol{\alpha}$　准位错密度

α_G　Gilbert 阻尼参数

α_{LL}　Landau–Lifshitz 阻尼参数

α_s　检偏器相对于 s 轴的角度

α_w　畴壁阻尼因子

$\boldsymbol{a}$　矢量、方向

a_G　间隙宽度

a_L　点阵（晶格）常数

A　交换劲度常数

A_φ　矢量势分量

A_{tot}　检偏器之后的总振幅

A_z　矢量势分量

A_K　检偏器之后的克尔振幅

A_N　检偏器之后的常规振幅

B

β　磁畴角度

β_w　畴壁迁移率

b　分叉比率

$b^{(n)}$　对分叉图形的编码

b_c　部分闭合比率（b_c 在正文中称为 opening ratio，即开放比率）

b_i　条状磁畴系数

b_s　间隔层厚度

$\boldsymbol{B}$　磁通密度（磁感应）

$\boldsymbol{B}_0$　集合的面内磁感

B_1　Voigt 效应材料常数

B_m　最大磁感应强度

B_S　布里渊函数

B_x　函数（缩写）

C

χ　磁化率

$\chi_\perp$　横向磁化率

c　弹性张量

c_0　奈尔壁中的核心–尾部边界

c_i　条状磁畴系数

$c_{kp}^{(1)}$　运动势中的常数

c_n　法向磁化强度分量

c_w　磁畴磁化强度积

C_2　立方剪切模量 $= \dfrac{1}{2}\,(c_{1111} - c_{1122})$

C_3　立方剪切模量 $= c_{1212}$

C_{bl}　双线性耦合常数

C_{bq}　双二次耦合常数

C_{mo}　磁光衬度

C_p　内部封闭能量系数

C_s　封闭能量系数

D

δ　归一化的和约化的长度

δ_{ik}　克罗内克（Kronecker）符号

δ_{MD}　约化的多畴尺寸

δ_{SD}　约化的单畴尺寸

δ^{sp}　约化的扩展带深度

Δ　布洛赫壁宽度参数

Δ_d　交换长度

$\Delta\kappa$　约化的额外各向异性

$\Delta\kappa_d$　额外的杂散场能量

$\Delta\Phi$　应力诱发磁化转动

$\Delta\Theta$　畴壁磁化强度径迹的长度

ΔK　额外的各向异性能

$\boldsymbol{d}$　耗散并矢

d_0　磁泡平衡直径

d_{bc}　磁泡崩塌直径

d_{bs}　磁泡展条直径

d_{cr}　临界深度

d_f　偏转

d^{sp}　扩展带深度

d_{MR}　磁电阻条带厚度

D　厚度、直径

$\boldsymbol{D}$　介电位移矢量

D_{cr}　临界厚度

$D_i^{(SH)}$　二次谐波振幅

D_s　分叉起始厚度

D_{SD}　单畴直径

E

ε　各向同性介电常数

$\boldsymbol{\varepsilon}^{(2)}$ 二阶介电张量

$\boldsymbol{\varepsilon}$ 弹性应变张量

$\boldsymbol{\varepsilon}^0$ 自由磁致伸缩张量

ε_A 畴壁相关积分

ε_{cl} 约化的总封闭能量

$\boldsymbol{\varepsilon}^{cp}$ 补偿的形变张量

ε_d 约化的杂散场能密度

$\boldsymbol{\varepsilon}_e$ 相容的形变张量

ε_i 间隙位置能量

ε_{tot} 约化的总能量

η 磁化强度角

η_{cr} 临界磁场角度

η_h 磁场取向角

η_G 晶粒取向角

e^0 自由形变能量

e_{coupl} 交换界面耦合能

e_d 杂散场能量密度

e_{el} 弹性能量密度

$\boldsymbol{e}_i$ 单位矢量

e_{me} 磁弹性耦合能密度

e_{ms} 磁致伸缩自能密度

e_{red} 约化的相互作用能

e_{rel} 弹性弛豫状态能量

e_s 表面各向异性能密度

e_{tot} 总能量密度

e_x 交换劲度能量密度

e_K 各向异性能密度

e_{Kc} 立方各向异性能密度

e_{Ki} 感生各向异性能密度

e_{Ko} 正交各向异性能密度

e_{Ku} 单轴各向异性能密度

e_{xA} 交换各向异性能密度

E 完全的椭圆积分

E_s 弹性模量

$\boldsymbol{E}$ 光波的电场

E_0 初级电子能量

E_d 杂散场能

E_{inter} 相互作用能

E_{self} 自能

E_{tot} 总能量

E_x 交换劲度能量

E_H 外场能

E_K 各向异性能

F

f 频率

$\boldsymbol{f}_d$ 动力学反作用力

$\boldsymbol{f}_s$ 静力

f_w 约化的畴壁面积

f_L 拉格朗日参数

F 函数（缩写）

$\boldsymbol{F}$ 面相关弹性张量

F_{an} 广义各向异性泛函

F_i 内部杂散场能量系数

F_{ikm} 积分函数

F_{inc} 入射光子数

F_{ind} 感生各向异性系数

$\boldsymbol{F}_m$ 磁力

F_n 磁畴倍增因子

F_w 畴壁面积

$\boldsymbol{F}_L$ 洛伦兹力

F_{RR} 罗兹－罗兰（Rhodes－Rowlands）函数

G

γ 旋磁因子

γ_{180} 180°畴壁能

γ_G Gilbert 旋磁因子

γ_{LL} Landau－Lifshitz 旋磁因子

γ_w 比畴壁能

γ_z 锯齿形畴壁能

g 各向异性泛函

$\boldsymbol{g}$ 回转矢量

g_L 朗道（Landé）旋磁比

$\boldsymbol{g}_L$ 倒易点阵矢量

G 广义各向异性泛函

G_ϑ 偏导数

G_∞ 磁畴中广义各向异性能密度

G_{ik} 积分函数

G_{ind} 感生各向异性系数

G_m 分叉速率极限

G_s 剪切模量

H

h 约化的磁场

h_{b0} 磁泡点阵饱和磁场

h_{bc} 约化的磁泡崩塌磁场

h_{bs} 约化的磁泡展条磁场

h_{cr} 约化的临界磁场

h_{s0} 条状磁畴饱和磁场

h_{tr} 条状磁泡点阵转变

$\boldsymbol{H}$ 磁场

H_0 铁磁共振场

$\boldsymbol{H}_{ann}$ 退火磁场

H_b 偏置（垂直）场

H_c 矫顽力

H_{cd} 动态矫顽力

H_{cr} 布洛赫 – 奈尔转变场

H_{cs} 静态矫顽力

$\boldsymbol{H}_d$ 杂散或退磁场

H_{dif} 扩散相关有效磁场

$\boldsymbol{H}_{eff}$ 有效磁场

$\boldsymbol{H}_{ex}$ 外加磁场

$\boldsymbol{H}_{in}$ 内部磁场

H_n 自旋波共振场

H_p 峰值速度磁场

H_{res} 共振场

$\boldsymbol{H}_E$ 涡流场

H_K 各向异性场

H_{Lor} 洛伦兹场

H_{XA} 交换各向异性场

I

I 相对图像强度

I_0 相对背景强度

J

$\boldsymbol{j}$ 电流密度

$J_{\perp}$ 垂直磁化强度分量

$\bar{J}$ 平均磁化强度

$\boldsymbol{J}$ 磁极化强度（"磁化强度"）

J_1 第一类贝塞尔函数

J_n 磁化强度各向异性系数

J_s 饱和磁化强度

J_{sr} 饱和剩磁曲线

J_{vr} 初始或等温剩磁曲线

J_{RE} 稀土亚晶格的磁化强度

J_{TM} 过渡金属亚晶格的磁化强度

K

κ 各向异性常数比

κ_1 条状磁畴分析中的根

κ_c 约化的立方各向异性系数

κ_{cp} 约化的耦合系数

k 玻尔兹曼常数

$\boldsymbol{k}$ 电子传播矢量

k_1 磁性介质的吸收指数

K 完全椭圆积分

$\boldsymbol{K}$ 各向异性张量

K 各向异性系数

K_c 立方各向异性系数

K_d 杂散场能量系数

K_q 组合的各向异性系数

K_s 表面各向异性系数

K_u 单轴各向异性系数

K_{XA} 交换各向异性系数

L

λ 磁致伸缩常数

λ_{100} 立方磁致伸缩常数

λ_A 六角磁致伸缩常数

λ_c 约化的特征长度

λ_{lon} 纵向磁荷

λ_s 各向同性饱和磁致伸缩

λ_{sample} 样品体磁荷

λ_{trans} 横向磁荷

λ_v 体磁荷密度

Λ 约化长度

$\boldsymbol{l}$ 反铁磁单位矢量

l_c 特征长度

l_d 衰减长度

l_p 有效颗粒尺寸

l_{MD} 约化的多畴长度

l_{SD} 约化的单畴长度

L 长度

L_{bs} 磁泡变形函数

L_x 函数（缩写）

L_{SD} 单畴极限下的颗粒长度

M

μ 空间频率

μ_8 8A/cm 下的磁导率

$\boldsymbol{\mu}^{*}$　转动磁导率张量

μ_0　真空磁导率

μ_B　玻尔磁子

m　约化的磁化强度

m^{*}　Döring 质量

$\boldsymbol{m}$　约化的磁化强度矢量

$\boldsymbol{m}_0^B$　"布洛赫型"畴壁中心处的磁化强度矢量

$\boldsymbol{m}_0^N$　"奈尔型"畴壁中心处的磁化强度矢量

$\overline{m}$　对 m 的空间平均

m_e　电子质量

m_φ　磁化强度分量

M　面内磁化强度模量

M_i　磁畴壁计数因子

M_s　高斯单位制的磁化强度

M_ξ　偏导数

N

ν　泊松比

ν_1　根的实部

n　分叉的代次数

$\boldsymbol{n}$　法向，垂直方向

n_1　折射率

n_{ph}　相数

N　退磁因子

$\boldsymbol{N}$　退磁张量

N^{en}　能量相关退磁因子

N_{ij}　分子场参数

N_{shot}　光学散粒噪声

O

ω　表面/体内的畴宽比

$\boldsymbol{\omega}$　晶格旋转张量

ω_b　约化的基本畴宽

$\boldsymbol{\omega}^{cp}$　补偿的晶格旋转

ω_{opt}　最佳约化的畴宽

ω_{res}　共振频率

ω_L　光频率

Ω　角缺陷

Ω_w　畴壁角

P

φ　磁化强度角

φ^{*}　翻转（开关）磁化强度角

φ_0　平衡磁化强度角

φ_{ap}　光振幅的渗透函数

φ_e　电子相

φ_p　峰值速度下的方位角

φ_∞　渐近的磁化强度角

Φ_d　杂散场势

Φ_q　各向异性角

Φ_{tip}　尖端标量势

φ_K　克尔旋转

Ψ　畴壁取向角

Ψ_p　相对于 p 轴的起偏器角度

p　约化的周期

$\boldsymbol{p}$　弹性晶格畸变

p_c　胶体颗粒浓度

$\boldsymbol{p}^{cp}$　补偿性畸变

$\boldsymbol{p}_e$　相容的磁致伸缩畸变

p_{kin}　运动势

p_{opt}　最佳磁畴周期

P　周期

P_x　函数（缩写）

Q

q　数值系数

q_c　颗粒磁矩

q_e　电子电荷

Q　约化的各向异性材料常数

Q_{cr}　条状磁畴的最大 Q 值

Q_V　磁光参数

R

ρ　约化的颗粒半径

ρ_c　约化的临界半径

ρ_{ms}　相对磁致伸缩自能

$\boldsymbol{r}$　位置矢量

r_a　弹性各向异性比

r_p　平行反射率（强度）

r_{SN}　信噪比

R　半径

R_c　临界半径

R_p　平行振幅反射系数

R_F　法拉第振幅

R_K　克尔振幅

R_N　普通反射振幅

S

σ 电导率

$\boldsymbol{\sigma}^0$ 准塑性应力张量

$\boldsymbol{\sigma}^{bal}$ 平衡应力张量

$\bar{\boldsymbol{\sigma}}$ 平均应力张量

$\boldsymbol{\sigma}^{cp}$ 补偿应力张量

$\boldsymbol{\sigma}_{ex}$ 外应力张量

$\boldsymbol{\sigma}^{form}$ 形状效应的应力张量

σ_p 平面的应力

σ_s 表面磁荷密度

σ_{sample} 样品表面磁荷

σ_u 单轴应力

s 导数函数

$\boldsymbol{s}$ 逆磁弹性张量

s_b 磁泡间距

$\boldsymbol{s}_b$ 电子束方向

$\boldsymbol{s}^{ch}$ 磁荷分布集

s_{mo} 相对磁光信号

S 剪切函数

S_{bc} 磁泡崩塌函数

S_{bs} 磁泡展条函数

S_c 基特尔系数

S_d 有效杂散场劲度参数

S_e 基本自旋量子数

S_{mo} 绝对磁光信号

S_r 转动次数

S_y y 方向磁场下的电子偏转信号

T

τ_{rel} 弛豫时间

ϑ 磁化强度角

ϑ_0 外入射角

ϑ_s 表面错取向角

ϑ_∞ 渐近磁化强度角

Θ 角变量

Θ_c 特征温度

$\boldsymbol{t}$ 畴壁中的切向单位矢量

T 温度

$\boldsymbol{T}$ 磁转矩

T_c 居里温度

T_{comp} 补偿温度

T_{int} 本征转矩

T_m 机械转矩

T_p 平行透射系数

U

u 磁泡直径函数

$\boldsymbol{u}$ 晶格位移矢量

u_i 条状磁畴本征解系数

V

v 磁畴体积

$\boldsymbol{v}$ 畴壁速度

$\bar{v}$ 平均畴壁速度

v_c 临界畴壁速度

$\boldsymbol{v}_e$ 电子速度

v_i 相体积

v_p 峰值速度

$\boldsymbol{v}_{Lor}$ 洛伦兹力感生的电子速度

V 体积

W

$\boldsymbol{w}$ 磁畴磁化强度差值矢量

w_r 相对畴宽

W 宽度

$\boldsymbol{W}$ 相互作用矩阵

W_b 块体磁畴宽度

W_{cr} 临界条状宽度

W_F 基于畴壁磁通量的畴壁宽度

W_J Jakubovics 的畴壁宽度

W_L Lilley 的畴壁宽度

W_m 基于 m 构型的畴壁宽度

W_{opt} 最佳磁畴宽度

W_s 表面磁畴宽度

W_{SD} 单畴极限时的颗粒宽度

X

ξ 约化的/变换的空间变量

Z

Z 点阵中的等效磁泡数

缩 略 语

AMR	Anisotropic Magnetoresistance	各向异性磁电阻
CEMS	Conversion Electron Mössbauer Spectroscopy	转换电子穆斯堡尔谱
CIP	Current In Plane	平面内电流
CPP	Current Perpendicular to Plane	垂直于平面的电流
DPC	Differential Phase Contrast Electron Microscopy	差分相位衬度显微术
ESD	Elongated Single Domain	伸长的单畴
FFT	Fast Fourier Transform	快速傅里叶变换
GMR	Giant Magnetoresistance	巨磁电阻
HDDR	Hydrogenation Disproportionation Desorption Recombination	氢化-歧化-脱氢-再复合
LEED	Low-Energy Electron Diffraction	低能电子衍射
MD	Multi-Domain State	多畴态
ME	Metal Evaporated	金属蒸镀
MFM	Magnetic Force Microscopy/Microscope	磁力显微术/镜
ML	Monolayers	单层膜
MO	Magneto-Optical	磁光
MOKE	Magneto-Optical Kerr Effect	磁光克尔效应
MR	Magnetoresistance	磁电阻
MRAM	Magnetic Random-Access Memory	磁性随机存取存储器
PEEM	Photo Emission Electron Microscope	光发射电子显微术
PSD	Pseudo Single-Domain State	赝单畴态
SD	Single Domain State	单畴态
SEM	Scanning Electron Microscopy/Microscope	扫描电子显微术/镜
SEMPA	Scanning Electron Microscopy with Polarization Analysis	带有极化分析的扫描电子显微术
SH	Second Harmonic	二次谐波
SPLEEM	Spin-Polarized Low-Energy Electron Microscopy	自旋极化的低能电子显微术
SQUID	Superconducting Quantum Interferometer Device	超导量子干涉仪
TD	Two Domain State	双畴态
TEM	Transmission Electron Microscopy/Microscope	透射电子显微术/镜
VSM	Vibrating Sample Magnetometer	振动样品磁强计

第 **1** 章

引　言

本章在对磁畴给出简明的经验定义之后，列出了磁性显微结构认知的历史发展情况。这些讨论被用于引入磁畴的基本事实。

1.1　什么是磁畴

今天，很容易借助于直接观察来回答这个问题。图 1.1 显示了在没有外磁场的状态下，不同磁性样品借助偏振光学显现出了磁性微结构。在所有的例子中，均可以在原本非结构化的样品中观察到自发地出现均匀的磁化区域，即所谓的磁畴。

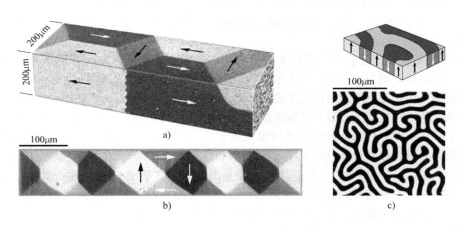

图 1.1　磁光法观测到的均匀磁性样品上的磁畴

a）铁晶须的两个侧面的图像，使用计算机组合而模拟出透视效果（样品由 R. J. Celotta，NIST 惠赠）

b）具有弱的横向各向异性的薄膜 NiFe 单元（厚度为 130nm）（样品由 M. Freitag，Bosch 惠赠）

c）具有垂直各向异性的单晶石榴石膜内的法拉第效应磁畴图片，以及磁化示意图

可以通过在外加磁场下的附加实验来确定磁畴内部的磁化方向，如图 1.1 所示。图 1.1a 显示出了一个铁晶须的两个侧面（两张图像被合成在一起形成一个三维外观）。图 1.1b 显示了内部磁畴由弱的横向单轴各向异性决定的多晶薄膜。图 1.1c 示出了一个具有垂直于膜面的单轴各向异性的透明单晶磁性膜，黑色和白色区域表示沿着图像表面向内和向外被磁化。看到这些清晰的图片，我们可以确信磁畴的真实性。在显微镜下，当磁畴被观测到在磁场中移动时，这一点变得更加可信。起初，在首次提出磁畴构想时，还没有获得它们的图片——它们是通过理论被发现的！始于这个最初的理论假设，下节勾画了当前对于磁畴理解的发展历程。

1.2 磁畴概念的历史

1.2.1 磁畴的构思

在 19 世纪初,科学家们开始认识到,正如物质通常由原子和分子组成,磁性物质是由**基本磁体单元**组成的。其中,安培的基本分子电流的假说(见参考文献[1])是这一理论中最为人所熟知的一例。关于基本磁体单元的概念解释了两个著名的事实:分隔磁南极和磁北极的不可能性,以及磁化饱和现象,此时所有基本磁体单元沿相同方向取向。尽管这一假说具有有效性,但是关于磁性行为的理解并没有取得进展,直到 1905 年 Langevin[2] 采用统计热力学的方法发展了一种顺磁理论。他发现室温下独立的分子磁体只能导致弱磁现象,由此总结出**强磁性**必然是缘于基本磁性单元间的一些相互作用。仅两年后,借鉴 Van der Waals 对气体凝结(由气体分子间一种吸引相互作用引起)的处理[4],Weiss[3] 详尽说明了这一观点。类比于 Van der Waals 理论的"内压力",Weiss 通过一种简易的方式,即引入"**分子磁场**"来建立磁相互作用的平均效应模型。Weiss 的著名理论在推导饱和磁化强度对温度的依赖关系的大致形状方面取得了成功。为了与实验观察的居里温度相一致而调整相互作用的强度,由此 Weiss 从形式上获得了一个非常大的"分子磁场"。在此很久以后,Heisenberg[5] 用量子力学的**交换作用**阐明了分子磁场的本质。

Weiss 的理论还预言了在所有远低于居里温度的温度下,**磁化饱**和状态是热力学平衡状态。这一预言的正确性是因为分子磁场的数值远大于实践中出现的内磁场或外磁场。在 Weiss 的理论中,外加磁场对饱和磁化强度的值几乎没有影响。然而,由于 Weiss 分子磁场总是与平均磁化强度方向一致,所以磁化强度矢量只有固定的**大小**,但它的方向是任意的。Weiss 理论的这一特征解释了一个事实,即一块铁在远低于其居里点的室温下可以显示为非磁性:样品内部不同部分磁化强度的矢量只需相互抵消就行了。当然,这种宏观的非磁态有无限种可能性。在最初的工作中,Weiss 只是提出了一种可能,即晶体的一部分沿着一个**方向**磁化,而另一部分则方向相反。他没有在这篇论文中为这种磁性亚结构命名。后面将介绍现在几乎普遍采用的术语——磁畴结构,来表示一个晶体内部细分成的均匀磁化**区域**。它依然反映出关于其本质的最初的不确定性,这意味着对一些东西的认知依然很模糊。

1.2.2 认知磁畴的进程

从磁畴的构思到磁滞理论,以及发现铁磁体具有非常高的磁导率(一块软磁的铁可以具有比真空高 100 万倍的磁导率)经历了很长的过程。实验中的一些线索是理论能够发展之前所必需的。磁畴概念的第一个确证是由 Barkhausen(巴克豪森)发现的[8]。他发现磁化过程经常是不连续的,当使用扩音器使之变得可听时,会发出一种特征噪声。起初,这种巴克豪森跳跃被解释为磁畴**反转**。尽管这一解释在今天看来不再有效,但关于巴克豪森现象的深入研究导致了一个决定性的发现。实验研究者已经试图发现在磁化反转过程中仅发生某种较为简单过程而非复杂的巴克豪森噪声的样品。事实上某种受应力的线材显示了仅一个巨大的跳跃就会导致从一个饱和状态立即变成相反的饱和状态[9,10]。这一过程的动力学分析促使 Langmuir[11] 得出结论,即这种跳跃只能通过空间不均匀过程,也就是磁化强度相反的磁畴之间**边界**的传播来发生。这一假设很快就被 Sixtus 和 Tonks[11] 的著名实验所证实,他们采用电子的手段跟踪一个有应力丝材内部畴壁的传播。这一发现激励 Bloch[12] 从理论角度分析了磁畴间的转变,他发现畴壁由于抵抗突然转变的海森伯交换作用而必须具有几百个晶格参数的宽度。宽畴壁可以有效地平均掉局部不均匀性，例如点缺陷；这一结果解释了为什么畴壁可以像在 Sixtus – Tonks 实验中所示的那样被轻易地移动。

与此同时的发展中，一些杰出的作者，如 Akulov[13]、Becker[14] 和 Honda[15]，研究了有关各向异性、磁致伸缩和内应力对磁性微结构的影响。由 Becker 和 Döring 所著的教科书[16] 总结了这些工作。其中最为重要的结果（只要它们适用于我们的主题）如下：

- **晶体各向异性**（磁化强度矢量沿着所谓的晶体易轴择优取向）和**磁致伸缩**（磁化强度方向相关的晶体自发形变）是无法从 Weiss 铁磁理论或海森伯交换作用推得的独立材料性能。它们与自旋 – 轨道耦合效应相关联，并可以通过针对单晶的实验加以确定。由于基本的对称关系，它们在一个磁化强度方向及其相反方向之间并无区分。

- 作为各向异性的结果，微磁结构由遵从各向异性函数的易轴取向的磁畴组成。一个磁化过程可以基于畴壁的移动或是磁畴内部磁化矢量的转动。通过单一的转动过程来解释观察到的软磁材料磁滞曲线特别是其高磁导率的尝试失败了，这是由于测得的各向异性通常太大了。

- 如果铁的立方各向异性择优 <100> 型方向，一块铁内部的不均匀应力会诱发沿着多于一个易轴磁化的磁畴，从而形成 90°畴壁（一个 90°畴壁是指从磁畴与磁畴之间磁化强度旋转 90°的畴壁）。

然而，只有 90°畴壁运动是很难与观察到的磁导率相符合的，因为它们的位置受到应力不均匀性的束缚。180°畴壁与各向异性也是相容的。如果它们存在，其位置不由应力决定，因而它们是可以运动的，这就解释了高磁导率。然而，仅从各向异性和应力的角度考虑，无法解释为什么180°畴壁应该存在，除了偶尔因为连续性的原因。出于一些会马上变得清楚的原因，我们将这些论点的一个示意图放在后面的图 1.3 中展示。

至此，一个磁化过程完整理论的一个单元被丢掉了。一些人（Frenkel 和 Dorfman[17]、Bloch[12]、Heisenberg[18]）已经察觉到所缺的一环：磁偶极作用，也称为静磁能或杂散磁场能。在 Weiss 证实了偶极作用太弱而无法据此解释铁磁性之后，这一相互作用在很长一段时间内几乎被遗忘了。借助退磁因子和剪切变换，磁偶极作用被以一种粗略的方式用于从无限体积或者环形样品的磁滞回线推导有限体积样品的宏观磁化曲线。众所周知，一个均匀磁化的单晶体携有一种额外的能量——退磁能，它可以大到通常的各向异性能量的程度。例如，海森堡[18] 仍旧认定为了减小退磁能，材料内部需要形成微小的丝状磁畴。再一次，必须由实验来为答案提供线索。1931 年，Hamos 与 Thiessen[19] 以及 Bitter[20,21] 分别独立地给出了借助一种改进的粉纹技术获得的磁性微观图形的第一张图片。尽管当时对所观察到的结构无法深入理解，但这些图片证实了三个重要特征：磁畴是静态的；它们可能相当宽；它们通常具有周期性的且规则的形貌。

可能是受到这些观察和 bloch 的首次理论分析所激发，Landau 和 Lifshitz[22] 在 1935 年给出了答案：磁畴形成以降低总能量，其中重要的一部分是杂散磁场能。而其杂散磁场能可通过图 1.2 所示的磁通**闭合**型磁畴来避免（这种封闭的磁通图形的基本思路原由 Zwicky[23] 提出）。如果磁化强度在所有位置都遵循闭合的磁通路径，则杂散磁场能为零，并因此甚至小于假设的丝状畴。Landau 和 Lifshitz 首次证实了如图 1.2 所示的磁畴模型具有低于均匀磁化状态的能量。

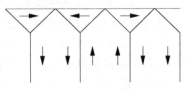

图 1.2　首个由 Landau 和 Lifshitz[22] 提出的磁畴的真实模型

图 1.3 所示的无杂散磁场模型结构被认为代表了一个扩展的磁畴图形的一部分。它同时包含了 90°和 180°畴壁，并且证明两种畴壁体系均可在不破坏磁通闭合限制的条件下被移动。但是，

需要注意的是，180°畴壁系统的移动（见图1.3b）与内生的应力图形相一致（这被认为同时有利于对角线两侧的不同轴），这与90°畴壁系统的移动（见图1.3c）形成对比。

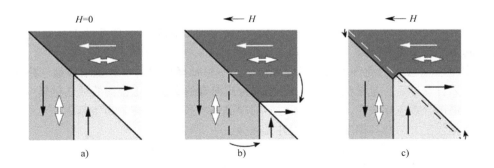

图1.3 有不均匀应力图形（双箭头）的一个晶体中90°畴壁和180°畴壁在外磁场 H 下的不同行为。

a）180°畴壁运动 b）与应力图形可协调一致，但是独立的且可能的90°畴壁运动

c）则会与内裹应力形成冲突

Landau 和 Lifshitz 对当时尚处于争论的一些问题也给出了答案：

• 交换作用倾向于使相邻的偶极子取向，并促使它们一致动作。因此在多数情况下，对应原理允许将平均磁化强度视为一种经典的矢量磁场，而非一种量子机制的自旋磁场。

• 热激活仅仅在小颗粒或者居里温度附近发挥作用，在正常环境下平衡的磁性微结构必须被视为是不受热影响的。

• 从宏观的角度看，交换作用的效果可以用一个**劲度**项（即磁化矢量的一阶空间导数的二次形式）来表达足够的精度。这一劲度能量利于均匀磁化，特别是在微观的尺度下。

• 即使在畴壁内部，磁化强度保持定值的 Weiss 假设应该有效（和 bloch 的处理相反，即仍然假设铁磁体在畴壁中心变为顺磁态）。磁化强度在穿过畴壁时**旋转**。

• 磁畴结构是磁性体有限尺寸的结果。磁畴尺寸随着样品尺寸的增加而增加。一个均匀的、无限大的或环状磁体在平衡态下可能**没有**磁畴结构。

1.2.3 进一步改进

Landau 和 Lifshitz 的模型被证明过于简单，无法解释实际的观察结果。从他们的基本观点出发，一些改进和拓展在后续的若干年被提出。在早期的文献里，有关单轴晶体（例如钴）和立方晶体（例如铁）之间的根本差异鲜有理解。

例如，在 Lifshitz 发表于1944年的论文[24]中介绍了关于磁畴**分叉**理论（见示意图1.1），这是一种从单轴晶体实验中为人们熟知的特征[25]。Lifshitz 的文章打算应用于铁，一种立方材料（其中除了它的贡献以外，也包含了铁的180°畴壁的首次正确计算）。但是 Lifshitz 没能发现具有多个易轴方向的立方晶体磁畴结构的附加自由度。Néel[26,27]在其独立的工作中充分利用了这些可能性，预测了一系列非同寻常的磁畴结构。这些结构中一个著名的例子——奈尔尖形畴（见示意图1.2），可被用于估算铁晶体中与大的夹杂物相关的矫顽力。当它们后来被实验观察到后[28]，这被认为是磁畴理论的惊人成功。

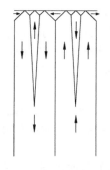

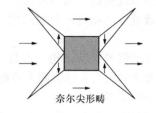

奈尔尖形畴

示意图 1.1   示意图 1.2

Landau 和 Lifshitz 及 Néel 研究了具有弱各向异性的
大晶体,其内部完全磁通闭合磁畴结构("避免磁极")
的假说被很好地证明了(见图 1.4a、b)。这样,关于
杂散磁场能的明确计算就没有必要了(然而,Lif-
shitz[24]确实计算了在其分叉结构内的内磁场能量)。在
小尺寸样品中或是具有大各向异性的单轴晶体中,则被
预计出现如图 1.4c 和图 1.4d 所示的开放结构,它们首
先由 Kittel 计算得出[29,30]。

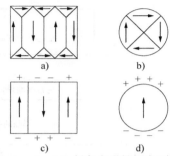

图 1.4 a)、b) 低各向异性立方颗粒的
准磁通封闭图形 c)、d) 高各向异性单轴
颗粒的开放磁畴结构

与此同时,实验方法已经取得了相当的进展。粉末
被更细的**胶体**颗粒取代[31]。随意的样品被取向很好的
晶体取代,这使得在制备出一个无损伤的晶体表面后获
得有意义的图片变得可能。在 1949 年由 Williams、Bozorth 和 Shockley[32]发表的著名文章中,源
于磁畴理论的磁畴和观察到的磁性微结构的一致性得到了可信的证实。同年,Kittel[30]综述了磁
畴理论和实验,这一综述成为被普遍接受磁畴研究的参考文献。受磁畴观察的改进方法、具有令
人惊奇的新的磁结构材料的制备,以及基于磁畴性能的**应用**的激励,接着出现的就是可以被称
为已建立理论的应用。这一进程仍在持续,并将在本书中被详细讨论。

1.3 微磁学和磁畴理论

微磁学是磁矩的连续介质理论,构成描述磁性微结构的基础。Landau 和 Lifshitz 理论是基于
变分原理:它寻求具有最小总能量的磁化强度分布。这个变分原理引出了一套差分方程,即微磁
学方程。它们的一维形式由参考文献[22]给出。再次受实验工作[25]及其分析的激励,
W. F. Brown[33,34]将方程扩展到了三维,完全地包括了杂散磁场效应(见参考文献[35,36])。

微磁学方程是复杂的非线性、非局域方程,因此,除了可实现线性化的情况外,它们很难用
解析的方式解出。尽管如此,对磁畴研究中的许多问题的适当处理都需要微磁学方法。

- 对一些小颗粒磁化行为的研究,这些小颗粒因为太小而无法容下一个常规的磁畴结构,
但又因为太大而无法被描述为均匀磁化(见 3.3.3.1 节)。
- 畴壁内部结构的计算(见 3.6 节)。
- 对样品细分的表面磁化强度构型的研究,其磁化强度面临相互矛盾的影响(见 3.3.4
节)。
- 对迅速的动态磁化反应的描述(见 3.6.6 节)。

● 对磁性稳定性极限的计算（磁化翻转，见3.5节）。

为了应对这些问题，对于微磁学方程的数值解的工作的探索与日俱增。然而，将微磁学方法应用于大尺度的畴结构是不现实的，因为可以应用于三维有限元法计算的样品尺寸（最大可能到一个立方微米）与完善确立的磁畴图形的尺度（经常达到毫米甚至厘米）之间的差距简直太大了。

对大多数问题我们必须依赖**磁畴理论**，这是一种将离散的、均匀磁化的磁畴与用于连接元素、畴壁及其亚结构的微磁学的结果结合起来的理论。我们将会发现在很多情况下，磁畴分析的可靠导引可以从磁畴理论中获得。

重复一些论点，我们在图1.5中示出了磁畴理论是如何嵌入磁性材料的更普遍的描述中的。这可区分为5个层级[37]，并与特征尺寸相关联。

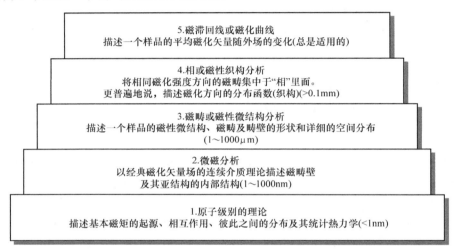

图1.5　磁有序材料的描述层面的层级分布。括号中的数值表示不同概念所适用的样品尺寸

这一体系中代表本书关注点的第3层级与经典的金相学相类似。出现在第2层级的微磁学连续介质理论形成了磁畴分析的基础。这两个层级共同代表了一种描述磁体的**介观途径**。第4层级对应于以相图的方式讨论材料，它也是磁畴分析中一个重要的局限方面。它忽略磁畴的具体分布，而聚焦于它们的体积分布。第5层级是技术磁化曲线的唯象理论，涉及于此磁滞和磁畴现象之间的关联能够被建立。

在本书中原子基础（第1层级），即如何解释观察到的磁矩、晶体各向异性或是磁弹相互作用的大小的问题被完全地排除了。第一层级还涉及磁有序材料的自旋结构，即晶格位置上的自旋排布。从微磁学和磁畴理论的介观角度来看，一种材料是铁磁态还是**亚铁磁**态无关紧要。在本书中，为了简化，我们考虑将亚铁磁体归入铁磁体的讨论。原子层级的描述和微磁学有趣的杂化仅沿着一个或两个维度跨越自旋进行平均，而在此之外仍然保持原子层级的描述（参见参考文献[38]）。

应该提及的是，术语"微磁学"在其最初的描述的范围之外也正在变得流行。几乎每一个涉及微观层面的磁性研究都被称为"微磁学"（一些近期的例子是参考文献[39-41]）。我们坚持（与大多数作者一致）W. F. Brwon[34]的经典定义，将微磁学这一术语限定为**磁有序材料的连续介质理论**，即图1.5中的第二层级。

第 2 章

磁畴观察技术

在本章，我们将对观察磁性微结构的主要方法进行全面介绍。对于每种方法，我们将介绍其原理、基本的实验步骤、理论的概貌、特有的技术、潜在应用范围，并对其主要优势和缺点进行讨论。最后一部分还将以表格的形式对这些不同的技术进行比较。

2.1 引言

如果磁极化强度的矢量场 $J(r)$ 是已知的（r 是样品内部的位置矢量），那么就可以确定其磁畴结构。磁极化强度与磁通密度 B 和磁场强度 H（见示意图 2.1）的关系如下：

$$B = \mu_0 H + J \qquad (2.1)$$

由麦克斯韦方程 $B = 0$ 给出：

$$\mu_0 \mathrm{div} H = -\mathrm{div} J \qquad (2.2)$$

示意图 2.1

这表示 $J(r)$ 的散度将会产生一个磁场。如果没有外磁场存在，那么 H 就是 1.2.2 节中提到的杂散磁场。有一些磁畴观察的方法是对杂散磁场敏感的。经典的比特粉纹法和现代的磁力显微术方法就属于这一类。

另一些技术是直接对磁极化强度的方向敏感的，例如磁光方法和电子极化方法。透射电子显微术在大多数情况下是对总磁通量密度 B 导致的电子在洛伦兹力下偏转的效应敏感。还有一些 X 射线和中子衍射方法反映的是与磁性相关联的微弱晶格畸变。因此，不同的磁畴观察技术反映着不同的信息，而它们的不同局限性我们将在随后详细讨论。

对磁畴观察技术的预览和概括可参见参考文献 [42 – 51]。尚没有哪一种方法能实现直接观测贯穿样品的 $J(r)$ 这一目标。目前对改进实验方法的探索仍在积极进行中，并且显著的进步正在不断涌现。

2.2 比特图形

2.2.1 一般特征

比特最早证明了，磁畴图形上方的杂散磁场是能够通过细小的磁性粉末来显示的[21]。通常 Fe_3O_4 胶体颗粒被用于实现这一目的。这种粉末方法的历史意义在前面我们已经提及。甚至到今天，这种简单而灵敏的方法仍然是一种重要的手段。

比特图形的技术进展与能否制备出精细、灵敏和稳定的磁性胶体颗粒紧密相关（在 Andrä 的综述[47]中给出了其发展过程的一些案例）。磁性胶体从一开始就是用来观察磁畴影像的，而为了这个目的只需要用极少的量。这也许是为什么商用的比特溶液从未在市场上出现的原因。而每位研究者不得不通过各自不同的方法制备比特溶液。然而，多年之后，磁性胶体被发掘出其他的用途，它们可以作为磁流体用于真空密封、阻尼器件等多种应用。另外这种方法还可应用于磁分离技术。一些应用于这些领域的商用产品被证实是理想的比特胶体，比如水基的Ferrofluids®[52]和低成本的Lignosite FML®[53]等产品。良好的磁性胶体包括接近等轴的直径约10nm并包覆各种各样的表面活性剂的磁铁矿颗粒。

图2.1展示了通过不同胶体获得的比特图形。其中一个例子（见图2.1a）给出的是一个石榴石外延膜上的注入层的磁畴，这在之前是用其他方法从未观测到的。另外两个例子展示的是铁镍合金的磁畴图形。这些高磁导率材料产生的杂散磁场较弱，所以通常其磁畴图形通过粉末技术是观察不到的，这曾困扰了研究者很长时间。图2.1b、c中合金的成分和晶向经过了选择，并且使用了高质量的胶体和辅助磁场（解释见下文），以使磁畴图形的细节可以观测到。但即使如此努力也无法保证每次都获得成功。

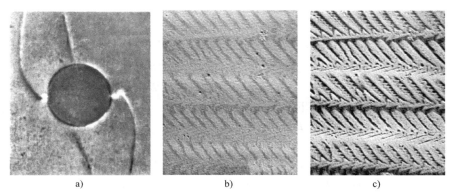

图2.1　a）用Ferrofluid®磁性胶体观测到的离子注入的石榴石薄膜的磁畴（由D. B. Dove，IBM Yorktown Heights 提供[54]），圆形是未注入的部分。b）、c）用Lignosite FML®磁性液体观察到的$Ni_{55}Fe_{45}$晶体的应力感生磁畴，图c中施加了一个1.5kA/m的垂直方向磁场以提高同一图形的衬度。NiFe晶体具有<100>型易轴方向和接近（100）的表面

从实验的经验来看，一个好的比特胶体应具有以下特征：

● 精细的胶体颗粒会使分辨率提高到接近（但仍低于）光学显微术的极限。（在钢铁的无损探测中使用的较粗糙的感光乳剂不适合用于高分辨率的磁畴观测的目的。）

● 具有对几百A/m这样弱磁场的灵敏度，如图2.1中的例子所示（软磁材料的磁畴和畴壁的上方只会产生很弱的磁场）。

● 图像生成的可逆性。在一个外加磁场下磁畴图形重新排列会改变观察到的图像（这是能将磁畴图像与结构导致的胶体浓度分布分开的唯一可靠的方法）。

另外，长期的稳定性和可重复性是很有必要的。所有这些要求都能被我们之前提到的商用产品满足。特别是，只要避免了胶体的干燥，稳定性就会很好。但长期以来，人们对比特图形的基本机制没有很好地理解，直到近年来才开始有了更好的认识。

2.2.2　衬度理论

Elmore[55]和Kittel[56]在几十年前就已经论述了关于磁性颗粒在磁场梯度下堆积的基础理论。他们采用了一个热力学观点，假设颗粒在磁场梯度下的堆积是在磁作用力和热扰动同步作用下发生的。由于我们主要感兴趣的是可逆的颗粒堆积，所以采用了这个假设（或者这些颗粒也可以被看作是在磁场梯度下黏滞地移动，直到停止[57]。这个观点在高磁场梯度的磁选问题中被特

别研究过[58,59]，但是对于磁畴研究中遇到的低梯度情况来说，这个观点会使问题更加复杂，也许并不合适）。

有两种情况需要分开讨论：第一种情况，胶体颗粒足够小，可以看作是单畴颗粒，磁矩的大小是确定值 $q_c = JV$，其中 J 和 V 是颗粒的磁化强度和体积。对这些颗粒在磁场中的移动和翻转的统计学处理需要用到顺磁的拉格朗日理论。得到的结果是胶体颗粒的浓度与磁场 H 的大小 H 在给定温度 T 下的函数关系：

$$p_c(H) = p_c(0)\sinh(q_cH/kT)/(q_cH/kT) \tag{2.3}$$

式中，k 是玻尔兹曼常数。

第二种情况，颗粒比单畴极限的尺寸大，所以它们只有在磁场下才具有磁化强度（在磁畴图像中只有低磁晶各向异性的颗粒会被使用）。那么热力学的结果变为

$$p_c(H) = p_c(0)\exp(q_cH/2kT),$$
$$其中\ q_c = \chi\mu_0HV \tag{2.4}$$

式中，χ 是胶体颗粒的相对磁化率；V 是它的体积。两个函数都在图 2.2 中画出。

在两种情况下，乘积 q_cH 必须超过若干个 kT 的数值，才会产生一个可接受的衬度。在下面的部分，我们会发现在弱磁场下很多磁畴图形是不容易达到这一条件的。

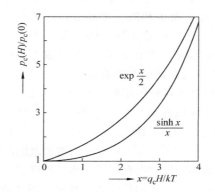

图 2.2　两个函数 ［式（2.3）和式（2.4）］描述了预期的胶体在磁场中的积聚。从图中可以推出对需要的胶体浓度差值的所需 x。注意 x 的定义中的量 q_c 与在式（2.3）和式（2.4）中的含义是不同的。根据画出的随 H 变化的函数，$p_c(H)$ 在小磁场下与 H^2 成正比

2.2.3　胶体团聚现象的重要性

问题在于，采用这样的关于磁性胶体性质的简单假设，也不能解释图 2.1 中的图像。对于小的单畴颗粒，根据式（2.3）可知其临界磁场太高。对于典型的等轴 Fe_3O_4 胶体颗粒，饱和磁化强度为 0.6T，直径为 10nm，获得颗粒浓度增强因子达到 1.5 需要的磁场为 10kA/m。为了获得接近图中观测的灵敏度（大约为几个 A/m），需要更大的颗粒。但是大的颗粒难以稳定地以胶体形式存在，也不再是单畴颗粒（Fe_3O_4 的单畴临界直径大约是 70nm[60]）。

更大的球形多畴颗粒，因为其退磁因子，具有理想的达到 3 的有效磁化率 χ。将此数值代入预测密度公式 ［即式（2.4）］，如果在 500A/m 磁场下要使颗粒密度增强因子达到 1.5，则需要颗粒的直径超过 150nm，而胶体颗粒很少超过 10nm。大颗粒的悬浮液被用于材料裂缝的无损探测，但是很少用于磁畴研究。

一些研究者确实看到了这些困难。Bergmann[61]试图通过假设布洛赫壁上方有不现实的高杂散磁场来解决这些问题。Garrood[62]在大颗粒中假定了一个不现实的剩磁值以避免式（2.4）的结果。实际上，一个特别而预料之外的现象可能是高质量比特胶体灵敏度高的原因。这些胶体通常分散于水相中，为使其在无外磁场时稳定地存在，一般是对其进行带静电处理或者通过表面活性剂来增加其有效直径。然而，在弱磁场下，一些水基胶体的颗粒形成针状团聚，从而组成一个"凝聚相"的颗粒。去掉磁场后，团聚再次消失。**团聚**的形成和消失都是与时间相关的。小的团聚形成得很快，而大的团聚需要几秒或几分钟来形成。

这种可逆的团聚首先由 Hayes 在微观上观察
到（见参考文献［63］，一个类似的观察结果如
图 2.3 所示）。后来的研究者[64-68]完善了关于团
聚体性质的诸多细节。值得注意的发现[68]是胶
体颗粒分布中**最大**的一部分颗粒在团聚过程中起
决定作用。尽管如此，这一有趣性质的确切来源
仍然不太确定。可能的解释是，在磁和范德瓦尔
斯力综合影响下，磁场诱导颗粒从"气态"分
散相到"液态"凝聚相的一个相变。这种相变
的平均磁场理论在参考文献［69，70］中进行
了详细解释。而进一步的进展可以在参考文献
［71-75］及其各自的引文中查阅到。

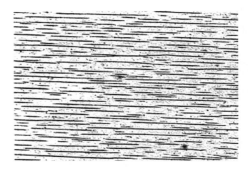

图 2.3 Lignosite FML®磁性液体在 560A/m 磁场
下演示的团聚在磁场中的形成

如果接受这种可逆的团聚为一种实验事实，那么比特图形在弱杂散磁场下的形成就容易理
解了。团聚的体积远大于单个的颗粒，而且磁化率也由于其紧密的填充和拉长的形状而相当大。
以一个 $1\mu m$ 长、直径 $100nm$ 的 Fe_3O_4 颗粒团聚为例，假设其有效磁化率为 $30^{[67]}$，然后用
式（2.4）就可给出只需要 500A/m 的磁场就能产生合理的颗粒积累，这一结果比之前的估算要实
际。由于团聚体的尺寸没有极限，所以很难定义出比特胶体的灵敏度极限。

关于比特图形形成的新图景定性地解释了观察结果，其中的一些其实已经是很长时间内众
所周知的了。具体如下：

- 比特胶体的灵敏度可以通过外加的垂直于样品表面方向的磁场来增强[55]，如图 2.1 所示
（对于软磁样品，这样的磁场通常不会影响原有的磁畴图形）。按照惯例，这一实验事实已经通
过灵敏度函数［式（2.3）和式（2.4）］的非线性解释了。这一效应的另一个可能的主要原因是
外加的磁场导致了针状团聚的形成，然后团聚被拉入磁场最强的区域。

- 水基的胶体被发现比起分散在其他液体中的胶体更适合于磁畴观察。原因可能是大部分
的水基流体都会出现可逆的团聚现象。

- 通常认为工程应用中的磁流体不会在磁场下发生团聚。因此这种材料的改进会逐渐地压
制团聚效应，从而增强稳定性，但是会降低其在磁畴观察上的应用潜力。早先的 Ferrofluidics 公
司生产的水基胶体比起后来研发的更稳定的产品来说更适合于我们的应用目的。另一方面，在
磁分离过程中，团聚的趋势甚至是一个优势，从长远来看，胶体为这一应用所改善的性质对于磁
畴探测来说更有利。

- 团聚的趋势决定于液体的密度。胶体越浓，灵敏度越高。但是溶液浓度太高会呈现黑色，
导致磁畴在黑色液体中不可见。最佳的密度需要根据经验仔细地确定。两篇参考文献论述了如
何避开这一限制从而提高灵敏度的方法：Pfützner[77]首先使用了高浓度的胶体，然后添加牛胆汁
作为清洁剂以使胶体团聚和确定位置，从而显示出了磁畴图形。剩余的液体用吸水纸清除掉，只
留下干的图形。这种方法对于变压器钢涂层的无辅助磁场磁畴观察来说已经足够灵敏。Rauch 等
人[53]在胶体上增加了一层可剥离的白色涂层，并使其在样品上干燥。剥离之后，与样品接触的
一面可观察到比特图形。两种方法都只限于静态图像的观察，但是都很灵敏，能够用于常规材料
的表征。

- 大团聚的形成和消失过程与黏性相当大的相的流动相关。也许是这个原因，这个过程会
比较慢，有时需要几分钟才能达到平衡[67,76]。所探测的磁场越弱，需要的团聚就越大，而且团
聚反应的时间也越长。

● 针状团聚的形成会导致光学各向异性（二向色性和双光折射[78-83]）。这一效应自身可以用于基于偏光显微镜的磁畴成像（见图 2.4）。

磁性胶体在磁场中的光学各向异性也可以作为胶体灵敏度的一种测量方法。图 2.5 展示了穿过不同磁性胶体层的光强度与磁场强度的函数关系，其中磁性胶体层位于正交的两个偏振片之间，磁场方向与偏振片呈 45°角。灵敏度高的胶体，即使在几 A/cm 的磁场下也能观察到各向异性效应。这定性地确认了具有最强光学各向异性效应的胶体也具有最高的磁畴观察灵敏度。

图 2.4 通过双光折射效应显示出来的
石榴石薄膜的磁畴
（由 I. B. Puchalska 提供[80]）

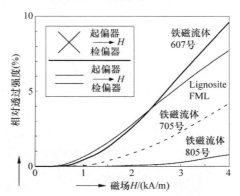

图 2.5 磁性胶体的光学各向异性（由内插图所示的
比值来定义）与磁场强度的函数关系。607 号是一种比较
不稳定的铁磁流体（较老型号），705 号和 805 号更加稳定，
但是灵敏度较低（与 Erlangen 的 H. Mayer 合作）

弱磁场下的强光学各向异性与磁畴探测的灵敏度来源于相同的效应——针状团聚的形成。光学各向异性在磁畴成像上的直接应用潜力尚未得到充分开发。颗粒团聚的二向色性指示了起作用的杂散磁场的方向：极化方向平行于磁场和亚微观团聚的光线比垂直方向极化的光线更易被吸收。因此，畴壁的衬度是极化依赖的。也许人们会想使用光学各向异性来确定磁场的强度，但是团聚和颗粒堆积的非线性效应阻碍了这种应用。

2.2.4 可见和不可见的特征

传统上认为比特图形探测的是畴壁导致的杂散磁场，但是这个观点有几点疑问[84]：

● 磁畴边界较强的衬度通常是源于晶体的错取向导致的磁畴表面磁荷（见示意图 2.2）。表面磁荷是磁化强度的垂直分量在表面产生的磁"极"。这些磁荷在畴壁上方产生了杂散磁场水平方向分量的极大值，这个分量根据衬度的规律［式（2.3）和式（2.4）］会变为可见的，并与磁场的方向无关。理想取向表面的布洛赫壁对于低各向异性材料实际上是不可见的，因为畴壁通过几乎无杂散磁场的方法改变了接近表面部分的结构，如图 3.82 所示。

● 所谓的 V 形线结构（见示意图 2.3），两个表面下的畴壁在表面相遇，这对于比特技术来说是最难观测的。图 2.6 展示了这种磁畴边界，在磁光效应下很容易观察到（见图 2.6b），但是在比特图像中不可见（见图 2.6a）。

● 在某些情况下三个表面下的畴壁在表面相遇。这种结构（也许可以称为 Ψ 形线，见示意图 2.3），在比特图像中是很明显的，但是在磁光效应下不一定是可见的。Ψ 形线结构可以深入表面以下而不破坏磁通连续性条件，所以它在克尔图像中不可见，而在比特衬度中可见。在变压器钢内 Ψ 形线结构可见的一端通常会观察到一个特有的胶体积累（"蝌蚪头"形状，见

图2.6c、e），这种结构在克尔图像中不可见（见图2.6d）。

- 对于高磁导率材料，比如坡莫合金（80%镍铁合金）或者富Co的金属玻璃，通过比特技术是观察不到任何磁性结构的，而用磁光技术可清楚地观察到磁畴。

- 对于薄膜，衬度取决于特定的畴壁类型。几乎无杂散磁场的非对称的布洛赫壁（见3.6.4.4节）是几乎不可见的，而奈尔壁不可避免地会产生杂散磁场，所以是清晰可见的。

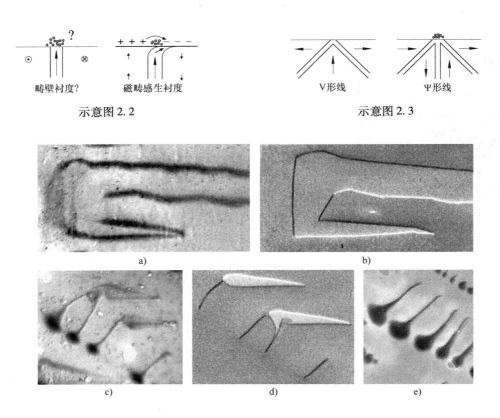

图2.6 相同磁畴的比特（a）和克尔（b）图像对比，来自于3%Si-Fe晶体，相对于（110）晶面的轻微错取向。"柳叶刀形"磁畴的侧面畴壁通过比特图像显示出来，但是钝头部位的V形线结构是不可见或者几乎不可见的，这取决于实验条件（胶体的稀释度、等待时间）。作为对比，早期比特图形研究中著名的"蝌蚪形"图形[85]明显是可见的（c、e），而在克尔图案中简化成 Ψ 形线（c和d取自于等价的但并不是同一个的图形）。表面上的"蝌蚪头"图形是"柳叶刀形"图形在倾斜外加磁场下得到的，通过仔细地调节，得到图e中，"胖"的"蝌蚪"形图案

从所有这些不确定性来看，只依赖于比特技术来进行未知磁性微结构的研究是相当有难度的。在已知背景的情况下，比特技术能提供重要的信息，其中一些是其他方法得不到的。

2.2.5 特殊方法

比特图形的衬度可以通过多种微观技术来增强。例如，DeBlois[86]使用暗磁场条件获得了小片状晶体磁畴的美丽图片。Khaiyer 和 O'Dell[87]在坡莫合金薄膜的研究中采用了 Nomarski 的干涉相衬显微术[88]，因为这种方法增强了表面剖面，所以可以在具有光学平整表面的样品（比如薄

膜）上得到最好结果。Hartmann 和 Mende[89]采用这种方法，使用水浸物镜实现了"活动的"高分辨率的液体比特图形。另一种实现高分辨率的方法是使用油浸物镜，用盖玻片修正，并把比特胶体限制在盖玻片下面。通过这些改良，对移动的胶体的观察在光学显微镜中达到 $0.2\mu m$ 的分辨率是可以实现的。

Wyslocki[90]设计了一种技术来降低分辨率，他通过涂一层漆作为表面和胶体之间的隔绝层。这种方法对于在复杂的表面磁畴的系统中（见 3.7.5 节）基本磁畴图形几乎被掩盖的情况会很有用。通过隔绝层，表面磁畴会变得不可见，只留下基本磁畴的增强图像[91]。

标准比特图形的应用受环境温度和光学分辨率所限制。使胶体在表面上干燥可以提高分辨率，因为颗粒层比原有的胶体溶液要薄。这种"干法"[92-95]在使用传统的光学显微术观察不规则表面时也有优势。如果在胶体中加入一些试剂以使其干燥后形成可剥离的薄膜，那么分辨率可以在电子显微术的帮助下进一步提高（见图 2.7）。通过扫描电镜直接观察干燥的沉积物[96-98]具有双重的优势，即高分辨率和大的聚焦深度，并且因此非常适合于小颗粒和粗糙表面的研究。隧道显微术也可以用于高分辨率下的比特粉纹观察[99]。

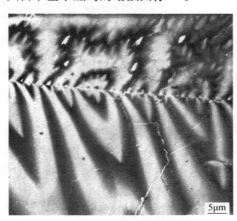

图 2.7　Co 晶体在 4.2K 下的由 Fe 颗粒显示的磁畴，通过电子显微镜复制技术显示出来[101]。磁畴具有立体感的面貌是由一个孪晶片对磁畴的镜面效应导致的。这些磁畴是磁畴分叉现象的明证（将在 3.7.5 节讨论，也可见图 5.6c）

如果能够通过适当地密封观察腔来避免胶体的干燥（见参考文献［54］），则缓慢的动态磁化过程也可以直接通过比特技术观察到，这一过程甚至可以持续几个月的时间。快速正弦型的畴壁振荡的振幅可以通过双畴壁图像显现出来，此图像标记了运动畴壁的周期性端点位置[100]。

该方法扩展到高温或低温需要的是水以外的新载体，现已提出了多种不同的乳液[102-105]。最通用的方法是燃烧一种合适的物质[106]，或者在低压气体中蒸发某种磁性材料然后使小颗粒凝聚[107-109]得到磁性"烟雾"。然后磁性颗粒可以保持在样品上。这种方法可以在低至液氦温度下使用，并且可以与电子显微术一起使用。图 2.7 展示了所获得的分辨率极佳的图片。使用顺磁氧气颗粒的优势在于可以进行原位观察，并且显示的胶体可以通过加热方便地去除[110]。合适的磁性颗粒也能方便地通过双腔溅射过程制备[111]。烟雾方法的衬度机理与比特胶体不太一样，因为烟雾颗粒会保持在表面的单一轨迹上而不会寻找一个平衡位置。参考文献［112］中对这两种方法依据经验进行了对比。

日本钢铁公司的实验室发现了一个特别简单的变通方法。现代的印刷墨粉由于打印机或复印机的工作机理一般是磁性的。在家用洗涤剂的帮助下这种粉末可以发生乳化。这种乳液不是胶体，但是在低分辨率的应用中，比如对涂层电工钢的观察（见图 2.8），这种方法可以提供很好的衬度和高灵敏度。

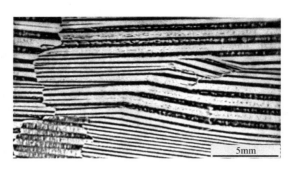

图2.8 通过墨粉乳液显示出来的涂层变压器钢片的磁畴（由日本钢铁公司的 Satoshi Arai 提供）

2.2.6 小结

比特粉纹法的主要局限如下：

- 高磁导率材料的杂散磁场很弱。如果没有杂散磁场，比特图形就不能显示出磁畴。在其他情况下，仅有特定类型的磁畴边界可能是可见的。
- 比特图形只能够记录缓慢或者周期性的磁畴移动[113]。比特粉纹的移动速度取决于有效的杂散磁场的大小。
- 当外加磁场比较强时，样品的锋锐边缘和缺陷处的杂散磁场通常会变得比磁畴和畴壁处更强，此时磁畴观察会非常困难。
- 杂散磁场和磁化强度的关系是间接、非线性并且是局域的，这使得对比特图形的解释存在着困难。
- 样品在比特方法中会变得相当脏。
- 尽管磁性胶体的磁导率较小，但是磁畴对所施加的胶体的反应一般也不能排除。

另一方面，比特方法也有其独特的优点：

- 不需要特殊设备。
- 错取向晶体的磁性微结构通常由微弱调制或者连续变化的表面图形所组成。比特方法在这种情况下能得出特别清晰的图片。
- 干燥胶体方法是唯一适合观察粗糙三维表面的（至少适合静态）磁畴的技术[96]。
- 比特技术的分辨率很容易达到100nm，而由于非团聚颗粒尺寸的原因，它被限制在大约10nm。
- 比特图形并不总是要求特别严苛的表面处理，甚至涂层样品也可以进行研究[53,77,114-116]。但是良好抛光的样品的分辨率和灵敏度会更高。

与比特方法相关的还有显示杂散磁场的趋磁细菌技术（见2.7.4节）。

2.3 磁光方法

利用反射光（磁光克尔效应[119]）的磁畴观察[117,118]和利用透射光（法拉第效应[123]）的磁畴观察[120-122]有很长的历史了。它们都是基于光的偏振面的微小旋转，通过偏光显微镜显示出来。法拉第效应很少使用，因为磁性样品很少有透明的。对于非透明样品只有使用克尔效应，但是这一效应在很长的时间里被认为是非常微弱而难以获得的。尽管如此，制备非常良好的样品在仔细优化的显微镜下是可以得到优良图像的，如图2.9所示。

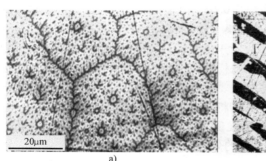

a)   b)

图 2.9 两个来自发明数码图像处理技术前的磁光图像的例子。Co 晶体上的枝状畴如图 a 所示，
是外加磁场平行于易轴条件下，利用极向克尔效应获取的。图 b 展示的是（110）方向硅钢晶体[124]
上的锯齿状磁畴图形，是在磁场垂直于材料的易轴，利用纵向克尔效应获得的

　　但是对于大多数材料来说，结果依然不尽人意，并且只有很少数人使用和开发这项技术。随
着数字差分技术的发明，非磁性的背景图像能够数码扣除，磁性的衬度通过平均化和电子处理
而显著增强，情况才发生了改变。有趣的是，同样的效应也越来越多地用于超薄膜的磁化强度测
量[125,126]。因为每种技术都需要一个缩略语，原有的磁光克尔效应被简称为"MOKE"。磁光记录
也是基于相同的效应（见 6.4.3 节）。考虑到磁光方法应用广泛，下面将对其进行细致的讨论。

2.3.1 磁光效应

　　通过磁光效应的磁畴观察是基于光学常数对磁化强度（$m = J/J_s$，J_s 是饱和磁化强度）方向
的微弱依赖关系。除了已经提到的克尔效应和法拉第效应，磁化强度分量的二阶效应——Voigt
效应[127]，也对磁光图像产生贡献。后者也可以看作**线性的双光折射**（线偏振光的双光折射），
而被称为 Cotton – mouton 效应[128]。所有这些效应都可以通过广义介电常数张量来描述。对于立
方晶体，这个张量具有以下形式[129–132]（按照 Atkinson 和 Lissberger 的符号约定[133]）：

$$\boldsymbol{\varepsilon} = \varepsilon \begin{bmatrix} 1 & -iQ_V m_3 & iQ_V m_2 \\ iQ_V m_3 & 1 & -iQ_V m_1 \\ -iQ_V m_2 & iQ_V m_1 & 1 \end{bmatrix}$$
$$+ \begin{bmatrix} B_1 m_1^2 & B_2 m_1 m_2 & B_2 m_1 m_3 \\ B_2 m_1 m_2 & B_1 m_2^2 & B_2 m_2 m_3 \\ B_2 m_1 m_3 & B_2 m_2 m_3 & B_1 m_3^2 \end{bmatrix} \quad (2.5)$$

式中，Q_V 是 Voigt 材料常数，描述的是光的偏振态平面的磁光旋转，即透射中的法拉第效应和反
射中的克尔效应。这一效应也称作磁圆双光折射，即圆偏振光的双光折射。根据这个定义那么介
电定律可以写成以下形式：

$$D = \varepsilon(E + iQ_V m \times E) \quad (2.5a)$$

　　常数 B_1 和 B_2 描述的是 Voigt 效应。对于各向同性或者非晶的介质，这两个常数是相等的，
但是在立方晶体中它们一般是不同的。m_i 是磁化强度沿立方坐标轴的分量。所有常数是由频率
决定的，并且一般是很复杂的，但是通常是 Q_V、B_1 和 B_2 的实部起主要作用。

　　原则上，也对光学常数做出贡献的磁导率张量也可采用类似的方法处理。但是光频率下
"旋磁"项大约比"旋电"项小两个数量级，以至于可以忽略。Q_V、B_1 和 B_2 的数值对于大多数

材料来说是已知的。Q_V 在可见光范围内大约是 0.03，近似正比于材料的饱和磁化强度（或者亚晶格的磁化强度），与 Ni - Fe 体系中发现的结果一致[136]。对磁性石榴石材料专门做了线性的磁双光折射测量，发现其结果大约为 10^{-4}[137]。对于磁畴观察的目标，旋转效应比线性双光折射效应要重要。后者主要是用于观察透明的石榴石材料的磁性微结构[121,138]。直到最近，这一效应才被扩展应用到传统金属材料上[139]。接下来将主要对克尔效应进行讨论，本书中的大部分磁畴图像也主要是用这种方法（特别是第 5 章）。我们将在 2.3.12 节继续讨论其他效应，除了经典的效应之外［即式（2.5）］，其中还包括对一种新发现的磁光效应的展示，它还取决于磁化强度梯度张量的某一分量，而不是直接由磁化强度矢量的分量决定。

2.3.2　磁光旋转效应的几何学

克尔效应可以应用于任何金属或者具有充分光滑表面的可吸收光的磁性材料，而法拉第效应仅限于透明介质。首先我们讨论两种效应对磁化强度方向的依赖关系，这可以严格地从式（2.5）、麦克斯韦方程组以及合适的边界条件推导出来[129]。使用扰光扰动电子受到的洛伦兹力的概念，通过简单的论证也可以描述解的对称性。

让我们首先假设磁化强度的方向是垂直于表面的（见图 2.10a），然后一个线性偏振光束会诱导电子在平行于偏振面方向（也就是光的电场强度 E 平面）振动。通常反射光是和入射光在同一个平面内偏振的。我们把这称为出射光的普通分量 R_N。同时，洛伦兹力会诱导一个垂直于初始运动方向和磁化强度方向的小的振动分量。这个次生的运动，正比于 $v_{Lor} = -m \times E$，由于惠更斯原理可知，会产生一个次级的振幅：透射为法拉第振幅 R_F，反射为克尔振幅 R_K。R_N 与 R_F 或 R_K 的叠加会导致依赖于磁化强度的偏振旋转。

图 2.10a 给出了**极向**的法拉第和克尔效应，此时磁化强度指向表面的法向方向。这一效应在垂直入射时为最强（$\vartheta_0 = 0$）。如图题所解释，这主要是在于 $\vartheta_0 = 0°$ 时偏振面的翻转在对称性上对于入射光的所有偏振方向是等效的。

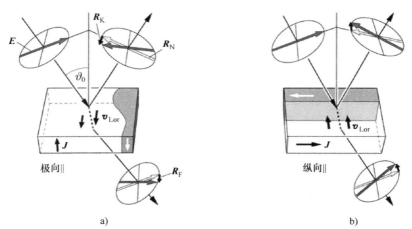

图 2.10　极向（a）和纵向（b）的磁光克尔效应和法拉第效应。R_N 是普通反射光的电场振幅。磁光振幅 R_K 与 R_F 可以认为是洛伦兹运动 v_{Lor} 产生的。极向效应在入射角 $\vartheta_0 = 0$ 时也会产生，它很大程度上取决于极化强度 E 的方向（选为平行于入射面）。在这里也给出了平行偏振的情况，此时纵向效应正比于 $\sin\vartheta_0$

对于**纵向**效应，磁化强度与入射面和表面都平行。光束需要相对表面倾斜入射，这会使平行

（相对于入射面，见图 2.10b）和垂直方向的偏振都产生一个磁光旋转（见图 2.11a），通过观察可以看出入射光振幅、洛伦兹运动和反射（或透射）光束方向之间的关系。在这两种情况下，旋转的指向是相反的。对于 $\vartheta_0 = 0$，洛伦兹力或者消失（见图 2.10b）或者沿着光束方向，所以不会产生可以观测到的光辐射（见图 2.11a）。

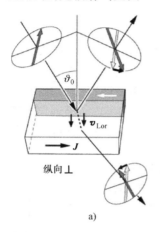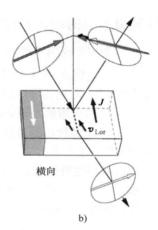

图 2.11 垂直方向的极化强度情况下的纵向效应（a）和横向效应（b）。这里的纵向效应的大小与图 2.10b 是一样的，但是反向。对于横向效应，只有平行方向的极化强度会产生效应，并且只会在反射时发生。在透射中对于任何极化强度都没有横向效应。这两种效应都需要入射角不为 0

对于横向效应（见图 2.11b），即磁化强度垂直于入射面，在透射时是不会发生磁光效应的 [因为叉乘 [式 (2.5a)] 要么是 0，要么是沿着光传播的方向]。然而对于反射，具有平行方向极化强度的光会产生一个克尔振幅，因为反射光束的方向是不同的。它也正比于 $\sin\vartheta_0$，但是极化强度的方向与普通的反射光是一样的。横向效应因此会产生一个光振幅的变化，这可以用于测量[140]，但是几乎不会在可视的图像上产生衬度。为了在横向情况时产生一个可测量的旋转，入射光的极化强度选为平行和垂直方向之间。那么垂直分量不会产生影响，而平行分量的振幅是可调的，从而导致了一个可测量的极化强度旋转[141]。

量化地综合这些效应，可以得到一个普适的公式[142]。光首先通过一个起偏器，相对于入射面，其偏振方向设为 Ψ_p（见图 2.12）。然后从样品上反射，产生的普通振幅，其平行和垂直于入射面的反射系数为 R_p 和 R_s。极向、纵向和横向情况下的克尔振幅 R_K^{pol}、R_K^{lon} 和 R_K^{tra} 取决于磁化强度的分量 m_{pol}、m_{lon} 和 m_{tra}。最终光通过检偏器（设相对于垂直入射面方向，其偏振方向为 α_s），得出相对于入射振幅的总的信号振幅，即

$$A_{tot} = -R_p\cos\Psi_p\sin\alpha_s + R_s\sin\Psi_p\cos\alpha_s + R_K^{pol}\cos(\alpha_s - \Psi_p)m_{pol} +$$
$$R_K^{lon}\cos(\alpha_s + \Psi_p)m_{lon} - R_K^{tra}\cos\Psi_p\sin\alpha_s m_{tra} \qquad (2.6)$$

图 2.12 克尔装置的起偏器和检偏器，并给出了相对角度的定义

普通反射系数 R_p 和 R_s 可以从光学常数和入射角出发，用菲涅耳公式得出。类似的表达也适用于克尔系数。我们将在后面的论述中 [见式 (2.11)~式 (2.13)] 给出它们，包括介电界面层的附加效应。

只有小数值的 Ψ_p 和 α_s 需要调节极向和纵向效应以获得最佳衬度。横向效应在 $\alpha_s \approx \Psi_p \approx 45°$

时产生最大的振幅 A_{tot}，此时两个普通反射振幅 R_p 和 R_s 几乎是相等的。

式（2.6）也可以用于不同于常规的极向、纵向和横向的普通磁化强度方向。在部分参考文献中，对于这些不同情况的传统名称仍在使用：纵向效应也被称为子午线效应，横向效应也被称为**赤道效应**。下一节我们将更详细地结合磁畴观察分析式（2.6）的结论。

2.3.3　克尔显微术中的磁光衬度

对于磁化强度方向相反的两个磁畴，克尔振幅只有符号是不同的。把式（2.6）写成 $A_{tot} = A_N \pm A_K$ 的形式，其中 A_N 代表正常部分［式（2.6）中的前两项］，而 A_K 是有效的克尔振幅［式（2.6）中的其他项］，则我们可以定义克尔旋转角（小角度下）$\varphi_K = A_K / A_N$。从检偏器设置为 $\alpha_s = \varphi_K$ 开始，此时能准确地消除来自其中一个磁畴的光（如果由于椭圆偏振它不可能完全消除，我们可以添加一块补偿片；但是此时先不考虑这种复杂情况）。结果，其中一个磁畴呈暗色，另一个磁畴或多或少会变亮。

然而，旋转检偏器超过消光点 $\alpha_s = \varphi_K$ 会更好（见示意图 2.4），下面我们将解释这一点。如果正常振幅和磁光振幅的相位是一样的，那么 A_K 和 A_N 可以作为实数处理，"暗色"磁畴的光强与入射光强有如下函数关系：

$$I_1 = A_N^2 \sin^2(\alpha_s - \varphi_K) + I_0 \cong (A_N \sin\alpha_s - A_K \cos\alpha_s)^2 + I_0 \quad (2.7a)$$

式中，I_0 是背底强度，定义 $\varphi_K = A_K / A_N$，$\varphi_K \ll 1$ 再次被引入，来自另一个磁畴的相对强度为：

$$I_2 = A_N^2 \sin^2(\alpha_s + \varphi_K) + I_0 \cong (A_N \sin\alpha_s + A_K \cos\alpha_s)^2 + I_0 \quad (2.7b)$$

示意图 2.4

相对的磁光信号是两个强度的差值，即

$$s_{mo} = I_2 - I_1 = 2\sin(2\alpha_s) A_K A_N \quad (2.8)$$

这个信号是克尔振幅 A_K 的线性函数，因此也是相对磁化强度分量的线性函数。通过增大检偏器角度 α_s 可以增大这个信号，但是这并不总是有益的。比如，对于光学观察最佳的衬度 C_{mo}，需要根据角度 α_s 来优化 $C_{mo} = (I_2 - I_1)/(I_2 + I_1)$，从而得到

$$\tan\alpha_{opt}^c = \sqrt{\frac{A_K^2 + I_0}{A_N^2 + I_0}}$$

$$C_{opt} = \frac{A_K A_N}{\sqrt{(A_N^2 + I_0)(A_K^2 + I_0)}} \approx \frac{A_K}{\sqrt{A_K^2 + I_0}} \quad (2.9)$$

此处的最后一个表达式在 $I_0 \ll A_N^2$ 时有效（见参考文献［143］中等效的表达式）。对于较大的 A_N，好的衬度只取决于背底强度和磁光振幅 A_K，而不取决于正常振幅 A_N 或者克尔旋转角 $\varphi_K = A_K / A_N$。对背景强度的贡献是由偏振片的不完美性、表面的缺陷和有限的照明光阑决定的，如 2.3.6 节所解释的。

然而，最佳的磁畴清晰度很少是在最大衬度准则下得到的。比如，图像太暗，用更大的检偏器角度 α_s 会更好。随着角度 α_s 的增大，光强正比于 α_s^2 而增大。这一特征在信号进行电子处理（如在视频设备里）时特别重要。此外，好的磁畴清晰度主要要求一个大的信噪比 r_{SN}。假定 r_{SN} 足够大，原本认为是一个难题的弱衬度能够简单地通过一个电子系统来增强。

三个需要考虑的噪声来源如下：

1）来源于光的量子性的散粒噪声。这一不可避免的噪声会随着图像中光子数的平方根而变化。

2）电子噪声。通常它与图像的亮度无关，而只决定于探测的电子器件。

3）光源的不稳定性，光路中的不均匀性以及样品的不均匀性（"介质噪声"），这些是与图像的亮度成比例。

理想情况是只有不可避免的散粒噪声。在这种情况下光噪声可以写成 $N_{\text{shot}} = \sqrt{\frac{1}{2}F_{\text{inc}}(I_1 + I_2)}$ ，其中 F_{inc} 是入射光子数。结合绝对信号 $S_{\text{mo}} = F_{\text{inc}}(I_1 - I_2)$ 可以得到， $r_{\text{SN}} = S_{\text{mo}}/$ $N_{\text{shot}} = \sqrt{F_{\text{inc}}}(I_1 - I_2)/\sqrt{\frac{1}{2}(I_1 + I_2)}$ 。代入式（2.7a、b）并对检偏器角度 α_s 求极小值可得：

$$\tan\alpha_{\text{opt}}^{\text{SN}} = \sqrt[4]{\frac{A_K^2 + I_0}{A_N^2 + I_0}}$$

$$r_{\text{SN}}^{\text{opt}} = \frac{4A_K A_N \sqrt{F_{\text{inc}}}}{\sqrt{A_N^2 + I_0} + \sqrt{A_K^2 + I_0}} \approx 4A_K\sqrt{F_{\text{inc}}} \qquad (2.10)$$

r_{SN} 的最大值是由克尔振幅和照明光子数决定的，而不是由克尔旋转角决定。当 $\alpha_s = \alpha_{\text{opt}}^C$ 时，只能达到这个最大值的 70% ~ 90%，具体数值取决于背景强度。转动检偏器使角度 $\alpha_s = \alpha_{\text{opt}}^C$ 可以使信噪比提高 30%，或者当 r_{SN} 充足并且保持不变时，可节约 50% 必需的照明光强度。

加入电子噪声和（或）起伏会减小信噪比，但是不会影响上述计算结果的基本特征：最优的 r_{SN} 仍然或多或少地超过式（2.9）中能获得最佳衬度 α_{opt}^C 的检偏器角度，并且这个信噪比对应会给出一个克尔振幅 A_K，而几乎与正常反射光的振幅 A_N 无关。这一描述可以通过代入合理的参数数值来证实，从而确认克尔振幅在磁光学中作为有价值的材料参数的作用。这也被称为"品质因子[144-146]"，并且经常间接地表达为 $\varphi_K\sqrt{I}$ 的形式。

对于 A_K 和 A_N 之间的相移，可以通过一个相移补偿器（比如一个可旋转的 $\frac{1}{4}$ 波片）来消除较暗磁畴产生的椭偏率。一旦实现了这一点，式（2.8）和式（2.9）中的信号和衬度就可以在磁光振幅用其绝对值代替的情况下依然保持有效[143]。并不总需要使用补偿器，然而当倾斜入射时，只要轻微地将起偏器旋转离开对称位置，就会引入相移。在实践中，起偏器和检偏器是同时调节的，直到获得令人满意的衬度和亮度的图像。如果补偿器是有效的，那么起偏器可以固定住，通过这种方式可调节补偿器和检偏器。当使用视频设备，通常推荐首先直接在显微镜里调节，然后"打开"检偏器直到需要的位置，从而获得屏幕上的最佳结果。

2.3.4 电介质涂层导致的干涉和增强

电介质增透涂层可以增强通常相当微弱的克尔图像（见参考文献［143，147，148］，其中参考文献［148］是对更早工作的综述），它们会减少正常反射光而增强克尔分量。

这一效应可以定性地通过图 2.13 来解释。调控电介质涂层的厚度以使 $R_N^{(2)}$ 的相位相对 $R_N^{(1)}$ 转变 180°，那么 $R_N^{(2)}$ 和 $R_N^{(3)}$ 的相差就是 360°（包括电介质层内部反射时的 180°相移）。在这一条件下 $R_N^{(1)}$ 的振幅等于其余振幅之和，即 $R_N^{(2)} + R_N^{(3)} + \cdots$ ，总的正常反射将为 0，而克尔振幅是增强的。这一优化的条件可以在足够高折射系数的涂层上实现。另一个有效的解释是，增透涂层会导致所有入射光强度被吸收进磁性介质而不是被无用地反射掉[143,146]。

理论结果确认了这些定性的讨论[143]。对于任意一个非吸收电介质层体系，将克尔系数代入式（2.6），分为三个磁化强度方向的三种情况[143,146]：

$$R_K^{\text{pol}} = \frac{iQ_V n_1}{4n_0\cos\vartheta_0}T_p T_s \qquad (2.11)$$

$$R_K^{lon} = \frac{iQ_V\sin\vartheta_0}{4\cos\vartheta_0\cos\vartheta_1}T_pT_s \quad (2.12)$$

$$R_K^{tra} = \frac{-iQ_V\sin\vartheta_0}{2\cos\vartheta_0}T_p^2 \quad (2.13)$$

式中，n_0 是环境折射系数；n_1 是磁性衬底的折射系数；Q_V 是磁光常数；ϑ_0 是入射角度（相对表面法向进行测量）；ϑ_1 是磁性介质内的入射角（复角），可通过 ϑ_0 用 Snell 定律计算得到；T_s 和 T_p 是从外进入磁性层的正常振幅透射系数（分别平行和垂直于极化方向）。

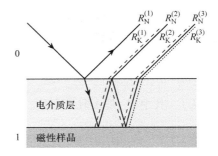

图 2.13　一个简单的电介质增强效应的视图[147]。调节层厚度以抵消正常反射率 R_N。在这种情况下可以看到克尔振幅 R_K（虚线）通过相长干涉进行了累加

严格的表达式［即式（2.11）~式（2.13）］在材料内部的入射角余弦函数设为 1 的情况下可以简化，这是在大多数实际情况下的一个合理假设。然后克尔振幅的绝对值（对可用的磁光信号是很重要的数值）可以表达为比较容易得到的正常强度反射率 r_p 和 r_s 的形式，即

$$|R_K^{pol}| = (|Q_V|/4n_1)\sqrt{n_1^2 + k_1^2}\sqrt{(1-r_s)(1-r_p)} \quad (2.11a)$$

$$|R_K^{lon}| = (|Q_V|/4n_1)n_0\sin\vartheta_0\sqrt{(1-r_s)(1-r_p)} \quad (2.12a)$$

$$|R_K^{tra}| = (|Q_V|/2n_1)n_0\sin\vartheta_0(1-r_p) \quad (2.13a)$$

此处 $n_1 + ik_1$ 是磁性介质的复折射系数。如果正常反射率 r_p 和 r_s 降为 0，克尔振幅 R_K 表现为最大值。增强克尔效应的问题就等价于要为实际的材料寻找一个高效率的电介质**增透涂层**。因为大的入射角度很少用到，实践中使正入射的反射率最小就足够了。

对于金属合适的电介质是 ZnS，而对磁性氧化物可以应用 MgF_2 或者 SiO_2 层。这类材料在光学控制下被蒸发，直到观察中应用的波长的反射率达到最小。对于绿光，表面会显示为暗蓝色。参考文献［143］中讨论了包括多重具有减少的退极化性质的涂层的进一步可能性。

式（2.11a）~式（2.13a）显示出了极向的克尔效应比其他两个效应要强，并不仅是由于因子 $1/\sin\vartheta_0$，也体现在式（2.11a）中的因子 $\sqrt{n_1^2 + k_1^2}$。这是 Snell 定律的结果，它减小了磁性介质内部的入射角。

如果需要的话，**透明**磁性膜的衬度也可以通过干涉来增强。如果代入对应的透射或反射系数，式（2.11）~式（2.13）对于任意膜体系是等效的。原则上，很薄的膜相对于块体材料甚至会产生一个更大的磁光振幅[149-151]。为了实现这一点，膜首先沉积在一个镜面上，镜面上带有适当厚度的电介质中间层。随后膜上再覆盖一个和前面一样的增透体系。这样一个镜面系统理论上可以产生很大的提高，尽管实践中这种提高的实现是很困难的。膜镜面体系原则上可以克服纵向与极向磁化强度相互干扰的缺点[146,152]。

磁性超薄膜会产生比块体材料更大的信号，出现这一多少有些令人惊讶的结果的原因在参考文献［151］中进行了研究。在一个优化的镜面体系中所有能量最终都被吸收到磁性介质中，就像具有理想抗反射涂层的块体样品一样。从这个观点来看，块体材料中同样的效率似乎也是可能的。

当考虑磁光振幅的**相位**时，薄膜体系会体现出一个优点。在块体材料中总的磁光信号可以看成是不同深度贡献的叠加，根据复合振幅的渗透函数 $\varphi_{ap}(z) = \exp(-4\pi i n_1\cos\vartheta_1 z/\lambda_0)$（见参考文献［146，151，152]，光波必须传播进入一定深度 z 然后再出来，所以因子是 4π 而不是 2π）可知，它们的相位是不同的（见示意图 2.5）。克尔效应表现出了一个基于（强度）光的渗

透深度的深度灵敏度，这一想法有时会被提出来（例如在参考文献［153］中就明确地提到了），但它是错误的。对于块体材料不同深度的贡献相位不同，所以降低了总体的效率。然而对于优化的超薄膜体系来讲，所有磁光振幅是在相同相位产生的。磁性介质中的吸收越少，这一优势就越有效，因为这时块体材料不同深度的贡献甚至可能是符号相反的，这导致总信号非常弱。比如，对于高度透明的石榴石，就没有真正基于克尔效应观察到的磁畴的报道（石榴石中的磁畴曾在透射模式下通过法拉第效应观察到，其中可能利用一个镜面进行了反射观察）。

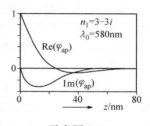

示意图 2.5

来自不同深度、不同相位的贡献在克尔显微术中可以得到利用。使用一个可旋转的补偿片，克尔振幅的相位就可以相对正常反射光振幅进行调节。在这种方法中，只要它们的克尔振幅调节到与正常光相反相位，就可以使来自选定深度区域的光不可见。这种深度选择的克尔显微术在参考文献［154，155］中演示了 Fe/Cr/Fe 三明治样品中的两个铁层的磁畴可以分别成像。这种观察的可能性用不同的光波波长可得到扩展[156,157]。

2.3.5　克尔显微镜

最普通的克尔显微镜如图 2.14 所示。第一步的设置建议先在低分辨率下在纵向或横向效应中得到较大样品的总体磁畴图形。这种设置的优势在于起偏器和检偏器之间只有样品而没有光学单元，这样的衬度条件是最佳的。物镜是倾斜的以增加聚焦范围并减少图像的失真[158]。这种设置下的分辨率在实践中被可达到的数值光阑和倾斜物镜的像差限制在大约 2μm。这种显微镜必须要定制。它可以基于合适的体视显微镜来实现[159]。

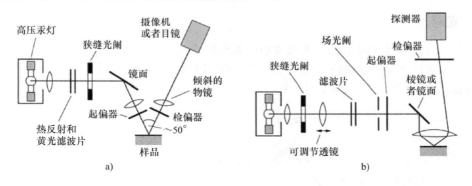

图 2.14　两种克尔显微镜。a）一个低分辨率和高灵敏度的版本（在这种情况下，可以倾斜以减少失真的广角物镜的效果最好）　b）一个高分辨率，无失真的克尔显微镜（为了避免去极化，物镜和镜面单元必须是无应变的）

使用第二种装置可实现分辨率高达光学显微镜极限的显微观察[160]，它通常是基于常规的偏光显微术。使用油浸法和蓝光获取高数值光阑和短波长，在极向效应中实现了 0.3μm 的分辨率，因此显示出了窄至 0.15μm 的磁畴[161,162]。由于光束穿过镜面单元，并且两次穿过起偏器和检偏器之间的物镜，使得衬度在一定程度上会降低。无应变、高极化品质的光学元件是必需的。Berek棱镜是推荐的用于纵向效应的镜面单元，因为它们不会导致光的损失，也不会引发去极化。但另一方面，它们限制了观察孔径，进而限制了一个方向的分辨率。如果光强没有问题，一个薄片反射镜会提供最佳的分辨率和高灵活性的观察模式。最佳方案可能是把一个狭窄的舌型反射镜放在后焦平面。在 Prutton 的显微镜中使用了这种舌型反射镜（见参考文献［45］），但是因为一个孔径光阑被放在了物镜的后面，所以它在提高分辨率上的潜力未被利用。透射中不会遇到这些照明问题。

大多数情况下最为推荐的光源是一个带有合适光谱过滤器的高压汞灯，并选择绿色和黄色汞线。它可以提供足够的亮度和合适的色谱，不仅可以用于黄绿光还可以用于蓝光范围。弧光灯的缺点是稳定性和使用寿命不够。一个更稳定的选择是激光照明。固态绿光或蓝光激光器如果变得可用和足够稳定，那么将会非常有吸引力。在带有脉冲应用染料激光器的氩离子蓝光激光器上，已经得到了好的结果。激光照明的优点：①几乎无限的强度；②激光的输出功率是有可能稳定的，这对于弧光光源是不可能的；③短激光脉冲可应用于高速频闪显微术。

激光照明的（与任何窄孔径照明一样）一个难题是很容易显示出强的干涉条纹和散斑。使用多模的染料激光器并在照明部分中插入旋转玻璃片这一方法表现出了可以减弱这个问题[164]。数码减影（见2.3.7节）在原则上能消除干涉效应，但是需要所有部件都有很高的稳定性。一个好的技术在于要馈送穿过振动多模玻璃光纤的激光以完全消除相干性[165]（同时也是为了减小潜在的、与激光有关的危险性），另外这也是为了振动光纤的尖端以使图像能在后焦平面上覆盖一个合适的面积来避免衍射条纹。然而，基于可用的稳定氩离子激光观察得到的图像质量没有普通非相干照明的图片好。令人满意的结果只能在经过平均化，并去除了残留的与不稳定相关的激光效应的照片中得到。

近年来高强度发光二极管的发展提供了一个未来非常有希望的选择[166]。如果被注入光纤并且可能组合成一束，它们可能会很好地代表未来理想的显微镜照明，并有足够的光谱宽度以避免散斑和干涉条纹，还具有固态光源的固有稳定性。

2.3.6 光路

克尔显微镜的照明光阑不能太大或太小。太小的光阑（平行光）会导致干扰的衍射条纹，特别是在样品表面上尖锐的缺陷周围；过大的光阑会降低由于去极化效应产生的背景亮度，从而降低衬度。这一原因勾画在图 2.15a 中。

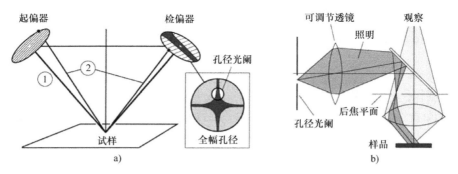

图 2.15 照明光阑，起偏器和检偏器的原理图（a）。如果起偏器设置为平行于入射中心面，**中心光束①**从任何金属表面反射都不会有相差。这对于具有不同入射面的非中心光束②是不对的。这束光通常是在椭圆和旋转偏振态下发生反射，因此不能通过方向垂直于入射中心面的检偏器实现完全消光。这种情况下的全幅光阑中的消光区域，能够在显微镜的后焦平面（见图 b）观察到，图形如图 a 的内插图所示。一个有效的孔径光阑被关闭以选择一个消光比高的照明光路

我们这里认为所有光束打到样品的一个点上。我们把照明光束的中心光线与表面法向所定义的平面称为入射中心面。起偏器和检偏器的位置根据这个中心面来定义。对于所有不在这个平面内的光束，有效的起偏器角度都是不一样的。如果起偏器的设置是对这个中心光照平面而进行优化的，那么对其他光束就不是优化的了。这可以通过调节起偏器和检偏器到最大消光，然后看显微镜的不同衍射面（所谓的锥光偏振图像）体现出来（利用内置的 Bertrand 透镜或者辅助望远镜代替目镜，或者退而求其次，简单地去除目镜之后直接看向镜筒）。最大消光的区域通常是在全幅光阑中得到的十字形状（见图 2.15a 的内插图）。

显微镜内曲线表面的透镜和显微镜中其他光学单元上发生的极化相关反射和透射效应会叠加到样品引起的去极化上。这对在高倍率下使用的强物镜尤为正确。所有这些去极化效应原则上可以通过合适的调控透镜和样品上的增透涂层来减弱。然而，从这个意义上讲还没有有效且可行的办法。

为了得到最佳的衬度条件，光照应该被限制在锥光图像的消光区域。对于极向效应，一个中心圆孔光阑被放在照明光束中。对于纵向效应，换成一个方向平行于入射面的**狭缝**光阑会更好[168]，而对于横向效应，方向垂直于入射面的狭缝光阑是最好的选择。

圆孔光阑的光学位置（不是实际位置）放在物镜的后焦平面时（见图 2.15b），它应该对于整个观察场是均匀有效的。这是通过根据对应物镜的性质，调节该图中和图 2.14b 中的透镜来实现。假如这一条件没有完全满足，图像的不均匀性会达到图像各处衬度反转的程度，如图 2.16 所示。值得一提的是，显微镜的分辨率并不严重地被带有狭窄孔径的照明以及实际的光阑在光路外面所影响（见图 2.15b）。如果用薄片反射镜代替棱镜，入射面可以自由地通过移动物镜后焦平面中孔径光阑的图像来选择。在这种情况下，真实的横向克尔效应可以被具有横向入射面的纵向克尔效应所代替。

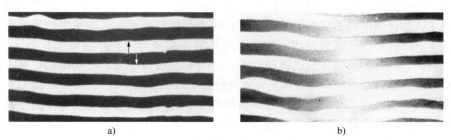

a)　　　　　　　　　　　　　　　　b)

图 2.16　正确放置照明光阑的磁畴图像（a）和不正确调节光阑的图片（b）相对比。
这个磁畴图形是 3%SiFe 变压器钢中所谓的应力图形（见 5.3.3 节）

2.3.7　数码衬度增强和图像处理

磁光观察通常必须要对抗表面的缺陷和不规则，这些通常会在偏振片接近正交时产生很强的"非磁性"衬度。参考文献［168］中提出了一种摄影方法来减除原有的非磁性衬度。但由于摄影过程的非线性，这些结果并不令人满意。

通过电子学手段[169-171,165]，这个想法再次兴起了。在标准步骤中，一个饱和磁化状态的数字化视频图像，也就是参考图像，首先被存储在数码存储器里，然后从包含磁性衬度的图片中扣除。如果这个扣除过程是以视频采集频率"实时"进行的，则会非常有优势。只要显微镜设置保持不变，磁化过程的动态观测在这种方法中将成为可能，因为相同的参考图像可以用在刚收到的每张图像上。对于记录来说，得到的差值图片可以通过平均化和其他数码图像处理技术来改善。显微镜系统的光学、机械、电子和热稳定性都要求很高。图2.17a、b演示了使用这种系统可能带来的显著改善。平均化的交流状态可以用来取代饱和状态作为参考图像,这种方法的优点是在交流磁场下作用在样品上的力会比在饱和高磁场下小。由于热效应导致的参考和实际图像间小的位移,可以通过在最终记录前交互地调节样品或相机来修正。

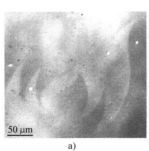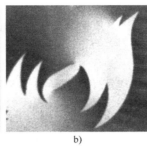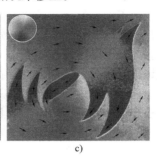

图2.17 非晶铁镍合金的相同的磁畴图形,曝光前为(a),数码衬度增强得到(b),通过混合两张数码图像得到量化评价(c)(见2.3.8节)。最后一种情况下,除箭头之外,一种彩色编码也被用来指示出每个点的磁矩方向

通常从不同角度研究相同磁畴图形是人们所希望的。**通过组合技术**,这在数码差值过程中是可能实现的[142,139]。如果研究问题中的图形,一个参考图形是研究前取得的,与显微镜设置修改相关的第二个参照图形是在最后记录的,那么就可以记录下同一磁畴图形的两个不同视图。对于不同的方面存在着大量的可能性:①假如入射面改变了,不同的磁化强度分量就是可见的(图2.17c的量化图像就是通过这种技术得到的,具体见2.3.8节);②垂直入射的极向分量,Voigt效应或者磁光梯度效应(见2.3.12节)可以被观察到,并与常规的纵向图像关联;③样品可能被移动了,相同图形的不同部分被探测了;④通过旋转补偿片,对深度的灵敏性可以被修正,如2.3.4节所解释的;⑤通过改变物镜,图片的一部分可以在不同放大倍数下进行研究;⑥如果可能的话,甚至样品的背面也能被检测,并与正面图像比较,可以得到样品不同面的图像,就能够对复杂的三维磁畴图形进行更可靠地研究了(见参考文献[172]和图1.1a)。

标准的数码差值过程有时仍然包含有结构的或者非磁衬度的贡献。粗粒度的多晶和非平面的样品经常会造成这种问题。对标准差值图片通过"饱和差值图片"进行归一化,去除这些假象的增强方法在参考文献[173]中进行了开发和演示。

电子衬度增强打开了一个新的可能性的广阔领域。前所未有的,甚至金属软磁材料畴壁的所有细节都能被观察到[171],如图2.18a所示。这里硅铁的布洛赫壁的表面结构是通过纵向克尔效应描绘出来的,而除了一些沿着入射面磁化的磁畴之外,其他磁畴几乎没有显示衬度。如上述所解释的,当入射面为了获得复合图片而进行旋转后,能够观察到磁畴和畴壁的条件就会交换(见图2.18b)。

数码图像改善的另一种方法在参考文献[174]中演示了。这里数码记录的图像经过傅里叶变换,频谱中与磁性图像无关的部分被去除。所得到的石榴石膜里的迷宫磁畴的磁性图像表现出图像质量的提高。这种方法很有趣但是可能通常不太可行。更多的可能性在参考文献[175]中进行了讨论。

2.3.8 定量的克尔显微术

一旦图片数码化了,进一步的操作便成为可能,比如**定量**地确定磁化强度方向[142,176,177]和定

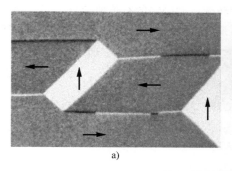
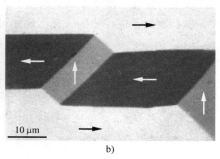

a)   b)

图 2.18　（100）取向的硅铁晶体的磁畴和畴壁图像。采用竖直入射面，a）水平的
畴壁结构变得可见。b）中斜入射时的灵敏度轴被选为水平方向，显示出的主要是磁畴衬度，
而仅能给出畴壁亚结构的图形的迹象

量地评估磁畴图形的特征和畴壁参数。在定量的克尔显微术中，获得的同一磁畴图形的两个方面，例如两个不同的入射面，被顺序地记录然后在计算机中混合。

定量方法可以在软磁材料中应用，在其中可以观察到的磁化强度基本是平行于表面的，而极向分量可以忽略不计。它仍然需要校准实验以确定两个被混合的图像的灵敏度方向，因为在实际应用中把显微镜调整到一个预定的灵敏度方向是不可靠的。

校准实验在实际研究之前和之后进行，也就是说，在第一个参考图像之前和第二个参考图像之后。在参考文献[142，177]中，在不同方向的饱和磁场下记录的图像强度被用作这个校准（见示意图 2.6）。在高磁场下，透镜中伴生的法拉第旋转和样品中感生的极向磁化强度分量（例如在晶粒边界和样品边缘）会引起问题[176]。如果很多位置的磁化强度方向是预先知道的，例如基于晶体各向异性或者靠近薄膜样品边缘的磁畴，能获得更好的结果。然后这个

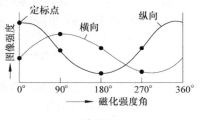

示意图 2.6

结果可以通过插值扩展到整个观察区域[177]。有时为了校准，在样品中产生一个简单的磁畴图形是可能的，这可以被用于定量探讨更复杂的磁畴图形[178]。

在参考文献[179]中提出了定量克尔显微术的另一种可能：这里样品旋转了 90°，图像在旋转之前和之后采集。这种方法具有几乎不需要校准和可用于任意磁畴图形的优势。然而，它可能很难精确地关联两张图像。如果样品不完全平整和精确垂直于旋转轴的话也会有问题。

如果存在极向磁化分量，需要特别小心地分离其对磁性图像的不同贡献。只有极向分量在法向入射时是可见的，此时面内分量对图像没有贡献。如果存在大小相当的极向分量，分离这些分量会更加困难；它可以通过根据式（2.6）混合不同起偏器和检偏器设置的实验来实现。

定量的结果可以更好地以彩色编码展示出来（见参考文献[142]和图 2.17c）。饱和彩色圆盘标记的是面内磁矩的方向，如果需要知道极向分量，还可以用黑色和白色这种额外选项来表示。彩色编码通过在图中选定的点用箭头指示磁矩方向可以得到进一步支持。由于箭头的排列，一个正常的箭头阵列容易产生一个织构化的形象。这个想法也被应用到其他定量磁畴观察技术中，也被应用到微磁学模拟的结果中（如参考文献[181]中的例子）。

2.3.9　动态磁畴成像

磁畴动力学过程能以肉眼跟得上的最快速度观察到。长曝光时间任意频率的周期性拍照过

程会产生中等衬度的区域，这至少可能给出关于畴壁运动振幅的有价值信息[182,183]。数码减影技术（见2.3.7节）增加了进一步的选择，比如可逆和不可逆畴壁位移的区别（见图2.19）。

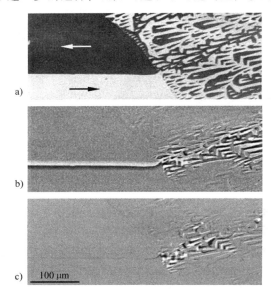

图2.19 研究变压器薄片的磁畴图形的动力学。起始的构型（a）是被从一个受到交变磁场的
样品状态图像（b）中扣除。那些磁畴图形中在差值图片中没有移动的部分保持灰色不变，
而可逆移动的畴壁在动态平均图像中通过黑和白的衬度显示出来。在关闭交变磁场后，一些畴壁
仍然不可逆地发生位移，如静态差值图片（c）所示

关于非周期过程的更详细研究要求时间分辨的高速摄影技术。Houze[184]使用氙闪光灯作为照明，每秒记录了5000张图片。因为光强有限，只有低放大倍数的图片能够使用这一技术。

光源是所有高速研究的主要问题（如前所述，即使是静态磁光观察也要求尽可能的最亮的光源）。周期性的磁化过程通过脉冲光源[185,186]或者触发式摄像机[187]可以频闪观测。高分辨的单次曝光图片可以通过触发式激光得到[164,49,188-191]，比如通过氮离子激光泵浦的染料激光。激光脉冲为若干纳秒长，相对于磁场脉冲能够被精细的计时触发。扫描延迟时间会产生一系列周期性或者准周期性过程所对应的图片。

图2.20a展示了一个使用10ns激光脉冲得到的图片的例子[189]。因为这是一个单次曝光图片，光学干涉效应没有被抑制。它需要数码减影，但是激光光源的曝光强度是不可重复的。对于带有触发式激光的周期性过程的频闪成像，图像扣除技术被证明是有用的[192,193]。一个通过这种方法得到图片的例子如图2.20b所示。这里扣除了不同相位的平均磁畴状态以突出畴壁运动。

Chetkin等人[194]在正铁氧体的畴壁超音速运动研究中创造了高速摄像的记录。这些研究中使用的是1ns长度的单激发染料激光脉冲。在光学差分技术中，部分激光束劈裂开，然后经过迂回实现若干纳秒的时间延迟之后，反馈给显微镜。在第二个光束中设置了一个偏振片以使得到的衬度与第一个光束的衬度相反。所以衬度会抵消，除非被研究的畴壁在两次拍照间移动了。在这种方法中，局域的畴壁高达20km/s的位移速度可以被记录下来。这种技术利用了制备精良的正铁氧体的磁光衬度非常高的优点。

2.3.10 激光扫描光学显微术

使用扫描光学显微镜（或者"激光扫描显微镜"）取代常规的平行照明设备有很多优点：激

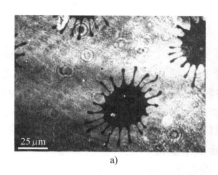
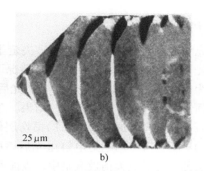

a)　　　　　　　　　　　　　　　　　b)

图 2.20　a）快速的负偏压脉冲磁场施加在透明石榴石膜上得到的"爆炸"的磁泡的图片。
氮激光触发的染料激光的曝光时间为 10ns（由卡内基梅隆大学的 F. B. Humphrey 提供）。
b）薄膜磁头的磁轭中的畴壁运动的频闪图像，是从两个 5ns 的系列脉冲平均化得到的
差分图片，其中第二列脉冲在 1MHz 的磁化循环中触发比第一列稍晚。黑色和白色的衬度指示了
两个触发点之间周期性畴壁运动的范围（由 IBM Yorktown Heights 的 B. E. Argyle 提供[193]）

光比常规光源可用功率更高，而且信号能被逐点地处理和分析，比常规的感光板或者摄像机更灵活。激光强度的变化很容易通过在扫描器件中分别测量它们来进行补偿。因为样品上的光斑点是顺序照明的，衍射条纹就不那么重要了，并且能够通过在探测系统中使用第二个共聚焦光阑来消除[195]。这种共聚焦显微镜也应该会显示出一个更高的分辨率（乘以 $\sqrt{2}$），但是这还没有在磁光学中得到验证。

通过锁相技术，可以侦测到光学信号的微小变化，而且磁导率或者其他局域性质的分布图像也可以获取[196,191]，比如在薄膜磁记录头上的分布图。另一个激光扫描技术成功应用的例子是，第一次显示出了磁泡材料中的布洛赫线[197]，它是基于一个微弱的衍射光图像（非对称的暗场显微术）（在这种情况下，随后的发展展示了常规显微镜中相应的方法也能产生相同的结果[198-200]）。在参考文献［201］中演示了使用横向克尔效应的振幅调制。这样微小衬度的探测在常规成像中也许是不可能的。这个不需要检偏器进行工作的技术具有简单和仅对一个磁化强度分量灵敏的优点。使用锁相技术能够得到清晰的扫描图片。进一步的可能在参考文献［202-204］中进行了探讨和综述。

激光扫描显微镜主要的缺点是它们相对于常规成像显微镜来说，价格高昂和速度缓慢。大多数激光扫描器是相当慢的。快速扫描设备[205]虽然提供了一些优势但对于在视频频率下进行实时磁畴观察仍然不够快。通常，人们会选择一个更便宜但是更慢的变体样品在固定激光束下被机械扫描。简单的一维扫描器件在特别情况下可以得到有价值的信息，例如在布洛赫壁的研究中[206,207]。

有一个问题在于样品被激光局域加热可能影响磁畴。根据参考文献［201］，块体材料上的照明光斑的平稳加热升温由 $\Delta T = 3P/(\pi\lambda_{th}d_{sp})$ 给出，其中 P 是吸收强度，λ_{th} 是热传导率，而 d_{sp} 是光斑直径。使用克尔显微术中需要的几个毫瓦功率的激光，这会产生一个几度的局域加热，这可能会影响软磁材料磁畴图形的细节。如果使用非常快的扫描系统，则局域加热的问题可以通过重复扫描来避免。

我们推断扫描磁光显微镜不足以替代常规（宽视场）成像显微镜。然而，它们能够对其他物理量而不是简单地对磁化强度成像，在这些应用中存在着它们的特殊价值。

通过**近磁场**扫描技术提高分辨率以超越衍射极限的额外可能将在 2.6.2 节讨论。

2.3.11 样品制备

光的信息深度（大约材料内20nm）决定了克尔显微术中样品制备需要的质量。对于软金属，机械抛光通常是不合适的，因为这种情况下损伤层太厚（以机械抛光有应力的铁基样品上出现的磁畴为例，如图2.22d～f所示）。抛光后轻度热处理（比如对铁合金真空800℃处理）会使软金属表面重构从而产生令人满意的结果。对于硬金属（比如稀土永磁合金），可以用金刚砂抛光制备而不用热处理。这种情况下的损伤层似乎是足够薄的。电解抛光如果可用的话结果总是令人满意的。不过有个问题是电解抛光后表面平整度是有限的。在层流或者喷射的电解液中的抛光是首选的。在低放大倍数观察中，表面不均性会导致一个强的背景图像。它可以通过数码图像处理得到很大的抑制，但是如果这种技术不具备，那么机械抛光对于低放大倍数就更合适了。一般来说，透射电子显微术中获得成功的减薄和抛光过程在克尔显微术中也会给出很好的结果。

有一些样品完全不需要表面处理（如薄膜和快淬金属玻璃），它们在观察前没有被触摸，就已经具有了足够完美的表面。通过数码成像处理，很多未被包覆的软磁材料也可以在未抛光情况下进行观察。如果磁畴是透过透明衬底观察的，处理也是不需要的（也不可能）。如果选择的玻璃衬底足够薄（<0.1mm），磁畴可以在最高分辨率下使用常规的油浸物镜观察，用盖玻片来修正。

氧化物磁体可以通过非晶SiO_2的胶体悬液来抛光[208]，这种悬液因为在硅技术中的使用而闻名［Syton®（Monsanto）、OPS®（Struers）或者类似产品］。令人惊讶的是，这些产品在普通金属样品（比如硅钢）上也有好的效果。抛光机理包含有一些化学和机械效应。如果使用胶体硅介质的抛光是成功的，那么进一步的表面应力退火就不需要了。

在每种情况中，电介质增透涂层的应用（见2.3.4节）可观地改善了衬度，保护了样品，并且没有发现有任何不利影响。

2.3.12 其他磁光效应

2.3.12.1 法拉第效应

对于透明的磁性材料，比如大多数氧化物（特别是石榴石），法拉第效应提供了磁畴观察的最佳方法，尤其是因为在这些材料中克尔效应通常较微弱（见2.3.4节）。甚至在这些样品中畴壁都可以很容易地通过法拉第效应看到（见参考文献［121，209，210］和图2.21）。

通常在透射实验中不需要使用数字图像处理技术，因为衬度已经很强，亮度也很高。在氧化物中如果晶体太厚，材料吸收掉太多的可见光，则可以使用红外辐射[211]。在研究复杂的深度依赖的结构时，穿过样品观察这一优点反而变成了一个难题。将透射图片与表面敏感方法（比如比特技术）进行结合，是非常有用的[211,212]。另一种选择是在长波长下应用法拉第效应，此时氧化物是透明的，而在短波长下使用克尔效应。

在透射实验中如果样品是光学各向异性的（双折射）就会出现问题。这样的样品必须非常精细地沿着光轴切割，否则磁衬度就会非常弱。之前提到的在正铁氧体上的高速研究[194]只有在样品这样制备时才是可行的。

2.3.12.2 法拉第效应在指示薄膜中的使用

**法拉第效应找到了另一个重要的应用：薄的指示层（指示膜，见示意图2.7）可以用于描绘出超导层、硬磁材料、磁记录材料或者有源集成电路上方的杂散磁场。杂散磁场感生了探测

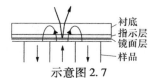

示意图2.7

器活性层中的一个极向磁化强度分量，它被极向的法拉第效应记录了下来。通常在指示膜一侧镀了一个镜面层，以使光穿过膜两次，从而增强了灵敏度。

早期的指示膜是顺磁溶液[213]或者玻璃[214]。热蒸发顺磁膜（EuS 和 EuF$_2$ 的混合）[215,216] 的引入决定性地改善了分辨率。然而，这种顺磁膜的灵敏度是有限的。它只有在接近指示材料有序温度（居里点）时才能达到可以接受的数值。

传感器材料当然不应该影响要被研究的样品，而且自身应该是无畴结构的。由于这些原因，使用具有特征的迷宫畴图形（见

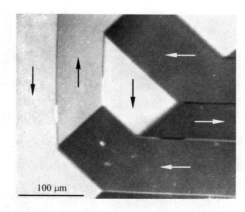

图 2.21　一个修饰过的 YIG 石榴石片的透射图像。由于含有少量的 Co 成分，这个石榴石的易轴是 <100> 型。可以看到 Voigt 效应主要在 90°磁畴中，而极向法拉第效应在 180°畴壁中。照明几乎是垂直的，但是轻微的倾斜（沿着图中的垂直轴）在 180°磁畴之间也产生了一些纵向法拉第衬度（与 Erlangen 的 M. Ruhrig 一起完成。样品由 Philips Hamberg 的 W. Tolksdorf 提供）

图 1.1c）的透明磁泡石榴石膜的尝试没有产生令人满意的结果[217,218]。如果探测允许施加一个刚好强到足够使磁化强度转到面内的面内磁场，那么使用磁泡石榴石就可以实现高灵敏度和高分辨率。这种利用"临界状态"（见 3.4.4 节）的方法在参考文献 [219] 中应用于非磁性衬底里的磁性夹杂物的探测（见图 2.22a）。

常规情况（在其中这样的外加磁场是不允许的）下，引入具有面内各向异性的石榴石膜能得到好得多的结果[220]。这些膜自身不会产生杂散磁场，且它们的面内磁畴图形在极向观察中大部分是不可见的。这个方法和它在超导体中的应用在参考文献 [221] 中进行了综述。另一个应用是在无损探测中显示磁性微区[222]。它在常规磁畴的观察中的作用是有限的，但是在有利的条件下它可以是很有用的，如图 2.22c、e、f 所示。

2.3.12.3　Voigt 效应和梯度效应

Voigt 效应（线性磁性双折射）在透明晶体的研究中起到了很好的作用。在垂直照明时，面内磁畴只能用这个效应显示，而畴壁和垂直磁畴只能通过更强的法拉第效应才能变得可见（见图 2.21）。90°旋转样品展示出了这个区别：Voigt 效应衬度被反过来，因为 Voigt 效应是磁化强度分量的二次项。极向效应的法拉第效应衬度保持不变，而如果是纵向效应或者某种未对准引起的，它将会消失。因而对观察到的图片进行方便的解释成为可能。

在数码差分技术帮助下，Voigt 效应在反射中也观察到了（见图 2.23 和参考文献 [139]）。图 2.23 中可以看到一个更有趣的效应。一些磁畴边界展示出了一个额外的强衬度。这个观察现象已被确定是由线性依赖于磁化强度梯度的某个分量的双折射效应引起的[139,224-226]。与这个效应的真正起源无关[227,228]，它在磁畴分析中可能是有用的[155]。对面内磁畴图形（见图 2.23 中展示的）的单个垂直入射图像，使用 Voigt 效应和梯度效应的衬度定律进行解释是可能的。对于这些可能性的概述在参考文献 [229] 中给出。

2.3.12.4　磁光学中的二次谐波生成

一个磁光现象的新领域在研究非线性光学时被开拓出来了[230-233]。在这个光学领域，介电位移包含了来自电场平方的显著贡献，这与作为所有的常规磁光效应基础的传统线性介电定律不

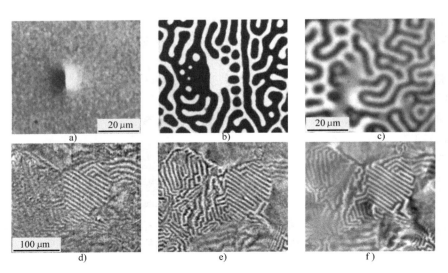

图 2.22　在磁畴研究中使用指示膜的例子。a）通过平行于表面的外加磁场中的垂直各向异性石榴石膜的临界态对埋藏的磁缺陷的显示。b）同一缺陷改变了石榴石指示膜中的剩磁磁畴图形。c）$Nd_2Fe_{14}B$ 粗晶材料的基本的磁畴，通过面内各向异性石榴石膜显示出来。只有粗的内部磁畴而不是划分精细的表面磁畴变得可见，并且只发生在指示膜与样品接触良好的部分样品位置。d）~f）机械抛光的硅－铁上的迷宫磁畴形状是抛光残留应力引起的。纵向克尔效应（d）在这种情况下是不敏感的。充满石榴石颗粒的涂层[223]（e）比单独的石榴石膜（f）更可靠地显示了磁畴形状。与 R. Fichtner（a, b）和 K. Reber（d~f）合作取得

同。如果频率为 ω_L 的高强度的光照在材料上，非线性效应会产生一个二次谐波（SH），可以由介电定律描述为

$$D_i^{(SH)}(2\omega_L) = \sum_{r,s=1}^{3} \varepsilon_{irs}^{(2)} E_r(\omega_L) E_s(\omega_L)$$

式中，$\varepsilon^{(2)}$ 是二次谐波的介电耦合张量。被激发的非线性光振幅可以很容易地从入射光中通过光谱学方法分离。耦合张量包括非磁性和磁性贡献。一些张量中的矩阵单元与磁化强度呈线性关系。具体的对称性条件非常复杂，在参考文献[230]中详细描述。

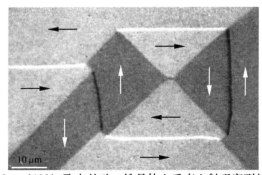

图 2.23　（100）取向的硅－铁晶体上垂直入射观察到的衬度。起偏器和检偏器相对于水平方向取向在 ±45°，这样 Voigt 效应在 90°磁畴之间出现，而磁光梯度衬度在 180°磁畴边界变得可见

对称性分析揭示了普通高对称性材料中来自块体的显著效应是禁止的。然而，对称性在表面被破坏，因为二次电子运动在表面是被阻止的。因此所观察到的二次谐波振幅主要来源于第一层原子。关于磁性材料中额外的体贡献的问题在参考文献[234，235]中进行了讨论。磁不均匀性本身也有可能产生二次谐波振幅，这在稍晚的参考文献中进行了详述。然而主要效应确定是来自于表面。作为对比，常规的线性克尔效应展示的是来自穿透深度范围内的信息，这在 2.3.4 节已经讨论过了。

在参考文献［236］中证明了二次谐波产生过程中的强磁效应。以 45°角和平行极化的方式，在铁晶体（110）表面施加 6ns 脉冲宽度和 532nm 波长的激光脉冲，发现镜面反射的二次谐波被磁调制了 25%。然而，在本实验中，对于任何显微镜而言，二次谐波的总强度都是不够的，但是如果激光脉冲越短，二次谐波的总强度就越高，因为当平均功率恒定时，有效电场会增大，从而产生更强的二次谐波效应。在参考文献［237］中也报道了巨大的影响。

如果二次谐波显微镜能在反射过程中产生高质量的图像，那么它将与同样表面敏感的电子极化方法（见 2.5.4 节）相比具有优势，因为在这种技术中，金属表面不需要特别清洁。它可以被透明涂层覆盖（前提是该涂层不会消灭最顶层原子层中的铁磁性[236]）。基于二次谐波效应的扫描显微镜将为现有技术提供有用的补充。从应力外延石榴石磁膜的透射中获得了最早的磁二次谐波图像[238,239]。

经常被频繁提及的二次谐波成像是基于一个比常规线性克尔效应强得多的效应，这样的观点，只是因为二次谐波**翻转**更强，而没有进行严谨的考虑。我们知道根据对常规克尔效应的分析（见 2.3.3 节），磁光旋转与图像的质量或者信噪比是没有关系的。起决定性作用的是被激发的相对振幅，不幸的是它仍然非常小。

2.3.13　小结

标准的克尔磁畴观察技术有很多优点，具体如下：

- 磁化强度可以直接明确地被观察。
- 观察过程中样品没有受到毁坏或损伤。样品的形状和尺寸基本上是任意的。
- 观察过程不会影响磁化强度（如果光照的加热效应被抑制掉，还有一种例外，即磁性氧化物中存在光感生的磁各向异性变化）。
- 动态过程能够在高速下观察。
- 样品容易在观察过程中操控，可以施加高低温、机械应力，或者最重要地可以施加任意磁场。
- 用于成像的相同效应也可以应用于材料的磁性表征，测量局域的磁滞性质。这在克尔显微镜的扫描变体中是天然可行的。通过用光电子探测器代替相机，或者给显微镜加上一个微型磁力计，它们也可以添加到传统的克尔显微镜中[159]。

磁光方法的缺点在于：

- 样品需要处理，以使其在超出所选分辨率的尺度上是平整和光滑的。
- 需要一些设备，特别是如果在低衬度的条件下需要电子增强。
- 分辨率限制在大于 0.15μm 左右的磁畴，对应的光学分辨率大约是 0.3μm。
- 对于金属，只有表面一层大约 10nm 穿透深度的磁化强度可以看到（这也并不总是一个缺点，在参考文献［146，151］中详细讨论）。

大多数磁光磁畴观察是在经典的偏光显微镜上进行的，使用照相底片或者摄像机作为探测器。交变激光扫描技术提供了灵活定义"信号"（比如可以是动态定义的磁导率或矫顽力）的优势。但是，光学扫描技术遭遇了低扫描速度很难跟上动态过程的问题。

法拉第效应在样品足够透明时是优选的。Voigt 效应和磁光梯度效应可以作为附加选项。二次谐波磁光效应新技术可能会开启真正的磁光方法的表面观察。近场磁光显微术相关方法将在 2.6.2 节讨论。2.7.3 节讲述的 X 射线光谱学方法也可以看作是非常短波长下的磁光学。然而"X 射线磁圆二色谱"的详细的物理背景和实验条件及其相关方面与常规的磁光方法都非常不同，因此值得单独讨论。

2.4 透射电子显微术（TEM）

2.4.1 TEM 中的磁性衬度的原理

人们对磁性薄膜技术的兴趣激发了电子显微镜[240-245]中的磁畴观察。早期的工作已经进行了总结，可见参考文献 [246-249]。对于最新理解的简介可以在 Reimer 的教科书里找到[250]。Chapman 的综述[251]中包括了深入的理论分析和对各种基本实验技术的总结。对于经典的洛伦兹显微技术的总结可以在参考文献 [252] 里找到，对于一些新的方法，特别是全息术，可以在参考文献 [253] 中看到。

在一个常规电子显微镜中，电子被加速到 $100 \sim 200 keV$ 的能量，而在高电压电子显微镜中会达到 $1000 keV$。这些电子兼具粒子性和波动性。作为粒子，它们具有一个接近于光速的速度（$100 keV$ 对应速度为 $164000 km/s$，$1 MeV$ 对应 $282000 km/s$）；作为波，它们具有一个远小于原子间距的波长（$100 keV$ 时波长为 $0.0388Å$，$1 MeV$ 对应 $0.0123Å$）。电子和磁感应强度的相互作用通过两种图像都能描述。在粒子性表述中，对应于经典的束光学，电子洛伦兹力偏转为

$$F_L = q_e(v_e \times B) \tag{2.14}$$

式中，q_e 和 v_e 是电子的电荷和速度；B 是磁通量密度。只有垂直于电子束的 B 的分量是有效的。洛伦兹力需要在整个电子路径上积分，而不是仅仅在穿过样品内部的轨迹上积分。样品以外的杂散磁场也会对衬度有贡献。在不利的情况下，它们甚至会抵消样品内的磁化强度的影响。

在三个基本的条状磁畴分布中（见图 2.24），只有一个在样品不倾斜时是可见的。对于其他两种情况，净的洛伦兹偏转抵消为零。一般出现在软磁膜里的面内磁畴通常是可见度很好的类型（见图 2.24a），而有问题的图 2.24b 和图 2.24c 模式会发生在磁记录里。

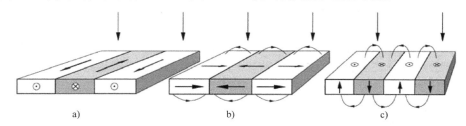

图 2.24 三种无限长的磁畴图形，其中只有 a）在垂直入射时产生了净的电子偏转。在 b）情况时，如果磁畴图形是无限长的，那么磁化强度导致的偏转将被样品上下的杂散磁场导致的偏转所抵消（通过高斯理论可以证明）。对于有限宽的情况，衬度将会在外侧边缘出现。对于情况 c），洛伦兹力在样品内部会消失，因为垂直入射的电子是平行于磁化强度的，而样品以上和以下的杂散磁场导致的偏转相互抵消了（后一种情况中，可能会有来自于畴壁的衬度）

这里所体现出的问题是对所有模式的洛伦兹显微术共有的。在一些情况下它可以同样通过倾斜样品来回避。如果图 2.24c 中的样品相对于垂直于条带的轴倾斜，电子会得到如图 2.24a 磁化强度分量的图形。同样在图 2.24b 中，如果磁畴图形的宽度是有限的，磁畴的可见度可以通过一个较大的相对于同一个轴的倾斜角度来提高。随后电子部分地通过较弱的侧面磁场，偏转不再会被完全补偿掉，如参考文献 [254] 所阐述。通过系统地进行倾斜和图像处理过程，完全分离开局域化的磁化强度和非局域化的杂散磁场是可能的，然而，在电子显微镜中是很难做到的。

基于洛伦兹力的电子显微术依赖于电子方向的较小变化。那些经历了与样品中原子核碰撞

导致巨大偏转的电子，或者与样品内部电子发生了非弹性散射的电子，对于磁衬度的贡献是很少的，但是会产生一个干扰的背底。这些效应也会使得应用于洛伦兹显微术的样品存在一个厚度的极限（大约 100nm）。

2.4.2　传统的洛伦兹显微术

2.4.2.1　离焦模式成像

即使有一个样品导致的净偏转，在常规的明场**聚焦**图像中，它也不会产生任何衬度。然而，在离焦时，至少对于常规的没有杂散磁场的磁畴（见图 2.24a），阴影效应（见图 2.25a）会描绘出非均匀磁化的磁畴的边界。因为这种获得磁性衬度的方法是基于洛伦兹力的，所以它被称作离焦模式的洛伦兹显微术，或者更专业的称呼是菲涅耳模式的洛伦兹显微术，因为它的机制和光学中的菲涅耳干涉很相似。

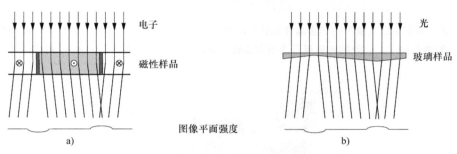

图 2.25　阴影中的电子偏转，或者称为"菲涅耳"模式 a）。显微镜聚焦在样品
以下几毫米。图 b 是对图 a 的光学模拟

在对离焦模式的讨论中，波动光学的一面特别有用。从这个观点看来，磁化强度影响了电子波的相位。定义 B_0 作为 B 垂直于电子束的平均分量，而 s_b 为电子束的方向。相位变化可以写成一个简单的形式[255,256]

$$\operatorname{grad}\varphi_e = \left(2\pi q_e \frac{D}{h}\right) B_0 \times s_b \tag{2.15}$$

式中，φ_e 是电子波的相位；D 是膜厚度；h 是普朗克常数。那么一个非均匀磁化的磁畴就对应于光学中的一个厚度线性变化的玻璃平板，如图 2.25b 所示。这样一个光学模型揭示了经典理论（被棱镜折射）和波动光学理论（相位对象）之间是等价的关系。在波动光学中采用公式定量计算给定磁化强度分布所得到的衬度（包括电子干涉效应），可以在参考文献 [257] 中看到。

如果使用一个良好局域化的相干电子源，电子衍射条纹就将出现，例如菲涅耳模式中"收敛的"畴壁图像（见图 2.26）。这样一个复杂的磁畴图形只能给出关于两个磁畴间**畴壁**的间接信息（在图 2.25b 的光学模型中，畴壁结构对应于棱镜边缘的形状）。如果畴壁或者其他磁性微结构的模型是可行的，那么与波动光学计算的对比可以检测它们的有效性[258-260]，但是一般来说是不可能在洛伦兹显微术的离焦模式下立即看到磁性微结构特征的。

可能唯一的例外是单晶膜中"发散的"畴壁图像所展示的布洛赫壁的不对称性（最早由 Tsukahara 所展示，如图 2.27 所示；在收敛的畴壁图像中这一不对称性很少观察到）。除了磁性的衬度外，单晶的图像还包括另外的晶体学衬度（消光的轮廓线、位错线等），但是能够很容易地被实验观察者识别出来。

一般来说，标准的洛伦兹显微术非常适合于观察薄膜的磁畴，但是不适合于对畴壁及其亚

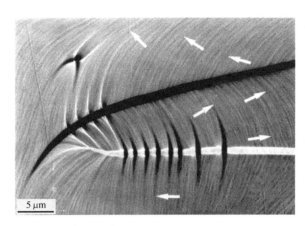

图 2.26　具有条形**波纹**织构的多晶坡莫合金薄膜的洛伦兹图片，织构垂直于磁畴和**十字畴壁**的
平均磁化强度。收敛的畴壁展现为衍射条纹，如放大图所示（由 S. Tsukahara 提供[261]）

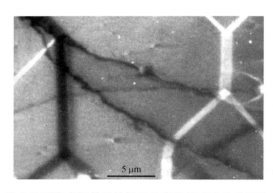

图 2.27　（100）取向的厚度未知单晶铁样品的离焦模式洛伦兹图片。注意发散的畴壁
（黑色）的不对称剖面，反映出非对称布洛赫壁的内部结构（见 3.6.4.4 节）。
不规则线条是晶格的衬度（由 S. Tsukahara 提供[261]）

结构的高分辨率研究。甚至在磁畴观察中，也因为不均匀磁化的磁畴不会指示出磁化强度的方
向而存在限制。但是，这可以通过若干间接的方法来获得：

- 畴壁对不同方向磁场的反应会给出关于磁化强度方向的线索。
- 在多晶样品中，磁化强度特有的涨落（磁化强度波纹，见 5.5.2.3 节）总是垂直于一个
磁畴的平均磁化强度方向（见参考文献［243］和图 2.26）。
- 在独立实验中，选定区域的**小角衍射**记录了洛伦兹偏转的方向，那么也就记录了该区域
的平均磁化强度方向。

2.4.2.2　经典的正焦磁畴观察技术

从一开始在电子显微镜中观察磁畴，就有人希望找到洛伦兹显微术的其他模式，来更直接
地解读图像。

一些正焦方法利用的是洛伦兹偏转和晶体样品布拉格衍射间的相互作用[262-264]。这些方法没
有得到广泛的接受，可能是因为它们需要样品的晶相完美。然而，它们仍然是研究磁性和晶格缺
陷之间相互作用的有效方法。

与光学相位显微术的类比激发了 Boersch 和 Raith 方法[241,242]，即在衍射面内使用光阑阻挡了一半的孔径（见图 2.28a）。这个"纹影"或者 Foucault 方法展示了常规的磁畴衬度，它是容易解释的，但是它的细节严格依赖于隔层边缘精确的位置和特性，这些通常是未知的。在很长时间里，这种方法被认为比起菲涅耳方法来说，优点很少。随着技术的进步[265]，这种方法重获新生，展示出了其在分析小的薄膜单元时的特有价值（见图 2.28b、c）。其图片与克尔图像类似，但是它超越了光学方法的分辨率一个量级以上。由于之前提到的一些基本的困难，这种技术非常适合研究磁畴图形，但对于畴壁研究则不太适合。

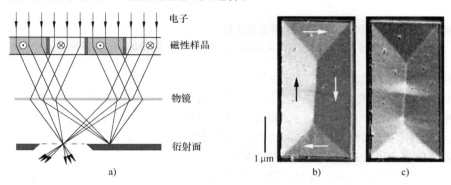

图 2.28　洛伦兹显微术的 Foucault 技术的原理 a）和使用这一技术在 24nm 厚的坡莫合金单元上
得到的一个磁畴图形的两种面貌的示例，展示了纵向 b）和横向 c）的磁化强度分量
（由 K. J. Kirk 和 J. N. Chapman 提供）

两个更进一步的正焦方法（后面部分会讨论）提供了磁性显微术中真正定量的信息。在第一种方法中，使用了一种**扫描**透射电子显微镜，并带有专门的利用差值图片的探测器。另一种方法是基于电子**全息术**，带有光学的或者数值化的重建过程。

2.4.3　差分相位显微术

2.4.3.1　标准的扫描技术

这种方法是相位显微术的一个变种，它是基于扫描透射电子显微镜的[266-272]。样品被一束精细的电子束扫描。在显微镜的衍射面内，一个特殊的分裂式探测器将衍射电子束转换为电子信号，并可能会通过显示屏展示出来或者被数字化存储起来（见图 2.29a）。如果探测器由两部分组成，两个信号的差分是正比于电子束的磁性偏转的，因此也正比于垂直于探测器分裂方向的平均磁化强度分量。这一技术被称为差分相位衬度（Differential Phase Contrast，DPC）显微术。

结果是带有磁畴衬度的正焦图片，和克尔或者法拉第效应图像类似（见图 2.29b），但是分辨率高得多，能达到 10nm 以上。经证实，成像过程的线性度甚至包括衍射效应都保持不变[270,271]，只有纳米范围的畴壁宽度才有可能带来偏差。

如果旋转探测器，显微镜会对磁化强度的其他分量敏感，如图 2.30 所示。在实践中，会使用四象限探测器，其信号能够通过多种方式混合。如果样品之外的杂散磁场可以忽略（典型的就是软磁材料），两个这种图像的混合能够定量地确定磁化强度的方向[273]。对于高分辨率，电子必须小心地准直处理。照明系统具有等价于传统电子显微镜中的物镜的功能。因此两种显微镜的电子光学从根本上说是一样的[251]。

差分相位显微镜提供了两个更进一步的优势：一是放大率可以通过改变扫描幅度来自由调节；二是只要差分操作中这些偏转能抵消，图像处理过程就不会对电子的非弹性散射敏感。因此

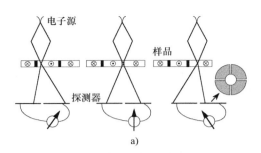

图 2.29　扫描透射电子显微镜中差分相位衬度的原理 a)。这种方法可达到的高分辨率
通过图 b) 中铁箔的磁畴展示出来（由 J. N. Chapman 提供）

这种方法相对于其他可能的电子显微术原则上可以对更厚的样品有效。

　　一个与 DPC 方法相关的困难必须要提到：不是所有的结构特征都会产生一个对称的（会在差分过程中被抵消掉的）散射图形。因此图片通常在磁性衬度之外，会或多或少地展示出显著的相衬度，这是来源于晶粒结构和样品边缘。这种效应对于越薄的样品会越强。如果使用一个环形的探测器，使靠近电子束中心的电子被排除掉，这会大大地减弱具有二维磁化强度的样品的这种副作用，如参考文献 [272，274，275] 和图 2.30 所示。由于轻微的离焦而在差分图像中出现的非磁性振幅的衬度可以通过数码扣除一个差分和加权的明场图像来补偿掉，如参考文献 [276] 所示。

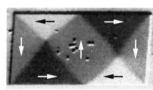

图 2.30　差分相位图像展示了一个 60nm 厚的坡莫合金单元的正交的
磁化强度分量（由 S. McVitie 和 J. N. Chapman 提供[273]）

　　除了非磁性衬度的困难，差分相位方法提供了高的分辨率和关于样品平均面内磁通密度的量化信息。如关于图 2.24 中所讨论的，甚至这一信息可能都不足以获取完整的三维磁化强度矢量场。Beardsley[277] 证明了，如果在 DPC 图片的基础上，样品上方和下方一个平面内的杂散磁场被记录下来，那么完全确定磁化强度矢量的最终目标是可以实现的。2.5 节讨论的一些方法开拓了解决这一基本问题的视野。

2.4.3.2　常规 TEM 中的差分相位衬度

　　参考文献 [278 - 280] 中提出和演示了一个有趣的差分相位成像的变体[278 - 280]。一系列 Foucault 图像被数码混合以获得量化的图像。这个技术与标准的扫描 DPC 方法是对偶关系。照明电子束的入射角在光阑平面的一个象限内系统变化，取代了电子束在样品上扫描。和扫描 DPC 过程一样，每个象限记录的图像被数码平均，差分在这些平均图像之间形成。这个方法的优点是它可以在常规电子显微镜中建立。

2.4.4　电子全息术

　　电子全息术[256,281 - 284]通常是一种非常强有力的技术。它是基于记录干涉图形，从而能重建对象的振幅和相位。

2.4.4.1　离轴全息术

在离轴全息术的标准技术里（见图 2.31），成像是分两步进行的：首先在相干电子束的帮助下获得一个电子全息图；然后通过一个光学或者电子学重建过程将磁信息萃取出来。标准的电子全息方法限制样品不能完全充满物平面，这样一个未经衍射的参考光束才能通过样品。两束电子被带电的一条线和两个平板组合成的静电系统（类似于在光学中的双棱镜）聚合在一起形成一个干涉图形，即全息图。

磁性相位图像可以通过具有分裂激光束的 Mach – Zehnder 型光学干涉仪[282]从全息图重建得到（见图 2.31b）。相干光的电子全息平板的照明会产生原始对象的两张图像——常规的图像和共轭图像。一个激光束的常规图像混有第二个激光束的共轭图像以形成一个可视的图像。干涉会在两束光相位差为 0°或者 360°的整数倍时产生最大值，而在每两个最大值之间形成最小值。如果阻断干涉仪的两支分叉光束中的其中一支，我们就不会得到磁性相位的图像。

如果相位差仅仅是由磁场引起的，那么所得到的恒定相位的线很容易读出：根据式（2.15），相位梯度是垂直于 B 的平均面内分量。恒定相位的线因此是平行于这个分量 B_0 的，相位干涉图中的线的分离只有两条线之间的磁通等于磁通量子 h/q_e 的时候才会发生。图 2.31c 展示了一个钴片的图片作为例子。非相干的电子散射会使全息图变模糊，并限制有用的样品厚度远低于 0.1 μm。

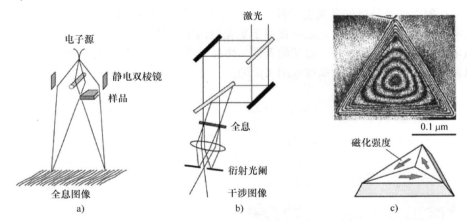

图 2.31　a）常规电子显微术　b）使用 Mach – Zehnder 干涉仪的光学重建的原理
c）产生的图像，展示了三角形钴小板内部的磁通线（沿着电子轨迹的平均）。样品边缘狭窄的
线是常规形貌学的相移（由 A. Tonomura 提供）

在光学重建过程的一个变体中，感光全息图首先在**硬**的感光膜上被复制，增强了衬度，甚至使更高阶的图像能被复合，从而导致了更高的磁通线密度。相同的效应可以被现代数字图像处理的技术实现，参考文献［284］对此进行了综述，参考文献［285］作了分析。另一个先进的技术将记录的全息图作为视频信号传输到液晶显示器上，它被激光束同步地照明，从而提供了实时观察重建图像的可能[286,287]。直接在显微镜中使用电子 – 光学方法产生重建图像也是可能的，如参考文献［288］所演示的那样。

2.4.4.2　差分全息术

参考文献［253］对全息技术在扫描透射显微镜中的变体进行了综述和演示。在其中一个被称作"差分模式"的变体中，具有大约 5nm 分辨率的质量非常高的畴壁剖面能被重建[289,290]。这个方法评估了穿过样品的两束少量位移的光的干涉。因而重建包含了关于两束光之间相差的信息。产生的图像不再由磁畴中的干涉轮廓线支配（见图 2.31c），而是显示出一个不均匀的磁畴衬度，就像克尔显微术或者 Foucault 技术那样。原因在于，根据式（2.15），磁化强度正比于相梯度，因此，一个只显示电子相位差分的方法，必须被考虑为磁成像的自然选择。

差分全息术也可以在常规（场发射）透射电子显微镜中实现，如参考文献［291］中所述。这里两个干涉束像常规的离轴全息术一样由双棱镜产生，但是全息图在接近样品的像的位置被记录（见示意图 2.8）。在前面提到的文献里，一个计算机重建的结果展示出与差分相位显微术的结果是等效的，如 2.4.3 节所讨论的，并具有在计算机中去除各种图像畸变和假象的额外可能性。差分全息术的一个重要的优点是扩展的薄膜也可以被研究，因为两个干涉束都穿过了样品。

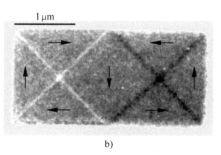

凝汽
双棱镜

样品
全息图

示意图 2.8

2.4.4.3 相干 Foucault 技术

Chapman 等人描述了另一个并不严格全息，但是产生与标准全息术类似的图片的新技术[292-294]。这个方法基于相干显微镜和一个特殊的光阑滤波器。因为这个光阑滤波器类似于 Foucault 技术中所使用的，所以这个新方法可以被称为**相干 Foucault 技术**。最佳结果是使用相移滤波器得到的，它使所有磁偏转的电子束以及正好一半的中心未衍射电子束发生相移 π。通过这个中心光束的分离，从旁边经过样品的电子波被衍射以使其与磁信息发生干涉。经过这个过程能得到清楚的干涉图形，且明显相比于常规的电子全息术简单得多，也能够使用于更宽范围的样品。图 2.32 展示了一个例子。和在电子显微术中一样，它仍然有一个必须的条件，样品要小于视场，这样有一些电子可以从它旁边经过，以发生干涉。分辨率是由条纹间距决定的。

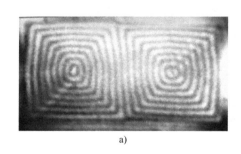

a)

b)

图 2.32　a）显示出磁通闭合磁畴结构的薄膜单元的相干 Foucault 图像，图像在相干成像条件下得到，孔径中带有一个 λ/2 相位片，它包含有一个针对中间束放置的孔洞，以使中间束被孔洞的边缘切割成两等份
b）常规 Fresnel 图像（由 A. Johnston 和 J. N. Chapman 提供）

2.4.4.4 全息技术的关键评价

传统电子全息术（见图 2.31）经常宣称是唯一的量化的洛伦兹显微技术。事实上，如上面所详细说明的，两点之间的磁通量（沿着电子轨迹进行积分）可以定量地从全息图像获得。但是在铁磁学中，磁化强度的绝对值是材料的常数并通常是已知的或者便于获知的。样品厚度可以更直接地被测量，而不是通过复杂的电子干涉实验获得。磁性微结构研究中唯一未知的是磁化强度的**方向**。一个量化的磁畴观察技术必须要能够确定这个磁化强度的方向，很多电子 - 光学方法和其他方法能够实现这个目的。通过传统全息术给出的附加的关于磁感应强度大小的信

息在样品以外的磁场研究中是有用的[295,296]，但在磁畴成像中并不是那么有用。

因此，显示相轮廓线的传统重建模式在磁性研究中没有提供真正的优势，根据式（2.15），重要的只是相梯度。理论上说，从任何全息图都可以重建矢量场，但是差分全息术的新模式直接关注于这个量，而对样品的形状相对于离轴方法来说很少有限制。这些技术的进展当然值得关注，即使它们没有达到分辨率数值的最佳纪录。

2.4.5 洛伦兹显微术中的特殊过程

样品处理在 TEM 中是特别重要的。块体材料必须是减薄的，最好是通过电子抛光或者离子束减薄，表面必须是大致和磁光观察中一样平滑。有效的膜厚度在常规显微镜中被限制在 ≤100nm，在高电压显微镜中为几百纳米。如果应用在高电压显微镜上，差分相位技术可拓宽有效厚度范围。

常规电子显微镜总是要求进行一个修正：强的物镜产生了一个大的轴向磁场，在大多数情况下它将会破坏掉要观察的磁畴图形。因此这个物镜必须被关掉，或者样品必须被移到离物镜足够远。这个要求限制了洛伦兹显微术的分辨率。在电子显微镜常规的"油浸"物镜上添加另一对"洛伦兹透镜"以在理想样品位置不产生磁场，这种解决方式的效果是令人满意的[297,292]。这个较弱的物镜虽然没有达到常规透镜的分辨率，但是纳米范围的分辨率对于磁性研究几乎是足够的了。

大多数洛伦兹显微术中的磁畴观察是使用标准的 100～200kV 显微镜进行的。高电压显微镜[298,299]提供了更清楚的图片，因为随着电压增大，洛伦兹偏转比起在非弹性电子散射中的偏转减弱得更慢。最佳的电压可能是 300～500kV。另一个优势是更高的穿透深度。来自厚达 0.5μm 的单个晶体的清楚的磁畴图像已经在 1MV 电子显微镜中观察到了。非弹性散射电子也能被能量过滤器消除，如参考文献［300］中的演示。

施加垂直于显微镜轴的微弱磁场是可能的。为此目的建造的专门的磁化样品台用一个或两个额外的线圈补偿了对电子束的影响[301]。最简单的方法是使用微弱激发的物镜，根据想要的磁场方向倾斜样品。这种方法能得到平行于薄膜平面的大约 100kA/m 的磁场分量。沿着显微镜的轴向，几百 kA/m 的物镜磁场是可以实现的。

倾斜样品台对电子显微术中的很多目的都很有作用，它能帮助把磁性衬度从结构衬度中分辨出来。得到垂直于表面的磁化强度分量的唯一途径是倾斜样品。为了研究薄膜中的这种结构使用了高达 60°的倾斜角[302]。

如果图片足够亮，甚至动力学过程都可以被记录，尽管这只有在离焦或者菲涅耳模式中是容易实现的。Bostanjoglo 和 Rosin 的实验[303]特别在高达 100MHz 的频率去频闪以观察布洛赫壁亚结构（即所谓的布洛赫线，见 3.6.5.3 节）的共振，使用了一个门控的同步图像放大器。

强度是一个经常遇到的问题，特别是在要求高分辨率的情况下。图片经常不能在荧光屏上被观察到，而只能被长曝光时间的摄影记录。像场发射枪一样的专门的电子源是有优势的，而且它对于全息和差分相位方法几乎是强制性的。这提出了一个严重的实际问题：场发射阴极只能在超高真空条件下工作。McFadyen[304]设法在常规显微镜中实现差分相位方法，但是他不得不在分辨率上做出让步，而且他不得不使用数码成像采集以弥补电子源减弱的亮度。

2.4.6 小结

TEM 的独有特征：

- 在现代技术帮助下，低至纳米范围的高分辨率是可以实现的，例如电子全息术和差分相位显微术。

- 高衬度和灵敏度,甚至磁化强度的微小变化都能得到。
- 电子显微术可以直接观察畴壁和晶格缺陷的相互作用。

这些有利的方面也要和它的一些缺点来一起权衡:

- 设备昂贵,并且一般来说针对磁性研究做了调整之后就不能用于其他目的。
- 样品厚度的范围是有限的(大约在几百纳米以内)。
- 样品制备很难。
- 视场被限制在最多几十毫米。
- 施加磁场或者机械应力非常困难。
- 磁化强度和杂散磁场可能会相互抵消。

不同模式的透射显微术所具有的相对优势:

- 具有对微小细节的实现较好但是分辨率有限和极好衬度的磁畴观察和磁化过程观察,在离焦或者菲涅耳模式下效果最佳。
- 合适的 Foucault 方法是能够得到中等分辨率但是定量的**磁畴**图像。
- 定量的、非常高分辨率的磁畴和畴壁图像,且可以从更厚的样品上得到,这可以在差分相位显微术上实现。
- 电子全息术提供了关于磁通分布的定量信息,特别是在它的差分模式中。但是,它需要复杂的技术,并且仅限于厚度在 100nm 以内的样品。
- 除了定量的差分相位图像之外,如果样品上方和下方的杂散磁场能够被记录,完全的三维磁化强度分布从原则上讲是能够用数学方法推出来的。

2.5 电子反射和散射方法

2.5.1 概述

电子镜像显微术[305,306]是很早就有的利用电子显示块体样品磁性结构的尝试。这种方法遇到了失真、低分辨率的问题,因而基本被弃用了。情况在**扫描**电子显微镜(Scanning Electron Microscope,SEM)被广泛引入之后发生了改变,表面被精细的电子束进行扫描。散射或者再发射的电子被收集,其强度进行了电子处理然后显示在屏幕上。在 SEM 中电子实际上是以 10 ~ 100kV 范围的能量撞击样品,而镜像电子显微术则相反,其电子是在样品表面以上发生反射。

两种重发射电子被区分开来:

1)一些电子是从样品中的原子核散射回来的。它们的能量范围从初始电子能量(弹性散射)到低 10% ~ 20%(非弹性散射)。

2)其他电子是从被电子束激发的原子发射出的。

这些**二次**电子具有从几个 eV 到 50eV 的能量。如果样品是磁性的,所有这些电子或多或少会发生偏转,那么磁信息就会在对电子方向敏感的采集器的帮助下被提取出来。因为不同类电子的效应是不同的,需要使用能量选择的采集器。低能量的二次电子对样品上方的杂散磁场非常敏感。高能量的背散射电子主要是被样品内部的磁化强度影响。除此之外,二次电子的极化状态是依赖于磁化强度的方向的。一个重要的方法就是基于这个效应来实现的。因为重发射电子的总数一般是不同于入射电子流的,样品必须要充分导电,以避免静电荷积累。绝缘材料因此在用反射电子显微镜研究前必须要进行金属膜涂层。

对于早先的很多可能的磁畴观察模式的综述可以在参考文献［307－310］中找到。

2.5.2　类型 I 或二次电子衬度

一个典型的在 SEM 中观察杂散磁场衬度的设备如图 2.33a[311－313] 所示。样品垂直于低于 10keV 的电子束方向取向。二次电子在不对称的配置下收集。它们的强度依赖于磁场强度分量 $H_y(\boldsymbol{r})$，它使电子朝着或者远离采集器偏转。在参考文献［308］中的一个定量分析中，磁信号对于一个给定的探测器几何构型（向 y 轴倾斜，如图 2.33a 所示），是由电子轨迹上的积分决定的：

$$S_y(x,y) = \int_0^\infty H_y(\boldsymbol{r})\,\mathrm{d}z \tag{2.16}$$

因为这个积分是坐标 x 和 y 的一个平滑的函数，即使下面的磁畴具有锐利的边界，类型 I 图像也是弥散的，多半只是展示出磁性图形的基次谐波。图 2.33b 展示了一个典型的例子。

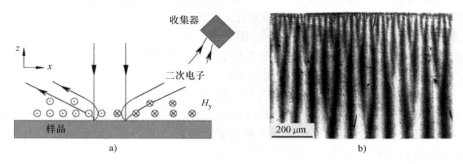

图 2.33　a）类型 I 衬度的原理图，两束二次电子遇到不同的磁场，被偏转到不同的方向
b）钴晶体（边缘视图）的磁畴作为这种技术一个典型的例子（由 J. Jakubovics 提供）

使用一个常规大型采集器，最大的衬度被计算为

$$C = 8\mu_0 q_e S_{max}/(\pi m_e v_e) \tag{2.17}$$

式中，S_{max} 是积分 S_y 的最大值；q_e、m_e 和 v_e 是二次电子的电荷、质量和速度。可见，衬度会随着电子能量的降低而增加。它可以通过仔细地调节采集器的形状和能量过滤器来增强。经验上，图像是在积分值 S_y 在 0.2～0.02A 范围内获得的，具体数值依赖于样品的光滑程度[308]。对于 2μm 周期的磁畴，积分也将展开到距离表面大约相同的距离，必须有 10～100kA/m 量级的杂散磁场使积分保持在需要的界限内。因此这种方法没有达到比特技术的灵敏度。它有一个优势是与杂散磁场的定量的关联。如果磁畴图形的模型是存在的，电子衬度就能被计算出来，从而给出获得这个模型参数的方法。通过改变采集器的位置，分析可以改进，那么就能显示出水平杂散磁场的不同分量和不同的磁性周期[308]。

O. Wells[314,315] 提出了一个有趣的可能方法来从模糊的类型 I 图像中完全重建出样品表面处的垂直磁场分量。他的方法从 $H = \partial H_x/\partial x + \partial H_y/\partial y + \partial H_z/\partial z = 0$ 出发，这对于样品以外是成立的。积分 $\partial H_z/\partial z$ 从 0 到无限大，并代入式（2.16），表面处的分量 H_z 变为

$$H_z(x,y,0) = \partial S_x(x,y)/\partial x + \partial S_y(x,y)/\partial y \tag{2.18}$$

那么这个过程需要两幅图片 S_x 和 S_y 的差分和组合，这两幅图像可以通过两个相互垂直的探测器倾斜轴得到。从样品表面处 H_z 的值，表面上方每个点的磁场矢量均可通过位势理论计算出来。至今为止还没有真正实现这种可能方法的报道。

另一个利用掠射角度电子反射来探测表面上方磁场的"层析"方法在参考文献［316］中演

示了出来（对于更早的类似技术见参考文献［315］）。这些方法可以同差分相位显微术（见2.4.3节）一起使用来确定薄样品的完整三维磁化强度分布场，如2.4.3.1节所提到的。对于杂散磁场层析的进一步发展可见参考文献［317，318］。

类型 I 衬度中的二次电子也可以被汞弧光源的紫外光所激发。这种电子被称为光电子，但是衬度机制与 Mundschau 等人在参考文献［319］中阐述的是一样的。因为扫描一个光束比电子扫描更难，所以图像是在光发射电子显微术（Photo Emission Electron Microscope，PEEM）中而不是在常规的类型 I 衬度的扫描技术中得到的。使用 X 射线光谱学方法的相同类型的显微镜将会在2.7.3节进行讨论。

2.5.3 类型 II 或背散射衬度

上一节中讨论的杂散磁场衬度对于具有低各向异性和小杂散磁场的软磁材料来说是原本没有预期的。所以当 Philibert 和 Tixier[320] 在硅铁变压器钢样品上通过选择**背散**射电子和倾斜样品取向而得出清楚、轮廓分明的磁畴衬度，是非常让人惊讶的。

这种图像背后的机制随后被阐明[321-323]。图2.34a 给出了实验装置的示意图。电子在路径上穿过倾斜样品时受磁感应强度所偏转，不是朝向表面，从而增强了背散射的产出；就是远离表面，从而带来相反的效应。这一现象的对称性可以描述为

$$S_B = S_0 + F_I(\vartheta_0, E_0)\boldsymbol{B} \cdot (\boldsymbol{k} \times \boldsymbol{n}) \tag{2.19}$$

式中，S_B 是背散射强度；S_0 是背景值；$\boldsymbol{B}$ 是磁感应强度；$\boldsymbol{k}$ 是初级电子行进方向；$\boldsymbol{n}$ 是表面的法向。因子 F_I 决定于 ϑ_0 的入射角度和初级入射电子能量 E_0。对于磁化强度垂直于入射面的情况（类似于横向的克尔效应）来说，其灵敏度是最高的。

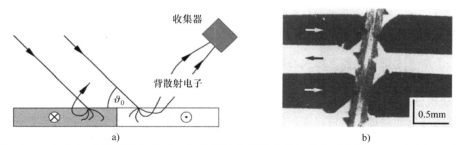

图2.34 a）SEM 中的背散射衬度，以及样品内部的几条典型电子路径 b）硅铁变压器钢样品的图像，展示了一个为使磁畴细化而引入的划痕附近的磁畴（由 T. Nozawa 提供[332]）

因子 F_I 的角度依赖关系导致了在大约 $\vartheta_0 = 40°$ 时会获得最大衬度，这一效应会随着初级能量 E_0 的大约 3/2 次方而增强，在任何情况下，这个衬度都是较弱的。其衬度的典型值的变化，对于常规的 SEM 能量（约 30keV）来说，衬度为千分之几，对于高电压设备约 200keV 的能量来说，衬度为百分之一。高电压也会减少结构和形貌相对于磁信号的干扰衬度。通过电子衬度增强，清楚的图像在后面的一种情况中会得到，如图2.34b 所示。不幸的是，高电压的 SEM 并不像常规设备那么容易得到。反射模式下操作的扫描**透射**显微镜可以用于这一目的[324]。对于动力学研究，不利的非磁性衬度可以通过施加一个交变磁场然后使用锁相放大器来抑制[325-327]。在克尔显微镜中的数码减影也是展示出了能解决探测叠加在强结构背景上的弱的净磁性衬度的问题[328]。因为甚至弱的外场也会导致得到的图像发生位移，所以要做减影的两张图像在最终的差分操作之前必须仔细对齐。

将类似图2.34b 的图片与对应的克尔效应图像进行比较，两种方法的结果大部分都认为是等

效的。但是它们在两个重要的方面不同，即分辨率和对磁性表面结构的灵敏度。背散射电子方法的分辨率基本上是被样品内部的电子路径限制。在高电子能量下，图像清晰度最高，电子的散射范围也最大。测试得出在 100keV 下的分辨率极限是 1μm 量级，对于 200keV 大约是 3μm[329]。这是明显不如磁光技术的。但在另一方面，电子的穿透能力也会带来优势。在 200keV 能量下电子可以达到大约 15μm 的深度，而最大的背散射深度估计约为 9μm[329]。因此这种方法对薄表面层不敏感，或者说是对表面抛光质量不敏感；甚至电工钢的绝缘涂层（典型厚度为 3~5μm）对磁性图像也没有实质的妨碍[329,330]。

因为穿透深度取决于电子能量，采用这种方法磁畴结构可以在不同深度上进行扫描[331,327]。而克尔效应能够有效地"看到"金属样品顶层的 20nm，电子背散射方法看到 1~20μm 的深度（取决于电子能量）。但是使用高穿透深度也会带来危险。关于薄的表面磁畴的信息可能会被丢失。比如，Nozawa 等人的文章中的"灰色"区域（见参考文献 [332] 和图 2.34b）看上去像是难轴方向磁化的磁畴；而事实上它们代表的是一个薄的封闭畴系统，这在克尔效应的对应样品图像中可以观察到[333]。

到此处为止，所讨论的磁畴衬度的机理是基于电子的垂直方向偏转的，也就是正对着或远离表面的方向。还有另一个（非局域）效应，它是基于从畴壁两侧散射的电子的积累（或相反效应）。这会导致一个磁畴边界衬度[334-336]，就像洛伦兹电镜中的离焦模式，此时倾斜样品，使入射面平行于畴壁，如图 2.35a 所示。图 2.35b 中的**边界**衬度的宽度与畴壁的宽度无关，但却是一种测量散射范围的方法，并且可以由此得出该方法的分辨率。它的正负符号是由散射后的电子轨迹决定的，如图 2.35a 所示。这种解释在参考文献 [336] 中通过对散射过程进行的统计学（"蒙特卡洛"）计算得到了确认。

一个吸引人的频闪磁畴成像[337]的模式可以应用在所有慢速扫描方法中。如果在图像线被写入的同时使畴壁振动，它们在图像中将表现出曲折，如图 2.36 所示。图片中的振幅和波形反映了畴壁的动态行为。

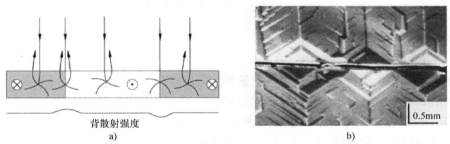

背散射强度
a)

0.5mm
b)

图 2.35　a）SEM 中倾斜入射形成的磁畴边界衬度，入射面平行于畴壁，靠近左边畴壁的背散射概率大于靠近右边畴壁的　b）SiFe（100）晶体的边界衬度以及划痕附近的封闭畴的磁畴衬度（J. P. Jakubovics 提供）

背散射衬度的一个变体在一篇早期的几乎没被关注的文章中演示了[338]，然后因为与金属玻璃的观察关联在一起而再次被讨论[339]。该变体方法基于磁性诱导的背散射电子的**角度**不对称，这可以通过扇区背散射探测器来测出，如图 2.37a 所示。

分裂探测器在大多数 SEM 中是标准的，并被用于表面形貌衬度研究。在参考文献 [339] 中，这个角动量衬度没有被演示，因为作者使用了分裂探测器的总信号，因而只得到磁畴边界的衬度，如图 2.35 所示。如使用**差分**信号来取代，能得到相对低电压下的清晰的磁畴衬度图片（见参考文献 [340] 和图 2.37c）。这种差分技术一个吸引人的特征是它抑制了大部分的背景衬

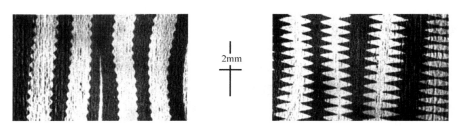

图2.36 频闪的类型 Ⅱ SEM 图片,取自金属玻璃,畴壁被以 60Hz 在两种
不同振幅下激发(Schennectady 的 J. D. Livingston 提供)

度,以使得比标准 SEM 技术中低的电压成为可能。这意味着任何配备了分裂背散射探测器的标准 SEM 都能被使用。然而,甚至在添加了数码差分技术的情况下,其信号仍是微弱的,如图2.37所演示,在这种模式下从其他衬度中完全分离磁性衬度是困难的。为了充分探讨这种方法的潜力,必须要使用一个高强度的场发射设备。

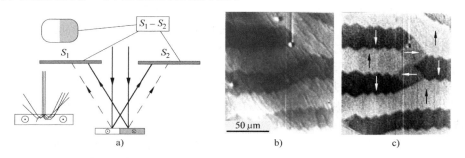

图2.37 a)SEM 中背散射衬度的方向敏感的变体的原理 b)使用这种技术对(100)取向的硅铁薄片(与 L. Pogany 合作)进行的观察的一个例子 c)一个饱和的图像被从磁畴图像上数码扣除以减少非磁性起源的衬度

2.5.4 电子极化分析

磁性样品发射的二次电子除了它们的能量和方向之外有一个更重要的性质:它们也是自旋极化的,它们的磁矩与其初始位置磁化强度方向平行[341-344]。Koike 和 Hayakawa[345-347]首先演示了磁畴图像如何能通过测量这个极化强度来获得。它们的设备配置的原理如图2.38a 所示。

二次电子被收集和加速到 100keV。电子极化强度按照"Mott 探测器"中的差分信号来进行测量:由于自旋 - 轨道耦合效应,加速的极化电子被金箔的散射是不对称的。图2.38b 展示了铁晶体与克尔图片类似的磁畴图形。这种方法一般被简称为 SEMPA(带有极化分析的扫描电子显微术[348-351]),其具有若干优点:

● 因为只有归一化差分信号被记录,所以图像对非极化的结构特征是不敏感的。

● 这个方法具有高分辨率的潜力,只被电子束宽度所限制(见图2.38c)。在参考文献[352]中展示了测量的畴壁剖面和精确到 10nm 的微磁学计算之间令人印象深刻的一致结果。

● 极化的二次电子只能看到样品顶层的 1nm 的磁化强度。因此这个方法比起能探测到金属 20nm 深度的克尔显微术来要更专门适用于表面。

● 电子自旋和表面磁化强度矢量之间的关联是非常直接的。如图2.38 中,一对探测器的信号是正比于垂直于画面的磁化强度分量的。两个面内磁化强度分量可以同时和独立地被四个探

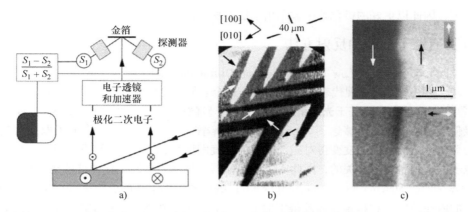

图 2.38　a）在超高真空 SEM 中探测极化电子衬度，磁信息通过与极化探测器连接的
信号处理单元获取　b）（100）SiFe 晶体上的磁畴（由 K. Koike 提供）　c）铁晶须中的
畴壁的表面结构转变的高分辨图片，从两个灵敏度方向展示出来（由 J. Unguris 和 R. Celotta 提供）

测器测量。要测量第三个分量即极向分量，二次电子束可以被静电场偏转 90°。也可以应用一个专门的自旋旋转器，它依靠的是电场和磁场的同步作用。

因此电子极化分析提供了直接的量化的磁畴分析，这种可能性在磁光方法中只有经过了仔细的校准和处理才能实现（见 2.3.8 节）。图 2.39 展示了这种能力，在一个例子中使经典磁畴图形的一个新特征第一次变得可见。钴基面的花状磁畴图形的面内磁化强度分量的织构（见图 2.39b）之前在比特方法（参见图 2.7）和克尔方法（见图 2.53）研究中都没有发现，它是由极向磁化强度分量所支配的（一旦它建立了，可以通过特殊的磁光技术[180]来确认）。

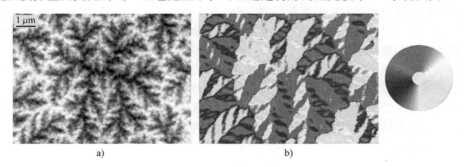

图 2.39　平行于基面切割的钴晶体的极向和面内磁化强度分量，通过电子极化
技术观察获得。一种彩色编码被用于表示不同的面内分量（由 NIST 的 J. Unguris 提供）
a）极向　b）面内

然而，电子极化方法也有与其相关联的限制。最重要的是，极化探测器的低效、低强度会导致曝光时间长。根据图片像素的数目和需要的噪声抑制，它可能会长达 10s 到几分钟。改进的低能极化探测器[348,349]一定程度上增强了这种方法的实用性。

另一个缺点在于困难的实验技术。因为电子极化会被从样品到采集器路途中的任何散射所破坏，超高真空条件和相对干净的表面是有必要的。只有导电材料能被研究，因为绝缘样品上的非磁性金属涂层会破坏电子极化。一种突破限制的方法是薄的铁磁涂层，它是与衬底交换耦合的，甚至能用在氧化物上[354]。这种涂层也可以增强金属的电子极化效应，如参考文献［355］所展示的，是 10 ~ 15 个原子层的铁涂层在富钴的记录介质上。涂层的磁化强度跟随着下层的磁化强度图形,因此以更好的极化效率显示出下层的材料磁畴。

2.5.5 其他电子散射和反射方法

2.5.5.1 低能电子衍射(Low Energy Electron Diffraction,LEED)

一个基于 LEED 方法的现代表面成像技术。这个表面衍射研究的经典方法可以被扩展到显微技术上[356,357]。这种方法是基于**光发射或者表面**电子显微镜,是一种油浸型设备,收集从表面发射出的极低能量的电子,能够达到 50nm 范围的分辨率[358]。因为使用极化电子取代常规非极化电子作为照明,所以衍射强度变得对磁性材料的自旋图形敏感[359-361]。注意在成像一侧,这种方法中的电子的极化状态是无关的,因此不需要检偏器。被称为自旋极化的低能电子显微术(spin polarized low energy electron microscopy,SPLEEM)的技术提供了高的分辨率和好的图像质量,这是因为它的内在效率(比检偏器高效得多的电子起偏器是存在的)。它的主要吸引力是它在同步生长研究和表面分析上的潜力,例如 Duden 和 Bauer 所演示的[362],他们将超薄 Co 膜的面内和垂直磁化强度分量与这些膜的原子台阶的构型关联了起来。

2.5.5.2 进一步的技术

若干位作者对布拉格衍射和电子的磁偏转之间的相互作用进行了探讨[307,363,364]。这些方面对于晶体特征和磁结构之间的相互作用研究是特别有用的。晶体衍射效应总是对晶体材料中观察到的磁衬度的细节有贡献。Balk 等人发现了另一个效应[365],他们使用一个声学探测器取代了电子收集器来研究硅铁晶体。初级电子束用高频调制,从而产生了热波和声波。如果使探测器对电子束频率的二次谐波敏感,一个弥散性的磁图像看上去可能是布洛赫壁对弹性波的某种反应导致的。声波穿透块体材料,通过监测它们的相位,就能得到关于声波起源的信息(很可能来自于磁弹活跃的 90°畴壁)。

为了解决标准极化电子方法的强度问题,Kay 和 Siegmann[366]提出使用扫描激光束来产生极化光电子。这种方法中,高得多的强度是可以获得/得到的,以至于如果激光束能以足够速率扫描,甚至磁结构的高速观察似乎都是可能的,但分辨率被限制在大约 0.5μm。

进一步的方法使用了光激发"光电子"成像而不是用扫描。如果常规白光被用于产生光电子,那么新出现的电子将被样品上方的磁场偏转,就像在二次电子衬度中一样(见 2.5.2 节)。Spivak 等人在早期的工作中[367]演示了磁畴的光电子显微术相比于光学显微术达到了更高的分辨率,并且比后来发展的 I 型扫描电子显微术要好。这种方法没有被推行的原因很可能要归于常规电子显微术的普及。

2.5.6 小结

以下是使用反射电子的磁畴观察方法的优点和缺点。正面的特征有

- 高能背散射电子方法对表面状况的低灵敏度使得这项技术在工业条件下很有用。
- 使用 SEM 技术,人们能够穿过非磁性层而且多少能够穿过表面磁畴而进入块体内部进行观察。
- 使用二次电子方法,能记录磁性样品上方的不均匀的杂散磁场。
- 电子极化方法提供了高分辨率和量化的表面磁化强度图像。
- 磁畴观察也许可以与扫描电子显微术的强有力的微分析工具相结合。

负面的方面有

- 与通常对电子微观技术相关联的期待相比,标准方法遭遇了低分辨率的问题。
- 设备昂贵,特别是如果需要高电压显微镜或者超高真空条件时。

- 操作样品、施加磁场或者弹性应力的可能性被电子显微镜的条件限制了。
- 动态过程只能通过频闪技术观察，因为建立图像需要若干秒的时间。
- 非导电样品需要金属涂层。

使用电子极化分析的方法提供了比光学方法极限高得多的分辨率，但是它们也会出现效率不足，从而导致严重的噪声问题。但是，这些问题不是基本的属性，因此一个决定性的突破随时可能会发生。效率不是 SPLEEM 方法会遇到的问题。然而，它的技术是相当复杂的，不得不与干扰性磁场、表面污染和稳定性等问题做斗争，所以它的潜在影响力尚无法评估。

2.6　力学（机械）显微扫描技术

关于尝试通过扫描磁性材料来得到杂散场的报道可以在早期的资料中找到[45]。这一领域在引入了扫描隧道显微镜之后获得了新的发展动力[368]，它的操作原理成了现在使用的大多数技术的基础。所有这些技术的另一个名字是"扫描探针显微术"。它们在磁性微结构方面可能的应用在参考文献［369］中进行了评述。

2.6.1　磁力显微术（MFM）

磁力显微镜是扫描（或者"原子"）力显微镜的一个变种[370]，它本身是从上面提到的扫描隧道显微术衍生出来的。它记录的是样品和小的铁磁针尖之间的静磁作用力或者力的梯度。从一些探索性的工作开始[371-374]，这一方法就得到广泛接受，特别是在磁记录介质的磁畴图形成像领域。这一技术获得成功的两个主要的优点在于它潜在的对非磁表面涂层和浮凸的不灵敏性，以及低至纳米范围的高分辨率[375]。磁力显微镜原理和方法的综述可以在参考文献［376，377］中找到，更简洁的介绍在参考文献［378，379］中。

2.6.1.1　实验过程

在力学显微镜中，力是通过一个灵活的横杆的偏转（所谓的"悬臂"）来测量的，悬臂的自由末端装载有一个"针尖"状的探针。它可以通过压电驱动器调节，它的位置可以通过多种传感器检测——从在压电体、介电体上的隧穿针尖到光学换能器。那些利用例如光纤尖端和悬臂之间的干涉效应作为控制信号的光学方法[371]，因为简单易行，所以具有优势。控制信号可以用于操作不同模式的扫描显微镜。一种设置是在固定的作用力下运行的（即等效为固定的悬臂偏转），把达到这种状态所需要的高度作为成像信息。另一种模式是操控弹性舌片使其接近自身机械共振的频率，然后测量任何共振振幅的变化或者相位的移动。因为磁力的梯度是等效于一个对悬臂弹性常数的额外贡献，所以等力梯度剖面可以采用这种方法记录下来。

商业化仪器 Nanoscope® 的制造商 Digital Instruments 公司开发了一个特别精巧的方法。这里样品被扫描了两次。首先表面剖面通过间歇地测量排斥力记录下来；然后在第二次运行中力的梯度或者力在之前测量过的形貌剖面上方通过可调节的距离记录下来。这个方法的优点是自动从总体图像中扣除表面的特征，基本上只留下磁性信息。通过别的方法也可以实现相对表面剖面的固定高度模式。在参考文献［380，381］中，这个更好的操作模式利用探针和导电样品之间的一个调制的电压得到了实现。静电作用力随着电压的平方而变化。因此，二次谐波相关的力的信号只依赖于到表面的距离，可以用来控制探针的高度。

如今，悬臂是用集成硅技术制造的，包括一个固定杆和针尖[382]。针尖是通过从各个侧面刻蚀一块硅直到剩下一个锐利形状的残留物来得到的。通过溅射或者热蒸发给针尖涂层一个合适的磁性薄膜会得到一个极好的针尖[383]。这种针尖的优势在于两个方面：1）硅技术使批量生产成为可能,进而能实现经济且可重复的制造;2)比起之前使用的电解抛光线材制备的针尖,磁性薄膜产生的深远的杂散磁场要少得多,从而减少了与样品相互作用的可能性。推荐的涂层材料是薄膜磁记录材料,比如 CoCr。没有对于所有应用都是最佳的涂层材料。由于下面所讨论的原因,磁性涂层必须根据被研究的材料的种类而被优化。

硅刻蚀技术可以使针尖的半径小到 10nm 的范围。针尖的分辨率可以通过在电子显微镜中在硅针尖的顶端上生长一个更细的针来进一步提高。一束电子,与油扩散泵真空腔中的残留气体相互作用,可以产生一个非常尖锐的产物,主要成分是 C[384-386]。

至于速率,磁力显微术不能和光学或者电子技术相竞争。这在信息存储模式的研究中并不是缺点。然而,在常规的磁畴观察中,使 MFM 和克尔显微术结合以得到总体概貌并定位于感兴趣的点是明智的[387-390]。这样慢速扫描技术可以被经济地使用,一些可能的假象(下文)能被识别出来。

2.6.1.2 相互作用机理

对磁性针尖和样品之间作用力的描述看似是直截了当的:作用力是相互作用能的梯度,可以写成两个等效的形式:

$$E_{\text{inter}} = -\int_{\text{tip}} \boldsymbol{J}_{\text{tip}} \cdot \boldsymbol{H}_{\text{sample}} \mathrm{d}V = -\int_{\text{sample}} \boldsymbol{J}_{\text{sample}} \cdot \boldsymbol{H}_{\text{tip}} \mathrm{d}V \tag{2.20}$$

两个形式从某种意义上说是互易的[391]。第一个积分支持的是对于磁力显微术的传统理解:针尖的磁化强度分布,假设是已知的,与样品的杂散磁场发生相互作用。相互作用能,包括其衍生的量(比如力或者力的梯度),因此应该会给出关于杂散场的信息。杂散磁场相同但是磁化强度分布不同的图形不能被分辨。式(2.20)中的第二个积分告诉我们,两个具有不同内部磁化强度分布但是杂散磁场相同的针尖也是等效的。大量的文章详细地说明了这个相互作用积分的结果。我们相信另一个形式可以提供一个更好的理解[392]。为了看清这一点,我们把相互作用积分式(2.20)改写成分部积分的形式:

$$E_{\text{inter}} = -\int_{\text{surface}} \lambda_{\text{sample}} \Phi_{\text{tip}} \mathrm{d}V - \int_{\text{surface}} \sigma_{\text{sample}} \Phi_{\text{tip}} \mathrm{d}S \tag{2.20a}$$

式中,$\lambda_{\text{sample}} = -\text{div} \boldsymbol{J}_{\text{sample}}$,是体磁荷;$\sigma_{\text{sample}} = \boldsymbol{n} \cdot \boldsymbol{J}_{\text{sample}}$,是样品的表面磁荷;而 Φ_{tip} 是探针杂散磁场的标量势,它遵守 $\boldsymbol{H}_{\text{tip}} = -\text{grad} \Phi_{\text{tip}}$ 依靠于 Φ_{tip} 的局域化程度,相互作用从而决定于一个或多或少被平滑了的磁荷分布图形。如果探针是"垂直"地磁化,朝着或者背离样品的方向,那么一个局域化的磁势是可以预期的。一个水平的磁化强度,平行于样品,会在针尖的前面生成一个零势,并有效地产生一个微分的磁荷图像,但几乎没有什么用处。

为了得到力而不是相互作用能,必须简单地用 $\mathrm{d}\Phi_{\text{tip}}/\mathrm{d}z$ 取代 Φ_{tip},如果显微术是在力的梯度模式下运行,那么对应的二阶导数必须要加入式(2.20a)。磁荷和磁化强度之间的联系用极向的磁化强度分量 m_{pol} 来表示是最直接的。在这种情况下,我们只要令 $\sigma_{\text{sample}} = m_{\text{pol}}$,则力的分布图像与极向克尔效应得到的图像非常相近。在其他情况下,磁化强度和磁荷之间的关联更加不直接,但总

图 2.40 通过磁力显微术观察到的写入的纵向磁记录磁道的构型,展示了过渡区的磁荷(由 IBM Research 的 D. Rugar 提供)

是有益的;例如,对于一个纵向的磁记录构型,磁荷出现在数位的过渡区,如图 2.40 所示。

在式(2.20)中相互作用能的所有变体中,必须要考虑样品的磁化强度的分布图形及其所

有的衍生量都可能受探针的影响，反之亦然，让我们首先关注这些相互作用比较弱的情况。

2.6.1.3 可以忽略的相互作用：磁荷的衬度

在这种情况下样品不会被探针影响，探针也不会被样品影响。如果样品内的强烈反应能够通过使用弱的硬磁针尖和大的针尖 – 样品距离来避免的话，在实验上已经证实了甚至可以从软磁材料中获得令人信服的磁畴图像，如图 2.41 所示。

图 2.41 软磁材料磁畴的 MFM 图像（由 L. Belliard 和 J. Miltat[393,394] 提供）

a）块体的硅铁 b）30nm 厚的 FeTaN 薄膜单元

Tomlinson 和 Hill 的数值模拟[395,396] 提供了对这种情况和其限制的深入理解。作者达到了非常接近于实验观察的结果，并且他们也详细演示了这种衬度的本质和可能的假象。从一个方形坡莫合金薄膜单元的磁畴图形的数值计算出发，硬磁针尖和这一磁畴图形之间的作用力分三种情况进行了计算：

1）**非常弱**的针尖的作用力，会在样品内部产生一个可以忽略的反应（本节主要讨论的就是这种情况）；

2）比较弱的针尖的作用力，只会导致可逆的磁化强度的漂移；

3）比较强的针尖的作用力，会产生不可逆反应和强烈的扭曲、不可辨认的图像。

第一种情况的结果在图 2.42a 中展示了出来。基于薄膜磁畴结构的数值模拟，推出的磁荷分布图形在图 2.42b 中展示了。事实上，它与图 2.42a 中计算出来的力的分布图是非常对应的（也有实验观察，见图 2.41b）。

在薄膜单元中磁荷分布图形反映的是奈尔壁的扩展尾部的特有性质（见 3.6.4.3 节）。这个例子展示的是，磁力图像事实上与磁荷分布图形更相关（参考文献［397］也给出了支持的解释），而不是磁化强度，杂散磁场的某个分量，或者如式（2.3）中的比特衬度那样的杂散磁场的绝对值。根据图 2.20a，磁力显微镜总是基于样品内磁荷的相互作用。针尖的存在可以感生出磁荷，但是在弱相互作用的限制下，MFM 感知到的是原有的磁荷分布图形。这种磁荷显微术的方法不同于所有其他的磁成像方法。纯磁荷衬度的条件是否满足可以通过实验来检验：假如探针被沿着反方向磁化，图像应该会被反转。有时候事实上这是对的，但是一般情况不是这样，暗示出叠加有其他的衬度机制。

2.6.1.4 可逆的相互作用：磁化率衬度

无论是探针的磁势还是样品的磁荷都不能总认为是刚性的。磁性材料能有一个巨大的磁导率，主要是因为畴壁的位移，但在低各向异性材料中磁化强度的转动对其也有贡献。因此样品的磁化强度会被探针的杂散磁场所影响，反之亦然。

第二种可能也会发生，特别是如果一个硬磁材料被软磁针尖扫描，如参考文献［398］中的

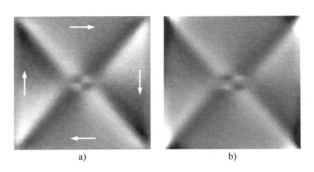

图 2.42　a）40nm 厚的 $3 \times 3 \mu m^2$ 的坡莫合金单元的拟合的磁力图像（由 S. L. Tomlinson 提供[396]）　b）采用与图 a 中使用的相同的微磁学模型计算出来的磁荷分布[392]作比较

例子所示。如果使用一个适度的硬磁探针，第一种可能是更可能遇到的。在图 2.43 中的例子，一个钴晶体的分叉磁畴图形被两个不同针尖极性的力显微镜图像（见图 2.43a、b）展示，并与图 2.43c 中的（无相互作用的）克尔技术结果相对比。两种技术的总体一致性是明显的。因为在这种情况下，磁化强度主要是垂直于表面的，极向克尔效应中的磁化强度分布图形是与磁力图像中（表面）磁荷相同的。但克尔图像展示出黑色和白色的圆环"花状"图形，而 MFM 图像中，所有的"花"都是暗的，嵌在浅色的基体中。这意味着，不管"花"和环境的磁荷，也不管针尖的极性，环境比"花"更强烈地被针尖吸引。图 2.43b 中的长程的图形事实上相当于图 2.43a 是反转的，但是"花"周围的基体又是强烈地被吸引的。

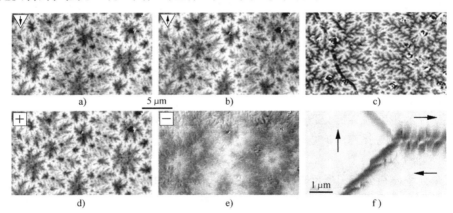

图 2.43　a）b）比较相反针尖极性的磁力图像（来自于钴晶体基面的分叉磁畴）
c）一个相同磁畴的克尔图像，MFM 图像相对于光学图像表现出一个更好的分辨率，
但并不完全相同因为两种衬度机制的叠加，即磁荷和磁化率成像，这些可以通过数码叠加和
差值图像来分离，正如在正文中解释的那样（由 Dresden 的 W. Rave 和 E. Zueco 共同提供[390]）
d）数码叠加　e）差值图像　f）铁薄膜单元中的畴壁（30nm 厚度）展示出，如果针尖 - 样品的相互
作用比局域的矫顽力更强，一个滞后的扭曲就会发生（Julich 的 M. Schneider 提供）

　　这些观察现象的明显解释是，样品内部的可逆反应会导致一个吸引的作用，这与软磁材料总是会被永磁体吸引是相同的意思。很容易设想的是分叉磁畴图形的不同部分是容易被这种可逆反应在不同程度上所影响的。在参考文献［399］中，针尖 - 样品系统中类似的可逆反应首先通过用不同极性针尖对畴壁做实验来清楚地辨别（也可见于参考文献［400］）。

如果通过两个相反极性探针的图像计算出来的平均图像不是均匀的灰色（见图 2.43d），并且没有不可逆性被辨别出来，那么这就是针尖 - 样品系统中可逆反应的证据，它会导致我们称之为**磁化率**的图像。尚没有可行的**磁化率**衬度理论，建立一个这样的理论肯定是不容易的，因为一个磁性微结构的局域的磁化率包括转动和局域畴壁位移的效应。数值模拟可以应用在小的对象上，比如参考文献［396］中所演示的。如果成像过程是足够线性的（这取决于实验设置的细节），相反磁化方向的针尖得到的图片所计算的差值图片（见图 2.43e）代表了 2.6.1.3 节中讨论的磁荷图像。如果相互作用相当强，二阶磁化率效应可能会发生，这很可能在垂直超薄膜的观察中起作用[394,401]，如在参考文献［392］里所讨论的。无论是哪种情况，研究类似图 2.43 d、e 中这些叠加和差值图片都是非常有用的，并且经常能提供出补充的信息。

极度非线性但是可逆的探针 - 样品相互作用由 Orsay 研究组在一个最精巧的实验中演示出来了[394,401]。他们轻松地通过力显微镜在石榴石膜中观察到了可移动的畴壁，并同时穿过透明衬底通过法拉第效应观察到。图 2.44a 和 b 中展示了产生于相同石榴石膜带状磁畴图形的截然不同的图像，通过图 2.44c 揭示出这是由于 MFM 技术的假象导致的：针尖在扫描过程中局域地扩展了暗的磁畴，从而在图 2.44b 产生了总体上暗畴宽而亮畴窄的现象。显然磁力显微镜在低矫顽力材料上应用时必须非常小心。

图 2.44　磁力和法拉第效应联合观察的垂直各向异性的透明磁性石榴石膜
a）法拉第效应观察的未受干扰的带状磁畴图形　b）MFM 衬度下观察的相同磁畴　c）解释了图 a、
图 b 之间的差异在穿过透明衬底的法拉第效应图像中同时观察到了，其中 MFM 针尖导致的
磁畴局域的扭曲（探针锥体形的阴影可以在图 c 中看到）（由 Orsay 的 J. Miltat 和 L. Belliard 提供）

2.6.1.5　强相互作用：滞后效应

当探针的杂散磁场太强，会观察到样品磁化强度不可逆的反应[402,403]，这导致了各种的假象。扫描过程中在一个点上被针尖去钉扎的畴壁可以通过图像中产生的不连续辨别出来。但是也有可能畴壁被针尖在每次通过时所拖动，直到它破裂回到它的原始位置。令人困惑的是，两个位置，初始和最终位置，随后都会变得可见。这些精细而清晰的特征图案（如图 2.43f 或者参考文献［404］中所示）必然是归因于这种效应。这种被某种不可逆磁化过程影响所形成的图像可以概括地归类为磁滞图像。

使用局域化的探针来激励磁化过程的可能性，本身就很有意义[405-408]。然而，探索磁畴结构的第一步，应该是尽量通过使用弱磁探针并保持一个充分的距离，以避免任何不可逆效应（当然，这可能会限制可获得的分辨率和灵敏度）。在参考文献［409］中，阐述了一个避免这些困难的有意思的提议。一个可逆的超顺磁膜取代铁磁薄膜被溅射到针尖上。这种材料被磁性杂散磁场吸引，产生了一个纯的磁化率衬度，如同磁记录头的缝隙磁场所展示的一样。它也成功地被应用在烧结 NdFeB 永磁材料的磁畴观察上[410]。

一个利用针尖内部滞后的特别的方法由 Proksch 等人所演示出来了[411]。在这一技术中叠加了一个弱的交变垂直磁场,它的强度正好足够翻转软磁探针,同时又不会影响样品。所产生的信号据估算和磁强计中的磁通门元件内的信号强度相当。如果样品杂散磁场不为零,探针会被磁滞效应不对称地磁化,从而得到了/产生出二次谐波,其振幅是被测到的样品杂散磁场的线性函数。在这种方法中,甚至对磁记录媒介上方的杂散磁场进行量化评估都成为可能。

2.6.1.6 小结

有三种衬度机制在磁力显微术中被识别出来:

- 只会产生弱的、完全局域化的杂散磁场的硬磁的探针针尖的磁荷衬度。
- 如果关系到样品内或探针内的可逆反应,则会叠加一个磁化率衬度。在这种衬度机制中,线性和非线性(但仍然是可逆的)的效应必须进行区分[392]。
- 指示出样品中或者探针中的不可逆反应的磁滞衬度,它可能会导致精美但是几乎没用的图像。作为规范,这种效应必须要避免;这种要求会限制灵敏度和分辨率。

只有第一种机制通常适用于磁记录介质。如果探针的磁硬度与被研究的介质的磁硬度是匹配的,那么相互作用的问题就是可以忽略的。然后磁力显微术就描绘出磁极或者磁荷的图像,是它们直接导致了在磁记录中被读出磁头所收集的杂散磁场。因此这一技术是研究磁记录轨道的主要选择(参见图 2.40)。

2.6.2 近场光学扫描显微术

近场光学显微术的概念是迫使光通过一个亚微观的光阑,从而抑制光学成像的衍射极限。当这个光阑扫描过样品的上方时,能产生相对传统光学成像 10～50 倍分辨率的图像。这一原理已经发现很久并被应用于比如微波成像中。扫描探针技术的发展刺激了它在光学上的新发展[412-414],这一决定性的分辨率提高,同时又保持光学技术所有优点的技术美好前景是很迷人的。

近场光学技术也被尝试着基于磁光效应来观察磁畴。在使用法拉第效应的透射模式中,这被证明是非常可行的。Betzig 等人取得了令人信服的结果[415],他们使用了一根被加热拉伸到所需粗细的单模光纤,在其外表镀铝膜,在其尖端留下了所需的孔径能被放在非常贴近样品的地方(见示意图 2.9)。光纤既可以用于局域地收集透射光,也可以局域地照射样品,再用常规的显微镜收集光。近场光学的定律要求孔径被放置在与样品的距离大约和所想要达到的由孔径直径给出的分辨率一样近的位置。偏振态被证明是会被保存在单模光纤里,尽管多少会被光纤的特殊状态所修改。这种偏振状态的改变可以通过相移器和检偏器来补偿,以使磁信息能像在常规磁光技术中一样被获取。

不幸的是,透射观察只对于少数材料是可行的。如果它们是可行的,就能够产生高质量的图片,如图 2.45 所展示的那样。光纤概念在更多有意思的反射几何构型中的应用遇到了困难,特别是对于要求斜入射照明的面内磁化强度。最早的描绘反射中的极向磁化强度分量的图像的例子可以在参考文献[416,417]中找到。

示意图 2.9

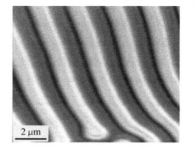

图 2.45 基于单模光纤概念的近场光学扫描显微镜得到的磁畴图像,0.8μm 厚的透明石榴石膜的迷宫磁畴结构在透射模式下呈现出来,这个实验中,所有从亚微米孔径中发射的光都被收集(由 IFW Dresden 的 F. Matthes 和 H. Bruckl 提供)

上面所讨论的传统的近场光学装置是在照明部分一侧使用一个亚微观孔径然后收集所有的散射光。在一个替代概念中，样品是被一个宽光束照射，只有从被用化学方法细化的光纤的锐利尖端上[418]或者砷化镓光电探测器的尖角上[419]散射出的光会被记录。在一个进一步的变体中，一个微小的散射银颗粒（就像在感光乳剂）代替了传统近场光学显微术中的光阑[420]。颗粒被放在一个玻璃半球的受抑全内反射区（见示意图 2.10）。穿过半球的激光，除了很靠近该颗粒的，其余都不会到达样品。如实验所展示，偏振态可以被探测。

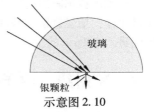

示意图 2.10

所有这些技术尚未真正地得到发展。控制亚微米光阑或者散射中心的困难性是相当大的，非磁性背底信号的消除也是一样。令人信服的分辨率超过传统克尔显微术的高质量反射图像仍然有待证明。在透射中，事情比较简单，就像例子中展示的那样可以获得好的图像。然而，近场光学的写入和读出技术也许有一天会把磁光记录（和传统光盘）的容量提高几个数量级。这一美好前景将会激励进一步的发展，而好的磁畴观察方法也可能作为副产品而产生。

2.6.3　其他磁扫描方法

2.6.3.1　电子自旋相关扫描显微术

一个自旋敏感的扫描隧道显微镜将会是终极的微观磁性研究工具，因为理论上它将使研究样品表面上的单个自旋成为可能。从探针不会产生长程磁场的意义上讲，它应该是"非磁"的。避免探针和样品间的静磁影响是必须的，这种影响在隧穿距离上肯定是太大了。这种设备的实现尚处于概念阶段。Johnson 等人[421]仍然考虑用铁磁针尖。反铁磁和铁磁之间隧穿的自旋相关效应的证据在参考文献［422，423］中呈现出来。反铁磁—铁磁选项的若干可能性在参考文献［424］中讨论了。Janson 等人[425]提出了一种被圆偏振光照明所"磁化"的半导体针尖。这些以及未来的自旋敏感的隧道显微术的选项在参考文献［426］中讨论了。

在这种隧道显微镜中，原子分辨和强磁场的兼容性应该是可能的，后者对于通过扣除饱和态的隧穿图片来消除非磁背底是必需的。Shvets 等人[424]指出，隧穿探针处于近距离带来的困难在于，除了得到想要的自旋相互作用外，磁致伸缩形变也会被测量到。不过这应该被认为是受欢迎的额外信息而不是一个干扰。

高分辨自旋相关技术的另一个可能由 Allenspach 等人提出[427]。他们在场发射模式下用一个锐利的钨针尖进行了隧穿实验，并在 Mott 探测器的帮助下证明了磁性样品发射出的二次电子和在常规的自旋相关 SEM（见 2.5.4 节）中一样，保留了部分偏振态。这种方法中，由于高电子密度的优势，纳米级的分辨率将会是可能的。

2.6.3.2　磁场传感器扫描

使用磁场探测器扫描磁性样品表面来记录磁性微结构相关的信息经常会被尝试[428-432,115]，甚至是在扫描探针显微术方法引入之前。应用霍尔探针和振动检测线圈，在测量缺陷和晶粒边界的杂散磁场中采用这些技术，能得到有用的结果。但是所展示出的磁畴观察分辨率仍然非常低。尽管如此，采用这种方法，探测涂层变压器钢的基本磁畴结构的这一重要问题看上去是可以解决的[433,115]，至少对于取向良好的晶粒是这样。

现代磁场传感器，因为是用在磁记录和传感器技术中，所以倾向于利用微加工技术而变得越来越小。同时，可行的扫描方法允许小得多的探针与样品距离。因此，使用这些传感器将变成一个越来越有趣的选择。

在参考文献［434］中展示了使用微型集成霍尔探针得到的亚微米分辨率。承载着霍尔回路的轻微倾斜芯片的一角被用作扫描隧穿装置的"针尖",实现了一个 1A/m 量级的磁场灵敏度。磁场可以被定量测量,而不会在磁性上干扰样品。在参考文献 [435] 中,通过对 MFM 针尖的杂散磁场的霍尔映射进行数学退卷积实现了高分辨率。在其他例子中[436-438],商用的磁电阻记录头被用作扫描显微镜的基础。然而这种磁头仍然具有几微米的磁道宽度,沿磁道方向的分辨率已经进入 0.1μm 的量级。

2.7 X 射线、中子和其他方法

这一节将要讨论的方法与传统方法不同,部分在于所使用设备的尺寸。同步加速器和核反应堆取代光学或者电子显微镜而登场。"大科学"的引入被证明是正确的,因为只有这些方法从原则上能够进入块体金属样品的内部去观察磁畴结构。在实际应用中,就像后面将要展示的那样,所取得的结果没有令人鼓舞到引起对在磁畴研究中采用这些方法的广泛认可。X 射线光谱方法越来越多的活动可以被记录,然而这也依靠同步辐射光源。这主要是由于这些方法在元素分辨成像上的特殊潜力。

2.7.1 磁畴的 X 射线形貌术

2.7.1.1 Lang 的方法

图 2.46a 展示了获得磁结构的 X 射线图像的最普遍使用的过程的图解[439]。理想情况下,单色的平面平行光束对准一个晶体片,晶体片被取向以使得对于某些组晶面是满足布拉格条件的。Lang 的方法是基于常规的 X 射线源(作为对比的同步加速器系统将在下文"同步辐射形貌术"部分讨论)。为了接近于平行单色光束,使用了来自一个合适阴极的特征辐射,采取适当的措施,以便进行选择,比如只选择 $K_{\alpha 1}$ 辐射。另外,一个狭缝光阑限制了照明光束,使其在样品上形成狭窄的条纹以约束光束的发散。另一狭缝选择的衍射光束被一个高分辨率和高灵敏度的感光板(所谓的核板)所记录。晶体和板都在同步缓慢推进,从而扫描了样品。

一个完美的晶体将会产生一个均匀的图像。晶体的不完美扰乱了布拉格反射的过程,导致了这些缺陷图像。Lang 的方法灵敏到足以展示孤立的位错。如果这种结构衬度基本不出现,磁性晶体内弱的磁致伸缩应变和晶格转动就能变得可见了[440,441]。

图 2.46b 展示的是与 90°畴相关联的(有所夸大的)晶格取向改变(见 3.2.6.7 节)。这一转动在铁磁体内仅达到 10^{-5} rad,因此小于通常的 X 射线束的发散范围。尽管如此,在那些位置产生出了一个衬度,在该位置晶格的取向或者晶面间距发生了变化。这种衬度现象由 X 射线衍射的动力学理论描述,它们与直接光束和散射光束间在相邻晶区的干涉效应相关联。

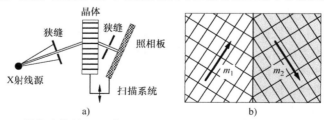

图 2.46 a) X 射线成像的 Lang 方法的图解 b) 产生 X 射线衬度的晶格转动的图解

图 2.47 展示的是一个对接近完美的硅铁样品进行的 Lang 成像以及对应磁畴结构的线描图。我们看到了 90°畴壁,表现为黑色或白色的线形衬度,这取决于磁化强度转动的指向。三个畴壁的连接处会看到一种特别的黑白的"蝴蝶形"磁畴图案。180°畴壁在这幅图像中是不可见的。

这里展示出的磁畴图形——所谓的枞树图形——是由浅表的磁畴组成的，这与晶体相对于（100）表面的轻微错取向有关（见 3.7.1 节的关于这种磁畴结构的理论和 5.3.4 节的磁光观察）。更复杂的衬度现象，包括干涉条纹，在 X 射线穿过多于一个磁畴的情况下会被观察到[442,443]。

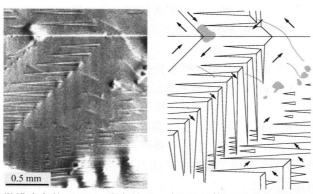

图 2.47　一个轻微错取向的（100）取向的 Fe－3％Si 晶体（厚度大约为 0.1mm）的 X 射线形貌图，并带有对所观察的磁畴结构的解释（Orsay 的 J. Miltat 惠赠[444]）

X 射线形貌术的衬度在参考文献中已经被充分地讨论过了。对已有观察的详尽分析包含了两个不简单的问题。

1）对给定磁畴构型的磁致伸缩应变和晶格转动的计算，其中考虑了相容性关系和表面弛豫（包括弹性各向异性），见 3.2.6 节。

2）对 X 射线衍射动力学理论中的波动场的计算。在少数两个问题都被解决的情况下，理论与实验间达成了令人信服的一致[444－447]。

对于 90°畴壁，Polcarova 和 Kaczer[448]演示了一个关于这些畴壁可见度的简单法则：令 m_1 和 m_2 为两个相邻磁畴的磁化强度矢量，g_L 为产生布拉格反射的倒易点阵矢量（也就是垂直取向于折射面，长度为 $1/d$ 的矢量，假设 d 是这些面的晶面间距）。那么 90°畴壁在满足以下条件时在 X 射线衬度里是不可见的：

$$g_L \cdot (m_1 - m_2) = 0 \tag{2.21}$$

这一法则［式（2.21）］可以通过看图 2.48 来核查，也可以通过考虑晶格转动来定性理解（见图 2.46b）：布洛赫壁的磁化强度差分矢量的取向是平行于畴壁的。平行于这个方向的晶面（那么矢量 g_L 就垂直于它）没有被旋转，所以就在 X 射线成像中不可见。所有其他的晶面都是弯曲的，产生了干涉衬度效应。

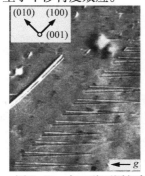

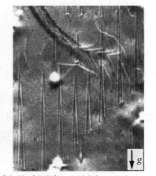

图 2.48　在三种不同衍射条件下观察到的相同类型的枞树磁畴图案（见图 2.47）。取决于衍射矢量 g_L，一组或者另一组分叉磁畴不可见（由 J. Miltat［444］提供）

法则〔式 (2.21)〕和控制布洛赫壁取向的法则之间有一个有趣的联系。对于给定的 m_1 到 m_2 的转变，只有磁化强度差分矢量平行于畴壁的那些畴壁取向是被许可的。所允许的畴壁方向形成了一个环绕（$m_1 - m_2$）轴的圆筒；见后面的式 (3.114)。因此，法则〔式 (2.21)〕表述的是，如果在一个给定的实验中，一个畴壁是不可见的，同一组磁畴之间的其他所有允许的畴壁也是不可见的。这一预言被图 2.48 展示的观察所证实。浅表层枞树磁畴被半筒形的畴壁所束缚（见图 3.9），这发生在围绕筒的圆周的所有允许的取向。取决于所选择的衍射矢量，事实上枞树分叉状畴要么是完全可见，要么是完全不可见。

衬度也严重依赖样品厚度 D 与 X 射线吸收长度 L 的比值。厚度小于 L 的样品里所有 90°畴壁表现为简单的黑线[448]。更厚的样品进入异常透射范围，表现为复杂的衬度效应。

180°畴壁在 X 射线衍射中大多是不可见的。磁致伸缩并不取决于磁化强度矢量符号的正负，因此被 180°畴壁分开的两个磁畴具有相同的形变，在 3.2.6 节对此有更详细的说明。具有转动了的自旋的畴壁是受到应力的，但是，因为弹性相容性条件，畴壁内部的应变必须是和磁畴内相同的。只有靠近表面处应力会部分释放，导致了某些应变的不均匀性[449]。一个弱得几乎不可记录的黑色衬度被归因于这一表面效应[441]。在另一个观察中，在有一个外加磁场的条件下铁晶须尖端附近的"180°畴壁"变得可见[450]。当然，在这种情况下，产生了相对于 180°畴壁状态的偏离。

2.7.1.2 同步辐射形貌术

使用 $CuK_{\alpha 1}$ 或者 $MoK_{\alpha 1}$ 辐射的常规 Lang 成像术需要超过一天的曝光时间。或者可以将强度更高的同步辐射用于成像术，它使大幅减少曝光时间成为可能，因为同步辐射几乎是平行的，其很宽的光束能够用于同时对整个样品照明。

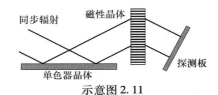

示意图 2.11

在一种双晶体技术中（见示意图 2.11），同步辐射被一个结构完美的锗晶体单色化。一张磁性晶体的图像可以一步产生，不需要 Lang 的技术里那样的冗长的扫描步骤。甚至对动态的磁化强度现象的频闪观察也成为可能，如图 2.49 所示。

X 射线形貌术的分辨率极限还没有得到系统的研究。这决定于感光板的性质和辐射的散粒噪声。实际应用中能达到的分辨率通常是 $5\mu m$ 左右，但是已经有人演示出了低至 $1\mu m$ 的数值。

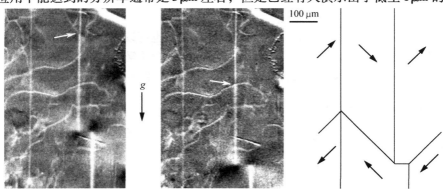

图 2.49　SiFe 晶体磁畴的频闪图像：两幅图片是在一个振荡磁场中紧接的两次获取的，注意 90°畴壁在与位错的交叉处的衬度的变化（箭头），这表明微结构中的这两种单元之间的直接相互作用（由 J. Miltat 提供[451]）

2.7.2　中子形貌术

热中子的波长覆盖了和 X 射线相同的范围。晶格形变的 X 射线图像因此原则上能够被中子成像术复制出来。然而，中子成像术的衬度不同于 X 射线成像术，因为除了核相互作用之外，中子的自旋引起的直接磁相互作用也被表现出来。如果使用极化中子，就能利用自旋相互作用。它们会使图片类似于偏振光的图像，磁畴之间有黑色和白色的衬度（见图 2.50b）。

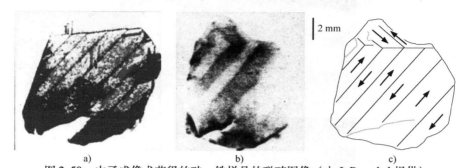

图 2.50　中子成像术获得的硅 – 铁样品的磁畴图像（由 J. Baruchel 提供）

a）一个双晶体的形貌图展示了畴界的衬度[453]　b）在另一技术中，使用了一个极化的中子束，
使图像产生了磁畴衬度　c）磁畴结构

任何一种情况下分辨率都是低的。它被衬度的机理所限制，但也被探测方法限制，还被可用的光束能量所限制，即使是来自于专门的高通量反应堆的也还是太低了[454,455]。在非极化中子的情况下，只有畴壁变得可见，如图 2.50a 所示。对于这个衬度效应的解释在参考文献［453］中给出了，它是基于畴壁上的全反射。中子束的某些极化态和方向分量在磁畴的边界发生反射，它在中子的折射系数上起到了像一个不连续性一样的作用。这些反射束叠加到那些被布拉格衍射偏转到相同方向上的那些光束上，从而导致了畴壁附近的强度增强。

2.7.3　基于 X 射线光谱学的磁畴成像

常规磁光效应的类似效应也出现在更短的 X 射线波长上。法拉第效应的虚部可以看作是对圆偏振光的磁化强度依赖的吸收。X 射线的类似效应被称为 X 射线的圆二色性[456,457]。它与所研究材料的电子的内层能级和辐射诱导的电子向未占能级或自由态的跃迁有关。在两种情况下磁效应都会被发现。综述和更详细的讨论可以在参考文献［458，459］中看到。

由于没有 X 射线的检偏器，X 射线光谱术只得依赖于二色性效应而不是像光学中一样依赖于偏振态旋转的效应（见 2.3 节）。这些效应是元素敏感/对不同元素是不一样的，取决于原子的吸收线。利用这些线的精细结构，甚至不同化学态都能被分辨出来。

X 射线吸收显然能被 X 射线探测器直接测量[456,460]。激发的光电子的探测是更精巧和更适合显微学应用的。对于这些实验原则上是不需要极化分析、能量选择或者方向选择性的。从而，用于普通的表面研究的光发射电子显微镜，也能被用于磁畴成像，它基于的是磁化强度依赖的极化 X 射线吸收[461]。这些 X 射线通常是从同步加速器获得的，它能传递高强度的极化光束，特别是在被称为磁波荡器的专门器件的帮助下。通过扣除与内核线 L_2 和 L_3 关联的图像，磁贡献可以从其他效应中分离，因为磁效应对这两条线来说通常是相等而相反的。实现的分辨率在微米范围。可以预期的是，利用了某些能量滤波器和色差校正的光发射显微镜，将会达到亚微米范围的分辨率[462-464]。能量滤波也会调节这个方法的信息深度，这对于磁性多层膜的研究可能是有用的。

X 射线光谱成像技术的进展是显著的。一个高质量磁畴图像的例子在图 2.51a 中展示出了。图片是通过对以 65°入射角进入的左旋和右旋圆偏振同步辐射生成的铁的 L_3 壳层（对应于大约 700eV）的光发射图像之间的归一化差值来计算的。它主要展示了铁晶须（100）表面的磁畴图形中的水平磁化强度分量。在这第一个例子中，这个分辨率已经达到了克尔显微术的分辨率；甚至铁的窄畴壁（这种情况下的 V 线）都变得清楚可见（见图 2.51b）。

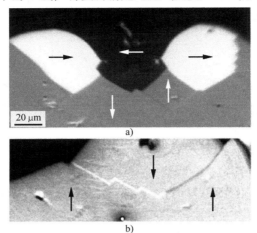

图 2.51　机械应力下的晶须的磁畴图像：产生于 ESRF 同步加速器（Grenoble）发出的圆偏振软射线，它是从右边进入图片。所产生的光电子（大约若干 eV 的能量）被先进的光发射电子显微镜所收集[465]（由 R. Fromter 和 C. M. Schneider[459] 提供）

a）磁畴图形的概貌　b）V - 线畴壁的细节

X 射线光谱成像有很多种可能的过程。在一种替代的方案中，更高能量的电子（俄歇电子）通过一个"光谱显微镜"被专门选择[466]，从而产生了更强的效应，这甚至使得在铁磁材料上的单个反铁磁涂层薄膜中对磁化强度分布进行成像成为可能[467]，不幸的是，迄今为止这种方法仍会降低分辨率。线偏振 X 射线也被用于了一个实验中，它与横向的克尔效应类似[468]。X 射线显微镜（基于波带片）取代电子显微镜的使用在 X 射线光谱术中是可行的，这一点 Kagoshima 等人用扫描方法演示了，而 Fischer 等人则通过高分辨 X 射线成像方法演示了。后面的作者达到了一个优于 100nm 的空间分辨率，还演示了该方法在大外加磁场下的适用性。图 2.52 展示了一个使用这种技术观察到的磁化过程的例子[471]。

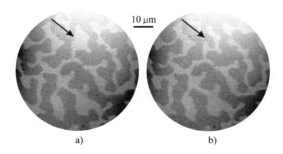

图 2.52　60nm 厚的垂直各向异性的非晶 $Fe_{72}Gd_{28}$ 膜的磁畴，是通过对 Fe 的 L_3 边使用 X 射线二色性所观察到的。每个图片是在 3.5s 内记录的，图 b）比图 a）晚 100s，因而显示出了磁畴蠕变的过程（由 Augsburg 的 P. Fischer 和 T. Eimiiller 提供[471]）

所有的变体对不同元素是不同/都是元素敏感性的，这是磁畴成像技术之中一个独特的性质。这一特征使穿过覆盖层进入观察某一特定的磁性层成为可能，如果此层中包含一种合适的元素。这种新的可能性最令人激动的方面很可能在于嵌入多层系统中的薄的磁性"示踪"层的使用，它由和多层膜中其他层不同的原子种类组成[472]。假如示踪层和常规层之间的耦合被很好地理解了，通过元素分辨显微术方法就能够获取多层膜中任意深度的详细信息。尽管这种方法仍依赖于极为昂贵的辐射源，但重大的发展肯定是令人期待的（这非常应该被增强，如在图2.51中所示，而不是简化到实现高图像质量，这仍然严重地被较早的展示中的统计学噪声所影响）。

2.7.4 趋磁细菌

一个引人注目的磁畴成像方法在参考文献［473］中被演示：相当多的厌氧细菌［它们中的一种被称为趋磁水螺旋菌（Aquaspirillum magnetotacticum）］生活在泥泞的水中，在地球磁场的帮助下使自己取向，以远离富氧的表面[474,475]。这是在细菌细胞内的一细串直径为50～100nm的单畴磁铁矿颗粒的帮助下实现的，它在一定方向上自发地饱和磁化并附在细胞壁上固定住。因为地球磁场在北半球向北看时（举个例子）是指向下方的，来自世界上这部分的所有细菌是趋北的。它们就像地球磁场中微小的自驱动的罗盘。正确的极性被选择并被后代通过分享链片段继承，它随后通过新的颗粒的合成而复原。细菌在它们自然栖息地的密封样品中能存活至少两年而不需要额外的营养。在磁场的帮助下它们可以被提取和收集。把它们放在磁性样品上，它们将会沿着杂散磁场的磁力线移动直到它们到达——在几秒钟内——磁力线在表面上的北端。

这种方法类似于比特方法，但是衬度机制是不同的。比特图形指示的是表面上磁场最高的绝对值的位置（见2.2.2节），但是细菌指示的是磁力线北极点位置。这些位置不必重合，特别如果是切向磁场导致的比特衬度，就像在轻度错取向表面中经常出现的那样。因此趋磁细菌图像经常更相似于磁光磁畴衬度而不是比特图形的典型畴壁衬度。它们看起来类似于垂直于表面辅助磁场下获得的比特图片。

这种技术的优点是它的高灵敏度：因为细菌依赖于它们自然环境中的地球磁场，它们能响应0.5Oe（40A/m）量级的磁场，因此能大约比比特胶体灵敏度高一个量级。甚至当细菌死亡的时候，趋磁细菌的磁铁矿链代表着最灵敏的磁性颗粒。这个分辨率多少会被细菌的尺寸所限制，其代表性尺寸大于1μm。因为这种方法迅速而灵敏，它可能会在常规检查中找到应用，例如变压器钢的检查。进一步的应用在参考文献［476］中进行了探讨；这种方法的衬度机制以及灵敏度在参考文献［477］中做了讨论。

2.7.5 磁畴感生的表面轮廓

在少数情况下，磁畴会产生一个表面轮廓，这可以被合适的微观方法，就像 Nomarski 干涉衬度或者扫描探针显微方法探测到。这种效应是在单轴材料电解抛光之后偶然被观察到的[478,479]，在这个过程中存在的杂散磁场多少影响了抛光速率，如图2.53所示。

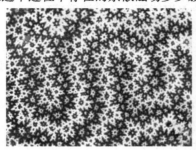 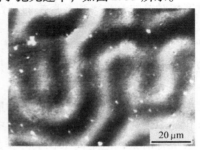

a)   b)

图2.53 电解抛光的钴晶体的磁畴：通过极向克尔效应和同步进行的通过差分干涉衬度展示出来的表面轮廓来观察到，样品在抛光中被放置在一个磁体的上面
a）极向克尔效应 b）差分干涉衬度

在硬磁样品中,在机械抛光中的杂散磁场和可能来自磨蚀过程的磁性颗粒也可以产生表面轮廓。另一个表面轮廓的来源是磁致伸缩,但通常铁磁体中的这一效应太小而不能产生可以观察到的成像衬度。一个例外在具有极强磁致伸缩的某些稀土合金中被发现[480-484]。

2.7.6 块体内部的磁畴观察

研究氧化物材料的内部磁畴结构原则上没有问题,因为这些材料是透明的,或者至少对红外线是如此。图 5.7 显示了一个这种可能性的极好的例子。对普通金属磁体做相同的实验被证明事实上是不可能的。简单地使用样品切片来探求内部的磁畴在磁学上是没有意义的,因为切口会产生新的磁畴图形。(这在薄膜磁记录头上尝试过(例如在参考文献[483]中),而事实上在切割边缘发现了封闭磁畴,这在切割之前是没有的。)

至今所有报道的方法中,我们发现只有 X 射线和中子方法能够在不切割的情况下看到块体金属样品的内部。但是,尽管学界在证实 X 射线成像学中的衬度现象时做了令人印象深刻的工作,但是仍然很少有原创的贡献能了解磁畴结构。大部分磁畴图形是之前从常规的表面观察方法获知的。在参考文献[447]中,一个内部的 90°畴壁的锯齿褶皱被 X 射线图像识别出来,但甚至这一特征也是之前从理论上得知的,并且可能如果没有这一知识就不会从 X 射线成像图上获取到。有一个值得注意的例外:1993 年,A. R. Lang 发表了他在 1962 年做的观察实验(见参考文献[484]中图 8),展示了(110)取向的硅铁薄片中的次表层的枞树磁畴结构,一个明显从没在别处见过或识别出过的磁畴结构。

从这一技术在材料科学其他领域的重要贡献的角度上看,令人吃惊的是从 X 射线成像术中只能获取有限的磁信息。原因在于磁畴的特有定律:只有接近完美和相对薄的晶体在 X 射线成像术中是可用的。对于这种晶体磁畴是由表面所决定的,并且所有磁畴都应该和样品表面在某处相接触。通过表面观察和从理论中得到的法则,薄的完美晶体的内部磁畴可以被推断出来。这对于非均匀或者形变的样品将会是不可能的,对于这些样品,X 射线实验也不起作用。

X 射线成像术的另一个独有特征是能同时看到磁畴和晶格缺陷。但结果再次多少有些令人失望。只有在少数实验中,90°畴壁和位错的相互作用可以被观察到,比如图 2.49 中的例子。与更加重要但是很不幸几乎不可见的 180°畴壁的相互作用(见 1.2.2 节)是不容易进行研究/观察不到的。而 90°畴壁与较不完美晶体的结构特征(比如位错集聚或者夹杂物)的相互作用很少能被研究,因为这种晶体不适合 X 射线形貌术。同步辐射形貌术提供了一种多少好一些的机会;使用它的连续光谱,轻微弯曲的晶体可以在 Laue 技术下成像,如参考文献[485]所示,在该文中记录了一个塑性形变的铁晶须中 90°畴壁和一个位错束之间的相互作用。

X 射线衬度相对差的分辨率和不直接的特性是 X 射线方法在磁性微结构研究上影响相对有限的深层次原因。这种方法的主要优点是促进了关于磁畴的磁致伸缩变形和弹性相互作用的重要工作[444,447,486]。在中子成像术下,金属样品内的磁化强度图形能被直接观察到,但是低的分辨率使有益的应用不太可能实现。这一观点不适用于反铁磁磁畴中,因为在这一领域中鲜有其他方法[455,487]。

有一个有趣的建议旨在"中子退极化"测量的层析评价[488,489]。这个原理包括测量沿着许多轨迹的不同极化的中子的自旋的转动和用医学中应用的计算机 X 射线层析方法把这些信息结合起来。它看上去很有前景,但是尚未在实际样品上测试,无法预言它可能的分辨率。使用硬 X 射线的基于磁圆二色性效应的 X 射线显微术(见 2.7.3 节)是另一可能性,其灵敏度和分辨率仍然有待证实。

一个可以细致研究块体金属样品内部的磁畴的独特方法由 Libovicky 进行了探索[490]。一个硅铁合金（Fe 12. 8 at. % Si）在大约 600℃时经历了一个不可逆的结构转变，即有序的亚微观析出物，呈现为在弹性相互作用下沿着局域的磁化强度方向取向的小片。室温下，这个"织构"在一个合适的刻蚀处理之后会产生双折射效应，这在偏振光下是可以观察到的。所有三个磁化强度轴均可识别，甚至 180°畴壁在高倍数下都是可见的。通过逐层抛光掉表面，磁畴结构的更深层被揭示出来。两个 Libovicky 的图片如图 2.54 所示。这个方法是破坏性的，它能够一次性地研究存在于反应温度下的磁畴。但是从它揭示复杂磁畴状态的"解剖术"的特有潜力的角度来看，这一技术显然值得进一步关注。

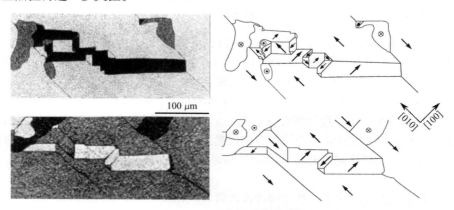

图 2.54　在 SiFe 合金中，借助于在 580℃热处理形成的亚微观析出物所获得的磁畴图片：在偏振光下，析出过程中出现的磁畴结构变得可见，两幅图片以及每一幅的解读，展示出相同三维结构的不同深度层；检偏器设置也做了改变（由布拉格的 Libovicky 提供[490]）

2.8　支持磁畴分析的整体测量方法

所有取决于磁畴微结构的/取决于不同磁结构的积分磁性测量，都或多或少能用于帮助磁畴分析。其中一些整体实验方法提供了与磁畴模型直接量化比较的可能性，因而在磁畴观察不可能或者不确定的情况下是很有用的。其他方法，例如积分中子去极化技术（如在参考文献[491 –493]中综述的），不得不严重依赖于理论和模型计算，且有其自身的研究领域。这里我们主要想讨论更直接的方法的潜力，即

- 磁化强度测量；
- 转矩测量；
- 磁致伸缩测量；
- 磁电阻测量。

它们都会产生一个某种磁性微结构性质的空间平均。磁化强度矢量 m（r）的平均值可以通过**磁化强度测量**确定。在一个外加磁场下，测量到的转矩正比于平均横向磁化强度并垂直于外加磁场和转矩轴。它总是可以用于在所有三个空间方向上比较磁畴模型和测量到的平均磁化强度。

磁致伸缩效应提供了关于平均磁畴性质的额外信息。它是磁化强度矢量分量的二次效应。晶体对称性定义了一个每个磁畴自发的"自由"形变，它取决于磁化强度的方向。尽管这个形变可能被磁畴间的相互作用影响（见 3. 2. 6. 6 节），但是这个相互作用在空间平均中抵消了。这意味着晶体的延伸率是不同方向磁化的磁畴的"相"体积 v_i 的线性函数，其中一个相体积集合

了所有沿着某一方向磁化的磁畴的体积。180°畴壁的运动对磁致伸缩应变没有影响，但是相对于"基础磁畴"磁化到例如90°的磁畴的相体积可以直接被测量[494]。这个方法的基本思想的说明如图2.55所示。

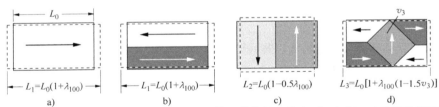

图2.55 从铁晶体上的磁致伸缩实验对90°磁畴的体积的推导。状态a）和b）对于磁致伸缩没有区别；d）中横向磁畴的相对体积v_3可以通过公式$v_3 = (L_1 - L_3)/(L_1 - L_2)$测量的长度严密地

推导出来，在图d）中只有样品的平均拉伸率表现了出来，其中忽略了与这种磁畴状态有关联的不均匀畴变，它在平均过程中抵消了，L_0是假设处于非磁性状态的样品的长度

因为平均磁致伸缩应变张量的所有分量原则上都是可测量的，若干磁畴的相体积可以通过测量沿不同轴的磁致伸缩来确定。平均的应变张量是一个对称的无迹的3×3张量，因而是通过五个独立分量来表征。再连同所有相体积的总和必须是样品体积的条件，共有六个相体积可以被测量。

然而，可用的信息不够完整。如上面所提到的，具有反平行磁化强度的磁畴在磁弹应变上没有不同。但是其至当把反平行的磁畴的相体积结合成"轴相"，只靠整体的磁致伸缩测量也不总能够确定这种轴相的相体积。这可以通过假设的沿四个轴［100］、［010］、［110］和［1$\overline{1}$0］磁化的共面磁畴的例子来验证。相比之下，如果磁畴被沿着四个 <111> 轴磁化（就像镍晶体中发生的那样，见3.2.3.1节），一个基于沿着所有空间对角线方向磁致伸缩测量的完整轴相分析是可能的。

对于没有明确定义的易轴的材料，比如多晶或者金属玻璃，还没有比较完整的信息。将需要一个描述"磁织构"的连续函数（体积分数作为磁化强度方向的函数）来做全面的相表征。磁致伸缩测量不能提供这些函数，而只能提供其中某些积分。

各向异性磁电阻效应（Anisotropic Magnetoresistance Effect，AMR）——电阻变化作为相对电流方向的磁化强度方向的函数——可以替代磁致伸缩测量。自发的磁致伸缩延伸率和这种经典的磁电阻效应的方向依赖性是等效的，所以两种方法都可以根据方便情况使用。块体样品用磁致伸缩效应测量更容易，而沉积在衬底上的薄膜更容易用磁电阻测量来检测[495]。

与磁致伸缩中所阐述的相同的关于可获取信息的一般性限制也适用于穆斯堡尔测量[496,497]。穆斯堡尔谱中第二与第一塞曼线强度的比值决定于某一磁化强度分量的二次方[498,499]。穆斯堡尔测量因此提供了类似于磁致伸缩和磁电阻测量的信息。它们可能具有可以被应用在样品的不同部分和应用在小样品上的优点。特别是，样品的整体和表面是可以分别进行测量的，后者使用转换电子穆斯堡尔谱（Conversion Electron Mössbauer Spectroscopy，CEMS），它可以探测二次电子而不是常规穆斯堡尔谱中的γ射线。

前面提到的整体方法是**支持**磁畴观察的有力工具，而不是要替代它们。我们重复一下对一个普通但对称的样品的论点，比如对一片晶粒取向的变压器钢的分析。从整体磁化强度测量我们得到了三个积分$\int m_x dV$、$\int m_y dV$和$\int m_z dV$。磁致伸缩测量（和等效的磁电阻或者穆斯堡尔测量）添加了三个额外的表达式$\int m_x^2 dV$、$\int m_y^2 dV$和$\int m_z^2 dV$，其中一项没有承载信息，因为$m_x^2 + m_y^2 + m_z^2 = 1$。

假定我们已经分析了表面磁畴观察，产生了一个关于体材料内磁性微结构 $m(r)$ 的假设。现在我们可以检查，附加的来自五个体积分的信息是否与假设的模型 $m(r)$ 相兼容。要将这个问题倒过来，也就是说从五个测量的数值获得连续矢量方程 $m(r)$，这明显是不可能的。整体方法因此为磁性微结构分析提供了**必要**但绝对不充分的信息。

2.9　磁畴观察方法的比较

图 2.56 从三个方面指出了这些最重要的技术的范围：不同方法的空间分辨率、记录时间和信息的深度。最后一个数值也决定了所需要的表面处理质量。记录时间限制了该方法的动态测量能力，但是，这也可以通过频闪实验来扩展。这幅图中的极限值只是指导值，具体数值取决于实验条件。

表 2.1 列出了许多关于磁畴观察技术有效性的定性标准。明显正面的特征被高亮标记了。在第三列，各种方法"定量的"潜力通过以下的关键词来表征：

间接：只有通过模型计算才能确定磁化强度分布的方法。

直接：直接展示（表面）磁化强度矢量的方法。

定量：能够定量地评估表面处或者在样品厚度上平均的磁化强度矢量分量的方法。

两个表格中都用到的缩写有

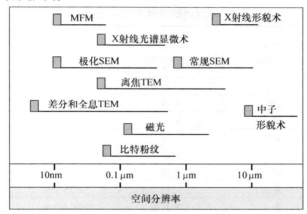

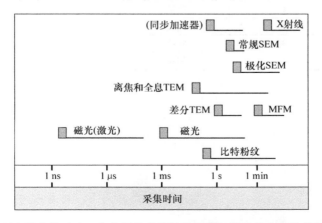

图 2.56　不同磁畴观察技术的对比：指出了几种特性的估算极限及其由实验条件所决定的大概范围

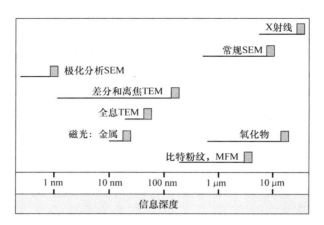

图2.56 不同磁畴观察技术的对比：指出了几种特性的估算极限及其由实验条件所决定的大概范围（续）

MFM（Maganetic Force Microscopy）：磁力显微术；

MO（Magneto – optic Method）：磁光方法；

SEM［Scanning（reflection）Electron Microscopy］：扫描（反射）电子显微术；

TEM（Transmission Electron Microscopy）：透射电子显微术。

表2.1 不同磁畴观察方法间的定性比较

磁畴观察方法	对磁化强度微小变化的灵敏度	对磁化强度矢量的评估	所允许的磁场范围	制样质量要求	所需的投入资金
比特粉纹	非常好	间接	100A/cm	中－低	低
磁光	尚好	直接	不限	高	中等
数码磁光	好	定量	不限	中等	高
离焦TEM	非常好	间接	3000A/cm	高	高
差分TEM	好	定量	1000A/cm	高	非常高
全息TEM	好	定量	100A/cm	非常高	非常高
二次电子SEM	差	间接	100A/cm	低	高
背散射SEM	差	非常直接	300A/cm	中－低	高
极化SEM	好	定量	100A/cm	非常高	非常高
X射线形貌术	差	间接	不限	中等	极高
中子形貌术	差	间接	不限	低	极高
MFM	好	间接	3000A/cm	低	中等

第 3 章

磁 畴 理 论

在研究磁性微结构时必须将磁畴观察和磁畴理论结合起来。本章介绍磁畴理论，重点是面向应用的过程，而不是已经较为完善的基本原理。本章给出了更为细致的分析以阐明典型的机理，并将提供一些中间步骤作为引导，以鼓励读者重现论证的过程。3.2 节给出了磁体的自由能。自由能必须取最小值的原则引出了微磁学公式及其动力学的推广形式。3.3 节从理论角度对磁畴起源进行了讨论，其后两节所涉及的内容则不需要用到畴壁的知识。3.4 节的相理论适合于计算大块晶体的可逆磁化曲线。3.5 节的小颗粒磁化翻转理论适用于小到无法包含正常畴壁的颗粒。而对于所有的中间情形，畴壁都很重要。3.6 节总结了它们的特性，还包含对于畴壁次结构及畴壁动力学的讨论。在本章的最后一节（3.7 节），从理论角度对于一些普遍发生的磁畴特征，如磁畴分叉或密集条状磁畴进行了讨论。该节的最后深入讨论了一个看似简单而实际非常复杂的典型案例：奈尔块。

3.1 磁畴理论的目的

如引言（1.2.2 节）中所讨论的，磁畴理论的原理要追溯到 Landau 和 Lifshitz[22] 的著名文章。其目前公认的形式可以在 Kittel 的综述中找到[30,42]。如今对于它的正确性或基本原则没有什么严重的质疑。磁畴理论与磁畴观察互补，是磁畴分析中不可缺少的工具。在上一章中我们不得不得出结论，对于大多数样品是无法直接观察其内部磁畴的。只有依靠理论我们才能通过表面观察推测出其内部磁畴。这样做的一个显见流程如下：首先是找到与观察到的表面图形匹配的合理磁畴模型。接着计算它们的能量并选择最恰当的进行后续分析。然后连续不断改变所选模型的参数（角度、长度等），再次寻找最低的能量。如果计算得到的结构仍然与观察一致，就可认为这一模型是正确的；如果不一致，则必须检验别的模型以得到更低的能量和与实验更好的匹配。这看起来复杂的流程是无法避免的，因为除了亚微米薄膜单元等一些极端情形外，所有情况都无法得到微磁学方程的直接数值解。在所有其他情况下，只有磁畴理论能够支持磁畴观察，而微磁学的连续介质理论只能帮助提供必要的要素。

本章意在通过一些指南和一个包含特定情形表达式的"工具箱"来支持进行上述研究。相关背景读物和早期的综述参见参考文献 [34，37，43 − 45，49] 和参考文献 [500 − 512]。Miltat 的综述对磁性微结构理论进行了最新的介绍（同时充实了本书的一些主题）[513]。Aharoni[514] 最近编著的教材包含了对于微磁学基础的详尽分析，并着重综述了作者在这一领域内所做大量贡献的综述。

3.2 铁磁体的能量学

3.2.1 概述

微磁学与磁畴理论都是基于由热力学原理推导出的同一个变分原理，它最初在参考文献

[22] 中建立并在被参考文献 [37，503] 等回顾。根据这一原理，选择磁化强度方向的矢量场为 $m(r) = J(r)/J_s$ 以使总（自由）能在 $m^2 = 1$ 的约束下达到绝对或者相对的极小值。此处我们忽略掉那些该约束条件不适用的特殊情况（即饱和磁化强度 J_s 在一个微磁学构型内部有变化）。能量最小化原理和恒定磁矩约束条件的一个必然结果是通过变分法从能量上得出的每点处磁矩上的力矩必须为零。这些力矩条件就是所谓的微磁学公式，将在 3.2.7 节中进行详细讨论。因此，依赖于磁化强度的能量贡献是磁畴理论和微磁学力矩方程的起点。

我们必须分清局域的和非局域的磁性能量项。局域项是基于能量密度的，其仅由磁化强度方向的局域值决定。它们的积分值可通过对方程 $E_{loc} = \int f(m)dV$ 在整个样品上简单的积分而得到，其中能量密度函数 $f(m)$ 是一个关于磁化强度方向 m 的任意函数。例如**各向异性能**、外加场（塞曼）能及与非磁性起源的一个应力场之间的**磁弹相互作用**能。交换能或者说劲度能在某种意义上也是局域的，因为它是通过对磁化强度方向微商的函数进行积分计算得出的。

杂散场能和**磁致伸缩自作用**能是两个非局域的能量贡献——与沿不同轴磁化的区域之间的**弹性**相互作用相关的能量。这些能量项在磁化强度矢量上产生力矩，其在任一点上都依赖于其他一个点上的磁化强度方向。非局域能量项无法通过单次的积分计算获得。例如，杂散场能可通过以下步骤进行计算（见 3.2.5 节）：首先，通过对所谓的磁荷（磁化强度矢量场的漏和源）进行积分得到一个标量磁性势。接着，对磁荷与势的乘积进行第二次积分就能得到总能。对于磁致伸缩自作用能也可采用类似的流程。对于非局域能量项总共需要两个空间积分。非局域项使得微磁学和磁畴分析既有趣又复杂。

在上述常规方法中，对于每个给定的磁化强度分布都要进行杂散场和弹性变形的积分，以寻找仅依赖于磁化强度场的最低能量。虽然可通过数学方法避免非局域能量贡献的复杂性，但代价较高。在这些替代方法中，修正的总能函数既像之前一样随着磁化强度场变化，同时也随着作为额外变量的杂散场（及弹性变形）的不同势变化[34,37,501]。这种情况下，函数只依赖于变量及其导数，因而不需要进一步的积分。其最终结果与常规方法一样。这一替代方案与计算机方法相联系时似乎颇具优势[515-518]，但并不明确，因为有些作者随后又舍弃了它[519,520]。我们倾向于像常规方式那样限制独立变量的个数，以获得对一种情形更好的直观理解。

注意：我们通常使用大写字母表示总能量项（E_x 等），小写字母表示（体积或面）能量密度。

3.2.2 交换能

3.2.2.1 体交换劲度能

铁磁体（或者亚铁磁体，见 1.3 节）的基本特性是其倾向于一个不变的平衡磁化强度方向。偏离这一理想情况就会引入一个能量惩罚，其可以通过"劲度"表达式来描述：

$$E_x = A\int (\mathbf{grad}\, m)^2 dV \tag{3.1}$$

式中，A 是一个材料常数，即所谓的交换劲度常数（量纲为 J/m 或者 erg/cm），一般与温度相关。它的零温度值与居里点 T_c 相关 $[A(0) \approx kT_c/a_L$，a_L 为晶格常数，k 为玻耳兹曼常数$]$。式 (3.1) 的积分可以写成更明确的形式：

$$\begin{aligned}
e_x &= A\big[(\mathbf{grad}\, m_1)^2 + (\mathbf{grad}\, m_2)^2 + (\mathbf{grad}\, m_3)^2\big] \\
&= A\big[m_{1,x}^2 + m_{1,y}^2 + m_{1,z}^2 + m_{2,x}^2 + m_{2,y}^2 + m_{2,z}^2 \\
&\quad + m_{3,x}^2 + m_{3,y}^2 + m_{3,z}^2\big]
\end{aligned} \tag{3.2}$$

式中，$m_{1,x}^2 = (\partial m_1/\partial x)^2$，以此类推。这一公式是通过对相邻自旋之间的各向同性海森堡相互作用 $s_1 \cdot s_2$ 进行泰勒展开得到的。其对于任何磁化强度方向的变化给予了一个能量惩罚。交换能［式（3.1）］之所以称为各向同性，是因为它与相对于磁化强度方向的改变的方向无关。即使当局域化自旋之间的海森堡相互作用不适用（如在金属铁磁体中），式（3.1）仍然可以**唯象地**在一级近似下描述劲度效应。只是需要改变对交换常数的解释。

在柱面坐标系中，交换能密度［式（3.2）］为

$$e_x = A \{ m_{\rho,\rho}^2 + m_{\varphi,\rho}^2 + m_{z,\rho}^2 + m_{\rho,z}^2 + m_{\varphi,z}^2 + m_{z,z}^2 + $$
$$\frac{1}{\rho^2}[(m_{\rho,\varphi} - m_\varphi)^2 + (m_{\varphi,\varphi} + m_\rho)^2 + m_{z,\varphi}^2] \} \tag{3.2a}$$

在 Doring 关于微磁学的综述中有对劲度项的系统分析[37]，他在其中推导出了一个广义表达式：

$$E_x = \int \sum_{i,k,l} A_{kl} \frac{\partial m_i}{\partial x_k} \frac{\partial m_i}{\partial x_l} \mathrm{d}V \tag{3.3}$$

对于立方或者各向同性材料对称张量 A 退化为一个标量。六角或者其他低对称性晶体需要不止一个交换劲度常数。在实际中到处都会用到各向同性的公式，至少还没有从实验上确定各向异性交换劲度系数的记录。

交换能［式（3.1）］可以写成由 Arrott 等建立的另一种形式[521]。其来自以下恒等式：

$$(\mathbf{grad}\,m)^2 = (\mathrm{div}\,m)^2 + (\mathbf{rot}\,m)^2 - \mathrm{div}[m \times \mathbf{rot}\,m + m\,\mathrm{div}\,m] \tag{3.4}$$

它对于 $m^2 = 1$ 适用。总的交换能因而也可以表示为

$$E_x = A \int [(\mathrm{div}\,m)^2 + (\mathbf{rot}\,m)^2]\mathrm{d}V + A \int [m \times \mathbf{rot}\,m + m\,\mathrm{div}\,m]\mathrm{d}S \tag{3.5}$$

式中，第一个积分遍历整个体积，而第二个积分遍历整个表面。这一公式只包含标准的矢量解析表达式，因而对于如坐标变换等比较容易处理。但额外的面积分是必不可少的，因而不能省略[522]。需要强调的是，不像参考文献［514］（第138 页）中的错误主张，这个面积分和表面各向异性完全无关。

示意图 3.1

式（3.1）和式（3.5）中体积分的被积函数不一样，而式（3.5）中交换能密度的一部分被转移到了面积分中，这一事实无助于对某一情形的直观理解。考虑一个"十字"涡旋（见示意图 3.1）具有 $m_1 = ay$，$m_2 = ax$，$m_3 = \sqrt{1 - m_1^2 - m_2^2}$，其中 a 表示此结构的尺寸。在 $x = y = 0$ 的中心点处，式（3.1）的被积函数为 $2a^2$，而式（3.5）中体积分的被积函数变为零，尽管磁化强度在此点附近并不固定且劲度能的直观图像会预示此处数值并不为零。此外，参考文献［523］的自适应有限元算法中的"精细化指标"将无法在这里探测到涡旋。下面我们将不依靠式（3.5）。

对于恒等式 $m^2 = 1$ 使用两次梯度算符，可以得到关于交换能密度的另一个等价形式[30]：

$$e_x = A(\mathbf{grad}\,m)^2 = -A\,m \cdot \Delta m \tag{3.6}$$

式中，$\Delta = \mathrm{div}\,\mathbf{grad}$ 是拉普拉斯算符。当式（3.2）中的磁化强度方向表示为极坐标时，我们得到另一个简便形式：

$$m_1 = \cos\vartheta\cos\varphi, m_2 = \cos\vartheta\sin\varphi, m_3 = \sin\vartheta \tag{3.7a}$$

$$e_x = A[(\mathbf{grad}\,\vartheta)^2 + \cos^2\vartheta(\mathbf{grad}\,\varphi)^2] \tag{3.7b}$$

最后这个公式（或者它的特殊形式）是在实际中最常用的。［在全书中，我们更愿使用极坐标系，其在赤道上 $\vartheta = 0$，因为这样更容易看出赤道附近的对称性。如果你倾向于北极处 $\vartheta = 0$，就可以将式（3.7a、b）中 ϑ 的正弦和余弦进行交换］。

3.2.2.2　交换界面耦合

如果一个铁磁体与另一个铁磁体相接触（例如多层薄膜中的情况），可能存在一个交换相互作用将这两个介质耦合在一起。一般无法通过双方的体特性得出其耦合强度。耦合强度取决于界面的确切特性，与块体交换作用相比它可能较弱，或者甚至就像第一次在具有薄的铬中间层的铁-铁界面中发现的那样是反向的[524]。在相同的系统中还有进一步的发现：对于特定的铬厚度，发现了倾向于在两层间形成非共线相对取向的耦合[525]。

唯象地说，所有这些情形都可以用下面的表面能密度表达式来描述：

$$e_{coupl} = C_{bl}(1 - \boldsymbol{m}_1 \cdot \boldsymbol{m}_2) + C_{bq}[1 - (\boldsymbol{m}_1 \cdot \boldsymbol{m}_2)^2] \tag{3.8}$$

式中，$\boldsymbol{m}_1$ 和 $\boldsymbol{m}_2$ 是界面处的磁化强度矢量；C_{bl} 是双线性耦合常数；C_{bq} 是双二次耦合常数。如果 C_{bl} 为正，其有利于两个介质中磁化强度的平行取向（铁磁耦合）。如果其为负，则有利于反平行排列（反铁磁耦合）。如果 C_{bl} 很小，负的 C_{bq} 数值可能导致90°的相对取向。根据当前的理解，这两个耦合常数的起源大相径庭。双线性项与相应的体积交换劲度效应密切相关，两者来自相同的量子力学基础（见参考文献［526］的综述）。相比之下，如 Slonczewski 的评述[527]，双二次耦合常数则归因于各种微观的空间涨落（"外禀"）机制（例如与界面粗糙度相关）。对于微磁学和磁畴理论的目的来说，耦合效应的本质问题可以不予考虑。但重要的是，外禀的涨落机制总是导致 C_{bq} 为负值。

理论上，可以在式（3.8）上加入更高阶项和非局域的表达式。后者可能会在具有长程 Rudermann-Kittel 相互作用的稀土金属多层膜中起作用。Slonczewski[527] 提出了双二次项的一个非解析变体，似乎得到了某些关于反铁磁界面的实验支持。

3.2.3　各向异性能

铁磁体的能量取决于磁化强度相对于材料结构轴的方向。这一依赖性主要源于自旋-轨道相互作用，用各向异性能来描述。我们要区分不受干扰的晶体结构的**晶体**各向异性和**感生**各向异性，后者描述如晶格缺陷或部分原子有序等导致偏离理想对称性的效应。形状效应不属于各向异性项。它们是3.2.5.2节中涉及的杂散场能中的一部分。无论这些各向异性的根源为何，它们必须符合所处情形的对称性。因此，用基于球谐函数的展开来描述最重要的贡献。由于自旋的热扰动倾向于将高阶贡献平均掉，因此极少需要考虑前两个有效项之外的项。只有在低温下观察到了有效的高阶项，它是自旋和往往呈高度各向异性的费米面之间的相互作用导致的[528,529]。

此处只给出了立方、单轴和正交系统的最低阶项。可以在参考文献［530-533］中找到向更高阶的展开及对于其他对称性的情况还有关于各向异性起源的讨论。

3.2.3.1　立方各向异性

立方晶体的各向异性能量密度的基本公式是

$$e_{Kc} = K_{c1}(m_1^2 m_2^2 + m_1^2 m_3^2 + m_2^2 m_3^2) + K_{c2} m_1^2 m_2^2 m_3^2 \tag{3.9}$$

式中，m_i 是磁化强度沿着立方轴的分量。材料常数 K_{c2} 及更高阶项通常可以忽略。常数 K_{c1} 对于不同材料的假定取值一般在 $\pm 10^4 J/m^3$ 的范围之内。K_{c1} 的符号决定到底是〈100〉型还是〈111〉型方向为磁化强度的易磁化方向（详见3.4.3.1节）。图3.1给出了各向异性能贡献的一个图示，提供了对于磁化强度在铁磁体中"感受"到的局域能量环境的效果。在极角式（3.7a）中，立方各向异性变为

$$e_{Kc} = (K_{c1} + K_{c2}\sin^2\vartheta)\cos^4\vartheta\sin^2\varphi\cos^2\varphi + K_{c1}\sin^2\vartheta\cos^2\vartheta \tag{3.9a}$$

式（3.9a）可用于研究基于〈100〉的坐标系中的磁畴或者畴壁，像我们可以在具有（100）型表面的样品中使用它。对于具有（110）表面或者90°畴壁的样品（见图1.3），各向异性能密度

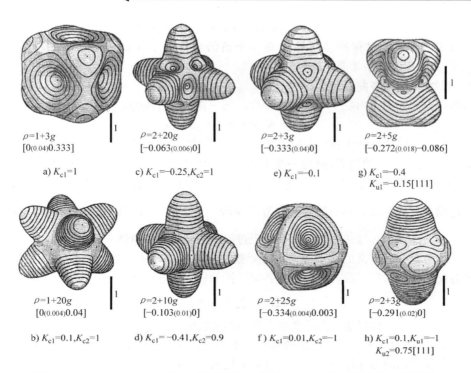

$\rho=1+3g$
$[0_{(0.04)}0.333]$

a) $K_{c1}=1$

$\rho=2+20g$
$[-0.063_{(0.006)}0]$

c) $K_{c1}=-0.25,K_{c2}=1$

$\rho=2+3g$
$[-0.333_{(0.04)}0]$

e) $K_{c1}=-0.1$

$\rho=2+5g$
$[-0.272_{(0.018)}-0.086]$

g) $K_{c1}=-0.4$
$K_{u1}=-0.15[111]$

$\rho=1+20g$
$[0_{(0.004)}0.04]$

b) $K_{c1}=0.1,K_{c2}=1$

$\rho=2+10g$
$[-0.103_{(0.01)}0]$

d) $K_{c1}=-0.41,K_{c2}=0.9$

$\rho=2+25g$
$[-0.334_{(0.004)}0.003]$

f) $K_{c1}=0.01,K_{c2}=-1$

$\rho=2+3g$
$[-0.291_{(0.02)}0]$

h) $K_{c1}=0.1,K_{u1}=-1$
$K_{u2}=0.75[111]$

图 3.1 由 $\rho=A+B\cdot g$ 定义的 "能量面",其中 $g(\vartheta,\varphi)$ 是一般各向异性函数,如式(3.9)或式(3.11)或者它们的组合,A 和 B 是合适的比例因子。另外绘制了 $[C(S)D]$ 范围内的等能线,其中 C 是 $g(\vartheta,\varphi)$ 的最小值,D 是最大值,而 S 是等能线之间的距离。在图的下部和上部给出了各向异性系数与比例因子以及标尺。a)、b)具有 $\langle100\rangle$ 型易轴的立方各向异性。c)、d)具有 $\langle110\rangle$ 型易轴的立方各向异性。e)、f)具有 $\langle111\rangle$ 型易轴的立方各向异性。g)立方各向异性和沿着 $[111]$ 轴的单轴各向异性的叠加。h)立方各向异性和沿着 $[111]$ 轴的圆锥各向异性的叠加

可在另一个极坐标体系中表示为

$$m=\cos\vartheta\cos\varphi(0,0,1)+\sqrt{\frac{1}{2}}\cos\vartheta\sin\varphi(1,\bar{1},0)+\sqrt{\frac{1}{2}}\sin\vartheta(1,1,0)$$

$$e_{Kc}=K_{c1}\cos^2\vartheta\cos^2\varphi(\cos^2\vartheta\sin^2\varphi+\sin^2\vartheta)$$

$$+\frac{1}{4}(K_{c1}+K_{c2}\cos^2\vartheta\cos^2\varphi)(\cos^2\vartheta\sin^2\varphi-\sin^2\vartheta)^2 \qquad (3.9b)$$

对于负各向异性材料中的畴壁,可用另一个取向的极坐标系来表示晶体各向异性能:

$$m=\sqrt{\frac{1}{2}}\cos\vartheta\cos\varphi(1,\bar{1},0)+\sqrt{\frac{1}{6}}\cos\vartheta\sin\varphi(1,1,\bar{2})+\sqrt{\frac{1}{3}}\sin\vartheta(1,1,1) \qquad (3.9c)$$

$$e_{Kc}=K_{c1}\left[\frac{1}{4}\cos^4\vartheta+\frac{1}{3}\sin^4\vartheta-f_1(\vartheta,\varphi)\right]$$

$$+\frac{1}{108}K_{c2}\left[2\cos^6\vartheta\sin^2(3\varphi)+\sin^2\vartheta f_2^2(\vartheta)+6f_1(\vartheta,\varphi)f_2(\vartheta)\right],$$

其中 $f_1(\vartheta,\varphi)=\frac{1}{3}\sqrt{2}\sin\vartheta\cos^3\vartheta\sin(3\varphi),f_2(\vartheta)=2\sin^2\vartheta-3\cos^2\vartheta$

对于任意表面取向,可以使用张量计算推导出相应的公式。如果立方各向异性能式(3.9)表示为

$$e_{Kc} = K^{(0)} + K^{(1)}_{ijkl} m_i m_j m_k m_l + K^{(2)}_{ijklrs} m_i m_j m_k m_l m_r m_s \tag{3.10}$$

张量 $\boldsymbol{K}^{(1)}$ 和 $\boldsymbol{K}^{(2)}$ 可以通过标准步骤转换到一个新的坐标体系（例如对于一个四阶张量 $\boldsymbol{A}$ 有 $\tilde{A}_{ijkl} = A_{mnrs} T_{im} T_{jn} T_{kr} T_{ls}$，其中 $\boldsymbol{T}$ 是转换矩阵）。

3.2.3.2　单轴和正交各向异性

六角和四角晶体显示出一个单轴各向异性，其一直到四阶项的表示为

$$e_{Ku} = K_{u1} \sin^2 \vartheta + K_{u2} \sin^4 \vartheta \tag{3.11}$$

式中，ϑ 是各向异性轴与磁化强度方向之间的夹角。同样的公式也适于单轴感生各向异性。大的正 K_{u1} 描述一个易轴，大的负 K_{u1} 描述一个垂直于各向异性轴的易磁化面。对于中间数值，即在 $0 > K_{u1}/K_{u2} > -2$ 的条件下，易轴方向位于一个相对于轴的夹角为 Θ 的圆锥之上，Θ 由 $\sin^2 \Theta = -\frac{1}{2} K_{u1}/K_{u2}$ 给出。简言之，这三种情况称为"单轴""平面"和"圆锥"磁各向异性。单轴各向异性可以比立方各向异性强很多，对于稀土过渡金属永磁材料可达到约 $10^7 \mathrm{J/m^3}$。

有时必须考虑一个广义的二阶各向异性。这适用于比四角或六角对称性更低的晶体，或者若干单轴各向异性叠加的情况。这种正交各向异性的能量密度可以写作：

$$e_{Ko} = \sum_{i,k} K_{ik} m_i m_k \tag{3.12}$$

式中，$\boldsymbol{K}$ 是一个二阶对称张量。由弹性应力和一些形状效应感生的各向异性也同样可简化为这一形式。能量表达式 e_{Ko} 定义了三个正交的轴：一个易轴、一个难轴和一个中间轴。在一个沿着 $\boldsymbol{K}$ 的这些本征向量取向的坐标体系中，正交各向异性式（3.12）可以简化为

$$e_{Ko} = K_1 m_1^2 + K_2 m_2^2 + K_3 m_3^2 \tag{3.12a}$$

式中，K_i 是 $\boldsymbol{K}$ 的本征值，其中之一在磁性上没有意义，因为 $m_1^2 + m_2^2 + m_3^2 = 1$。

立方晶体中的感生各向异性可以表现为正交各向异性的形式[531]，如描述二阶表达式为

$$\begin{aligned} e_{Ki} = {} & F_{ind}(m_1^2 a_1^2 + m_2^2 a_2^2 + m_3^2 a_3^2) \\ & + 2G_{ind}(m_1 m_2 a_1 a_2 + m_1 m_3 a_1 a_3 + m_2 m_3 a_2 a_3) \end{aligned} \tag{3.12b}$$

式中，$\boldsymbol{a}$ 是退火过程中的磁化强度方向，在此过程中一些结构改变感生出各向异性。F_{ind} 和 G_{ind} 是两个通常依赖于温度和时间的材料参数。式（3.12b）描述了一个正交各向异性，其易轴并不一定与退火轴一致。在 F_{ind} 和 G_{ind} 相等的特殊情况下，正交各向异性［式（3.12b）］简化为一个轴沿着 $\boldsymbol{a}$ 的单轴各向异性。这对于多晶或者非晶材料也适用。例如对于蒸镀的坡莫合金膜，单轴各向异性系数典型地变为 $10^2 \mathrm{J/m^3}$。

3.2.3.3　表面和界面各向异性

另一种各向异性能量项由 Néel[534] 提出，只应用于**表面磁化强度**。其被称为磁表面各向异性，由额外的唯象参数描述。在一个结构上各向同性的介质中，磁表面各向异性可以被表述（到一阶）为

$$e_s = K_s [1 - (\boldsymbol{m} \cdot \boldsymbol{n})^2] \tag{3.13}$$

式中，$\boldsymbol{n}$ 是表面法向。这一表达式必须对整个表面积分，因此系数 K_s 的量纲为 $\mathrm{J/m^2}$。对于正的 K_s，表面能量密度 e_s 在表面处磁化强度垂直取向（$\boldsymbol{m} \parallel \boldsymbol{n}$）时最小。$K_s$ 的数量级（在 $10^{-4} \sim 10^{-3} \mathrm{J/m^2}$ 之间[535]）通常比普通各向异性能常数与一个原子层厚度相乘得到的数值大很多。这个效应被归因于表面原子的原子环境对称性降低。但是对于普通块体材料，表面各向异性的影响可忽略，因为交换作用把表面磁化强度与体磁化强度耦合在了一起。表面各向异性对于非常薄的膜和多层的这种膜十分重要。表面各向异性也影响微磁学边界条件，这将在 3.2.7.4 节中讨论。

在立方晶体中，表面各向异性在一级近似下可由两个独立的量描述[34]：

$$e_s = K_{s1}(1 - m_1^2 n_1^2 - m_2^2 n_2^2 - m_3^2 n_3^2)$$
$$- 2K_{s2}(m_1 m_2 n_1 n_2 + m_1 m_3 n_1 n_3 + m_2 m_3 n_2 n_3) \tag{3.13a}$$

如果 K_{s2} 等于 K_{s1}，这一表达式简化为各向同性式（3.13）。Gradmann 等[535,536]综述了关于常数 K_{s2} 和 K_{s1} 大小的实验，指出"表面各向异性的各向异性" $K_{s1} - K_{s2}$ 很小但可测量。这导致了在例如非常薄的（110）取向铁薄膜中易磁化方向随着厚度从 [001] 转到 [$\overline{1}$10]。类似的能量也出现在铁磁和非磁性介质的界面处。更高次的项也可能是有关系的，特别是对单轴材料[537]。

实验上，表面各向异性既可从磁共振中与表面相关的模式中得出[538]，也可从薄膜总的各向异性对厚度的依赖性得出。在后一种测量中，必须考虑一个可能的复杂情况，即应力各向异性。它是体各向异性的主要部分，可能由外延膜中的失配或者多晶膜中的沉积应力等引起。这种应力在超过一个临界厚度后会逐渐弛豫，因此可模仿表面各向异性[539]。如参考文献 [540] 中所述的，为了微磁学分析的目的，必须通过额外的弹性和磁弹测量将两种效应分开。

3.2.3.4 交换各向异性

至此讨论的所有各向异性表达式都是磁化强度矢量的偶函数，对于磁化强度的反转其数值不变。这对于在化学和晶体学上均匀的样品来说是一个必要的对称性条件。而非均匀样品中交换耦合的铁磁和反铁磁相并存，经常显示出沿着磁场轴发生偏移的非对称磁化曲线。外场通常只能翻转铁磁体。在与其耦合的饱和铁磁体影响下，将反铁磁相冷却通过其奈尔温度，会使反铁磁相获得一个特殊有序态。其结果是在铁磁体中磁化强度在这一方向上也会有择优性，并且使磁滞回线偏移。

形式上，两相之间的交换耦合可以通过一个有效场 H_{XA} 或者铁磁体中一个等效"单向"各向异性常数 $K_{XA} = H_{XA} J_s$ 来描述。这导致了一个如下形式的能量：

$$e_{XA} = -K_{XA} \cos\Theta \tag{3.14}$$

式中，Θ 是铁磁体中磁化强度方向与交换各向异性的择优方向之间的夹角。当软磁材料与对外场无反应的硬磁相交换耦合在一起时也能观察到类似的效应。但在足够高的场下，总是可以获得对称的磁滞回线。

即使看似均匀的材料也可能由于微观的反铁磁或硬磁性非均质（微小沉淀物、有序区域、堆垛层错、非晶材料上的晶化层等）而显示出交换各向异性。参考文献 [541 – 543] 中综述了与交换各向异性相关的复杂现象。该效应在传感器领域也具有技术应用，在其中它钉扎住相邻铁磁层中的磁化强度矢量并抑制了不需要的磁畴。这一重要应用引发了对新系统的持续寻找和对交换各向异性现象的更好理解[544,545]。

3.2.4 外场（塞曼）能

磁场能可以被分成两部分：外场能和杂散场能（见参考文献 [37，501，514]）。第一部分，磁化强度矢量场和外场 $\boldsymbol{H}_{ex}$ 的相互作用能可以简单表示为

$$E_H = -J_s \int \boldsymbol{H}_{ex} \cdot \boldsymbol{m} \, dV \tag{3.15}$$

对于一个均匀外场，此能量只依赖于平均磁化强度而不是特定的磁畴结构或者样品形状。

3.2.5 杂散场能

3.2.5.1 一般表达式

磁场能的第二部分是与磁体本身产生的磁场相联系的。从麦克斯韦方程 $\mathrm{div}\boldsymbol{B} = \mathrm{div}(\mu_0\boldsymbol{H} + \boldsymbol{J}) = 0$ 出发，我们定义杂散场 $\boldsymbol{H}_\mathrm{d}$ 为磁化强度 $\boldsymbol{J}$ 的散度所产生的场：

$$\mathrm{div}\boldsymbol{H}_\mathrm{d} = -\mathrm{div}(\boldsymbol{J}/\mu_0) \tag{3.16}$$

磁化强度的漏和源行为如同杂散场的正和负"磁荷"。可以像静电学中从电荷得到一个场那样计算这个场。唯一的区别是磁荷从不会单独出现，其总是被相反磁荷平衡。与杂散场相关的能量是

$$E_\mathrm{d} = \frac{1}{2}\mu_0 \int_{\substack{\text{全空间}}} \boldsymbol{H}_\mathrm{d}^2\mathrm{d}V = -\frac{1}{2}\int_{\substack{\text{样品}}} \boldsymbol{H}_\mathrm{d} \cdot \boldsymbol{J}\mathrm{d}V \tag{3.17}$$

第一个积分遍布整个空间。它显示杂散场能总是正的，且只有当杂散场本身在任意处为零时才为零。第二个积分对于有限样品在数学上是等效的。它通常较容易评估，因为它只遍布整个磁性样品。式（3.16）和式（3.17）完整地定义了杂散场能。以下描述了处理这些方程的办法。

势论给出了杂散场问题的一般解。根据约化的磁化强度 $\boldsymbol{m}(\boldsymbol{r}) = \boldsymbol{J}(\boldsymbol{r})/J_\mathrm{s}$ 来定义约化的体磁荷密度 λ_v 和表面磁荷密度 σ_s：

$$\lambda_\mathrm{v} = -\mathrm{div}\boldsymbol{m} \qquad \sigma_\mathrm{s} = \boldsymbol{m} \cdot \boldsymbol{n} \tag{3.18}$$

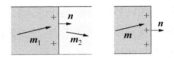

示意图 3.2

式中，$\boldsymbol{n}$ 是向外的表面法向矢量。如果体内存在界面，其将在界面处具有不同数值 $\boldsymbol{m}_1$ 和 $\boldsymbol{m}_2$ 的 1 和 2 两个介质分开（见示意图 3.2），则会形成界面磁荷 $\sigma_\mathrm{s} = (\boldsymbol{m}_1 - \boldsymbol{m}_2) \cdot \boldsymbol{n}$（假设界面法向矢量 $\boldsymbol{n}$ 从介质 1 指向介质 2）。式（3.18）的表面磁荷是界面磁荷的特殊形式，其中的第二个介质为非磁性。

根据这些量，杂散场在位置 $\boldsymbol{r}$ 处的势由对 $\boldsymbol{r}'$ 的积分给出：

$$\Phi_\mathrm{d}(\boldsymbol{r}) = \frac{J_\mathrm{s}}{4\pi\mu_0}\left[\int \frac{\lambda_\mathrm{v}(\boldsymbol{r})'}{|\boldsymbol{r} - \boldsymbol{r}'|}\mathrm{d}V' + \int \frac{\sigma_\mathrm{s}(\boldsymbol{r})'}{|\boldsymbol{r} - \boldsymbol{r}'|}\mathrm{d}S'\right] \tag{3.19a}$$

据此可以通过 $\boldsymbol{H}_\mathrm{d}(\boldsymbol{r}) = -\mathbf{grad}\Phi_\mathrm{d}(\boldsymbol{r})$ 得到杂散场。另一个积分可以立刻得出杂散场能：

$$E_\mathrm{d} = J_\mathrm{s}\left[\int \lambda_\mathrm{v}(\boldsymbol{r})\Phi_\mathrm{d}(\boldsymbol{r})\mathrm{d}V + \int \sigma_\mathrm{s}(\boldsymbol{r})\Phi_\mathrm{d}(\boldsymbol{r})\mathrm{d}S\right] \tag{3.19b}$$

积分 $\int \mathrm{d}V$ 和 $\int \mathrm{d}V'$ 遍历样品体积，而 $\int \mathrm{d}S$ 和 $\int \mathrm{d}S'$ 遍历整个样品的表面。如果存在体磁荷 λ_v，杂散场能计算因而累积为一个六重积分。尽管被积函数在 $\boldsymbol{r} = \boldsymbol{r}'$ 处发散，积分依然是有限值。

3.2.5.2 简单情形

有时杂散场的计算很简单。以一个无限扩展的平板为例，其中的磁化强度方向只取决于 z 坐标（见图 3.2）。在这样一维情况下，可以很容易地对微分方程式（3.16）进行积分，得出退磁场或杂散场 $\boldsymbol{H}_\mathrm{d}$ 及其能量密度 e_d：

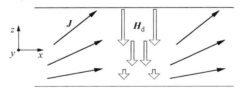

图 3.2 在一维磁化强度分布中的杂散场。图中显示了跨越一个平板的截面，其沿着 (x, y) 平面无限延伸。对于这样一个平板，其外部杂散场为零

$$H_d = -(J_s/\mu_0)m_3(z)e_3$$

$$e_d = -\frac{1}{2}H_d \cdot J = (J_s^2/2\mu_0)m_3^2(z) \tag{3.20}$$

（杂散场 H_d 中的积分常数必须为零，否则的话场就会延伸至无穷。）对于圆柱对称的磁化强度分布有一个类似的严格解[546]。

能量密度 e_d 具有单轴各向异性能的形式。为了简便，对此公式中的系数引入一个简写：

$$K_d = J_s^2/2\mu_0 \tag{3.21}$$

对于一个垂直于其表面均匀磁化的平板，其杂散场能密度正好是 K_d。由于这是一个特别不利的情况，因此 K_d 是可能与杂散场联系的最大能量密度的量度（尽管有极少情况甚至该数值也会被突破，例如对于粗晶硬磁材料，其中的一个晶粒可能沿着与其周围环境相反的方向磁化）。即使在杂散场能的计算远远比使用简单的式（3.20）要困难的情况下，其依然以材料参数 K_d 为量度。量 K_d 在高斯体系中变为 $2\pi M_s^2$，这意味着如果要将旧体系中对杂散场能的任何计算转化到 SI 体系，系数 M_s^2 必须由 $K_d^2/2\pi$ 取代。

一个经常使用的无量纲量是比例 $Q = K/K_d$，其中 K 是一个适当的各向异性系数。这一材料参数在本书的很多讨论中都要用到。如果不是从上下文中显而易见，定义 Q 时会标定各向异性的类型，如 $Q_u = K_u/K_d$ 中是对于单轴材料。

另一个经典的例子是关于一个均匀磁化的椭球体。椭球体的退磁场是均匀的，且通过对称退磁张量 N 与（平均或均匀）磁化强度 J 线性相关：

$$H_d = -N \cdot J/\mu_0 \tag{3.22}$$

对于具有 (a, b, c) 轴的普通椭球体，沿着 a 轴的退磁因子由下列积分给出：

$$N_a = \frac{1}{2}abc\int_0^\infty \left[(a^2+\eta)\sqrt{(a^2+\eta)(b^2+\eta)(c^2+\eta)} \right]^{-1}d\eta \tag{3.23}$$

对 N_b 和 N_c 也有类似的表达式。这三个系数的和总是等于1。图3.3 给出由式（3.23）进行数值计算得到的普通椭球体退磁因子。

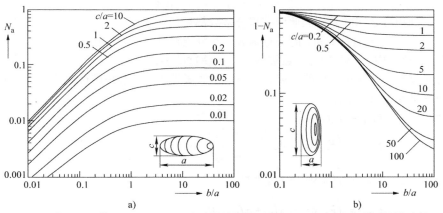

图 3.3 普通椭球体的退磁因子 N_a 与其形状之间的关系。图 a 更适于细长椭球体，而图 b 则给出扁圆椭球体的 $1 - N_a$

对于尺寸为 (a, c, c) 的旋转椭球体，有明确的表达式：

$$N_a = \frac{\alpha^2}{1-\alpha^2}\left[\frac{1}{\sqrt{1-\alpha^2}}\mathrm{arcsinh}\left(\frac{\sqrt{1-\alpha^2}}{\alpha} \right) - 1 \right]$$

$$N_{\mathrm{c}} = \frac{1}{2}(1 - N_{\mathrm{a}}) \tag{3.23a}$$

对于 $\alpha = c/a < 1$ 的细长（雪茄形的）椭球体，以及对于 $\alpha > 1$ 的扁圆（圆盘状的）椭球体，这两种情况在 $N_{\mathrm{a}} \approx \frac{1}{3} - \frac{1}{15}(\alpha - 1)$ 时汇合为近球形（$\alpha \approx 1$）。

$$N_{\mathrm{a}} = \frac{\alpha^2}{\alpha^2 - 1}\left[1 - \frac{1}{\sqrt{\alpha^2 - 1}}\arcsin\left(\frac{\sqrt{\alpha^2 - 1}}{\alpha}\right)\right]$$

$$N_{\mathrm{c}} = \frac{1}{2}(1 - N_{\mathrm{a}}) \tag{3.23b}$$

体积为 V 的椭球体的退磁能可以由一般杂散场能公式［式（3.17）］获得：

$$E_{\mathrm{d}} = (1/2\mu_0)V\boldsymbol{J}^{\mathrm{T}} \cdot \boldsymbol{N} \cdot \boldsymbol{J} = K_{\mathrm{d}}V\boldsymbol{m}^{\mathrm{T}} \cdot \boldsymbol{N} \cdot \boldsymbol{m} \tag{3.24}$$

对于任意体的退磁能数值计算可以通过将其与合适的椭球体的严格结果进行对比来检验。通常可以使用内切椭球体很好地近似密实体的退磁因子。

3.2.5.3 三维有限元计算

除 3.2.5.2 节中讨论的有利情形外，杂散场的计算十分复杂且通常需要数值计算。问题是直接计算六重积分［式（3.19b）］将会非常耗时。因此需要尝试进行尽可能多步的解析计算。可能追溯到参考文献［547］的一种方法是将积分替换为有限元的自作用能和相互作用能项的总和。这些有限元是体积或者表面元，其中的磁荷假定为常数。如果有限元是长方形，所有积分可以通过核心函数 $F_{000} = 1/r$ 的多重积分的替代得到简化。对积分可以进行解析法估算并使用简写列在下面：

$$u = x^2, v = y^2, w = z^2, r = \sqrt{u + c + w},$$

$$L_{\mathrm{x}} = \operatorname{arctanh}(x/r) = \frac{1}{2}\ln\left[(r + x)/(r - x)\right] \ 等,$$

$$P_{\mathrm{x}} = x\arctan(yz/xr) \ 等,$$

$$L_{\mathrm{x}} = 0, P_{\mathrm{x}} = 0, 对于 \ x = 0 \ 等,$$

$$F_{ikm} \ 为沿 \ x、y、z \ 的 \ i、k、m \ 重不定积分 \tag{3.25a}$$

由于只用到积分之间的差，因此所有积分常数都是任意的（注意，在一个沿着例如 x 轴的积分中，一个"常数"可能是 y 和 z 的任意函数，并可能在进一步积分过程中变成一个更复杂的函数）。在以下表达式中，一些积分常数被保留，以使这些表达式变得：①如果适用的话则是对称的；②容易通过微分运算进行检验。因此，我们从源函数 F_{000} 开始并进行递阶积分，略去那些只是简单交换变量 x、y 和 z 的积分：

$$F_{000} = 1/r$$

$$F_{100} = \int F_{000}\mathrm{d}x = L_{\mathrm{x}}$$

$$F_{200} = \int F_{100}\mathrm{d}x = xL_{\mathrm{x}} - r$$

$$F_{110} = \int F_{100}\mathrm{d}y = yL_{\mathrm{x}} + xL_{\mathrm{y}} - P_{\mathrm{z}}$$

$$F_{210} = xyL_{\mathrm{x}} + \frac{1}{2}(u - w)L_{\mathrm{y}} - xP_{\mathrm{z}} - \frac{1}{2}yr \tag{3.25b}$$

$$F_{111} = xyL_{\mathrm{z}} + xzL_{\mathrm{y}} + yzL_{\mathrm{x}} - \frac{1}{2}(xP_{\mathrm{x}} + yP_{\mathrm{y}} + zP_{\mathrm{z}})$$

$$F_{220} = \frac{1}{2}\left[x(v - w)L_{\mathrm{x}} + y(u - w)L_{\mathrm{y}}\right] - xyP_{\mathrm{z}} + \frac{1}{6}r(3w - r^2)$$

此外，不太常用的积分有

$$F_{211} = xyzL_x + \frac{1}{2}z\left(u - \frac{1}{3}w\right)L_y + \frac{1}{2}y\left(u - \frac{1}{3}v\right)L_z - \frac{1}{6}uP_x$$

$$- \frac{1}{2}x(yP_y + zP_z) - \frac{1}{3}yzr$$

$$F_{221} = \frac{1}{2}z\left[x\left(v - \frac{1}{3}w\right)L_x + y\left(u - \frac{1}{3}w\right)L_y\right]$$

$$+ \frac{1}{3}\left[uv - \frac{1}{8}(u + v)^2\right]L_z$$

$$- \frac{1}{6}xy(yP_y + xP_x + 3zP_z) + \frac{1}{24}zr[2r^2 - 5(u + v)]$$

$$F_{222} = \frac{1}{24}\left[xL_x(6vw - v^2 - w^2) + yL_y(6uw - u^2 - w^2)\right.$$

$$+ zL_z(6uv - u^2 - v^2)\Big] - \frac{1}{6}xyz(xP_x + yP_y + zP_z)$$

$$+ \frac{1}{60}r[r^4 - 5(uv + uw + vw)] \tag{3.25c}$$

为了看一下这些积分如何应用，考虑两条平行线之间的相互作用（见示意图 3.3），每条线都均匀分布磁荷并分别沿着 x 轴从 x_1 伸展到 x_2，从 x_3 到 x_4。y 和 z 坐标应该是（0，0）和（y_0，z_0）。然后根据式（3.19a，b），求解杂散场能必须要计算下面形式的积分：

$$I_d = \int_{x_1}^{x_2}\int_{x_3}^{x_4}[(x - x')^2 + y_0^2 + z_0^2]^{-1/2}\mathrm{d}x\mathrm{d}x' \tag{3.26}$$

令 $F(x) = F_{200}(x, y_0, z_0)$，则其估值为

$$I_d = [F(x_4 - x_1) - F(x_3 - x_1)] - [F(x_4 - x_2) - F(x_3 - x_2)] \tag{3.27}$$

使用此多重差分，总的杂散场能可以作为对线段间相互作用能表达的总和来计算。

具有表面或者体磁荷的单元也可以进行类似的处理。如示意图 3.4 所示，考虑两个具有约化体磁荷 λ_1 和 λ_2 的长方体之间的相互作用。它们的相互作用能可以表示为一个多重差分：

$$E_{\mathrm{inter}} = \frac{1}{2\pi}\lambda_1\lambda_2K_d[F_2(z_4 - z_1) - F_2(z_4 - z_2) - F_2(z_3 - z_1) + F_2(z_3 - z_2)] \tag{3.28}$$

式中，$F_2(z) = F_1(y_4 - y_1, z) - F_1(y_4 - y_2, z) - F_1(y_3 - y_1, z) + F_1(y_3 - y_2, z)$

使用 $F = F_{222}$：

$$F_1(y, z) = F(x_4 - x_1, y, z) - F(x_4 - x_2, y, z) - F(x_3 - x_1, y, z) + F(x_3 - x_2, y, z)$$

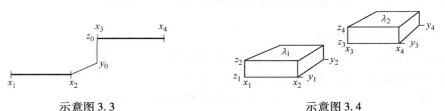

示意图 3.3　　　　　　　　　　　　示意图 3.4

自作用能项是相互作用能项的特殊例子。作为例子，考虑示意图 3.4 中第一个单元的自作用能：

$$E_{\mathrm{self}} = \frac{2}{\pi}\lambda_1^2K_d[F(x_2 - x_1, y_2 - y_1, z_2 - z_1) - F(x_2 - x_1, y_2 - y_1, 0)$$

$$- F(x_2 - x_1, 0, z_2 - z_1) - F(0, y_2 - y_1, z_2 - z_1)$$
$$+ F(x_2 - x_1, 0, 0) + F(0, y_2 - y_1, 0) + F(0, 0, z_2 - z_1)] \tag{3.29}$$

式中，$F = F_{222}$。这一表达式可以由式（3.28）推导出。它是一个单元与一个全同拷贝之间的（两个等价，一致的单元：$x_1 = x_3$，$x_2 = x_4$，等）相互作用能 E_{inter} 的一半。使用这一关系我们可能通过以下简单的方式写出一组 n 个单元的总杂散场能：

$$E_d = \frac{1}{2} \sum_{i=1}^{n} \sum_{j=1}^{n} E_{inter}(i, j) \tag{3.30}$$

如果已知两个任意单元之间的相互作用能，因而可以计算出一组多个单元的总能。如果长方体单元的边都是平行的，则它们可以是任意尺寸，在任何位置，带任意磁荷。

著名的 Rhodes 和 Rowlands 函数[547] 是 F_{220} 的特殊形式。其可以应用于具有示意图 3.5 所示表面磁荷的高各向异性单轴块状样品。样品沿着 x 归一化为单位长度，则可以预先写出双重 x 差分，则能量可以表达为以下函数：

$$F_{RR}(y, z) = 2[F_{220}(1, y, z) - F_{220}(0, y, z)] \tag{3.31}$$

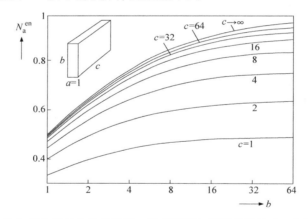

示意图 3.5

积分 F_{220} 也可以用来计算均匀磁化长方体的退磁因子。我们通过 $E_d = N^{en} K_d V$ 来定义能量退磁因子 N^{en}，其中 E_d 是沿着所考虑轴磁化饱和的颗粒的杂散场能，V 是体积 [对比式（3.24）]，计算所得的表面磁荷的自作用能和相互作用能，我们得到如图 3.4 所示的长方体的退磁因子。

图 3.4　均匀磁化的长方体的能量－退磁因子与其形状的关系。如同椭球体

[式（3.23）] 的情形，沿着三个轴的退磁因子满足 $N_a^{en} + N_b^{en} + N_c^{en} = 1$

3.2.5.4　一般特征和数值技术

尽管也可以用在 3.2.5.1 节中给出的连续介质理论加以证明，但借助式（3.30）那样的分立化公式可以很容易地展示杂散场相互作用的很多一般特性及其估值的可能性。

• 如果单元组成一个周期性点阵，那么总的杂散场能可以用一种特别便利的方式表示。n 个单元由其尺寸（a，b，c）、位置 $\boldsymbol{r}_i$ 和磁荷 λ_i 给定，则总能可以依照一个相互作用矩阵 $\boldsymbol{W}$ 写为

$$E_d = \frac{1}{2\pi} K_d \sum_{i=1}^{n} \lambda_i \sum_{j=1}^{n} \lambda_j W_{ij} \quad 其中 \quad W_{ij} = F(\boldsymbol{r}_i - \boldsymbol{r}_j) \tag{3.32}$$

式中，相互作用函数 F 可以通过在式（3.28）中代入新坐标值立刻得到。因为相互作用矩阵只依赖于两个单元之间的距离 $\boldsymbol{r}_i - \boldsymbol{r}_j$，而不是它们的绝对位置，因此其系数可以存储在一个小得多

的存储器中［相比于一般非周期性单元模式的 $O(n^2)$ ，其数量级为 $O(n)$ ］。

- 式（3.32）中内层的累加的数学形式相当于一个离散的卷积，而这样的卷积可以通过高效的快速傅里叶变换技术进行估算[548]。参考文献［549］首次将一个基于磁化强度矢量的类似的可能性引入微磁学计算。参考文献［550］中首次使用了式（3.32）的一个更有效的标量磁荷版本，而参考文献［60］则对其做了更详尽的阐述。参考文献［551］中再次证明了这种新技术的优势，相对于传统技术能够将计算时间减小几个数量级。参考文献［550］中验证并明确地指出恰当使用 FFT 技术不会带来任何近似。对于一个给定的点阵，杂散场能的直接求和与通过 FFT 的估值在数值计算精度内一致，即对于典型问题和标准的双精度算法来说可达到 10^{-8} 。Aharoni[514]对于这一方法的质疑是毫无根据的。

周期性离散化可能带来的存储器和计算时间的巨大节约也许依然不如一个合适的离散化的优势重要，其只在必要时才使用精细网格。这两种方法中的哪个更好只有视具体情况而定。参考文献［552］中发展了一种创新的方法，把不规则离散化与在周期性点阵上的计算相结合。

- 对于相距较远的单元之间的相互作用能可以通过将体或面磁荷用线或者点磁荷代替来计算。最终，对远距离基于点磁荷的计算在数值上可能比包含了大数值的多重差值的体磁荷的严格表达式更为精确。为了说明不同方法的收敛性，图 3.5 给出了两个单元之间相互作用对其距离的依赖关系，以及对位于单元中心的面、线和点磁荷所进行计算的近似表达，每种情况都具有同样的总磁荷。

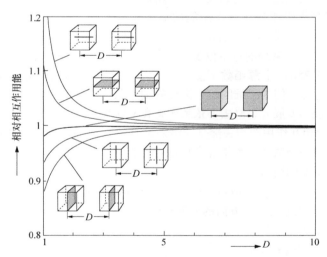

图 3.5　两个具有均匀体磁荷的单位尺寸立方体的相互作用能与其之间距离 D 的关系（实线），以及对于平面、线和点磁荷相互作用的近似表达。这些相互作用都基于点磁荷相互作用进行了归一化

- 按比例放大一个构型将简单地导致杂散场能量按照尺度的三次方增大（即正比于样品的体积）。对于我们版本的 F_{ikm} 积分，例如 F_{220} ，相应的"均匀性"特性反映了这一性质：

$$F_{220}(cx,cy,cz) = c^3 F_{220}(x,y,z) \tag{3.33}$$

在杂散场计算中，总是可以将一个维度约化到单位长度，最后再应用比例因子。

- 通常可以通过将原本的磁荷分布 $s^{ch}(r)$ 用"分量" s_1^{ch} 和 s_2^{ch} 代替来简化一个杂散场能的计算，这样一来 s^{ch} 就是分量的线性叠加 $s^{ch}(r) = s_1^{ch}(r) + s_2^{ch}(r)$ 。这些分量既可以是磁荷单元的简单子集，也可以是其他满足叠加条件的模式。因而总杂散场能式（3.30）可以重构为

$$E_{d} = \frac{1}{2}\sum_{i,j\in s_{1}^{ch}}E_{i,j} + \frac{1}{2}\sum_{i,j\in s_{2}^{ch}}E_{i,j} + \sum_{i\in s_{1}^{ch},j\in s_{2}^{ch}}E_{i,j} \tag{3.33a}$$

式中，$E_{i,j}$ 代表相互作用能 $E_{inter}(i,j)$。两个分量的净磁荷应为零（对于 $i\in s_{1}^{ch}$ 和 $i\in s_{2}^{ch}$，$\sum \lambda_i v_i = 0$，其中 v_i 是单元 i 的体积或者其他积分权重），则式（3.30a）中第一个求和可以称作分量 s_{1}^{ch} 的自作用能，第二个求和是分量 s_{2}^{ch} 的自作用能，第三个表达式是两个分量之间的相互作用能。重构的式（3.30）在分量之间相互作用能为零或者可忽略时可用。这种无相互作用磁荷分布的情况发生在例如①来自一个分量的杂散场与另一个分量磁化强度构型呈直角关系［对此的证明见式（3.17）］；②如果一个分量的空间尺度太小以至于式（3.19b）中由第一个分量引起的杂散场势的变化相对于第二个分量磁荷变化的规模来说可以忽略。

这种可能性可用于分析复杂磁畴图形[553]。示意图 3.6 举例说明了一个正交排布，其中分量的总单元个数比原始分布（棋盘）中的单元数少。此步骤也可以迭代使用。

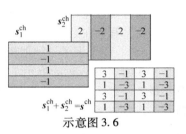

示意图 3.6

3.2.5.5 二维有限元计算

一种与三维杂散场计算类似的方式可以用于二维问题，其磁荷密度与第三个维度没有关系。这类问题会出现在例如对无限扩展薄膜中畴壁的计算中，其畴壁结构只依赖于两个维度。

尽管一个无限扩展的磁化单元的真实自作用能即使在单位长度上也是无穷大的，但依然可以从形式上再次使用自作用能和相互作用能的概念。由于在磁学中相反的磁荷总是恰好抵消，因此个别的自作用能和相互作用能中的发散部分总是抵消的。一个平衡系统中自作用能和相互作用能的累加保持有限值（系统的每单位长度）。

一个类似于式（3.25b）中源函数 $F_{000}=1/r$ 的适当核心函数可以推导如下：如式（3.27）那样计算两个沿 z 方向（我们的二维问题中圆柱的轴）长度为 L 的平行线磁荷的相互作用。将每单位长度相互作用能按 $1/L$ 展开，略去不依赖于 x 和 y 以及因此在差值运算时会被消去的项。最后转到极限 $L\to\infty$。线相互作用的相关部分的结果是 $G_{00}=-\ln(x^2+y^2)$。适用于表面和体相互作用的积分可以由这一核心函数按三维情况那样进行计算。

我们对积分使用下面的简写：

$$B_{x} = \arctan(x/y), \quad B_{y} = \arctan(y/x), \tag{3.34a}$$

G_{ik} 为 G_{00} 沿 x 方向的 i 重积分和沿 y 方向的 k 重积分

源函数和它最重要的积分为

$$G_{00} = -\ln(x^2+y^2)$$
$$G_{10} = \int G_{00}dx = xG_{00} - 2yB_x + 2x$$
$$G_{11} = \int G_{10}dy = xyG_{00} - x^2B_y - y^2B_x + 3xy$$
$$G_{20} = \frac{1}{2}\left[(x^2-y^2)G_{00} - 4xyB_x + 3x^2 + \frac{7}{6}y^2\right]$$
$$G_{21} = \frac{1}{2}\left[\frac{1}{3}y(3x^2-y^2)G_{00} - \frac{2}{3}x(3y^2B_x+x^2B_y) + \frac{1}{6}y(22x^2+y^2)\right]$$
$$G_{22} = \frac{1}{24}\left[(6x^2y^2-x^4-y^4)G_{00} - 8xy(x^2B_y+y^2B_x) + 25x^2y^2\right]$$
（3.34b）

在函数 G_{10}、G_{20} 和 G_{21} 中，那些只依赖于 x 和 y 的附加项（如 G_{10} 中的 $2x$ 项）可以略去，因为当它们应用这些积分时会在需要进行的差值运算中消去。在式（3.34b）中，函数之间以导数和不定积分形式相互关联，这使得其易于证明且偶尔可能还有用处。

作为一种应用，考虑两个分别从 x_1 展开到 x_2、从 x_3 展开到 x_4 的平行无限长的带子之间的相互作用能（见示意图 3.7），两个平面间的距离为 q：

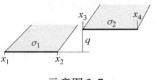

示意图 3.7

$$E_{\text{inter}} = \frac{1}{2\pi}\sigma_1\sigma_2 K_{\text{d}}\{[G_{20}(x_4-x_1,q)-G_{20}(x_4-x_2,q)] $$
$$-[G_{20}(x_3-x_1,q)-G_{20}(x_3-x_2,q)]\} \qquad (3.35)$$

一个具有表面磁荷 σ，沿着宽度方向从 x_1 展开到 x_2 的无限长带子每单位长度的形式自作用能：

$$E_{\text{self}} = \frac{1}{2\pi}\sigma^2 K_{\text{d}}G_{20}(x_2-x_1,0) \qquad (3.36)$$

此外，我们研究在垂直各向异性膜中相反磁化强度的带状畴的能量获益（见图 3.6 的插图）。此计算可以用一种有趣的方式进行：从一个均匀磁化的平板开始，我们叠加一个具有两倍的磁化强度的反向磁化条带（以抵偿初始磁化并建立一个反向磁化强度）。这一条带的自作用能可以直接进行计算。条带与平板之间的相互作用能导致了一个能量获益。如果将平板无限延伸，其杂散场是均匀的［式（3.20）］，而相互作用能就是简单的 $-4K_{\text{d}}V$（V 是条带的体积）。这一结果也可以通过应用有限平板的形式然后将平板长度推到无限长的极限而推导得出。

我们在图 3.6 中比较了使用函数 F_{220} 得到的有限长度磁畴，每单位带状畴长度的能量获益，以及使用 G_{20} 得到的无限扩展情况下的能量获益。此图显示长带状畴的曲线朝着无限磁畴的曲线靠拢。将给出的杂散场能明确表达式与外加场和畴壁能贡献相结合，可以构造一个关于矩形"磁泡"与条带畴的完整理论（这是一个很好的练习题）。在 3.7.3.4 节与此专题下的一些专门文献中[49,510]可以找到能直接用于更加实际的柱状磁泡的公式。

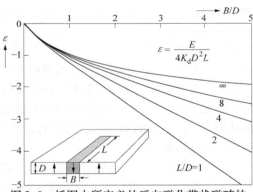

图 3.6　插图中所定义的反向磁化带状磁畴的
每单位长度能量增益 ε

3.2.5.6 μ^* 方法

如果铁磁体的磁化强度场已知，那么可以认为使用上述公式已经解决了杂散场的问题。这一解法类似于通过已知电荷与极化来计算静电场，唯一的区别在于不存在真正的磁荷可像上面所述那样使计算简化。遗憾的是，在磁学中很少情况下能预先知道磁化强度的分布。由一个给定的磁化强度产生的杂散场通常会在磁化强度矢量上施加一个力矩，这倾向于将它们旋转偏离所假定的初始方向。对于具有很高各向异性的材料，假定沿着易轴的刚性磁化强度是一个很好的近似。如果各向异性较弱但足以使得对易磁化方向的偏离很小，就可以通过一个微扰过程计算杂散场，即所谓的 μ^* 方法[32]。在这个方法中，首先假定磁化强度严格平行于易轴方向。从这一初始磁化强度分布 $\boldsymbol{m}_0$ 通过式（3.18）推导出初始体积和表面磁荷：

$$\lambda_{\text{v}}^0 = -\operatorname{div}\boldsymbol{m}_0; \quad \sigma_{\text{s}}^0 = \boldsymbol{m}_0\cdot\boldsymbol{n} \qquad (3.37)$$

然后，通过对一个有效磁导率张量为 $\boldsymbol{\mu}^*$ 的介质来计算其源于这些磁荷的势，来考虑对易轴方向的可能偏离。这个势可以通过计算各向异性函数相对于偏离易磁化方向的旋转的二阶导数来求得。沿着易轴，磁导率总是等于 1；垂直于该轴，则其可能有两个不同取值。如果 g_1 和 g_2 是所提到的二阶导数的张量的本征值，那么有效磁导率张量的对角元在一个合适的坐标系中为

$(1, 1 + 2K_d/g_1, 1 + 2K_d/g_2)$。

在重要的情况下，这两个导数 g_1 和 g_2 相等，只剩下一个 μ^* 的相关量。单轴晶体中尤其是这样，我们可在其中得到 $\mu^* = 1 + K_d/K_u$。对于具有正各向异性的立方材料，我们得到 $\mu^* = 1 + K_d/K_{c1}$，而对于负各向异性，则 $\mu^* = 1 - \dfrac{3}{2}K_d/K_{c1}$［将式（3.9c）在 $\vartheta = \dfrac{\pi}{2}$ 附近展开可推得这一公式］。材料的各向异性越大，其 μ^* 对于真空下数值 1 的偏离越小。

下一步中，将磁导率张量引入决定磁场的静磁公式：

在体内：
$$\mu_0 \mathrm{div}(\boldsymbol{\mu}^* \boldsymbol{H}_d) = J_s \lambda_v^0$$

在表面：
$$\mu_0 \boldsymbol{n} \cdot (\boldsymbol{H}_d^{(o)} - \boldsymbol{\mu}^* \boldsymbol{H}_d^{(i)}) = J_s \sigma_s^0 \qquad (3.38)$$

式中，$\boldsymbol{H}_d^{(o)}$ 和 $\boldsymbol{H}_d^{(i)}$ 是样品边界外部和内部杂散场的数值。如果由式（3.38）确定的杂散场已知，可以简单地通过式（3.17）计算杂散场能，取起始磁化强度分布 $\boldsymbol{m}_0$：

$$E_d = -\frac{1}{2}J_s \int \boldsymbol{m}_0 \cdot \boldsymbol{H}_d \mathrm{d}V \qquad (3.39)$$

尽管 μ^* 方法意味着磁化强度相对其起始数值偏离了 $\mu_0(\boldsymbol{\mu}^* - \boldsymbol{1}) \cdot \boldsymbol{H}_d$，此式依然成立。如参考文献［32］中明确指出的，式（3.39）中包含了额外的各向异性能以及对这些偏离相关的杂散场能的修正。只要所引起的旋转足够小，即处在易磁化方向邻近区域的各向异性函数的二次近似范围内，这一方法就是有效的。根据势函数 $\Phi(\boldsymbol{r})$，当 σ_s^0 和 λ_v^0 作为磁荷代入时，杂散场能由式（3.19b）给出。

μ^* 方法在磁畴理论中有很多应用。在低各向异性材料的磁畴模型中，通常假定磁畴内的磁化强度是平行于一个易轴方向的，而畴壁不允许携带磁荷。在这些假设下，样品内部是没有磁荷的。如果易磁化方向朝着表面倾斜，那么磁荷只可能出现在表面。此种磁荷产生的杂散场会在磁畴磁化强度上施加力矩。结果使得畴内的磁化强度偏离易轴方向，初始表面磁化减小并产生额外的体磁荷。μ^* 方法可以用一种简单的方式对所有这些反应进行计算。这种计算甚至经常简化为一个简单的标度变换。

以一个无限平板表面的任意一维磁荷分布情况为例。使材料具有转动磁导率 $\mu_\perp^*$ 垂直于表面，以及 $\mu_\parallel^*$ 平行于表面且垂直于等磁荷线（见图 3.7a）。表面上的磁荷分布可能尺度很小以致可以忽略与其他表面之间的相互作用。如果 $\Phi_0(x,y)$ 和 E_{d0} 分别是刚性模型（$\mu_\perp^* = \mu_\parallel^* = 1$）的势与能量，那由参考文献［554］给出的导磁介质的相应量为

在样品内：
$$\Phi(x,y) = a\Phi_0(x,\beta y)$$

在样品外：
$$\Phi(x,y) = a\Phi_0(x,y)$$

$$E_d = aE_{d0}, \quad \text{其中 } a = 2/(1 + \sqrt{\mu_\parallel^*/\mu_\perp^*}), \beta = \sqrt{\mu_\parallel^*/\mu_\perp^*} \qquad (3.40)$$

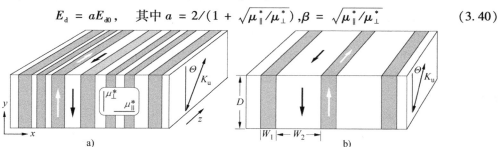

图 3.7　一个具有倾斜易轴的单轴平板。在式（3.40）的 μ^* 修正情况下，一维磁荷分布可能是非周期性的，但它与厚度相比必须是窄的（见图 a）。相反，式（3.41）适用于周期性，但宽度任意的图形（见图 b）

有效磁导率因而导致杂散场和杂散场能减小一个因子 a。对于一个具有单轴垂直各向异性的材料（$\Theta = 0$），我们得到 $[\mu_\perp^* = 1, \mu_\parallel^* = \mu^*, a = 2/(1 + \sqrt{\mu^*})]$，而对于一个易轴略微偏离表面的任意材料（$\Theta = 90°$），其解为 $[\mu_\perp^* = \mu_\parallel^* = \mu^*, a = 2/(1 + \mu^*)]$。在讨论软磁材料中的磁畴情况时，$\mu^*$ 变得很大，则后一种情况起核心作用。对于如铁的 $\mu^* = 40$ 及镍的 $\mu^* = 43$ 这样的数值，μ^* "修正" $a = 2/(1 + \mu^*)$ 永远不能忽略。因此，如果易轴相对于表面错取向，软磁材料倾向于形成闭合磁通的磁化强度分布。

对于易轴垂直于表面的单轴膜（$\Theta = 0$），μ^* 修正 [式（3.40）] 甚至对于任意二维表面磁荷分布都适用。如果易轴倾斜一个 Θ 角度（见图 3.7a），则沿着 x 轴的有效磁导率为 $\mu_\parallel^* = \mu^*$，垂直于表面为 $\mu_\perp^* = 1 + (\mu^* - 1)\sin^2\Theta$[555]。

3.2.5.7 周期性问题

另一类容易处理的问题涉及一维或者二维周期性表面磁荷分布。解决问题的方法在于将磁荷分布与势进行傅里叶级数展开，满足级数中每一项的边界条件。如 Kooy 和 Enz[554] 所展示的，依靠尚忽略 μ^* 修正的早期结果[556]，可以将 μ^* 方法引入到计算中。以下公式可应用于厚度为 D 且易轴倾斜的无限平板中表面磁荷密度交替变化的周期性一维磁畴（见图 3.7b）：

$$E_d = K_d\cos^2\Theta\left\{(Dm^2/\mu_\perp^*) + (8P/\pi^3)\sum_{n=1}^\infty n^{-3}\sin^2\left[\frac{1}{2}\pi n(1 + m)\right]\cdot\right.$$

$$\left.\sinh(\pi ng)/[\sinh(\pi ng) + \sqrt{\mu_\perp^*\mu_\parallel^*}\cosh(\pi ng)]\right\} \tag{3.41}$$

式中，$P = W_1 + W_2$，$m = (W_1 - W_2)/(W_1 + W_2)$，$\mu_\parallel^* = 1 + K_d/K_u$，$\mu_\perp^* = \cos^2\Theta + \mu_\parallel^*\sin^2\Theta$，$g = (D/P)\sqrt{\mu_\parallel^*/\mu_\perp^*}$，$D$ 为厚度，W_1、W_2 为磁畴宽度，K_u 为各向异性常数，$K_d = J_s^2/2\mu_0$，J_s 为饱和磁化强度，Θ 为易轴方向与表面法线之间的夹角。

对于较大的厚度（$D \gg W$）及零净磁化强度（$W_1 = W_2 = W, m = 0$），式（3.41）简化为 Kittel 公式[30]：

$$E_d = \frac{1}{2\pi}1.705K_dW\cos^2\Theta[2/(1 + \sqrt{\mu_\perp^*\mu_\parallel^*})] \tag{3.42}$$

式（3.41）中的双曲函数描述了两个表面上磁荷分布之间的相互作用，它是参数 g 中的比值 D/P 的函数。一般来说，如果其厚度大到超过三倍的平均磁畴宽度，那么这些相互作用就变得不重要了（相对值小于 10^{-4}）。参考文献 [557] 中推广了对于周期性多层系统的 Kooy 和 Enz 公式 [式（3.41）；忽略 μ^* 效应（$\mu^* = 1$）]。

对于更加一般的情况，即双重周期性表面磁荷分布（如对于磁泡格子或者波浪形带状图形）也可使用相同的方式进行处理：使 $\sigma_s(x, y)$ 为一个厚度是 D 的平板表面上的任意磁荷分布，其沿 x、y 轴方向的周期分别为 P_x 和 P_y。平板的下表面具有相反的磁荷，则对于 $\mu^* = 1$ 的杂散场能为

$$E_d = DK_d\left[C_{00}^2 + \sum_{r,s}'\left[\frac{C_{rs}C_{-r-s}}{(2\pi g_{rs})}\right](1 - e^{-2\pi g_{rs}})\right] \tag{3.43}$$

式中，$C_{rs} = \int_0^1\int_0^1\sigma_s(\xi,\eta)\exp[-2\pi i(r\xi + s\eta)]d\xi d\eta$，$\xi = x/P_x, \eta = y/P_y, g_{rs} = D\sqrt{(r/P_x)^2 + (s/P_y)^2}$，而 $\sum'$ 为对整数 r 和 s 从 $-\infty$ 到 ∞ 的求和，除了 $r = s = 0$。

从参考文献［507］中可以找到该公式在高各向异性材料中的应用和原始文献。如果考虑了 μ^* 效应的话将会很有意思。

总之，杂散场的计算通常比较复杂。如果可以进行解析积分，即使其不能提供完全解也应该予以考虑。对于周期性问题，显然应该选择如式（3.41）~ 式（3.43）中所使用的傅里叶变换。但即使对于非周期性问题，傅里叶技术也可以如3.2.5.4节中那样大幅缩减计算时间。

3.2.6 磁弹相互作用与磁致伸缩

3.2.6.1 概述：磁弹性中的相关和不相关效应

到目前为止，我们仅仅使用了磁化强度矢量来描述磁体。弹性效应引入了一个新的自由度。磁体在一个磁相互作用的影响下将产生变形，通常使用一个非对称的弹性畸变张量 $p(r)$ 来描述这一形变。此畸变包括一个对称部分即弹性应变张量 ε，和一个反对称部分即晶格旋转张量 ω。在系统方法中，将自由能的所有部分对 p 进行展开。由于铁磁性中磁弹效应较小，这些展开中只需要包含最小的非零次项。零次项则构成无形变晶格的能量。一阶项定义了磁弹相互作用能，二阶项描述了弹性能，一般可以假定其与磁化强度方向无关。

后一种假设对于处于极端应力下的材料并不适用。此时另外一项变得重要了，它可能表示为一个依赖磁化强度的弹性张量，或者表示为一个其系数本身就依赖于应变的磁弹耦合。换言之，在处于强应变状态的材料中，磁致伸缩与无应力状态是不同的。这一现象首先是在 Ni – Fe 合金[558]及金属玻璃[559]中被发现的，但其对于薄膜也非常重要[560,561]。由于这样的强应力总是非磁性起源的，可以认为它们是材料特性的一部分。只要记住强应变状态下的磁弹系数可能与标准数值不同即可。

在弹性应变的分量中忽略了三阶项就是胡克定律所表征的线性弹性。这对于单纯的磁致伸缩效应当然是一个很好的近似，用来处理磁化强度引起的一般仅为 $10^{-6} \sim 10^{-3}$ 的应变。如果再叠加一个更强的非磁性来源的变形，则通过选取适于此状态的线性弹性常数，可再将此应变状态作为参照。这样一来，就可以在线性弹性和不依赖应变的磁弹系数的标准框架内处理磁弹效应了。在参考文献［562］中可以找到对磁弹效应更一般性的处理。

一个磁体自由能的所有部分都可能以某种方式与畸变相关，并因此对磁弹相互作用能有所贡献。最重要的贡献来自磁晶各向异性，它将引出一个局域表达式，其在磁化强度矢量的分量中为二次形式，而在晶格应变中是线性的。杂散场能对于变形的依赖产生所谓磁致伸缩的形状效应，其在接近饱和状态时比较重要，而对于磁畴效应则不太重要。在 4.5.2 节中讨论磁致伸缩常数的测量时会用到它，此处先忽略。关于交换能对晶格应变的依赖性则知之甚少。它导致了所谓的体积磁致伸缩，即在居里点处磁有序时晶格常数的一种各向同性变化。目前还不清楚是否也存在一个交换劲度能对晶格应变的可测的依赖关系，这种依赖会对畴壁结构产生影响。Brown[562] 和 Kronmüller[503] 讨论了这些效应的对称性，但由于缺少相关材料参数的实验数据而没能进一步跟进这个问题。即使有办法获得交换作用感生的磁致伸缩的材料参数，在磁畴理论中这些效应可能也会被忽略，这与微磁学中相反。

自由能对于晶格转动也有依赖性：如果我们以为磁化强度方向在空间中固定，晶格的一个假定自由旋转 ω 将会改变磁化强度 m 与易轴之间的角度，从而改变各向异性能量密度。可以通过计算各向异性函数对于磁化强度方向的一阶导数获得一个磁 – 旋转相互作用能[562,563]。参考文献［509］中在计算平面畴壁时系统地考虑了这一效应。但即使在发生严重偏离易轴方向的畴壁中，磁 – 旋转相互作用也非常小。对于处于垂直于易轴的强外场中的一个单轴晶体所产生的磁畴图形，发现晶格旋转效应对其有相当大的贡献（约25%）。关于这个相当特殊的例子我们可参

阅参考文献 [161]。由于磁畴倾向于沿着易轴磁化从而使得磁 – 旋转能消失，因此在磁畴理论中这种效应将被忽略。

因此，在磁弹性中我们只剩下一个重要机制：各向异性磁致伸缩，其来源于磁晶各向异性且在磁化强度分量中为二次项。这一效应之所以重要的原因有三条：①它导致了磁性材料的应力敏感性，这不仅适用于块体材料，对于薄膜也适合。②其对于不仅只包含反平行畴的磁化强度构型添加了一个体能量项。在块体立方材料中，这一能量贡献可能与畴壁的能量贡献一同成为主导。③磁致伸缩形变尽管在尺度上较小，但在技术上却扮演重要角色。普通变压器的噪声就是来源于这些效应。由于很难在其他地方找到关于磁致伸缩效应的全面概述，所以在关于它们的讨论中更加具体一些。

3.2.6.2 均匀磁化的立方晶体中的磁致伸缩

本节中汇集了关于立方晶体的磁弹相互作用能、弹性能及其导致的磁致伸缩相互作用的公式。在此定义对称应变张量 $\boldsymbol{\varepsilon}$ 与一个假想的非磁态相关。我们从对称性上得到以下关于磁弹相互作用能的表达式（到磁化强度分量的最低有效幂次[16,30]）：

$$e_{\mathrm{me}} = -3C_2\lambda_{100}\sum_{i=1}^{3}\varepsilon_{ii}\left(m_i^2 - \frac{1}{3}\right) - 6C_3\lambda_{111}\sum_{i>k}\varepsilon_{ik}m_im_k \qquad (3.44)$$

式中，$C_2 = \frac{1}{2}(c_{11} - c_{12})$ 和 $C_3 = c_{44}$ 是立方晶体两个剪切模量的简写（其中 $c_{11} = c_{1111}$ 等是 Voigt 标记法中的弹性张量系数）。常数 λ_{100} 和 λ_{111} 是独立的无量纲材料参数，表示磁弹相互作用的强度（如下所示，λ_{100} 和 λ_{111} 同时也量度自发磁致伸缩）。

磁弹性能受到弹性能的平衡，对于立方晶体弹性能可以写成如下形式：

$$e_{\mathrm{el}} = \frac{1}{2}C_1\left(\sum_{i=1}^{3}\varepsilon_{ii}\right)^2 + C_2\sum_{i=1}^{3}\varepsilon_{ii}^2 + 2C_3\sum_{i>k}\varepsilon_{ik}^2 \qquad (3.45)$$

式中，C_2 和 C_3 定义如前，$C_1 = c_{12}$ 是另一个弹性常数。对于一个具有自由表面的均匀磁化体，可通过将能量贡献式（3.44）及式（3.45）的和关于 $\boldsymbol{\varepsilon}$ 的分量求极小值来计算自发磁致伸缩形变。我们将此结果称为自由或自发或"准塑性"形变张量 $\boldsymbol{\varepsilon}^0$：

$$\begin{aligned} \varepsilon_{ii}^0 &= \frac{3}{2}\lambda_{100}\left(m_i^2 - \frac{1}{3}\right) \quad i = 1\cdots 3 \\ \varepsilon_{ik}^0 &= \frac{3}{2}\lambda_{111}m_im_k \qquad\qquad i \neq k \end{aligned} \qquad (3.46)$$

比较有特点的是，自发磁致伸缩形变的迹 $\sum\varepsilon_{ii}^0$ 为零。这与例如拉伸应力引起的应变状态相对照，其迹依赖于泊松比。晶体沿着单位矢量 $\boldsymbol{a}$ 方向的伸长率由 $\delta l/l = \sum a_ia_k\varepsilon_{ik}^0$ 给出。我们因此获得了著名的立方晶体自发磁致伸缩伸长率公式：

$$\frac{\delta l}{l} = \frac{3}{2}\lambda_{100}\left(\sum_{i=1}^{3}a_i^2m_i^2 - \frac{1}{3}\right) + 3\lambda_{111}\sum_{i>k}m_im_ka_ia_k \qquad (3.47)$$

将形变 $\boldsymbol{\varepsilon}^0$ 代入式（3.44）和式（3.45）得到了立方晶体的总能量，其既不受外力也不受内部不相容性的约束：

$$e^0 = -\frac{3}{2}C_2\lambda_{100}^2 - \frac{9}{2}(C_3\lambda_{111}^2 - C_2\lambda_{100}^2)(m_1^2m_2^2 + m_1^2m_3^2 + m_2^2m_3^2) \qquad (3.48)$$

式（3.48）与一阶立方各向异性具有相同的对称性 [式（3.9）]。由于大多数情况下各向异性的测量都是针对自由晶体，因此这一能量贡献已经包含在了测得的 K_{c1} 数值中。严格说来，必须将其从测得的常数中除去，但是对于大多数材料来说可以忽略这一修正。

相反,在"被夹持"的晶体情形下,晶体受到一个磁弹应力 $\boldsymbol{\sigma}^0$ ——Kröner 术语[564]中的"准塑性应力"——其对于立方晶体可通过胡克定律计算得到:

$$\sigma_{11} = c_{1111}\varepsilon_{11} + c_{1122}(\varepsilon_{22} + \varepsilon_{33}) \quad \left[\text{如果} \sum \varepsilon_{ii} = 0 \text{ 在此成立,则其为} 2C_2\varepsilon_{11}\right]$$

$$\sigma_{12} = c_{1212}(\varepsilon_{12} + \varepsilon_{21}) = 2C_3\varepsilon_{12}$$

将这些等式应用到式(3.46)所定义的自由形变 $\boldsymbol{\varepsilon}^0$ 中得到

$$\sigma_{ii}^0 = -3C_2\lambda_{100}\left(m_i^2 - \frac{1}{3}\right) \quad i = 1\cdots3$$

$$\sigma_{ik}^0 = -3C_3\lambda_{111}m_im_k \qquad i \neq k \tag{3.49}$$

也可以通过 $\sigma_{ik}^0 = \partial e_{me}/\partial \varepsilon_{ik}$ 由磁弹性能[式(3.44)]简单地推导出同样的应力。e_{me} 中应变分量的系数可以理解为应力张量 $\boldsymbol{\sigma}^0$ 的分量。式(3.44)因而也可以写作

$$e_{me} = \sum_{i,k} \varepsilon_{ik}\sigma_{ik}^0 \tag{3.44a}$$

3.2.6.3 各向同性材料

对于弹性和磁致伸缩各向异性(非晶或者多晶材料),可通过使用各向同性剪切模量 $G_s = C_2 = C_3$ 及各向同性磁致伸缩常数 $\lambda_s = \lambda_{100} = \lambda_{111}$ 来简化式(3.44)~式(3.49)。对于磁致伸缩自由形变 $\boldsymbol{\varepsilon}^0$,我们得到

$$\varepsilon_{ik}^0 = \frac{3}{2}\lambda_s\left(m_im_k - \frac{1}{3}\delta_{ik}\right) \tag{3.50}$$

式中,δ_{ik} 是克罗内克(Kronecker)符号。对于沿 $\boldsymbol{a}$ 的伸长率,我们得到

$$\delta l/l = \frac{3}{2}\lambda_s\left[(\boldsymbol{m} \cdot \boldsymbol{a})^2 - \frac{1}{3}\right] \tag{3.51}$$

其仅依赖于磁化强度方向 $\boldsymbol{m}$ 和测试方向 $\boldsymbol{a}$ 之间的夹角。

3.2.6.4 六角晶体和单轴材料

六角晶体的弹性和磁弹性行为在最低有效阶次上都与单轴材料类似,意味着不管弹性还是磁弹性能的表达式都与磁化强度方位角无关。单轴材料的磁弹性效应不太重要。如果磁畴平行于易轴磁化,它们的弹性形变是相同的。在畴壁内部会出现一个额外的磁弹性能,但它与单轴各向异性相比通常可忽略。但有一个例外,就是当垂直于易轴的强磁场引起磁化强度偏离易轴时。如参考文献[161,565]中所分析的(见5.2.2.2节),此时磁畴由磁弹性效应主导。我们在本书中不再重复这一分析,因此只需说明一下标准单轴或者六角材料需要五个弹性常数而非像立方晶体那样需要三个,同时也需要四个而不是两个磁弹性系数[532]。

3.2.6.5 与非磁性来源应力的相互作用

如果弹性应变张量 $\boldsymbol{\varepsilon}$ 被相应的应力张量 $\boldsymbol{\sigma}$ 取代,或者相反,磁弹性应力张量 $\boldsymbol{\sigma}^0$ 被相应的应变张量 $\boldsymbol{\varepsilon}^0$ 取代,那么式(3.44)的磁弹相互作用能将代表不同的含义:

$$e_{me} = -\sum_{i,k} \sigma_{ik}\varepsilon_{ik}^0 \qquad (\text{一般的}) \tag{3.52}$$

$$e_{me} = -\frac{3}{2}\lambda_{100}\sum_i \sigma_{ii}\left(m_i^2 - \frac{1}{3}\right)$$
$$- 3\lambda_{111}\sum_{i>k} \sigma_{ik}m_im_k \qquad (\text{立方的}) \tag{3.52a}$$

$$e_{me} = -\frac{3}{2}\lambda_s\sum_{i,k} \sigma_{ik}\left(m_im_k - \frac{1}{3}\delta_{ik}\right) \qquad (\text{各向同性的}) \tag{3.52b}$$

在此应力公式中,磁弹性能描述的是磁化强度与一个非磁性来源应力 $\boldsymbol{\sigma}$ 之间的相互作用。后者可能是一个外来应力,或者位错导致的非磁性内部应力,也可能来自温度、结构和成分的不均匀性。这一耦合能可以比得上磁化强度和外磁场之间的相互作用[式(3.15)],且其具有正交各

向异性的形式 [式 (3.12)]。对于各向同性材料和沿着一个单位矢量 $\boldsymbol{a}$ 轴的单轴应力,磁弹性耦合能变为

$$e_{\text{me}} = -\frac{3}{2}\lambda_s\sigma\left[(\boldsymbol{m}\cdot\boldsymbol{a})^2 - \frac{1}{3}\right] \tag{3.52c}$$

其描述了一个沿着应力轴的具有各向异性常数 $K_u = \frac{3}{2}\lambda_s\sigma$ 的单轴各向异性。

3.2.6.6 不均匀磁化体中的磁致伸缩自作用能

与磁化强度分布不遵循闭合磁通路径时所出现的磁杂散场能类似,如果一个磁畴图形的各个部分的自发磁性形变不能互相适配在一起则会出现一个磁致伸缩自作用能。一般情况下对它的计算和很多弹性问题一样比较困难,相关评述见参考文献 [566]。对于这一问题至少有三个等效处理方式,考虑所有这些方式并理解它们各自的优缺点是很有益的。其目的是在任何情况下,对于给定的磁化强度分布计算样品的弹性状态及能量。

● 第一种方式(见图 3.8a)从一个未形变的连续的"非磁致伸缩"体开始。一旦开始磁致伸缩,会发生对非磁致伸缩态小的持续偏离,其由一个畸变张量 $\boldsymbol{p}_e$ 来描述。畸变必须满足弹性相容性法则,引出约束条件 $\mathbf{Rot}\boldsymbol{p}_e = 0$。(当应用于张量而不是矢量时,我们对微分操作使用大写字母标记,见参考文献 [564]。)这一条件意味着畸变张量是一个势的梯度,即位移矢量场。将弹性应变 $\boldsymbol{\varepsilon}_e$——$\boldsymbol{p}_e$ 的对称部分——代入弹性能 [式 (3.45)] 和磁弹性能量 [式 (3.44)] 的项中,在相容性约束下总能达到最小。就像一维问题(见下文)一样,如果能先通过一个一般性拟设使相容性条件得以满足,则此方法就十分适用。如果这一方法完全适用,它可以很容易地扩展到任意对称性的晶体中,甚至包括磁旋转效应[509]。此处的磁致伸缩自作用能 e_{ms} 定义为总弹性和磁弹性能(最小化得到的结果)与无应力状态能量 e^0 之间的差式 (3.48)。使用这一方法,通过将能量相对于位移矢量合理拟设的参数求极小值,总是可能计算出磁致伸缩自作用能的上限值。

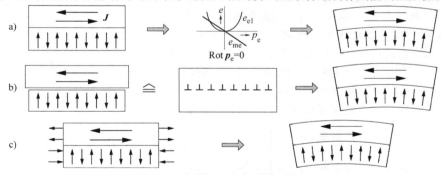

图 3.8 磁弹性三个方面的示意图

a) 在相容性约束下使总能最小 b) 样品的各部分可以自由变形,
而不相容性可以被准位错抵消 c) 在适当力的影响下计算样品的变形。
所绘的都是正磁致伸缩的情况,即沿着磁化轴伸长

● 在第二种方法中(见图 3.8b),先认为磁体中均匀磁化的部分是独立的且根据其各自的平衡态发生形变。然后根据其相容性来分析这一形变 $\boldsymbol{\varepsilon}^0$(见示意图 3.8)。各部分之间的不相容性或间隙可认为是由准位错密度 $\boldsymbol{\alpha}$ 产生的,其可以通过矢量解析运算 $\boldsymbol{\alpha} = \mathbf{Rot}\boldsymbol{\varepsilon}^0$ 求得。为了再恢复成一个连续体,我们增加一个补偿性畸变 $\boldsymbol{p}^{\text{cp}} = \boldsymbol{\varepsilon}^{\text{cp}} + \boldsymbol{\omega}^{\text{cp}}$ 使得 $\mathbf{Rot}\boldsymbol{p}^{\text{cp}} = -\boldsymbol{\alpha}$,以使相应的磁致伸缩应力张量 $\boldsymbol{\sigma}^{\text{cp}} = \boldsymbol{c}\cdot\boldsymbol{\varepsilon}^{\text{cp}}$ 满足平衡条件(体内的 $\mathbf{Div}\boldsymbol{\sigma}^{\text{cp}} = 0$,表面的 $\boldsymbol{\sigma}^{\text{cp}}\cdot\boldsymbol{n} = 0$)。

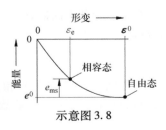

示意图 3.8

这样一来问题就等效于在给定边界条件下对一个给定的补偿性（准）位错密度 $-\boldsymbol{\alpha}$ 求应力或者应变。位错的应力和应变场在某些重要情形中是已知的。这一方法自然地专注于内部应力的起源，而忽略了弹性相容磁畴的无应力形变。只要额外应变是已知的，就可以通过估算与此应变相联系的弹性能来获得磁致伸缩自作用能。

● 第三种方法（见图3.8c）也是从未形变体开始。如果"开启"磁性时不允许发生变形，那么磁弹相互作用的行为类似一个"准塑性"应力 $\boldsymbol{\sigma}^0$。第二步，加入弹性形变和平衡应力 $\boldsymbol{\sigma}^{\text{bal}}$ 以使得两个应力一起达到平衡，也就意味着它们的散度（力）必须为零：体内 $\text{Div}(\boldsymbol{\sigma}^0 + \boldsymbol{\sigma}^{\text{bal}}) = 0$，而表面 $\boldsymbol{n} \cdot (\boldsymbol{\sigma}^0 + \boldsymbol{\sigma}^{\text{bal}}) = 0$。这些补偿应力引起磁体的（相容）形变，其必须等于第二种方法中的和 $\boldsymbol{\varepsilon}^0 + \boldsymbol{\varepsilon}^{\text{cp}}$。问题再次简化为一个单纯的弹性问题。只要准塑性力 $\text{Div}\boldsymbol{\sigma}^0$ 已知，就可以忽略样品的磁性本质，然后像一般弹性理论中那样进行计算这些力所引起的形变。所需的工具就是在适当边界条件下体内和表面的力所产生的应力和形变（例如对于无限平板或者半无限体的例子）。正如3.2.5节中所讨论的，这一过程与从杂散场的源即磁化强度的散度计算杂散场在概念上是类似的。

此后我们将只限于在少数几个与磁畴理论相关的典型例子中使用上述所有系统性方法。这些例子只能近似地转化为一般情况。这样也可以接受，因为磁致伸缩自作用能虽然重要，但其并非占主导地位的能量贡献，在实际例子中其贡献估计最多在10%~20%之间。至于相关细节我们建议参考专门的文献，如参考文献［567］中对此都进行了综述。

3.2.6.7 一维计算

对于杂散场的计算，磁弹问题仅依赖于一个空间坐标且可以很容易地整合简化为一个局域问题。此处我们给出两个特殊但很重要的例子，以及一个一般性公式。这两个例子都适用于被一个畴壁分开的磁畴对。我们要找的是弹性耦合的磁畴中额外的磁弹性能与畴壁取向的依赖关系。可以直接使用图3.8a所示的方法，但是在一维下可以像第一个例子所示的那样确切地计算应变。

此处两个磁畴沿着立方材料中的［100］和［010］轴磁化（见示意图3.9）。如果畴壁平面是对称面（110），其特点是其畴壁和"磁化强度"面之间的夹角 $\Psi = 90°$，那么这一对原本自由的磁畴是彼此相容的且没有磁弹性自作用能。但如果畴壁平行于（001）（$\Psi = 0°$）取向，磁畴的自由形变是不相容的，磁畴按照两个自由应变的平均值受到应变。这一问题中出现的应变矩阵的三个对角线数值为

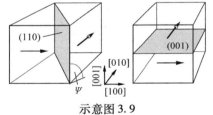

示意图3.9

对于第一个磁畴的自由形变，$\varepsilon_{\text{I}} = \left\{ 1,\ -\dfrac{1}{2},\ -\dfrac{1}{2} \right\}\lambda_{100}$

对于第二个磁畴的自由形变，$\varepsilon_{\text{II}} = \left\{ -\dfrac{1}{2},\ 1,\ -\dfrac{1}{2} \right\}\lambda_{100}$

对于自由形变的平均，$\bar{\varepsilon} = \left\{ \dfrac{1}{4},\ \dfrac{1}{4},\ -\dfrac{1}{2} \right\}\lambda_{100}$

对于第一个磁畴相对于其自由态的形变，$\Delta\varepsilon_{\text{I}} = \bar{\varepsilon} - \varepsilon_{\text{I}} = \varepsilon_{\text{II}} - \bar{\varepsilon} = \left\{ -\dfrac{3}{4},\ \dfrac{3}{4},\ 0 \right\}\lambda_{100}$ （3.53）

将这些对自由状态的偏离代入弹性能公式［式（3.45）］，我们就得到两个不相容的90°磁畴的磁致伸缩自作用能密度：

$$e_{\text{ms}} = \frac{9}{8}C_2\lambda_{100}^2 \tag{3.54}$$

如果畴壁具有（001）和（110）之间的任意取向 Ψ，通过将总能相对于所允许的应变张量形式进行优化，就可求得磁致伸缩自作用能，即

$$e_{\text{ms}} = \frac{9}{8}C_2\lambda_{100}^2\cos^2\Psi \tag{3.55}$$

对于负各向异性立方材料（易轴方向为〈111〉）中被 109°和 71°畴壁分开的磁畴，可通过一个类似的计算得到其磁致伸缩自作用能：

$$e_{ms} = C_3 \lambda_{111}^2 \cos^2 \Psi \tag{3.56}$$

式中，角度 $\Psi = 0$ 表示一个平行于（110）的畴壁。这些等式中的系数 $C_2 \lambda_{100}^2$ 和 $C_3 \lambda_{111}^2$ 代表参考能量密度，与度量杂散场能量密度的 K_d [式（3.21）] 一样。对于大多数材料，这些量都比 K_d 小至少两个数量级。

将弹性能和磁弹耦合能的和相对于能够导出相容性畸变 p_e（见图 3.8a）的位移矢量的分量求极小值，就能推出对所有一维磁弹问题的一般性解[509]。最终的结果在结构上很简单，我们在此直接给出而不做证明。令 n 为允许磁化强度和晶格畸变沿其变化的唯一方向（在畴壁的情况下，n 为畴壁的法向），令 u 为沿着 n 的空间变量。准塑性应力 $\sigma^0[m(u)]$ 为已知，例如对立方晶体可从式（3.49）得到。如果需要的话，也可包含来自磁旋转项的反对称性贡献。σ^0 的空间平均值记为 $\bar{\sigma}$，则磁致伸缩自作用能密度为

$$e_{ms}(u) = \frac{1}{2} \sum_{iklm} [\sigma_{ik}^0(u) - \bar{\sigma}_{ik}][\sigma_{lm}^0(u) - \bar{\sigma}_{lm}](s_{iklm} - n_i n_l F_{km}^{inv}) \tag{3.57}$$

式中，F^{inv} 是由 $F_{km} = \sum n_i n_l c_{iklm}$ 定义的矩形矩阵 F 的逆矩阵，s 是弹性张量 c 的逆张量。这个公式在参考文献 [509] 中被用来计算布洛赫壁中的弹性应力（见 3.6.1.5 节）。

3.2.6.8 二维问题

Miltat[444]分析了一个例子，其中的剪切应力 [式（3.54）] 只扩展到有限范围而非到无穷。由于本应出现在无限样品中的部分应力将在表面处弛豫掉，因此我们期望得到一个简化的能量。所研究的情况是在铁略微错取向的（001）表面上出现的"枞树枝"（见图 2.41a、图 2.48 和图 3.9）：镶嵌在 [010] 和 [01̄0] 基畴中，沿着 [100] 方向磁化的长而浅的磁畴。枞树图形的一枝应该具有一个矩形截面（见图 3.9b），因此可通过二维方式研究其弹性状态。

我们在截面处使用如图 3.9b 所示的一个旋转坐标系，这与晶体取向坐标系不同（见图 3.9a）。如果镶嵌的磁畴接收了来自基体的应变，那么其相对于自由状态的形变将比两个磁畴平分不相容应变的情况大两倍。因此，当无环境应力的时候，镶嵌磁畴内部的磁致伸缩自能密度将是式（3.54）数值的四倍，即 $e_{ms}^{(0)} = \frac{9}{2} C_2 \lambda_{100}^2$。这是一个浅表磁畴完全接收周围应变的极端情况。

如果假设弹性是各向同性的，就可以处理关于镶嵌更深的磁畴和非均匀应变的一般性情况。此时对应于均匀应变，最大磁致伸缩自作用能为 $e_{ms}^{(0)} = \frac{9}{2} G_s \lambda_{100}^2$，其中 G_s 是替代立方系数 C_2 的各向同性剪切模量。根据 Klémans 的理论[568]，依靠图 3.8c 中的方法，Miltat 通过镜像步骤正确地考虑了表面边界条件，并推得相对于自由状态的非均匀应变。其结果是

$$\varepsilon_{13}^{cp}(x,y) = -b(\Phi_1 + \Phi_2),$$
$$\varepsilon_{23}^{cp}(x,y) = -\frac{1}{2} b \ln(R_1 R_3 / R_2 R_4), \text{其中 } b = \frac{3}{4\pi} \lambda_{100} \tag{3.58}$$

式中的几何量在图 3.9b 进行了定义。ε^{cp} 的其他所有分量都为零。如果 $-y$ 超过了磁畴深度 D，则角度 Φ_1 必须取负值。对于非常宽的磁畴，$\Phi_1 + \Phi_2$ 接近 2π，而 ε_{13}^{cp} 像在一维问题中一样变为 $-\frac{3}{2} \lambda_{100}$，$\varepsilon_{23}^{cp}$ 除边缘区域外都可以忽略。

将与应力 [式（3.58）] 相关的弹性能在截面上积分，所得结果显示在图 3.10 中。应力弛豫度 ρ 依赖于镶嵌磁畴的长宽比 W/D。有效的弛豫只可能发生在取向有利的侧边缘附近。对于深而窄的磁畴（长宽比数值较小）大部分应力可以通过镶嵌磁畴的扩张得到弛豫，这也使得能量大大降低。但对于浅表磁畴，弛豫带来的能量增益只有 10%～20%。

具有更加真实的——而不是像图 3.9b 中假想的——棱角磨圆截面的磁畴将具有更低的能量，因为它们避免了 $\varepsilon_{23}^{\mathrm{cp}}$ 中发生在边缘处的对数奇点。但是由于最大的能量贡献来自 $\varepsilon_{13}^{\mathrm{cp}}$，所以这不会对最终的结果影响太大。图 3.10 包含的第二条曲线 $(W/2D)\rho$，其可以理解为每单位边缘长度的弛豫能量增益。因为目前还无法进行弹性各向异性和三维范围内的计算，所以建议使用这一边缘能量增益作为对均匀应变状态能量的修正。对于边缘附近的不均匀应变和应力，弹性各向异性的效应还会在某种程度上相互抵消。

结果［式（3.58）］是参考文献［444］中使用所谓的向错概念获得的，即连续介质理论中描述位错壁边缘效应（例如，连续的一片位错可能在晶格中产生一个小角边界）的角缺陷。对于枞树枝必须引入扭转向错，其既难以描述又不好理解。在磁性内部应力的另一个例子中存在一个更为直观的图像，即畴壁结。即使这些畴壁像两个磁畴间的独立畴壁一样没有应力，当它们在畴壁结处相互束缚在一起时，就像 Landau 和 Lifshitz 的磁畴结构模型（见图 1.2）中那样，它们也会产生应力。图 3.11 中给出了立方材料中不同类型的这种畴壁结。

一个畴壁结可以通过一个角缺陷 Ω 来表征，其可以由几何方式推得（见图 3.11）：例如，图 3.11a 中每个三角形磁畴被沿着磁化强度矢量拉长 λ_{100}，同时沿着横向压缩 $\frac{1}{2}\lambda_{100}$。这导致锐顶角减小 $\frac{3}{4}\lambda_{100}$（对于 $\lambda_{100} \ll 1$）。将所有八个角加起来我们可得到一个角缺陷为 $6\lambda_{100}$，如图 3.11a 所示。注意，角缺陷 Ω 既可以为正也可以为负，这取决于磁致伸缩常数的符号和分布的具体细节。

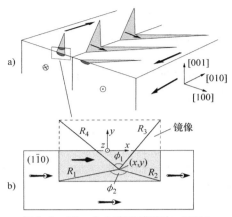

图 3.9 图 a 为在略微错取向（001）表面上的枞树图形的示意图。图 b 所示的截面用小方框标出。为了枞树枝中磁致伸缩应力的计算，假定该截面为矩形。根据式（3.58）的计算需要用到图 b 所示的各种角度和距离。平板可认为是沿着 z 方向无限延伸

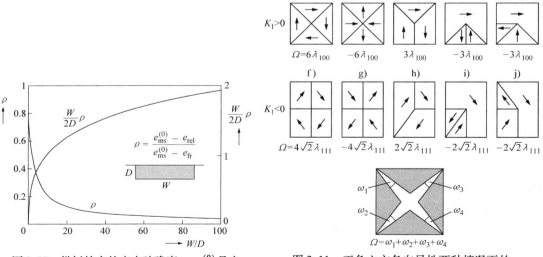

图 3.10 枞树枝中的应力弛豫度 ρ。$e_{\mathrm{ms}}^{(0)}$ 是未弛豫的镶嵌磁畴的每单位体积能量，e_{rel} 是容许弹性弛豫时的能量，而 e_{fr} 是自由的完全弛豫的能量

图 3.11 正负立方各向异性两种情况下的不同畴壁结的闭合缺陷（见上文）

应力主要取决于角缺陷 Ω 而与几何细节关系不大。在不同情况下，它们聚集在结点线的周围，并随着与其之间的距离增大而减小。在这种情形下畴壁结具有楔形向错的特征。

通过将类似小角晶界中的多排位错的应力场进行积分，可以计算楔形向错的能量和应力场。这一观点是 Kleman 和 Schlenker 提出的[563]。Pryor 和 Kramer[569] 则给出了一个特别有用的版本，他们将 Head 的位错应力[570] 应用于一个各向同性半空间，进而使用图 3.8b 中的方法进行计算。他们按照图 3.12 所示重新排布了不相容性，对于小应变和旋转是允许这样的。此位错场仅对于弹性各向同性容易获得。对于旋转对称的向错应力场，弹性各向异性的效应可在一定程度上抵消，以容许弹性各向同性的假设。

Pryor 和 Kramer 的计算引出了向错的磁致伸缩自作用能和相互作用能公式，将其稍加推广为

$$E_{\text{self}} = \frac{1}{2} C \Omega^2 R^2 \qquad (3.59a)$$

$$E_{\text{inter}} = C \Omega_1 \Omega_2 \left\{ R_1 R_2 - \frac{1}{4} \left[(R_1 - R_2)^2 + Y^2 \right] \right.$$
$$\left. \cdot \ln \frac{(R_1 + R_2)^2 + Y^2}{(R_1 - R_2)^2 + Y^2} \right\} \qquad (3.59b)$$

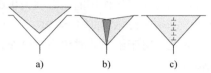

图 3.12　如 Pryor 和 Kramer 在参考文献 [569] 所使用的，向错（图 a）与沿着假想切口（图 b）的一列合适的边缘位错（图 c）之间的等效性

式中，$C = G/[2\pi(1-\nu)]$，G 是剪切模量，ν 是泊松常数，而 Ω 是角缺陷。图 3.13 的插图中定义了向错的深度 R_1 和 R_2 及它们间的距离 Y，图中对这些公式进行了估算。参数 δ 衡量了两个相互作用的向错之间深度的差值。

考虑具有相同深度的向错（$\delta = 0$），对于符号相同的一致向错，图 3.13 插图中定义的约化相互作用能 e_{red} 的起始数值为 1（在这种情况下，相互作用能累计达到与两个自作用能贡献的和相同的数值，因此总能成为单个向错自作用能的四倍）。随着向错距离 η 的增加，相互作用能的绝对数值减小。

具有相反符号的向错表现出吸引性相互作用，可由图 3.13 中纵坐标反号的曲线给出。这使得向错具有反号成对出现的趋势，如图 3.14 所示。特别是深嵌入样品内部的畴壁结，有形成此类偶极对的强烈倾向，就像 Miltat 在 X 射线实验中所发现的那样（例如图 2.49 中就包含了这样的结点对，即 180°畴壁上的扭结）。注意，在 X 射线形貌图中可以看到向错核周围的应变具有蝴蝶状的黑白衬度。

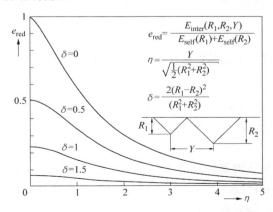

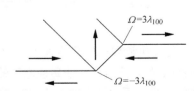

图 3.13　根据式（3.59b），具有相同向错强度的畴壁结之间的约化弹性相互作用能 e_{red}。结之间的距离以变量 η 为量度，其深度差表示为参数 δ

图 3.14　与图 3.11c、e 相比，两个具有相反的闭合缺陷的畴壁结，因而形成一个向错偶极子

将基于式(3.59a)的闭合磁畴磁致伸缩自作用能与简单的均匀应变模型进行比较很有意思。如同在枞树图形中一样,后者在闭合磁畴中引起一个 $\frac{9}{2}C_2\lambda_{100}^2$ 的能量密度。对于弹性各向同性,其变为 $\frac{9}{2}G\lambda_{100}^2$。对于全同闭合磁畴的一个无穷级数($Y=2nR_1$,$R_1=R_2$),取其自作用能和一半的相互作用能,可以得到[569]

$$e_{ms} = \frac{1}{4\pi}(9G\lambda_{100}^2/(1-\nu))\left\{1 + \sum_{n=1}^{\infty}\left[1 - n^2\ln(1 + 1/n^2)\right]\right\} \tag{3.60}$$

代表向错之间互斥作用的无穷和为0.6054,因此磁致伸缩自作用能为 $1.15G\lambda_{100}^2/(1-\nu)$。对于铁来说,$\nu=0.42$,则自能约为 $2G\lambda_{100}^2$。这意味着其能量比简单的均匀的应变模型减小了大约56%。

总之,对于给定的磁化强度分布,可以通过以下策略给出关于磁致伸缩自作用能的一个合理估计:

1)找到一个适当的一维起始模型,能够得到能量[式(3.57)]的明确上限,包括弹性各向异性效应。

2)进行如图3.10对于剪切应力区域边缘(扭转向错)或者如图3.13对于畴壁结(楔形向错)的模型计算,估算二维应力弛豫的效应。此步骤中必须假定弹性各向同性。

对于一般材料,这一策略应该足够解决磁畴理论中的大多数问题。像铽铁合金[481]一样具有巨磁致伸缩的材料,则可能需要一个更严格的处理,包括三维的和弹性各向异性计算。

如3.2.6.6节所指出的,对于给定磁化强度分布的磁致伸缩自作用能的计算可简化为一个纯粹的弹性问题。因此,可以借鉴其他领域中对等效问题的研究。例如,Pertsev等人的一系列工作[571~573]估算了弹性各向同性的铁电和铁弹体中的二维问题(使用准位错和向错工具),也许这可以直接转化到相应的磁体问题中。对于包埋在非磁但是弹性一致的基体中的弹性各向同性颗粒(可适用于例如岩石磁性的问题),Fabian 和 Heider[574]给出了通过严格的数值方法计算其三维磁弹问题的途径。

3.2.7 微磁学方程

微磁学方程是通过使用变分法将总自由能对单位矢量场 $\boldsymbol{m}(\boldsymbol{r})$ 求极小值得到的[33]。因此它们与磁畴理论是基于相同的原理。磁畴理论强调的是全局方面,微磁学的微分方程则是描述每一点处的平衡态。

3.2.7.1 总自由能

将3.2.2~3.2.6节中所有的依赖于磁化强度的能量贡献相加,总能(相对于自由形变状态)可以写作对样品体积的一个积分:

$$\underbrace{E_{tot}}_{\text{总能}} = \int\left[\underbrace{A(\mathbf{grad}\,\boldsymbol{m})^2}_{\text{交换能}} + \underbrace{F_{an}(\boldsymbol{m})}_{\text{各向异性能}} - \underbrace{\boldsymbol{H}_{ex}\cdot\boldsymbol{J}}_{\text{外场能}} + \underbrace{\frac{1}{2}\boldsymbol{H}_d\cdot\boldsymbol{J}}_{\text{杂散场能}} - \underbrace{\boldsymbol{\sigma}_{ex}\cdot\boldsymbol{\varepsilon}^0}_{\text{外部应力能}} + \underbrace{\frac{1}{2}(\boldsymbol{p}_e - \boldsymbol{\varepsilon}^0)\cdot\boldsymbol{c}\cdot(\boldsymbol{p}_e - \boldsymbol{\varepsilon}^0)}_{\text{磁致伸缩能}}\right]\mathrm{d}V$$

$$\tag{3.61}$$

式中,A 是交换常数;F_{an} 集合所有来自晶体和结构磁各向异性的贡献;$\boldsymbol{H}_{ex}$ 是外场而 $\boldsymbol{H}_d$ 是杂散场;对称张量 $\boldsymbol{\sigma}_{ex}$ 集合所有非磁性起源的应力;$\boldsymbol{\varepsilon}^0(\boldsymbol{m})$ 是在任意给定点的自由磁弹形变;$\boldsymbol{c}$ 是弹性常数的张量;不对称张量 $\boldsymbol{p}_e$ 是实际的畸变,即对初始非磁状态的相容性偏离,它试图趋近自由形变 $\boldsymbol{\varepsilon}^0$。磁化强度矢量 $\boldsymbol{J} = J_s\boldsymbol{m}$,其中 $\boldsymbol{m}^2 = 1$。杂散场 $\boldsymbol{H}_d$ 和形变 $\boldsymbol{p}_e$ 必须满足以下条件:

$$\mathrm{div}(\mu_0\boldsymbol{H}_d + \boldsymbol{J}) = 0, \qquad \mathbf{rot}\,\boldsymbol{H}_d = 0 \tag{3.62a}$$

$$\mathrm{Div}\big[\,c\cdot(p_e-\varepsilon^0)\big]=0,\qquad \mathbf{Rot}\,p_e=0 \tag{3.62b}$$

该自由能存在不同的表达形式，各自选择了不同的独立变量或者采用如式（3.17）或式（3.5）中的不同积分关系。在本书中，我们坚持选择这种最接近直观理解的公式。在磁弹部分，它使用了图 3.8a 的方法。其他替代方法也可见参考文献［34，37，515］。

3.2.7.2 微分方程和有效场

考虑约束条件 $m^2=1$，变分法从总自由能［式（3.61）］和条件［式（3.62a、b）］得出下列微分方程：

$$-2A\Delta m+\mathbf{grad}_m F_{an}(m)-(H_{ex}+H_d)J_s$$
$$-(\sigma_{ex}+\sigma^{ms})\mathbf{Grad}_m\varepsilon^0=f_L m \tag{3.63}$$
$$\mathrm{div}(\mu_0 H_d+J)=0,\qquad \mathbf{rot}\,H_d=0 \tag{3.64a}$$
$$\mathrm{Div}\big[\,c\cdot(p_e-\varepsilon^0)\big]=0,\qquad \mathbf{Rot}\,p_e=0 \tag{3.64b}$$

式中，$\Delta=\mathrm{div}\,\mathbf{grad}$ 是拉普拉斯算符而 f_L 是拉格朗日参数。磁致伸缩应力 $\sigma^{ms}=c\cdot(p_e-\varepsilon^0)$ 与对自由形变态 ε^0 的偏离成正比。

在此推导中将磁化强度矢量 m 作为唯一的独立变量进行考虑。杂散场 H_d 和畸变 p_e 可认为由磁化强度场给出。这意味着对于杂散场，H_d 来自一个势 $H_d=-\mathbf{grad}\Phi$，其通过位势方程 $\mu_0\Delta\Phi=-\lambda$ 与磁荷 $\lambda=-\mathrm{div}\,J$ 联系在一起。因而对于每种分布 $J(r)$，可以如 3.2.5 节中对简单例子所显示的那样，使用位势理论的工具计算杂散场势。这些方式也可以用在微磁学方程的数值解中，事实上这也是最经常使用的方法。如在导言中所介绍的（见 3.2.1 节），还有另一种选择，即在变分过程中将杂散场势 Φ_d（或者是一个物理量的相应的矢量势 $B_d=\mu_0 H_d+J$）看作独立变量[515]。我们在本书中忽略这一可能性，因为它与磁畴理论中所需的直观论据联系较少。

在静磁学中可以用一种直截了当的方式来解位势方程，此事实支持了上述观点。此处不涉及边界条件或者材料特性的问题。如 3.2.5 节所显示的，一旦给定磁化强度构型，磁性样品和其环境就都可以认为是在磁性上相当于真空。对于磁弹性相互作用，类似步骤将遇到一些困难。依然可以通过 $p_e=-\mathbf{Grad}\,u$ 从位移矢量 u 推导出弹性畸变 p_e，并且由式（3.64b）得出这一矢量场的一种位势方程：$\mathrm{Div}(c\cdot\mathbf{Grad}\,u)=-\mathrm{Div}(c\cdot\varepsilon_0)$。但弹性张量 c 相关的复杂性使得解这一方程通常比较困难。要想把这个四阶张量从微分表达中提取出来通常是不可能的，并且这个张量还和材料相关，对于磁性样品和其环境是不同的。还没有普适的方法能解决这个一般性的位势问题。在 3.2.6.6 节中讨论了一些可行的例子。也许将位移场 u 当作独立参数并在数值计算过程中进行优化是一种可采用的方法，但显然还没有人尝试过。

式（3.63）的左侧可以写作 $-J_s H_{eff}$，其中：

$$H_{eff}=H_{ex}+H_d+\big[2A\Delta m-\mathbf{grad}_m F_{an}(m)+(\sigma_{ex}+\sigma^{ms})\mathbf{Grad}_m\varepsilon^0(m)\big]/J_s \tag{3.65}$$

这一有效场提供了关于微磁学方程的一个简单解释。$J\times H_{eff}=0$ 的形式表示有效场必须在任意点上沿着磁化强度矢量；在静态平衡下施加在任一磁化强度矢量上的力矩必须为零。由于力矩不受 H_{eff} 在 J 方向上的分量的影响，所以有效场不唯一地由式（3.65）确定。例如，当使用各向异性能的两个等价形式时会出现这样的项。在单轴样品中，表达式 $F_{an}(m)=E_{Ku}=K(m_1^2+m_2^2)=K(1-m_3^2)$ 导致对 $J_s H_{eff}$ 的两个等价贡献，即 $2K(m_1,m_2,0)$ 和 $2K(0,0,-m_3)$，其差为 $2Km$[37]。

3.2.7.3 磁化动力学

在动力学上，如果存在一个转矩 $J\times H_{eff}$，与磁矩相联系的角动量将产生一个回旋反应，由下面的方程描述：

$$\dot{J} = -\gamma J \times H_{\text{eff}}, \quad \gamma = \mu_0 g e / 2 m_e = g \cdot 1.105 \cdot 10^5 \, \text{m/As} \qquad (3.66)$$

式中，γ 是回磁比。对于许多铁磁材料，朗德因子 g 的数值接近 2。

式（3.66）是对微磁学过程的任何动力学描述的出发点。它描述了磁化强度在有效场周围的进动。在此运动过程中磁化强度与有效场之间的夹角不变。这一出乎意料的特征是由于到目前为止还没有考虑到损耗。磁学中的损耗一般可以有很多种起源：涡流、宏观不连续性（巴克豪森跳跃）、扩散和晶格缺陷的重取向，或者自旋散射机制都能引起不可逆性及损耗。涡流和巴克豪森跳跃的长程效应无法与磁畴结构进行分开处理。但即使我们仅考虑理想的非导电样品且磁化强度分布连续变化，以排除这些非局域的效应，还是会有剩余的局域化内禀损耗，其可以用 Landau – Lifshitz – Gilbert 方程来描述[22,575]。在这个方程中引入了一个无量纲的经验阻尼系数 α_G 来描述非特定的局域或准局域耗散现象，如磁性杂质的弛豫或者自旋波在晶格缺陷上的散射。我们因而得到

$$\dot{m} = -\gamma_G m \times H_{\text{eff}} - \alpha_G m \times \dot{m} \qquad (3.66a)$$

该阻尼项允许磁化强度向有效场转动，直至在静态解中两个矢量互相平行。

Gilbert 方程［式（3.66a）］是原始 Landau – Lifshitz 方程的一个变体：

$$\dot{m} = -\gamma_{LL} m \times H_{\text{eff}} + \alpha_{LL} m \times (m \times H_{\text{eff}}) \qquad (3.66b)$$

通过将式（3.66b）代入式（3.66a）并对比矢量表达式的系数就可以将两个方程相互转换[34]，这导致 $\gamma_{LL} = \gamma_G / (1 + \alpha_G^2)$ 和 $\alpha_{LL} = \alpha_G \gamma_G / (1 + \alpha_G^2)$。对于零阻尼 $\alpha_{LL} = \alpha_G = 0$，我们可以得到 $\gamma_{LL} = \gamma_G = \gamma$［式（3.66）］。对于两个版本的动力方程中的选择主要基于数学上的便利。

在低频下，动态方程中的损耗项占主导地位。只有在 GHz 范围内才必须考虑旋磁项，此时它会引起像讨论畴壁动力学的 3.6.6 节中一样的意想不到的现象。正如参考文献［576］所综述的，Landau – Lifshitz 方程［式（3.66）］的普适性受到了 Baryakhtar 及其合作者的一系列文章的质疑。他们认为应该在耗散项中加入磁场梯度表达式，以考量交换作用对损耗的贡献。这一推广的提出预示了共振实验和畴壁迁移率测试之间的不同关系。现在依然缺乏对这一理论概念的详细实验验证，这些实验同时也将给出新阻尼项的材料系数。因此我们在本书中仍坚持常规方法。

3.2.7.4 边界条件

这种变分法在磁性体系的表面和界面处也产生了边界条件。只有在此时才计入 3.2.2.2 节和 3.2.3.3 节中讨论的表面和界面比能项。边界条件受表面各向异性［式（3.13）］[37] 和可能存在的界面耦合现象［式（3.8）］[577] 的影响，这在大多数情况下导致了下面的定律[578]：

$$m \times [2A(n \cdot \text{grad})m + \text{grad}_m e_s(m, n) - (C_{bl} + 2C_{bq}m \cdot m')m'] = 0 \qquad (3.67)$$

式中，n 是表面或者界面法向；m 是表面或者界面处的单位磁化强度矢量；m' 是相邻介质的界面磁化强度。如果表面各向异性 e_s 为零且没有界面耦合，边界式（3.67）简化为必要条件即在表面处所有磁化强度分量的法向导数必须为零：$(n \cdot \text{grad})m = 0$。

如果表面各向异性具有简单形式 $K_s[1 - (m \cdot n)^2]$［式（3.13）］，式（3.67）中的第二项变为 $-2K_s(m \cdot n)n$。此情况下可以将式（3.67）与 m 再进行一次叉乘而得到磁化强度沿法向的导数 $(n \cdot \text{grad})m = \partial m / \partial n$ 的明确表达：

$$A \partial m / \partial n = K_s (n \cdot m)[n - (n \cdot m)m] + \frac{1}{2}[C_{bl} + 2C_{bq}m' \cdot m][m' - (m' \cdot m)m] \qquad (3.67a)$$

有趣的是，双二次耦合项（C_{bq} 的系数）的形式看起来与式（3.67a）中第一个表面各向异性类似，只是相邻介质中的 m' 扮演了表面法向矢量 n 的角色。

此边界条件在薄膜分析中比较重要，可用于计算它们的磁化强度曲线及其动力学（共振）行为。对于块体材料来说，边界条件没有这么重要，特别是当表面各向异性不清楚且受到表面化

学条件强烈影响的时候。其仅影响块体材料表面的一个薄层（厚度为 $\sqrt{A/K_d}$），最好是将此影响单独分析，然后再叠加上去[579]。

3.2.7.5 磁性微结构的长度尺度和可计算性

微磁学方程是非线性且非局域耦合的二阶偏微分方程。它们磁化强度分量的非线性是由于 $m^2 = 1$ 的条件。此外，由于立方晶体各向异性能［式（3.9）］中出现磁化强度分量的更高阶幂，也产生了非线性。方程中的非局域性来自杂散场项 H_d 和 3.2.7.2 节中提到的磁弹性位移矢量 u，两者都必须通过一个单独的积分进行计算。这些微分方程通过 $m^2 = 1$ 的约束条件以及杂散场的计算耦合在一起。杂散场的源是磁化强度矢量的负散度，即对所有三个磁化强度分量的导数求和。

只有在少数情况中微磁学方程才能线性化并进行解析解。这些情况涉及趋近饱和磁畴的形核与翻转（见参考文献［34］和 3.5.4 节），但不涉及完整的磁畴结构。数值技术受困于磁性问题中的宽尺度范围（这导致了数值分析语言中所谓的"刚性"）。图 3.15 给出了两种典型材料中特征长度的大致情况。

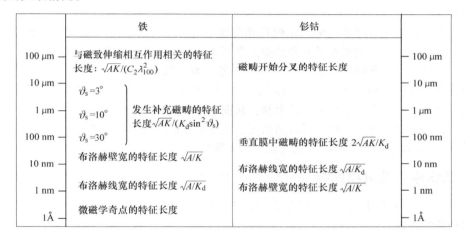

图 3.15　两个典型例子在微磁学中的特征长度：代表立方和低各向异性材料的铁，
及代表单轴高各向异性材料的钐钴。错取向角 ϑ_s 定义为最接近的易轴方向与样品表面之间的夹角

以铁为例。这种材料中与微磁学相关的最小长度之一出现在交换能与杂散场能相平衡的地方。垂直于表面磁化的磁化强度涡旋的核（如在所谓的布洛赫线中）就是一个例子（见图 3.27）。其他的例子包括已经提到过的微磁学表面层及薄膜中奈尔壁的核等。这些情形的特征长度为 $\sqrt{A/K_d}$，其中 K_d 是杂散场能常数［式（3.21）］。在所谓的微磁学奇点处存在更小的结构，其在微磁学意义上不可能是连续的（见 3.6.5.4 节）。在这样一个奇点的核心区域，一般具有几个晶格常数的宽度，磁有序本身必然被破坏。由于存在 $m^2 = 1$ 的条件，传统微磁学中不包含这一可能性。

特征长度的次一级尺度就是所谓的布洛赫壁宽参数 $\sqrt{A/K}$，其中 K 是任意各向异性常数。布洛赫壁具有 $\sqrt{AK}$ 量级的比能量。有趣的是，$\sqrt{A/K}$ 和 $\sqrt{A/K_d}$ 都经常被称为"交换长度"。能够避免形成杂散场的微磁学解（如经典的无限延伸的布洛赫壁）的典型尺度为交换长度 $\sqrt{A/K}$。其他不能避免自由磁极的构型，如小颗粒的微磁学解，对其的描述需要与交换长度 $\sqrt{A/K_d}$ 相当的分辨率。

在决定总体结构时布洛赫壁能与其他能量的相互竞争会出现更大的特征尺寸。如果竞争能量是表面错取向 ϑ_s 引起的杂散场能，则由形式为 $\sqrt{A/K/K_d}\sin^2\vartheta_s$ 的长度来决定磁畴结构特征。如果样品的厚度大于这一特征长度，则磁畴结构倾向于受到补充磁畴的形成而改变，其通过表面附近更多的畴壁为代价来减少杂散场能。对于更小一点的厚度，只需要使磁化强度转向平行于表面即可降低杂散场，而不用形成额外的磁畴和畴壁。

类似地，也存在一个决定磁致伸缩自作用能是否变得重要的特征厚度。如果厚度小于 $\sqrt{AK/C_2\lambda_{100}^2}$，则畴壁能占主导就利于形成高效的畴壁结构。相反的情况下，磁畴的弹性相容性更占先，则有利于无应力的构型。

铁是一个能够显示微磁学中宽的特征尺寸范围的例子。图 3.15 中还包含了另一个例子，高各向异性六角材料（SmCo$_5$）。

在微磁学中处理问题最好的方式是尝试按照不同的尺度将其划分为局部任务，在每一步中都使用合理的近似。但磁畴和畴壁的产生无法通过这种方法得出。相反，它们最开始是在实验证据和定性的微磁学论证的基础上引入的。W. F. Brown[34,501] 透彻地分析了这种无奈的情况，但却没有给出解决的方法。

在不是十分复杂的情况下，例如小颗粒和薄膜单元中，可能对给定构型的平衡结构进行数值计算。方法之一包括使用微磁学方程的动力学版本［式（3.66a）或式（3.66b）］。选定的起始构型将以依赖于阻尼参数的速率向着平衡解趋近，为了保证最好的数值收敛性可以对该参数进行自由选择。现代微加工技术使器件越来越小，同时随着计算能力的增强，可以进行数值处理与不能进行处理的问题之间的界限不断上移。从图 3.15 可以明确看出，供给与需求将在某处相遇，但其重叠部分依旧很小。我们还将回到对于微磁学方程的数值解上来，如薄膜中的畴壁区域（见 3.6.4 节）以及小颗粒的磁化过程（见 5.7.2 节）。

3.2.8 铁磁体的能量项回顾

图 3.16 列出了本章中所讨论的能量表达式中的特征系数。为了给出一个简要的概述，没有区分不同种类的各向异性。

能量类型	系数		定义	范围
交换能	A	[J/m]	材料常数	$10^{-12} \sim 2 \cdot 10^{-11}$ J/m
各向异性能	$K_u, K_c \ldots$	[J/m³]	材料常数	$\pm(10^2 \sim 2 \cdot 10^7)$ J/m³
外场能	$H_{ex} J_s$	[J/m³]	H_{ex} 为外场 J_s 为饱和磁化强度	无限制，取决于磁场大小
杂散场能	K_d	[J/m³]	$K_d = J_s^2/2\mu_0$	$0 \sim 3 \cdot 10^6$ J/m³
外部应力能	$\sigma_{ex}\lambda$	[J/m³]	σ_{ex} 为外部应力 λ 为磁致伸缩常数	无限制，取决于应力大小
磁致伸缩自能	$C\lambda^2$	[J/m³]	C 为剪切模量	$0 \sim 10^3$ J/m³

图 3.16　3.2.2 节 ~3.2.6 节中讨论过的能量项的系数及定义，以及典型材料中这些项的数量级。前面讨论过的与内部晶格旋转相联系的另一个能量项，它只在严重偏移易轴方向的区域起作用，量度为 $K\lambda$

3.3 磁畴起源

本节概述了支持磁畴存在的定性论据。事实上不可能把所有种类材料中的磁畴结构都归于单一起源。无论如何，非局域的能量项，尤其是杂散场能，是发展出磁畴的原因。但是，这些论据因各向异性量级和样品形状与尺寸的不同而差异较大。在本章中，我们只限于讨论热力学稳定的磁畴并排除由非均匀不可逆磁化过程所决定的磁畴，这些可能存在于记录材料或者永磁材料中。

3.3.1 对于大块样品的总体论证

从全局的角度看，磁畴就是平衡磁化曲线中的不连续性及退磁效应的结果。我们首先解释磁化曲线上跳跃的原因，然后再解释它们如何导致磁畴。这些论证适用于畴壁能可忽略的扩展样品，这和忽略晶界能而基于相图来讨论合金是一个道理。在磁学中，我们也忽略了表面和界面处所谓闭合结构的局域化杂散场和各向异性能贡献，3.7.4 节中将对此详细讨论。

3.3.1.1 磁化强度的不连续性

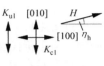

示意图 3.10

磁化曲线中的不连续性可通过下面的例子解释：一个具有面内磁化强度的（100）取向的单晶铁薄膜，为了忽略退磁效应，需要将其进行充分扩展。这个样品一定要具有立方各向异性 [式（3.9a），$\vartheta = 0$] 并叠加一个以 [010] 为易轴的单轴各向异性 [式（3.11）]（见示意图 3.10）。对于两种各向异性都只考虑一阶常数。我们感兴趣的是在相对于 [100] 轴的给定方向 η_h 上施加磁场 H 所得的平衡磁化曲线，则总能量密度为

$$e_{tot}(\varphi) = K_{cl}\sin^2\varphi\cos^2\varphi + K_{ul}\cos^2\varphi - HJ_s\cos(\varphi - \eta_h) \tag{3.68}$$

式中，φ 是膜内部起始于 [100] 轴的磁化强度角度。我们将表明可以从约化的有效各向异性能 g 对磁化强度沿磁场分量 m 的依赖关系直接地推导出磁化曲线，g 和 m 的定义为

$$g = Q_{cl}\sin^2\varphi\cos^2\varphi + Q_{ul}\cos^2\varphi, m = \cos(\varphi - \eta_h) \tag{3.69}$$

式中，$Q_{cl} = K_{cl}/K_d$，$Q_{ul} = K_{ul}/K_d$。以角度 φ 为参数画出 $g(m)$ 的参数曲线，我们获得如图 3.17 的结果（对于图题中给出的相应常数值）。图中省略了不重要的信息：对于每个角度存在一个镜像角（$2\eta_h - \varphi$），其具有相同的磁化强度分量 m。这两个角度导致不同的有效各向异性 g。由于我们感兴趣的是平衡解，因此我们认为只有能量较低的一支是相关的，而略过较高的一支。

为了导出磁化曲线 $m(h)$，我们回到式（3.68）。将式（3.69）代入，我们获得约化能量密度 $\varepsilon_{tot} = e_{tot}/K_d = g(m) - 2hm$，其中 $h = \mu_0 H/J_s$。将 ε_{tot} 相对于 m 求极小值立即就得到隐函数关系

图 3.17　有效各向异性能 g 与沿角度 η_h 的磁化强度分量 m 的关系。对于每个 m 值，只画出了两个可能的分支中能量更低的一支。所选参数为 $Q_{cl} = 1$，$Q_{ul} = 0.2$ 及 $\eta_h = \pi/8$

$2h = g'(m)$，但是它一般有多于一个解。能量最低的一支可以通过源自金属相图分析的图解法进行选择。图 3.18a 显示了这一过程：平衡解与各向异性能函数的"凸包络线" $\hat{g}(m)$ 相关，其包含了 $g(m)$ 的凸出部分和桥接"凹陷"部分的切线。

为了看出事实上凸包络线的导数 $\hat{g}'(m)$ 给出了描述热力学平衡态的磁化曲线的磁场 h，我

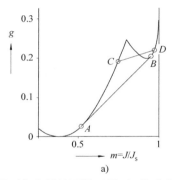 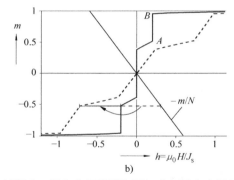

a)   b)

图 3.18　基于各向异性函数（图 a）构建磁化曲线（图 b）。图 b 中的跳跃与图 a 中切掉各向异性函数凹陷部分的公切线相关。图 b 中的虚线是 3.3.1.3 节中所解释的退磁效应导致的切变磁化曲线

们必须证明几个新的关系。首先来看图 3.18a 中 A 到 B 的公切线，其重复了图 3.17 中的一部分。A 和 B 两点属于同一个磁场，因为在两个切点处有 $g'(A) = g'(B) = 2h$。另外，因为其连线具有同样的斜率，所以两点处的总能量 $e_{tot} = g(m) - 2hm$ 是一样的：

$$2h = g'(A) = [g(B) - g(A)]/[m(B) - m(A)]，导致 e_{tot}(A) = e_{tot}(B) \qquad (3.70)$$

这是通过 $e_{tot}(A) = g(A) - 2hm(A)$ 和 $e_{tot}(B) = g(B) - 2hm(B)$ 推出的。现在我们必须证明 A 和 B 之间的任何点所代表的状态都不属于平衡态磁化曲线。如图 3.18a 所示，考虑选择属于同样磁场的两个状态 C 和 D，即 $g'(C) = g'(D)$，则切线斜率比连接线的斜率大：

$$h = \frac{1}{2}g'(C) > \frac{1}{2}[g(D) - g(C)]/[m(D) - m(C)]，导致 e_{tot}(D) < e_{tot}(C) \qquad (3.71)$$

因此，与包络线上的点 D 相比，"内部"的点 C 较为不利。对于所有位于公切线两个接触点 A 和 B 之间的磁化强度值都有这样的情况。因此，平衡态磁化曲线完全由各向异性函数的凸包络线决定。它从一个切点跃过凹陷部分到另一个切点，如图 3.18b 所示。对我们所选的例子来说，磁化曲线完成了三次这样的跳跃。

如果只存在一个外磁场，且磁化强度能够在不带来额外的静磁能的情况下指向任意方向，则磁化曲线上的不连续性不会引起磁畴状态。只要磁场小于不连续性场，磁化曲线的较低一支就占优势。当超过这一场时，磁化强度就跳到上面的一支。在不连续场处将不会出现多畴态，因为即使很小的界面能也会使其不占优势。

3.3.1.2　磁化强度控制

正如在本小节的引言中所指出以及将在 3.3.1.3 节中进一步详述的，需要存在退磁效应才能诱导出磁畴。还存在一种较少发生但在概念上更简单的情况，即如果样品被一个理想的软磁轭闭合时也能产生磁畴：也就是通过反馈机制在磁轭中强加一定的平均磁化强度，这与之前假设中磁化强度方向可自由变化的情况相反。如果强加的磁化强度值处于其中一个不连续性的范围中，就有可能占据某个中间高能量状态。但是，混合状态是一种在能量上更具优势的可能性，也就是跳跃的两个端点处的状态以一定体积比例**混合**以达到强加的磁化强度。如果简单的混合定律适用的话，这种混合状态的能量将落在 $g(m)$ 图中的连接直线上。

由于只有各组成状态（切点处的状态）的相对体积进入这一构造的自由能中，因此我们也可以将这些磁畴称之为**相**，类似热力学中的相图。图 3.18a 中连线上的任意状态的相体积由两个线段 a_1 和 a_2 以通常的方式决定（见示意图 3.11）。重复一下论点：只要能够忽略畴壁能和中间态的其他额外能量，那么非均匀的低能量状态更具优势，而不

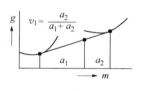

示意图 3.11

是会导致（各向异性）能量增大的均匀横向磁化状态。

要使这一简单论点成立需要满足两个条件：①样品必须足够大，以便像前面所强调的那样可忽略分界面或者畴壁能；②假定的磁畴必须是相容的，这意味着它们与长程杂散场或应力无关，因为这些会增加与畴壁表面能量不同的体积能量。如果两个相邻磁畴的磁化强度矢量对其共同畴壁法向的分量是相等的，那么它们在磁性上是相容的。这一条件对于所有包含磁畴磁化强度矢量差异的畴壁来说都是满足的（见 3.6.1.4 节）。两个磁畴的弹性相容性增加了两个额外条件：对于给定的畴壁取向，自由形变［式（3.46）］的切向分量在两个磁畴中都必须是相等的。对于磁致伸缩形变总是存在这样的磁畴边界，但弹性相容的边界并不一定属于磁性相容性所允许的畴壁多重态。

事实上，对于立方或者单轴晶体中的所有标准畴壁来说（见 3.6.2 节和 3.6.3 节），即使在施加外场的情况下磁性和弹性相容性也可以同时满足。因此，没有额外体积不相容性能量的磁畴态是可能的。对于非标准的情形，如非对称或者复合各向异性来说，可能产生不相容磁畴图形。与二级跳跃相关的磁畴（见图 3.18b 中的 $A-B$）一般是弹性不相容的，这取决于磁致伸缩常量的数值。另一个不相容畴壁的例子将在关于铁中的［111］反常情形中给出（见 3.4.3.3节）。我们在当前讨论中忽略这些复杂性，因为磁致伸缩效应经常比较弱且在最初分析中可以忽略。

这样，我们就证实了磁化强度控制的回路中磁畴存在的合理性。在刚性电压上电感性负载占主导的机器（如空载变压器）就是这种回路的例子。对于这种情况图 3.18a 所示的构造给出了能量最低的构型，包括代表切线"桥接"线上点的磁畴状态。下面将讨论更加明显的情形，即在一个给定外场中的有限样品。

3.3.1.3　退磁场效应

到此终于要考虑会产生退磁场的**开放**样品了。对于 3.3.1.1 节中所定义的例子，将无线延伸的膜换成一个垂直于外场取向的窄带。退磁能要在之前呈现的不管什么形式的自由能上增加一个二次项 $NK_d m^2$［见式（3.24）及示意图 3.12 中的曲线 <2>］。图 3.18a（见示意图 3.12 中的<1>）中的切线因而转化为凸抛物线段 <1+2>，其对每一个磁化强度值 m 都将产生一个唯一的稳定场。

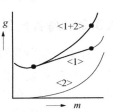

示意图 3.12

这在磁化曲线中用剪切变换来表示（见图 3.18b）：对于给定磁化强度值 m，外场 H_{ex} 必须依据退磁场 $-H_d = NJ_s m/\mu_0$ 而增强以达到同样的状态。因此一个不连续性就转变为一个有限斜率的线段，其对于每个磁场值具有唯一的磁化强度值。通过简单几步就能推导出剪切变换：令 $g(m)$ 为没有外场和退磁项的自由能，则总自由能是

$$e_{tot}(m) = g(m) - hm + NK_d m^2 \tag{3.72}$$

从 $de_{tot}/dm = 0$ 可得到以下解：

$$h^{(0)} = g'(m) \qquad （对于 N=0）$$
$$h^{(N)} = g'(m) + 2NK_d m \qquad （对于 N \neq 0） \tag{3.73}$$

当对于每个 m 磁场 $h^{(0)}$ 都被下式替代时，则 $N \neq 0$ 的解可以从 $N=0$ 的解中得出：

$$h^{(N)} = h^{(0)} + 2NK_d m \quad 或 \quad H^{(N)} = H^{(0)} + NJ_s m/\mu_0 \tag{3.74}$$

如果未切变的磁化曲线中从 m_1 到 m_2 的跳跃转换为一个具有有限斜率的直线段，则在此斜线上的状态只能代表"中间态"或者磁畴状态。这些磁畴状态由沿着边界态 m_1 和 m_2 磁化的磁畴组成，其体积比同样是由对 $g(m)$ 曲线使用杠杆定则确定的。对于宏观样品，可认为剪切变换适于描述其退磁效应，因而未切变的磁化曲线中所有的不连续性都在切变后导致热力学稳定

的磁畴。这一情形可类比封闭系统的热力学中出现不均匀态的情况。一个装有一半水的封闭容器所包含的物质在一定温度范围内分为两相,高密度的液相和低密度的气相。这种两相状态是在总水量固定的条件下,由热平衡导致的。被磁轭闭合的磁体可以比作一个开口的容器,其中平均磁化强度的每个数值都是可能的,并不具有能量惩罚。开放磁体的退磁能有利于非磁状态,或者在与外场相关的情况下有利于某一平均磁化强度。因此它与容器上的盖子具有类似效果。

未切变的磁化曲线通常依赖于外场相对于样品易轴的方向。例如,磁场沿着单轴晶体难轴的磁化曲线不存在不连续性。因此,根据本小节中阐述的一维总体论据,将不会产生磁畴结构。但如果样品在其垂直于外场的易轴方向是有限尺寸的,即使在正常的纵向磁化曲线上没有不连续性,它也将被分解为横向磁畴。原因是此时一个净横向磁化强度会带来一个能量惩罚。一维分析无法说明这样的复杂情况,3.4 节中将在相理论的框架下对此进行系统处理。

如果晶体包裹在环境中的方式与饱和状态的自由磁致伸缩应变不相容(见示意图 3.13),则其与所在环境的磁弹相互作用也可能引发磁畴。磁畴的形成可能是为了更好适应这样的弹性环境。这种效应通常在具有较大自发形变的反铁磁和铁电物质中比较重要,但更可能在多晶铁磁材料中起作用。

示意图 3.13

总体论据适用于大块样品,因为其中的畴壁能和磁化强度可能构型的细节影响很小。而对于小样品,将需要进行如下更加详细的论据。这些论据依赖于磁各向异性的相对强度,其是以材料参数 $Q = K/K_d$ 为度量的。此处 K 是占主导的各向异性参数的绝对值(见 3.2.3 节),而 $K_d = J_s^2/2\mu_0$ 是杂散场能常数〔式(3.21)〕。我们将分别处理 $Q \gg 1$、$Q \ll 1$ 和中等 Q 值的三种情况。

3.3.2　高各向异性颗粒

在本小节中我们讨论具有 $Q = K_u/K_d \gg 1$ 的单轴材料样品。由于各向异性是占主导的能量贡献,因此磁化强度自然地沿着两个相反易轴方向中的一个排列。对于大样品来说,3.3.1 节中的论据依然适用:在长度无限且截面均匀的样品中,易轴饱和态在能量上是有利的,不会出现磁畴。这对于具有圆周形易轴的环形样品或者嵌入高磁导率磁轭的物体来说也是一样成立的。但是如果样品在易轴方向是有限长的,则均匀的磁化会引起表面磁荷,从而可能出现磁畴结构。在接下来的试探性计算中,我们进一步假设畴壁非常薄并且总是与易轴平行。后一个假设通常不成立。依赖于磁畴图形的对称性,畴壁将被杂散场效应[511]弯曲而导致畴壁上产生磁荷(见示意图 3.14)。忽略这一复杂性使得计算大大简化,同时也能够达到我们的目的。

示意图 3.14

3.3.2.1　一般性关系

针对小颗粒,人们可能尝试找出一种磁畴结构相对于均匀磁化样品所带来的能量获益,以及在考虑了畴壁能量后磁畴状态在什么样的样品尺寸 L 以下变得不稳定。尽管透彻的研究需要采用微磁学方法,但通过假定一个具有依赖于尺寸的比能量 γ_w 的薄畴壁,我们至少可以得到一个定性的答案。在标准单轴材料中,只要畴壁平面包含了易轴,则比畴壁能也不依赖于畴壁取向。这样一个单轴颗粒中的每种磁畴结构都会产生一个杂散场能 E_d,其可以使用 3.2.5.3 节中的工具进行计算。它可用无量纲参数 $\varepsilon_d = E_d/(VK_d)$ 来度量,其中 V 是颗粒的体积。只要形状和磁畴图形在数学上是类似的,则参数 ε_d 就与颗粒尺寸无关。对于均匀磁化的颗粒,ε_d 简单地就是退磁因子 N,而其对于多畴颗粒则变得小很多。

一个磁畴图形也可能带有一个净磁化强度。其沿着易轴测得的平均约化数值称为 m。此外，每个磁畴构型都与一个畴壁面积 F_w 相关，它以无量纲参数 $f_w = F_w / V^{2/3}$ 来量度。以 K_d 为单位的总能量密度 ε_{tot} 可以用三个约化量 ε_d、f_w 和 m 来表示：

$$\varepsilon_{tot} = e_{tot}/K_d = \varepsilon_d + (f_w/l_p)(\gamma_w/K_d) - 2hm \tag{3.75}$$

式中，$h = \mu_0 H/J_s$ 是沿着易轴施加的约化场，而有效颗粒尺寸 l_p 则定义为 $l_p = \sqrt[3]{V}$（即具有同样体积的立方体的边长）。单位体积内的杂散场能和外场能随着尺寸的变化保持不变，而畴壁能 $\gamma_w F_w$ 与体积 V 的比值的重要性随着颗粒尺寸 l_p 的增加而减小。各向异性能及交换能只是通过比畴壁能 γ_w 间接参与。

因此，一个给定磁畴图形的能量可以扩展到在其他磁场 h 下，具有其他尺寸 l_p 的颗粒中。图 3.19a 给出了零场下磁单轴立方体中一系列不同磁畴图形的此能量。由于 N 是均匀磁化颗粒的约化能量密度，如果颗粒尺寸超过了"单畴尺寸" l_{SD}，则在零场下磁畴状态具有更低的能量，单畴尺寸可以通过在 $h = 0$ 时令 N 与式（3.75）相等来得出：

$$l_{SD} = [f_w/(N - \varepsilon_d)](\gamma_w/K_d) \tag{3.76}$$

因此，单畴尺寸由畴壁能和杂散场能之间的相互作用决定。它的尺度为 γ_w/K_d 的比值，这是材料的一个特征长度。这一特征长度的系数依赖于构型。超过阈值 l_{SD} 时，磁畴状态在热力学上就是稳定的。如果只考虑最低能量状态，首先出现的将是具有最小 l_{SD} 的磁畴构型，随后才是其他有利于更大尺寸的图形。可用同样的方式计算两个竞争图形之间的转换：

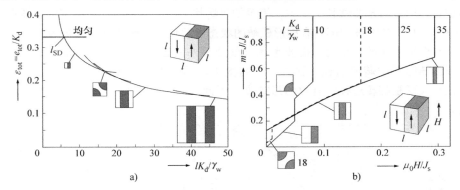

图 3.19　a）对于一系列不同磁畴图形，磁单轴立方体的能量与其尺寸的关系。在临界尺寸 l_{SD} 以下，均匀磁化是最有利的。b）四种不同尺寸立方体相应的最低能量磁化曲线。磁场沿着易轴。在此分析中比较了具有 2～5 个带、1、2 和 4 个 1/4 圆以及 1 个中心圆的构型

$$l_{1,2} = [(f_w^{(2)} - f_w^{(1)})/(\varepsilon_d^{(1)} - \varepsilon_d^{(2)})](\gamma_w/K_d) \tag{3.76a}$$

Kittel[30] 估算了一个球体的"单畴直径"为 $D_{SD} \approx 9\gamma_w/K_d$。Néel[27] 通过严格计算双畴（"分裂"）球体（$\varepsilon_d = 0.1618$）的杂散场能推导出更为精确的数值。根据式（3.76）及 $N = 1/3$ 和 $f_w = \pi(4\pi/3)^{-2/3} = 1.209$ 而得出单畴尺寸 $l_{SD} = 7.048\gamma_w/K_d$。这相当于一个单畴体积 l_{SD}^3，因而也相当于一个单畴直径 $D_{SD} = 8.745\gamma_w/K_d$。

3.3.2.2　立方颗粒

比较立方颗粒的多种可能状态，简单的双畴状态被证实具有最低的临界厚度。我们由式（3.76）及 $\varepsilon_d = 0.1707$ 和 $f_w = 1$ 得出 $l_{SD} = 6.15\gamma_w/K_d$。由于表面磁荷图形由简单矩形组成，因此可以直接使用 3.2.5.3 节中的工具。通过式（3.31）可以将 $\varepsilon_d = 0.1707$ 表示为 $\varepsilon_d = \frac{1}{\pi}[4F$

$(1/2) - 3F(0) - F(1)]$，其中 $F(x) := F_{RR}(x,0) - F_{RR}(x,1)$。

对于超出单畴极限的较大立方体，我们发现在 $19\gamma_w/K_d$ 尺寸以上会发生三明治型的三畴状态。但是在一个很窄的区间 $l_p = (15.2 \sim 19)\gamma_w/K_d$ 内，能量更利于另一种具有 1/4 圆的三畴状态（见图 3.19a）。有趣的是，后一种构型在热力学平衡态下具有非零的剩余磁化强度。对于三个平板状磁畴状态，其 $m = 0.124$，与中心磁畴方向相反。该状态的杂散场能因子 $\varepsilon_d = 0.10826$。接着出现的四畴状态在零场下再次不具有净磁化强度。

研究一系列构型的理想磁化曲线非常有趣。图 3.19b 给出对包含磁场项的能量求极小值得出的四个选定尺寸立方体的曲线。我们观察到各种各样的不连续性，在这些地方一种图形被另一种图形所替代。甚至具有 1/4 圆的磁畴状态也在 $l_p = 10\gamma_w/K_d$ 和 $h = 0.07$ 附近存在一个稳定区间。

我们仍然需要证明，与颗粒尺寸相比，这些考虑的结果与**薄的**畴壁的假设是一致的。为此我们使用单轴晶体中 180° 畴壁的两个熟知特性（在 3.6 节中将对其进行推导），即它们的能量 $\gamma_w = 4\sqrt{AK_u}$，宽度 $W_L = \pi\sqrt{A/K_u}$。在立方颗粒中磁畴稳定的第一个临界厚度可以写作以下形式：

$$l_{SD} = 6.15\gamma_w/K_d = 7.83QW_L \tag{3.77}$$

事实上对于高各向异性材料，它要比 W_L 大得多，因为 $Q \gg 1$！

3.3.2.3 细长和扁平的颗粒

计算出的临界尺寸强烈依赖于颗粒的形状。图 3.20a 中给出了块状颗粒长度与其长宽比的关系，对它们来说均一状态和双畴状态在能量上是相等的。当颗粒被拉长时，其热力学稳定的单畴态尺寸会变大。但是对于非常长的颗粒，简单的双畴状态将不再是第一个稳定的多畴态。当长宽比超过 14.65:1 时，其将被端部具有楔形磁畴的状态所替代，导致单畴尺寸极限的斜率改变。在计算这些具有楔形磁畴的构型时，需要考虑畴壁处额外的磁荷。它们对于拉长的形状有利是由于简单平板磁畴图形中畴壁面积相比之下变得太大。尽管楔形状态的平均磁化强度接近饱和，但是因为这些楔形是翻转过程的有效的形核点，因此其稳定性即矫顽力与真实的饱和状态还是大为不同。

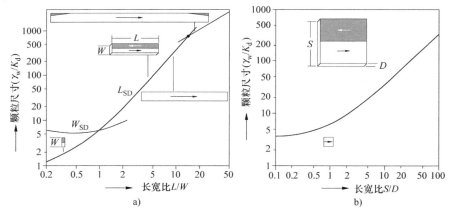

图 3.20 a）不同形状的单畴高各向异性细长颗粒的长度（L_{SD}）和宽度（W_{SD}）的热力学稳定性极限。对于尺寸大于这一极限的颗粒，多畴态在能量上更有利。颗粒的尺寸为（W, W, L），其易轴沿着第三个维度。超过了 $L/W = 14.65$，双畴态被颗粒两端具有楔形磁畴的状态替代，见详细分析。

b）各向异性轴平行于表面的扁平颗粒的单畴极限

对于扁平形状（$L/W < 1$）而言，更有意义的量是平板的宽度 W_{SD}，因而将其添加在图 3.20a 中（对于给定的长宽比，单畴尺寸既可能由长度 L_{SD} 决定，也可能由宽度 W_{SD} 决定）。W_{SD} 约在 $L/W = 0.46$ 处具有最小值，对于更短的样品单畴宽度极限大约按 $1/L$ 偏离。非常薄的垂直各向异性

平板只有在充分延展的时候才可以形成能量上稳定的磁畴。我们还在扁平形颗粒的范围内发现，对于所考虑的类型，当 L/W 约为 0.2 时，颗粒在其单畴极限处具有最小的体积。

为了完备性，我们还给出形状相同但是各向异性轴与颗粒对称轴垂直取向的高各向异性颗粒的情况（见图 3.20b）。这种情况包含具有大面内各向异性的薄膜和具有强横向各向异性的针状样品。单畴和双畴的相对能量决定了相界。具有楔形或者匕首形磁畴的高剩磁态是亚稳的（见示意图 3.15），但是零场下它们无法在能量上与简单的双畴态竞争。

示意图 3.15

3.3.2.4　计算单畴极限的重要性

本节中的计算没有给出从一个饱和态到磁畴态的转变是如何发生的信息（或者不同磁畴图形之间的转换）。3.5 节中分析了在饱和态和其他低剩磁状态之间自发转换的问题。如果将样品在零场下从其居里点以上冷却下来（"热退磁"），则最有可能实现热力学稳定的磁畴状态。因此，本节中简单的能量考虑，至少对于这样一个实验过程，就可以证实磁畴的存在。

3.3.3　理想软磁材料

3.3.3.1　小颗粒

此处我们讨论磁各向异性小到可忽略的材料（即 $Q \ll 1$）。此时唯一需要考虑的能量贡献是磁场能量、交换能和可能的磁致伸缩自作用能。首先，如果颗粒太小则不会形成磁畴结构。其论据与高各向异性材料一样，区别是相比于临界厚度处的样品尺寸，不能再认为畴壁宽度是小的了。因此在计算软磁中的临界单畴颗粒尺寸时就需要进行三维微磁学分析。参考文献［580 - 582，60，583］中开展了这样的计算，我们在此给出一些结果。

多数微磁学计算是基于一个具体的各向异性，但对于具有小各向异性材料的不同计算的基本结果是一致的：在某个尺寸之上，将出现一个具有低平均磁化强度的非均匀磁化状态。这一状态与均匀磁化状态不再连续相关。最初的高剩磁或单畴构型被称为"花朵"状态[581]，因为角落里的磁化强度如同花瓣一样向外展开（见图 3.21a）。超过单畴极限且具有较低能量的低剩磁态称为卷曲或者涡旋态（见图 3.21b）。单畴尺寸取决于颗粒形状并且以 $\Delta_d = \sqrt{A/K_d}$ 为量度。对于立方体，已发现其数值处于对应较弱单轴各向异性（$Q = 0.02$）[581,582] 的 $l_{SD} = 6.8\Delta_d$ 和对应较强负立方各向异性的 $l_{SD} = 7\Delta_d$ 之间[60]。其他作者[583]发现对应于 $Q = 0.0053$ 的 $l_{SD} = 7.27\Delta_d$。具有不同各向异性的低各向异性球体的数值在 $l_{SD} = 4\Delta_d$ 左右[584]。数值微磁学计算得到的单轴钴的（$Q \approx 0.4$）$l_{SD} = 10.8\Delta_d$[585]。

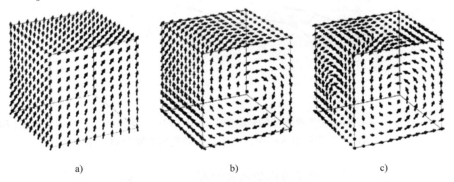

a)　　　　　　　　　　b)　　　　　　　　　　c)

图 3.21　小立方颗粒的微磁学状态。a）由均匀磁化状态连续发展出的高剩磁花朵状态。b）由试图与立方体边缘平行而变成的涡旋或者卷曲状态。c）在大一点颗粒中存在的复杂状态，它与三畴态相关。该计算是针对磁铁矿的材料参数和各向异性进行的[60]，但各向异性对于这些图形的影响很弱

与高各向异性颗粒相同（见图3.20），单畴极限随着颗粒拉长而变大。例如对于磁铁矿，其从立方体的$7\Delta_d$增大到长为宽两倍颗粒的$19\Delta_d$。对于立方体和块状颗粒，不仅研究了热力学的"相界"还研究了高剩磁花朵状态的稳定极限[60]。花朵状态在超过热力学转变l_{SD}时依然（亚）稳定，但是长宽比固定而长度达到l_{SD}两倍时就不再稳定了（模拟中其在该点处转化为另一种具有中等剩磁的状态，如图3.21c所示）。更多关于这一转变的过程将在3.5节中讨论。

总结一下，低各向异性颗粒在约$7\Delta_d$的尺寸范围时出现一个热力学转变，即从一个高剩磁、近饱和态变为一个低剩磁涡旋态。下面我们将探索尺寸远大于这一交换长度的样品中磁畴的形成。

3.3.3.2 二维薄膜单元

如果样品的尺寸远大于单畴极限，且同时没有各向异性或者小到可以忽略，则在可能的情况下倾向于形成没有杂散场的磁通闭合的磁化强度构型。问题是，我们所期待的是，在没有各向异性时，具有可辨认磁畴的真实磁畴结构，还是一个像流体力学中的流速场那样连续流动无发散的磁化强度构型？传统答案是真实的磁畴必须与各向异性相联系。出人意料的是，显然在完全没有各向异性的薄膜单元中也可能产生普通的磁畴。

考虑一个尺寸较大（$\gg\sqrt{A/K_d}$）的矩形薄膜单元，没有各向异性且没有外场，如果可能的话可以假设一个完全没有杂散场的磁化强度构型。在这样的构型下，磁化强度矢量场$\boldsymbol{m}(x, y)$必须①与薄膜表面平行（$m_z = 0$），②在内部（$\text{div}\boldsymbol{m} = \partial m_x/\partial x + \partial m_y/\partial y = 0$）和边缘（$\boldsymbol{m} \cdot \boldsymbol{n} = 0$，$\boldsymbol{n}$为边缘法向矢量）必须是无发散的，以及③必须具有恒定的长度$|\boldsymbol{m}| = 1$。

直觉上可以期待出现一些如示意图3.16a中那样平滑变化的矢量场。但结果是，连续的平面图形无法同时满足上述三个条件。对于三个中的任意两个条件是没有任何问题的，但对于所有三个条件来说，只有如示意图3.16b中那样包含不连续性（"畴壁"）的图形才是可能的。

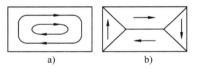

示意图3.16

Van den Berg[586-588]对任意形状的这种薄膜单元进行了全面分析（见图3.22）。他证明了在没有其他边缘的干扰时，只有当沿着边缘法线上每一点的磁化强度与边缘保持平行的情况下，才能满足上述条件。如果一个边缘是直的，则一个具有均匀磁化强度的磁畴将在此边缘的某一近邻区域产生。

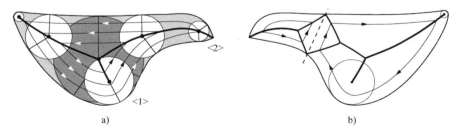

图3.22　a）Van den Berg在简单连接的软磁膜单元中构建的无杂散场的平面磁化强度构型。
b）沿着虚线引入一个虚拟切口而得到的更复杂的变体

巧妙地对这一结果进行推广甚至可以预测这些磁畴可能的范围，还可确定分隔边缘诱发磁畴的畴壁的自然位置。它还对弯曲的边缘形状引入了磁畴概念的一个自然延伸。其几何内涵如下（见参考文献［586］和图3.22）：

- 做与边缘有两个（或者更多）接触点的圆，其他部分完全位于图形内部。所有这些圆的中心构成了该构型中的畴壁。

- 在每个圆中,磁化强度的方向必须与每个接触点半径相垂直。这样一来畴壁就是没有杂散场的。

- 如果一个圆与边缘的接触点多于两个,其中心就形成一个结点(见图 3.22a 中的深色圆)。

- 如果接触点连接在一起(密切接触,见图 3.22a 中的 < 1 >),畴壁就结束于该圆的中心,而且此点就是一个磁化强度同心旋转区域的中心。

- 如果此形状含有锐角 < 2 >,则会有一条边界线进入此角。

据此得到的磁畴结构是不唯一的。所有的磁化强度方向可以反转 180°。通过将图形进行虚拟切割,并对每一部分使用上述算法就可以得到更复杂的结构(见图 3.22b)。这样可以在边缘产生多个畴壁结点,被 Van den Berg 称为"边缘团簇"。对于简单紧凑的形状,基本结构可能具有最小的能量。对于很长的薄膜单元或者由于各向异性或磁致伸缩的结果,所述类别中的其他图形可能更有优势。特别是当边缘团簇被钉扎在样品边缘时,它们中的很多图形可作为一种依赖于磁化历史的亚稳态解而出现。

薄膜中畴壁边缘团簇的几何形状不是任意的。由避免杂散场所需的条件引入了一些限制,规定了参与的畴壁个数和角度。Van den Berg[589] 探索了这些几何规则。图 3.23 中展示了两个和三个畴壁的团簇的情况。高阶团簇的行为类似但实际上不相关。注意,对于平滑边缘上的三畴壁团簇,团簇两边的磁化强度是平行的。对于反平行磁化强度则需要偶数个磁畴边界。

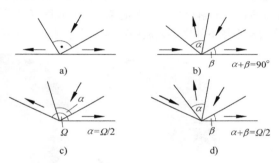

图 3.23 直线边缘(图 a、b)和转角(图 c、d)中可能的边缘团簇。所显示的畴壁角度规则是根据平面磁化强度和规避杂散场的假设得出的

在此处磁畴边界是被当作二维磁化强度构型中的线性不连续性处理的。这一方法中 Van den Berg 的模型不包含内禀尺度,因为其构造是以样品尺寸为尺度的。在实际中,需要插入真正的薄膜畴壁(见 3.6.4 节)。畴壁能及其对取向和畴壁角的依赖,以及这些畴壁之间的相互作用等将会对理想的 Van den Berg 图形进行修正,这将在实验部分讨论(见 5.5.4 节)。

此讨论的重点在于,即使没有各向异性也能产生磁畴和畴壁。它们可以仅由边界条件及回避磁极原理而感生。由弯曲边界感生的具有非恒定磁化强度的区域是对于磁畴概念的自然延伸。

尽管上述算法可以应用于任何膜形状,但它是为"简单连通"膜而定制的。多重连通的膜(即有空洞的膜)可以在没有畴壁的情况下通过无杂散场的方式磁化,例如对于简单圆环的显而易见的情况。在圆环中圆形的磁化构型比用 Van den Berg 算法得到的结构能量更低,后者具有如示意图 3.17 所示的一个圆形畴壁。在广义圆环或者无限扩展的形状中,会形成环绕或者沿着其分布的磁通带[587],伴随着在剩余区域的闭合磁通涡旋。图 3.24 中的两个例子展示了这些可能性。

示意图 3.17

这些磁畴结构在外场下的行为是另一个有趣的问题。这一问题由 Bryant 和 Suhl[590] 提出,其出发点是外场下理想软磁材料中产生的**磁荷**分布应该与类似的静电问题相同。已知导体中的电荷只存在于表面。因而对于外场中的磁性薄膜单元,磁荷可认为处于单元的边缘,同时也处于薄膜的上下

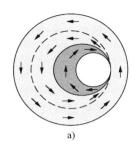 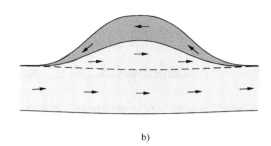

a)   b)

图 3.24　在环形（图 a）或者无限条带（图 b）中较有利的一般性无杂散场构型。图 a 的构建使得首先
形成了最大的可能圆环，然后在剩余（内部）区域构成了 Van den Berg 的基本图形。类似地，
Van den Berg 的涡旋在图 b 中只占据了主干外的湾区部分。磁化强度连续带的边界（**虚线**）
只是为了解释而引入的，在实际中并不存在

表面。一旦磁荷已知，则可以对单位磁化强度矢量场进行数学积分。对于任何磁场，都可使用这种
方法进行数值计算得出来自零磁场 Van den Berg 解的一般性磁畴图形。有趣的是，对于圆形单元，
Van den Berg 解简化为一个简单的同心圆图形（见图 3.25a）。当施加一个磁场时，Bryant 和 Suhl 预
测会从零场下的中心涡旋中产生出一个畴壁。这一预测已经在实验上得到确认（见图 3.25b、c）。

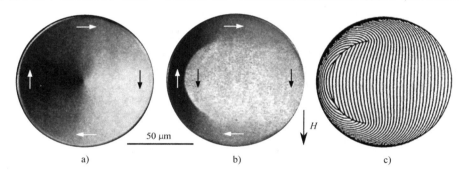

a)   b)   c)

图 3.25　克尔图像[591]显示了在一个圆形低各向异性薄膜单元中的完全无杂散场图形（图 a）被一个外加
磁场所修饰，感生了一个畴壁（图 b）。这一观察到的行为与 Bryant 和 Suhl[590] 的预测是一致的
（图 c）。样品：见图 3.29

3.3.3.3　密实三维体

　　将 Van den Berg 的构建方法直接扩展到真实的三维体中可能看似简单直接，但有一些充分的
证据说明在这种情况下其重要性有所不同。对于二维体，Van den Berg 证明了一般只有在容许一
维数学不连续性即**畴壁**的情况下才可能得到一个无杂散场的解。尽管并不是他的所有图形都符
合磁化强度方向恒定区域的经典磁畴图像，但他通过假定畴壁证实了磁畴的存在（回顾图 3.22
中的"旋转区域"）。

　　通过将接触圆替换为接触球就可能把 Van den Berg 结构推广到三维。这一过程形成了二维的
不连续性（畴壁）。下面的论据说明这样的不连续畴壁对于三维无杂散场构型并不是必需的：从
已经建立了基本二维 Van den Berg 图形的一个不太薄的平板入手。现在将这个物体考虑成一个三
维体。已知厚膜中的布洛赫壁具有涡旋状二维结构，其可以完全避免杂散场（见 3.6.4.4 节）。
将 Van den Berg 的线性不连续性替换为这些无杂散场畴壁，我们将在不需要对初始假设做任何让
步的情况下就能得到一个连续的无杂散场磁化构型。这在二维情况下是不可能的，因为连续的

平面畴壁（所谓的奈尔壁；见3.6.4.3节）总是与杂散场联系在一起，因此只能通过从一个磁畴到另一个磁畴的不连续突变来避免产生磁极。

如果因此使得非常薄的和厚的膜单元之间在数学上产生差异，但这在物理上并没有什么意义。毕竟，Van den Berg构型方法的原意只是作为构建可能图形的一个指导原则；他的畴壁不连续总是要被真实的连续畴壁所替代。在所有膜单元中，薄膜中交换能与杂散场能之间的平衡（见3.6.4.3节）以及厚膜中的膜厚（见3.6.4.4节）使得这些畴壁仍然是局域化的。如果单元与这些长度尺度相比是较宽的，则在两种情况下磁畴图形的一般特征都将遵循Van den Berg的原则。数学上的差异在向真实块状样品转换时变得重要了，因为此时厚度与横向尺寸可以相比较。在零各向异性的理想情况下，这种样品中的畴壁界限将不再清晰。如果它们的宽度尺度——如在厚膜中——与样品厚度相近，区分磁畴和畴壁就没了意义。

Arrott等人[592]给出的一个关于理想软磁有限圆柱的例子非常具有启发性，可以很好地证明这一点。Arrott的模型是无杂散场且磁化强度处处连续的，除了在圆柱顶面和底面上的两个表面奇点。它采用了一个最初用来构建无杂散场布洛赫壁的方法[579]。在柱面坐标系（见图3.26b）中，磁化强度场 $\boldsymbol{m}$ 是从矢量势 A_φ 的 φ 分量推导出来的：

$$m_\rho = -\partial A_\varphi / \partial z, \quad m_z = (1/\rho)\partial(\rho A_\varphi)/\partial \rho, \quad m_\varphi = \sqrt{1 - m_\rho^2 - m_z^2} \tag{3.78}$$

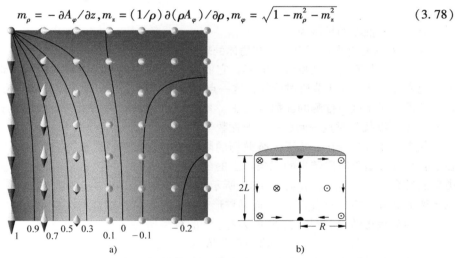

图 3.26　Arrott 的无杂散场圆柱。a）由灰度图表示的一个等直径和长度情况的矢量势，上面叠加由箭头表示的磁化强度方向，以及等高线表示的等值垂直磁化强度分量。b）只显示了截面的1/4。图 a 中左上角的奇点在实际中将被一个**漩涡**替代（见图3.27）

这一矢量场遵循两个条件 $\mathrm{div}\boldsymbol{m} = 0$ 及 $|\boldsymbol{m}|^2 = 1$。如果我们选择函数 A_φ 使得其在圆柱表面为零，则一个无杂散场微磁学构型的第三个条件 $\boldsymbol{m} \cdot \boldsymbol{n} = 0$ 也得以满足。下面比较简单的函数（主要来自参考文献［592］）可以产生一个低能量构型：

$$A_\varphi = \frac{1}{2}\rho u(z)f(\rho) / \sqrt{g(\rho,z)\rho^2 + u(z)^2} \tag{3.78a}$$

式中，$f(0) = 1$，$f(R) = 0$，$u(\pm L) = 0$。

函数 $f(\rho)$、$u(z)$ 和 $g(\rho,z)$ 表示为幂级数，其系数可以通过求仅剩的能量项[522]，即交换劲度能量的极小值来确定。对于 $L = R$，该模型的总交换能为 $E_x = 39.7AR$，R 为圆柱半径。这一构型很可能非常接近任意尺寸理想软磁圆柱体的最低能量态。虽然它是完善退磁的，但它与磁畴结构的传统图像有着显著不同。

Arrott 模型中交换能量密度在除了两个奇点外的地方处处都是有限值——这与薄膜单元的

Van den Berg 模型中甚至存在奇点畴壁的情况不同。由于一个俗称为"刺猬梳理"的数学（拓扑学）定理使得无法避免这些奇点：你无法将一个蜷缩的刺猬梳理到使它所有的刺都平躺下且与表面平行。基于同样的定理，一个球体或等效体的所有奇点的加权累加必须为 2（拓扑学权重取决于相对于围绕奇点的路径环绕指向而言磁化强度的转动指向。对于如图 3.21b、c 中前表面那样的圆形涡旋，其值为 +1，对于图 3.21c 中上表面那样的交叉涡旋，其值为 −1）。Arrott 模型证明即使对具有边缘的物体（尽管没有角），如有限圆柱，在微磁学构型中也可实现最小数目的奇点。对于奇点自身无法给出明确的磁化强度方向。在奇点附近交换能量密度接近无穷大，但是包含这一无穷大的积分仍然是有限的。在 3.6.5.4 节中，我们将进一步讨论可能在铁磁体内部发生的微磁学奇点。

基于这些考量和类似的论据[593]，我们认为即使在严格无杂散场的三维物体中，通常可以避免磁性微结构中的奇异表面（畴壁）和奇异线，只剩下少数无法消除的奇点。这一观点表述为下列数学推测：

- 对于我们所定义的只存在有限个角的所有非变态（non - pathological）物体，存在磁化强度分布 $\boldsymbol{m}(\boldsymbol{r})$ 且 $|\boldsymbol{m}| = 1$，$\text{div}\,\boldsymbol{m} = 0$ 及 $\boldsymbol{m} \cdot \boldsymbol{n} = 0$（$\boldsymbol{n}$ 为表面法向），其在除了有限奇点处以外处处连续且可导。

对于这一推测的扩展为

- 所有这些奇点都可以放置在物体的表面。

如果存在具有有限数目奇点的解，它们可能比具有奇异线或者无限数目奇异点的假设解在能量上占优。如 3.3.4 节所讨论的，这一点对于各向异性主导的常规磁畴图形也可能是正确的。目前还没有对于这一推测的证据或反证。参考文献［593］中有关于此猜想的论证。在参考文献［594］中可以找到对这一问题的一般性数学讨论。

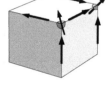

如果物体具有转角，基于无杂散场的限制，所有微磁学奇点都必须存在于转角处。基于通向转角的三条边上的磁化强度方向，可以区分出两种类型的转角奇点[593]：如示意图 3.18 所示的"马鞍形"和"三脚架形"。三脚架形具有的拓扑权重为 +1，而马鞍形奇点不算是拓扑学奇点（权重为 0），因为如果将转角磨圆，它就可以被连续的构型所替代。转角处只有一个奇点的无杂散场构型是否能够满足目前依然不清楚。

示意图 3.18

此部分最后要强调的一点是，当在样品表面考虑奇点时，这些奇点就是完全无杂散场图形的假设中的一个数学概念，而不是一个实际结构。由于铁磁体中交换作用力在局部比偶极作用力强，其表面奇点将会被一个小的磁化强度涡旋所替代。涡旋中的磁化强度转而垂直于表面以避免奇点（见图 3.27）。3.6.5.3 节中讨论了涡旋的宽度（约为 $\sqrt{A/K_{\mathrm{d}}}$ 量级）和最佳结构。同样，转角奇点在实际中将被连续图形所替代。

3.3.3.4 无限扩展的或者环形三维体

在非密实体中可能出现完全不包含任何奇异点的无杂散场磁化强度构型，例如无限延展的平板或者具有恒定截面的环形物体。参考文献［579］首先在厚膜畴壁中证实了这一点，而我们将在 3.6.4.4 节中更详细地讨论这些解。如果磁结构像所提到的畴壁那样仅依赖于两个空间变量，则其构建就比较简单。上面讨论过的旋转对称圆柱体

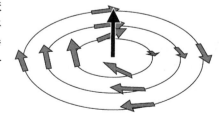

图 3.27　一个放大的替代图 3.26 中表面奇点的涡旋型微磁结构。在接近中心过程中，磁化强度从平面持续升起，使得其构型产生了一个强的局域杂散场。此结构是连续且无奇点的。其在表面被强烈压缩，在样品内部则展开，如图 3.29 中的更详细显示

也属于这一类。如果这一圆柱是中空的，一个在圆柱的内径处也为零的略微修正的矢量势［式（3.78a）］，将会产生一个完全没有杂散场和奇点的矢量场。

参考文献［595］中解析地研究了具有任意形状恒定截面的无限延展棱柱体。下列有趣方案提供了关于零场情况的解：准备一个具有（棱柱体）横截面形状的平板。在上面覆盖尽可能多的干沙子。根据土壤力学的定律，沙堆 $S(x, y)$ 将理想地形成一个具有恒定坡度的屋顶形体，即其梯度为一个恒定绝对值。将梯度矢量（$\partial S/\partial x, \partial S/\partial y$）在平面（$x, y$）中旋转 90°，并将此旋转梯度看作一个平面磁化强度场（$m_x = -\partial S/\partial y$, $m_y = \partial S/\partial x$）。可立即确定这个二维矢量场是无杂散场的，且遵循 $\mathrm{div}\boldsymbol{m} = (\partial m_x/\partial x + \partial m_y/\partial y) = 0$。这重现了 van den Berg 对薄平板的解，包括了他的不连续畴壁，其与沙堆锐利的脊线相对应。稍微搅动一下沙堆就将产生一个无奇点的解，也就是使脊线圆滑一些。这一改动过的沙堆的斜率既可能是该材料的标准值，也可能是小一点的数值（在圆滑脊线上）。对于磁化强度场来说，这就意味着 $m_x^2 + m_y^2 \leqslant 1$。我们只需要使 $m_z = \sqrt{1 - m_x^2 - m_y^2}$ 就可以得到一个满足所有条件的解。圆滑的脊线产生了平滑的畴壁，而非不连续的边界。圆滑的程度决定了畴壁的宽度。图 3.28 表示了针对一些截面形状进行构建的例子。

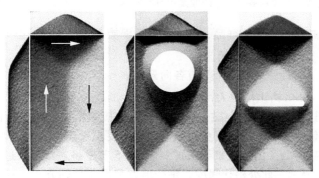

图 3.28 基于光滑沙堆的坡度，对有恒定截面的棱柱体构建无杂散场矢量场。
俯视图模拟了克尔图像，而侧面轮廓显示了连续的"畴壁"变换

对于不规则扩展体或者环形体，比如截面变化的棒，还不清楚是否也存在类似的具有恒定模量的无杂散场且无奇点的矢量场。这一情况可能与相应的薄膜情况类似，如图 3.24 中显示的二维情况，其中涡流和扩展的磁通体系结合在一起。如果必须存在闭合磁通涡旋，则可能无法避免表面奇点。对于无限扩展薄膜中的三维图形见参考文献［596］。

3.3.4 各向异性在软磁材料中的影响

仅由少数奇点（或涡旋）构成且缺少传统畴壁的磁化强度构型很难被归类为磁畴图形。图 3.21b、c 中显示的计算得到的结构及 Arrott 的模型（见图 3.26）是在三维体中这种自由流动的磁性微结构的例子。问题是在磁性微结构被各向异性所主导的较大样品中，这种的"异常"的磁化构型可能扮演什么样的角色。

我们考虑具有明确各向异性的材料，但这些各向异性应当比杂散场能量常数 K_d 小得多（即 $Q \ll 1$）。为了从实验中获得引导，我们先看如果给之前的自由流动磁化强度构型叠加上各异性时会发生什么。这样的实验可以在低各向异性薄膜单元上进行。如果材料是磁致伸缩的，则叠加一个应变（通过弯曲或者压缩基体产生）可以引起一个可调节的各向异性，如图 3.29 所示。增加有效各向异性，那些各向异性不利于磁化强度的区域的体积将收缩，而在样品的其余部分将形成传统磁畴。从自由流动到传统规则磁畴的转变将依赖于单元的尺寸。单元越大，产生规则图

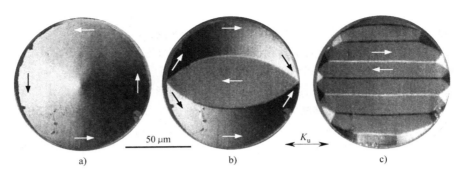

a)　　　　　　　　　　b)　　　　　　　　　　c)

图3.29　一个碟形薄膜单元表现出一个遵循 Van den Berg 原理的各向同性磁化强度构型（图a）。由一个压应力引入了各向异性（图b、c）[591]。磁畴图形通过在平行（图b）和垂直（图c）于应力感生易轴的交变场中进行退磁而达到了平衡态。与图a相对照，尽管最终的磁畴图形依赖于退磁历史，但图b和图c都可以被归类为经典意义上的磁畴图形。样品是一个纳米晶铁－坡莫合金多层系统，总厚度为300nm，其行为类似一个单层膜[597]。图像是由具有竖直敏感方向的磁光克尔效应获取的

形所需要的各向异性越小。对于小样品，存在从简单涡旋态向清晰磁畴态的转变，其依赖于样品尺寸和布洛赫壁宽度参数 $\sqrt{A/K}$ 之间的比值。

相反的过程颇具启发性：考虑一个具有各向异性 $K \ll K_d$ 的磁性晶体，其尺寸在所有维度上与布洛赫壁宽度参数 $\sqrt{A/K}$ 相比都很大，则在其内部会形成一个磁畴结构，其只占据易轴方向，且这些磁畴相互连接以使得不会产生磁性杂散场。但在接近错取向的表面区域时，如果表面不包含易轴方向，则只使用易轴方向和避免杂散场这两个要求可能无法相互兼容。在这种情况下，样品将试图通过一种磁畴分叉的方式来寻求折中，3.7.5 节中将对此现象进行更详细的讨论。在图 3.30 中可以看到其原理。此处磁化强度在每个地方都沿着易轴方向，且除了畴壁中以及非常薄的表面区域，外部不会产生杂散场或者严重偏离易轴。

因为 $Q \ll 1$，磁化强度必须基本平行于表面（但其并不需要是均匀的）。而在表面以下一定深度，其必须连接到分叉图形的最高代次。尽管还没有关于这种表面区域的严格计算，我们可以通过将其与具有垂直弱各向异性的薄膜相类比，从而可能获取关于这一假定的"不规则"表面区域结构的概念。关于这种膜中形核模式的严格微扰理论（见 3.7.2.1 节）将在超过临界厚度 $D_{cr} = 2\pi \sqrt{A/K_u}$ 以上产生图 3.31 中的图形，其是经典畴壁宽度的两倍。由于这样的薄膜可以看作是两个表面区域连接在一起，因此看起来似乎可以假定在一个

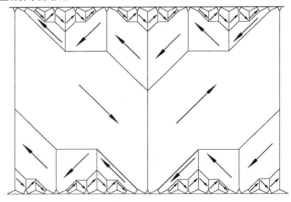

图3.30　以立方晶体平板中的阶梯形图形为例说明，靠近一个不利表面时磁畴精细化的原理。
详见 3.7.5.3 节

错取向表面以下还有一个连续变化的表面区域，其厚度与畴壁宽度参数 $\sqrt{A/K_u}$ 同一量级。

实验观察显示有利于形成连续表面区域的论据对于**略微**错取向的表面并不适用。在此处精细化的规则磁畴，即所谓的补充磁畴，一直扩展到了表面。只有当补充磁畴的表面磁畴宽度接近畴壁宽度尺寸时，我们才需要一个关于表面的连续微磁学模型。3.7.1 节（理论分析）和 5.3.4

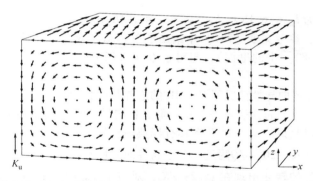

图 3.31　具有弱垂直各向异性的单轴膜中临界厚度以上发生的正弦形图形（见 3.7.2 节）。可认为
此膜沿着 x 和 y 方向是无限延伸的。显示出了磁化强度矢量在这一片段的三个表面上的投影

节（实验观察）中对略微错取向表面的复杂性进行了探讨。除了这一特殊情况外，但在错取向表面以下存在一层非常规磁畴的概念似乎是有道理的，尽管还不算真正得到证实。在 3.7.4 节的"闭合磁畴"中将对这一问题进行更详细的讨论。

3.3.5　小结：磁畴的不存在与存在

上面几小节的讨论可以总结为以下图像：只有在依赖于材料参数的一定尺寸范围内，连续、"流动"的磁化强度构型才能充满软磁性物体。单元的尺寸必须与畴壁宽度参数 $\Delta = \sqrt{A/K}$ 可比或者更小（其中 K 是永远不会恰好为零的剩余各向异性），同时它与杂散场的特征长度 $\Delta_d = \sqrt{A/K_d}$ 相比应该更大。如果后一个条件无法满足，就会强制形成一致的磁化强度方向。如果样品远大于 Δ，其大部分体积中将包含经典的磁畴图形。在非择优取向的表面附近，可能看到尺度介于两个交换长度 Δ_d 和 Δ 之间的连续流动、反常的磁化强度结构。

让我们试着获得至少一个特殊例子中磁性微结构的行为的概貌，即具有平行于立方体一条边的单轴各向异性的立方颗粒。如图 3.32 所示，两个参数描述了这一问题：约化的磁各向异性 $Q = K_u/K_d$ 及约化的颗粒尺寸 $\delta = D/\Delta_d$。我们可以定性地预期有三种微磁学状态：对于小尺寸颗粒的单畴态（SD），对于大颗粒的常规多畴态（MD）以及对于低各向异性颗粒的中间连续流动态，我们可称之为涡旋态（V）。为了寻找 V-MD 的边界，我们定义一个至少包含三个（有一定的任意性）磁畴的多畴态。涡旋态和多畴态对于小 Q 值具有明显不同的特征：涡旋态中避免杂散场主要是以交换劲度能为代价，而各向异性不起作

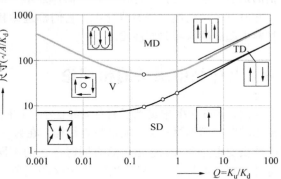

图 3.32　存在或不存在磁畴的简化相图，适用于具有单轴各向异性的立方颗粒：SD 表示单轴态、V 表示涡旋态、TD 表示双畴态、MD 表示多畴态。基于 IFW Dresden 的 W. Rave 和 Bremen 大学的 K. Fabian 的微磁学模拟。详见参考文献 [598]

用。在多畴态中，弱得多的各向异性能开始变得重要，因此使得这些状态类似于正常的磁畴态。这种特征的不同在 Q 值较大时消失了，但随着 Q 的增长可以对所有状态进行连续跟踪。

图 3.32 给出的相图是基于有限元微磁学计算[598]。对于大的 Q 值，我们早先在 3.3.2.2 节中

发现了 SD – MD 界线为 $l_{SD} = 6.15\gamma_w/K_d$，将 $\gamma_w = 4\sqrt{AK_u}$ 代入其后在 $\delta_{SD} = 24.6\sqrt{Q}$ 处产生了一个相界。对于小的 Q 值，参考文献 ［581］ 中给出了单畴态（或者"花朵"态）与涡旋态之间的相界 （见参考文献 ［582］ 中的勘误），与对于 $Q = 0.02$ 的最新结果 $l_{SD} = 6.8\Delta_d$ 或者 $\delta_{SD} = 6.8$ 一致。

正如所指出的，低各向异性情况下 V – MD 的边界是由各向异性驱动的。涡旋态的退磁能很小而且很难再通过磁畴图形的分裂来进一步降低。各向异性能的获益必须通过额外的畴壁或者交换能来偿付。我们因此猜测这个边界将具有经典畴壁宽度的尺度，并且应该会出现在 $l_{MD} = (10 – 20)\Delta$ 或 $\delta_{MD} = (10 – 20)/\sqrt{Q}$ 附近。对于高各向异性颗粒 （$Q \gg 1$），3.3.2.2 节中发现从双畴态到第一个三畴态的转变出现在 $15.2\gamma_w/K_d$，对应于 $\delta_{MD} = 60.4/\sqrt{Q}$。数值计算得到的关于 $Q \approx 1$ 的数据点结果与磁畴理论对于小的和大的 Q 值的预期是一致的。这种类型的相图最终需要扩展到其他颗粒形状和各向异性函数、外场和应力及不同的磁性环境中。重要的一点是对于低各向异性（小 Q）材料，在尺度为 Δ_d 的单畴极限和边界尺度为 Δ 的常规磁畴图形区域之间存在一个较宽的间隙。在此间隙之中，预期常规的经典磁畴将会被连续流动的磁性微结构所替代。还有像之前所讨论的论据表明，这不仅对于图 3.32 所分析的小颗粒适用，对于块体材料中的表面区域或其他部分也适用，由于各向异性与磁极规避原则的相互冲突的影响使这些区域中无法形成常规的磁畴图形。

总之，磁畴是铁磁体中普遍存在的现象，但是它们似乎没有共同的起源。它们的存在可能是为了降低杂散场能，或是为了适应局域各向异性或样品形状——取决于材料常数及样品尺寸。磁畴不是铁磁材料的普适特征。虽然通常被称为"单畴颗粒"，但小颗粒并不包含磁畴图形。在低各向异性材料中存在一个中间范围，其中的连续微磁学涡旋态比经典磁畴更占优势。

即使反常的连续磁性微结构看起来不像磁畴，也并不意味着用磁畴和畴壁来替代连续过渡的磁畴模型没有用。这种模型提供了对于一个复杂情形的初步理解，并且如果进行适当选择与评估的话会非常有用，这将在 3.7.4 节中说明。

在所有呈现经典磁畴的情况中，它们都遵循相同的基本规律。本书的目的之一就是阐明不同材料中磁畴的这些共同性质。

3.4 大样品中磁畴的相理论

我们在图 3.19b 中提到了高各向异性小颗粒磁体的平衡磁化曲线。在这些曲线的计算中只要用到比畴壁能而不要知道磁畴的特定结构。在另一种极端情况，即大的软磁性样品的情况下，畴壁的性质变得完全可以忽略，只有同时存在的不同类别磁畴的相体积是重要的，而这些磁畴的特定排列则并不紧要。"相理论"描述这些现象并已在 3.3.1 节中被用于一个简化了的一维形式，证实了磁畴的形成。在这里，我们将系统地发展这一理论，充分考虑磁化过程的三维特征，所得的结果是针对大多数任意形状的扩展样品的可逆、矢量磁化曲线。可以期望，这种磁化曲线可与扩展样品"理想化"的无磁滞磁化曲线相吻合。这种曲线是通过在测量中在直流磁场上叠加一个逐渐减幅的交变磁场以消除对磁化曲线的滞后的不可逆的贡献而获得的。在材料有滞后行为的一般情况下，可将理想化的磁化曲线作为基准，在其上再叠加与畴壁相关的不可逆的贡献。

3.4.1 引言

磁化相的定义类似于在金相学或热力学中的相。所有在一个方向磁化的磁畴集中起来形成一个**相**，仅需用它的体积和磁化方向来表征。其界面（畴壁）的能量可以忽略。只要样品至少在一个维度上尺寸足够大，这种近似就可以成立。杂散磁场和磁弹性相互作用仅作为退磁场及其弹性模拟总体加以考虑。对软磁材料来说，如果畴壁能够占据它们的平衡方位就可以合理地忽略内部杂散磁场。除了后面将指出的一些特殊情况外，通常也可以忽略内部磁弹性相互作用。

假定外磁场和退磁场都是均匀的。对后者来说，如果样品的形状是椭球形或至少是接近椭球形的，包括无限大平板或无限长柱体，这种假定就是恰当的。将相理论应用于一个物体相互作用的若干部分，从而将这种处理方法推广到更复杂的形状也是可能的，但我们在这里不寻求这种可能性。最后，我们假定相体积可以自由地达到其最适宜的大小，任何滞后或不可逆效应都可以忽略。总之，相理论适用于**扩展的、椭球形的、均匀的软磁材料**，其磁畴结构的几何排列可以忽略，但所含磁畴的空间周期与样品在各个维度上的尺寸相比必须是相当小的。

只有当晶体嵌入其他晶体的基质或环境中时磁化感生的弹性应力才应加以考虑。例如，对多晶材料来说，这就是很重要的。这里我们将忽略这种情况，可参见参考文献［599］。

相理论可追溯到 Néel[600] 及 Lawton 和 Stewart[601] 的工作。相的概念也在 Träuble[504]、Pauthenet 等[602,603]、Birss 等[604,605] 以及 Baryakhtar 等[606] 的工作中进行了讨论。de Simone[607] 分析了相理论的数学基础。同样的热力学理论也应用于超导体、反铁磁体，以及其他许多类材料，在参考文献［606］中这一观点以一种普遍的方法进行了详细阐述。

3.4.2　相理论的基本方程式

在相理论中引入的变量只有对有限数量相的磁化强度方向 $m^{(i)}$ 及其相对体积 v_i，$i = 1 \cdots n_{\mathrm{ph}}$。我们假定对所有 i 值，$|m^{(i)}|^2 = 1$，并且 $\sum v_i = 1$，则样品单位体积的总能量可以写成以下形式：

$$e_{\mathrm{tot}} = \sum_i v_i g(m^{(i)}) - J_s H_{\mathrm{ex}} \cdot \overline{m} + K_d \overline{m} \cdot N \cdot \overline{m} \tag{3.79}$$

式中，$g(m)$ 是广义的各向异性能，如果存在的话，它也将包含感生各向异性和外应力能的贡献，J_s 是饱和磁化强度，H_{ex} 是外磁场，K_d 是杂散磁场能量常数 $J_s^2/2\mu_0$，N 是退磁张量，$\overline{m} = \sum v_i m^{(i)}$ 是平均磁化强度。

3.4.2.1　无限大或磁通闭合的物体

在第一步中先不计退磁场，我们可称这种情况为无限大物体。在现实中并非不可能实现这种条件。一种可能性是将一个立方体在三个磁化方向上均用磁通短路的磁轭夹起来（见图3.33）。理论研究者为此使用了"环形"边界条件的概念。

对于退磁场为零的情况，能量表达式（3.79）中的最后一项为零，则 $H = H_{\mathrm{ex}}$。将总能量 e_{tot} 在 $|m^{(i)}|^2 = 1$ 的约束条件下对 $m^{(i)}$ 求极小值，我们将对每个相得到一个向量方程式：

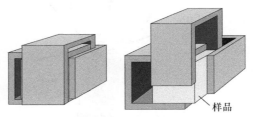

图 3.33　无限大磁体的模拟。三个磁轭（在右图中将位置局部地移开了）是由理想软磁材料制成的，且有足够的厚度使三个方向均能磁化饱和。在磁轭上可绕制线圈以施加磁场

$$T(m) - J_s H = f_L m, \quad T(m) = \mathrm{grad}_m [g(m)]$$
$$m = m^{(i)}, \quad i = 1 \cdots P \tag{3.80}$$

这是微磁学方程式（3.63）的一种特殊化。力矩 $T(m)$ 由各向异性函数 $g(m)$ 推出，f_L 是拉格朗日参数。

平衡方程式（3.80）表明在每个相中的磁化强度矢量平行于在这个相中的有效磁场，而这

些相是互相独立的,并不耦合在一起,它们的体积没有确定。取式(3.80)各项对 m 的标量积,并利用条件 $m^2 = 1$,就可以消去 f_L,我们就得到在一个给定磁场 H 下 m 的隐函数方程式:

$$T(m) - J_s H = m[m \cdot T(m) - J_s m \cdot H], \quad m^2 = 1 \tag{3.80a}$$

对每个磁场 H,可以解出一个或不止一个满足式(3.80a)的磁化强度方向,这些都是可能的相。但按照3.4.1节的假设,只有能量极小的相才能在平衡状态时存在。一般说来,这将是唯一的一个磁化方向,即(依赖于磁场的)广义的易磁化方向。但是,如果有多于一个磁化方向具有同样的最低能量,那它们就允许共存。这些例外的情况,指出了不同相状态之间存在的一级相变,是在相理论中导致磁畴形成的重要案例。

用什么普遍的方法来确定可能的磁畴状态呢?假定有一个具有某种绝对强度的任意方向的磁场,对每一个磁场方向,我们可以从式(3.80a)来确定一个或几个易磁化方向,并对这些解进行分类。我们将在改变磁场方向时能从起始解的状态**连续**地达到的所有解归入同一类。如果将这一分类用图解来表示(见图3.34a),这些解在磁场空间中将占据由一些边界线分隔的区域。在这些边界线上,两个易磁化方向具有相同的能量。如果只允许存在均匀磁化的状态,那么当越过边界线的时候,磁化强度矢量将从一个易磁化方向跃变到另一个易磁化方向。但磁化强度也可以通过混合相的状态**连续**地变化来完成这一过渡,如图3.34b所示。如果我们允许磁场强度变化,则图3.34a中的磁场空间中两相的边界线就形成界面,这就会存在三相线。在三相线上,三类易磁化状态(或三条两相边界线)相交。在特殊情况下,不止三类状态将在这种线上相交。一个实例是在各向异性常数为负的立方晶系材料中的[100]型磁场方向。对这一方向来说,四个相邻的 ⟨111⟩ 型方向在能量上是相同的,但除了这种特殊的对称情况外,四类磁化状态只会在一个特殊的磁场空间点上相交。一般情况下,在这样一个磁场点上达到平衡的四个(或更多个)磁场方向将不会处在同一个平面上。一个例子是在多轴材料中在 $H = 0$ 这一点上所有(零磁场的)易磁化方向都是等效的。

不同类之间的边界线也不一定终结于与其他边界线相遇的一条三相线上,它们也可能终结于一条临界线上。在此线上两个相的差别消失。在3.4.4节中还将要提到更多这方面的问题。

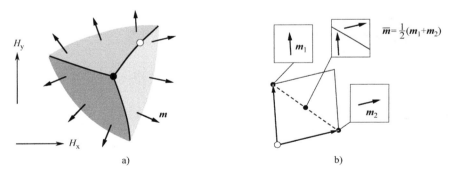

图3.34 a)一个固定磁场值的磁化强度方向对磁场方向的函数关系图示。在一个类别中,磁化强度矢量是连续的。在边界线上,不同类别中的状态具有同样的能量。b)混合状态的平均磁化强度处于两种单纯态的磁化强度矢量顶点的连线上。这一表示法适用于二维的情况,也很容易推广到三维。在此情况下,磁场空间中相分界线就成了分界面

3.4.2.2 有限的、开放样品

到此为止,相体积 v_i 是未确定的,因为 v_i 并不出现在内部平衡方程式中。如果在磁场空间中一个点在热力学上和不止一个磁化强度方向兼容,这些磁化强度方向的任何组合都将产生相

同的能量。但这一点对包含退磁效应的式（3.79）的一般情况来说就不再成立了。将能量表达式（3.79）对磁化强度方向求极小值，我们得到

$$T(\boldsymbol{m}^{(i)}) - J_s\boldsymbol{H}_{ex} + 2K_d\overline{\boldsymbol{m}} \cdot \boldsymbol{N} = f_L\boldsymbol{m}^{(i)} \tag{3.81}$$

根据磁化强度 $\overline{\boldsymbol{m}}$ 的定义，这组方程式将磁化强度方向 $\boldsymbol{m}^{(i)}$ 和各相的体积 v_i 结合起来了。这次我们将式（3.79）对 v_i 求极小值，就得到第二组方程式：

$$g(\boldsymbol{m}^{(i)}) - J_s\boldsymbol{H}_{ex} \cdot \boldsymbol{m}^{(i)} + 2K_d(\overline{\boldsymbol{m}} \cdot \boldsymbol{N})\boldsymbol{m}^{(i)} = f_L^{(2)} \tag{3.82}$$

式中，第二个拉格朗日乘子 $f_L^{(2)}$ 源于约束条件 $\sum v_i = 1$。

虽然式（3.81）和式（3.82）看起来比式（3.80）复杂得多，但可以将普遍的情况简化为没有退磁场的简单情况。这可以通过引入内磁场来实现，其定义为

$$\boldsymbol{H}_{in} = \boldsymbol{H}_{ex} - (J_s/\mu_0)\overline{\boldsymbol{m}} \cdot \boldsymbol{N} \tag{3.83}$$

由式（3.83）将 $\boldsymbol{H}_{ex}$ 代入第一个一般平衡式（3.81）并应用定义 $K_d = J_s^2/2\mu_0$，我们又重新得到了内部平衡式（3.80），不过此时磁场 H 要理解为内磁场。按照式（3.80），每一种可能的相在由"无限大"的物体推出来的相同的内磁场中将处于平衡状态。另外，我们也可将式（3.83）代入另一个平衡式（3.82），得到

$$g(\boldsymbol{m}^{(i)}) - J_s\boldsymbol{H}_{in} \cdot \boldsymbol{m}^{(i)} = f_L^{(2)} \tag{3.84}$$

所有平衡共存的相均具有相同的"内"能值 $f_L^{(2)}$。因此，一种两相共存的磁畴状态只有当其内场 [式（3.83）] 在磁场空间中处在上面提到的边界线中的一条边界线上时才能稳定。这些边界线是由不存在退磁场的磁通闭合的样品推导出来的。但这些结果同样适用于任意椭球形的开放样品。与此相同，三相磁畴状态只有在磁场空间中其内场处于三相线上才能平衡共存，而非简并的四相或多相状态只有在其内场处于特定值时（例如在多轴晶体中 $\boldsymbol{H}_{in} = 0$ 的值）才能稳定。

作为一个示例，考虑一个规则的、对称的晶体，其中共存的相在结晶学上是等效的（见图 3.35a）。如果一个适度的外磁场指向并不和对称轴一致，样品中磁畴的边界将要移动，直到所产生的退磁场和外加磁场合成的内磁场在磁场空间中处于两相平衡边界线上。在这里，两个相在稳定平衡下共存，其结果是在稳定共存的两相中磁化强度的旋转角数量相等，和颗粒状样品的形状及外磁场方向无关，这一事实对讨论在外磁场中复杂的磁化过程以及诠释磁畴观察的结果很有帮助。

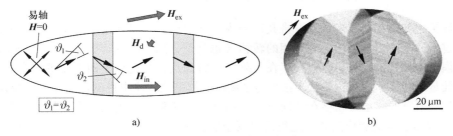

图 3.35　a）在一块具有易轴的扁平椭圆晶体中磁畴结构的示意图。尽管具体情况的不对称性，两个偏转角 ϑ_1 和 ϑ_2 必须相等。b）实验观察中也显示了这种行为：注意，尽管施加的磁场方向是倾斜的，但畴壁的取向和基本磁畴中的磁化强度方向仍然是对称的。（样品：具有横向易轴的厚度为 240nm 的坡莫合金成分样品，由 Bosch 公司的 M. Freitag 提供）

3.4.2.3　在相理论中磁化过程的分类
我们再回到如何确定一个给定形状的椭球形样品在一个给定磁场中的磁化相和平均磁化强

度的问题。上述关于稳定磁化相性质的讨论并不能立即帮助解决问题,因为尚未知道的内磁场只能通过同样尚未知道的平均磁化强度来确定。这个问题的特殊解可以在特定的对称性情况下得到[600-605]。Néel 在参考文献［600］中引入的相理论中磁化过程的分类通常是很有帮助的。

我们首先要注意到,从相理论的观点看,任意组成同一磁相并产生同样平均磁化强度 $\overline{m}$ 的两种磁畴状态是不能被区分的。为了说明这一点,我们将式（3.83）中的 H_{ex} 代入能量表达式（3.79）,并利用定义 $\overline{m} = \sum v_i m^{(i)}$,就得到

$$e_{tot} = \sum v_i \left[g(m^{(i)}) - J_s H_{in} \cdot m^{(i)} \right] - K_d \overline{m} \cdot N \cdot \overline{m} \tag{3.85}$$

如式（3.84）所示,对所有共面的相来说,方括号中的表达式必然是相同的。最后的能量项只对平均磁化强度敏感。所以通过其平均磁化强度和共同的内磁场来表征可能的磁畴状态就足够了。运用图解法,所有状态可以用在平均磁化矢量的单位球体内或球面上的一个点来表示（见图3.36）。饱和的状态处于这个球的表面上,所有退磁状态都集中在球中心,而和图3.34的构成相似的内磁场为零的可能的磁化状态占据了一个由样品的零磁场易磁化方向延伸出来的多面体。对铁来说,这是一个八面体。对镍（负的立方各向异性）来说,我们发现一个立方体。既然在通常情况下在零磁场中存在四个以上能量相等的易磁化方向,任何在这个多面体内部的平均磁化强度都可能以不同的方式来实现。相理论并不能对不同的可能的现实情况进行区分。

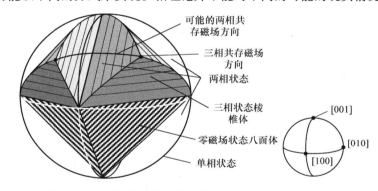

图3.36　对具有正各向异性常数的立方晶体材料磁畴状态可能的平均磁化方向的
球形图（简化图）,赤道以下只表示出无磁场状态的八面体

对相理论中的磁化曲线来说,可将其区分为不同的模式。对于发生在多面体内部的磁化过程,是通过不改变内磁场条件下磁畴相的转移（也就是分隔磁畴的畴壁的移动）来实现的。这一类属于模式 I 。如果在磁场空间中存在另外一个特殊点,在此点上四个或更多个非共面的磁化方向在能量上相等,那么这些状态在平均磁化强度的单位球体中将确定另外一个特定的体积。在这个体积中所有的状态可以存在于同方向的同样的内磁场中,正如在多面体中所有的状态能存在于 $H_{in}=0$ 处。与此相应的磁化过程仍然属于模式 I 。因为根据定义,模式 I 中的磁化过程发生在恒定的内磁场下,它们将在磁化曲线 $J(H_{in})$ 上和一个跳变相关（见图3.18b）。基于同样的原因,只有畴壁位移过程在模式 I 中发生,此时参与过程的相的磁化强度方向保持不变。

在磁场很大时,只有在单位球体表面上的饱和状态是稳定的。在多面体和球面之间的空间充满了三相或两相状态。我们首先来考虑三相状态,或者更普遍地,考虑那些其磁化强度矢量尖端处于同一平面上（共面状态）的三个或更多个平衡相。任何在可能的磁化强度方向之间的区域内这样一个平面上的一个点所表示的平均磁化强度,可以通过（磁畴状态的）适当的组合来实现。随着沿某一事先确定的方向（在图3.36的例子中即〈111〉型轴）上内磁场强度的增大,

新的一组（广义的）易磁化方向，以及一个新的可能的磁畴状态的平面就确定了。所有这些平面充满了在平均磁化强度球体中的一个体积，对铁来讲此体积变为球面棱锥体（见图 3.36）。（实际上对铁来说，这种棱锥的尖端被一个前面提到的次级四相体积所占据，在此体积中三个易磁化方向对在 [111] 方向的饱和状态保持平衡。我们在 3.4.3 节中将回过来对此做详细的叙述。）对四个共面的易磁化方向（例如对镍样品中磁场沿 〈100〉 方向施加），一切和前述的相同，但形成一个基面是四边形而不是三角形的棱锥。采用共面磁化相的磁化过程属于**模式 Ⅱ**。在模式 Ⅱ 中，畴壁移动和磁化强度的转动同时发生，净磁化强度的增加通常需要更大的磁场和转动过程。

原则上讲，即使在模式 Ⅰ 的常规的无磁场多相状态的多面体内部也可能出现三相状态。但在这种情况下必须存在一个和平均磁化强度方向相反的"向内的"内磁场分量。式（3.85）表明，如果两种状态具有相同的平均磁化强度，具有这种相反方向内磁场的状态通常比无磁场的状态具有更高的能量（最后一项两者是一样的，有磁场状态中第一项稍大，同时，中间项也是正的，因为 $H_{in} \cdot \overline{m}$ 具有不利的负号。这两者共同导致有磁场时能量增高而非降低）。这意味着在小的和中等的磁场下，只要可能发生，具有零内磁场的模式 Ⅰ 的磁化过程要比更高的模式更有利。受到相反方向磁场的状态和平衡状态方程（3.80）是兼容的，但这些状态在热力学上是不稳定的。

在棱锥体和球体表面之间充满了两相状态。对每个容许的磁场值来说，可以得到一根连接两个各自的易磁化方向的磁畴状态的一根线。如上面讨论过的，因为容许存在二维的磁场多重性（即在磁场空间中所有指向其中的一条**边界**线的磁场矢量），在平均磁场球体中剩下来的体积也能被填满。磁化曲线上相应的区段被称为**模式 Ⅲ**。根据与前述相同的论点可知，如果三相状态能产生相同的平均磁化强度，那么两相状态就是不稳定的。换句话说，对于同一磁场，如果两种模式都可能存在，模式 Ⅱ 比模式 Ⅲ 更有利。

这样，我们在所有可能的并且可区分的磁畴状态（它们在平均磁化强度球体中可用一个点来表示）和导致这些状态所需的磁场在磁场空间中的代表点之间就有了一一对应的关系。随着磁场的逐渐增大，一个样品通常经历的磁化过程模式的序列为：在多面体内部的多相无磁场状态的模式 Ⅰ、在棱锥体内的三相状态的模式 Ⅱ、在棱柱体内的两相状态的模式 Ⅲ 和在球体表面上基于单相状态的模式 Ⅳ。由于磁场方向和晶体对称性的不同，有些模式可能不出现。例如对磁单轴晶体，只有模式 Ⅲ 和模式 Ⅳ 能发生。

3.4.2.4 计算（无磁滞）磁化曲线

根据 3.4.2.3 节中所讨论的磁化过程的分类，相理论中磁化曲线可用下述系统的方法来进行计算：在模式 Ⅰ 下，在一个恒定磁场 H_0 中，多相的、能量上相等的磁化强度方向占据了单位球体中的一个体积；这种计算是简单的、明显的，在磁化曲线上形成一个线性的区段。首先，我们要计算适合这种模式的磁化状态多面体。令 $m^{(1)}$、$m^{(2)}$、$m^{(3)}$ 表示在此给定磁场下其中任意三个磁化方向，则矢量 $\overline{m} = v_1 m^{(1)} + v_2 m^{(2)} + v_3 m^{(3)}$（其中 $v_i \geq 0$，$v_1 + v_2 + v_3 = 1$）定义了多面体的一个表面。将在这类三个分量组合中的所有可能的平衡相结合起来，我们就得到一个在 3.4.2.3 节中引入的三维的多面体。

对正的立方各向异性（例如铁），其中易磁化方向都相互垂直，定义多面体的条件简化为一个由 Becker 和 Döring[16] 给出的不错的解析表达式：令 a_i 为相对于立方晶轴的单位矢量的分量，则在无内磁场状态下沿着 a 方向的最大平均磁化强度由下式给出：$m \cdot a = 1/(|a_1| + |a_2| + |a_3|)$。

回到模式 Ⅰ，我们必须检查某一给定外磁场和零内磁场状态的兼容性。为此目的，我们设

$H_{\text{in}} = H_0$，改写式（3.83），然后检验平均磁化强度 $\overline{m} = \mu_0(H_{\text{ex}} - H_0)N^{-1}/J_s$ 是否处在多面体之内（N^{-1} 是退磁场张量的倒数），在这一点能得到证实的磁场范围内，所计算出的 $\overline{m}$ 值就可以被接受，而且在这一磁场范围内 $\overline{m}$ 是 H_{ex} 的线性函数。

对模式Ⅳ来说，磁化强度矢量的单畴转动可以这样来计算：对均匀磁化的情况写出总能量，见式（3.79）：

$$e_{\text{tot}} = g(m) - J_s H_{\text{ex}} \cdot m + K_d m \cdot N \cdot m \qquad (3.86)$$

如果磁化强度以极坐标来表示，则角度 ϑ 和 φ 可以通过平衡方程式 $\partial e_{\text{tot}}/\partial\vartheta = 0$ 和 $\partial e_{\text{tot}}/\partial\varphi = 0$ 计算出来。

类似的方程式系统也可以针对其余的磁化模式得出来。在模式Ⅱ中，内场沿着磁场空间的一条线变化，它可以单纯用其强度 h 来表征。对这种磁场的每一个值必须确定其相应的平衡磁化强度方向，这些方向将通过和未知磁化强度角度数目一样多的平衡方程式来得出。接下来的未知数是相体积 v_1 到 v_3，相应的方程式是式（3.83）（三个方程式）、条件 $\sum v_i = 1$ 以及平衡方程式（如上述模式Ⅳ中那样）。如果求出的所有各相的体积都是正值，且总内能值式（3.84）比可与它竞争的模式的都要小的话，则这组方程解出的值就是有效的。

在模式Ⅲ的情况下，内磁场沿着一个二维多重态变化，可能的状态可以由内磁场的绝对值和一个磁场角来表征。两个磁场的变量连同模式Ⅲ的两个相体积以及在容许的相中磁化强度的角度再次形成一组变量，这组变量可以通过和模式Ⅱ相当的方程组沿着同样的线路来确定。

用这种方法，由相理论得出的无磁滞磁化曲线可以被系统地计算出来。我们在下一节中将对立方材料显示，如果在磁场空间中多相点、线和面的范围和对称性都事先知道了，这个计算任务将变得很方便。

3.4.3　立方晶体的分析实例

3.4.3.1　立方晶体的磁性分类

立方晶体由于其高对称性具有许多特殊的简化特点，可以用解析方法进行计算，它们显示出一些令人惊喜的性质。这些能对在一般系统中必须面对的复杂性给出一个概念。

按照各向异性常数的大小和正负，立方材料需要区分为不同的类型。为了说明这一点，我们从各向异性函数［式（3.9）］和磁场能［式（3.15）］出发。如前面讨论过的，我们首先忽略退磁能，按照下列表达式引入简约单位

$$\kappa_{c1} = K_{c1}/K_q, \quad \kappa_{c2} = K_{c2}/K_q, \quad h = HJ_s/2K_q, \quad \varepsilon = e/K_q \qquad (3.87)$$

式中，$K_q = \sqrt{K_{c1}^2 + K_{c2}^2}$，$K_q$ 除非在平庸状态下否则不可能为零，这就非常适于用它来进行归一化。于是，简约能量密度的表达式变为

$$\varepsilon_{\text{tot}} = \kappa_{c1}(m_1^2 m_2^2 + m_1^2 m_3^2 + m_2^2 m_3^2) + \kappa_{c2} m_1^2 m_2^2 m_3^2 - 2h \cdot m \qquad (3.88)$$

存在三种主要的情况：如果 κ_{c1} 为正，且 $\kappa_{c2} > -9\kappa_{c1}$，则 $\langle 100 \rangle$ 型方向更有利。如果 κ_{c1} 为负，且 $\kappa_{c2} > -\dfrac{9}{4}\kappa_{c1}$，则 $\langle 110 \rangle$ 型方向为易磁化方向，除以上两种情况以外，则 $\langle 111 \rangle$ 型方向更可取。在 $\kappa_{c1} = 0$ 而 $\kappa_{c2} > 0$ 的简并状态下，在 $\{100\}$ 型面上的所有方向能量上都同样有利。另外两种边界情况导致多重的但分立的易磁化方向。对 $\kappa_{c1} < 0$，$\kappa_{c2} = -\dfrac{9}{4}\kappa_{c1}$ 时，所有 $\langle 111 \rangle$ 型和 $\langle 110 \rangle$ 型方向能量相等。而对于 $\kappa_{c1} > 0$，$\kappa_{c2} = -9\kappa_{c1}$，这对于所有 $\langle 100 \rangle$ 型和 $\langle 111 \rangle$ 型方向都适用。图3.37表示易磁化方向和"立方各向异性角" Φ_q 函数关系的扇形图。Φ_q 由 $\cos\Phi_q = $

κ_{c1} 和 $\sin\Phi_q = \kappa_{c2}$ 来定义。

在正各向异性区域 P 中，无内磁场平均磁化强度方向的多面体是上面提到过的八面体。在区域 N 中，〈111〉型方向形成一个立方体。在区域 I 中，由〈110〉型方向形成一个十四面体（其中六个面是以〈100〉型方向为中心的正方形，八个面是以〈111〉型方向为中心的等边三角形）。图 3.37 中对应于区域 P 和区域 N 边界上的多面体是球面八面体。另外两种极限情况导致的体积具有多重小面化的表面。

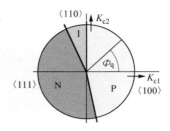

图 3.37　立方晶体的易磁化方向和两个各向异性常数的函数关系，角度 Φ_q 可用来表征一种材料

3.4.3.2　磁化曲线

图 3.38 所示为沿着不同的立方各向异性角 Φ_q 的高对称性方向的内场磁化曲线。我们可利用这些曲线来推出相理论中所需要的饱和磁场和临界磁场。

为进行磁化曲线的计算，我们应用各向异性能表达式［式（3.9a～c）］，加上磁场能项［见式（3.15）］，将总能量在给定的简约磁场 h 下对极角 ϑ 求极小值，并在每种情况下选择适当的方位角 φ，就能得到磁化曲线的隐函数方程式。注意，在图 3.38a 中，对 $H\|\langle111\rangle$ 可见到接近饱和时的不连续性。这一特点早已由 Becker 和 Döring 在参考文献［16］中注意到了，我们将在 3.4.3.3 节中进行更详细的讨论。

沿着对称方向的磁化曲线可产生用以计算可能的磁畴状态的大部分信息，这些信息能立即反映出是简单的三相（共面）状态，诸如在图 3.38a 中沿着［111］方向的状态，或是图 3.38c 中沿着［100］方向的状态。对共线的或两相状态的计算也将通过对称性的考虑而更加简便。图 3.39 示出了对铁的结果，其中两相状态的磁场方向处于［110］方向（$\eta_h = 0°$）和［111］方向（$\eta_h = 35.2°$）之间，图中画出了两个磁化强度角 ϑ 和 φ［见式（3.7a）］的关系曲线，而磁场强度 h 和磁场的仰角 η_h 作为参数。

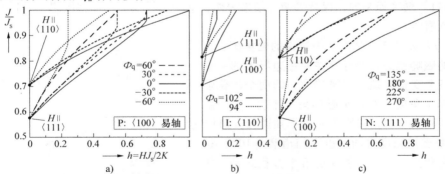

图 3.38　三种不同类型的立方晶体材料沿着高度对称方向的磁化曲线（与内磁场的函数关系）。
参数为立方各向易性角 Φ_q，它由图 3.37 来定义

3.4.3.3　［111］方向反常

在图 3.36 和图 3.39 中，沿着［111］方向靠近饱和处的细节被忽略了。如图 3.38a 所示，沿［111］方向的磁化曲线显示出不连续性。磁化状态之间的跃变发生在简约磁场 $h = 0.7328$（对 $K_{c2} = 0$）处。这些状态是从〈100〉型易磁化方向（偏离［111］方向15.6°）和［111］方向的饱和状态转变而来的。如果我们只容许均匀磁化的话，从〈100〉方向转过来的状态和［111］状态之间存在一个势垒。此势垒的高度（精确地说是这个势垒处最低鞍点的高度）的计

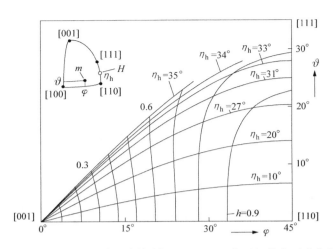

图 3.39　一种正各向异性材料中（例如铁，$K_{c2}=0$），在两相状态下磁化角 ϑ 和 φ 与磁场角 η_h 和磁场幅度 $h=HJ_s/2K$ 的函数关系。图中坐标角度适用于两种不同的平衡状态之一，另一种状态是对称的，其极角 ϑ 相同，而方位角为 $90°-\varphi$

算结果为 $5.2\times10^{-4}K_{c1}$。在 K_{c2} 不为零的情况下，我们定性地得到类似的情况，然而这些数值不同。只要 $|K_{c2}|$ 小于 $9K_{c1}$，就仍然会出现磁化强度的跃变，正如图 3.38 中的几个例子所示。

我们期望在合适的条件下与每一个磁化强度跃变相关的磁畴状态都会出现（见 3.3.1 节）。这也必然适用于上述接近于饱和时的磁化强度不连续性。要计算这些磁畴状态之间的边界线，我们不能依赖于对称关系。因为其中由 〈100〉 方向转变而来的相并不占据任何特殊的对称方向。我们必须做一个普遍的分析。从在磁场空间中 [111] 饱和磁场点近邻区域内标定三相和两相的边界线开始，如果磁场矢量在这些边界线之一上终结，则相应的由 〈100〉 方向转变而来的相就和 [111] 转变而来的相保持平衡。结果表明，这些边界线被限制在围绕 [111] 方向大约 1°的磁场范围中。

图 3.40 所示为 3.4.2.1 节中讨论的磁场图，表明了可能的磁畴状态。要计算在两相边界上的一个点，总共五个变量必须同时被确定，即两个磁化强度方向（四个角度）和一个磁场角。注意，对于所需的倾斜的磁场方向，我们事先既不知道和 [111] 相关的相的磁化强度方向，也不知道和 [100] 相关的相的磁化强度方向。相应的五个方程式是，两个相的各两个磁化强度角的平衡条件和能量相等的条件。对称性使计算仅需限于 60° 的磁场方位角范围。

与此类似，对三相线上的一个点来说必须求解八个联立的方程式。图 3.40 中的图示是由数值搜索过程（numerical search procedure）继之以对适用的方程组用牛顿方法求解而获得的。图中三角形的边界线给出了反常的两相状态的可能的磁场方向，而反常的三相状态则需要沿着角顶方向的磁场。关于

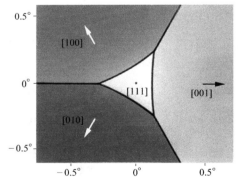

图 3.40　[111] 方向近邻区的磁场图，**表示**出 [111] 相的稳定范围。**灰色阴影**部分给出对于给定磁场大小（$h=0.744$），磁化强度方向和磁场角的函数关系。箭头表示对应于在三个区域中磁场的磁化强度方向是由各自的晶轴方向转变而来的。只有围绕 [111] 方向很小的磁场方向区间（$\pm0.5°$）需要加以表示

这些状态更多的细节将在 3.4.4 节中和临界点的讨论一起进行。

存在一种抑制反常磁畴状态的可能性。一方面是 [111] 相，另一方面是 〈100〉 衍生相，它们对所有容许的无磁荷的畴壁取向在弹性方面不兼容。要找出这种弹性不兼容性是否会抑制一些磁畴的形成，必须确定这些磁畴中的磁致伸缩能。采用 Fe3% Si 在室温下的物质常数，$C_2 = 4.2 \cdot 10^{10} N/m^2$，$C_3 = 16 \cdot 10^{10} N/m^2$，$\lambda_{100} = 21 \cdot 10^{-6}$，$\lambda_{111} = -9 \cdot 10^{-6}$，来对式（3.57）进行估算，我们得到一个磁致伸缩能的最小估值为 $1.3 J/m^3$，这比前面对均匀磁化的势垒的计算值 $5.2 \cdot 10^{-4} K_{c1} = 18 J/m^3$（其中 $K_{c1} = 3.5 \cdot 10^4 J/m^3$）要小得多。对这种材料来说，在室温下接近难磁化方向的反常磁畴应该能观察到，只要在实验观察中能实现对磁场方向的精确调节。对铁或硅铁来说，接近饱和的磁畴不应被内部磁致伸缩应力所抑制。当然，肯定在有些材料或有些温度下磁致伸缩能相对较强，磁畴的抑制就会发生。对铁来说，我们也可以在临界点的分析中忽略磁致伸缩的效应。在 3.4.4.2 节中，我们将回过来讨论接近饱和磁畴的效应。

3.4.4 磁场感生的临界点

对一种材料在磁场作用下相行为的完整描述，不仅要知道存在多畴行为的容许磁场的方向，也要知道磁场的大小范围。随着在能使一个以上的相平衡共存的方向上的磁场的增大，最终将达到一个最大值，其时，相的数目将发生不连续的改变。如果在不同相中的磁化强度矢量连续运动互相靠近并在一个磁场点互相重合，如在普通热力学和相变的朗道理论[608]中那样，这个点就称为**临界点**。由于某些微磁性相互作用的长程性质，在微磁性临界点上不会出现与时间有关的涨落（"临界现象"），但在靠近临界点时磁性微结构可能有所不同，这使得相理论不再适用（见3.7.3 节）。为了获得一个总体概念，这里我们先忽略这些复杂性。我们首先在 3.4.4.1 节中讨论通常的高度对称的临界点，然后在 3.4.4.2 节中分析对称性论据不再有效的情况。

3.4.4.1 铁的常规的临界点

图 3.41 所示为一种立方晶体沿某些方向的磁化曲线。在这些曲线中有两条曲线具有临界点（[110] 和 [332]）；在 H 沿 [110] 方向的曲线中临界点和饱和磁化重合。在另一种情况（磁场沿 [332]）中，超过临界点以后磁化过程包含一个连续的单相的趋近饱和的过程。图 3.41 中另外两条曲线显示出没有临界点。沿 [112] 的曲线渐近地趋向饱和值。而沿 [111] 方向的曲线显示出一个一级不连续相变，就是前面讨论过的所谓 [111] 反常现象。和这种反常现象相关联，我们所遇到的临界点并非由对称条件预先决定的，我们觉得对这种情况的分析是有益的。

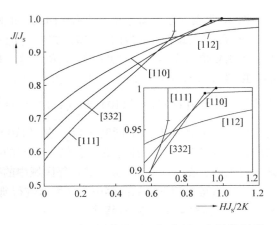

图 3.41 一种无限大或磁通闭合的立方晶体材料（$K_{c2} = 0$）沿着几种晶体方向的磁化曲线。沿 [332] 方向和 [110] 方向我们都观察到一个临界点，但只有在 [110] 方向此点达到了饱和。这些曲线是用二维牛顿方法对两组磁化矢量的球坐标通过对各向异性能和磁场能的总和进行最优化而计算出来的

临界磁场要怎样进行计算呢？让我们首先讨论两相内磁场方向的普遍情况。在稍稍低于临界点时，两个平衡存在的相必然是可以区分但互相很靠近的。如式（3.84）所示，它们必须有相同的"内"能。同时，既然这种情况必须对直

到临界点的所有磁场值都成立,就足以根据内磁场来计算临界点。这一内磁场一旦确定了,就可以通过式(3.83)对有限大的物体将其转换成相应的外磁场。

例如在图3.39的计算中所用的牛顿方法在计算临界点时将不再有效。因为在此方法中需要进行变换的雅可比行列式在临界点处变成了奇点。用基于能量函数的二阶微商矩阵的标准程序,临界点只能由非临界点的计算外推来求得,这里我们在寻找一种临界点的直接计算方法。

聚焦于类铁的材料,两相状态的磁场必须在沿着连接〈110〉和〈111〉型方向的大圆上存在(见图3.36)。如果我们用式(3.7a)中的极坐标的话,在临界点,磁化强度的代表点必须处于同一个大圆上(见示意图3.19)。但和磁场角 η_h 相比,磁化强度并不一定处于同样的高度角 ϑ。在临界点以上,单一的方位角 φ 必然是稳定的,例如在 $\varphi = \pi/4$ 处。所以总能量对于 φ 的二阶微商必然为正(根据对称性其一阶微商为零)。在临界点以下,出现两个极小值,这时二阶微商变为负值。在临界点(h_{cr}, η_{cr})上,二阶微商必然为零,就可得

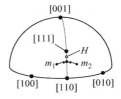

示意图3.19

$$\partial^2 e_{tot}(\vartheta, \varphi)/\partial \varphi^2 \big|_{\varphi=\pi/4} = 0, \partial e_{tot}(\vartheta, \varphi)/\partial \vartheta \big|_{\varphi=\pi/4} = 0 \quad (3.89)$$

式中,$e_{tot}(\vartheta, \varphi) = \cos^4\vartheta\cos^2\varphi\sin^2\varphi + \sin^2\vartheta\cos^2\vartheta - 2h_{cr}\left[\cos\vartheta\cos\left(\varphi - \frac{\pi}{4}\right)\cos\eta_{cr} + \sin\vartheta\sin\eta_{cr}\right]$

用牛顿方法对这一方程系的普遍解要采用三阶微商。对立方晶体来说,其结果可以根据两个联系磁场角 η_{cr}、磁场大小 h_{cr} 和磁化强度角度 ϑ 的隐函数方程式解析地推导出来:

$$h_{cr}\cos\eta_{cr} = \cos^3\vartheta, h_{cr}\sin\eta_{cr} = \frac{1}{2}\sin\vartheta(3 - 5\sin^2\vartheta) \quad (3.90)$$

磁场角 η_{cr} 和磁化强度角 ϑ 可以更明晰地写作:

$$\tan\eta_{cr} = \tan\vartheta\left(\frac{3}{2} - \tan\vartheta\right) \quad (3.90a)$$

图3.42表示在磁场空间中的临界曲线,即两个变量 h_{cr} 和 η_{cr} 的关联。如果磁场指向〈110〉方向($\eta_{cr} = 0$),则简约临界磁场值为 $h_{cr} = 1$。对更高的 η_{cr} 值,这一磁场值将减小。按照式(3.90),在沿[111]方向($\eta_h = 35.26°$),它将达到 $\frac{2}{3}$。在磁场沿〈110〉和〈111〉两种情况下,磁场方向和磁化强度方向均同时下降。在〈110〉和〈111〉之间,如式(3.90)所描述的,它们是不同的。不过,在这一讨论中,在〈111〉型方向的近邻区域中的行为被简化了。这一点将在接下来的内容中更详细地进行研究。

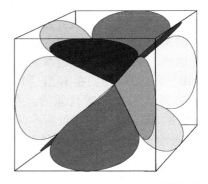

图3.42 正各向异性的立方晶体材料在磁场空间中的两相边界和临界曲线。立方体框架的取向是沿着材料的单胞,而磁场矢量由框架的中心出发,沿着对角线[110]方向的直径为2(各向异性场单位)。三叶草图形内部表示两相状态的可能的磁场值。其交截处表示三相状态的可能的磁场值,而它们的边缘代表过渡到单相状态的临界场

3.4.4.2 临界点的普遍方程式

一组更复杂的两相边界存在于[111]反常的近邻。其中磁场方向和磁化强度方向均不能由对称性来决定。一个临界点要由四个未知变量来确定:当给定一个磁场的绝对值时,要确定两个磁化强度角和两个磁场角。确定这种点要用哪四个方程式呢?其中两个方程式很明显,因为临界点必须对磁化矢量的任意转动保持平衡:

$$\partial e_{tot}/\partial \vartheta = 0, \partial e_{tot}/\partial \varphi = 0 \quad (3.91a)$$

同样，二阶微商必须为零。我们在此前并不知道两个相出现在什么方向，但是，在临界点二阶微商张量的一个本征值必定为零。这就得到

$$(\partial^2 e_{tot} / \partial \vartheta^2)(\partial^2 e_{tot} / \partial \varphi^2) = (\partial^2 e_{tot} / \partial \varphi \partial \vartheta)^2 \tag{3.91b}$$

对临界点的最后一个条件包含了三阶微商。一个点即便满足式（3.91a、b）的全部条件，但如果沿着"软"轴（即零本征值的轴）其三阶微商不为零的话，仍然可以是不稳定的。一个三阶项会导致不稳定，是因为通过将磁化强度转到其泰勒展开式的三阶项变为负的方向上总会使能量降低。在普通坐标系中，这种情况不会发生的条件变为

$$a^3 (\partial^3 e_{tot} / \partial \vartheta^3) + 3a^2 b (\partial^3 e_{tot} / \partial \vartheta^2 \partial \varphi) + 3ab^2 (\partial^3 e_{tot} / \partial \vartheta \partial \varphi^2)$$
$$+ b^3 (\partial^3 e_{tot} / \partial \varphi^3) = 0 \tag{3.91c}$$

式中，$a = (\partial^2 e_{tot} / \partial \varphi^2) - (\partial^2 e_{tot} / \partial \vartheta \partial \varphi)$；$b = (\partial^2 e_{tot} / \partial \vartheta^2) - (\partial^2 e_{tot} / \partial \vartheta \partial \varphi)$；矢量 (a, b) 指向非零本征值的方向。

式（3.91a～c）对一个稳定的临界点来说是必要条件，但不是充分条件。对其余的三阶导数和四阶导数的值也是有条件的（稳定性极限）。如果这些条件得不到满足，完全不同的磁化状态将变成稳定态。在进行初始的总体搜索程序时，这些将变得很明显。通过式（3.91a～c）的数值计算，图 3.42 中在［111］方向近邻的临界线更详细地示于图 3.43 中。

图 3.43 中在［111］的饱和点近邻预言了很多种磁畴状态。虽然这些状态是熟知的立方晶体各向异性函数的直接结果，但至今尚未在实验中观察到，其一个原因可能是在难磁化方向的近邻处各向异性函数需要更加精细化（但正如图 3.38 所示，二级各向异性常数并不会消除其不连续性）。另一个可能的复杂性和磁致伸缩相互作用有关，这在

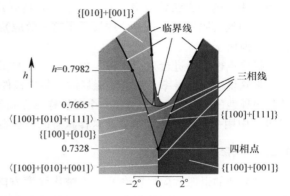

图 3.43　在图 3.42 中被略去的邻近［111］轴的磁场矢量的临界线和三相线网络。对某些两相边界线和三相线来说，用图解法指出了其相应的磁化强度方向。符号［100］＋［111］是指在磁场空间中，在这个表面上，一个磁场方向由［100］方向转过来的相能和磁化方向接近于［111］方向的相保持平衡。水平方向的尺度是指磁场方向偏离［111］轴方向的度数

3.4.3.3 节中已经讨论过了，发现对铁来说，这点并不重要。由于可以期望这许多相能存在的磁场角度范围很小，至今没有观察到这些相也可能有实验上的原因。

最后还要说一说另外一个有趣的微妙话题：图 3.43 中的临界线形成一个网络。其中临界线被一些被称为三相临界点的分叉点连接。人们可能期望一根三相线将终结于一个双相临界点，它相对于两种磁化强度角度都是临界的。但在这样的点处，二阶导数张量和所有的三阶导数都必须为零。这就将总共导致九个条件（两个对一阶导数、三个对二阶导数、四个对三阶导数）。对总共五个变量（两个磁化强度角度和三个磁场分量），这九个条件只有在特殊的对称条件下才能被满足。在简单的正各向异性材料中，如果这种状态是稳定的话，沿［111］方向 $h = 2/3$ 处将是这样的点。正因为如此，像铁这种材料并不具有双相临界点。与此相反，具有简单的负各向异性的材料（$\kappa_{c1} < 0$，$\kappa_{c2} = 0$）在沿［100］方向上 $h = 1$ 处会出现这样一个点。

在铁中，三相线首先终结在一个四相点上，分叉为另一些三相线，它们然后终结于三相临界点上，进而分叉为临界线。三相临界点是由更高阶导数的条件给出的，在我们这里的情况下，三相临界点处于一个对称面上，其条件是 $(\partial^2 e_{tot} / \partial \vartheta^2)(\partial^4 e_{tot} / \partial \varphi^4) = 3 (\partial^3 e_{tot} / \partial \vartheta \partial \varphi^2)^2$

3.4.4.3 应用

临界点对磁畴的研究很重要。设想一种磁畴状态通过从饱和状态减小磁场而发展形成。如果磁场通过一个临界点，磁畴将从这一点开始逐步地、连续地展现出来（见示意图 3.20）。在所有的其他情况下，

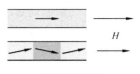

示意图 3.20

第二相只能通过成核和生长的过程来生成，通常在零磁场下最终的磁畴结构也会展现出这种差别。由连续过程发展起来的磁畴比起由成核和生长发展起来的磁畴更加精细和规整。所有对于临界判据的知识在某些情况下使人们能以一种用其他方法不能实现的途径来控制磁畴图形。从另一方面讲，如果所观察到的磁畴是它们（磁状态）历史的表征，就可以用来作为一种简易的确定各向异性常数的方法。对剩磁状态下的磁畴结构和产生这种结构的磁场方向的相互关系进行观察。如果通过临界点的磁畴结构可以和形成剩磁状态过程中未接触到临界点的状态加以区别，就能推出临界方向并由此推出各向异性函数的特征。在参考文献［609］中，这一方法曾被用于分析一个同时具有几种各向异性（单轴、立方和倾斜正交各向异性）的石榴石膜样品（图 4.8 中展示了这一效应）。在第 5 章中还将找到和临界点相关的磁畴观察的其他例子。

临界点也可以进行直接测量。如果对一个样品施加一个直流磁场，然后叠加一个小的交变磁场来测量**横向**磁导率，当直流磁场满足临界条件时，交流磁导率将会显示一个尖峰。这些尖峰是各向异性的表征[610]。此外，一个磁性样品在临界状态下对小的微扰是很敏感的，在参考文献［219］中用一个在外磁场中变成这样状态的石榴石膜来使非磁性陶瓷材料中的磁性杂质成像。

3.4.5 准磁畴

当强烈的退磁效应将容许的平均磁化强度方向限制在所有可能方向的一个次级组合时，相的概念可以以一种有用的但不十分严格的方法加以推广。例如，我们取一个表面并不包含易磁化方向的软磁性晶体的薄片样品，在没有外磁场时，每一种具有垂直于样品表面净磁化强度分量的磁畴结构会因引起很高的能量惩罚而事实上不能出现。这就要求样品中各个比片厚度更宽阔的区域中磁化强度的垂直分量应该为零。这就意味着只有某些易磁化方向的组合能够在其磁畴的精细结构中存在。这些组合可以当作一个新相——准相——来处理，而总体的磁畴结构就由这些准相来组成。

每一个准相只有一个指向平行于样品表面的平均磁化强度矢量。它的内部结构包含磁化沿着真正易磁化方向的次级磁畴。由具有平行于样品表面的净磁化强度的准磁畴组成的合成磁畴图形类似于普通的磁畴。这个概念是由参考文献［86，611］中的实验观察推出来的。

图 3.44 表示一个具有（100）晶面的负各向异性立方晶体片状样品，易磁化方向是沿着〈111〉方向。例如，将等体积的 [111] 相和 [11$\bar{1}$] 相组合起来，得到 $\overline{m} = \sqrt{1/3}$ [110]。另一类准磁畴由如 [111] 和 [1$\bar{1}\bar{1}$] 相组成，得出 $\overline{m} = \sqrt{1/3}$[100]。上面第一类由于小的内部畴壁角而在能量上占优。对所给出的样品几何形状来说，第二类准磁畴更适应于样品边缘。用这两类准相我们可以构建出满足所有边界条件的准磁畴结构（见图 3.44）。

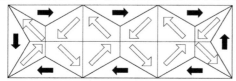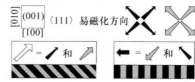

图 3.44 由包含两类准磁畴的负各向异性立方晶体片状样品中可设想的组合磁畴结构，右图为示意图解

准磁畴的概念可以应用于任何错取向的表面。在图 3.44 中的情况是特殊的，其中为避免净磁通越出样品表面而具有相等权重的次级磁畴。对其他表面，次级磁畴的权重必须做相应的调整。

要推出准磁畴的相理论必须知道不同准磁畴的内能。如果没有微磁学的详细知识，这是不可能的。由于这个原因，准磁畴相理论的概念这里我们不能更深入下去了。对于由准磁畴组成的磁畴图形的例子可以在 5.5.6.2 节中找到。

3.5　小颗粒的磁化翻转

3.5.1　总述

小颗粒的磁化翻转的情况正好和相理论相反，它发生在显示均匀磁化或仅仅有少数几个畴壁的颗粒中（见 3.3.2 节）。而相理论则适用于包含很多畴壁的大晶体。

如果一个小颗粒首先在一个强磁场中被饱和磁化，然后减小磁场（必要的话，反转磁场），此小颗粒通常会在某一磁场点翻转到相反的磁化方向，或转到接近于平衡的几个其他状态中去。在 3.3.2 节和 3.3.3.1 节中已讨论过了小颗粒的平衡状态。在这些平衡状态之间被阻止的过渡导致了磁滞。几乎饱和的状态在接近等能量极限时通常是亚稳定的，因为存在一个势垒。如果没有某种激发，其状态不可能翻转。此势垒可能被热激发克服，这取决于其高度和形状，这就会导致磁黏滞性（"磁减落"）和热感生磁化强度损失（"超顺磁性"）。在本书中，我们着重于理想的、非热致的磁滞，对于热效应见参考文献［612－616］。理想的磁滞本身就是很有兴趣的，而且它也是评估热效应的先决条件。

翻转（开关）磁场被定义为在接近饱和状态时的一个不稳定点，它也被称作成核场，虽然在达到或接近这一点时并不是在任何情况下都会形成一个特殊的核（见参考文献［514］中的讨论）。"开关场"这个名词更加普遍，通常用于磁记录和硬磁材料的领域。

如果一个颗粒用交换长度 $\sqrt{A/K_d}$（见 3.3 节，特别是图 3.32）的单位来衡量是很小的，则假定颗粒在所有环境中都均匀磁化将是一个很好的近似。这种颗粒被称作单畴颗粒，对它们的平均磁化强度来说只需要最多两个角变量，正如首先由 Stoner 和 Wahlfarth[617] 所展示的那样，在这类颗粒中所有翻转过程都可以用确定的形式来进行分析（见 3.5.2 节）。

在 Stoner – Wahlfarth 模型中可以找到若干不同的翻转模式。我们在 3.5.3 节中研究了这些模式的性质，得出在较大的颗粒中有一类的翻转过程并不满足均匀磁化的条件。

一种特殊类型的模型计算仅仅考虑了在这些样品和磁场方向，其中磁化强度始终保持均匀和恒定一直到不稳定点，此时这种均匀状态自发地通常以不均匀的模式开始衰变。如果这些条件得到满足，通过围绕起始状态的微磁学方程式的线性化可以获得严格的解[618,619]。这即使对于大样品原则上也是可行的。但是磁化强度一直到翻转点始终保持均匀的条件对于大样品来说只在很少的情况下才能得到满足。但无论如何这种情况很长时期在成核现象的讨论中占据了统治地位。出现这种情况的原因起初是一个技术原因[36]：能用来处理更接近于实验条件的更普遍情况的足够强大的计算机及计算方法那时候还没有。正因为这样，理想颗粒的解析解仍然对更普遍情况的研究起到了里程碑的作用。因此，我们将在 3.5.4 节中对此进行评述。

对非椭圆形的、较大的颗粒或对任意的磁场方向，数值化的微磁学研究是唯一可行的。此时磁化强度的构型早在翻转之前已趋于不均匀。在 3.5.5 节中分析了如何用有效的方法进行数值研究以推出不稳定点。对在二级相变中自发的对称破裂的情况需要一种特殊的处理方法，这将在

3.5.6 节中进行扼要的讨论。

3.5.2 均匀的单畴翻转

3.5.2.1 一般表达式

我们考虑一个任意的小单畴颗粒,其中均匀的磁化强度方向可由两个极角 ϑ 和 φ 来描述。总能量密度可写作其广义各向异性函数 $g(\vartheta,\varphi)$ 和外磁场能 [式 (3.15)] 的和。函数 g 可能也包含在外应力下的磁弹性相互作用能。由于我们已明确地排除了分裂成磁畴的可能性,在广义各向异性函数中也容许包含杂散磁场能或退磁能作为 "形状各向异性能"(这仅仅对小颗粒是可能的。当较大的颗粒以非均匀的模式翻转时,它会避免出现退磁场,形状各向异性就不存在了)。

在非常小的颗粒中,对均匀磁化的偏离将被忽略。在此条件下,颗粒的形状可以是任意的。这里不必将讨论限于椭球形颗粒。形状各向异性通常定义为均匀磁化了的颗粒的杂散磁场能对磁化强度方向的函数关系。

首先考虑一个平面问题,在其中只需计及一个角度 φ 和磁场的两个分量,则一个普通的单轴颗粒(见图 3.45a)的总能量密度变为

$$e_{\text{tot}} = g(\varphi) - H_{\parallel} J_s \cos\varphi - H_{\perp} J_s \sin\varphi \tag{3.92}$$

式中,$H_{\parallel}$ 和 $H_{\perp}$ 是外磁场在 φ 平面内的平行分量和垂直分量,"平行" 表示磁场平行于易轴。在静态平衡时,磁化强度方向必须满足:

$$\partial e_{\text{tot}} / \partial\varphi = g'(\varphi) + H_{\parallel} J_s \sin\varphi - H_{\perp} J_s \cos\varphi = 0 \tag{3.93}$$

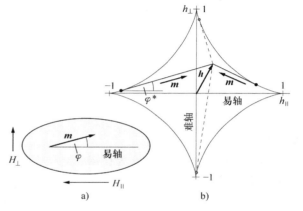

图 3.45 一个椭球形单轴颗粒(图 a)在不同磁场作用下的磁化翻转曲线["星形曲线",见图 b],连同与给定磁场 h 相容的平衡磁化强度方向 m 的 Slonczewski 作图法。磁场以简约单位 $h = HJ_s/2K$ 来量度。虚线表示不稳定解

二阶微商必须为正,以确保其处于稳定平衡。但是对小颗粒,单单考虑颗粒绝对稳定的极小值是不够的。还要计及颗粒的一些亚稳定状态,由下式定义的所谓稳定性极限特别令人感兴趣:

$$\partial^2 e_{\text{tot}} / \partial\varphi^2 = g''(\varphi) + H_{\parallel} J_s \cos\varphi + H_{\perp} J_s \sin\varphi = 0 \tag{3.94}$$

当达到稳定性极限,原先亚稳定的状态变成不稳定而转到一个新的稳定状态。将式 (3.93) 和式 (3.94) 结合起来就得出稳定性极限或 "翻转曲线" 的隐函数方程组:

$$H_{\parallel}^* J_s = -g'(\varphi) \sin\varphi - g''(\varphi) \cos\varphi$$

$$H_{\perp}^* J_s = g'(\varphi) \cos\varphi - g''(\varphi) \sin\varphi \tag{3.95}$$

对于一个简单的二阶单轴各向异性,我们得到

$$g(\varphi) = K\sin^2\varphi, \quad g'(\varphi) = 2K\sin\varphi\cos\varphi$$

$$g''(\varphi) = 2K(\cos^2\varphi - \sin^2\varphi) \tag{3.96}$$

用简约磁场 $h = HJ_s/2K$ 表示的翻转曲线为

$$h_{\parallel}^* = -\cos^3\varphi, \quad h_{\perp}^* = \sin^3\varphi \tag{3.97}$$

这就是著名的 Stoner – Wohlfarth 星形曲线(见参考文献 [617] 和图 3.45b)。

3.5.2.2 磁化曲线

按照 Slonczewski[620] 的叙述，星形曲线不仅确定了平衡磁化强度方向的稳定性极限，也能用图解法来帮助确定在任何给定磁场（$H_\parallel$，$H_\perp$）下可能的亚稳定磁化强度方向，并从而确定磁化曲线。

其步骤及证明如下：从任一磁场矢量的端点到星形曲线画一条切线，到达一个切点，其参数为 φ^*。此切线的斜率满足下列条件：

$$\frac{H_\perp J_s - g'\cos\varphi^* + g''\sin\varphi^*}{H_\parallel J_s + g'\sin\varphi^* + g''\cos\varphi^*} = \frac{\partial H_\perp^*/\partial\varphi}{\partial H_\parallel^*/\partial\varphi} = \tan\varphi^* \tag{3.98}$$

式中，左侧是通过磁场矢量的端点和属于参数 φ^* 的稳定性极限点［式（3.95）］的连线推得的；该式中间部分是星形曲线在这一点的斜率，它经式（3.95）估算后可简化为式（3.98）右侧的表达式 $\tan\varphi^*$。将式（3.98）的左右两边结合起来，并加以重新整理，就能得到对角度 φ^* 的平衡条件［式（3.93）］！这样，以下两点就得到了证明：

- 对应于切线切点的参数 φ^* 就是在给定磁场下平衡的磁化强度角度。
- 这一磁化强度方向和从切点指向磁场矢量端点的切线矢量方向相同。

这一惊人的理论和包络线的数学理论相关[620]，也涉及曲线切线的多重性。

对一个给定的磁场来说其所有的切点，有些得到（亚）稳定的磁化强度方向，有些则得到不稳定的方向。对式（3.97）所代表的星形曲线，如果磁场矢量处于其内部（见图 3.45b），我们能得到四根切线。如果处于外部，则得到两根切线。在第一种情况下，其中两个解是稳定的。在第二种情况下，仅有一个解是稳定的。稳定解是相对于易轴角度较小的解。

在一系列的磁场值下计算出这些解，就可以得出完整的磁滞曲线。如图 3.46 所示的对于单轴颗粒的情况，在图中示出了在不同的横向偏置磁场下的纵向磁化曲线，也示出了同时发生的横向的磁化漂移。注意偏置磁场对矫顽力的强烈影响，当横向偏置磁场由零增大至 H_K 时，矫顽力将由 $H_K = 2K/J_s$ 降低到零。（将矫顽力和偏置磁场的函数关系画出曲线，我们再次得到图 3.45b 的星形曲线。）

另一重要的磁性质是横向磁化率 $\chi_\perp$，即在垂直于易轴的小磁场 $H_\perp$ 作用下横向磁化强度 $J_s\sin\varphi$ 的变化。它的量值决定于所加的直流磁场和磁化强度角 φ。它可由平衡条件式（3.93）推出。应用稳定性极限方程（3.94），它可被写成：

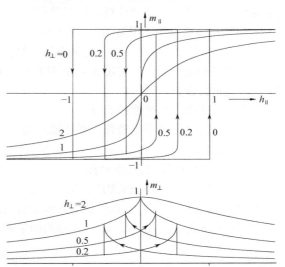

图 3.46 综合图 3.45b 中表示的稳定性解的结果，可以推出单轴颗粒的磁滞曲线。这里示出了在不同的横向偏置磁场 $h_\perp$ 的情况下，磁化强度的纵向分量 $m_\parallel$ 和横向分量 $m_\perp$ 与沿着颗粒易轴的纵向磁场 $h_\parallel$ 之间的函数关系。和图 3.45b 中一样，外磁场用各向异性场 $H_K = 2K/J_s$ 为尺度来表示

$$\chi_\perp = \frac{J_s\cos^2\varphi}{(H_\parallel - H_\parallel^*)\cos\varphi + (H_\perp - H_\perp^*)\sin\varphi} \tag{3.99}$$

式中，$H_{\parallel}^*$ 和 $H_{\perp}^*$ 是指翻转曲线［式（3.95）］上的点。注意，当接近翻转曲线时，横向磁化率将会发散。因为翻转磁场以各向异性常数为尺度，通过横向磁化率的测量就可以推出一个颗粒集合体中各向异性的分布信息。

这一分析可以直接推广到三维的场合，此时磁化强度角 ϑ 和 φ 均需进行考虑。平衡条件［式（3.93）］要由两个此类方程式代替。而稳定性极限的条件则要由二阶导数的雅可比矩阵的行列式为零的条件来代替。由这三个方程式可以推出磁化翻转"曲面"的三个磁场分量，对一个简单的单轴颗粒来说所得的曲面是将星形曲线围绕易轴旋转而获得。同样，用 Slonczewski 切线法来构建磁化曲线在三维情况下也能适用。在二维情况下，普通的切线（见图 3.45）此时要由一个切面来代替。连接磁场的端点和切面的接触点，就能得出在给定磁场下平衡的磁化强度方向（此理论在计算机上做了实验性的检核，发现对不同的、非常任意的各向异性函数、磁场和磁化强度方向都是适合的）。

3.5.3 翻转和成核过程的分类

由 Stoner – Wohlfarth 小颗粒案例所描述的磁化翻转和成核现象的多样性值得进行仔细的分析。我们将看到这种基础模型可以作为更大的、具有不均匀的磁微结构的样品更为复杂的翻转现象的导引。为了进行这种分析，我们选择了一个简单的单轴各向异性，它是将式（3.96）代入式（3.92）而获得的。用简约量（$h = HJ_s/2K$，$\varepsilon_{tot} = e_{tot}/K$）表示，就得到以下总能量表达式：

$$\varepsilon_{tot} = \sin^2\varphi - 2h_{\parallel}\cos\varphi - 2h_{\perp}\sin\varphi \tag{3.100}$$

如同先前用星形曲线（见图 3.45）对它们进行描述的那样，现在我们在各种翻转变化的近邻区域对其进行分析。

3.5.3.1 非对称、不连续的翻转

在星形曲线某处（不沿着任一对称轴）选择一个任意的转变，我们得到如图 3.47 所示的具有下列特点的行为：

- 此转变是不连续的且不对称的。
- 平衡磁化强度角 φ_0 连续地、逐步地转到翻转点。
- 磁化率 $\chi = \partial\varphi_0/\partial h_{\parallel}$ 在接近翻转点时呈现发散，这可从下列计算看出：

对固定的 h 值，由式（3.100）所推出的平衡条件是

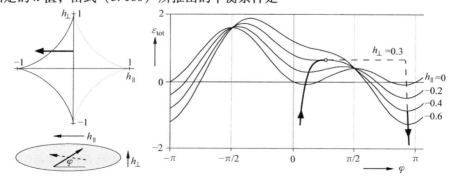

图 3.47　在一般的非对称情况下，对一个固定的横向磁场值的 Stoner – Wohlfarth 转变。对若干不同的纵向磁场值画出了简约总能量和磁化强度角之间的函数关系[617]。图中粗线指出计算得到的能量极小值从正饱和值（$\varphi = 0$）开始，逐渐接近不稳定点，然后在不稳定点处跃变到接近于 $\varphi = \pi$ 处。当接近此点时，磁化强度角表现出强烈的漂移，这使我们能单独从极小位置来计算翻转点。详情见正文中的解释

$$h_{\parallel} = (- \sin\varphi_0 + h_{\perp}) \cot\varphi_0 \qquad (3.101)$$

由此得到磁化率的倒数 $1/\chi = \partial h_{\parallel}/\partial\varphi_0$：

$$1/\chi = (\sin^3\varphi_0 - h_{\perp})/\sin^2\varphi_0 \qquad (3.102)$$

根据式（3.97），它在翻转点处将为零。

如图 3.48a 所示，在探究这个零值的特征时，我们发现倒数磁化率在接近翻转点时具有竖直的切线。这也可以解析地从式（3.101）和式（3.102）估算导数 $\partial h_{\parallel}/\partial(1/\chi)$ 来得到证实，它在翻转点也为零。又如图 3.48a 所示，倒数磁化率的二次方 $1/\chi^2$ 在转变点处线性地趋于零。因此，即使没有二阶导数，也可以通过外推来得到翻转点。同样翻转点的 φ_0^{sw} 值也可以通过做出平衡角 φ_0 对 $1/\chi$ 的曲线并外推到 $1/\chi = 0$ 而求得，如图 3.48b 所示。这种行为除了在 $h_{\perp} = 0$ 的特殊情况下都存在，也包括普遍的一维各向异性函数 $g(\varphi)$ 的情况。

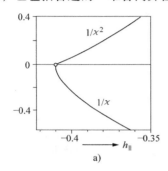 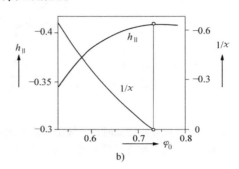

图 3.48 　a）图 3.47 的实例中磁化率 $\chi = \partial\varphi_0/\partial h_{\parallel}$ 及其二次方的倒数对施加磁场的函数

关系。b）用将倒数磁化率 $1/\chi$ 对磁化强度角 φ_0 的函数曲线外推到

$1/\chi = 0$ 来确定翻转点的磁化强度角。在图 b 中也能找到 $\varphi_0(h)$

3.5.3.2　对称翻转和成核

过去，有一种较为特殊的情况引起了人们浓厚的兴趣。即磁场正好沿着颗粒的易轴施加，此时能量剖面的行为如图 3.49 所示。磁化强度矢量一直到翻转点始终保持不变，不可能像 3.5.3.1 节中那样通过跟踪平衡磁化强度角来预测磁化翻转事件。此时一种选择是基于能量函数的二阶导数来进行微磁学稳定性分析。

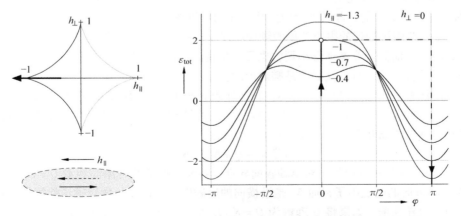

图 3.49 　磁场正好沿易轴时的对称一级翻转。在这一特殊情况下，翻转前后磁化强度角保持固定值

在 Stoner – Wohlfarth 情景中另一种特殊情况也可以进行研究，即连续的、二级相变的情况。这种转变出现在当磁场正好垂直于易轴时。在这种情况下，能量剖面的行为如图 3.50a 所示，其中磁化强度角在磁场较大时保持恒定。低于临界点 $h_\perp = 1$ 时，平衡磁化强度角 φ_0 以一种类似二次方根函数的形式向两边连续地转动。将横向的角度偏离的二次方对施加磁场的函数关系"从下往上"外推就可得到临界点，如图 3.50b 所示。

下面我们将看到在 Stoner – Wohlfarth 模型中所考察的三种原型的一般特征，并探索它们在刚性磁化强度的假设不再成立的较大颗粒中相应的情况。

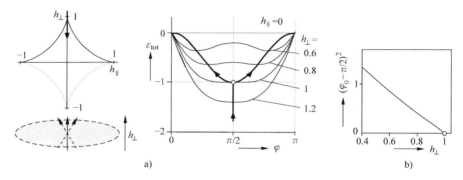

图 3.50 当磁场沿难磁化方向施加时的二级磁化强度偏移（图 a）。在此情况下可以通过将磁化强度偏移量 $\varphi_0 - \pi/2$ 的二次方从低磁场方向外推到临界点，从而获得转变点，如图 b 所示

3.5.4 经典解

当磁化强度一直到成核或翻转点始终保持均匀和恒定，就有可能对成核问题进行严格的解析处理。在这种情况下，微磁学方程式可以围绕其起始结构进行线性化处理，并可以进行系统的稳定性分析[618,619]。这一理论要求满足下列条件：

- 颗粒必须是椭球形的，包括无限大平板和椭圆截面的无限长柱体的极限情况。
- 各向异性必须至少是正交的，其对称轴与样品轴一致。
- 磁场必须准确地沿着椭球的一个轴方向。
- 样品在磁性上必须是均匀的。
- 颗粒必须是孤立的，和其他颗粒的相互作用可以忽略。

在 3.5.3.2 节中讨论过的很小的单畴颗粒就属于这一类，但在这种情况下交换劲度效应抑制了非均匀翻转，故而甚至非椭球形小颗粒也可包括在此讨论中。对较大的样品，如果要应用这里所讨论的解析的微磁学工具，就必须是椭球形的。

大多数的注意力集中在磁场沿着对称轴时旋转椭球体的翻转磁场（见参考文献 [34, 514]）。发现了两种主要的成核模式：对小样品的一致转动和对较大样品的"**涡旋模式**"。对一致转动模式，翻转磁场和 Stoner – Wohlfarth 模型相同。在另一种简约单位中，它可写作：

$$h_{\text{nucl}}^{\text{coh}} = -Q + N_\parallel - N_\perp \tag{3.103a}$$

式中，$h = \mu_0 H/J_s$ 是简约外磁场。对单轴各向异性，各向异性常数可用简约量 $Q = K_u/K_d$ 来表示。$N_\parallel$ 是沿对称轴方向的退磁因子，而 $N_\perp$ 是沿横向的退磁因子。这样，翻转磁场就等于经过形状效应修正后的各向异性场。如果将 Q 理解为 $Q = K_c/K_d$ 的话，同样的公式也适用于立方各向异性。[要看清楚式（3.103a）和 Stoner – Wohlfarth 结果的一致性，必须记住在 3.5.2 节中形状各向异性是包含在总的各向异性中的]。

对较大的颗粒，不均匀的涡旋模式取而代之。这种模式在很大程度上避免了在均匀转动过程中必须克服的杂散磁场。在式（3.103a）中的横向退磁因子 $N_\perp$ 决定了均匀转动中的杂散磁场。在涡旋模式中，它将被一项依赖于横向颗粒半径的交换劲度项所取代。在我们的单位体系中结果变为

$$h_{\text{nucl}}^{\text{curl}} = -Q + N_\parallel - q^2/\rho^2 \qquad (3.103\text{b})$$

式中，ρ 是以交换长度为单位的颗粒半径，$\rho = R/\sqrt{A/K_d}$，而 q 是一个依赖于颗粒外形比率的数值常数（对无限大平板、球形和无限长柱体分别为 $q = 2.115$、2.082 和 $1.841^{[621]}$）。在示意图 3.21 中表示了旋转对称的涡旋模式。垂直于颗粒轴的磁化强度分量按图中所示的形式向着颗粒的周边逐渐增大。

示意图 3.21

在大多数情况下这两种模式是可能发生的仅有的模式。只有在伸长颗粒的很窄的区段中被证实存在另一种所谓折曲模式[619]。由于这种模式重要性很小，我们在此将其略去。

由一致转动模式转变为涡旋模式的临界尺寸可以将式（3.103a）和式（3.103b）等置来计算，得到

$$\rho_c = q/\sqrt{N_\perp} \quad \text{或者} \quad R_c = \left(q/\sqrt{N_\perp}\right)\sqrt{A/K_d} \qquad (3.104)$$

这些严格的结果，特别是对 $Q \gg 1$ 的高各向异性颗粒来说是很有兴趣的。因为按照式（3.103b），此时翻转磁场 h 在我们的简约单位体系中很接近于 $-Q$。虽然对更大的样品来说，磁畴的状态在零磁场下明显地具有较低的能量（见 3.3.2 节），但如果样品的起始状态是沿易轴的饱和状态的话，这种磁畴的状态对理想的椭球形样品来说不可能达到。成核场将等同于矫顽力，因此，这一技术上非常重要的物理量将接近于其理论极限 $H_c = 2K_u/J_s$，即使对大颗粒也是如此。由于这一结果和所有的实验事实不一致，这常被称作布朗佯谬。解决理论与实验之间看起来相互矛盾的问题来自于实际样品的非椭球形状。对椭球形状的任何偏离（特别是存在突出和犄角）、各向异性强度或方向上的任何起伏（如缺陷或杂质周围）都会引起过早的成核和翻转。如果早期成核发生了，一个低能量的磁畴就占据了，于是磁化就通过畴壁位移过程持续地发生。这些过程的细节目前在很大程度上仍不清楚，原则上如何进行处理将在 3.5.5 节中介绍。

3.5.5　一般情况下的数值估算

不少早期的作者试图探索非椭球形颗粒成核过程的详细机制，然而并未得到令人信服的结果[622,623]，即使随着高性能计算机以及更有效的计算方法的发展，翻转磁场的计算仍远不是轻而易举的。一种"自在计算"（cavalier）方法是将由一种结构转换成另一种结构如何更有利交由计算机算法来决定[581,624,625]。这样的步骤只有在离散网格结果的独立性能够明显地显示的情况下才能被接受。否则就不能排除数字化赝像。不幸的是，大多数作者未能遵从这一前提，因为他们已经用到了他们的存储容量和计算时间的极限。Aharoni[514]对于这类结果的怀疑态度得到了充分的证实。然而，他提出的对每一个数字有限元程序中要包含一个稳定性检验的步骤[514]是不现实的。如果对一个变量通过二阶导数为零定义一个不稳定点，这个判据对很多个变量只对应于二阶导数矩阵中一个本征值为零[626]。如果一个颗粒必须被分割为 $100 \times 100 \times 100$ 个元胞，每个元胞要有两个角变量，这意味着必须确认一个 $2 \times 10^6 \times 2 \times 10^6$ 个单元的矩阵不存在负的本征值。

但是，也有一种替代办法，其基本概念在 3.5.3.1 节中已经介绍了。在一般情况下，磁化强度在接近翻转磁场时并不保持恒定，或者（对小颗粒来说）整个的磁化强度场，或是仅仅某些核，将逐步偏离趋向不稳定点。如 3.5.3.1 节中所述，一些外推的步骤可确定翻转点而不需要进

行全面的分析。在这里我们并不试图做数学证明,仅对若干例子进行尝试,并展示其中一种情况的可行性。

一个矩形横截面的高各向异性颗粒受到与其起始磁化方向相反的磁场作用[627],当接近翻转磁场时,在样品角上观察到了一个局域化的磁化强度偏移,它具有交换长度 $\sqrt{A/K_d}$ 的尺度。我们将角上的横向磁化分量对外磁场的导数定义为"磁化率",如3.5.3.1节中那样画出磁化率倒数的二次方对磁场的函数曲线,实际上就得到了临界磁场(见图3.51),它只要当离散元胞比交换长度 $\sqrt{A/K_d}$ 小,就不依赖于离散度,这一步骤避免了在临界点处的计算,这种计算是十分困难的。

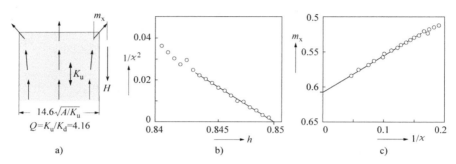

图3.51　a)在一个棱柱形高各向异性单轴样品边缘的成核过程。b)如图3.48所示,样品的翻转磁场是通过外推倒数磁化率 χ 的二次方而得到的,其中对于边缘磁化强度矢量,磁化率定义为 $\chi = dm_x/dh$。c)由外推得到的在翻转点处边缘磁化强度角的偏移值。在参考文献[627]中可以找到关于这些微磁学有限元计算的进一步细节

这里所述的方法在参考文献[628]中做了更进一步的说明,它也可以如图3.49和3.5.4节中讨论的那样间接地用于分析对称的突变翻转事件。如果磁场倾斜于对称轴,可以发现容许外推到临界点的先兆,这些临界点可以"沿着星形曲线"向对称磁场轴外推。这种方法可以被用于一般的椭球体,这至今尚未进行解析处理。在参考文献[628]中探索了另一种对称的实例,其中当接近翻转点时,其结构并不保持均匀磁化,但是也观察不到翻转的先兆。在此情况下,翻转模式是一种"非一致转动",它可以通过检测其在倾斜磁场中的行为来进行分析。

3.5.6　连续成核(二级相变)

在3.5.3.2节中讨论过的另一种特殊情况是一种和二级相变及自发对称破缺有关的对称、但连续的磁畴形成过程。一种在磁场较大时稳定的高对称性结构在临界磁场下连续地衰变成几种简并的低对称相中的一种,这些相可以用一种如图3.50b中的偏转角 $\varphi_0 - \dfrac{\pi}{2}$ 那样的"级参数"来表征。

一般情况下只能聚焦于低对称性结构,用数值方法进行处理。在靠近临界点时,当磁场逐渐增大,低对称相的级参数将逐渐减小。如果作图方法正确的话,就可以应用外推的方法。这一技术在薄膜样品中广泛地应用于畴壁相图的外推[629]。这方面也可见于3.7.2节中对密条状磁畴的讨论。

这种现象在小颗粒中也起作用,不仅对3.5.3节中展示过的沿难轴的磁场的情况,也对前面

两小节中讨论过的沿易轴的磁场的情况起作用。例如 Ehlert 等[630] 对柱状颗粒的翻转磁场进行了数值计算。他们发现对尺寸足够大的扁平钴圆柱（在正向饱和磁化后），成核场保持正值并随之出现一个连续的涡旋翻转过程，而不是不连续的翻转。由于涡旋翻转过程可以在两种旋转指向中任一种旋转指向上发生，这一转变必定是符合假设的一种类型。在图 3.52 中显示并解释了一种在低各向异性的立方颗粒中发现的二级相变。

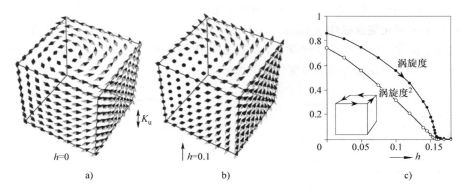

图 3.52　在一个低各向异性的立方颗粒中发生的一种二级相变（$Q = 0.001$，$L = 10\ \sqrt{A/K_d}$）。零磁场时的涡旋态（图 a）在沿对称轴磁场中其涡旋度减小的情况（图 b）。画出涡旋度的二次方对作用磁场的函数关系曲线就可外推得到临界点（图 c）。简约磁场定义为 $h = \mu_0 H/J_s$。磁化强度必须被理解为指向在图 a 和图 b 中双锥图标的深色端[628]

3.6　畴壁

要分析大样品的相理论和小颗粒磁化翻转两个领域之间的磁性微结构需要一些畴壁结构的知识，这里就是详细讨论这些问题的地方。畴壁结构的计算应该是微磁学对磁畴分析的最重要的贡献。其真实性基于以下两个理由：从实验上说，畴壁难于被研究，因为在它原本被观察到的样品表面处它的性质改变了。另外，在大多数情况下，要将单一的畴壁和它的近邻隔离起来以测量其性质是困难的。通常许多畴壁在一个复杂的网络中相互作用。从另一方面看，畴壁的理论方面是很直接的，并已很好地建立起来了。对畴壁进行计算是通常选择的方法，而不是试图用实验方法来决定其能量和结构。对于足够宽大且平整的畴壁尤其如此，它可以作为平板和一维的情况进行考虑。正如 Landau 和 Lifshitz 在他们开创性的工作[22]中首先提出的，这类畴壁可以用一种较为简单的变分方法进行**计算**。如果出现二维或三维畴壁的情况，例如在薄膜样品中，处理就比较困难，但仍然是可能的。我们在这里提供的材料，大部分是在这一课题上本书作者 Hubert 早期教科书[509]的简略的、最新的扼要重述。

3.6.1　无限大平面畴壁的结构和能量

3.6.1.1　最简单的 180°畴壁

让我们从所有畴壁中最简单的情况开始，即在无限大介质中，其磁致伸缩可以忽略的分隔磁化方向相反的两个磁畴的平面 180°畴壁（见图 3.53）。

如果畴壁面包含各向异性轴，磁畴中的磁化强度均平行于畴壁，就不会存在总体的磁荷，也就意味着垂直于畴壁的磁化强度分量在畴壁的两面是一样的。此外，如果磁化强度平行于畴壁面而转动（见图 3.53a），在畴壁内部也不存在磁荷，此时杂散磁场能呈现其最小值零。这种畴壁模式首先由 Landau 和 Lifshitz 提出并进行计算[22]，通常被称为布洛赫壁，用来纪念 Felix Bloch[12]，他首先构思了连续的畴壁过渡。

为了证明所考虑的在大块材料中不产生杂散磁场的 180°畴壁具有最低的能量，我们来看一下可能的磁化强度方向的球体（见图 3.54a）。为了证明这一论点，我们假定各向异性轴和图 3.54b 中的极坐标轴一致。那么在磁畴中的磁化强度就指向球体的南北极。在畴壁中，磁化强度沿着我们所谓的**磁化强度径迹**（magnetization path）从一个极转到另一个极。下面我们将看到，一旦我们知道了磁化强度转动的径迹以及沿此径迹的各向异性能，我们就能计算出畴壁的剖面。因此，让我们首先来寻找选择磁化强度径迹的论据。

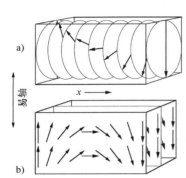

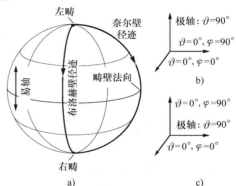

图 3.53　在无限大单轴材料中磁化强度矢量从一个磁畴通过 180°畴壁转到另一个磁畴的情况。中示出两种可能的转动模式：称为布洛赫壁的最佳模式（图 a）和较为不利的奈尔壁（图 b）进行比较，后者在薄膜样品中或外加磁场中可能是有利的。对这两种模式，相反的转动具有同样的可能性

图 3.54　可能的磁化强度方向球面。图 a 表示相应于图 3.53 所示的两种转动模式的磁化强度径迹。在畴壁的讨论中两种可供选择的球坐标的定义如图 b、c 所示

各向异性能［式（3.11）］并不依赖于方位角。因而，从各向异性能的角度来看，所有仅有方位角差别的径迹都是等价的。我们可以安全地假设磁化强度径迹形成球面的子午线，因为任何偏离这条最短径迹在能量上都不会有利。如果所有子午线在长度和各向异性方面都是相等的，那么不会产生杂散磁场的径迹将更有利。可能的布洛赫壁的磁化强度径迹是两根平行于畴壁面的子午线，在这两条镜面对称的布洛赫壁径迹之间没有什么差别，它们是简并的。

为了计算布洛赫壁的能量及其结构，我们转换到一个以畴壁**法线**方向为轴的极坐标系中（见图 3.54c）。当 φ 在畴壁中从 90°转到 -90°时，ϑ 是 0°。我们忽略第二各向异性常数，将第一各向异性常数用 K 表示，令 x 是垂直于畴壁的坐标，φ' 是磁化强度角对 x 的导数。那么，比畴壁能 γ_w——畴壁每单位面积的总能量——就是对式（3.7b）和式（3.11）的积分：

$$\gamma_w = \int_{-\infty}^{\infty} \left[A\varphi'^2 + K\cos^2\varphi \right] \mathrm{d}x, \varphi(-\infty) = \frac{\pi}{2}, \varphi(\infty) = -\frac{\pi}{2} \tag{3.105}$$

变分计算可得出函数 $\varphi(x)$，它在边界条件下使 γ_w 达到极小。其解可由欧拉方程推得：

$$2A\varphi'' = -2K\sin\varphi\cos\varphi \tag{3.106}$$

此方程乘以 φ' 然后对 x 求不定积分，就得到第一次积分：

$$A\varphi'^2 = K\cos^2\varphi + C \tag{3.107}$$

对一个在无限大介质中的孤立畴壁，在无穷远处导数 φ' 必须为零。推出 $\cos\varphi_\infty = 0$，从而得到

$C=0$。一阶积分式（3.107）告诉我们在畴壁中的每一点交换能密度和各向异性能密度相等。在各向异性能高的位置，磁化强度转动得更快，导致更高的交换能。

最终的结果可以通过对 dx 求解式（3.107）来获得：

$$dx = \sqrt{A/K}d\varphi/\cos\varphi \qquad (3.108)$$

将此 dx 表达式连同式（3.107）代入畴壁总能量表达式（3.105）就得出：

$$\gamma_w = 2\int_{-\infty}^{\infty} K\cos^2\varphi \, dx = 2\sqrt{AK}\int_{-\pi/2}^{\pi/2}\cos\varphi \, d\varphi = 4\sqrt{AK} \qquad (3.109)$$

将式（3.108）积分，我们就能得到 $\varphi(x)$ 的函数关系（见图 3.55）：

$$\sin\varphi = \tanh\xi; \quad \xi = x/\sqrt{A/K} \qquad (3.110)$$

[这一关系的另一种形式是 $\cos\varphi = 1/\cosh\xi$ 和 $\tan\varphi = \sinh\xi$。具有相反旋转指向的畴壁由式（3.108）的符号相反的根求得，可由 $-\sin\varphi = \tanh\xi$ 来表示]。

当 x 值很大时磁化强度角以指数形式趋近式（3.105）中的边界。在距离为 $5\sqrt{A/K}$ 时，双曲正切函数和其渐近线值之差小于 10^{-4}。这也说明了无限大介质的解即使对积分限并未延伸到无穷远处时也是一个很好的近似的原因。对于有限范围内的

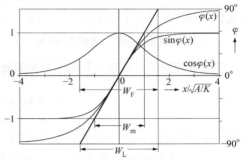

图 3.55　计算得到的 180° 布洛赫壁的剖面和不同畴壁宽度的定义（见正文）

严格解可以通过在一次积分式（3.107）中选择不同的积分常数 C 来获得。这样就能得到描述相互作用着的平行畴壁的周期函数。但紧密堆砌的畴壁在普通的大块铁磁体中从未发生。紧密堆砌的畴壁在薄膜或薄板样品中会以密条状磁畴的形式出现（见 3.7.2 节），但在这种情况下一维的理论并不成立。也有一些材料具有出现调制结构的内禀倾向[631,632]，有时也可以用这种解来描述。在普通铁磁体中，不必要考虑周期性解。

3.6.1.2　较小畴壁角的畴壁

90° 畴壁和其他磁化强度转动小于 180° 的畴壁自然会在多轴各向异性材料中或在单轴材料中外加垂直于易轴的磁场下出现。计算这类畴壁的恰当步骤是十分有启发意义的，这里我们在基础水平上对其进行讨论。

在静态平衡中，作用在畴壁上的磁场必须指向垂直于单轴材料的易轴。在最简单的情况下，磁场指向平行于畴壁且平行于畴壁中心处的磁化强度方向。于是，总的广义各向异性函数就是

$$G(\varphi) = K_{u1}\cos^2\varphi - HJ_s\cos\varphi \qquad (3.111)$$

在磁畴中，函数 $G(\varphi)$ 相对于 φ 来说是稳定的，就是说导数 $\partial G/\partial\varphi$ 为零。这就导致对磁畴内部的磁化强度角 φ_∞ 来说下列隐函数方程成立：

$$HJ_s = 2K_{u1}\cos\varphi_\infty \qquad (3.112)$$

一个例子：$h = \frac{1}{2}HJ_s/K_{u1} = \sqrt{1/2}$ 意味着 $\varphi_\infty = \dfrac{\pi}{4}$，或者畴壁转动角 $2\varphi_\infty$ 为 90°。按式（3.112），磁畴中的能量密度为 $G_\infty = -K_{u1}\cos^2\varphi_\infty$，在计算这种畴壁时，我们必须从自由能表达式（3.111）中减去这一背景能量。代入式（3.112），我们就能得到此畴壁额外的能量：

$$G(\varphi) - G_\infty = K_{u1}(\cos\varphi - \cos\varphi_\infty)^2 \qquad (3.113)$$

这一新的广义各向异性能密度的行为和式（3.105）中的函数 $K\cos^2\varphi$ 十分类似。它在中心（$\varphi=0$）处显示最大值（见示意图 3.22），而当 φ 为表示磁畴中的数值时［即在式（3.105）中 $\varphi = \pm\dfrac{\pi}{2}$，在式（3.113）中，$\varphi = \pm\varphi_\infty$］，此函数的值和其微商的值皆为零。由此，如同在

3.6.1.1 节中所处理的基本情况一样，就能计算出畴壁的结构和能量。我们在 3.6.2.2 节中将展示在单轴材料中和更广泛类别的畴壁相关的情况。

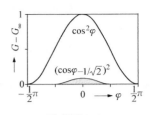

示意图 3.22

3.6.1.3 畴壁宽度

例如在式（3.110）中显示的，畴壁在两个磁畴中间形成连续的过渡。由于此原因，畴壁的宽度就没有唯一的定义。如图 3.55 所示，Lilley[633] 引入的经典的定义是根据磁化强度角 $\varphi(x)$ 的斜率来确定的。在我们的例子中，其值为 $W_L = \pi \sqrt{A/K}$，也在这张图中指出的另外一种定义考虑了磁化强度的分量 $\sin\varphi$ 在原点处的斜率，这就得到 $W_m = 2\sqrt{A/K}$。

畴壁宽度的第三种定义是根据总畴壁磁通量来确定的，表示为 $W_F = \int_{-\infty}^{\infty} \cos\varphi(x)\,\mathrm{d}x$。在我们这个例子中，$W_F$ 和 Lilley 的畴壁宽度 W_L 相一致。因为 $\int_{-\infty}^{\infty} 1/\cosh x\,\mathrm{d}x = \pi$，由 Jakubovics[634] 所主张的第四种定义在我们的例子中由 $W_J = \int_{-\infty}^{\infty} \cos^2\varphi(x)\,\mathrm{d}x$ 来估算，这对简单的畴壁来说导致 $W_J = W_m$ 的结果。这种定义和 W_F 同样由一个积分表达式来定义，能更可靠地从实验上进行确定，而不只是基于磁化强度矢量剖面中的一个点。

这四种畴壁宽度的定义到底选用哪一种取决于特定的场合。Lilley 的定义 W_L 是最常用的。用于和透射电子显微术的观察进行比较，则 W_m 合适。因为电子主要是受某个磁化强度分量的作用而偏转（取决于实验的几何排布）。积分宽度 W_F 是和比特图形的对比度相关联的，因为它决定了在一个畴壁上面的净磁通。在有些情况下 Jakubovics 的定义 W_J 比 W_F 更可取。例如，有一些畴壁会将一些磁通转移到表面上，在低各向异性材料中，它们倾向于通过形成表面涡旋来抵偿表面的磁通（在 3.6.4.4 节中将处理具有这类性质的畴壁，在 2.2.4 节中可以看到对它的定性的讨论）。在这种情况下，靠近表面处 $W_F \approx 0$，W_F 就没有用处了。

所有这些定义也都可以应用于如 3.6.1.2 节中已讨论过的具有较小夹角的畴壁。在切线定义中极限角 $\pm\dfrac{\pi}{2}$ 必须用 $\pm\varphi_\infty$ 来代替。如果在各向异性函数中包含亚稳定状态，在剖面中将出现不止一个最陡的切线。在 3.6.2.1 节中将显示在这种情况下进行操作的方法。如果如在式（3.113）中那样使用恰当的广义各向异性函数，畴壁宽度的积分定义也会出现同样的情况。

3.6.1.4 经典布洛赫壁的一般理论

上述引导性的实例的解可以被系统地进行推广。我们用分步的模式来进行，逐步扩展其适用范围。然后显示这些更普遍的情况如何能简化为一开始的基本情况。作为出发点的问题是没有杂散磁场也没有磁弹性自作用能贡献的普通的经典布洛赫壁。我们将看到它的解和在 3.6.1.1 节中呈现的基本例子的解非常接近。

首先，我们研究这种畴壁存在必须满足的先决条件。如果畴壁必须处于静态平衡状态，它必须分隔两个能量相等的磁畴（否则，通过畴壁移动能量将发生变化）。如 3.4.2.1 节的相理论中所讨论过的那样，这暗示着对容许的磁场方向的限制。

令 $m^{(1)}$ 和 $m^{(2)}$ 代表两个磁畴中的磁化强度矢量，不产生杂散磁场的要求导致：①对容许的畴壁法线方向的限制；②对转动模式的条件。由在畴壁上净磁荷为零的要求可推出容许的畴壁法线方向 n 为（见 3.2.5.1 节）：

$$n \cdot (m^{(1)} - m^{(2)}) = 0 \qquad (3.114)$$

图 3.56 中示出对铁中的 90°畴壁来说，两个磁畴中磁化强度方向的差值矢量必须处于畴壁平

面上。这确定了一根轴线，畴壁可围绕此轴线转动而不产生杂散磁场。我们将畴壁取向角定义为畴壁面和（$m^{(1)}$，$m^{(2)}$）面之间（较小的）夹角 Ψ（这种定义对180°畴壁不能适用。其中需要定义一种特定的取向角）。在畴壁内部，磁化强度的法向分量一定不能改变。在我们的极坐标系中（见图3.54c）极角 ϑ 是常数。转动仅由方位角 φ 来描述。"磁化强度径迹"形成对赤道的平行线。

计及这些考虑，一个普通的畴壁相对于磁畴而言的高出的能量可由下式表示：

$$\gamma_w = \int_{-\infty}^{\infty} [A\cos^2\vartheta_0\varphi'^2 + G(\vartheta_0,\varphi) - G_\infty]dx$$
$$\varphi(-\infty) = \varphi^{(1)}, \varphi(\infty) = \varphi^{(2)} \qquad (3.115)$$

式中，$G(\vartheta_0,\varphi)$ 是广义各向异性函数，它可以包含常规的各向异性能、外磁场能和（或）"外"应力能（由非磁性起源的应力产生的）。G_∞ 是这一函数在磁畴中的值。角度 ϑ_0、$\varphi^{(1)}$ 和 $\varphi^{(2)}$ 属于磁畴内的（易）磁化方向。坐标 x 指向垂直于畴壁。

计算步骤基本上和3.6.1.1节中类似。第一次积分，相当于式（3.107），变为

$$A\cos^2\vartheta_0\varphi'^2 = G(\vartheta_0,\varphi) + C \qquad (3.116)$$

积分常数 C 可由无限远处的边界条件推得：$C = -g(\vartheta_0,\varphi^{(1)}) = -G(\vartheta_0,\varphi^{(2)}) = -G_\infty$，这就可推得 dx 的表达式：

$$dx = d\varphi\sqrt{A\cos^2\vartheta_0/[G(\vartheta_0,\varphi) - G_\infty]} \qquad (3.117)$$

此式可被积分而得到畴壁形状 $x(\varphi)$ 的隐函数形式。同样，我们可得到畴壁能的定积分式：

$$\gamma_w = 2\sqrt{A}\cos\vartheta_0\int_{\varphi^{(1)}}^{\varphi^{(2)}}\sqrt{G(\vartheta_0,\varphi) - G_\infty}d\varphi \qquad (3.118)$$

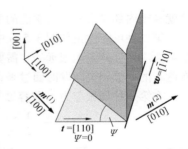

图3.56　在铁中的一个90°畴壁容许的畴壁方向。差值矢量 $w = m^{(1)} - m^{(2)}$ 必须处于畴壁面上以避免远程杂散磁场。切线矢量 t 是任意的。不同取向角 Ψ 的畴壁都没有磁荷，但比畴壁能和磁弹性性质各不相同

这样，经典布洛赫壁的计算就简化为一个简单的积分表达式。此式常可以进行解析运算，也通常易于进行数值计算。

3.6.1.5　包含内部应力的情况

在下一步里，要包含在畴壁中的磁致伸缩应力的效应。要区分两种可能性（见图3.57）：在简单的情况下，额外的弹性能被限制在畴壁的内部。为确保这一点，两个磁畴相对于畴壁来说必须是弹性**兼容**的，意思是两个磁畴的自由形变在畴壁切向的任何分量都没有差别。所有的180°畴壁都是兼容畴壁的例子，也包括图3.57a所示的（100）90°畴壁。在后一种情况下，两个磁畴如这些磁畴中应力椭圆所示的那样互相适应。弹性兼容性条件（在一维情况下）也贯穿整个畴壁产生了恒定的切向应变。在畴壁内部的自发形变（也在图3.57a中以椭圆表示）和畴壁嵌入的磁畴中的应变是不兼容的，

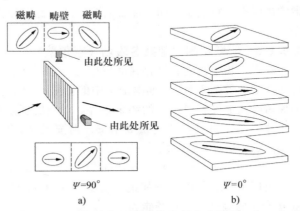

图3.57　在畴壁内部及周边的内部应力图示。在一个（110）90°畴壁中［图a；$\Psi=90°$，见图3.56］，磁畴的自由应变是兼容的，应力被局限于畴壁中。（对 $\lambda > 0$ 的情况，应变用一个夸张的椭圆来表示。）这可由两个方向的投影看出来。对一个（100）90°畴壁来说（图b），磁畴的应变是不兼容的，感生的应力将延伸至无穷远处

135

这就导致内部应力和对畴壁能的额外贡献[27,24]。

第二种可能性是如图 3.57b 中对（100）90°畴壁所示的那样，磁畴本身就不兼容，这就导致磁弹性应力延伸到无限远处，需要对磁畴边界条件进行特殊处理。我们将在 3.6.1.7 节中介绍与有磁荷的畴壁相关问题时回过来讨论这个问题。

在第一种局域应力（兼容磁畴）的情况下，我们可以应用一维弹性问题的通用式（3.57）：

$$e_{ms}(x) = \frac{1}{2}\sum_{iklm}\left[\sigma_{ik}^0(x) - \overline{\sigma_{ik}}\right]\left[\sigma_{lm}^0(x) - \overline{\sigma_{lm}}\right](s_{iklm} - n_i n_l F_{km}^{inv}) \tag{3.119}$$

张量 F^{inv} 是 $F_{km} = \sum n_i n_l c_{iklm}$ 的倒数，它仅依赖于弹性系数和畴壁法线方向 $\boldsymbol{n}$。将畴壁内部的磁化强度矢量的分量代入式（3.49）就得到准弹性应变张量 $\boldsymbol{\sigma}^0$。$\overline{\boldsymbol{\sigma}}$ 是 $\boldsymbol{\sigma}^0$ 在两个磁畴中的平均值。如果两个磁畴是兼容的，则式（3.119）中在磁畴中的额外能量为零，而其在畴壁内的贡献可以被包含在 $G(\vartheta_0, \varphi)$ 中，就简化为一般理论中［式（3.115）~ 式（3.118）］的情况。

磁弹性效应的大小通常只相当于以 $G_s\lambda^2$ 为尺度的一个小的修正值，其中 G_s 是剪切模量（它可能依赖于方向），λ 是磁致伸缩系数（见 3.2.6 节）。按照图 3.16，这项能量密度在大多数材料中和各向异性能比起来是较小的，特别是对单轴材料，磁致伸缩对畴壁能的贡献通常是可以忽略的。

但是，有时候磁致伸缩能的考虑是不可缺少的。考虑在铁中一个（100）180°畴壁，其磁化强度由［001］方向转到相反方向。按照判据式（3.114），这一畴壁平面从静磁学角度看是容许的。在此畴壁中磁化强度必须平行于（100）面转动，在此畴壁的中心处磁化强度要与［010］或［0 1̄ 0］方向相合。这样，中心处的各向异性能就和磁畴中的一样。按照式（3.117），这将导致无限大的畴壁宽度。换句话说，（100）180°畴壁倾向于分裂成两个分隔的（100）90°畴壁，中间插入一个［010］或［0 1̄ 0］磁畴，但此磁畴和外侧两个磁畴弹性上是不兼容的。包括磁致伸缩自作用能一起考虑解决了这个问题，这在 Néel[27] 和 Lifshitz[24] 的经典论文中有明确的表述。磁致伸缩自作用能导致畴壁的收缩，这就消除了畴壁宽度的发散性。所得的畴壁宽度仍然超过通常的畴壁，特别是对如磁性石榴石那样的低磁致伸缩的材料来说（见 3.6.3.1 节中的 180°畴壁"）。

3.6.1.6 畴壁中的内部杂散磁场（奈尔壁）

在下一步中我们容许存在畴壁中的杂散磁场：允许角度 ϑ（见图 3.54c）偏离磁畴中的值 ϑ_0。我们仍旧保留畴壁上没有净磁荷的约束条件。现在的复杂性在于我们必须对付两个变量 ϑ 和 φ，则按式（3.7b）交换能必须广义地表示为

$$e_x = A(\vartheta'^2 + \cos^2\vartheta\varphi'^2) \tag{3.120}$$

类似于一维杂散磁场能的计算式（3.20），由变量 ϑ 产生的额外杂散磁场能为

$$e_d = K_d(\sin\vartheta - \sin\vartheta_0)^2 \tag{3.121}$$

如果垂直方向的磁化强度分量在各处是一样的（$\vartheta = \vartheta_0$），则杂散磁场能为零。我们预期对这种条件有偏离，例如，如果沿着没有杂散磁场的平行于赤道的磁化强度径迹比磁畴磁化方向之间的最短径迹更长的情况。图 3.58 显示了一种单轴材料中在垂直于易轴

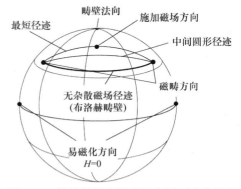

图 3.58 单轴材料在外磁场作用下磁化强度的圆形径迹。如果磁化强度矢量在方向球面上沿着一个圆的话，畴壁结构可以用基本的方法计算出来。注意，图中的方向球面和图 3.54a 中的比起来转动了 90°

的外磁场作用下一个畴壁的这种情景。

对处理需要两个角变量的畴壁计算来说有几种可能性。一种简单的近似方法假设有一条圆形的磁化强度径迹而不是无杂散磁场的平行于赤道的情况。在无杂散磁场的平行径迹和最短的可能径迹之间（见图 3.58）将存在一条最佳的圆形径迹，它将是畴壁能和畴壁宽度计算的很好的近似，哪怕实际的磁化强度径迹更加复杂。最大的偏离发生在边界点周围，这里精确的径迹对畴壁能量和宽度的计算影响甚小。从技术上看，圆形径迹的近似方法可以通过适当的坐标变换将其简化为标准的单变量问题。

圆形磁化强度径迹方法的一个优点是可以用来处理对无杂散磁场布洛赫壁模型的任意大的偏离。如果对无杂散磁场模型的偏离较小，还有另一种基于将函数 $G(\vartheta,\varphi)$ 对小的 $\vartheta-\vartheta_0$ 进行展开的方法[635,509]，这种假设对一些杂散磁场能常数 K_d 比各向异性的贡献要大的软磁材料通常能得到证实，于是我们就可以忽略和 ϑ 变化有关的交换能。而最终得到下列近似表达式：

$$\vartheta - \vartheta_0 \cong -F_1/F_2$$
$$F_1(\varphi) = G_\vartheta(\vartheta_0,\varphi) - 2G(\vartheta_0,\varphi)\tan\vartheta_0$$
$$F_2(\varphi) = 2K_d\cos^2\vartheta_0 + G_{\vartheta\vartheta}(\vartheta_0,\varphi) - 2G(\vartheta_0,\varphi)(1-\tan^2\vartheta_0) \tag{3.122}$$

式中，G_ϑ 指函数 G 对 ϑ 的导数，依此类推。

修正值 $\vartheta-\vartheta_0$ 给出相对于完全无杂散磁场的（"布洛赫"）畴壁的相应的广义畴壁的能量增量：

$$\gamma_w - \gamma_w^0 \cong -\frac{1}{2}\int (F_1^2/F_2)(\cos\vartheta_0/\sqrt{G(\vartheta_0,\varphi)-G_\infty})\,d\varphi \tag{3.123}$$

如果 F_1 为零，例如在对称的情况下，则布洛赫壁就是准确的解，对此解的偏离或者是由 $G(\vartheta,\varphi)$ 中的非对称性，或者是由磁化强度径迹要尽量缩短它的长度的倾向引起，这将反映在 F_1 的第二项中。这些偏离主要受限于杂散磁场能项［式（3.121）］即 F_2 中的第一项的二阶微商。在小的外磁场下软磁性材料中的畴壁通常能用这种方法来处理。在强的外磁场下，将发生对无杂散磁场径迹的更强的偏离。这种情况下，可以用圆形磁化径迹的方法进行粗略的探索，或者对二维欧拉方程用直接数值积分进行严格的探究。

图 3.59 将严格计算和近似方法的结果进行了比较，以给出后者适用性的印象。我们可以看到至少在软磁材料（$Q \ll 1$）中近似方法对布洛赫径迹结果的偏离直到外磁场达到各向异性场的一半时仍然是很小的。注意，在磁场方向 $\Psi = 90°$ 时，在接近磁化强度径迹端点处的解或者和无杂散磁场布洛赫壁模式的解保持平行，或者它们开始垂直地偏离（在磁场较大时）。对于边界行为的分析[509]证实了这一观察。如果我们在磁畴方向近邻处将 $G(\vartheta,\varphi)$ 展开至二次项，因为磁畴的磁化强度处于平衡状态，故一阶微商必然为零。上面所勾画出的微扰过程证明了只有二阶导数张量的本征方向被容许作为磁化强度径迹的起始方向。这些方向在图 3.59 中用虚线表示。在临界磁场下可观察到从一个本征值到另一个本征值之间的不连续的过渡。这种过渡可以称为由布洛赫壁到奈尔壁的过渡（见图 3.53），在其他磁场方向角不会发生不连续的过渡。圆形磁化强度径迹近似通常是一种很好的近似，除非是在靠近布洛赫 - 奈尔转变处。后面（见图 3.62 和图 3.63）我们将看到，正是这种转变可以通过一种宏观畴壁折叠加以避免。

3.6.1.7　有磁荷的畴壁及具有长程应力的畴壁

如果式（3.114）得不到满足，在畴壁上就会出现净磁荷，导致畴壁两边磁场都向无限远延伸。如果此畴壁存在于无限大的介质中，这就和发散的杂散磁场相关。但是，如果材料的饱和磁化强度很小，且实际上磁畴的扩展受到限制，如果对总体的磁畴结构来说将引起别的能量的增大，就会出现这种有磁荷的畴壁[636]。下面将表明，在磁畴中的长程磁场及其相应的能量可以和

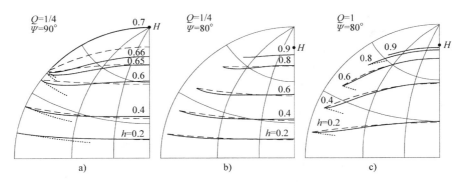

图 3.59　考虑在材料常数 $Q = K_u/K_d$ 的两个数值和两个不同的外磁场方向下，单轴材料的平面畴壁磁化强度径迹的严格计算的例子。角 $\Psi = 90°$ 相应于磁场方向垂直于畴壁。图中仅表示出图 3.58 中方向球面图的 1/4。实线代表精确的二变量的数值计算结果。最佳圆形磁化强度径迹由虚线表示。圆点线是靠近（代表磁畴的）边界点时的非对称磁化强度径迹。只有当磁场平行于畴壁的法向时（图 a）才能观察到靠近简约磁场值 $h = HJ_s/2K_u = 0.67$ 处有一个由布洛赫模式转到奈尔模式的不连续的转变。

在高各向异性材料中趋向于无杂散磁场解的倾向较不明显（图 c）

畴壁分开来，使畴壁可以独立地进行计算。

有磁荷的畴壁在图 3.54c 的坐标系中具有**不同的**磁畴磁化强度角 ϑ_1 和 ϑ_2。式（3.121）就必须被推广为

$$e_d(\vartheta) = K_d[\sin\vartheta - (v_1\sin\vartheta_1 + v_2\sin\vartheta_2)]^2 \tag{3.124}$$

式中，v_1 和 v_2 是磁畴的相对体积（$v_1 + v_2 = 1$）。这个畴壁内部的杂散磁场能的表达式将两个磁畴耦合起来。首先必须计算对于给定的畴壁法向平衡的磁畴磁化强度方向。互相耦合的磁畴的总能量包括按式（3.124）的贡献 $v_1 e_d(\vartheta_1) + v_2 e_d(\vartheta_2)$，可估算得

$$E_{tot} = v_1 g(\vartheta_1,\varphi_1) + v_2 g(\vartheta_2,\varphi_2) + K_d v_1 v_2 (\sin\vartheta_1 - \sin\vartheta_2)^2 \tag{3.125}$$

将这个能量式分别对四个变量 ϑ_1、φ_1、ϑ_2 和 φ_2 求极值，我们就得到对这些未知数的一组四个方程式：

$$g_\varphi(\vartheta_1,\varphi_1) = 0, g_\varphi(\vartheta_2,\varphi_2) = 0$$
$$g_\vartheta(\vartheta_1,\varphi_1) + 2K_d v_2(\sin\vartheta_1 - \sin\vartheta_2)\cos\vartheta_1 = 0$$
$$g_\vartheta(\vartheta_2,\varphi_2) + 2K_d v_1(\sin\vartheta_2 - \sin\vartheta_1)\cos\vartheta_2 = 0 \tag{3.126}$$

例如，用牛顿方法求解这些方程就能得到由净磁荷产生的长程杂散磁场影响下磁畴内的平衡磁化强度角。另一方面，杂散磁场能［式（3.124）］必须被加到简单布洛赫壁理论的广义各向异性函数 $g(\vartheta,\varphi)$ 中，得到

$$G(\vartheta,\varphi) = g(\vartheta,\varphi) + K_d[\sin\vartheta - (v_1\sin\vartheta_1 + v_2\sin\vartheta_2)]^2 \tag{3.127}$$

这一函数在由式（3.126）确定的新边界点 $(\vartheta_1, \vartheta_2)$ 处同样是稳定的。［要证明这一点，列出 $G(\vartheta,\varphi)$ 的导数式并将 ϑ_1 和 ϑ_2 视为常数，再和式（3.126）进行比较］。这样，广义的函数 $G(\vartheta,\varphi)$ 就和惯常的各向异性函数表现完全一样。可以与前面一样来计算畴壁的形式和其额外的能量。长程杂散磁场要求在估计（耦合的）边界条件时更加小心。按照定义，畴壁能包含了与畴壁从布洛赫壁转变为奈尔壁相关联的附加能量。长程杂散磁场的能量必须分别地进行计算。它是畴壁能量的一部分。

另一种非局域的相互作用——磁弹性能，产生类似的效应。磁致伸缩自作用能［式（3.119）］对应于杂散磁场能［式（3.124）］。［记住，式（3.124）中的 $v_1\sin\vartheta_1 + v_2\sin\vartheta_2$ 是

$\sin\vartheta$ 的空间平均值，它相对应于式（3.119）中应力张量的平均值 $\overline{\boldsymbol{\sigma}}$]。（一般情况下）准塑性形变张量 $\boldsymbol{\sigma}^0$ 是磁化强度角 ϑ 和 φ 两者的函数。所以，对边界条件的所有四个方程式包含了来自长程应力的贡献，不像在式（3.126）中那样只对两个 ϑ 的微商。否则，由磁致伸缩引起的"有磁荷的"畴壁和由磁性引起的"有磁荷的"畴壁行为相似，就可以用同样方法进行计算[509]。这些具有长程应力的畴壁比由磁性引起的有磁荷畴壁更经常出现。由于磁弹性能通常比杂散磁场能小，所以没必要在同样的程度上加以避免。这方面的一个改进的例子将在图 3.70 的相关内容中进行讨论。

3.6.2 单轴材料中的广义畴壁

在本小节和接下来的几个小节中，我们将介绍前述一般理论常见的一些应用。我们从 3.6.1.1 节中介绍的基本情况以外的无限大单轴材料的解析解开始。

3.6.2.1 高阶各向异性

首先，如在式（3.11）中那样，我们容许计入各向异性常数的二阶项，令 $\kappa = K_{u2}/K_{u1}$，我们在图 3.54c 的坐标系中可将广义各向异性函数和边界条件写作：

$$g(\varphi) - g_\infty = K_{u1}(\cos^2\varphi + \kappa\cos^4\varphi)$$

$$\varphi(-\infty) = -\frac{\pi}{2}, \varphi(\infty) = \varphi_\infty = \frac{\pi}{2} \tag{3.128}$$

将式（3.117）和式（3.118）积分，就得到布洛赫壁的剖面和能量：

$$\tan\varphi = \sqrt{1+\kappa}\sinh\left[x/\sqrt{A/K_{u1}}\right] \tag{3.129}$$

$$\gamma_w = 2\sqrt{AK_{u1}}\left[1 + \frac{1+\kappa}{\sqrt{\kappa}}\arctan\sqrt{\kappa}\right] = \sqrt{AK_{u1}}\left[1 + \frac{1+\kappa}{\sqrt{-\kappa}}\text{arctan}h\sqrt{-\kappa}\right] \tag{3.130}$$

式（3.130）中第一个形式对正的 κ 值避免了复数，而第二个形式则更易被用于负的 κ 值。畴壁的剖面图如图 3.60 所示。

参数 κ 必须大于 -1，否则两个磁畴就不稳定（磁化强度在 $\varphi = 0$ 时将比 $\varphi = \pm\frac{\pi}{2}$ 时各向异性能更低）。当接近 $\kappa = -1$ 时，畴壁显示出蜕变为两个 90° 畴壁的趋势，如图 3.60 中表示的 $\kappa = -0.999$ 的情况。这类畴壁包含一个区域，其磁化强度垂直于易轴而平行于畴壁平面，这表明在两个稳定的畴壁中间的一种亚稳状态。如果有效各向异性被例如叠加上的磁场或机械应力改变了，这种畴壁可能分裂成两半，这会导致一个新的磁畴的形成。这个过程在参考文献 [637] 中做了更详细的分析。在 3.6.3.1 节中的 180° 畴壁中我们将看到这种展宽的畴壁在立方材料中也是常见的。其中一个小的有效单轴

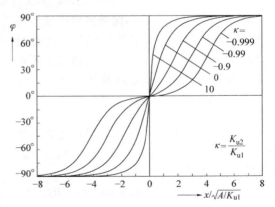

图 3.60 在单轴材料中 180° 畴壁的剖面与二阶各向异性常数大小的函数关系。相同类型的畴壁剖面对具有正各向异性的立方晶体 180° 畴壁也适用。注意当 $\kappa \to -1$ 时畴壁宽度的发散情况

各向异性叠加到立方各向异性上。对 $\kappa = 0$，其解和以前的式（3.109）和式（3.110）相同。

畴壁宽度的计算依赖于畴壁剖面的特质。对 $\kappa \geqslant -0.5$，其剖面只有一个在中央的拐点，而 Lilley 的畴壁宽度（见 3.6.1.3 节）是由 $x = 0$ 处的斜率推得：

$$W_L = \pi\sqrt{A/K_{u1}}/\sqrt{1+\kappa}, \quad \kappa \geqslant -0.5 \tag{3.131a}$$

对 $\kappa < -0.5$，各向异性函数 $g(\varphi)$ 包含一个中间的极小值，导致畴壁加厚。在畴壁剖面上出现三个拐点（见示意图3.23）。在此情况下，畴壁宽度必须凭借外面两个拐点的切线来确定，就得到

$$W_\text{L} = 2\left\{\left[\pi - 2\arctan\sqrt{-1-2\kappa}\right]\sqrt{-\kappa} + \operatorname{arctanh}\sqrt{\frac{1+2\kappa}{\kappa}}\right\}\sqrt{A/K_\text{u1}}$$

(3.131b)

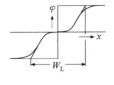

示意图 3.23

3.6.2.2 外加磁场

正如3.6.1.2节中处理过的那样，在静态平衡下，作用在畴壁上的磁场必须指向垂直于磁畴磁化强度，从而垂直于单轴材料的易轴。我们用角 Ψ 代表磁场方向，$\Psi = 90°$ 代表垂直于畴壁（见示意图3.24）。在最简单的情况下，磁场指向平行于畴壁（$\Psi = 0°$），于是总的广义各向异性能是

$$G(\varphi) = K_\text{u1}(\cos^2\varphi + \kappa\cos^4\varphi) - HJ_\text{s}\cos\varphi \qquad (3.132)$$

在磁畴中，函数 $G(\varphi)$ 相对于 $\varphi(G_\varphi = 0)$ 必须是稳定的，导致对磁畴磁化强度角 φ_∞ 的下列隐函数方程式：

$$HJ_\text{s} = 2K_\text{u1}c_\infty(1 + 2\kappa c_\infty^2),\ c_\infty = \cos\varphi_\infty \qquad (3.133)$$

必须对所得的 φ_∞ 进行核查以确定它是否代表一个稳定的非平庸的解，但我们在此略去了。将式（3.133）代入式（3.132），我们得到畴壁的附加能量：

$$G(\varphi) - G_\infty = K_\text{u1}(\cos\varphi - c_\infty)^2[1 + \kappa(\cos^2\varphi + 2\cos\varphi c_\infty + 3c_\infty^2)] \qquad (3.134)$$

$\kappa = 0$ 的情况可以进行解析处理，得到

$$(1 - \cos\varphi\cos\varphi_\infty)/(\cos\varphi - \cos\varphi_\infty) = \cosh(x\sin\varphi_\infty/\sqrt{A/K_\text{u1}})$$
$$\gamma_\text{w} = 4\sqrt{AK_\text{u1}}(\sin\varphi_\infty - \varphi_\infty\cos\varphi_\infty) \qquad (3.135)$$

图3.61表示对能量和畴壁宽度的这些解以及对 $\kappa \neq 0$ 时的数值计算的结果。注意当 K_u2 为负时畴壁能的不连续性，它指出了不连续地过渡到饱和，也就是过渡到式（3.133） $\varphi_\infty = \pm\frac{\pi}{2}$ 的平庸解的情况。

对一般的磁场方向 $\Psi > 0$，磁场还将影响 ϑ，故必须同时考虑极坐标 ϑ 和 φ。略去 K_u2，我们得到广义各向异性函数：

$$G(\vartheta,\varphi) = K_\text{u1}(1 - \sin^2\varphi\cos^2\vartheta) - HJ_\text{s}$$
$$(\cos\varphi\cos\vartheta\cos\Psi + \sin\vartheta\sin\Psi) + K_\text{d}(\sin\vartheta - \sin\vartheta_\infty)^2$$

(3.136)

式中，杂散磁场项［式（3.121）］必须包含在内以说明 ϑ 可变。如在式（3.133）中那样引入磁畴中在平衡状态下成立的方程式

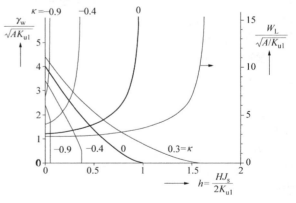

图3.61 单轴材料在平行于畴壁、垂直于易轴的外磁场作用下的畴壁能（随磁场升高和畴壁角度的减小而下降）和按 Lilley 的定义得出的畴壁宽度（上升曲线）。参数为比率 $\kappa = K_\text{u2}/K_\text{u1}$

$HJ_\text{s}\cos\Psi = 2K_\text{u1}\cos\vartheta_\infty\cos\varphi_\infty$ 和 $HJ_\text{s}\sin\Psi = 2K_\text{u1}\sin\vartheta_\infty$，则广义各向异性函数变为

$$G(\vartheta,\varphi) - G_\infty = -K_\text{u1}(\cos\varphi\cos\vartheta - \cos\varphi_\infty\cos\vartheta_\infty)^2 + K_\text{d}(\sin\vartheta - \sin\vartheta_\infty)^2 \qquad (3.137)$$

由总能量的变化引起的最佳磁化强度径迹的数值解如图3.59所示。

畴壁能与 Ψ 的函数关系如图3.62所示。由于对 $\Psi \neq 0$ 时畴壁假定为具有部分的奈尔壁特征，

此解依赖于比率 $Q = K_{u1}/K_d$，此处选择 $Q = 1/4$。这种磁畴的一个有趣的特点是它趋向于出现一个锯齿状折叠。对于一个给定的外磁场，畴壁平行于磁场（$\Psi = 0$）具有最低的能量。如果一个畴壁被固定在其总体的取向上，它倾向于局部地重新取向以降低其总能量。设此畴壁的平均取向是 $\overline{\psi} = 90°$，考虑到畴壁面积的增加，我们必须研究函数 $\gamma_w(\Psi)/\sin\Psi$，它实际上在一个 $\Psi_0 < 90°$ 的角度上出现一个极小值（见图 3.62）。结果是在平衡状态下所有具有平均取向 $\overline{\psi} > \Psi_0$ 的畴壁都是仅由取向为 $\pm \Psi_0$ 的片段组成。如果平均角度 $\overline{\psi}$ 不是 $90°$，仅仅是具有的 $\Psi = \pm \Psi_0$ 片段的长度不同而已。

在图 3.63 中示出了对不同常数 Q 的材料的最佳锯齿角。这种锯齿状折叠已在实验上观察到了[638]，包括如下的显著特点，即对 $Q < 1$ 的材料，这种折叠形状一直保持到磁化饱和，而对 $Q > 1$ 的材料，早期出现的锯齿状折叠在更高的磁场中当不倾向于形成锯齿状折叠的奈尔壁形成时就会消失。与此相反，在图 3.59 中表示的奈尔壁对 $Q < 1$ 的材料来说，按照这些计算，即使锯齿状折叠在几何上是可能的，也永远不会实现。

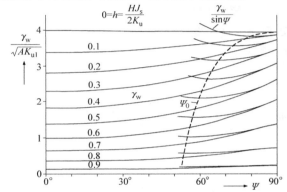

图 3.62 $Q = 1/4$ 的单轴材料中畴壁能与不同大小外加磁场的方向 Ψ 的函数关系。一个保持在平均取向角为 $90°$ 的畴壁折叠为取向角 $\pm \Psi_0$ 的两个片段。此平衡的锯齿角由函数 $\gamma_w(\Psi)/\sin\Psi$ 的极小条件给出

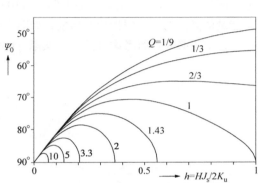

图 3.63 在不同 $Q = K_{u1}/K_d$ 值时单轴材料中平衡的锯齿角与垂直于畴壁面不同的外加磁场的函数关系

3.6.3 立方材料中的畴壁

立方材料中的畴壁即使在没有外加磁场时也会出现很多种类[633]，存在不同角度的畴壁，如 $180°$、$90°$ 等。它们相对于晶体也可能指向不同方向。在单轴材料中磁致伸缩可以被忽略，但它在立方材料中常常起决定性作用。我们仅仅处理立方铁磁体两种主要的磁性类别（见 3.4.3.1 节）：像铁一类的具有 $K_{c1} > 0$ 和 $\langle 100 \rangle$ 型易磁化方向的"正各向异性"材料，以及像镍那样具有 $K_{c1} < 0$ 和 $\langle 111 \rangle$ 型易磁化方向的"负各向异性"材料。

3.6.3.1 在正各向异性立方材料（$K_{c1} > 0$）中的 $180°$ 畴壁

我们假设在畴壁中磁化强度由 [001] 方向转到其相反方向。畴壁的法线可以指向垂直于这个轴的任何方向。取向角 Ψ 可由畴壁和（100）面之间的夹角来测量（见示意图 3.25）。对立方材料中的 $180°$ 畴壁在静态平衡下不存在磁场的理由如下：如果有一个磁场分量平行于 [001] 轴，畴壁就会像单轴材料中一样发生移动。但如果存在（001）面内的磁场，这就必然使立方材料中另外的一个或两个易磁化方向在能量上更有利，从而使原来的磁畴构型破裂。

示意图 3.25

如图 3.54b 中那样一个坐标系中的方向以 [001] 轴作为极轴用来描述这些磁畴是最方便的，则畴壁的各向异性能可由式（3.9）得到。用 Ψ 代替 φ，可得

$$g(\vartheta) = K_{c1}\cos^2\vartheta[1 - \cos^2\vartheta(1 - F_\Psi)] + K_{c2}\cos^4\vartheta\sin^2\vartheta F_\Psi \tag{3.138}$$

式中，$F_\Psi = \sin^2\Psi\cos^2\Psi$。对 $K_{c2} = 0$，当我们用 $F_\Psi - 1$ 代换 κ 后，式（3.128）就和对单轴材料的表达式相当。对负的值 κ，将此式代入式（3.130），我们得到畴壁能：

$$\gamma_w = 2\sqrt{AK_{c1}}\left[1 + F_\Psi \text{arctanh}\sqrt{1 - F_\Psi}/\sqrt{1 - F_\Psi}\right] \tag{3.139}$$

对 $\Psi = 0°$ 或 $\Psi = 90°$，也就是对（100）或（010）畴壁，此能量为最低值（$\gamma_{100} = 2\sqrt{AK_{c1}}$）。这就是对磁致伸缩相互作用必须进行考虑以得到有限畴壁宽度的如 3.6.1.5 节中所表示的这种畴壁类型，不过在畴壁能的讨论中可以忽略这一修正。另一种极端的畴壁方向是（110）面或 $\Psi = 45°$。所具有的畴壁能大约大 40%（$\gamma_{100} \approx 2.76\sqrt{AK_{c1}}$）。这种差别对（110）取向的变压器钢的磁化过程有重要的影响。具有最小面积的 180° 畴壁（见图 3.64）是垂直于表面的高能量（110）畴壁。既然对 {100} 方向畴壁能更低，（110）畴壁就倾向于转到这些方向上，从而形成具有较低总能量的倾斜的或者锯齿形的畴壁，如图 3.65 所示。这一事实特别是在畴壁动态过程和涡流损耗的讨论中必须进行考虑（见参考文献 [639] 和 3.6.8 节）。

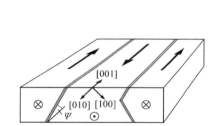

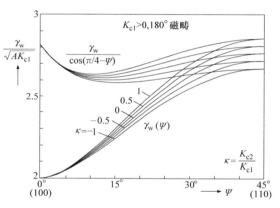

图 3.64 （110）取向的变压器钢中 180° 畴壁的择优取向对图中所示的畴壁形状有利，而不是平直的垂直畴壁

图 3.65 对于不同的二阶各向异性常数值，具有正的一阶各向异性常数的立方材料中的 180° 畴壁的比畴壁能和取向之间的函数关系。函数 $\gamma_w/\cos(\pi/4 - \Psi)$ 限定了如图 3.64 中的畴壁的择优取向。最短的畴壁由 $\Psi = \pi/4$ 给出

如 3.6.1.5 节中所讨论的，简并的 {100} 畴壁倾向于分裂成两个 90° 畴壁，图 3.60 中显示了对 $\kappa \to -1$ 的情况。两个局部畴壁的平衡距离（并从而得到 180° 畴壁的宽度）由磁致伸缩自作用能 [式（3.119）] 来控制：

$$e_{ms} = \frac{9}{2}C_2\lambda_{100}^2\cos^2\vartheta - \frac{9}{2}(C_2\lambda_{100}^2 - C_3\lambda_{111}^2)\sin^2\vartheta\cos^2\vartheta \tag{3.140}$$

式中，第二项是对立方对称的，与对应于 K_{c1} 的项相比通常可以忽略。所以，畴壁宽度就由第一项，也就是由无量纲的材料参数 $\rho_{ms} = \frac{9}{2}C_2\lambda_{100}^2/K_{c1}$ 来决定。在铁中，ρ_{ms} 大约为 0.003，连同 $\kappa = -1/(1 + \rho_{ms})$ 来估算式（3.131b）得到 180° 畴壁的宽度大于 $10\sqrt{A/K_{c1}}$，比两个 90° 畴壁的总和（大约 $2\pi\sqrt{A/K_{c1}}$）大得多。图 3.66 表示这类畴壁的能量和宽度与 ρ_{ms} 的函数关系。注意，此

结果适用于一种无限延伸的畴壁的假设情况，样品表面的存在将严重地改变特别是此类"软"的畴壁。更多细节将在 3.6.4.4 节中讨论。

3.6.3.2 在负各向异性材料（$K_{c1} < 0$）中的180°畴壁

对于易轴沿 $\langle 111 \rangle$ 型方向的材料，我们用立方各向异性的式（3.9c）。如忽略 K_{c2}，就能得到一个非对称函数：

$$g(\varphi) = -\frac{3}{2}K_{c1}\left[\cos^2\vartheta + c_1\cos^4\vartheta + c_2\cos^3\vartheta\sin\vartheta - \frac{1}{2}\right]$$

（3.141）

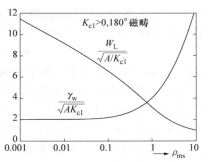

图 3.66 正各向异性的立方材料中 {100} 180°畴壁的畴壁能和畴壁宽度与以 $\rho_{ms} = \frac{9}{2}C_2\lambda_{100}^2/K_{c1}$ 来量度的磁致伸缩能的相对大小间的函数关系。纵坐标尺度适用于简约畴壁能和简约畴壁宽度

式中，$c_1 = -\frac{7}{8}$，$c_2 = \sqrt{\frac{1}{2}}\sin(3\Psi)$。这种畴壁可以进行解析计算[633]，所得畴壁能的结果为

$$\gamma_w = 2\sqrt{\frac{2}{3}A|K_{c1}|}\left[1 + (r_2/r_0)\sqrt{\frac{1}{2}(r_0+1)/|c_1|}\,\text{arcsinh}\sqrt{\frac{1}{2}|c_1|(r_0+1)/r_2}\right.$$
$$\left. + (r_1/r_0)\sqrt{\frac{1}{2}(r_0-1)/|c_1|}\,\text{arcsin}\sqrt{\frac{1}{2}|c_1|(r_0-1)/r_1}\right]$$

（3.142）

式中，$r_0 = \sqrt{1 + c_2^2/c_1^2}$，$r_1 = \frac{1}{2}c_1(r_0-1)$，$r_2 = 1 + \frac{1}{2}c_1(r_0+1)$。

同样，当磁化强度通过另一个 $\langle 111 \rangle$ 型方向转动时，这种畴壁倾向于分裂成两个分畴壁（一个71°畴壁和一个109°畴壁）。这种情况在 $\Psi = 30°$ 时发生。这种方向上畴壁宽度的计算需要计入磁致伸缩。图 3.67 表示对于镍，在包含二阶各向异性能效应时的结果。

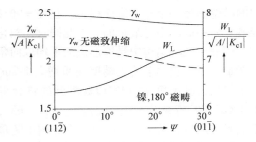

3.6.3.3 90°畴壁

在正立方各向异性材料中，这种畴壁类型的一个例子早就介绍过：只要取前面处理过的（100）180°畴壁的一半就行了。在所有可能的无磁荷的取向中（见图 3.65），这种取向的 90°畴壁具有最低的比畴壁能，但这描述了一种从弹性上说不兼容的情况。在大块晶体中，（110）取向是有利的。如

图 3.67 在镍中180°畴壁的畴壁能与畴壁宽度和畴壁取向的函数关系。二阶各向异性给定为 $K_{c2}/K_{c1} = 0.45$。在室温下对镍的磁致伸缩数据为 $C_2\lambda_{100}^2/K_{c1} = 0.03$ 和 $C_3\lambda_{111}^2/K_{c1} = 0.04$。虚线是忽略磁致伸缩时的结果

3.6.1.5 节中讨论过的，它具有最高的比能量，但避免了磁畴的应力。

对一般的畴壁，我们引入取向角 Ψ（见图 3.56），除了对三种特殊的角度外，这些畴壁都要用数值方法进行积分计算。对所有的取向，在畴壁中磁化强度必须由一个易磁化方向 $m^{(1)}$ 转到另一个易磁化方向 $m^{(2)}$，它们可以被选为

$$m^{(1)} = (1, 0, 0), \quad m^{(2)} = (0, 1, 0)$$

我们定义下列单位矢量来描述布洛赫壁剖面（见图 3.56）：

$$n = \left(\sqrt{\frac{1}{2}}\sin\Psi, \sqrt{\frac{1}{2}}\sin\Psi, \cos\Psi\right), \quad \omega = \sqrt{\frac{1}{2}}(1, \bar{1}, 0), \quad t = n \times \omega$$

式中，**n** 是一根由畴壁 1 指向畴壁 2 的容许的畴壁法线；**ω** 是一个平行于 **m**$^{(1)}$ – **m**$^{(2)}$ 的单位矢量，**t** 是一个垂直于 **n** 和 **ω** 的切向矢量。在此系统中，磁化强度矢量可被写作：

$$m = \cos\vartheta\cos\varphi t - \cos\vartheta\sin\varphi\omega + \sin\vartheta n$$

在畴壁内部，ϑ 保持不变，而 φ 由 **m**$^{(1)}$ 中的一个负值转到 **m**$^{(2)}$ 中的一个正值。磁场只容许沿着 ［110］方向。准确的边界值（ϑ，φ_∞）必须由计算得出。如在 3.6.1.6 节和 3.6.1.7 节中讨论过的包括磁场和应力的情况。这里是对零磁场和零磁致伸缩的两个例子：

（001）90°畴壁由 $\Psi = 0$，$\vartheta = 0$ 给出，而 φ 从 $-\dfrac{\pi}{4}$ 转到 $+\dfrac{\pi}{4}$；对（110）90°畴壁，我们有 $\Psi = \dfrac{\pi}{2}$，$\vartheta = \dfrac{\pi}{4}$，$\varphi$ 从 $-\dfrac{\pi}{2}$ 转到 $+\dfrac{\pi}{2}$。将磁化强度矢量代入适当的能量表达式（立方各向异性能、外加磁场能、杂散磁场能和磁弹性能），然后对式（3.118）进行数值积分。第一步，假设 ϑ 为常数，然后用线性方法进行改进［式（3.122）和式（3.123）］。其结果如图 3.68 所示。

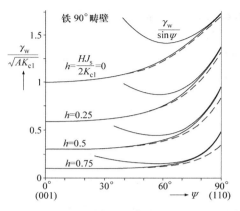

图 3.68　90°畴壁的畴壁能和畴壁取向的函数关系，参数为沿［110］方向的外加磁场。虚线指出容许偏离无杂散磁场的布洛赫径迹的计算结果

对铁来说，在畴壁中内部磁弹性的贡献和杂散磁场修正一样可以忽略。畴壁能在取向角 $\Psi = 90°$［（110）取向］时呈现一个特征性的尖突状极大值。超过这个角度后，代表具有相反转动指向的畴壁的另一个分支取而代之。在 $\Psi = 90°$ 时，畴壁能很大，因为在这种取向上，磁化强度的径迹在各种取向中是最长的。与此同时，磁化强度矢量的转动几乎穿过难磁化的［111］方向。

镶嵌于磁畴结构中受迫形成的平均取向角 $\Psi = 90°$ 的畴壁，可以通过形成锯齿形的折叠来节省能量，尽管这样会使其畴壁面积增大 1/sinΨ 倍。如 Chikazumi 和 Suzuki[640] 首先发现的，计算得到的最大锯齿角 Ψ_0 和实验观察到的符合得很好。图 3.69 显示在硅铁上这样的一个例子。按图 3.68，90°畴壁的平衡锯齿角应为 $\Psi_0 = 63°$，如图 3.69 所定义的那样，当其被投影到样品的表面上时，应导致角度 Φ 为 54°。在此图中测量出的实际观察到的角度是 58° ± 3°。对于预期值的小量偏离或许是由压缩应力引起的，它导致通过适应内部的易轴来形成这种构型，而它在畴壁计算中并未计及。在样品表面上所看到的畴壁如图中所指出的那样实际上是两个亚表面畴壁的交截。它们由于其 V 形的内部结构而被称为 V 形线[641]。沿着 V 形线畴壁衬度的改变表示一种交替的微磁结构：在 V 形线中间处的磁化强度或是平行或是反平行于这条线。

在图 3.69 中，内部 90°畴壁的平均畴壁取向 $\Psi = 90°$，由整体磁畴构型的几何条件来决定。在另一些情况下，例如图 1.1a 的情况，观察到的接近于 90°的平均畴壁角是由弹性兼容性的考虑来决定的。锯齿形折叠感生出在锯齿周期尺度上的弹性应力场，其弹性能和畴壁纽结的附加能量达到平衡。

如果平均畴壁角不是 90°，但在 90°和 Ψ_0 之间，则理论预期畴壁片段在取向为 ± Ψ_0 时发生。但如 3.6.2.2 节中讨论过的那样，其长度不同（见示意图 3.26）。此畴壁片段的行为实际上类似于 3.3.1 节中的平衡相。

3.6.3.4　71°和 109°畴壁

这些产生于负各向异性立方材料中的畴壁将磁化沿〈111〉型方向的磁畴分

示意图 3.26

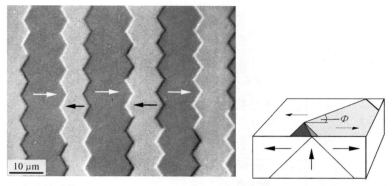

图 3.69　在硅铁晶体的（100）表面上，在平面压缩应力作用下，封闭磁畴和样品表面
交截时用克尔效应观察到的锯齿状畴壁

隔开来。在71°畴壁中的磁化强度在无外磁场时可能从 $\boldsymbol{m}^{(1)} = \sqrt{\dfrac{1}{3}}(1,1,\bar{1})$ 转到 $\boldsymbol{m}^{(2)} = \sqrt{\dfrac{1}{3}}$

$(1,1,1)$。容许的畴壁法线和其他单位矢量就是

$$n = \sqrt{\frac{1}{2}}(\sin\varPsi + \cos\varPsi, \sin\varPsi - \cos\varPsi, 0)$$
$$\omega = (0,0,\bar{1}), t = n \times \omega$$

可以在 $[110]$ 方向施加磁场。

同样，109°畴壁的磁化强度可能在无外磁场时从 $\boldsymbol{m}^{(1)} = \sqrt{\dfrac{1}{3}}(1,\bar{1},\bar{1})$ 转到 $\boldsymbol{m}^{(2)} = \sqrt{\dfrac{1}{3}}$

$(\bar{1},1,\bar{1})$。此时用于畴壁计算的相关单位矢量为

$$n = \left(\sqrt{\frac{1}{2}}\cos\varPsi,\ \sqrt{\frac{1}{2}}\cos\varPsi,\ \sin\varPsi\right),\ \omega = \sqrt{\frac{1}{2}}\ (1,\ \bar{1},\ 0),\ t = n \times \omega$$

对于109°畴壁，可以容许沿 $[001]$ 方向施加磁场。对于镍，两种畴壁的结果如图3.70和
图3.71 所示。

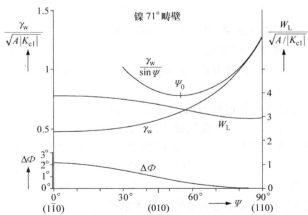

图 3.70　镍中 71°畴壁的能量和畴壁宽度。和图 3.68 中一样，函数 $\gamma_\mathrm{w}/\sin\varPsi$ 指出了一种平衡的锯齿形折叠。
由于畴壁的长程应力场作用，在磁畴中的磁化强度对易轴偏离了 $\Delta\varPhi$ 角度。镍的材料数据见图 3.67

注意在这种材料中相对强烈的磁致伸缩的贡献。即便是对弹性兼容的磁畴之间的畴壁所需

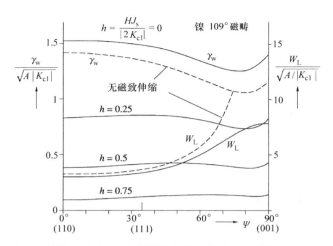

图 3.71 镍中的 109°畴壁的计算。示出对不同数值沿 [001] 方向的外加磁场下的畴壁能。畴壁宽度以及在忽略磁致伸缩能的情况下计算得到的虚线曲线均为对于 $h = 0$ 的。镍的材料数据见图 3.67

的边界条件的精细处理也会得出可以辨认的效应。如图 3.70 所示,对镍来说,长程应力所引起的磁畴中磁化强度转离易轴的角度 $\Delta\Phi$ 对 71°畴壁来说达到 2°。

3.6.4 在膜中的畴壁

如果膜厚度和布洛赫壁的宽度可以比拟,以至于畴壁的无限延伸这一概念成了问题的情况下,磁性膜就被定义为薄膜。一些适用于薄膜中的畴壁概念在大块材料的表面区域内同样适用。

我们要区分两种不同的几何形式:具有面内各向异性的膜和具有**垂直**各向异性的膜。在"平面型"膜中,磁畴中的磁化强度平行于膜面,各向异性可以是单轴的或双轴的。但我们将看到,在这类膜中各向异性确切的性质和大小比起膜的厚度和畴壁的角度来说重要性较小。在"垂直型"膜中,磁畴中的磁化强度垂直于膜面,这就要求小的磁化强度和大的各向异性,对于磁泡存储器载体和垂直存储器或磁光存储器介质来说正是这样的。我们将从经典的面内各向异性膜开始,而在 3.6.4.8 节中转而讨论垂直各向异性膜。

3.6.4.1 具有面内各向异性的膜中的畴壁——定性概述

Néel 首先认识到[642],如果膜的厚度变得和畴壁宽度可以比拟的话,布洛赫壁的标准畴壁理论对膜就不能成立了。那么一种在面内转动的畴壁模式(见图 3.72b)就比经典的布洛赫壁模式(见图 3.72a)具有更低的能量。

Néel 用一个简单的论点来估算这种过渡的厚度:畴壁近似地是一个宽度为 W、高度为 D 的椭圆柱。对布洛赫壁,这个柱沿着竖直的磁化强度方向的退磁因子通过式(3.23)估算为 $N_{Bloch} = W/(W + D)$。如果 W 变得比 D 大,退磁能增大,畴壁就会选择转到奈尔壁模式(见图 3.72b)。这种畴壁的退磁因子是 $N_{Néel} = D/(W + D)$。对 $W > D$ 时,就比 N_{Bloch} 更小。Néel 容许畴壁宽度受到杂散磁场能的影响,但保持畴壁的结构不变。他预言了在这两种畴壁模式间的过渡。这种过渡和畴壁宽度的极小值及比畴壁能的极大值相关联。

图 3.72 也指出当磁场垂直于易轴施加时奈尔图景的修正。这样的磁场导致畴壁角 $\Omega_w = 2\vartheta_0$ 随 $\cos\vartheta_0 = h = HJ_s/2K$ 减小。在布洛赫壁中,存在外磁场时在中心处的磁化强度相应地发生倾斜,且相应的表面磁荷以二次方的形式减小。对奈尔壁来说,磁荷的减少更为显著。在每一半 180° 奈尔壁中积分得出的总磁荷应为 $J_s D$,而对 90°畴壁它减小到 $(1 - 1/\sqrt{2})J_s D$,由于杂散磁场以二

次方的形式随磁荷而变化，这一占支配地位的能量贡献将降低一个数量级。图 3.73 表明由此引起的布洛赫壁和奈尔壁的总畴壁能对外磁场的依赖关系。这是由在每一个磁场下通过优化奈尔模型的壁宽参数而获得的。

在此模型中，一个 90°奈尔壁只有 180°奈尔壁的大约 12% 的能量。这种对较小角度奈尔壁的强烈的倾向引起非常重要的结果：通过用一种复杂的组合畴壁——**十字畴壁**[643]，来代替 180°奈尔壁在能量上可以获益。这一点如图 3.74 所示，并在图 3.75 中做了定性的解释。虽然在这种结构中 90°畴壁的总长度要长得多，但总畴壁能更小。

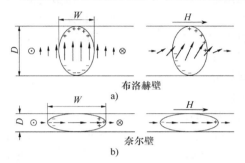

图 3.72 Néel 在薄膜中的畴壁的观点。图中的截面表示在有或无外磁场时的磁荷

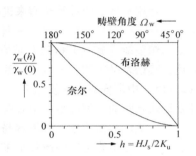

图 3.73 按照奈尔模型，布洛赫壁和奈尔壁能量的相对变化和施加的面内垂直于畴壁的外磁场的函数关系

图 3.74 大约 35nm 厚的坡莫合金膜的十字畴壁的透射电子显微镜图像。局部的磁化强度方向可以由波纹结构推出（见 5.5.2.3 节）。这些波纹的走向垂直于平均磁化强度
（照片由 E. Feldtkeller 提供）

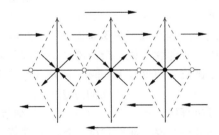

图 3.75 十字畴壁的"磁畴"模型。虚线实际上是一种连续过渡[644]。圆形和十字形的布洛赫线分别由实心和空心的圆点表示。这个构型由于其主要包含能量上更有利的 90°畴壁，故而比简单的 180°奈尔壁有更低的能量

3.6.4.2　薄膜中畴壁的系统分析

按照定义，薄膜中的畴壁需要用大于一维的描述法。我们见过在大块材料中畴壁结构通常仅为单一的空间变量的函数。即使在杂散磁场（见 3.6.1.6 节）或磁弹性应力（见 3.6.1.5 节）起作用的情况下也是如此。在大块材料中只有当磁畴倾向于形成锯齿状折叠时才计及对一维性质的偏离。与之相比，在薄膜中的畴壁本质上就是多维的。我们将看到在 3.6.4.3 节中将讨论的非常薄的膜中典型的畴壁。对称的奈尔壁其磁化强度结构基本上仅需一维的描述，而薄膜中的十字畴壁至少需要对磁化强度的二维描述和杂散磁场的三维处理。在厚膜样品及其相关情况中的布洛赫壁在磁化强度和杂散磁场中都只要是二维的。最复杂的情况是较厚的膜（对坡莫合

金约为100nm）中的十字畴壁，磁化强度和磁场都需要三维描述。这种情况到现在尚未进行过理论分析。

大块材料和薄膜畴壁之间的一个特征性的差别是和所发生的尺度相关的。大块材料中的畴壁通常具有各向异性能的交换长度 $\Delta = \sqrt{A/K_u}$ 的尺度。而在薄膜样品中，我们遇到畴壁的尺度为杂散磁场的交换长度 $\Delta_d = \sqrt{A/K_d}$，或者膜的厚度，或者在一个畴壁剖面中展示多重尺度。

大块材料中的畴壁可以被完全地进行解析计算或至少能被显性地计算到最后一步烦琐的数值积分之前。对薄膜畴壁，这不再可能。它们可以用一种基于级数展开和测试函数的恰当选择的变分步骤或者用离散数值计算步骤来进行。在所有的计算方法中，一致性测试是很重要的。这种测试是由 Aharoni 首创[645,646]。如果一种计算出的或假设的畴壁形式或"模型"满足微磁学微分方程，则总畴壁能［式（3.115）］或它的二维推广形式可以用基于微磁学方程的一种不同的形式来表达，其结果必须和原表达式一致。由于这些微分方程经过了替代，在这些变通形式中不像在式（3.115）中那样只有一阶微商项，而会出现高阶微商项。作为微分方程的一个恰当的解，对两种表达式之间的一致性是一个必要条件。任何矛盾都表示这种模型的不充分性。很不幸，这种判据对边界条件有依赖性，并不容易被推广到新的问题中去。在关于解的性质和所选择的拟设的合适性还存在不确定性的研究初始阶段，这一步骤是很有用的，但它在检验数值计算不准确度和有限元计算中的离散误差时显得不那么有用。

3.6.4.3　对称奈尔壁

在图 3.72b 中的畴壁类型只在相当薄的膜中发生（例如对坡莫合金中约 50nm 以下的情况）。因而，磁化强度将被限制在膜面上，一维的描述就可适用。我们假定样品为单轴各向异性，膜面中磁场垂直于易轴，平行于膜面（见示意图 3.27），磁场由 $h = HJ_s/(2K_u)$ 给出，磁化强度矢量由角度 ϑ 来表示。而 $\vartheta = 0$ 的方向沿着畴壁的法线。在畴壁中的边界条件是 $\cos\vartheta_\infty = h$。

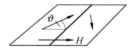

示意图 3.27

这个问题类似于在 3.6.2.2 节中处理过的情况，不过由于畴壁杂散磁场延伸到膜上、下部的空间中，对薄膜来说，杂散磁场能变成非局域的了。用数值方法计算这种畴壁的早期尝试[647,648]遇到了困难，但这被 Kirchner 和 Döring[649]用可变元胞大小的方法解决了。这两个作者计算出的畴壁剖面后来为许多独立的方法所证实。有一种变分拟设（Variational ansatz）[650]，后来作为一个计算机程序发布了[651]，它在所有的细节上精确地重复了 Kirchner 和 Döring 的剖面，并将结果扩展到其他膜厚、畴壁角度、各向异性值和各向异性类型。这一拟设基于 Dietze 和 Thomas[652]及 Feldtkeller 和 Thomas[653]等的早期工作，但他们那时并不知道确切的数值解，因而应用了不充分的参数个数。在参考文献［650］中探索了对称奈尔壁对一维结构的微小偏离，结果显示这并不重要。在参考文献［651］中，Aharoni 的自洽参数被证实对所有的畴壁都一致地符合达百分之几的精度。不清楚为何 Aharoni 在他的评论文章中忽略了所有这些已经出版并且互相一致的结果，而提出对称奈尔壁的探索仍"处于混乱状态"中[514(第155-165页)]。

在计算这种畴壁类型时的问题在于要将其分解为尺度有很大差别的三个部分（见示意图 3.28）：一个尖锐的局域化核心和两个承载了全部转动的相当大部分的极宽的尾部相互作用着。核心部分由一个偶极磁荷来表征，而在尾部只能找到单一极性的稀释的磁荷，解决这个问题的最明晰的方法是由 Reidel 和 Seeger 发现的（见参考文献［654，509］）。他们将问题

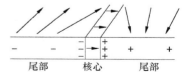

示意图 3.28

的数学描述分隔成一个对核心的微分方程和一个对尾部的积分方程。和前面描述过的一样，微

分方程可用常规的方法解出。如果在尾部区域内交换能可以忽略，则积分方程变为线性，就可以用傅里叶方法解出。这两个部分由各自产生于另一部分中的磁场互相耦合着，耦合的另一个条件是两部分合起来必须是整个畴壁转动的全部。图 3.76 中给出了这一畴壁剖面的典型的解。在 x 方向用对数坐标尺度以将核心和尾部表示在同一曲线图中。当画出垂直于畴壁的磁化强度分量时，这两个部分可以清楚地加以区分：尾部遵从大体上是对数的行为并由 $\cos\vartheta = h$ 延伸到 $\cos\vartheta = c_0$，而核心部分则覆盖从 $\cos\vartheta = c_0$ 到 $\cos\vartheta = 1$ 的范围。核心和尾部的边界值 c_0 原则上处于 h 和 1 之间。但通常假设其平衡的能量最低的值处于这个区间中部的某处。

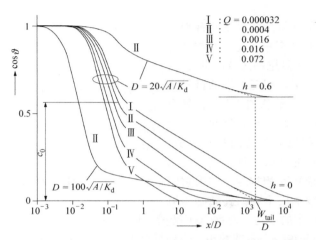

图 3.76　典型的奈尔壁的计算剖面[650]。画出了以对数尺度标出的垂直于畴壁的磁化强度分量和其对中心的距离的函数关系。参数是简约各向异性 $Q = K_u/K_d$ 和简约外加磁场 $h = HJ_s/2K_u$。对情况 II 的 $h = 0$ 的曲线给出了外部畴壁宽度 W_{tail} 和核心–尾部边界 c_0 的定义

前已提及，在这种畴壁中可以认定两种特征长度。第一种是核心宽度，其定义类似于图 3.55 中的量 W_m。核心剖面的解析解得出：

$$W_{core} = 2\sqrt{(A(1-h^2)/[(K_u+K_d)(1-c_0)^2]}\qquad(3.143)$$

这一核心宽度除了在超薄膜中外通常比膜厚小。由于核心宽度以 $\sqrt{A/K_d}$ 为尺度，如在软磁材料中那样，当 K_d 比 K_u 大得多时，这类材料中奈尔壁的核心比以 $\sqrt{A/K_d}$ 为尺度的相应的大块样品中的畴壁宽度更小。在核心中，交换能基本上被偶极磁荷相关的杂散磁场能（K_d）所平衡。

第二个特征长度是尾部宽度，由将对数剖面外推到 $\cos\vartheta = h$ 来确定（见图 3.76）。对这个量由积分方程所得出的值是

$$W_{tail} = e^{-\gamma}DK_d/K_u \approx 0.56DK_d/K_u\qquad(3.144)$$

式中，$\gamma = 0.577\cdots$ 是欧拉常数。奈尔壁的尾部是由磁荷分布（K_d）和各向异性能（K_u）之间的平衡来决定的。

这样，对这种畴壁来说，杂散磁场能量对其两个部分具有相反的效应。当 K_d 增大时，核心宽度减小，而尾部宽度增大。下述理由可以帮助阐明这种行为：在畴壁的中心，进入畴壁法线方向的磁通是 J_s，或用简约单位是 1。在磁畴中，此磁通为 $h = \cos\vartheta_\infty$。因此，在每一半畴壁中，简约总磁荷 $\pm(1-h)$ 必须有某种分布。部分磁荷集中在核心中，此处它通过和其极性相反的配对的紧密相互作用而支持一种低能量状态。这个部分受限于交换能，它阻止核心宽度任意地变窄。

另一部分磁荷在尾部中宽广地扩展。尾部越宽，磁荷密度越小，就会减小对杂散磁场能的贡献。如尾部宽度的式（3.144）所示的，这一机制将由于各向异性能的增加而得到平衡。奈尔壁的两个部分由两种机制互相耦合：在核心中实施的畴壁转动的部分决定了将留在尾部中扩展的磁荷的量，尾部产生的正的杂散磁场使核心保持稳定。

奈尔壁延伸的尾部导致奈尔壁之间强烈的相互作用。图 3.77 表示图名中描述的四种平行畴壁情况下的畴壁能。一旦尾部区域产生交叠，此相互作用就变得重要了。相互作用的符号决定了畴壁的转动方向（见示意图 3.29），具有相反转动方向的奈尔壁（称为非卷绕壁）由于在其交叠的尾部产生相反的磁荷而相互吸引。如果未被钉扎，它们可能湮灭。具有相同转动方向的奈尔壁（卷绕壁）互相排斥。如果它们被对两个磁畴间的区域来说不利的外磁场压迫

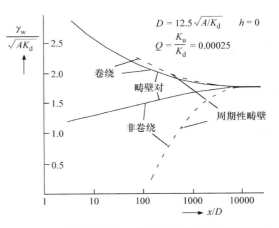

图 3.77 四种情况下相互作用的平行奈尔壁的能量：对卷绕和非卷绕的配对，及同样配对的周期性串列。变量 x 指畴壁间的距离。对所示的各向异性参数值 Q（适用于坡莫合金层），名义的尾部宽度［式（3.144）］是 $W_{\text{tail}} = 2240D$。当尾部互相交叠（$x < 2W_{\text{tail}}$）时，相互作用就开始

到一起，它们将形成稳定的一对，常称 360° 畴壁，这些畴壁只能在大的磁场下才能湮灭。对于 50mm 厚的坡莫合金膜来说，奈尔壁的相互作用可至少延伸 100μm！对称奈尔壁的能量如图 3.79 所示。

这些长程相互作用是磁性薄膜中很多有趣的磁滞现象的根源，将在 5.5.2 节中对此进行更详细的讨论。它们肯定对十字畴壁有影响（见图 3.74）。十字畴壁的形成机理早已在与奈尔模型相关处讨论过（见图 3.73）。通过用一种复杂的 90° 畴壁来替代可以节省一些 180° 畴壁的能量。虽然 90° 畴壁的总面积比原来的 180° 畴壁的面积要大 3~4 倍（见图 3.75），但由于 90° 畴壁的比能量较 180° 畴

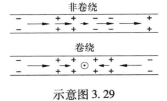

示意图 3.29

壁小的倍数超额补偿了十字畴壁更大的面积，所以总能量是降低的。奈尔壁的这种基本性质通过更详细的计算得到了证实，如图 3.76 所示。

试图计算十字畴壁的平衡周期必须计及其主畴壁部分和邻近的十字畴壁之间的相互作用。这两部分会按照它们的转动方向在它们的尾部产生相同的磁荷极性，而当尾部按孤立的畴壁来进行计算时，在十字畴壁构型中它们将会交叠。除此以外，与一段段畴壁之间连续的过渡，即所谓布洛赫线相关的额外能量必须予以考虑。这两种贡献还没有哪一种有可靠的估计。这就意味着十字畴壁的一致的理论仍未确立。数值计算[656]指出了正确的方向，但仍限于小的十字周期的情况。

3.6.4.4 非对称布洛赫壁

在这里和 3.6.4.5 节中将要讨论的是在比对称奈尔壁稳定存在的膜稍厚一些的膜中稳定存在的畴壁。它们是由图 3.72 所示的对称的布洛赫壁引申出来的。在很长一段时期中，人们认为此情况下杂散磁场是不可避免的。因而，当发现了只要容许在畴壁结构中相对于畴壁面存在不对称性就可避免杂散磁场的可能性时就使人们感到吃惊[579,657,658]。

图 3.78 所示的解在两个表面上均显得像普通奈尔壁。尽管表面上具有相似性，但这些畴壁

的能量和内部结构与对称奈尔壁却十分不同。如果需要一个通用的名词的话，它们应被称为
"涡旋畴壁"，而不宜将它们看作具有一个"奈尔帽盖"的布洛赫壁。如果将畴壁中的磁荷分布
进行比较就可以最清楚地看出其差别。在对称奈尔壁中，偶极磁荷是不可避免的。如 3.6.4.3 节
中讨论过的那样，这种磁荷的分布决定了畴壁的剖面。与此相对照，在涡旋畴壁中的二维涡流正
好设置得使磁荷得以避免。另外，在尺度上也有显著的区别。如前所述，奈尔壁的核心以
$\sqrt{A/K_\mathrm{d}}$ 为尺度，在坡莫合金中约为 5nm，而涡旋畴壁中涡流尺度由几何形状确定，通常为膜的
厚度。

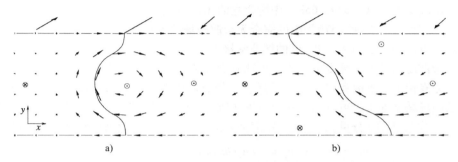

图 3.78　两种类型的无杂散磁场畴壁的截面。给出了磁化强度矢量在布洛赫型（图 a）和奈尔型（图 b）
涡旋畴壁的截面上的投影。轮廓线表示畴壁的"中心"，即在这些面上磁化强度的 z 分量通过零。
此结果是基于对厚度为 100nm 的坡莫合金膜的模型计算而得[658]

图 3.78a 所示的解被称作非对称布洛赫壁，这是两种中较简单的一种，易出现于小或零磁场
中。另一种结构就是将在 3.6.4.5 节中更详细进行讨论的非对称奈尔壁，在外磁场中，也就是在
畴壁角较小时更加有利。由于涡旋可以指向左或指向右，此外，在中心处的极性可能向上也可能
向下，布洛赫壁就有四个等效的方向。

非对称布洛赫壁的历史十分有趣。Brown 和 LaBonte[647]首先用严格的数学方法通过一维畴壁
模型的计算将奈尔的概念置于定量的基础上，这对其后的发展提供了参照。LaBonte 然后在其论
文[659]中免去了一维的约束，容许畴壁核心区磁化强度场二维地漂移，这对获得局域的力矩平衡
是必需的。虽然他仍保留了布洛赫壁表面上的自然对称性，在这一步骤中畴壁能大大降低（约
30%）。其结果在参考文献［650］中用变分法得到了重现和证实，差别仅为百分之几。

Aharoni[660]首先放宽了对称的条件。后来证实这一点是正确的，但在当时情况下仍然不确
定，因为据此改进后用于解析估算的 Aharoni 模型的结果比 LaBonte 二维对称模型严格计算所得
的能量更高[659]。

在参考文献［657，579］中完成了决定性的一步。LaBonte[657]在他的数值计算方法中放宽了
对称的要求，令人惊异地得到畴壁能显著降低的结果，这样就证实了薄膜布洛赫壁的破缺的对
称性。布洛赫壁的这一性质的理论基础在参考文献［579］中也做了独立的、同时的展示。其中
通过非对称的模型结构确立了完全没有杂散磁场的布洛赫壁的可能性。最佳的无杂散磁场的布
洛赫壁结构和用数值计算获得的解十分相似。能量比最好的对称模型的还要低[659]。这就独立地
证明了在薄膜中的非对称布洛赫壁结构。Aharoni 的在能量上不利的拟设[660]被参考文献［579］
作为和他的最后结果具有同样的对称特点而引用，但是尽管 Aharoni 做了不切实际的主
张[514(第168页)]，它实际上在薄膜中完全无杂散磁场畴壁的可能性的发现中并未起什么作用。从这
方面看似乎也是毫无道理的：一种能量较高的模型（相对于 LaBonte 的对称解）如何成为一种能
量较低的结构的导引呢？

参考文献［579］中所描述的非对称布洛赫壁在某种意义上说是解析的，虽然它在建立其显性结构并估算其能量时需要一些计算机的支持，但和 LaBonte 率先进行的二维微磁学方程的严格数值解比较起来，所需的数值计算量要小一个数量级。这方面的工作还进而扩展到其他畴壁角、膜的厚度和各向异性类型以及相互作用的和运动着的畴壁中[658,661,662,655,663]。参考文献［509，664］中有这方面的评论。

还有些其他作者参与了构建或多或少是解析的模型。用显性表达式的尝试[665-670]，仅能得到**接近无杂散磁场**的结果。杂散磁场能必用 LaBonte 的方法进行数值计算。不幸的是，所有建议的结构均显示较参考文献［579，658］中所建立的无杂散磁场模型具有更高的能量。另一方面，Semenov[671,672] 应用参考文献［579］中的完全无杂散磁场的模型并改进了测试函数，他找到的解的能量均低于以前的建议而和 LaBonte 的解非常接近。

由于无杂散磁场的磁化强度场方法被证明在获得微磁学结构的好的模型以及对其机理的更好理解上十分有价值，下面我们将对在零磁场中的非对称布洛赫壁做轮廓的描述。在二维中严格的无杂散磁场畴壁的构建可以如下进行操作（所选坐标见图 3.78）：首先选择一个标量函数 A_z (x, y)（一个向量势的 z 分量），它在薄膜两个表面均为常数。由此函数推出的磁化强度方向为

$$m_1 = \partial A_z/\partial y, m_2 = -\partial A_z/\partial x, m_3 = \pm\sqrt{1-m_1^2-m_2^2} \tag{3.145}$$

这种安排自动产生一个无杂散磁场的向量场。在薄膜样品体内 div$\boldsymbol{m}$ = 0，而在两个表面 m_2 = 0。如果函数 $A_z(x,y)$ 是对称的，在膜的中心有一个二维的极大值，则（m_1，m_2）磁化强度构型围绕这个峰值旋转，早已是不对称的。但这种磁化强度构型尚未构成一个畴壁。描述一个 180° 畴壁，分量 m_3 当 $x\rightarrow-\infty$ 时趋于 -1。而 $x\rightarrow\infty$ 时趋于 $+1$。必须在畴壁中某个地方连续地通过零值。这意味着函数 $M = m_1^2 + m_2^2$ 必须满足两个条件：

1）其值必须永远不超过 1。

2）在一条标定畴壁中心的连续线 $x_0(y)$ 上它必须等于 1（图 3.78 中的轮廓线）。

从 1）和 2）可以推出函数 $M(x,y)$ 在整个中心线上必须是稳定的。这导致对 $M(x,y)$ 的下列方程式：

$$M_x[x_0(y),y]=0, M[x_0(y),y]=1 \tag{3.146}$$

式中，M_x 指导数 $\partial M/\partial x$。为满足这些条件，我们用 $A^*(x,y)$ 替代式（3.145）中的 $A_z(x,y)$ 而引进一个新的矢量势函数：

$$A^*(x,y)=A_z(\xi,y), \xi = x + S(y) \tag{3.147}$$

式中，$S(y)$ 为任意函数。将其引入式（3.145）得到

$$m_1 = \partial A_z(\xi,y)/\partial y + s(y)\partial A_z(\xi,y)/\partial\xi, m_2 = -\partial A_z(\xi,y)/\partial\xi \tag{3.148}$$

式中，$s(y)$ 是 $S(y)$ 的导数。经过转换的磁化强度构型仍然是无杂散磁场的，因为它服从 $\partial m_1/\partial x + \partial m_2/\partial y = 0$。因为由 $M_\xi = 0$ 可得到 $M_x = 0$，如由式（3.146）推得的经过转换的系统 M_ξ $[\xi_0(y),y]=0, M[\xi_0(y),y]=1$ 代表两个对两个一维函数 $\xi_0(y)$ 和 $s(y)$ 的一般方程式。将这两个方程式联立求解，就能对每个 y 找出 M 极大值的位置，而通过式（3.148）引入的导数 s 被调节得使此极大值为 1。这证明了只要用牛顿方法求解两个耦合的方程式，除了在有些 m_1 或 m_2 为零的特殊点以外任何地方都是可能的。起始的拟设 $A_z(\xi,y)$ 必须注意这些特殊点，对布洛赫壁来说，它们在表面上的中心处。最后，对函数 $s(y)$ 进行积分以计算剪切函数 $S(y)$ 并恢复原始的坐标 x。用这种方法就可通过相对简单的方法构建一个畴壁（或其他微磁学对象）的无杂散磁场模型——对进行数值积分所需的数目的 y 点值求解两个耦合的普通方程式。

除了在特殊点上所提到的条件以及膜的两个表面上向量势是常数的条件外，函数 $A_z(\xi,y)$ 可

以被自由地选择为包含一些参数的函数。所得的磁化强度被代入一个基于包括交换能、各向异性能、外磁场能等项的总微磁学能量的变分程序，通过求解总能量的极小来确定此模型的参数。

对所得解中总能量的相对贡献的研究是很有趣的。避免形成磁极的初始假设排除了杂散磁场能，各向异性能通常所起作用甚小。此时占优势的能量是交换能。这一不平常的特点是由无杂散磁场拟设的几何约束引起的。在图 3.78a 中，涡旋的宽度是由膜的厚度来控制的。即使各向异性想要容许形成更宽的畴壁，对一个给定的膜厚，涡旋不可能变得更宽而不引起能量的升高。这是由于磁化强度构型依赖于 y 的结果。在 x 方向扩展涡旋，降低源自 x 导数的交换劲度能的贡献，但源自 y 方向的贡献增大，因为这一贡献所出现的区域增大了。只要膜厚比起无限大介质中典型布洛赫壁的壁宽更小，非对称布洛赫壁的尺寸基本上和膜厚相当。

在垂直于易轴的外磁场作用下**非对称布洛赫壁**的结构失去其镜面对称性。对在这种磁场下布洛赫壁的稳定性极限进行了数值研究（例如在参考文献［550］中），在这些畴壁的尾部处理中的计算并不是严格的。但十分清楚，超过某一磁场值，另一种涡旋畴壁——非对称奈尔壁由于其更适合于外加磁场而变得更有利。

3.6.4.5　非对称奈尔壁

这种特殊的畴壁是首先在参考文献［579，658］中建立的（见图 3.78b），它显示了在截面中的点对称性而不像布洛赫壁那样镜面对称。更精确地说，非对称布洛赫壁在零磁场中按照［对于（$y \rightarrow -y$），（$m_1 \rightarrow -m_1$ 和 $m_2 \rightarrow -m_2$）］转换。与此相对的，非对称奈尔壁在所有磁场下遵循［对于（$x \rightarrow -x$ 和 $y \rightarrow -y$），（$m_1 \rightarrow m_1$ 和 $m_2 \rightarrow m_2$）］。如果考虑到畴壁的水平分量是由外磁场给出的：在核心中的 y 偏离可能向上也可能向下，则奈尔壁存在两个等效的变体。作为比较，非对称布洛赫壁存在四个能量上等效的变体。

非对称奈尔壁中的磁化强度在两个表面上指向同一个方向。如前面所提及的，这就对沿此方向的外磁场在能量上有利。这一特性也是这种畴壁能通过分裂出一个延伸的尾部从而减少核心在磁场中由尾部产生的能量来降低总能量的原因。如 3.6.4.3 节中讨论过的，对于对称奈尔壁来说，简约偶极磁荷（$1-h$）必须在核心和尾部之间分布，且通常约一半的磁荷将移到尾部中。在非对称奈尔壁中，大部分这种磁荷由于二维的涡旋构型而得以避免，仅有约 10% 将分布到尾部中，这就降低了核心中不可避免的复杂性和交换能。恰当地包含这一特色的数值计算出现在参考文献［673］中。不幸的是，在其他一些数值研究[674,550,675]中，并未做到这一点。在外磁场作用下，畴壁剖面的尾部增大了其相对重要性，故而随着畴壁角度减小，将观察到更少的涡旋结构。在外磁场达到临界值时，非对称性消失，对称的奈尔壁变得更有利（见图 3.80）。

3.6.4.6　在平行各向异性膜中畴壁能的比较

图 3.79 所示为计算出的畴壁能和以下两个变量之间的函数关系：膜的厚度和畴壁角度[658]。后者由施加一个垂直于易轴而平行于膜面的磁场而得到。此图适用于具有易轴平行于膜面的单轴各向异性 K_u 的情况。

由于厚度和磁场都由简约单位表示，仅只留下一个进一步的参数：材料常数 $Q = K_u/K_d$。我们假定对典型的坡莫合金膜来说 $Q = 2.5 \cdot 10^{-4}$，因为各向异性对薄膜中的畴壁的能量仅有中等程度的影响（它主要影响奈尔壁的尾部），这种图对更宽范围的低各向异性材料来说具有代表性。这些数据源自变分计算，因此它只能作为一种导引。在这种很宽的参数范围内，严格的数值计算结果还没有出现。

对更大的膜厚，我们看到在零磁场下对于 180° 畴壁，非对称布洛赫壁通常比非对称奈尔壁能量更低。后者大约在 $H = 0.3H_K$，对应于畴壁角度 $\Omega_w = 2\mathrm{arccosh} = 145°$ 以上时取而代之。在厚度很小时，对称奈尔壁是最稳定的结构。在此厚度范围内，在磁场小于大约 $0.4H_K$ 时，180° 畴壁

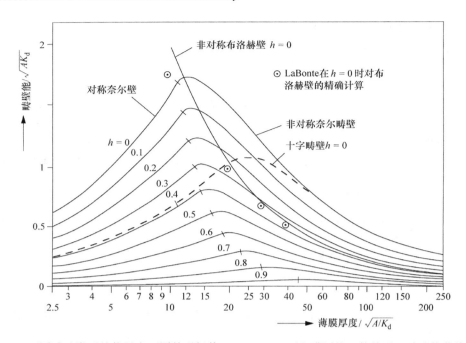

图 3.79　不同畴壁类型的能量在不同外磁场值 $h = HJ_s/2K_u$ 下和膜厚的函数关系。畴壁能曲线向上凸起是对坡莫合金的材料参数（$Q = 0.00025$）用 Ritz 方法仔细计算出来的。还有几个由 LaBonte 得出的精确数值计算点[657]。在奈尔壁曲线上的记号表示非对称性的起始点。**虚线**是基于图 3.75 的结构图示对 180° 十字畴壁的能量的粗略估算结果[650]

蜕变为十字畴壁。注意，一对非对称布洛赫壁的假想的"奈尔帽盖"比布洛赫壁本身的能量还要高，这再次证明对这种涡旋畴壁的解释是不合适的。

图 3.80 表示了最佳的畴壁形式与膜的厚度和畴壁角度之间的函数关系的相图。这种相图的很多特点也可以在洛伦兹显微镜研究中看到（见参考文献[676，664] 和图 5.69）。探索性的数值模拟证实了这种普遍的情况。但数值研究严重地受限于容易处理的计算领域，特别是对具有长程尾部的奈尔壁仍难于进行适当的处理。Yuan 和 Bertram[677] 发现了100nm 厚的坡莫合金膜在 $h = 0.4$ 时出现由非对称布洛赫壁到非对称奈尔壁的过渡，但所计算的量是非对称布洛赫壁的不稳定磁场而不是两种类型畴壁能量相等的热力学相变磁场。如果在例如由 Miltat 和 Labrune[673] 所发展的可变网格算法中包括能量考虑的话，图 3.80 所示的这种尝试性的相图将最终得到证实。目前在下述领域仍存在尚未解决的问题：

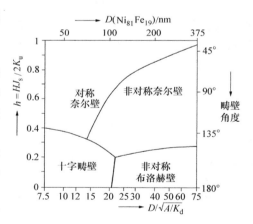

图 3.80　从用来估算十字畴壁的图 3.75 的方案和图 3.79 推出的畴壁类型的相图。所做计算是基于坡莫合金膜（$Q = 0.00025$），但在图中所示的简约情况下，也可以作为具有低的面内各向异性的其他膜的导引

● 在薄膜厚范围内，相图中十字畴壁区域的形状仍不清楚。按照实验观察结果，对非常薄的膜，十字畴壁变得不稳定，显然这是由于布洛赫线能量的原因（见 3.6.5.3 节），这一点在推

出图 3.80 时没有包括进去。

● 各向异性的不同的形式和数值对相图的影响还没有确定。我们近来在窄条形样品中[629]进行了二维畴壁的严格的微磁学计算。在这样的条带中不能形成延伸的尾部，因而使有效的、可重复的计算成为可能。和变动外磁场相反，在计算中将各向异性参数 Q 在很宽范围内进行变动，所得的相图（见图 3.81）显示出以下两个特点：①在零磁场下有一个非对称奈尔壁的稳定范围（即便对大的 Q 值也是如此）；②当 Q 值超过一个大约为 0.5 的阈值后存在一个对称布洛赫壁的稳定范围。后一种构型首先在 LaBonte 的论文[659]中获得，其特征为一种二维对称截面构型，在中央垂直磁化强度矢量两边各有一个弱涡旋。在这一研究中，也包含了三维的十字结构。注意，由于在奈尔壁中延伸的尾部在窄条样品中受到了抑制，在图 3.79 中（对 $h = 0$），大约在 $12\sqrt{A/K_d}$ 时发现的布洛赫 – 奈尔过渡早在大约 $7\sqrt{A/K_d}$ 处就出现了。将这种计算扩展到更宽的膜、三维畴壁结构和不同的畴壁角将是很有趣的。

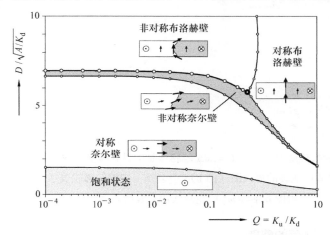

图 3.81　在零磁场下，具有固定的宽/厚比率 4:1 的狭条状磁畴的畴壁相图[629]。一个输入参数是各向异性参数 $Q = K_u/K_d$，此参数与易轴平行于膜面和畴壁的单轴各向异性相关。第二个参数是膜厚

● 如图 3.79 所示，当膜厚超过相图中的范围后，非对称布洛赫壁和奈尔壁的能量差消失。对布洛赫壁的较大厚度的样品进行了一些探索性的计算[661]。当膜的厚度超过数量级为 5Δ（$\Delta = \sqrt{A/K_u}$）时，预期涡旋将受限于样品表面附近。在任何情况下，二维涡旋畴壁和多半具有表面涡旋的一维布洛赫壁之间的（连续）过渡的厚度范围必须以 Δ 为尺度，因为杂散磁场能对两个变量中哪一个都不起作用。其解随薄膜厚度变化的行为导致的结论是即使对大块的低 Q 材料，布洛赫壁当遇到样品表面时也会出现表面涡旋。这一预言已为广泛的实验观察所证实（见 5.4.3 节和 5.5.1 节）。发生畴壁表面帽盖的 Q 值限度可能在 $Q = 1$ 左右，但对这一点尚既无理论结果也无实验观察结果可查。

早期在厚片状样品中布洛赫壁的数值计算[352,679,680]证实了薄膜的解和无限大介质中布洛赫壁之间过渡的普遍图景。特别是他们证实了预期的布洛赫壁的类涡旋结构和表面的交截，发现了畴壁在表面带中的加宽甚至比 Ritz 方法研究所预期的结果更加显著。在参考文献［678］中所完成的计算包含了早期工作中没有详细检测过的对离散误差的细心的消除。在这些适用于相对较高的简约各向异性 $Q = 0.1$（单轴、面内各向异性）的计算中，计算被扩展到 $D =$

160Δ 这么宽的范围。证实了很大的表面帽盖宽度，并发现即便将计算的 *D* 值再稍微地增加直到薄片的厚度值时仍未有达到大块样品饱和值的信号，由此工作中计算得到的结构的例子如图 3.82 所示。

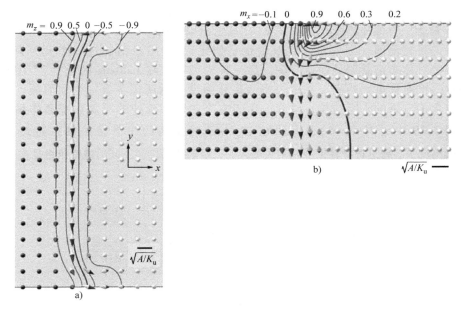

图 3.82　由微磁学的数值解得出的对 *D* = 20Δ 厚膜样品中贯穿畴壁的截面图（图 a）和对 *D* = 160Δ 的很厚的片状样品表面涡旋的放大图（图 b）[678]。图 a 中的轮廓线表示用等 m_z 线示意的畴壁，而图 b 中等 m_x 的轮廓线用来表明表面帽盖的扩展

3.6.4.7　在薄膜中有磁荷的畴壁

按照式（3.114），在大块材料中避免产生净磁荷代表了一个压倒一切的规则，违反这条规则的情况极为罕见。在 3.6.1.7 节中关于畴壁的讨论并不服从这一规则，引入的原因是为了完整性而不是为了实际的目的。不过，在薄膜中有磁荷的畴壁经常能观察到是因为由此引起的能量上的不利后果不那么严重。在薄膜中远离线磁荷的杂散磁场大约按 $1/r$ 的规律下降，而在大块材料中的面磁荷却保持恒定。对较宽分隔的磁畴交替分布的薄膜畴壁，总杂散磁场能随距离按对数规律发散。不过，其发散程度比起大块材料中面状有磁荷畴壁来说要弱得多，这在铁磁体中是被有效地禁止的。

有磁荷畴壁发生的典型情况如图 3.83a 所示。如果两个磁畴头对头相遇，分隔它们的畴壁将形成一种特征性的锯齿状以降低磁荷密度。一个直的畴壁将具有最强的磁荷密度。增大锯齿角，磁荷密度下降，代价是畴壁面积增大（假定总体的畴壁取向是因磁性环境而固定的）。由于杂散磁场能的非局域性，这种论据的定量化是很困难的。

有磁荷的畴壁通常形成一种得以降低与净磁荷相关联的杂散磁场能的特殊结构。它们将形成一个长程的尾部，这和奈尔壁的尾部相关，它将承载大部分的磁荷。核心部分处于大体无磁荷的状态，由 Finzi 和 Hartmann[681] 首先提出的这一概念如图 3.83b 所示。磁荷分布在畴壁两边的尾部中。依赖于膜的厚度，核心部分类似于普通薄膜的 180°畴壁（布洛赫壁、奈尔壁或十字畴壁，依赖于膜的厚度）。在奈尔壁的情况下，偶极奈尔壁磁荷和分布的单极磁荷间的相互作用必须予

以考虑。在参考文献［682，683］中，针对直
的、周期性磁荷的情况进行了研究。对锯齿状的
排列（见图3.83），参考文献［684］给出了简单
的理论，其中假定磁荷在较好的近似下均匀地充
满所在的空间。

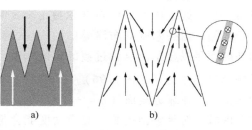

3.6.4.8　垂直各向异性膜中的畴壁

如果在膜中易轴指向垂直于膜的表面且各向
异性足够强，则会产生完全不同的情形。如
图3.84所示，这些磁畴均和杂散磁场相关联。在
畴壁中，磁化强度沿着不同方向平行于畴壁，这

图 3.83　一种分隔两个头对头的磁畴的有磁荷的
锯齿形畴壁（图 a）和在此畴壁中一种
无磁荷的核心的形成（图 b）

对磁泡膜和磁光存储膜来说是典型的情况。"磁泡"是可以用于磁性存储的孤立的柱状磁畴。为
稳定的缘故，其材料常数 $Q = K_u/K_d$ 必须大于1。通常它是如此的大，以致人们可以将 $1/Q$ 当作
小量来处理，而将杂散磁场当作一个微扰。

磁泡膜的厚度通常比布洛赫壁宽大得多，故而在严格意义上这些已不再是"薄"膜。但其
畴壁的结构强烈地受到表面的影响，这些效应的
细节对磁泡畴的行为将具有重大的影响。

Slonczewski（见参考文献［685，686］）分析
了垂直膜中畴壁的基本特点：在膜的中心，畴壁
是通常的布洛赫壁。如 3.6.2.2 节中所描述的那
样，接近样品表面时，磁畴的杂散磁场作用于畴
壁将磁化强度扭向奈尔壁。由磁畴引起的水平杂
散磁场在表面处异常的高。以一个周期为 $2W$、样
品厚度为 D 的条状垂直磁畴的周期性排列为例，
假设畴壁无限地薄并沿 y 方向无限延伸（见
图3.84），则在畴壁中心面内的磁场的 x 分量可表
示为

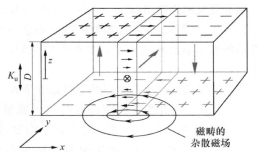

图 3.84　一个垂直各向异性膜中的杂散磁场和
畴壁结构的示意图。在畴壁中的磁化强度方向
由于磁畴杂散磁场的影响而被扭曲了

$$H_x(z) = \frac{1}{\pi}(J_s/\mu_0) \cdot \ln\left\{\tanh\left[\frac{\pi}{4}(D-2z)/W\right]\Big/\tanh\left[\frac{\pi}{4}(D+2z)/W\right]\right\} \tag{3.149}$$

这个磁场在样品两个表面上 $\left(z = \pm\frac{1}{2}D\, 处\right)$ 发散。这种发散将被交换劲度效应平滑化并消除，
但不管怎么说可以预期有很大的磁场值。

图 3.63 表示在一个临界磁场 H_{cr} 以上布洛赫壁被转换成一个纯的奈尔壁，可以由不显现锯齿
形折叠因而均匀地 $\Psi = 90°$ 来识别这种转换，这个临界场可以从图 3.63 来估算。该处我们可以看
到对于大的 Q 值，临界场趋近于 $H_{cr} \approx \frac{2}{\pi}J_s/\mu_0$，这种水平磁场在接近垂直各向异性的足够厚的膜
表面处可能被超过，于是就存在一个临界深度 d_{cr}，超过此深度时 $H > H_{cr}$，这样，如在大块材料
中的奈尔壁就产生了（见 3.6.2.2 节）。在较 d_{cr} 更深的小磁场范围内，或多或少有些扭曲的布洛
赫壁更加可取。

计及对 z 变量的交换能以及其他若干效应的更详细的计算[687]得出如图 3.85 所示的剖面。图

中给出了扭转角 η 对 z 的函数关系。对布洛赫壁 $\eta = 0°$，处于中心，而对奈尔壁 $\eta = \pm 90°$，处于表面。由奈尔壁向布洛赫壁结构的过渡剖面在厚度足以显示出这种过渡的膜的畴壁动力学中起决定作用（见图3.96）。$D = 200 \sqrt{A/K_u}$ 的实例显示在靠近表面（$\eta = \pm 90°$）处存在奈尔壁区域。对足够薄的膜，交换劲度能会抑制畴壁的扭转。

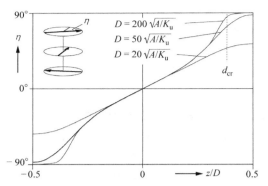

图 3.85　对三个不同膜厚 D 进行一维数值计算所得的垂直各向异性膜中畴壁的扭转角。对较厚的膜在样品表面以下的某个临界深度 d_{cr} 处畴壁趋向于奈尔壁模式（$\eta = \pm 90°$）。此计算是基于对简约材料参数 $Q = 4$ 的一维微分方程式的解得出的[687]

3.6.5　畴壁的亚结构——布洛赫线和布洛赫点

大多数畴壁可以以两种等效的形式存在，其差别仅在转动的方向。如果能量是相等的，两种模式就可以在同一畴壁中共存。这两种畴壁片段间的分界线称为布洛赫线（如同人们论及布洛赫壁和奈尔壁那样，试图用类似的含义来进一步将这些线进行分类的尝试，鉴于这些线复杂的内部结构而基本上被放弃了。在本书中我们将术语奈尔线作为通用术语布洛赫线的同义词来对待）。

畴壁亚结构产生的原因并不总是清楚的。有一些实验证据[688,641,689,690]表明这些亚结构有时是因能量的原因而形成的。如图3.86所示，布洛赫壁带有一些磁通量，如果此磁通量和样品表面交截，再次分割将降低额外的杂散磁场能[691]。这对于铁中的（100）180°畴壁尤其正确（见3.6.3.1节）。

本来，在软磁材料中杂散磁场的抑制可以通过一个类似于薄膜中的非对称布洛赫壁那样的表面涡旋来达到（见图3.82）。但如果结合畴壁的特殊的扭曲（见示意图3.30），畴壁的再次分割能够支持磁通补偿，这将使一些畴壁的磁通偏离到磁畴中去[691]。但是，所涉及的能量是很微小的，故而常常再次分割是随机地形成的。一旦它们形成了，它们的湮灭将受到一个势垒的阻滞。布洛赫线基本上必

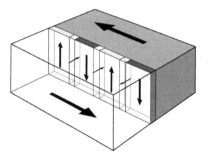

图 3.86　在软磁材料中降低布洛赫壁中杂散磁场能的周期性布洛赫线（示意图，特别是忽略了接近表面处畴壁的改变和布洛赫线的结构）

须被考虑为实际畴壁结构的一部分，它将影响畴壁的性质和行为，这一点在和磁泡畴壁相关时进行了最彻底的研究，甚至提出了一个利用畴壁亚结构的存储机制（见6.6.1.3节）。

当一个畴壁运动时，布洛赫线能在畴壁内运动并以剧烈的方式影响畴壁的运动。如将在3.6.5.3节中讨论的，在软磁膜中布洛赫线显著地比布洛赫壁窄，故它会强烈地和钉扎中心相互作用。在由于对称的原因使畴壁不能运动时，布洛赫线的移动甚至会对磁导率做出贡献。由于其延伸范围很小，布洛赫线的内部结构在实验上较难观察到，所以必须进行理论分析。

进一步的兴趣点是关于布洛赫线的亚结构以及在布洛赫线内部可能的转变。布洛赫线

能以微磁学上一种连续的方式形成，如 Feldtkeller[692] 首先指出的那样，这种转变至少要包含一个微磁学奇点。这类奇点将在 3.6.5.4 节中进行讨论。

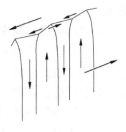

示意图 3.30

3.6.5.1 在高各向异性膜中的布洛赫线

对具有垂直各向异性的且 $K_u > K_d$ 的单轴膜，典型的如磁泡畴，布洛赫线的计算至少在一级近似下是比较直截了当的[49]。图 3.87 所示为经过此类转变的一个截面。两个常规的布洛赫壁片段（均由 ϑ 从 $-90°$ 变到 $90°$ 来描述），被一个在其间 φ 角从 $0°$ 变到 $180°$ 的过渡层分隔。

如果过渡区域比布洛赫壁宽度更宽，就可允许对在布洛赫线中的杂散磁场应用一维的局域近似 [见式（3.20）]。在合理的近似下 ϑ 仅依赖于 x，而 φ 仅依赖于 y。总能量可写作：

$$E_{tot} = \iint \left\{ A\left[\left(\frac{\partial \vartheta}{\partial x} \right)^2 + \cos^2\vartheta \left(\frac{\partial \vartheta}{\partial y} \right)^2 \right] + K_u\cos^2\vartheta + K_d\sin^2\varphi \cos^2\vartheta \right\} dxdy \qquad (3.150)$$

像在标准布洛赫壁理论中那样，首先对恒定角 φ 求解这个变分问题，得出如下关系式：

$$A\left(\partial\vartheta/\partial x\right)^2 = K_u\cos^2\vartheta + K_d\sin^2\varphi\cos^2\vartheta \qquad (3.151a)$$

$$\gamma_w(\varphi) = 4\sqrt{A(K_u + K_d\sin^2\varphi)} \qquad (3.151b)$$

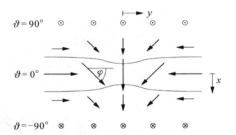

对式（3.151a）右边表达式的积分是畴壁能 [见式（3.151b）] 的一半。将此式代入总能量 [见式（3.150）] 并对小量 $1/Q = K_d/K_u$ 展开，我们得到

$$E_{tot} = 4L\sqrt{AK_u} + 2\sqrt{A/K_u}\int \left[A\left(\partial\varphi/\partial y\right)^2 + K_d\sin^2\varphi \right] dx \qquad (3.152)$$

图 3.87　在垂直各向异性膜中一个带有布洛赫线的平直畴壁的截面图。此截面图对应于图 3.84 中的中间平面（$z = 0$）

式中，L 指畴壁的总长度。在总能量中第一项代表常规的布洛赫壁能，而第二项是布洛赫线的额外能量。将式（3.152）对 $\varphi(y)$ 进行优化出现了和标准布洛赫壁同样形式的一个变分问题。其解为：布洛赫线能量是 $8A/\sqrt{Q}$，而布洛赫线宽度为 $\pi\sqrt{A/K_d}$。注意，由于我们假定了 $K_u > K_d$，布洛赫线宽度比布洛赫壁宽度 $\pi\sqrt{A/K_u}$ 更大，这就证实了对杂散磁场能的局域化处理近似的合理性。一种包括非局域杂散磁场和布洛赫线之间相互作用效应的更普遍的分析可在参考文献 [693] 及更新近的参考文献 [694, 656] 中找到。

在局域近似中，布洛赫线在所有方向上都是等效的。实际上，不同方向的布洛赫线具有不同的性质。指向**垂直**于畴壁磁化强度方向的布洛赫线（在磁泡中这些被称为竖直布洛赫线，见图 3.87 和图 3.95）载有净磁荷，会导致布洛赫线间的相互作用。如果它们互相靠近，会存在两种可能性：它们或许会因为它们的转动指向相反而湮灭，这被称为**非卷绕情况**；或者它们因为磁化强度是**卷绕**的而不会湮灭。卷绕的布洛赫线会形成团簇，计算得出团簇的平衡距离大约为 $2\pi\sqrt{A/K_d}$[693]。竖直布洛赫线在布洛赫线存储中是信息的载体（见 6.6.1.3 节）。高浓度的卷绕竖直布洛赫线导致几乎不能移动的硬泡，这没有什么应用价值。

　　沿着畴壁磁化强度走向的布洛赫线（在磁泡中的水平布洛赫线，图 3.88c 中的直布洛赫线也属于这一类型）不显示长程静磁相互作用。在磁泡膜中，它们强烈地受磁畴的杂散磁场影响且是这类膜中扭曲的畴壁结构的根源（见图 3.84）。并且它们可以在靠近膜表面处动态地在布洛赫 - 奈尔壁的过渡中产生出来（见参考文献 [49，686] 和图 3.96）。有时候，人们可以观察到具有几条同符号的堆积的水平布洛赫线。由于布洛赫线可以在畴壁中移动，这些畴壁在共振实验中展示出很高的惯性，所以被称为**重畴壁**。

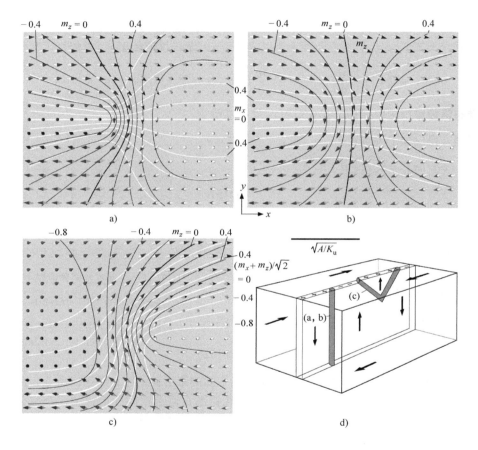

图 3.88　a）对于 $Q = 0.01$ 的材料在包含近于无杂散磁场的布洛赫线的单轴材料中数值计算出的布洛赫壁的截面图。b）在高各向异性材料（$Q = 0.2$）中包含较简单的布洛赫线的布洛赫壁的截面图。这两种布洛赫线指向都平行于畴壁磁化强度。c）对于 $Q = 0.01$ 和倾斜角为 45° 的倾斜布洛赫线的结构，其中净畴壁磁通被畴壁各部分的位移所抵偿，截面取向垂直于布洛赫线轴而轮廓线指出非对称布洛赫线的形状（黑色线）和被压缩的畴壁形状（白色线）。三维示意图（图 d）表明两类布洛赫线可能发生的环境 [与德国 Erlangen 的 K. Ramstöck[697]（计算）和 J. McCord（绘制）合作]

布洛赫线之间的复杂相互关系的细节及磁泡的动力学与静力学可以在这一主题的广泛的参考文献中找到，Malozemoff 和 Slonczewski[49] 在他们的教科书中进行了评述。最近，不同的作者[695,656,695,200]对不同种类的石榴石膜中的布洛赫线做了严格的数值计算。在一个具有倾斜的单轴各向异性的特定情况下，其中布洛赫壁可以用磁光法进行观察，发现实验观察和理论计算很好地符合。三维计算得到在磁泡膜中竖直布洛赫线特征性倾斜的结果，这对这些线的磁光法观察非常重要（见参考文献［696］和5.6.3节）。

3.6.5.2 大块软磁材料中的布洛赫线

对低各向异性材料（K_u，$K_c \ll K_d$），如果仍然以对高各向异性那样以在3.6.5.1节中所推得的参数 $\sqrt{A/K_d}$ 为尺度，人们可以期望出现比较窄的布洛赫线。对典型的材料，这个量小于10nm，因此比畴壁宽度小得多。这将暗示包含布洛赫线的布洛赫壁会有很强的钉扎作用（所依据的原理是每一个微磁学单元将和与其尺寸相当的缺陷产生最强的相互作用）。因而，避免了强的杂散磁场的布洛赫线结构的发现[658]与此有所关联。此结构是非对称的，因此布洛赫线和薄膜中的无磁荷畴壁结构相关。

本来，如为非对称布洛赫壁所描述的同样的工具（3.6.4.4节）曾被用于构建完全无磁荷的布洛赫线。这些想法得到了有限元计算的证实[550,697]。在一个单轴材料中，插入180°畴壁中的单位长度的布洛赫线的额外能量大约为13A，微弱地依赖于各向异性参数 Q。在布洛赫线的区域内畴壁宽度有所减小，但并不强烈，保持数量级为 $\Delta = \sqrt{A/K_u}$（见图3.88a）。

图3.88a、b所示的解仅代表畴壁中布洛赫线的一种可能方向，即其走向平行于在相邻畴壁片段中央的磁化强度（见图3.88d中的直线）。这里没有净磁通向布洛赫线输运，因而可以设想为完全无磁荷的布洛赫线。但即使布洛赫线相对于这个轴是倾斜的（见图3.88d中的三角形），只要两个畴壁片段被移动了以致净磁通仍然变成零，无磁荷的布洛赫线仍能被构建（见图3.88c）。布洛赫线的磁荷被磁畴中和了。事实上，Hartman 和 Mende 用高分辨的比特方法[698]在铁晶须上观察到了这种效应。

如果布洛赫线走向垂直于畴壁磁化强度就不可能形成无磁荷的布洛赫线，这种布洛赫线将载有很高的能量，因而会蜕变为锯齿状。在参考文献［697］中，对 $Q = 0.01$ 的单轴材料计算出了对于垂直方向最佳的锯齿角为35°。

布洛赫线可在一个很宽范围内改变其方向而不引起严重的能量增高的事实必须在分析畴壁和晶格缺陷的相互作用中予以考虑。布洛赫壁至少在一个维度上相对比较僵硬，由于这个原因，它们倾向于平均掉大部分的与点缺陷和位错之间的相互作用，而这种情况将降低它们和统计分布的细小缺陷间的相互作用。与此相对照，布洛赫线可以适应这些缺陷的形状和分布，并最终产生很强的相互作用。另一方面，它们占据比布洛赫壁小得多的体积，因而它们的扩展引起的能量升高也并不很大，这倾向于减低相互作用的强度。畴壁中的布洛赫线对畴壁钉扎和矫顽力的净影响的更加详细的分析尚未出现。

总结一下，在软磁材料中的布洛赫线具有复杂的二维涡旋结构，其宽度和它们插入的畴壁有相同的数量级。由此除了在表面交截处它们变得更窄以外，它们和畴壁本身应有相似的移动性。一条布洛赫线射向表面时的局域情况和下面将讨论的在薄膜中的布洛赫线相类似。

在一块厚的铁晶体中180°畴壁的三维结构的完整理论分析仍然是一个令人生畏的理论问题，至今还没有被解决[698]。必须要考虑到的因素有以下几点：

1）畴壁在靠近两个表面时的表面涡旋。

2）畴壁被布洛赫线再分割。

3）布洛赫线之间畴壁的扭曲以分散畴壁磁通。

4）畴壁宽度由大块到表面的逐渐过渡。

5）在布洛赫线击中表面的地方受压缩的平面涡旋或卷绕。

面对由扭曲现象3）的几百微米到对卷绕现象的预期的纳米范围（见3.6.5.3节）如此巨大的尺度差别的困难，一个一致的理论必须将所有这些因素结合在一起。任何理论分析都要依靠详细的实验研究（例如见参考文献［699，226］的磁光研究和参考文献［89，698］中的比特图形观察）。

3.6.5.3 在具有面内磁化强度的薄膜中的布洛赫线

薄膜的洛伦兹显微术首先将磁化强度构型中的注意力吸引到一些奇点区域。磁化强度以两种不同模式围绕着这些点转动，被称为圆形的和十字形的布洛赫线（见图3.75和图3.89）。Feldtkeller和Thomas[653]首先计算了在薄膜中布洛赫线的微磁学结构，这里将计算扩展到较厚的片中，特别是考虑到早已提到过的在大块软磁材料表面预期的卷绕（见3.3.3.3节和图3.27）。

薄膜中的布洛赫线以及表面卷绕的共同之处是在中心处的垂直磁化强度。这一预言的结论性的实验观察还未听说。Hartmann用高分辨的比特方法拍的照片可能显示了这一特点。在薄膜中布洛赫线的很窄的宽度得到了实验观察

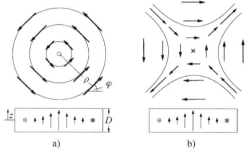

图3.89 在薄膜中的圆形（图a）和十字形（图b）布洛赫线以及用于其计算的坐标

的支持，即便在很薄的膜中[644]，由于和小尺度的不规则性相互作用，布洛赫线变得很难移动。微磁学的分析提供了对这些因素最好的深入了解的途径。以下的探索性的计算结果可以作为这方面的导引。

圆形布洛赫线至少在它的核心区表现出轴对称性。应用柱状坐标（见图3.89），我们从一个不依赖于 φ 和 z 的模型开始。除此以外，我们需要仅在表面处出现磁荷。在柱状坐标中，条件 $\mathrm{div}\boldsymbol{m}=0$ 可以写作：

$$\partial(\rho m_\rho)/\partial\rho + \partial m_\varphi/\partial\varphi + \rho\partial m_z/\partial z = 0 \tag{3.153}$$

我们的起始结构是通过选择 $m_\rho=0$ 而获得的，其中 m_ρ 是径向磁化强度分量。于是剩下的分量 m_φ 和 m_z 由 $m_\varphi^2+m_z^2=1$ 相联系，由此足以用来确定在此近似下描述布洛赫线的函数 $m_z(\rho)$。这个函数在中心（$\rho=0$）处必须是1，而在其他地方小于1，在无穷远处趋于零。我们可以忽略在核心区各向异性能的影响，因为在这个区域内这一能量项和交换能及杂散磁场能的贡献比起来是可以忽略的。这一假定证实了轴对称性的设想。在柱坐标中的交换能由式（3.2a）给出，这里对柱状对称性可简化为

$$e_x = A[m_{\rho,\rho}^2 + m_{\varphi,\rho}^2 + m_{z,\rho}^2 + m_{\rho,z}^2 + m_{\varphi,z}^2 + m_{z,z}^2 + 1/\rho^2(m_\varphi^2 + m_\rho^2)] \tag{3.154}$$

式中，$m_{\varphi,\rho}^2$ 是 $(\partial m_\varphi/\partial\rho)^2$ 的简写，其余亦同。这里仅有第二项、第三项和第七项不为零。如果积分延伸到无穷远的话，项 m_φ^2/ρ^2 导致发散的积分，因为对大的 m_φ 值，ρ 变为1。但这一特点并不

是一个严重的问题。将交换能的积分在磁化强度的竖直 z 方向的分量可以忽略的半径处切掉就足够了。无论如何在切掉的半径以外的略去的能量和布洛赫线没有耦合。

Fedtkeller 和 Thomas[653] 给 m_z 选定了一个拟设 $m_z = \exp(-2\rho^2/b^2)$，其中 b 是一个优化参数。对这样一个描述柱状结构的拟设，杂散磁场能可以被解析地积分。如果尝试函数按照下式进行推广仍然可行：

$$m_z(\rho) = \sum c_i \exp(-2\rho^2/b_i^2), \quad \sum c_i = 1 \tag{3.155}$$

式中，c_i 和另外的 b_i 均为进一步的参数。将参考文献 [653] 的结果推广，杂散磁场能量可表达为

$$E_d = 2\pi K_d \int_0^\infty [1 - \exp(-uD)] \left[\frac{1}{4} \sum c_i b_i^2 \exp\left(-\frac{1}{8} u^2 b_i^2\right) \right]^2 du \tag{3.156}$$

将总能量对参数 c_i 求极小值，我们就得到图 3.90a 中的曲线。这里在求和中用了六个元，而 b_i 是均匀分布的，且是被固定的。注意，在外部区域中的反向磁化强度，它抵偿了在核心处的部分不希望存在的磁通。这一特点用参考文献 [653] 中采用的原函数不能进行描述。

如在图 3.90a 中定义的布洛赫线宽 W 对膜厚的函数关系示于图 3.91 中标有"柱状拟设"的曲线。Feldtkeller 和 Thomas[653] 对于小的厚度 D 推出了一个简单的微分方程式，我们的多参数柱状结构正确地重现了这一分析的预测。

在厚度较大时，我们尝试了一种包含 z 方向依赖性的二维模型，此模型容许布洛赫线在块内变宽而在表面仍然是窄的。一种仅具有表面磁荷的假设模型是

$$m_z(\rho, z) = \sum_{i=1}^n c_i f_i(\rho, z), \quad f_i(\rho, z) = \exp(-2\rho^2/g_i(z) b_i^2)$$

$$g_i(z) = a_i(1 - 4z^2/D^2), \quad \sum_{i=1}^n a_i c_i b_i^2 = 0$$

$$m_\rho(\rho, z) = \frac{1}{4\rho} \sum_{i=1}^n c_i g_i'(z) \left[\frac{2\rho^2}{g_i(z)} + b_i^2 \right] f_i(\rho, z) \tag{3.157}$$

式中，m_ρ 由条件 $\mathrm{div}\boldsymbol{m} = 0$ [式（3.153）] 积分得出。

交换能需要二维的积分，而杂散磁场能可以和前面一样来计算。在所指明的条件下，将能量对参数 a_i、b_i 和 c_i 求极小值。如果膜厚大于大约三倍的特征长度 $\sqrt{A/K_d}$ 时，我们就得到一个比简单的拟设大大地减小了的表面线宽（见图 3.90b 和图 3.91）。与此同时，能量也明显地降低了。

在厚度大时，表面处的磁化强度的"卷绕"直径似乎趋向于一个大约为 $3\sqrt{A/K_d}$ 的恒定值。这与柱状模型的结果不一样（在图 3.91 中，在 D 很大时表面线宽 W_s 仍然具有的斜率可能是由于 Ritz 方法计算的不足之处引起的）。在图 3.92 中布洛赫线的 1/4 的截面图表明，对大的膜厚值具有舌状的剖面。

Bäurich[700] 也分析了薄膜中十字形布洛赫线。他的结果可以用以下叙述来加以总结：其结构的核心虽然更加复杂一点，但和圆形布洛赫线具有同样的特征性尺寸。十字形布洛赫线必然和圆形布洛赫线在它能被嵌入的方式上相不同：只要在各向异性容许的情况下圆形布洛赫线能存在于一个平面的、具有旋转对称性的、无杂散磁场的磁化强度构型中。对十字形布洛赫线，如在图 3.89 中和十字畴壁构型（见图 3.75）中所展示的那样，此构型分裂进入畴壁中是由杂散磁场

促成的。

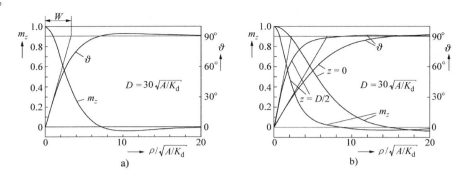

图 3.90　基于柱状拟设［式（3.155）］所计算出的布洛赫线剖面（图 a）和二维拟设［式（3.157）］的计算结果（图 b）。布洛赫线宽 W 由函数 $\vartheta(\varepsilon)$ 的斜率来确定，其中 ϑ 角的定义为 $\vartheta = \arccos m_z$

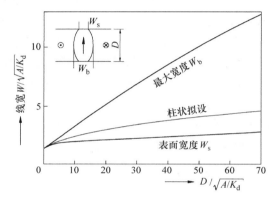

图 3.91　在柱状拟设下布洛赫线宽和膜厚的函数关系以及更精确的二维结构。后一模型表明对膜厚大时表面处的线宽比内部的要小得多

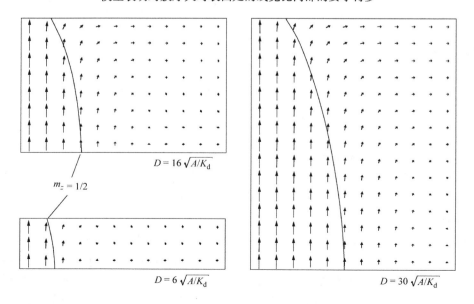

图 3.92　对低各向异性片状样品在三个不同厚度时计算得到的二维布洛赫线结构的截面图。由于对称性，只要示出图的 1/4 就行了

总结起来，在平面薄膜中，以及布洛赫线和大块样品表面的交截处的布洛赫线核心区的尺度是特征长度 $\sqrt{A/K_d}$，这在软磁材料中和畴壁宽度相比是较小的。这就解释了所观察到的这些材料非常薄的膜中引起畴壁钉扎并成为矫顽力的一个根源的事实。另一方面，$\sqrt{A/K_d}$ 和原子间距（对 NiFe 为 5nm）比起来还是大很多，所以和 Aharoni 的错误的观点[701(第135页)]形成对照，布洛赫线核心的微磁学连续性理论肯定仍然是成立的。在薄膜中的布洛赫线并不是微磁学中的奇点。

3.6.5.4 微磁学的奇点（布洛赫点）

图 3.93 显示了一个在垂直各向异性（磁泡）膜中的畴壁的示意图，此畴壁具有一条包括相反转动指向的两个部分的布洛赫线。正如 Feldtkeller[692] 首先提出的，布洛赫线的片段之间的转变不可能以一种连续的方式来实现。图 3.93b 给出了导致这一结论的论据。将一个围绕着过渡区的闭合表面上的磁化强度方向转移到磁化强度方向的单位球面上，如图 3.93b 所示，在过渡的近邻区内，**每一个**磁化强度方向至少出现一次。而所有磁化强度方向合在一起从所选择的表面映射到单位球面上形成一个连续的图形。现在如果我们试图将近邻的表面向过渡区域收缩，拓扑学的一个理论表明从这个表面到一个具有十分确定的磁化强度方向的点之间不存在连续的路径。在此

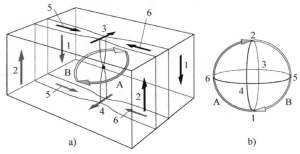

图 3.93 a）在垂直各向异性膜中包含相反的两个部分的布洛赫线，由于拓扑学的原因，此布洛赫线必然包含一个奇点。b）这用单位球体上的磁化强度方向图来表明。图中圆弧形箭头 A 和 B 表示出两个磁化强度方向的轨迹实例

表面中至少存在一个微磁学的突变点或奇点。不少作者[49,692,702−709]研究了这些奇点，或称布洛赫点的性质。本质上，它们是由一个其中铁磁性有序遭到破坏的几个晶格常数大小的小区域组成。

由于交换能密度在靠近布洛赫点时按 $1/r^2$ 增大，如果是一个实奇点，其交换能可以用常规的方法进行计算。这一函数可以在包括原点的范围内进行积分。一个半径为 R 的球体中心的奇点的最小微磁学交换能为 $E_{ex} = 8\pi AR$，大体上和核心区的可以呈现出的多种不同形式的实际的磁化强度分布无关[702]。

这样，积分得到的奇点的核心能量即使在微磁学中趋近中心时交换劲度能量密度变成无穷大的情况下仍然能保持有限值。一个球状布洛赫点如果其构型的外围半径 R 容许变得越来越大，则其不存在有限的总交换能。这意味着一个奇点往往要和它所嵌入的环境一起来进行分析。一个球状的外围正是这种最简单的情况。当奇点的中心结构是首要感兴趣的问题时这是很有用的。和点状奇点相反，**线状**奇点具有无限大的微磁学核心区能量，因而在铁磁体中几乎不能出现。这一观点得到了拓扑学论据的支持[706]。

由于微磁学交换能表达式代表一种假设缓慢变化时的近似，这在具有原子尺度的奇点的近邻范围内肯定不能成立[705]。Reinhardt[703] 用格点叠加法而不是用连续统理论计算了奇点的交换能。他所得的交换能比微磁学方法计算出的要小。但对通常畴壁中的布洛赫点来说，这种差别仅有百分之几。格点理论对奇点在晶格中不同位置也得出不同的能量。特别是这些奇点倾向于处于空位和非磁性填隙原子的地方。不同位置处的能量差，包括填隙位置和空位，大约为 $2 \sim 3kT$ 的数量级。奇点和它们的动力学的严格理论除了格点理论以外，还要包括量子力学和热力学的考量。

微磁学奇点并不像我们看到图 3.93 那样似乎是杜撰的结构时想象的那么神奇。Döring[37] 曾指出，常见的尖刺状磁畴（见 1.2.3 节）其尖端处于样品内部时，如果它们被常规的没有布洛赫线的布洛赫壁围绕时，它们必然载有至少一个奇点。奇点的产生和运动是布洛赫线旋转指向翻转的唯一途径。这种可能性在特殊的磁泡存储器设计中得到了应用。图 3.94 勾画出了布洛赫线开关的技术。

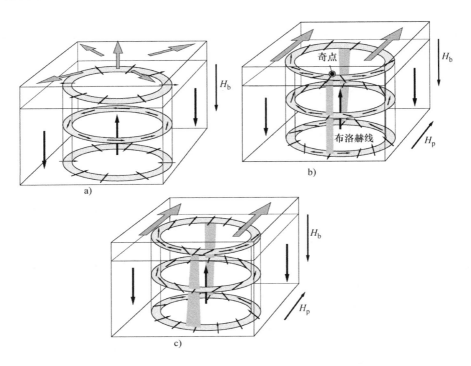

图 3.94   用帽盖开关法在磁泡畴壁中产生一个布洛赫点。软磁性的帽盖层在图 a 结构中首先跟随畴壁磁化强度，它然后通过一个水平的磁场 H_p 强制进入基本上均匀磁化的状态（图 b），这就触发了两根非卷绕布洛赫线和一个奇点的产生，此奇点可运动穿过磁泡膜然后消失，这就将布洛赫线翻转到图 c 的结构

一个软磁性的帽盖层和磁泡膜交换耦合在一起，在一个外磁场中被饱和磁化。如果磁泡在一开始占据能量最低的单手性状态，这种状态在拓扑学上和饱和的帽盖层不一致，就必然会产生一个奇点，它倾向于沿着其中一根由外磁场感生的布洛赫线运动，此磁泡于是就转换到一种不同的状态（**转动数**为 0）中，此状态和饱和的帽盖层兼容。布洛赫线的翻转，在磁泡动力学和布洛赫线间的相互作用中都有可以测量到的结果。在布洛赫线存储的概念中，它们起到了核心的作用。它们的成核和传播代表了写的过程，如果它自发地发生了，信息就被破坏了（见 6.6.1.3 节）。

微磁学奇点会强烈地和晶格中的点缺陷相互作用，它们的运动会受到热扰动的控制。在铁磁体中较大的缺陷会帮助产生奇点，例如当一个畴壁运动越过这种缺陷时。当奇点的微磁学结构比连续结构的能量更低时，将更便于奇点的产生。在一个厚的磁泡膜中的一条竖直的布洛赫线被证实是这样的例子[704,707]。此处磁畴的杂散磁场（它导致畴壁结构的扭曲；见 3.6.4.8 节）对靠近膜的一个表面的布洛赫线产生一种不利的状况（见图 3.95）。在中心处引入一个奇点，尽管存在与此奇点相关联的额外的交换能，但对膜厚超过大约 $7.3\sqrt{A/K_d}$ 时，总能量将降低[707]。

3.6.6 畴壁动力学：迴旋畴壁运动

布洛赫线和其他微磁学物体的动力学行为，由于其和磁泡存储器中柱状磁畴的高速运动相关联而引起了许多人的兴趣（见 6.6.1.1 节）。许多意料不到的现象，诸如畴壁共振效应、磁泡在梯度磁场中的偏斜运动或者由布洛赫线成核引起的磁泡畴的动力学转换都是 Landau – Lifshitz 方程式（3.66b）所描述的磁化动力学的迴旋性质的结果。我们将讨论限于这一范畴而忽略在参考文献 [576] 中讨论的另一些动力学项。本小节将作为仔细研究参考文献 [49，708，512] 中评述的专

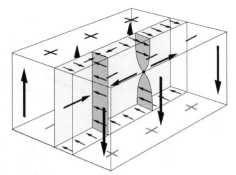

图 3.95　在磁泡膜中有奇点和无奇点的竖直布洛赫线。包含奇点的线更适合于磁畴产生的杂散磁场以及扭曲的畴壁结构

门参考文献的导引。这里将针对磁性绝缘体，其中涡流和热激发的过程都不起作用。这些现象将在 3.6.7 节和 3.6.8 节中进行处理。

3.6.6.1 磁化强度动力学的运动势表达

我们从描述磁化强度矢量在非导体介质中的动力学 Landau – Lifshitz – Gilbert 方程式（3.66）开始。在一个任意的极坐标中（赤道处 $\vartheta = 0$），式（3.66a）变为

$$\cos\vartheta\,\dot{\vartheta} = (\gamma_G/J_s)\delta_\varphi e_{tot} + \alpha_G\cos^2\vartheta\,\dot{\varphi}$$

$$\cos\vartheta\,\dot{\varphi} = -(\gamma_G/J_s)\delta_\vartheta e_{tot} - \alpha_G\dot{\vartheta} \tag{3.158}$$

式中，$\delta_\varphi e_{tot}$ 和 $\delta_\vartheta e_{tot}$ 是总能量密度对 φ 和 ϑ 的变分微商，它代替了式（3.66a）中的有效场。在这些方程中出现的无量纲的阻尼因子 α_G 在磁泡石榴石中通常小于 0.1，但此值小于 0.01 或大于 1 的材料也可以制备出来。对石榴石，α_G 取决于稀土成分的轨道角动量。非磁性的离子如 Y^{3+} 或球形对称的离子如 Gd^{3+} 对损耗贡献很小。

对于静态问题，对时间的微商为零，导致微磁学方程式中 $\delta_\varphi e_{tot} = 0$ 和 $\delta_\vartheta e_{tot} = 0$，这适用于静态畴壁的计算。对运动着的布洛赫壁有几种方法来解这些方程式。一种方法忽略阻尼项（$\alpha_G = 0$），于是自由能可以被扩展而加上一个运动势，这样 $\delta_\vartheta(e_{tot} + p_{kin}) = 0$ 和 $\delta_\varphi(e_{tot} + p_{kin}) = 0$ 以替代式（3.158），这意味着动力学方程式可以用静态微磁学方程式的标准的变分形式来表示。p_{kin} 可能的形式是

$$p_{kin}^{(1)} = (J_s/\gamma)(\sin\vartheta - c_{kp}^{(0)})\dot{\varphi} \tag{3.159a}$$

$$p_{kin}^{(2)} = -(J_s/\gamma)(\varphi - c_{kp}^{(1)})\cos\vartheta\,\dot{\vartheta} \tag{3.159b}$$

式中，$c_{kp}^{(0)}$ 和 $c_{kp}^{(1)}$ 是任意常数。两种形式中哪一种更可取、哪个常数更可取决于边界条件。它们必须被选择得使磁畴内部 p_{kin} 为零。和动能不同，运动势和速度是线性关系。

基于这样的广义自由能，静态微磁结构的变分计算（Ritz 方法）可被扩展到同样对象的匀速**守恒**运动。由于不存在损耗，也就不需要驱动场，畴壁可以用静态中同样的方法对一个给定的速度进行计算，运动势处理运动的效应。在图 3.96 和图 3.97 中显示出了这类计算的例子。在较好的近似程度下，此解也可被用于在驱动磁场影响下具有相同速度的、运动着的、具有相应能量损耗的畴壁[509]，因为由驱动磁场和耗散机制所产生的力矩比在守恒运动中所考虑的迴旋力矩要弱得多。

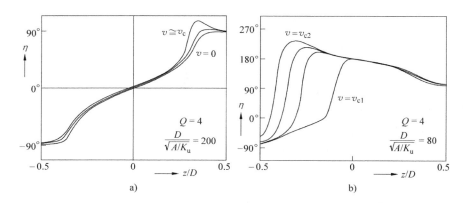

图 3.96　垂直各向异性膜中以恒定速度运动的直畴壁的剖面（和图 3.85 中用同样的角度）。

a）来自布洛赫－奈尔过渡区中，在临界速度 v_c 时出现的一条水平的布洛赫线的形成。b）一个包含一条布洛赫线的运动畴壁的剖面。常规的畴壁（图 a）在 $0 \leqslant v \leqslant v_c$ 的范围内是稳定的，而包含一条布洛赫线的畴壁（图 b）在 v_{c1} 和 v_{c2} 之间在动力学上是稳定的，其中 v_{c1} 小于 v_c 而 v_{c2} 大于 v_c。

这些解是用 Ritz 方法寻找起始函数对一维微分方程进行数值解而获得的

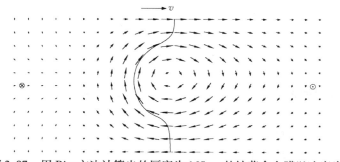

图 3.97　用 Ritz 方法计算出的厚度为 165nm 的坡莫合金膜以速度为
350m/s 运动着的非对称布洛赫壁的结构

3.6.6.2　Thiele 的动力学力平衡

Thiele[709,710] 发现了一种美妙的方法来表达任意微磁学对象的动力学行为。他导出了广义的动力学的力，可以应用于任何微磁学形式，如一个畴壁、一条布洛赫线或者一个完整的磁畴。首先，按照参考文献 ［49］，**动力学方程式（3.158）**被重新写作：

$$\delta_{\vartheta} e_{\text{tot}} = -(J_s/\gamma_G)(\cos\vartheta\,\dot{\varphi} + \alpha_G\dot{\vartheta})$$

$$\delta_{\varphi} e_{\text{tot}} = (J_s/\gamma_G)(\cos\vartheta\,\dot{\vartheta} - \alpha_G\cos^2\vartheta\,\dot{\varphi}) \tag{3.160}$$

由于能量 e_{tot} 而作用于一个体积元上的静态力 $\boldsymbol{f}_s$ 为

$$\boldsymbol{f}_s = \delta_{\vartheta} e_{\text{tot}}\,\mathbf{grad}\vartheta + \delta_{\varphi} e_{\text{tot}}\,\mathbf{grad}\varphi \tag{3.161}$$

将动力学方程式（3.160）分别乘以 **grad**ϑ 和 **grad**φ 后将两式相加，我们得到在等式左边就是 $\boldsymbol{f}_s$，于是等式右边代表一个动力学的对抗力 $-\boldsymbol{f}_d$，通过引进此微磁学结构的运动速度 $\boldsymbol{v}$，可以将它简洁地表达出来。用 $-\boldsymbol{v} \cdot \mathbf{grad}\varphi$ 和 $-\boldsymbol{v} \cdot \mathbf{grad}\vartheta$ 分别代替 $\dot{\varphi}$ 和 $\dot{\vartheta}$，动力学的力 $\boldsymbol{f}_d$ 可得到下列表达式：

$$\boldsymbol{f}_d = -(J_s/\gamma_G)(\boldsymbol{g} \times \boldsymbol{v} + \boldsymbol{d} \cdot \boldsymbol{v})\,,\boldsymbol{g} = \cos\vartheta\,(\mathbf{grad}\vartheta \times \mathbf{grad}\varphi)$$

$$\boldsymbol{d} = -\alpha_G[(\mathbf{grad}\vartheta \otimes \mathbf{grad}\varphi)] + \cos^2\vartheta[(\mathbf{grad}\varphi \otimes \mathbf{grad}\vartheta)] \tag{3.162}$$

迴旋矢量 g 产生一个垂直于 v 的力。所有的耗散效应都包含在并矢 d 中。通过这些定义，矢量方程式（3.161）简单说来只是描述了静态力和动力学力的平衡：

$$f_s + f_d = 0 \tag{3.163}$$

其含意是经典的广义力 f_s 必须和由迴旋项（g）和耗散项（d）组成的动力学反作用力保持平衡。

量 g 和 d 可以被积分而得到作用在畴壁或其他微磁学实体上的净力。对 g 的积分得到一个值得注意的结果。例如，以迴旋矢量的第三分量：

$$g_3 = \cos\vartheta \left[(\partial\vartheta/\partial x)(\partial\varphi/\partial y) - (\partial\vartheta/\partial y)(\partial\varphi/\partial x) \right] \tag{3.164}$$

作为一个不依赖于坐标 z 的构型，对于一个给定的 z 值，这一表达式对 x 和 y 的积分可以被转换成对方向球面的积分。因为式（3.164）中的圆括号是 $(\vartheta, \varphi) \rightarrow (x, y)$ 的映射的雅可比式，这就导致以下简单的结果：

$$\int g_3 \mathrm{d}x\mathrm{d}y = \int_F \cos\vartheta \mathrm{d}\vartheta \mathrm{d}\varphi \tag{3.165}$$

式中，角度积分遍及在截面 z 内发生的磁化强度矢量所占据的单位球面上的区域 F。这样，一种结构的迴旋反作用力仅依赖于遍及方向球面的这个积分。如果一个微磁学对象在运动中其内部结构并没有多大改变，用这个形式来估算动力学的反作用力是一目了然的。

图 3.87 中的布洛赫线可作为一个实例。在这种柱状结构中，ϑ 和 φ 的梯度处于 (x, y) 平面上，所以迴旋矢量 g 的指向是沿着 z 方向。磁化强度的分量 $\cos\vartheta$ 由 -1 延伸到 $+1$，而角度 φ 由 0 转到 π 或反之，所以积分式（3.165）变为 $\pm 2\pi$，取决于布洛赫线转动的符号。因此作用在一条随着畴壁一起进入 y 方向的布洛赫线上的动力学力，就是 $\pm 2\pi J_s v/\gamma_G$，其指向垂直于运动方向。所以如果一个畴壁运动得足够快而能克服钉扎（矫顽力）效应的话，布洛赫线将侧向运动进入畴壁。一个类似的论点表明在畴壁磁化强度中具有净转动的磁泡畴与没有这类净转动的磁泡畴在动力学上是不同的。

磁化强度动力学大多数的讨论[510,49,711,712]都是从式（3.165）出发的，常规的一维畴壁是个例外，对它来说，式（3.165）为零，因为式（3.165）中的区域 F 退化成了一条直线。这种情况如何处理将在下面所讨论的例子中说明。

3.6.6.3 Walker 的运动着的 180°畴壁的准确解

Walker[713] 发现，在单轴材料中的这些畴壁是很特别的，它们的运动可以严格地进行计算（在一定的临界速度以下），这个解法是很启发性的，数值化地将其推广到其他一维畴壁中去是很容易的。

选择一个极坐标系，使其极轴沿着易轴（见图 3.54b）。外加磁场沿着易磁化方向 $\vartheta = 90°$。我们用角度 ϑ 从 $-90°$ 过渡到 90°来描述此畴壁，用角度 φ 来指明畴壁的特征（见示意图 3.31）。对无杂散磁场的布洛赫壁来说，静态畴壁由 $\varphi = 0°$ 来表征。动力学力引起由布洛赫壁到奈尔壁的过渡将达到 $\varphi = 90°$。解析地说，这可由动力学方程式（3.158）来描述，此处代入的自由能密度是

$$e_{tot} = A(\vartheta'^2 + \cos^2\vartheta \varphi'^2) + \cos^2\vartheta(K_u + K_d \sin^2\varphi) - HJ_s \sin\vartheta \tag{3.166}$$

示意图 3.31

如果畴壁是沿着它的法线方向（x 方向）以恒定的速度运动的话，应用 $\mathrm{d}/\mathrm{d}t = -v\mathrm{d}/\mathrm{d}x$，式（3.158）中对时间的微商可以转换成对 x 的微商（ϑ', φ'）。应用缩写 $c = \cos\vartheta$ 和 $s = \sin\vartheta$，对稳定运动的畴壁得到下列方程式：

$$-vc\vartheta' = \frac{2\gamma_G}{J_s}\left[-A(c^2\varphi')' + K_d c^2 \sin\varphi\cos\varphi\right] - \alpha_G vc^2\varphi' \tag{3.167a}$$

$$-vc\vartheta' = \frac{2\gamma_G}{J_s}\left[A\vartheta'' + cs(K_u + K_d\sin^2\varphi + A\varphi'^2)\right] + H\gamma_G c - \alpha_G v\vartheta' \tag{3.167b}$$

这些方程式的一个解是一种遍及整个畴壁的 φ 角恒定的运动。如将要证实的，式（3.167b）中的最后两项——代表驱动力和耗散——对这个解来说互相抵消了，那么在方括号中的表达式同样必须为零。这样，如同在通常的畴壁理论中那样，我们就得到了第一次积分［见式（3.116）］。这就导致：

$$\vartheta' = \cos\vartheta\sqrt{(K_u + K_d\sin^2\varphi)/A} \tag{3.168}$$

应用 $K_d = J_s^2/\mu_0$，式（3.167a）得出畴壁运动速度和平衡恒定角 φ 之间的关系。从式（3.167b）可以导出这种运动所需要的外加磁场值：

$$v = -(\gamma_G J_s/\mu_0)\sin\varphi\cos\varphi\sqrt{A/(K_u + K_d\sin^2\varphi)} \tag{3.169a}$$

$$\mu_0 H = \alpha_G J_s\sin\varphi\cos\varphi \tag{3.169b}$$

事实上，式（3.168）和式（3.169a、b）满足 Landau-Lifshitz-Gilbert 方程式（3.167a，b），特别是我们这就证实了驱动力和耗散力［式（3.167b）中的最后两项］互相抵消。畴壁速度的最大值为

$$v_p = \gamma_G\sqrt{\frac{2AQ}{\mu_0}}f(Q) \tag{3.170a}$$

式中，$Q = \dfrac{K_u}{K_d}$ 并且 $f(Q) = \sqrt{1 + \dfrac{1}{Q}} - 1$。

超过这一点后，式（3.167a，b）就不可能得到恒定速度的解。在峰值速度 v_p 下，其他变量变为

$$\sin\varphi_p = -\sqrt{Qf(Q)}, H_p = \alpha_G H_K f(Q)\sqrt[4]{1 + 1/Q}$$
$$H_K = 2K_u/J_s \tag{3.170b}$$

注意，达到峰值速度仅需要有限的磁场 H_p。将磁性石榴石的典型数据代入（$\gamma_G = 2 \cdot 10^5 \text{m/As}$，$A = 4 \cdot 10^{-12}\text{J/m}$，$Q = 3$），峰值速度达到 100m/s 的数量级。

Walker 的显性解对畴壁动力学的机制提供了有价值的启示。从式（3.168）式和式（3.116）的形式上看，在静态解中 K_u 的位置，在运动畴壁中由 $K = K_u + K_d\sin^2\varphi$ 占据。随着速度增大，角度 φ 也增大［见式（3.169a）］，引起畴壁宽度（约 $\sqrt{A/K}$）减小和畴壁能（约 $\sqrt{AK}$）增大。φ 角由 0° 发生偏移产生杂散磁场，从而产生出式（3.167a）方括号中的第二项。因为在 Walker 的稳定解中 $\varphi' = 0$，这一项是在运动畴壁中能导致磁化强度转动 $\dot\vartheta = -v\vartheta'$ 的唯一项。式（3.169a）中右边可以被解释为作用在畴壁内中心矢量上的力矩。这样，最大速度就决定于此力矩的最大值。

在 Walker 所分析的和我们这里讨论的实例中决定临界速度的力矩是由杂散磁场引起的。不过也可能通过增加一个由横向外磁场或正交各向异性产生的力矩来提高最大速度[708]。

如前面早已提到过的，超过临界磁场后不可能存在稳定的状态。从形式上看，从原来的式（3.158）可以推导出振荡解，其中角 φ 在进行差不多自由的进动。在这些解中，畴壁磁化强度通过布洛赫（$\varphi = n\pi$）和奈尔（$\varphi = [2n+1]\pi/2$）两种构型周期性地循环。与此同时，畴壁本身则前后振动[712]。图 3.98 表示这些模式的数值解以及所得到的平均速度。

图 3.98c 也显示了超过峰值速度后的一个"负平均迁移率"区域，在此区域中平均速度 $\bar v$ 随

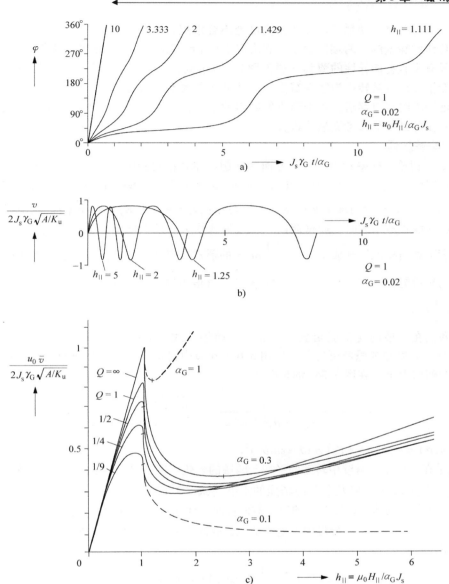

图 3.98　a，b）对不同的沿着易轴的驱动磁场$H_\parallel$值和固定的阻尼参数 $\alpha_G = 0.02$，Slonczewski 的振荡畴壁运动的数值解[509]得出的畴壁方位角 φ 和畴壁速度 v 的时间依赖关系。注意在 90° 和 180° 之间以及 270° 和 360° 之间的某些 φ 角范围内发生的反向运动（$v < 0$）。c）对不同的 α_G 值和简约各向异性参数 Q 值，平均速度 $\bar{v}$ 对 $H_\parallel$ 的函数关系

着外磁场增大而减小。稳态解在形式上仍然是可能的，但这些解是不稳定的。如参考文献 [714] 所示，如果畴壁的一部分向前推进而另一些部分拖在后面，则动力学自由能可以降低。所以在这一区域内稳态解必须被空间不均匀的"混沌"模式代替[714]，这里难以进行详细的分析。

　　同样的考虑也适用于振荡型畴壁运动区域。Schryer 和 Walker[715] 发表了数值计算的结果，也包括瞬态的和非周期性的解，这些在变化的外磁场中是必须进行考虑的。任何超过对应于峰值

速度的外磁场的畴壁运动都必须被认为高度地不合常规。因此，对可能的稳态畴壁运动的最大速度也被称作此畴壁的"垮塌"速度，它决定了基于畴壁运动的器件的最大可能速度。

对于具有垂直各向异性的薄膜（磁泡膜），垮塌机制代表水平布洛赫线（见图 3.96）的产生。这些布洛赫线可被转换为竖直布洛赫线并最终导致不可移动的所谓"硬"磁泡，因为它们在正常磁泡坍塌时得以存活。由于形成硬磁泡的危险性，在实际器件中避免达到峰值速度非常重要，进一步的细节见参考文献［49］。

3.6.6.4 畴壁质量

Döring[635] 讨论了畴壁动力学另一方面的问题：在共振实验中，畴壁显示出有效质量，这是和速度较小时畴壁能的改变有关。以 Walker 的运动着的 180°畴壁的解为例［式（3.168）和式（3.169a，b）］，在此情况下畴壁能可以被写作：$\gamma_w = 4\sqrt{A(K_u + K_d \sin^2\varphi)}$。当 φ 角开始随着畴壁的速度而线性地增大时，畴壁能以二次方形式增大。按 Döring 的做法，我们通过在小的畴壁运动速度下将畴壁能展开成 $\gamma_w = \gamma_w^0 + \frac{1}{2}m^* v^2$ 的形式来定义畴壁的有效质量。其中 $\gamma_w^0 = 4\sqrt{AK_u}$ 是静止时的畴壁能。将式（3.169a）中的 φ 在 φ 值很小的情况下代入就得到 180°畴壁的 Döring 质量 $m^* = \frac{1}{2}\mu_0\gamma_w^0/(A\gamma_G^2)$。

如果我们在一般的畴壁能函数式中加入运动势［式（3.159a）；取 $k_0 = 0$］和杂散磁场能［式（3.121）］，畴壁质量就可更普遍地用 3.6.1.6 节中讨论过的微扰法进行计算。这一方法对一般的一维畴壁得出（在图 3.54c 的坐标系中）：

$$m^* = \frac{J_s^2}{\sqrt{A}\,\gamma_G^2\cos\vartheta_0}\int\frac{\sqrt{G^0(\varphi)}\,\mathrm{d}\varphi}{G_{\vartheta\vartheta}^0(\varphi) - (1 - \tan^2\vartheta_0)\,G^0(\varphi)} \tag{3.171a}$$

式中，$G(\varphi,\vartheta) = g(\varphi,\vartheta) + K_d(\sin\vartheta - \sin\vartheta_0)^2$。

$\cos\vartheta_0$ 是在经典布洛赫壁中转动的平行于畴壁的磁化强度分量，$G(\varphi,\vartheta)$ 是包含各向异性和外磁场表达式 $g(\varphi,\vartheta)$ 以及杂散磁场能的贡献［式（3.121）］的广义各向异性函数。函数 G^0 是取 G 在 $\vartheta = \vartheta_0$ 时的值，即磁畴中的值。对低各向异性材料（$K_d \gg K_u$），杂散磁场项 $G_{\vartheta\vartheta}^0(\varphi) = 2K_d\cos^2\vartheta_0$ 在式（3.171a）的分母中占主要地位，故此积分可以用总畴壁能 γ_w［式（3.118）］来表示，就得出：

$$m^* = \frac{1}{2}\mu_0\gamma_w^0/(A\gamma_G^2\cos^4\vartheta_0) \tag{3.171b}$$

此结果对 180°畴壁（$\cos\vartheta_0 = 1$）与前面对 Walker 的解推出的表达式相符合。如在式（3.109）中那样将畴壁能代入，我们就看到对在软磁材料中的一维畴壁，畴壁质量和畴壁宽度参数 $\sqrt{A/K}$ 成反比。

布洛赫壁运动的现象和畴壁质量的发生也可以用不同的方法来讨论。让我们来看一个通常的无杂散磁场的 180°布洛赫壁（见示意图 3.32）的守恒运动。预期将驱动畴壁的外磁场指向垂直于在畴壁中心的磁化强度。按照 Landau – Lifshitz 方程［式（3.158）］，磁场不会直接引起导致畴壁运动的畴壁中自旋的转动——这和我们直觉的预期相反，它会引起：在步骤①中，将使磁化强度矢量转向垂直于畴壁的方向，这就引起了对布洛赫壁的偏离［此偏离的大小在Walker 解中由式（3.169b）给出］。φ 角的偏离有两个后果：它在步

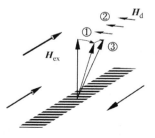

示意图 3.32

骤②中产生一个退磁场，此退磁场在步骤③中——按照 Landau – Lifshitz 方程——在畴壁平面内产生一个进动，这样才导致畴壁运动。与此同时，退磁场引起杂散磁场能增高，从而产生有效畴壁质量。

在运动畴壁中内部杂散磁场是有限度的。当内部磁化强度指向垂直于畴壁时，内部杂散磁场就达到了最大限度。其实早在到达这一点之前畴壁已经变得不稳定了，畴壁运动的最大速度现象和这一限度相关联。

对于具有二维畴壁结构的薄膜，其畴壁的质量没有简单的公式。速度恒定的非阻尼的畴壁运动（见图 3.96 和图 3.97）的能量的显式计算可以被用来推导畴壁的质量[687]。当一个畴壁中包含布洛赫线时，发现了巨大的反常质量效应。关于这些复杂的现象，建议读者参阅专门的参考文献［49，512］。

3.6.6.5　畴壁的迁移率

从 Gilbert 方程式（3.66a）的驱动场和耗散项之间的平衡可以推出一个普遍的结果。对于一个以恒定速度沿 x 方向运动的畴壁，它的迁移率 β_w，也就是它的运动速度和驱动磁场的比率可推得为

$$\beta_w = \frac{2\gamma_G \sin(\Omega/2)}{\alpha_G \, \varepsilon_A}, \varepsilon_A = \frac{1}{D}\int_{-D/2}^{D/2}\int_{-\infty}^{\infty}\left(\frac{\partial \boldsymbol{m}}{\partial x}\right)^2 \mathrm{d}x\mathrm{d}y \tag{3.172a}$$

式中，Ω 为畴壁角；D 是样品的厚度。对一维畴壁，对 y 的积分（其方向垂直于样品表面）可以省略，而 $A\varepsilon_A$ 变成和畴壁中的交换能相当。这样，也就是等于总畴壁能 γ_w 的一半，对一维畴壁就得到

$$\beta_w = 4A\gamma_G \sin(\Omega/2)/(\alpha_G \gamma_w) \tag{3.172b}$$

畴壁能越高，畴壁的迁移率就越低。这个结果不计所有的矫顽力效应，也不计涡流和减落。因此，就必须仔细检查实验验证时的条件。

3.6.6.6　广义畴壁运动的 Slonczewski 描述

对于畴壁运动的普遍描述，Walker 的解仅仅是个起点，主要工作应归功于 Slonczewski[712]。他假设函数行为［式（3.168）］和它的积分成立，即使其可能并不严格正确。从而将式（3.167a，b）在垂直于畴壁的坐标轴上进行积分。他定义了两个新变量：畴壁中心的位置 $q(t)$ 和畴壁的方位角 φ［现在用 $\Psi(t)$ 表示］来代换式（3.168）和式（3.169a）中的详细函数式 $\vartheta(x, t)$ 和 $\varphi(x, t)$。其结果为一组耦合的方程组（对单轴材料中的 180°畴壁）：

$$\partial E_{tot}/\partial q = -(2J_s/\gamma_G)\left[\dot{\Psi} + \alpha_G \sqrt{K/A}\,\dot{q}\right] \tag{3.173}$$

$$\partial E_{tot}/\partial \Psi = -(2J_s/\gamma_G)\left[\dot{q} - \alpha_G \sqrt{A/K}\,\dot{\Psi}\right]$$

总能量 E_{tot} 仅依赖于畴壁位置 q 和畴壁的内部方位角 Ψ。它包括畴壁能，也包括磁畴能量中取决于畴壁位置的部分。如参考文献［49］中所评论的，这些方程式可应用于任意的畴壁和布洛赫线的运动，甚至可延伸到轻度弯曲的畴壁或整个磁畴的动力学。参考文献［509］提出了一种基于圆形磁化径迹近似方法的推广，用这种推广，Slonczewski 的形式方法可被延伸到小于 180°的畴壁角的范围。

3.6.6.7　在弱铁磁体中的畴壁动力学

到目前为止，有关畴壁动力学的讨论是针对常规的铁磁体和亚铁磁体。对它们来说，即使在畴壁运动期间磁化强度矢量 $\boldsymbol{m}(\boldsymbol{r})$ 仍然是系统的一个好的描述。这一点对所谓的弱铁磁体来说不再是事实。弱铁磁体本质上是在几乎反平行的次晶格磁化强度之间稍有倾斜的反铁磁体。这一类磁性材料最著名的代表是诸如 $YFeO_3$ 和赤铁矿 $\alpha – Fe_2O_3$ 等正铁氧体（第一个能移动的磁泡畴

就是在正铁氧体中发现的[510]）。如果弱铁磁体两个次晶格的磁化强度用m_1和m_2表示，（在没有外磁场作用时）其最终的弱铁磁性可以根据所谓的反铁磁性差值矢量$l = \frac{1}{2}(m_1 - m_2)$通过形式为$m \cong d \times l$来描述。其中$d$是一个固定的晶格矢量，称为Dzyaloshinskii矢量。它表征了相关晶格的极化性质。静态畴壁结构以及畴壁动力学都可以根据反铁磁性矢量l进行最好的描述，进而导出铁磁性矢量$m = \frac{1}{2}(m_1 + m_2)$作为次级属性。在弱铁磁体中的畴壁的静态性质其实大体上和通常的铁磁体相当，但对畴壁动力学就不是这样。反铁磁性矢量的运动方程式和铁磁体的在决定性的细节上是不同的。最重要的特点是它具有数量级为$10^4 m/s$的高得多的速度极限。除此以外，在弱铁磁体中速度极限具有相对论性特征，意思是其临界速度是一个上限边界，它像在相对论理论中那样只有在无限大的驱动场下才能够达到〔记住，Walker速度可以在有限场中达到；见式（3.170b）〕。

另一个值得注意的效应是，当畴壁运动的速度通过不同声模的超声屏障时，快速移动的畴壁和弹性激发之间的相互作用。此效应可以被描述成声波的契伦可夫发射。所有这些有趣的性质主要是由苏联的研究者们在一系列持续的文献中从理论到实验两个方面探索出来的。对于这个工作Baryakhtar等[716]做了综合性的评述。也可见参考文献〔717〕中对这些现象从分立格点的角度进行的关键性的分析。

3.6.7 畴壁摩擦力和减落主导的畴壁运动

除了在3.6.6节中介绍的内禀阻尼以外，另外一些机制也可以决定畴壁的迁移率：畴壁钉扎可导致一种摩擦效应，扩散引起的减落可以严重地阻碍畴壁运动。并且，在大块金属中最重要的是必须考虑涡流。在本小节中，我们处理静态和动态的畴壁摩擦和被称为减落或后效的时间依赖效应。当这些效应占优势时，在3.6.6节中所讨论的迴旋效应通常可以被忽略。

3.6.7.1 畴壁摩擦

畴壁和材料中的不均匀性相互作用。如果缺陷在微观尺度上处于畴壁的水平，其效应可以用畴壁运动矫顽力来进行总结性的描述。

和力学现象类似，必须区分两个磁场范围：一个是小磁场范围，在其中静态的钉扎使畴壁不能运动；另一个是大磁场范围，其中摩擦引起畴壁运动单位位移的能量损耗。速度与磁场的关系如图3.99所示，畴壁运动在静态矫顽力H_{cs}处开始。在较高磁场时有效外磁场看起来降低了动态矫顽力H_{cd}那么多。曲线的斜率由内禀阻尼或其他耗散过程来确定。关于这些现象的细节知之甚少，但它们通常必须予以考虑使得理论和实验合理地相符。参考文献〔49〕引述了在石榴石层中摩擦效应的一些经验性的事实。

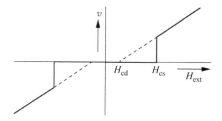

图3.99 在内禀阻尼和摩擦效应影响下畴壁运动的示意图。曲线定义了畴壁运动的静态矫顽力H_{cs}这一畴壁运动的阈值，而动态矫顽力H_{cd}则描述了$v(H_{ext})$曲线的位移

和畴壁运动同样的道理，特殊的静态和动态矫顽力必须归因于布洛赫线的运动。作用在畴壁亚结构上的矫顽力效应能导致预料不到的畴壁运动效应。考虑一系列的磁场脉冲，如果作用在一个没有矫顽力的系统，将不会导致净畴壁移动。这些可能是沿着铁磁体的难磁化方向的单极脉冲，它不会驱动畴壁而只会在畴壁中引起某种动态的内部反作用。现在假设这些脉冲的上

升时间和下降时间是不同的。按照式（3.162），作用在布洛赫线上的动态力和畴壁运动速度成正比，所以在脉冲的半个周期中，若速度较低，一个静态的布洛赫线矫顽力可能起作用。而在另外半个周期中，若速度较高，此矫顽力就可以被克服，引起布洛赫线的净位移。由于布洛赫线和畴壁运动是耦合的，其效应就可能是畴壁的净移动。在速度和磁场关系中的非线性也可能有同样的效应。

另一个例子是平行于磁泡磁化强度而垂直于膜面的磁场脉冲的施加。在可逆的情况下，这种磁场将引起磁泡的胀缩。伴随着磁泡畴壁中布洛赫线某种重新排列，与矫顽力效应相关联的非对称脉冲可能引起磁泡的净运动，这一类的各种现象在参考文献［49］中标题为"automotion"的部分中进行了讨论。

依赖于具有如图 3.99 中的速度磁场关系的单个畴壁的畴壁运动矫顽力的概念不能应用于能导致畴壁变形、巴克豪森跳跃和磁畴重新排列等具有强烈的局域化钉扎的场合。它仅仅适用于足够孤立的、在磁化过程中其自身将保持不变的畴壁。

3.6.7.2　畴壁运动和磁后效（减落）

如前面所讨论的，畴壁摩擦的根源之一可能是导致感生各向异性的热扩散现象。当畴壁以其本身的宽度运动时，如果畴壁运动得足够快，以致感生各向异性几乎没有改变，则扩散效应只是增加类似摩擦的损耗。但如果畴壁静止不动了，在一段时间以后它变得难以运动，产生了静态矫顽力。在以上两种情况之间，磁后效将引起依赖于时间的磁导率和畴壁迁移率。下面是这方面最简单的现象的概述，详细情况请参阅参考文献［613，718-721，509］。

这种过程的经典的例子是在铁中碳的扩散现象。在体心立方的铁晶格中，碳占据着八面体的填隙位置（见示意图 3.33）。相较于晶格本身的立方对称性而言，这些位置具有较低的四角对称性。对于一个给定的磁化强度方向 m，因为填隙原子的存在会在某种程度上影响铁原子间的交换相互作用，故而三个可能的填隙位置具有三种不同的能量 $\varepsilon_i(m)$。由于八面体填隙位置的对称轴和晶轴一致，作为一级近似，此能量可以写作 $\varepsilon_1 = \kappa m_1^2$、$\varepsilon_2 = \kappa m_2^2$ 和 $\varepsilon_3 = \kappa m_3^2$，因子 κ 是一个唯象常数。在热平衡时（即在 $t = \infty$ 时），三个不同位置的占据概率 $n_{i,\infty}$ 由玻耳兹曼统计决定：

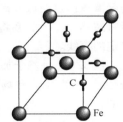

示意图 3.33

$$n_{i,\infty}(m) = \exp[-\varepsilon_i(m)/kT] / \sum_i \exp[-\varepsilon_i(m)/kT] \tag{3.174}$$

如果假定晶格缺陷可以通过一个以弛豫时间 τ_{rel} 表征的简单的热激发过程从一个位置跳到另一个位置，我们从随机分布 $\bar{n}$ 出发，就能得到占据概率的时间依赖关系的下列公式：

$$n_{i,t}(m) = \bar{n}\exp(-t/\tau_{rel}) + n_{i,\infty}(m)[1 - \exp(-t/\tau_{rel})] \tag{3.175}$$

现在考虑一个静止的布洛赫壁，如果晶格缺陷是通过交变磁场形成的均匀分布状态，它们将按照局域的磁化强度弛豫到平衡分布状态，从而对此畴壁形成一个势阱，此势阱由稳定化函数 $S(x, t)$ 来描述：

$$S(x,t) = S_0(x,t)[1 - \exp(-\tau/\tau_{rel})], S_0(x) = \sum S_i^0(x)$$

$$S_i^0(x) = \int \{\varepsilon_i[m(\tilde{x}+x)] - \varepsilon_i[m(\tilde{x})]\} n_{i,\infty}[m(\tilde{x})]d\tilde{x} \tag{3.176}$$

$S(x, t)$ 对应于将畴壁移动到位置 x 所必须消耗的能量。图 3.100 表示铁中静止的（110）90° 和（100）180° 畴壁的稳定性函数 $S_0(x)$。180° 畴壁特征性地产生一个和畴壁宽度一样宽的局域化势（所选择的畴壁类型具有特别大的畴壁宽度；见图 3.66，$\rho_{ms} = 0.003$）。对于 90° 畴壁，两个磁畴的磁化强度轴不同，因而点缺陷的热力学状态也不同，导致一个扩展的稳定化函数。

　　稳定化函数引起一系列的后果：它决定了依赖于时间的逐渐减小的初始磁导率；它产生一个使畴壁从势阱中挣脱的阈值；以及在畴壁以恒定速度 v 运动时势阱产生一个由下式给出的反向磁场：

$$H_{dif} = -(1/[2J_s \sin(\Omega_w/2)]) \int_0^\infty \exp(-t/\tau_{rel}) S'_0(vt) dt \qquad (3.177)$$

式中，Ω_w 是畴壁角。

　　在图 3.101 中示出了对于减落控制的运动的两个特征性速度磁场关系。在图 3.101a 中，畴壁在低于临界磁场时被俘获于一个后效势阱中，只能进行爬行。超过了此阈值后畴壁就自由了，其迁移率由内禀损耗而不是由与减落相关的阻尼来确定，因而畴壁将会加速到高得多的速度。这种行为在所有的 180° 畴壁中都发现了。但对某些 90° 畴壁则依赖于缺陷的对称性。在图 3.101b 中示出了在一个（四角对称的）晶格缺陷影响下的 90° 畴壁，由于所有的晶格缺陷都要重新取向，所以引起了迁移率曲线的位移。实际上，减落在此导致如图 3.99 中的动态畴壁摩擦以及在低外磁场下的畴壁钉扎。如果没有减落，$v(h)$ 关系将是一条由内禀畴壁阻尼决定的直线。

　　图 3.101 是基于加上一个由阻尼因子 α_w 所表征的内禀阻尼磁场而改写式（3.177）得出的：

$$h = (1/\tilde{v}) \int_0^\infty \exp(-x/\tilde{v}) f(x) dx + \alpha_w \tilde{v}$$

$$(3.178)$$

式中，$h = 2H_{dif} J_s \sin(\Omega/2)/\tau_{rel}$，$f(x) = S'_0(x)$，$\tilde{v} = vt$。

　　本小节中所讨论的过程和应用相关联。它们可以用于研究晶格缺陷的对称性以及特征性的布洛赫壁参数的测量。如果扩散仅在较高的温度下发生，这一过程将允许工程师们感生出定制的各向异性，它在工作温度下将被冻结起来。对于包括运动着的布洛赫线效应的减落主导的畴壁运动问题的新近分析，参见参考文献 [722]。

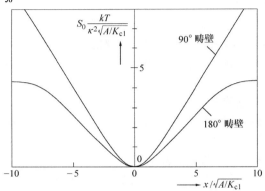

图 3.100　在四角对称性晶格缺陷的影响下 90° 和 180° 畴壁的稳定化函数 $S_0(x)$

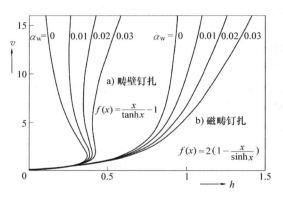

图 3.101　应用式（3.178）中定义的简约单位示出在减落和内禀阻尼联合影响下畴壁运动速度的磁场依赖关系。a）一个运动着的 90° 畴壁，由于起作用的缺陷的 [111] 对称性，其行为像是 180° 畴壁，显示出局域化的稳定化磁场。b）同样的畴壁和四角缺陷相互作用时导致更深远的稳定化磁场

3.6.8　涡流主导的畴壁运动

　　大块金属样品的畴壁运动主要由我们前面忽略了的涡流来主导。涡流产生损耗并限制了畴壁的迁移率。其计算的复杂性与杂散磁场的计算相当，这两种相互作用都是非局域的。对于任意几何形状的样品不容易处理。在微畴学理论中将涡流整合到数值有限元计算中可参见参考文献

[723]。

这里我们将注意力集中于涡流对在变压器中应用的（110）择优取向的大片的 FeSi 钢片中 180°畴壁的运动和形状的效应（见示意图 3.34）。磁畴结构和沿易磁化（z）轴的方向，即此种变压器钢片的工作轴向无关[724-729]。在这一代表了迄今最经常讨论的情况的假定下，这个问题变成了二维问题。

示意图 3.34

涡流计算从 Maxwell 方程式开始，得到

$$\Delta H_{\mathrm{E}} = \sigma \dot{B} \tag{3.179}$$

式中，$\dot{B}$ 为磁感应，这对软磁材料来说基本上等同于磁化强度矢量；H_{E} 是涡流产生的磁场；σ 是电导率；Δ 是拉普拉斯算符。外磁场沿 z 轴方向施加，这设定了畴壁沿 x 轴运动。通常，磁化强度的改变集中在运动着的畴壁的贡献，而在磁畴内部的磁导率可以忽略。在我们目前的情况下，磁化强度改变和涡流磁场均指向 z 方向，由于涡流磁场和外磁场反方向，感生的涡流磁场的总体效应是削弱外磁场从而降低平均畴壁速度，这也就是熟知的涡流阻尼现象。但是，这种阻尼现象取决于样品和畴壁的几何形状，下面将做更详细的讨论。

涡流磁场在样品的两个表面由 $H_{\mathrm{E}} = 0$ 给出，而在每个以速度 v 沿着样品法线 n 运动的畴壁元上由式（3.180）给出。

$$(n \cdot \mathrm{grad} H_{\mathrm{E}})^{(1)} - (n \cdot \mathrm{grad} H_{\mathrm{E}})^{(2)} = 2\sigma v J_{\mathrm{s}} \tag{3.180}$$

标记（1）和（2）表示在畴壁的两个侧面，它们在这里被认为是无限薄的面。因子 $2J_{\mathrm{s}}$ 描述了通过 180°畴壁磁通量改变的大小。由于式（3.179）是一个线性方程式，故总的涡流磁场可以由单个涡流元产生的磁场叠加而得。Bishop[727,729] 给出的下述两个公式都描述了在由 $y = 0$ 延伸到 $y = D$ 的平板中在位置 x_0, y_0 以速度 v 平行于 x 方向运动的畴壁元所产生的磁场：

$$H_{\mathrm{E}}(x,y) = 2\sigma J_{\mathrm{s}} v \sum_{n=1}^{\infty} \frac{\sin(n\pi y_0/D)\sin(n\pi y/D)}{n\pi \exp(n\pi |x - x_0|/D)} \tag{3.181a}$$

$$H_{\mathrm{E}}(x,y) = \frac{1}{2\pi}\sigma J_{\mathrm{s}} v \ln \frac{\cosh[\pi(x - x_0)/D] - \cos[\pi(y - y_0)/D]}{\cosh[\pi(x - x_0)/D] - \cos[\pi(y + y_0)/D]} \tag{3.181b}$$

第一个公式的优点是它可以容易地进行解析的积分，以获得有限畴壁元所产生的作用于它们自身的或近邻畴壁上的磁场。第二个更加简洁的形式最适合于用来计算互相远离的畴壁单元之间的相互作用，其中不需要进行积分。实际的涡流计算通常要用数值计算来进行。外加磁场在每个畴壁元上被涡流磁场和表现为畴壁表面张力的比畴壁能所平衡。根据存在于文献中的许多详细的结果，我们列出一个简单的公式和一个数值计算的有趣的结果。

一个垂直于片材表面的平面型畴壁在低速运动时将保持不变形，其涡流限定的迁移率是（见参考文献［729］）：

$$\beta = 7.730/(2J_{\mathrm{s}}\sigma D) \tag{3.182}$$

此迁移率和片材的厚度成反比。此结果显示了涡流效应的非局域特征。强涡流效应会导致运动畴壁的剧烈的变形，这将影响涡流损耗（相对于刚性畴壁的预期值有所降低）。图 3.102 表示在（110）取向的硅钢片截面中速度引起的畴壁的畸变。在中等速度时，畴壁倾向于在涡流较小的表面附近向前移动，接下来依据的是利用图 3.64 中已知的

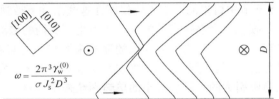

$$\omega = \frac{2\pi^3 \gamma_{\mathrm{w}}^{(0)}}{\sigma J_{\mathrm{s}}^2 D^3}$$

图 3.102　在 SiFe 钢片中的一片 180°畴壁对涡流磁场的响应在以频率 ω 向右做正弦运动的半周期中的形变情况（J. E. L. Bishop[727] 提供）

不同的畴壁择优取向。

和具有直的垂直畴壁的（100）取向的样品相比，自然倾斜的畴壁能够容易地形成动力学上有利的形状，从而产生在更小的振幅下更小的损耗。（110）取向的变压器钢片的这种小小的优点肯定是它的发明者没有预料到的。在高速下，畴壁严重地畸变，大体上平行于样品表面而运动（见示意图 3.35 和参考文献 [730]），从而降低了前面提到的效应。最终，磁化过程绝大部分发生在平行于样品表面的薄层中，这一现象经典地称为趋肤效应。

$v = 0$　4　8　20

示意图 3.35

如果在运动畴壁的近邻有一个钉扎的畴壁，它将会感觉到来自第一个畴壁的附加涡流磁场的不断增强的驱动场，因而第二个畴壁趋向于解除钉扎并加入磁化过程中去。除此以外，新的畴壁也会由涡流磁场而生成，或者一些不运动的表面磁畴或晶界处磁畴会受到激发而转变成正常的运动磁畴。对于一个给定的磁感应变化，如果畴壁的数目很大，每一个畴壁的速度可能保持很小。因此，相较于刚性运动的畴壁，这些畴壁弯曲的动态畴壁倍增现象降低了涡流损耗。

这些效应对磁畴结构的实验研究也很重要。如果人们想通过交流退磁来获得平衡的磁畴结构，涡流可能导致磁畴的倍增，从而使磁畴的宽度和实际的静态平衡不同。要得到实际的平衡状态，人们必须逐渐降低交变磁场的频率，直到形成的磁畴构型与频率无关。对常规的 0.3mm 厚的变压器钢片来说，工频（50Hz）已经足够在退磁后的磁畴构型中显示出涡流的效应。

3.6.9　小结：畴壁的阻尼现象和损耗

对畴壁阻尼的不同贡献，在 3.6.6 节中讨论过的内禀阻尼、减落（见 3.6.7.2 节）和涡流（见 3.6.8 节）在原理上是可以叠加的。它们都对损耗有贡献。问题在于在何种情况下，哪种效应占主导地位。当频率增加时，内禀阻尼和涡流变得更有效，对缓慢变化的过程减落变得更重要。对金属样品必须首先察看涡流的作用。作为一个例子，对在感应记录磁头中的 $1\mu m$ 厚的合金膜来说，涡流仍然是可以忽略的。减落（后效）对金属材料在实用中很少相关。由于它和时效现象相关，技术应用中的材料通常制备得使减落变得可以忽略（通过去除或束缚引起干扰的点缺陷，如铁中溶入的碳就是特别明显的例子）。对在通常的工作温度范围以外的高温或低温下，这可能不是事实。在工作温度下不能运动的杂质在高温下可能变得能运动。一个例子是在铁合金中的硅。另一些杂质例如氢这样的在工作温度下可以比较自由地移动的，在低温下可能开始被"冻结"，从而产生附加的损耗。在包括处于同样的八面体晶位中的二价和三价铁离子的高磁导率的铁氧体中减落及其相关现象也是很重要的。电子在这些离子之间跳变只要很少的能量，引起电导率。由于晶位的不对称性，也会导致磁后效。在铁氧体中，这些效应很难得到抑制，常常必须进行考虑[731,52]。

当其他机制不存在时，内禀阻尼就必须进行考虑，特别是在清洁的绝缘体和薄膜中。在 3.6.6 节中讨论的迴旋效应仅能在这些条件下被观察到。

损耗也会在任意低的频率下发生。所谓的磁滞损耗和不连续的磁化过程有关。对各种材料，它们可以用准静态磁滞回线的面积来测量，并且在任何种类的磁畴观察中变得非常明显。这种准静态不可逆过程的例子将在第 5 章中提出来。它们的理论分析是复杂的，形成了一个正在发展的有吸引力的专题。对小的单畴颗粒来说，磁滞效应已在 3.5.2 节中讨论过。

要将准静态损耗从动态损耗中分离出来，要求进行频率依赖性测量，如图 3.103 所示。其中对一个给定的磁感应幅度下的磁滞回线的面积作为频率 f 的函数作图，外推到 $f \rightarrow 0$ 所得的损耗值被定义为磁滞损耗。

在导体介质中，存在一个"经典的"涡流损耗效应，它即使在一个理想的、均匀的磁化过程中也会出现。这可以从一个沿着均匀的外加磁场方向的正弦形磁感应过程的假设下由 Maxwell 方程式计算出来。对于几何形状为薄片状的计算结果为

$$P/f = \frac{1}{6}\pi^2 D^2 f B_m^2/\rho \qquad (3.183)$$

式中，P/f 为每一周期的损耗；D 是薄片厚度；B_m 是磁感应的幅度；f 是频率；ρ 是电阻率。这一经典的涡流损耗可以在图 3.103 中找到，为一条直线。超过式（3.183）的和频率相关的损耗称为反常或剩余损耗。基于式（3.182），这些可以由具有更陡的斜率的另一条直线来代表，此斜率由畴壁的速度来决定。在一个给定的 B_m 下，畴壁的密度越大，每个畴壁的运动速度越小。在图 3.103 中，实际测出的曲线是弯曲的，说明畴壁的数目和活动性均随频率而改变。

总的说来，对于损耗作为频率和幅度的函数关系的分析有助于决定哪种贡献占主导地位。扩散相关的减落效应可以通过温度依赖性的测量来确认。特别是在高频率下，常常测量磁化率的虚部而不是测量磁滞回线及其面积。同样，对于这个量与频率、温度和幅度的函数关系的分析为获得磁性材料基本损耗的机制提供了途径。

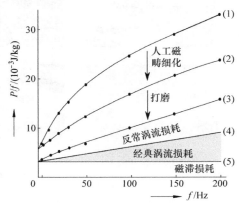

图 3.103 特殊制备的变压器钢片（Fe 3.2% Si）在 $B_m = 1.7$T 时单位重量每一周期的损耗 P/f 对频率 f 的函数关系。未经修饰的材料（厚 0.18mm）的强烈弯曲的曲线（1）由显著的与畴壁相关的磁滞和强反常涡流损耗来表征。后者可以通过如 6.2.1.1 节中的磁畴细化来加以降低（2）。磁滞损耗通过将片厚打磨到 0.15mm 而降低了（3）。打磨过的样品的经典涡流损耗［式（3.183）］标于图中作为比较。

资料由参考文献［732］改编

3.7 特征性磁畴的理论分析

在本节中我们将磁畴理论应用于磁畴图形的一些特征的分析中，这些特征在不同的材料中经常以不同的形式出现，因而值得进行普遍的理论分析。下面是这部分内容的概述：

• 理想取向的立方结构样品，其中每一个表面都至少包含一个易磁化方向，仅展现出由样品形状决定的简单的磁畴结构。但是，表面晶向稍微的错取向将会引起错综复杂的表面磁畴图形（见示意图 3.36a），这些"补充磁畴"将在 3.7.1 节中讨论。

接下来的一些小节将致力于讨论厚度逐渐增大的、主要表面强烈错取向的样品：

• 我们从低各向异性的薄膜开始：在 3.7.2 节中评述这类膜在超过一定临界厚度以后的特征性的密排条状磁畴的均匀成核现象（见示意图 3.36b）。

• 具有大的垂直各向异性的薄膜介质中通过非均匀成核过程形成**迷宫状磁畴**（见示意图 3.36c）。这些迷人的磁畴结构的基本性质将在 3.7.3 节中介绍。

• 当样品厚度增大时，表面强烈错取向的低各向异性样品内部磁畴的表面带将转变为**封闭磁畴**（见示意图 3.36d），这将在 3.7.4 节中讨论。

• 当样品厚度再进一步增大，当接近样品表面时，基本磁畴将由于**磁畴分叉**而改变（见示意图 3.36e）。在 3.7.5 节中将系统地分析这些分叉现象。

● 接下来在 3.7.6 节中将讨论一种看起来简单的例子,**奈尔块**（见示意图 3.36f）。在这种几何模型中实际观察到的现象的复杂性使很多研究者感到困惑。它的分析使磁畴理论的合理性清楚地显现。磁畴理论能帮助理解实验现象,但决不能代替实验。

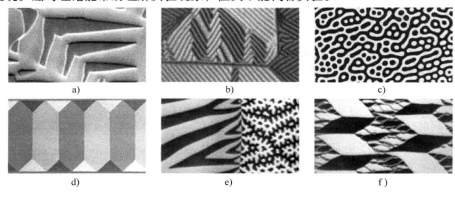

示意图 3.36

3.7.1 轻微错取向表面上的磁通收集方式

3.7.1.1 概述

在 3.3.4 节中定性地讨论了不含易磁化方向的表面。我们用一个错取向角来表征这种表面。其定义为此表面和最靠近的易磁化方向之间的夹角 ϑ_s。这里我们要处理的是软磁材料的轻微错取向的表面,其 ϑ_s 仅为几度。发生在这种晶体上的错综复杂的磁畴图形从一开始就强烈地吸引了观察者[32]。

观察到的不同的图形中蕴含的原理是引入了收集净磁通的浅表磁畴,否则磁通将从样品表面冒出来。这样,表面上的磁畴宽度就缩小了。磁通被输运到磁荷极性相反的合适的表面,然后重新分布。因为这种补偿的磁畴系统是叠加在如果没有表面的错取向将会出现的某种基本磁畴之上的,这些磁畴被称作**补充磁畴**[733,734]。

在一些例子（见图 3.104）中,常常假定磁化强度是严格地沿着易磁化方向的,μ^* - 修正（见 3.2.5.6 节）的后续应用的效应并未显示出来。在现实中,磁化强度矢量对样品表面的偏离比起错取向角给出的值小得多。μ^* - 修正是这一效应产生的原因,它在补充磁畴的任何定量分析中是不能被忽略的。

图 3.104 所示为在铁晶体和相关的合金上观察到的四种磁畴图形。其中两个例子（见图 3.104a、b）适用于具有接近于（100）表面的样品,从而在表面上展现出四相磁畴图形。第一种变体（见图 3.104a）和 180° 的基本磁畴相关联（这就是在 3.2.6.8 节中所讨论的枞树图形）,而图 b 表示 90° 基本磁畴的磁通是如何被收集和分布的。另外两个例子（见图 3.104c、d）可以在轻微偏离（110）取向的晶体上找到。这里所有的表面磁畴均沿着唯一存在于表面的易磁化方向磁化,但从内部看,其余的易磁化方向也帮助进行磁通的分布。在第一种变体里,即所谓的柳叶刀磁畴（见图 3.104c）,磁通从表面被输运,或是前往极性相反的表面,或是前往相邻的磁畴中。对于柳叶刀磁畴的这种现在普遍被接受的模型首先是由参考文献［734］提出来的,并经两面克尔效应观察进行检验,而在参考文献［735］中得到了证实,并做了更详细的阐述。由于它们典型地发生在变压器钢片中,这就是在轻微错取向的（110）铁样品表面标准的补充磁畴图形。

在一些特殊的情况下,可以观察到一种替代的结构。其中被收集的磁通被侧向输运进入邻

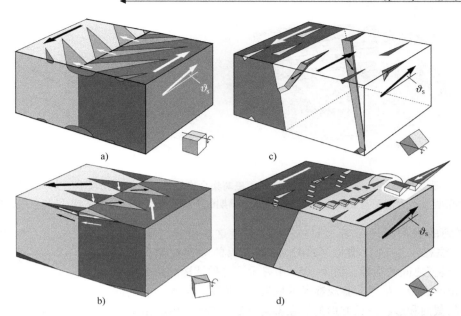

图 3.104 收集磁通的磁畴图形的四个例子：a），b）在轻微错取向的铁的（001）表面上观察到的两种枞树形磁畴变体。当一个晶体通过围绕着图中示出的［110］轴旋转而形成表面轻微错取向且沿此轴施加磁场时，变体（图 b）更可取。c）在薄膜错取向的（110）晶体表面观察到的标准的柳叶刀磁畴。这里磁通被输运到极性相反的表面，或者通过内部的"横向"磁畴指向 180°畴壁之中。d）准枞树状结构是图 c 的另外一种替代结构，其中磁通以图中指出的准磁畴的波动起伏的方式平行于表面地被输运到相邻的磁畴中去

近的磁畴中，这种例子如图 3.104d 所示，即准枞树图形。对较厚的晶体（对铁来说厚于 0.5mm）或者当弹性应力使磁通通过块体来输运变得不利时更容易出现。准枞树分叉中的侧向磁通输运不能仅仅用表面的易磁化方向来完成，而是采用了与（看不见的）内部磁畴相关联的、沿着两个倾斜的横向轴（见示意图 3.37）磁化的细小表面磁畴的复杂结构。准枞树分叉磁畴可以理解为模拟在（100）相关的表面上的通常的枞树分叉磁畴的准磁畴。

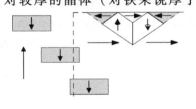

示意图 3.37

注意，通常不止一个易轴参与在补充磁畴图形中——或是在补充磁畴本身之中，或是在基本磁畴之中。因此，补充磁畴的产生和湮灭与磁致伸缩噪声相关。

在某种限度以内，表面错取向的程度仅影响磁畴结构的尺度而不影响其特征。错取向程度越大，磁畴结构越密。超过一定的错取向程度，一种不同类型的磁畴排列将取而代之，这将在 3.7.5 节中讨论。另一个临界值是产生这里所讨论的补充磁畴类型的最小错取向，下面将要在楔形磁畴图形的定量分析中估算临界的错取向值。我们将看到在铁中通常 1°~2°错取向就足以产生补充磁畴。

3.7.1.2 梳状柳叶刀（Lancet Comb）磁畴的定量分析

作为理论分析的一个例子，让我们选择一个发生在稍大一点的表面偏斜错取向——典型地，约 2°~3°时，如图 3.104c 所示的楔形图形的一种变体。如图 3.105 所示，这些楔形由一个共同的内部横向磁畴联结成梳状以将磁通输运到相反的面上去。

平板状的横向磁畴沿着易磁化方向和表面成 45°角磁化以避免磁致伸缩自作用能[734]。梳状

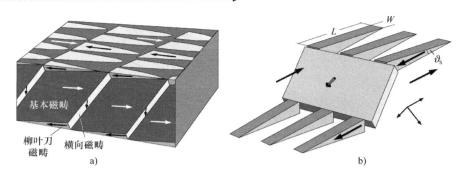

图 3.105 图 3.104c 的一种变体,在其中柳叶刀磁畴集合成梳状。a) 三维示意图。b) 在计算中所用的简化模型 {不大清楚图 b 是如何明显地从本书早期的手稿逐渐演变到参考文献 [736] 中的样子}

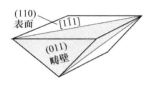

示意图 3.38

磁畴观察到的表面指向沿着 < 111 > 方向支持这一解释 (见示意图 3.38)。注意, $[1\bar{1}1]$ 轴是 (110) 面和平板的对弹性能有利的 (011) 90°畴壁之间的交截。图 3.105b 中显示了这种结构的一个简单而轮廓清楚的模型。虽然实验观察提示是尖锐的形状,但我们假定柳叶刀磁畴的截面和形状是长方形的。在参考文献 [535] 中给出了一种基于三角形的更详细的计算,但是长方形的模型更简单且在降低杂散磁场能上更有效。因而此模型可考虑作为进一步推导出改进模型的很好的起点。我们也忽略梳状柳叶刀磁畴和横向平板磁畴之间过渡的细节 (参考文献 [737] 中讨论了单个柳叶刀磁畴的细节)。在我们的模型中可以假定在基本磁畴中磁化强度是均匀的,而微小的偏斜角使我们可将 ϑ_s 代替 $\sin\vartheta_s$。

此模型包含两个参数:柳叶刀磁畴宽度 W 和柳叶刀磁畴长度 L。如果柳叶刀磁畴的厚度是 $\vartheta_s L$,则其基底的畴壁将平行于易磁化方向,从而避免了内部杂散磁场。基本磁畴和柳叶刀磁畴两者的初始的表面磁荷为 $\pm J_s \vartheta_s$ (在应用 μ^* – 修正之前),则在微小的错取向角 ϑ_s 的情况下,薄片样品每单位表面中整个柳叶刀磁畴系统的能量为

$$e = \gamma_{180}\left(1 + \frac{L\vartheta_s}{W}\right) + C_s W \vartheta_s^2 + \frac{\sqrt{8}D\gamma_{90}}{L}$$

$$C_s = \frac{1.705}{2\pi} \frac{2K_d}{1 + \mu^*} \tag{3.184}$$

式中, γ_{180} 为楔形 180°畴壁的比畴壁能; γ_{90} 适用于横向磁畴的 90°畴壁; D 是晶体厚度。对大的各向异性 $(\mu^* \approx 1)$,闭合系数 C_s 和 K_d 成正比,但对低各向异性 $(\mu^* \gg 1)$ 材料来说,它变为与 K_{cl} 成正比。180°畴壁能的因子包括两个部分:第一部分代表柳叶刀磁畴的底部畴壁,它将片状磁畴顶部和底部加在一起,其面积和我们模型中的一个表面积相符合;第二部分适用于侧面畴壁,其面积随着错取向度的增大而增大。在 90°畴壁能中的因子 $\sqrt{8}$ 来自横向片状畴的偏斜指向。考虑到此种畴壁锯齿状的折叠,必须代入平均取向角 $\Psi = 90°$ (见图 3.68) 以求得比畴壁能 γ_{90}。可根据式 (3.41) 来估算杂散磁场能。

将式 (3.184) 同时对 W 和 L 求极小值,我们得到

$$W_0 = \frac{1}{\vartheta_s}\left(\frac{\sqrt{8}\gamma_{180}\gamma_{90}D}{C_s^2}\right)^{1/3}, L_0 = \frac{1}{\vartheta_s}\left(\frac{8\gamma_{90}^2 D^2}{C_s\gamma_{180}}\right)^{1/3} \tag{3.185a}$$

$$e_0 = \gamma_{180} + 3\vartheta_s(\sqrt{8}\gamma_{180}\gamma_{90}C_s D)^{1/3} \tag{3.185b}$$

如果我们只对 L 进行优化而将 W 保持不变,柳叶刀磁畴 L 将与 $D^{1/2}$ 成正比。两者同时优化得到不同的幂律。按式(3.185a),楔形磁畴的尺寸 W_0 和 L_0 可以预期将随着错取向角 ϑ_s 的增大而成反比地减小,这和实验观察的结果至少定性上吻合。要决定柳叶刀图形的稳定性,必须将其能量和没有补充磁畴的基本磁畴的能量 $K_d D \vartheta_s^2 / \mu^*$ 进行比较。将两种能量的表达式等置起来,我们将得到一个 ϑ_s 二次方程式,其对硅铁的解画在图 3.106 中,我们从图中可见在这种简化了的理论中,对厚度为 $D = 0.3\,\mathrm{mm}$ 的薄片大约 1°的错取向角将足以感生梳状柳叶刀图形。

完整的处理还需要做若干改进的工作:必须考虑到柳叶刀磁畴和横向磁畴的连接的详细几何结构。①在基本磁畴和横向片状磁畴间的主 90°畴壁的锯齿状折叠之内,②在柳叶刀磁畴和横向磁畴连接处的周边将会发生小的磁致伸缩应变。柳叶刀磁畴的截面肯定不是如图 3.105 所假定的那样的长方形。在这个问题的一项研究中[738]可以找到三角形的截面。另外,柳叶刀磁畴的表面图像也是尖形的而不是在这个模型中的长方形(虽然在一项对柳叶刀磁畴很好的理论分析中[739],特别是在更高的表面错取向度时可以观察到柳叶刀磁畴偏向更宽的形状)。最后,还需要发展一个和这个模型竞争的如图 3.104c 所示的孤立的柳叶刀磁畴的理论。所提出的简单理论很好地阐明了补充磁畴形成的基本机制。

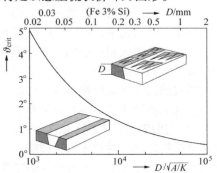

图 3.106　在(110)取向的铁-硅晶体上发生的梳状柳叶刀磁畴的临界错取向角和晶体厚度的函数关系。代入以获得坐标尺度的数据对硅铁样品为 $K = 3.5 \cdot 10^4\,\mathrm{J/m^2}$, $A = 2 \cdot 10^{-11}\,\mathrm{J/m}$, $\gamma_{180} = 2.76$, $\gamma_{90} = 1.42\sqrt{AK}$,作为适合于产生这种磁畴的畴壁取向的数据,而 $\mu^* \gg 1$

3.7.1.3　变体

其他磁通的表面收集方式也可以沿着类似的路线来处理。对如图 3.104c 中的单个柳叶刀磁畴,必须考虑横向磁畴中的磁致伸缩应力效应(这在 3.7.1.2 节中对梳状柳叶刀图形横向片的处理中是避免了的),对如在 3.2.6.8 节中所讨论过的枞树状分叉的处理中也是一样。

我们曾经对平行于表面实施的磁通收集方式(见图 3.104a、b、d)和通过样品块体将磁通输运到反向表面的构型(见图 3.104c 和图 3.105)进行了区分。即便是在一开始可能是平行于表面的方式,但当外加磁场使磁通被输运进入的基本磁畴消失了,这个方式就将被抑制。图 3.107 表示了在接近于(100)取向的 SiFe 晶体上出现的这种情况,它在退磁状态下显示常规的枞树图形(见图 3.104a),这是采用平行于表面的磁通输运模式。当加上外磁场以后,枞树枝产生了树干,它们将收集磁通。基于磁通的连续性,此树干畴将在它的根基部和横向磁畴连接而将磁通沿着 <110> 轴和图 3.104c 中一样向相反的表面输运。

图 3.107　用克尔效应在表面接近于(100)面的厚度约 0.4mm 的硅铁晶体片上观察到的"真正的"枞树图形,并加上一个强度恰好能抑制基本磁畴的适度的磁场。由错取向引起的磁通被分叉收集到树干中去,并由树干的根基部通过看不见的内部磁畴导向极性相反的表面

在磁通循环的进程中不同磁通收集机制的转换是普遍的现象,这常常使磁畴观察变得令人困扰,且会对应用这些材料的电机产生损耗和噪声。如在5.3.4节中将更详细阐述的,这一过程实际上是变压器产生嗡嗡声的根源。

3.7.2 密条状磁畴

一般说来,在一个常规的沿着易磁化方向的磁化循环中的磁畴成核是一个由缺陷、不均匀性和表面不规则性控制的不连续过程。由于这些因素不能精确地知道,成核过程将难于进行计算。在没有缺陷的情况下,可以应用数值方法,但这些技术通常限于3.5节中所讨论的小颗粒样品。在一个连续的二级相变的附近情况将更加有利。在磁场空间中当靠近这样的点时——见相理论中对临界点的讨论(见3.4.4节)——以及在合适的条件下,磁畴的生成、演变可以通过微磁学方程式的线性化来严格地进行计算。我们在3.5.5节中已接触过这一主题。对具有垂直各向异性的低各向异性薄膜的解具有密排条纹的形式。它们首先在对磁畴成核的理论研究中被发现[740,741],当它们随后在实验上被观察到以后,在相当长的一段时间内,它们和先前在理论上推出的微磁学结构的同一性并未得到理解。

在实验研究的进程中,还发现了第二类的条状磁畴[744-746],它不是和常规的条状磁畴那样自发地形成的,而是通过成核和生长而发展起来的。由于它们在电子显微镜的观察中有很**强**的对比度,所以被称为**强条状磁畴**;而常规的条状磁畴就更特定地被称为**弱条状磁畴**。在本节中,我们着重讨论**弱条状磁畴**。强条状磁畴是较厚的膜的特征性形式,它们最好由磁畴模型来进行描述,其讨论将推后到3.7.4节中进行。

3.7.2.1 弱条状磁畴:概述

在图3.108中指出了将要讨论的情形。在小的膜厚 D 的限定下,假定一片具有弱垂直各向异性($Q = K_u/K_d < 1$)的薄膜由于其在面内磁化时的各向异性能密度 K_u 比均匀垂直膜面磁化时的杂散磁场能密度 K_d 小,$K_u < K_d$,将会自发地平行于表面磁化。选定的面内的一个方向定义为 z 方向。超过一定的厚度以后,磁化强度开始以周期性方式振荡越出膜面以节省部分各向异性能。对小的各向异性,其振荡模式具有磁通闭合特征(见图3.108a),而对大的各向异性,其振荡模式基本上是一维的(见图3.108b)。

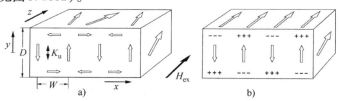

图3.108　a)在软磁层($Q \ll 1$)中条状磁畴的图解;b)在高各向异性材料中的情形

在临界厚度时,其磁化强度振荡的幅度和"密"条一样由零值开始,其半周期典型地等于膜的厚度。如果膜厚变得更大,磁化强度的调制幅度迅速增大,但此过程超出了成核模型的线性化理论。沿着起始磁化的方向施加一个面内的外磁场将使面内状态变得稳定,而将临界厚度移向更大的值。下面我们将同时研究厚度和磁场的效应。

3.7.2.2 条状磁畴成核的严格理论

Muller[740]提出了均匀的条状磁畴成核的准确的数学解。在这方面的原始工作中[740,741],当时的计算机的能力受到了限制,在计算中只能引入某些近似,这对现在已不再需要了。

此理论从微磁学方程式(3.63)出发,基于式(3.64a),杂散磁场可以用标量势($H_d =$

$- \mathbf{grad}\Phi_d$）来表示，其定义为

$$\Delta\Phi_d = (J_s/\mu_0)\,\mathrm{div}\boldsymbol{m} \tag{3.186}$$

各向异性由 $K_u = (1 - m_2^2)$ 给出。而应力效应暂时忽略，则微磁学方程式（3.63）可被写成以下形式：

$$\boldsymbol{m} \times (2A\Delta\boldsymbol{m} + 2K_u m_2 \boldsymbol{e}_2 + J_s H_{ex}\boldsymbol{e}_3 - J_s \mathbf{grad}\Phi_d) = 0 \tag{3.187}$$

式中，$\boldsymbol{e}_i$ 是沿 i 方向的单位矢量。我们将讨论限于二维的形式，它不依赖于坐标 z。除此以外，我们假定在成核时分量 m_1 和 m_2 均很小，则势 Φ_d 也可以被认为是很小，因其按式（3.186）线性地依赖于分量 m_1 和 m_2，而在一级近似下，第三分量 $m_3 = \sqrt{1 - m_1^2 - m_2^2}$ 可被认为是常量（$= 1$）。微磁学方程式（3.187）现在可以在 m_1、m_2 和 Φ_d 三个方面被线性化，和式（3.186）一起，得出下列微分方程组：

$$- 2A\Delta m_2 - 2K_u m_2 + J_s H_{ex}m_2 + J_s \partial\Phi_d/\partial y = 0$$
$$2A\Delta m_1 - J_s H_{ex}m_1 - J_s \partial\Phi_d/\partial x = 0$$
$$\Delta\Phi_d = \left(\frac{J_s}{\mu_0}\right)\left(\frac{\partial m_1}{\partial y} + \frac{\partial m_2}{\partial y}\right), \Delta\widetilde{\Phi}_d = 0 \tag{3.188}$$

式中，$\widetilde{\Phi}_d$ 指薄膜以外的势。在表面上边界条件如下［见式（3.67）］：

$$\Phi_d = \widetilde{\Phi}_d, \frac{\partial m_1}{\partial y} = \frac{\partial m_2}{\partial y} = 0$$

$$\frac{\partial\widetilde{\Phi}_d}{\partial y} - \frac{\partial\Phi_d}{\partial y} = -\frac{J_s m_2}{\mu_0}, \text{对于 } y = \pm\frac{D}{2} \tag{3.189}$$

这一组常系数线性方程组的解可以用下述形式的一个拟设严格进行推导：

$$m_1 = B\exp[\mathrm{i}(\mu x + \kappa y)], m_2 = C\exp[\mathrm{i}(\mu x + \kappa y)]$$
$$\Phi_d = U\exp[\mathrm{i}(\mu x + \kappa y)]\,\big|_{\,\mathrm{inside}}, \widetilde{\Phi}_d = \widetilde{U}\exp[\mathrm{i}(\widetilde{\mu}x + \widetilde{\kappa}y)]\,\big|_{\,\mathrm{outside}} \tag{3.190}$$

从表面处 $\Phi = \widetilde{\Phi}$ 推得 $\widetilde{\mu} = \mu$，以及在膜以外 $\Delta\widetilde{\Phi}_d = 0$，连同在无限远处 $\widetilde{\Phi}_d$ 必须等于零的要求可以得到在 $y > D/2$ 时 $\widetilde{\kappa} = \mathrm{i}\mu$，以及在 $y < - D/2$ 时 $\widetilde{\kappa} = -\mathrm{i}\mu$。迄今空间频率 μ 仍然是任意的，而 κ 值是由从式（3.188）推出的双立方特征方程的解来决定。一个详细的分析显示，通常存在一个正实数的根 κ^2，我们称之为 κ_3^2。另外两个根或都是负的实数，或是一对共轭复数。

基于 κ^2 的全部三个根（或者 κ 的六个根）可以形成式（3.190）的线性组合以获得 m_1、m_2 和 Φ_d 的实函数，其解可以分成两个对称性类别（见示意图 3.39）：①m_2 是 y 的偶函数，m_1 和 Φ_d 是 y 的奇函数；②m_2 是 y 的奇函数，m_1 和 Φ_d 是 y 的偶函数。具有 m_2 偶函数的第一类在能量上更有利，所以另一类就可以被忽

示意图 3.39

略。如果 κ^2 的特征方程的三个根都是实数，函数 m_1、m_2、Φ_d 和 $\widetilde{\Phi}_d$ 呈现下列形式：

$$m_1 = [b_1 \sinh(|\kappa_1|y) + b_2 \sinh(|\kappa_2|y) + b_3 \sin(\kappa_3 y)]\sin(\mu x)$$

$$m_2 = [c_1 \cosh(|\kappa_1|y) + c_2 \cosh(|\kappa_2|y) + c_3 \cos(\kappa_3 y)]\cos(\mu x) \tag{3.191a}$$

$$\Phi_d = [u_1 \sinh(|\kappa_1|y) + u_2 \sinh(|\kappa_2|y) + u_3 \sin(\kappa_3 y)]\cos(\mu x)$$

$$\widetilde{\Phi}_d = \widetilde{u}\exp(-\mu y)\cos(\mu x)\text{，对于 } y > D/2$$

对大的各向异性，特征方程具有一个正的根（κ_3^2）和两个共轭复数的根（κ_1^2 和 κ_2^2），则在片状样品内部的解应用 $\sqrt{\kappa_2^2} = v_1 + \mathrm{i}v_2$ 可以写成一种有些不同的形式：

$$m_1 = \left[b_1 sh_2(y)co_1(y) + b_2 ch_2(y)si_1(y) + b_3 \sin(\kappa_3 y) \right] \sin(\mu x)$$
$$m_2 = \left[c_1 ch_2(y)co_1(y) + c_2 sh_2(y)si_1(y) + c_3 \cos(\kappa_3 y) \right] \cos(\mu x) \qquad (3.191\text{b})$$
$$\Phi_d = \left[u_1 sh_2(y)co_1(y) + u_2 ch_2(y)si_1(y) + u_3 \sin(\kappa_3 y) \right] \cos(\mu x)$$

式中,

$$si_1(y) = \sin(\nu_1 y), co_1(y) = \cos(\nu_1 y)$$
$$sh_2(y) = \sinh(\nu_2 y), ch_2(y) = \cosh(\nu_2 y)$$

下面一步,将这两种方程组的任意一种代入微分方程式(3.188)提供了根据m_2的幅值c_i来表示幅值b_i、u_i和$\tilde{u}$的条件。进一步将这些关系式代入边界条件[式(3.189)]就得出一组对m_2函数的三个系数c_i的均匀的线性方程式(3.191a、b)。要存在解的话,这个方程式系统的行列式必须为零,而这个条件可以通过选择一个特殊的膜厚D值使其通过边界条件[式(3.189)]进入而得到满足。这样,磁畴成核的临界厚度是对一个给定的决定x的基本周期的波数μ和一个给定的外加磁场而定义的。属于这个临界本征值的本征解确立了三个系数c_i之间的关系。仍保持开放的仅为一个共同的幅值因子,它可以被任意地选择,其大小的确定需要严格的非线性理论。

最后一步,在给定的外磁场中将波数μ进行优化以找出最低的可能的临界厚度。其结果是磁化强度对其沿着外磁场初始方向的正弦形的条状的偏离。一般解依赖于三个参数:膜厚D、磁场H_{ex}和材料参数$Q = K_u/K_d$。所以我们或者可以对一个给定磁场定义一个**临界厚度** D_{cr},在此厚度以下,膜均匀地磁化;或者对一个给定的厚度定义一个临界磁场,超过此值后条状磁畴就不再稳定了。

图3.109a表明临界厚度和材料参数Q的函数关系,外加磁场作为参数。而图3.109b中画出了平衡的条状磁畴宽度W_{cr}倒数的曲线。

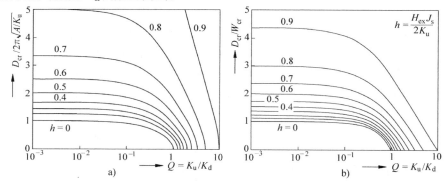

图3.109　a)在不同的沿着条状方向的面内的磁场下条状磁畴形成的临界厚度D_{cr}和b)成核时最佳条状磁畴宽度W_{cr}的倒数与材料参数Q的函数关系。对每个外加磁场值也存在一个临界的Q值,在此Q_{cr}值下(当磁场为零时$Q_{cr}=1$)临界厚度变为零,而此时的条状磁畴的宽度变为无穷大

在图3.110中对几个例子显示了成核的模式。它们只对(在成核或接近成核时)小的振幅成立。在图中振幅是归一化的。对小的各向异性材料的解(图3.110a)是特别有兴趣的。虽然条状磁畴的驱动力是一个单轴的垂直各向异性,所产生的调制却呈现出二维磁通闭合图形的特征。

在Q值很小时,其解接近于以下解析表达式[579]:

$$m_1 = \frac{aD}{W} \sin\left(\frac{\pi y}{D}\right) \sin\left(\frac{\pi x}{W}\right)$$

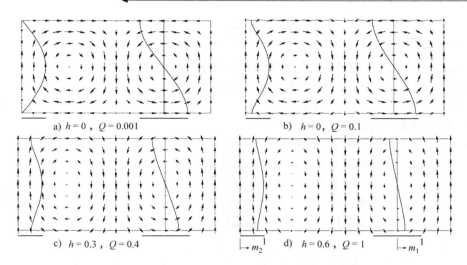

a) $h = 0$，$Q = 0.001$ b) $h = 0$，$Q = 0.1$

c) $h = 0.3$，$Q = 0.4$ d) $h = 0.6$，$Q = 1$

图 3.110　对不同的简约外磁场 $h = HJ_a/(2K_u)$ 值和材料参数 $Q = K_u/K_d$ 值

计算出条状磁畴的剖面的四个例子。图中示出了最优化解的一个周期的截面。曲线表明经 m_2

的竖直幅度的最大值归一化了的磁化强度分量 m_1 和 m_2 的函数依赖性

$$m_2 = a \cos\left(\frac{\pi y}{D}\right)\cos\left(\frac{\pi x}{W}\right), \Phi_d = 0 \tag{3.192}$$

由此得出临界条件：

$$D_{cr} = 2\pi \frac{\sqrt{A/K_u}}{1-h}, W_{cr} = D_{cr}\sqrt{\frac{1-h}{1+h}}$$

$$\text{其中 } h = \frac{1}{2}H_{ex}J_s/K_u \tag{3.193}$$

式（3.192）里 m_2 中的余弦函数在表面处（$y = \pm D/2$）达到零，但在该处其微商值并不为零，这就违背了边界条件 [式（3.189）]。但对小的 Q 值，在大部分厚度范围内严格解和余弦形式的近似解一样，仅在很窄的表面层内对此有偏离。当材料参数 Q 变小时，微磁学的表面层变得更薄。它的尺寸在 $\sqrt{A/K_d}$ 左右（见示意图 3.40），可用式（3.191a、b）中的双曲余弦函数来表达，这在式（3.192）中不存在。

对临界厚度以及最佳条状磁畴宽度的严格解，在 $Q < 0.1$ 时与无杂散磁场极限的结果 [式（3.193）] 很符合。在此范围内，零磁场时的临界厚度近似为 $D_{cr} = 2\pi\sqrt{A/K_u}$。在零磁场下，成核时的条状磁畴宽度实际上等于膜厚。对更厚的膜，条状磁畴宽度变得更小。此时成核发生在有外磁场时。只有在大的 Q 时，才能期望得到比膜厚更宽的条状磁畴。当 Q 趋近 1 时，临界厚度变为零。最佳成核周期就变为无穷大。因此，对足够大的 Q 值，可以预期条状磁畴甚至会出现在超薄的膜中。Allenspach 等人[747]研究了钴的超薄膜，报道了所观察到的一个实验结果似乎证实了这种理论预期。大块钴材料的 Q 参数对这一效应（$Q \approx 0.4$）来说显得太小。但对很薄的膜，表面各向异性加到垂直各向异性上，就使有效 Q 值大于 1。随着厚度的增大，表面各向异性的相对影响降低，达到某个厚度（大约 0.6nm）时 Q 值就等于 1。到这一点时就可观察到一个精细的、有些不规则的磁畴图形。如果加上面内的外磁场，此现象在 $Q > 1$ 时也应被观察到。按图 3.109a，使 $D_{cr} = 0$ 的 Q 值和磁场的关系为 $D_{cr} = 1/(1-h)$。

对任意大的厚度值，条状磁畴成核可预期在外磁场和各向异性场接近时（$h \to 1$）发生。在此范围中，平衡周期变得比片厚 D 小得多。按式（3.193），对小的 Q 值，它将趋近一个常数 $\sqrt{2}\pi\sqrt{A/K_u}$ 而和 D 无关。

Hua 等人[748]在大块软磁材料中用数值方法发现了类似于薄膜中密条状磁畴的现象。这种类条状结构仅限于**表面层**，由很强的表面各向异性感生，而不是来自于大块材料的垂直各向异性。

示意图 3.40

3.7.2.3 磁致伸缩和条状成核

在 3.7.2.2 节中提出的密条状磁畴的标准理论中只涉及了交换能、各向异性能、杂散磁场能和外磁场能等，人们也许不会想到像磁致伸缩这样弱的效应会对这个解有实质性的贡献。但是，对较厚的单轴片状样品在难磁化方向施加磁场时的磁畴分析指出磁致伸缩对磁畴取向有强烈的影响。特别是在靠近饱和的较大的磁场中[161]。图 3.111 用定性的方法展示了这一论点，以常规的磁畴代替了连续的条状图形。

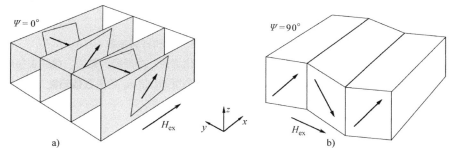

图 3.111　磁致伸缩有利于垂直于磁场的条状畴成核（图 b），和平行于外磁场的条状畴（图 a）相反。在图 a 中磁致伸缩形变是不相容的。图中坐标轴和图 3.108 中比起来做了不同的选择以容许直接将 3.2.6.7 节中提供的方程式应用于磁致伸缩

畴壁能的取向依赖性使沿着磁场方向的条状磁畴在能量上更有利。图 3.62 显示了平行于磁场的畴壁（$\Psi=0°$）比垂直于磁场（$\Psi=90°$）的具有更低的能量。但当磁场大到接近饱和磁场 $H_K=2K_{u1}/J_s$ 时，平行和垂直于磁场的畴壁能量差变小。从图 3.62 来估算能量差 $\gamma_w(\Psi=90°)-\gamma_w(\Psi=0°)$ 和简约外磁场 h 之间的函数关系表明此差值当趋近饱和时以二次形式趋于消失。

随着磁场增大到畴壁能的取向依赖性消失时，基本磁畴之间的磁致伸缩相互作用的相对重要性就大大增加。这可以从 3.2.6.7 节的理论中看到。对单轴对称性和在磁畴中可变的磁化强度角 ϑ（ϑ 为磁化强度方向和易轴之间的夹角）重复一维的计算，对图 3.111a 的构型得出磁致伸缩自作用能按如下形式变化：$e_{ms}\approx\sin^2\vartheta\cos^2\vartheta$。在平衡状态下，磁畴磁化强度角 ϑ 为 $\sin\vartheta=h$，其中 $h=H_{ex}/H_K$。简约磁场 $h=1$ 的值标志着在膜面中达到饱和。将 $\sin\vartheta=h$ 代入 e_{ms}，我们得到角度依赖部分的表达式 $h^2(1+h)(1-h)$。这当 $h\to1$ 时仅线性地趋向零。因此，在大的磁场下，磁致伸缩自作用能在对畴壁能的影响中起决定性的作用，使平行磁畴取向的垂直方向能量上更有利。

这样，磁畴的理论论据就预言条状磁畴在非零（正的）磁致伸缩材料中将垂直于磁场方向成核，因为在足够地接近饱和时磁弹性相互作用将占主导地位。即使在低磁场下畴壁能占主导地位时初始的条状方向倾向于保持下来，直到磁场为零[161]，因为条状磁畴的重新取向要求磁畴图形的集体重新排列。这一定性的理由解释了在厚的单轴晶体中实验观察到的磁畴图形（见 5.2.2.2 节）。

不过，这种论点并非无懈可击，因为实际的条状磁畴是连续的，如图 3.110 所示的微磁学结

构，而不是如图 3.111 所示的简单的磁畴图形。在厚度小时，饱和磁场偏离各向异性磁场，就使这种简单的论点不再有效。Paterson 和 Muller[749]用微磁学的方法适当地处理了这个问题，分析中假设了一个正弦形变化的应变场。在引入兼容性关系以后，得出的磁弹性能包含在成核的分析之中。作者发现了从膜厚小时的纵向条状磁畴成核到厚膜的横向成核的过渡，这决定于磁致伸缩和各向异性能贡献的相对强度。磁畴理论并未预言有这样一个厚度阈值，但对很薄的钴样品实验观察到纵向条纹似乎支持了这个概念[161]。

材料常数 $\rho_{ms} = c_{44}(4\lambda_D - \lambda_A - \lambda_C)^2 / K_u$，即磁致伸缩和各向异性能项的相对权重是决定性的。其中对单轴对称性来说，λ_A 到 λ_D 是磁致伸缩常数，而 c_{44} 是剪切模量。对大多数材料来说，此比率比 1 小得多，例如对钴，其值约为 0.035。在图 3.112 中画出了按参考文献 [749] 对材料参数 $Q = K_u / K_d$ 的某些数值计算出的最佳条状方向角和膜厚的函数关系。

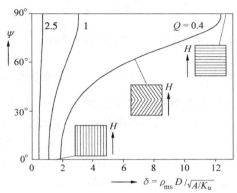

根据简约厚度参数推出了这种行为的一般情况 $\delta = \rho_{ms} D / \sqrt{A/K_u}$。在简约厚度 $\delta_1 = [\pi^2 / (1+Q)^3]^{1/2}$ 以下，磁致伸缩的影响可以忽略，得出惯常的纵向条状磁畴。超过第二个临界厚度 $\delta_2 = [\pi^2 / Q^3]^{1/2}$ 时只有横向条状磁畴能成核。在过渡范围中条状磁畴成核于由 $\cos^2 \Psi = [\pi^2 / \delta^2]^{1/3} - Q$ 给出的中间方向。在此过渡范围以外，$\Psi = 0$ 和 $\Psi = \pi/2$ 的解取而代之。

图 3.112　Paterson 和 Muller[749]的计算预期随着膜厚的增加会发生纵向条状磁畴（$\Psi = 0°$）和横向条状磁畴（$\Psi = 90°$）之间的连续的过渡。此图解对无量纲参数 ρ_{ms} 值较小时有效。大多数材料都是这样。对钴（$Q = 0.4$），其简约厚度假定为 $\delta = 1$，其实际厚度为 $D = 0.15\mu m$

此计算是基于近似 $\delta > 25\sqrt{Q}\rho_{ms}$，由于 $\rho_{ms} \ll 1$，这在很大程度上是成立的。

3.7.3　高各向异性垂直膜中的磁畴

我们已经在图 3.109 中看到一片具有弱垂直各向异性的膜其厚度在一个由各向异性比率 Q 决定的临界厚度以下时将平行于膜面磁化。这对所有 $Q < 1$ 的材料是对的。即使超过了这个 Q 值也可能在面内外磁场作用下产生均匀的面内磁化。但在本节中，面内磁场不是我们感兴趣的中心。本节我们将处理各向异性比率 $Q > 1$ 而易轴垂直于膜面的膜。对这样高各向异性的膜沿着垂直于膜面的轴均匀磁化的状态至少是亚稳定的。

甚至对任意小的厚度，在零磁场下磁畴可以存在于其中（见示意图 3.41）。在沿着垂直于膜面的易轴的磁场下，磁畴可能再次受到抑制。但是，通常在存在磁畴的状态和均匀磁化的状态之间存在

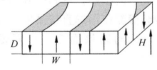

示意图 3.41

一个阈值，以致磁畴将通过不连续的过程产生或湮灭，而不像 3.7.2 节中所讨论的密条状磁畴那样会自发地发生。

在这些膜中，对同样的垂直磁场值，可以形成很多种不同的磁畴图形。显著的磁滞效应与它们的产生、湮灭和变形相关联，这使它们不仅对基础研究也对存储器的应用变得很有兴趣。磁畴通常比布洛赫壁的宽度大得多，所以磁畴理论方法在它们的研究中是适用的，而不要如在低各

向异性膜中对密条状磁畴的分析那样应用微磁学方法。

3.7.3.1　平衡的平行带状磁畴的理论

我们从 Kooy 和 Enz 公式［式（3.41）］的讨论开始。此公式描述了在无限大平板中由厚度为零的畴壁分隔的一种平行带状磁畴排列的杂散磁场能。我们假设各向异性垂直膜面（$\Theta = 0$）。和杂散磁场能参数比起来大得多的各向异性（$Q \gg 1$）意味着 $\mu^* \approx 1$。则式（3.41）简化为

$$E_d = K_d D \left\{ m^2 + \frac{4p}{\pi^3} \sum_{n=1}^{\infty} n^{-3} \sin^2 \left[\frac{\pi}{2} n(m+1) \right] \cdot \left[1 + \exp\left(\frac{-2\pi n}{p} \right) \right] \right\} \quad (3.194)$$

式中，W_1、W_2 为磁畴宽度；D 为膜厚；$m = \dfrac{W_1 - W_2}{W_1 + W_2}$，为简约磁化强度；

$p = \dfrac{W_1 + W_2}{D}$，为简约周期；J_s 为饱和磁化强度；$K_d = J_s^2 2\mu_0$。

将杂散磁场能写作 $E_d = K_d D [m^2 + g(p, m)]$ 的形式，再加上畴壁能和外加垂直磁场能，带状结构的总能量可以基于**特征长度** $l_c = \gamma_w / 2K_d$（γ_w 为比畴壁能）而被表达为以下简约形式：

$$\varepsilon_{tot} = 4\lambda_c / p - 2hm + m^2 + g(p, m) \quad (3.195)$$

式中，$\varepsilon = E/(DK_d)$；$\lambda_c = l_c/D = \gamma_w/(2DK_d)$；$h = HJ_s/2K_d = \mu_0 H/J_s$。

将总能量对 p 和 m 求极小值，得到

$$\lambda_c = (p^2/\pi^3) \sum_{n=1}^{\infty} n^{-3} [1 - (1 + 2\pi n/p)\exp(-2\pi n/p)] \cdot \sin^2 \left[\frac{\pi}{2} n(1+m) \right] \quad (3.196)$$

$$h = m + (p/\pi^2) \sum_{n=1}^{\infty} n^{-2} \sin[n\pi(1+m)][1 - \exp(-2\pi n/p)] \quad (3.197)$$

这两个隐函数方程式对于一对简约周期 p 和简约磁化强度 m 的值能得出相应的一对简约特征长度 λ_c 和简约磁场 h 的值。相反的问题（给定 λ_c 和 h，确定 p 和 m）可以通过数值计算来求解（最有效的可用参考文献［750］中所示的数学变换）。

用这种方法推导出的一系列的平衡磁化曲线如图 3.113 所示。对大的膜厚（小的 λ_c）来说，通过参数 λ_c 进入计算公式的畴壁能对磁化曲线影响甚小。与磁化曲线的相理论方法相一致，在这一极限情况下，结果是一条直线 $m = h$。这是由平板的退磁因子 $N = 1$ 所决定的。随着 λ_c 增大，磁化曲线的初始斜率升高，而在一个比退磁场小的磁场下达到饱和。对厚度更小的样品，更高的起始磁导率和更低的饱和磁场是畴壁能作用的直接结果，相对于忽略畴壁能贡献的相理论的结果而言，它降低了磁畴状态的稳定性范围。

在图 3.113 中，饱和磁化的附近是特别有兴趣的。此转变看起来像是连续的二级相变。但是，此转变的真实本质是不同的。当接近饱和时，平衡周期 $W_1 + W_2$ 趋向无限大（见图 3.114）。与此同时，体积较小的磁畴宽度 W_2 却趋向一个恒定值。不是进一步减小其宽度而逐渐消失，而是超越一切界限地增大它们的相互间距。这样看起来像是一个二级相变。

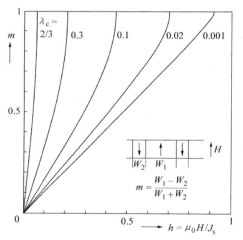

图 3.113　带状磁畴的平衡磁化强度作为垂直于表面的外磁场的函数的曲线。参数 λ_c 是特征长度 $l_c = \dfrac{1}{2} \gamma_w / K_d$ 和膜厚 D 的比率

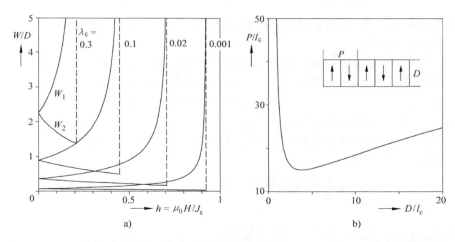

a)　　　　　　　　　　b)

图 3.114　a）带状磁畴的相对宽度对外磁场的函数关系；b）在 $h=0$ 时绝对带状周期

$P = W_1 + W_2$ 对膜厚的函数关系

理论所预期的行为是否会实际上观察到取决于对每一个磁场能否将真正的平衡磁畴周期调节出来的可能性，这可能要在每一个静态磁场上叠加一个交变磁场来达到。如果没有这样做，磁畴就只能通过折叠或打开、分叉或合并的过程而得到一种不同的有效磁畴周期，这会引起复杂的磁畴构型而不是通常的平行带状排列，这将在 5.6.1 节中进行讨论和展示。

在图 3.114b 中磁畴周期 P 是以材料长度 l_c 为单位，而不是如图 3.114a 中那样通过膜厚来进行简约的。在 $h=0$ 时发现最小的磁畴周期出现在膜厚大约为 $D=4l_c$ 或 $\lambda_c = \dfrac{1}{4}$ 处。

当参数 λ_c 超过 1 时，饱和磁场变得很小，而磁畴宽度变大，这意味着当膜变得比特征长度 $l_c = \gamma_w / 2K_d$ 更薄时，在此膜中平衡的磁畴构型很难形成。对大的 λ_c，在退磁状态下其能量的获益非常小，所以任何细小的畴壁矫顽力将抑制平衡磁畴的形成。因而对磁畴超过 $\lambda_c = 1$ 时，存在一个实际的界限。但在理论上，在垂直膜中并不存在单畴行为的临界厚度[554]。无限延伸的垂直薄膜在零磁场下，总存在一种形成磁畴的状态比饱和磁化的状态能量更低。这种有些反直觉的结果是由静磁相互作用的长程性质决定的，在 Eschenfelder 的书[751]中提出的在 $\lambda_c = 1$ 时不连续地转变到单畴状态的论述是不正确的。

如前所述，在饱和磁场附近（在图 3.115 中和后面将阐述的其他特征磁场一同显示出来）带状磁畴相互分开了。它们的静磁相互作用变得可以忽略，所以此特

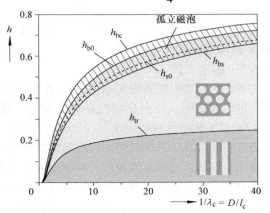

图 3.115　在单轴片状样品中磁畴图形的几种特征磁场和简约特征长度 λ_c 的倒数的函数关系。磁泡点阵的饱和磁场 h_{b0} 比带状磁畴的饱和磁场 h_{s0} 大。单个磁泡在磁泡崩塌磁场 h_{bc} 和展条磁畴 h_{bs} 之间是稳定的。最后，h_{tr} 是边界线的标志。在此以上，优化的磁泡点阵相对于带状磁畴在能量上更有利（此计算是和 Bogdanov 一起依照参考文献［752］完成的）

征磁场以及在饱和时的带状宽度也可以对**孤立**的带状磁畴进行计算。

3.7.3.2　孤立带状磁畴

应用 3.2.5.5 节中杂散磁场能公式可计算出单一的直的无限长带状磁畴的能量。从一个厚度为 D 的饱和的片状样品出发，我们叠加上一个宽度为 W 的具有相反磁化强度 $-2J_s$ 的带状磁畴，其杂散磁场能可以由其表面磁荷的自作用能 [式（3.36）] 和其相互作用能 [式（3.35）] 来表示。我们加上了嵌入的带状磁畴和平板磁化强度之间的相互作用能（见图 3.6），其数值为 $-4K_dWD$，再加上畴壁能和外磁场能的表达式，我们最后得到相对于饱和状态单位长度的带状磁畴的总能量具有以下形式：

$$e_{\text{tot}} = \frac{4}{\pi}K_d\left[G_{20}(W,0) - G_{20}(W,D) + G_{20}(0,D)\right]$$
$$-4K_dWD + 2D\gamma_w + 2HJ_sWD \tag{3.198}$$

式中，函数 $G_{20}(x, y)$ 在式（3.34a、b）中做了定义。要计算平衡的带状磁畴宽度，将 e_{tot} 对 W 求极小值，用缩写 $w_r = W/D$ 代表磁畴的相对宽度，就得到如下的隐函数方程式：

$$1 - h = \frac{1}{\pi}\left[2\arctan(w_r) + w_r\ln\left(1 + \frac{1}{w_r^2}\right)\right] \tag{3.199}$$

当带状磁畴的总能量变成负值时样品就达到饱和状态。因为此时带状磁畴可以缩回去从而降低总能量。（如果带状磁畴在其两端被钉扎而不能收缩，或者磁场仅局域地施加，则带状磁畴在超过这里所考虑的饱和点后仍将保持亚稳定状态。）运用 $e_{\text{tot}} = 0$ 和式（3.198），将定义式（3.34a、b）和平衡条件式（3.199）代入以后，我们就得到对饱和磁场的第二个方程式：

$$2\pi\lambda_c = w_r^2\ln\left(1 + \frac{1}{w_r^2}\right) + \ln\left(1 + w_r^2\right) \tag{3.200}$$

从式（3.199）和式（3.200）中（数值化地）消去条状磁畴宽度 w_r，我们就得到饱和磁场 h_{s0} 和 λ_c 的函数关系（见图 3.115）。

3.7.3.3　磁泡点阵

在 3.7.3.1 节中提到的 Kooy 和 Enz 的理论并不完备，因为它至今仅检视了一种可能的结构，即平行的带状磁畴。特别是在饱和状态附近，磁泡点阵（见示意图 3.42）具有较带状磁畴更小的总能量。作为一个亚稳定的结构，磁泡点阵可能存在于和带状阵列同样数值的外磁场中。通常在点阵中的磁泡以密排六角的形式排列。存在面内各向异性时，磁泡也可能形成别的点阵。除此以外，也可能出现不规则的或甚至完全混乱的排列。根据参考文献 [752，753]，下列分析适用于六角点阵。

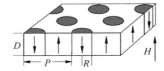

示意图 3.42

令一个六角磁泡阵列的周期为 P，磁泡的半径为 R。它们以下式和相对平均磁化强度相联系：$m = 1 - 4\pi\left(R/P\right)^2/\sqrt{3}$。用式（3.195）中同样的缩写符号，简约总能量为

$$\varepsilon_{\text{tot}} = \left(4\lambda_c/p\right)\sqrt{\left(1 - m\right)\pi/\sqrt{3}} - 2hm + m^2 + g(p,m)$$

$$g(p,m) = \left(2p(1 - m)/\sqrt{3}\pi^2\right)\sum_{n=1}^{\infty}\sum_{k=0}^{n}\left(Z/s_b^3\right)\left[1 - \exp(-2\pi s_b/p)\right]J_1^2(s_b y)$$

$$s_b = \sqrt{\frac{4}{3}\left(n^2 + k^2 + nk\right)}, y = \sqrt{\sqrt{3}\pi(1 - m)}$$

$$Z = 6 \cdot \begin{cases} 1 & k = 0 \text{ 或 } n \\ 2 & \text{其他} \end{cases} \tag{3.201}$$

变量 s_b 是六角点阵中两个磁泡中心间的距离，而 Z 为对给定的 (n, k) 的等效磁泡计数。在式（3.194）中的正弦函数在式（3.201）中用第一类贝塞尔函数 $J_1(x)$ 代替。对此函数求极值得到下列隐函数方程式：

$$\lambda_c = \frac{1}{4} p^2 \sqrt{\sqrt{3} / \left[\pi(1 - m) \right]} \frac{\partial g}{\partial p}$$

$$\frac{\partial g}{\partial p} = \frac{2(1 - m)}{\sqrt{3} \pi^2} \sum_{n=1}^{\infty} \sum_{k=0}^{n} (Z/s_b^3) \left[1 - \exp\left(\frac{-2\pi s_b}{p} \right)\left(1 + \frac{2\pi s_b}{p} \right) \right] J_1^2(s_b y) \qquad (3.202)$$

$$h = m - \left(\frac{\lambda_c}{p} \right) \sqrt{\frac{\pi}{\sqrt{3}(1 - m)}} - \frac{1}{2} \frac{\partial g}{\partial m}$$

$$\frac{\partial g}{\partial m} = \frac{2p}{\pi} \sqrt{\frac{1 - m}{\sqrt{3} \pi}} \sum_{n=1}^{\infty} \sum_{k=0}^{n} (Z/s_b^2) \left[1 - \exp\left(\frac{-2\pi s_b}{p} \right) \right] J_0(s_b y) J_1(s_b y) \qquad (3.203)$$

当磁畴周期较大时，式中双重无穷项求和的收敛性不好。分别计算方括号中的与 p 相关的表达式的两个部分将在一定程度上改善其收敛性。基于 Ewald 方法[754] 的一种更加有效的数学方法在参考文献 [752] 中进行了讨论。

结果显示超过一个大约为 0.3 的相对磁化强度 m 以及大约为 0.2 的简约垂直磁场 h 后，磁泡畴比带状阵列能量上更有利（见参考文献 [752] 和图 3.115）。但能量差很小，作为磁畴重新排列过程的驱动力是可以忽略的。如在参考文献 [755，756] 中详细研究的，磁泡点阵在零磁场甚至在负磁场中仍保持亚稳状态，其时它将转变为网络状或"泡沫"状结构，最后逐渐变粗直至消失（见 5.6.1 节）。图 3.116 所示为垂直膜的理想磁化曲线。因为以上两种磁畴图形之间没有连续过渡的途径，在实验上也观察不到带状磁畴和磁泡畴之间自发的转变，从而实际的磁化曲线大体上或者遵循带状磁畴图形，或者是遵循磁泡点阵图形的连续曲线。

磁泡点阵的饱和场 h_{b0}（见图 3.115）

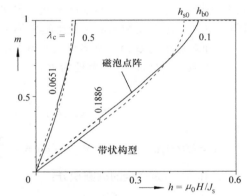

图 3.116 对两个选定的厚度参数值 λ_c，在垂直于表面的外磁场中磁泡膜的理想的磁化曲线。对每一个磁场值均根据式（3.195）和式（3.201）计算了最佳带状和磁泡点阵。注意磁泡点阵的非零的平衡剩磁值（和 A. Bogdanov 共同完成）

的定义是在此磁场下其能量表达式（3.201）经代入平衡条件式（3.202）和式（3.203）后正好等于饱和状态的能量。在这一点上，平衡周期 P 趋于无穷大，而磁泡半径 R 仍保持有限值。这一磁场 h_{b0} 比带状磁畴的饱和场 h_{s0} 大，因为具有圆环形畴壁的磁泡畴在接近饱和时比带状磁畴能更有效地降低杂散磁场能。但另一方面这一磁场比 3.7.3.4 节中将要推导出的单个磁泡的崩塌磁场 h_{bc} 来得小。

甚至在超过了带状磁畴阵列的饱和磁场时，磁泡点阵仍然是稳定的。带状磁畴也不会崩塌成为平衡的磁泡畴，而是崩塌成和磁泡数目一样多的独立的带状磁畴的碎片（见图 3.117）。此时，磁泡已经可以被作为独立的实体来处理。下面将要讨论个别的磁泡的性质。

3.7.3.4 孤立的磁泡畴

个别的磁泡在超过或低于平衡的磁泡阵列的饱和磁场的一个较大磁场范围内都是稳定的。计算这种稳定性范围是磁泡理论的基本任务。Kooy 和 Enz[554] 首先计算了上限，即崩塌磁场。

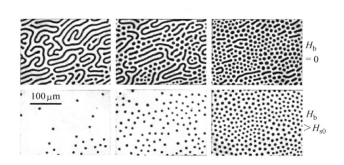

图 3.117　依赖于剩磁状态（上面一排）的性质，在一个超过带状磁畴的稳定性极限 H_{s0} 的垂直磁场 H_b 中发展出来的较低或较高磁泡密度的磁泡状态（下面一排）

Thiele[757]增加了下限，即展带磁场的推导，在此磁场下磁泡自发地扩展成带状磁畴。下面我们复述这些公式而不加以证明。详细情况见参考文献 [510，49，751]。

我们将限于大 Q 的情况，这意味着我们再次忽略 μ^* - 效应。DeBonte[758]提出了对小 Q 的情况的计算，此时畴壁宽度和磁泡直径比起来不再是小量。结果表明，对 $Q > 1.5$，标准理论能很好地适用。而对更小的 Q 值，磁泡很快变得不稳定。

在这一近似下（$Q \gg 1$），半径为 R 的单个磁泡相对于饱和状态增加的能量可被写作以下形式：

$$E_{tot} = 2\pi K_d D^3 \left[-I(d) + \lambda_c d + \frac{1}{2}hd^2 \right]$$

$$d = 2R/D, u^2 = d^2/(1 + d^2), I(d) = -\frac{2}{3\pi}d\left[d^2 + (1 - d^2)E(u^2)/u - K(u^2)/u \right] \quad (3.204)$$

式中，$E(u)$ 和 $K(u)$ 是完全的椭圆积分：

$$E(u) = \int_0^{\pi/2} \sqrt{1 - u\sin^2\alpha}\,d\alpha, K(u) = \int_0^{\pi/2} d\alpha / \sqrt{1 - u\sin^2\alpha}$$

简约材料参数 λ_c 和简约磁场 h 的定义和 3.7.3.3 节一样。函数 $I(d)$ 度量了由此磁泡引起的杂散磁场能。其微商是所谓的力函数：

$$F(d) = \partial I/\partial d = -\frac{2}{\pi}d^2\left[1 - E(u^2)/u \right] \quad (3.205)$$

它可被用来构成平衡条件的公式：对一个给定的简约外磁场 h 和一个给定的比率 $\lambda_c = l_c/D$，简约磁泡直径 $d = 2R/D$ 必须满足下列条件 ［由式（3.204）求微商而推得］：

$$F(d) = \lambda_c + hd \quad (3.206)$$

这个对 d 的隐函数关系式可以用图解法表示出来（见图 3.118）。λ_c 和 h 的数值定义出一条直线，它通常会和 $F(d)$ 曲线交截两次。具有较大 d 值的交点得出稳定解 d_0，增大磁场值导致磁泡直径减小，直到一个临界磁场下直线和 $F(d)$ 曲线仅一点接触，这就是磁泡的**崩塌场** h_{bc}。磁泡崩塌可用下列条件描述：

$$\lambda_c = S_{bc}(d) = F(d) - d\partial F/\partial d = \frac{2}{\pi}\left[d^2(1 - E(u^2)/u) + uK(u^2) \right] \quad (3.207)$$

如果将 $S_{bc}(d)$ 加入图 3.118 中，从此图上可以推出崩塌时的磁泡直径。临界磁场 h_{bc} 可由式（3.207）求出，或者从图解中由相应的斜率求得。

最后，对抗磁泡撕裂的稳定性可以通过研究和椭圆形变相关的磁泡能量进行计算[757]，这导致以下条件：

$$\lambda_c = S_{bs}(d) = \frac{1}{3}\left[\frac{1}{2\pi}d^2\left(\frac{16}{3} - L_{bs}(d)\right) - S_{bc}(d)\right]$$

$$L_{bs}(d) = 16d\int_0^{\pi/2}(\sin^2\alpha\cos^2\alpha /$$

$$\sqrt{1 + d^2\sin^2\alpha}\,)d\alpha \qquad (3.208)$$

这个量的估算也可从图 3.118 中见到。

另一个特征磁场 h_{b0} 是磁泡开始比没有磁泡的饱和磁化的膜载有更高能量的磁场。要找出这个磁场，可将总能量［式（3.204）］设为等于零。除此以外，式（3.206）必须得到满足。磁场 h_{b0} 和磁泡点阵的稳定性极限（饱和磁场）相符，它也包括在图 3.115 中。

在磁场超过 h_{b0} 直到 h_{bc} 的范围内单个磁泡能以亚稳定状态存在。严格地说，在磁场低于 h_{b0} 时，一个磁泡也是处于亚稳定状态。因为在此磁场范围内磁泡点阵具有更低的能量。事实上，在 h_{bs} 和 h_{bc} 的磁场范围内，磁泡可以作为稳定的独立单元来处理。这一事实被应用于磁泡记忆的技术中。在图 3.115 中收集了所有的临界场和参数 λ_c 的函数关系以及相应的带状磁畴阵列的数值。最大的稳定区间 $h_{bc} - h_{bs}$ 存在于值 $\lambda_c = \frac{1}{8}$ 处，这就标志了磁泡膜的最佳厚度范围。

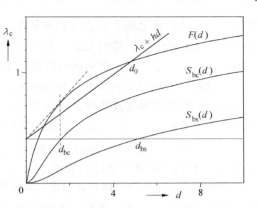

图 3.118　用来推算磁泡稳定性条件的图解。对一个给定的 λ_c 和 h 值，直线 $\lambda_c + hd$ 和曲线 $F(d)$ 的第二个交截点得出磁泡的直径 d_0。由给定的点 λ_c 引出的平行于 d 轴的线和曲线 $S_{bc}(d)$ 和 $S_{bs}(d)$ 的交点得出在磁泡崩塌和展条时的简约磁泡直径 d_{bc} 和 d_{bs}。崩塌磁场由连接（0，λ_c）和［d_{bc}，$F(d_{bc})$］的切线的斜率决定。同样可相应地决定展条磁场

3.7.4　封闭磁畴

在本节中，我们回到比在 3.7.2 节中讨论过的密条状磁畴的成核阈值厚度更厚的具有强烈的表面错取向的低各向异性材料。随着厚度增大，在早先的条状磁畴中发展出一些常规的磁畴。在 $Q < 1$ 时，它们倾向于在表面处被封闭，我们在此分析这些结构。

形成封闭磁畴的驱动力是减小由于错取向在表面处引起的杂散磁场能。对偏斜较小的样品，则通过 μ^* - 效应来达到同样的目的，见 3.7.1 节。这两种可能性中哪一种更有利取决于错取向的程度（见示意图 3.43）。如示意图中所指出的，封闭磁畴能使任意大的错取向角免除杂散磁场，但它们的形成是一种非线性现象，这超出了 μ^* - 效应的适用性范围。

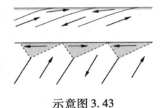

示意图 3.43

除此以外，趋向表面时磁畴的**精细化**在上述两种情况下均能减小必需偏离易磁化方向部分的体积。对小的错取向的情况，这可以通过如 3.7.1 节中讨论的补充磁畴来实现。对强的错取向的情况将在 3.7.5 节中单独处理。

3.7.4.1　数值化实验

按照定义，封闭磁畴的磁化或多或少平行于样品表面，它们的内部能量必然比基本磁畴的高。这或者是由于平行于表面的磁畴的错取向和与此相关联的额外的各向异性能，或者是由于叠加于其上的应力各向异性能（见图 3.69）或者磁致伸缩自作用能（见图 3.12）的效应。由于

基本磁畴和封闭磁畴之间内禀能量的不平衡，分隔这两种类型磁畴的畴壁不可能存在于局域平衡之中。Privorotskij[759,511]特别对这一点做了强调。图 3.122 中将要详细阐述的，封闭畴壁的位置和取向可以从完善地避免杂散磁场的原则出发从几何角度推出来，但其内部结构用如 3.6 节中处理过的常规的畴壁理论工具基本上难以解决。

为了显示封闭磁畴的真实性，在各种不同的条件下进行了严格的数值模拟。研究了在弱的垂直各向异性影响下的宽厚比为 2:1 的无限长柱体。按照图 3.109，对于简约各向异性 $Q = 0.04$，临界厚度大约为 6Δ，预期会形成密条状磁畴（$\Delta = \sqrt{A/K_\mathrm{u}}$），因而在 $D = 20\Delta$ 时，预期将出现如示意图 3.43 中所画的那种清晰的磁畴。

计算的结果（见图 3.119）和这些预期相符。在常规的磁畴图形中，交换能密度项集中在畴壁中，而在磁畴中它实际上是零。将这些能量作图，我们可以从而测试出一个微磁学结构是否有磁畴的特性，这通过四种各向异性的变化来完成。在每种情况下，交换能的图示由沿着三根虚线上（见示意图 3.44）的特征的磁化强度分量的剖面作为支撑。

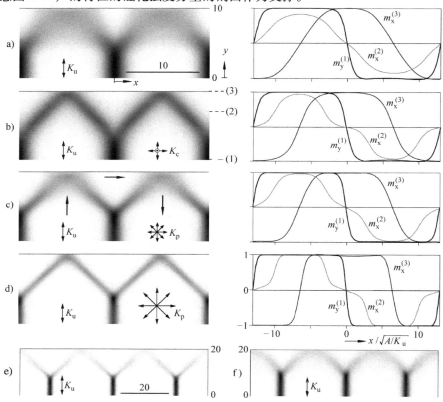

图 3.119　在厚度为 20Δ 的平板样品中封闭磁畴的二维数值模型。将交换能密度的二次方根（用基本磁畴中的最大值进行归一化）用灰色阴影画出来以指出磁畴和畴壁。并用图中（右边的）对应的磁化强度分量轮廓作为支持。a）只存在垂直各向异性 $K_\mathrm{u}(1 - m_\mathrm{y}^2)$，且 $Q = K_\mathrm{u}/K_\mathrm{d} = 0.04$，得出连续的封闭结构。b）通过加上一个立方各向异性 $K_\mathrm{c}(m_\mathrm{x}^2 m_\mathrm{y}^2 + m_\mathrm{x}^2 m_\mathrm{z}^2 + m_\mathrm{y}^2 m_\mathrm{z}^2)$ 而 $K_\mathrm{c}/K_\mathrm{u} = 4$ 形成清楚的封闭磁畴。c）叠加一个平面各向异性 $K_\mathrm{p}(m_\mathrm{x}^2 + m_\mathrm{y}^2)$，而 $K_\mathrm{p}/K_\mathrm{u} = 1$ 产生表面的磁畴，但在体积内只有弱的封闭磁畴。d）一个强的平面各向异性 $K_\mathrm{p}/K_\mathrm{u} = 4$ 迫使磁化强度进入截面中，并且有显著的基本磁畴和封闭磁畴。e）将厚度增加到 40Δ，即使只有如图 a 中那样纯粹的单轴各向异性，也能看到界限明确的封闭磁畴。f）但如果各向异性轴偏离截面达 20°，这些封闭磁畴将会消失。（此工作一开始和 Erlangen 的 K. Ramstöck 一起进行，而最终和 IFW Dresden 的 W. Rave 一起完成。）

对单轴材料（见图 3.119a）在数值计算的结果中不能确认真正的封闭磁畴。所以在这种情况下，磁畴的概念只能作为进一步详细的微磁学分析的一个模型。更令人信服的封闭磁畴只有当加上一个立方各向异性后才能找到（见图 3.119b）。有兴趣的是图 3.119c 的情况，其中**平面各向异性**引起在表面上的清楚的磁畴，而在亚表面区域中则发现比较连续的过渡。当具有强的平面各向异性（见图 3.119d）时，可再次见到 3.3.3.2 节中类似于理想的磁性薄膜单元的情况。

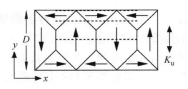

示意图 3.44

有点令人惊讶的是，在平板样品厚度更大时，在纯粹的单轴各向异性样品中也发现了清楚的封闭磁畴，如图 3.119e 所示。但是这只能在封闭磁畴中有利的磁化方向上各向异性函数是高度稳定的情况下才能观察到。如图 3.119f 中所记录的那样，若使各向异性轴对 x 轴倾斜，这种出乎意料的磁畴将不会出现。同样的效应也可以通过沿着 z 轴施加一个适当大小的磁场来实现。

当然，对磁畴分析的每个问题都用数值计算的方法是不经济的（在 3.2.7.5 节中讨论过，这甚至是不可能的）。我们将证明在大多数情况下，推广基本朗道结构（见图 1.2）的磁畴模型是有力的替代。我们用两个阶段来分析这一问题。第一种方法简单地忽略所有非常规畴壁或连续过渡带的能量内涵。相对于这种模型，真正的微磁学的解通过连续过渡将节省一些各向异性能，其代价是额外的交换能和可能的杂散磁场能。无论如何，一种磁畴图形的最佳尺寸和取向往往可以基于这种简单的磁畴模型推出来。这种方法将贯穿于 3.7.4.2 节 ~ 3.7.4.5 节中，直到 3.7.4.6 节中才勾画出一种广义的"微磁学"磁畴理论，它也将系统地加入非常规畴壁和类似的连续变化。

3.7.4.2 单轴材料的朗道模型的基本理论

令一块无限大平板载有其轴垂直于板表面的**单轴各向异性** K_u（见示意图 3.45）。假设其厚度 D 比布洛赫壁宽度参数 $\sqrt{A/K_u}$ 大，而各向异性参数 K_u 比退磁能常数 K_d 小，这就是构思出朗道结构（见图 1.2）的情况。

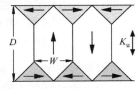

示意图 3.45

在这种结构的计算中的第一步是直截了当的。磁畴宽度 W 是由基本 180°畴壁能和封闭磁畴能量的平衡求得。因为勾画出封闭磁畴的 90°畴壁并不是界限明确的，就先将它们忽略掉。于是，样品每单位体积，即单位长度和单位截面积的总能量是

$$e_{tot} = K_u W/2D + 4\sqrt{AK_u}\left[1/W - 1/D\right] \tag{3.209}$$

将此式对 W 进行优化，得到磁畴宽度：

$$W_{opt} = 2\sqrt{2D\sqrt{A/K_u}} \tag{3.210a}$$

而此磁畴结构的平均能量为

$$e_{opt} = 2\sqrt{2K_u\sqrt{AK_u/D}} - 4\sqrt{AK_u}/D \tag{3.210b}$$

对于朗道模型的能量式（3.209）只有当由此生成的 180°磁畴的长度保持为正值时才能适用，也就是一直到 $W = D$ 时，这在 $D = 8\sqrt{A/K_u}$ 时达到。在它的适用范围内朗道图形的平均能量密度［式（3.210b）］比均匀地在面内磁化的状态下的各向异性能密度 K_u 小，比均匀地垂直磁化时的能量密度 K_d 小得多。

3.7.4.3 部分封闭

对高单轴各向异性（$Q = K_u/K_d$ 接近于 1），完全封闭的朗道模型变得不利。在 Q 很大时，包

含 μ^* – 修正的开放的基特尔模型［式（3.42）］是适用的。在既不适合朗道模型也不适合基特尔模型的中间的 Q 值范围内，找出哪种设想的磁畴模型能产生最低的能量从而最接近于实际情况是很有兴趣的。我们主要用 3.2.5 节的工具来计算各种或多或少封闭的磁畴模型。这类分析将有助于理解如图 3.119 中呈现的数值计算结果。

在图 3.120 中示出了三种朗道结构的修正形式，与开放的基特尔结构做了比较。在图 3.120a 中表面磁荷密度通过在封闭磁畴中将磁化强度倾斜 ϑ 角，从而相对于完全开放结构而言减小了，但以各向异性能的增加为代价[25,161]。模型（图 3.120b）通过减小封闭磁畴的尺寸来实现局部封闭[760]。在图 3.120c 中的模型是图 3.120a、b 的结合。我们利用对周期性磁畴图形的式（3.43）来计算这些模型的杂散磁场能。对于图 3.120 的结构是不容许叠加上 μ^* – 修正的（见 3.2.5.6 节），因为这种修正仅适用于由易轴磁畴组成的图形。封闭磁畴已经粗略地描述了 μ^* – 修正的效应，但无论如何它可以在直到 $\vartheta = 90°$ 的任意倾斜角下进行估算。

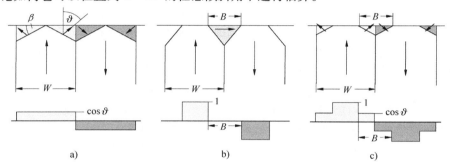

图 3.120　广义的封闭磁畴模型适用于具有垂直各向异性、中等大小的简约各向异性常数 $Q \approx 1$ 的平板样品。图中也示出了对于每一种模型的表面磁荷分布。这一普遍模型（图 c）将 Landau 的磁通封闭磁畴图形（$B = W$，$\vartheta = 90°$）与 Kittel 的开放结构（$B = 0$，$\vartheta = 0°$）结合起来了

在恒定磁畴宽度 W 的假定下对四种模型计算了封闭能量系数，所得的系数就可以如在式（3.209）中那样代入封闭图形的总能量式中。

1）**倾斜的封闭**磁畴。除了表面上以外假定没有其他磁荷，则需要考虑的能量项（取一个样品表面的每单位面积）是按式（3.42）的杂散磁场能 E_d 和各向异性能 E_K：

$$E_d = \frac{1}{2} K_d S_c W \cos^2\vartheta, \qquad S_c = \frac{1}{2\pi} 1.705\cdots \tag{3.211}$$

$$E_K = \frac{1}{4} K_u W \tan\beta \sin^2\vartheta, \quad \tan\beta = \sin\vartheta / (1 + \cos\vartheta) \tag{3.212}$$

如在图 3.122d 中要说明的，角度 β 是从内部封闭磁畴的边界处零磁荷的条件推出来的。对单位磁畴宽度 W，以 K_u 为单位的简约总能量密度于是变为

$$e_1 = (S_c / Q)\cos^2\vartheta + \frac{1}{4}(1 - \cos\vartheta)\sin\vartheta \tag{3.213}$$

2）部分开放模型。这种模型的杂散磁场能可由式（3.41）推出。对一个样品表面得到

$$E_d = \left(\frac{4 W K_d}{\pi^3}\right) \sum_{n=0}^{\infty} (2n+1)^{-3}\cos^2\left[\frac{\pi}{2} b_c (2n+1)\right], b_c = B/W \tag{3.214}$$

各向异性能简单地是

$$E_K = \frac{1}{4} W K_u b_c^2 \tag{3.215}$$

这就产生简约总能量：

$$e_2 = (4/Q\pi^3) \sum_{n=0}^{\infty} (2n+1)^{-3} \cos^2\left[\frac{\pi}{2} b_c(2n+1)\right] + \frac{1}{4} b_c^2 \tag{3.216}$$

注意：当 $b_c = 0$，$\vartheta = 0$ 时，此模型变为开放的基特尔模型［式（3.42）］，其中 $E_k = 0$，$E_d = K_d S_c W$［利用 $S_c = (8/\pi^3) \sum (2n+1)^{-3}$］。

3）**组合模型**。对此模型我们得到总的简约能量为

$$e_3 = \frac{4}{Q\pi^3} \sum_{n=0}^{\infty} \frac{\left\{(1-\cos\vartheta)\cos\left[\frac{\pi}{2} b_c(2n+1)\right] + \cos\vartheta\right\}^2}{(2n+1)^3} + \frac{1}{4}(1-\cos\vartheta)\sin\vartheta b_c^2 \tag{3.217}$$

式中，包含两个可调节参数，倾斜角 ϑ 和开放比率 $b_c = B/W$。对 $b_c = 1$ 时，能量密度 e_3 和 e_1 一致；当 $\vartheta = \frac{\pi}{2}$ 时，e_3 和 e_2 相合。如果能够找到 ϑ 和 b_c 的有利的、合理的值，这种普遍的模型将导致比它的"双亲"模型中任意一个都低的能量。

4）**基特尔开放结构**。这个模型基本上适用于大 Q 值的情况，但通过 μ^* - 修正，其适用性可延伸到低 Q 值中。由于从对易磁化方向小的偏移条件下推出的横向磁化率 μ^* 低估了大的偏移时的磁导率，基特尔模型的能量可以作为真实的连续微磁学结构的上限。按照式（3.42），用简约单位，μ^* - 模型的能量为

$$e_4 = 2S_c/\left[Q(1+\sqrt{\mu^*})\right], \mu^* = 1 + 1/Q \tag{3.218}$$

此表达式不包含任何参数，在大 Q 值的极限中，这是严格的。

通过优化它们的相关参数，对这四种能量进行了数值化比较，其结果总结如下：

- 倾斜模型的最小能量 e_1 对所有 Q 值都比部分开放模型的最小能量 e_2 小。
- 特别是在 $Q = 0.3 \sim 1$ 的范围内，经优化后获得的组合模型的 e_3 比起 e_1 来有小的改进。对任何 Q 值，所得到的开放度均小于 5%（$b_c > 0.95$），导致在简约能量密度中 e_3 对 e_1 来说有大约 10^{-4} 的能量获益。图 3.121 中示出了一些优化的组合结构的例子。令人惊异的是，当 $Q > 1.25$ 时，一种部分开放的倾斜模型在能量上不利（能量函数在超过 $b_c = 1$ 后才指向最佳值，这是不合理的；最好的合理值 $b_c = 1$ 意味着没有开放度）。在较低 Q 值时预期的部分开放效应可用如 SEM-PA 方法等高分辨磁畴影像观察到（见 2.5.4 节和图 2.39）。

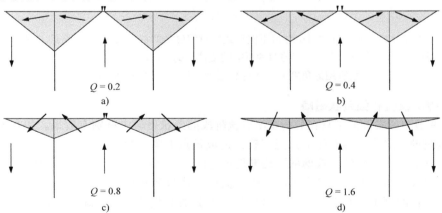

$Q = 0.2$
a)

$Q = 0.4$
b)

$Q = 0.8$
c)

$Q = 1.6$
d)

图 3.121 对不同的 Q 值产生的最佳封闭磁畴结构。注意对于中等大小的 Q 值时封闭磁畴的小的平衡开口处

- 基特尔开放模型的能量（包括 μ^* - 修正）在 $Q > 0.8$ 时比组合封闭磁畴模型的能量低。对更小的 Q 值，它竞争不过后者。在 $Q = 0.8$ 时，在模型 1）中计算得的封闭磁畴中磁化强度角

的偏移已经达到大约50°了。

总结起来,对单轴样品,在 $Q>0.8$ 时,经 μ^* -修正的基特尔模型对普遍的封闭磁畴能量提供了最好的估值。在此参数范围内,磁畴模型给出了所发生的角度的指示。对更小的各向异性值(包括 $Q\approx0.4$ 的钴),倾斜的封闭磁畴模型是最佳的选择,因为它既简单又有效。如果需要特殊的特征或更大的精确度,则可以应用允许封闭磁畴部分开放的组合模型。

3.7.4.4　对任意各向异性轴和对称性的模型

如在本小节的引言中已提到过的,完全闭合的概念适用于具有弱各向异性和强烈错取向的任意系统。在这种情况下进行分析的第一步是如在图 3.122 中那样构建一个模型。它以铁为例展示了各种封闭磁畴的几何构型。用来建立这些模型的原理如下:

1)基本磁畴必须占据真正的易磁化方向。

2)封闭磁畴假定将选择相对容易磁化的方向——在所有平行于表面的方向中能量最低的方向。

3)最后,在模型的所有畴壁处避免杂散磁场的条件〔式(3.114)〕必须得到满足。如图 3.122d所显示的那样,这一条件决定了内部角度,并从而决定了封闭磁畴的体积。

于是,在封闭磁畴中的总各向异性能就可以被计算出来。经常可能出现封闭磁畴的不同的、不对等的取向。这些可能性可以从能量上进行比较以选出最低能量的取向。除此以外,如3.7.4.3 节中做出的部分开放模型也可进行试验。

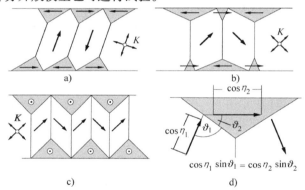

图 3.122　在立方材料中穿过不同形式的封闭磁畴的截面图。a)倾斜的180°基本磁畴。b,c)90°基本磁畴的两种可能的变体。d)畴壁角度决定于磁通闭合的原理。这里所用的角度 η 是指磁化强度矢量和画幅平面间的夹角

3.7.4.5　磁畴模型和强条状磁畴

3.7.4.4 节中所发展的工具在分析超出成核阶段的条状磁畴中特别有成果。如在 3.7.2 节的引言中提到过的,严格的解析理论只能正确描述成核点的紧邻处,数字化有限元计算可增加对早期的密条状磁畴和常规的"成熟的"磁畴图形之间的过渡的理解[761]。但是数值方法并不适用于大的样品尺寸。与这种计算工作相联系的巨大的工作量和花费提示我们更多将此手段用于典型的和有启发性的例子,而不要用于与多个外加参数的函数关系的系统性研究。磁畴模型在以半定量方式探索微磁学结构的行为中是个有用的替代。

磁畴模型特别适用于分析具有复杂的倾斜或多轴各向异性的厚膜或片状样品。对这类样品的实验观察揭示出多种类条状图形,它们在比特图形或透射电子显微术观察中具有不同的取向和不同的衬度。在这一类中被最彻底地研究过的图形是在具有倾斜的单轴或正交各向异性的较

厚的膜中发现的**强条状磁畴**[744-746]。图 3. 123b 所示为一种强条状磁畴模型和图 3. 123a 中的常规的弱条状磁畴的对比。强条状磁畴的名称是由洛伦兹电子显微术中的衬度而得来的。由于在强条状图形中各个条带的纵向磁化强度分量不同，所以它们通过洛伦兹偏转变得强烈地可视。弱条状磁畴仅载有单极的纵向分量，导致弱的洛伦兹衬度。

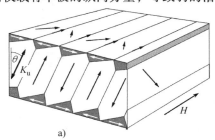 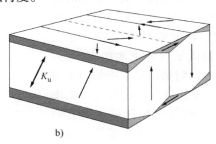

图 3. 123　具有倾斜的单轴各向异性的膜的磁畴模型。弱条状磁畴（图 a）在外磁场下及小的膜厚时有利，而强条状磁畴（图 b）对零磁场及更厚的膜有利。在图中所指的条件下，强条状磁畴更有利是因为畴壁长度和比封闭磁畴体积均比弱条状磁畴小。在强条状图形中，基本磁畴是沿着倾斜的易轴交替反平行磁化的

图 3. 123 提供了一个为什么强条状磁畴在低于弱条状磁畴的成核场或超过其成核厚度的某种磁场下变得更有利的论据。各向异性比起来必须小于杂散磁场能常数 K_d。这种材料的真正的易轴相对于膜面法线偏斜了一个角度 Θ。对于如极薄膜中的均匀的面内磁化，平行于膜面的方向之一可能是有利的。随着膜厚的增大，"弱"条状磁畴超出此相对的易轴发展起来了，如图 3. 123a 所示。其成核的模式将类似于 3.7.4.1 节中讨论过的惯常的条状磁畴，差别仅在于由倾斜的易轴引发的构型的倾斜。

但是，这种图形当膜厚更大或外磁场降低时将不会保持稳定。超过第二个转变点后（当基本磁畴中的磁化强度趋近真实的易轴时），取而代之的"强"条状磁畴（见图 3. 123b）基于以下两个原因将具有更低的能量：①基本磁畴之间的畴壁在此图形中不必再倾斜，这就节省了畴壁面积。②对给定的磁畴宽度，封闭磁畴的体积比图 3. 123a 中的替代形式更小，所以它将比起初的横向的弱条状磁畴图形更加有利。强条状磁畴图形的一个特征性的形式是如图中指出的那样至少在表面上为连续的磁化强度转动。它是自然地跟随着封闭磁畴和下面的基本磁畴之间的耦合。与此相对照，弱条状磁畴仅显示振荡的磁化强度构型。

两种图形之间的过渡是不连续的。因为在振荡的和磁化强度转动的构型之间不存在连续的过渡。这将通过成核和生长的过程来进行。这个根据一个（较简单）的磁畴模型所做的解释首先是由 Hora[495] 提出的。由 Miltat 和 Labrune[761,762] 所做的微磁学计算证实了此一般性的图景并添加了不少有趣的细节。

3.7.4.6　一种"微磁学的"磁畴模型

在简单的磁畴模型中，如在 3.7.4.2 节~3.7.4.5 节中分析的那样，勾画出封闭磁畴的畴壁对能量的贡献是被忽略掉的。同样，由这些畴壁作用在基本磁畴和封闭磁畴上的力矩也被忽略。因此这样的模型不能用来描述小尺度下的行为，特别是不能用来描述具有磁通封闭磁畴的状态和对非常薄的低各向异性的薄膜有利的均匀的面内磁化状态之间的转变。这里要评述的一种方法以一种简单而系统的方式考虑了这些效应。在传统的磁畴理论的精神实质范畴内以合理的近似描述了这种情况的重要概貌[763]。虽然它在应用中需要稍加小心，但它在数学上比严格的微磁学处理简单得多。

我们从传统的磁畴模型（见图3.124a）开始，其中封闭磁畴按照图3.122d的方式构建。这样，起始的结构将包含由无磁荷的畴壁分隔的任意磁畴。磁畴并不一定要沿着易磁化方向磁化，表面磁荷也是容许存在的；相应的能量要分别地加在一起。几何上确定的畴壁在现实中倾向于向邻近的磁畴中扩展到一定程度（见图3.124b），它们将继续扩展直到它们或是和另一个畴壁的"扩展带"相碰撞，或者直到各向异性能的增加和交换劲度能的获益相互平衡。要计算最佳的扩展宽度，我们简单地假定随着扩展空间即扩展带的体积的增大，发生转变时使交换能获益。

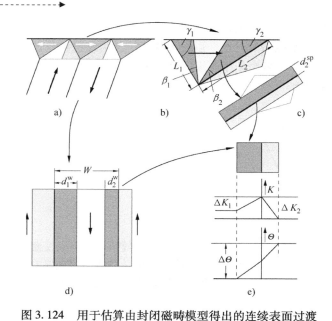

图3.124 用于估算由封闭磁畴模型得出的连续表面过渡区域多出来的交换能和各向异性能贡献的图解。a）在模型中，畴壁的磁化强度的转动假定会延伸到近邻磁畴中的"扩展区"（灰色）内。b）一个封闭磁畴的细节。c）由等面积的矩形区域来代替三角形的扩展带。d）一种类似的图解可以被应用于两个基本磁畴间的畴壁。e）在扩展带中多出来的各向异性能 ΔK 和畴壁旋转角 $\Delta\Theta$ 线性地分布

详细地说，步骤如下：第一步我们确定在畴壁的几何中心处的磁化强度方向。假定磁化强度像在无杂散磁场的布洛赫壁中那样转动。畴壁转动角 $\Delta\Theta$ 定义为在方向球面（见图3.54）上从一个磁畴到**另一个磁畴**的磁化强度径迹的长度。此畴壁转动角的一半被分配到畴壁两边扩展区的每一边。

要估算和扩展区相关联的交换能，我们首先估算其扩展深度 d^{sp}，它可以用图3.124b中定义的角度来表示，如式（3.219）。我们用一个长度和面积相等的长方形（见图3.124c）来代替三角形扩展区，并假定对磁化强度角的线性的过渡剖面，遍及此长方形范围进行积分，我们对交换能得到在式（3.219）中的表达式 e_x。

用同样的方法可以计算和扩展带相关联的多出来的各向异性能。我们引入量 $\Delta K = K\Delta\kappa$ 作为畴壁中心和相邻磁畴中的各向异性能的差值。这里 K 是材料的各向异性常数，而 $\Delta\kappa$ 是无量纲因子。假定各向异性能密度是线性地变化的，并遍及图3.124c的长方形进行积分将得到式（3.219）中的表达式。综合起来，我们得到了对属于一个长度为 L 的畴壁的封闭磁畴来说：

$$d^{sp} = \frac{\frac{1}{2}L}{\cot\beta + \cot\gamma} \qquad e_x = \frac{1}{4}A(\Delta\Theta)^2 L/d^{sp}$$

$$e_K = \frac{1}{2}LK\Delta\kappa\, d^{sp} \tag{3.219}$$

能量表达式的量纲为 J/m，因为它是用在垂直于图3.124的第三维度的单位长度上的。详细的假设导致的 e_x 和 e_K 在图3.124e中用曲线表示出来。交换能和畴壁转动角 $\Delta\Theta/2$ 的二次方成正比，而和扩展深度 d^{sp} 成反比。这个表达式代表了一个过渡区域的累积的交换能，各向异性却显示和 d^{sp} 成正比，e_K 中的因子 $\frac{1}{2}$ 来自积分运算。

下列几何关系在计算式（3.219）中所需要的 $\Delta\Theta$ 和 $\Delta\kappa$ 值时很有帮助。令 m_1 和 m_2 是一个畴壁的两边的磁化强度，此畴壁的法线为 n（见示意图 3.46）。于是，我们对无磁荷磁化强度径迹获得畴壁转动角（即磁化强度径迹长度）：

$$\Delta\Theta^{\mathrm{B}} = \sqrt{1 - c_{\mathrm{n}}^2}\,\arccos\left[\,(c_{\mathrm{w}} - c_{\mathrm{n}}^2)/(1 - c_{\mathrm{n}}^2)\,\right] \qquad (3.220a)$$

式中，$c_{\mathrm{n}} = m_1 \cdot n = m_2 \cdot n$；$c_{\mathrm{w}} = m_1 \cdot m_2$。

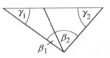

示意图 3.46

其中这种"布洛赫型"畴壁中心处的磁化强度矢量变为

$$m_0^{\mathrm{B}} = c_{\mathrm{n}} n \pm \sqrt{\frac{1}{2}(1 - c_{\mathrm{n}}^2)/(1 - c_{\mathrm{w}})}\,(m_1 - m_2) \times n \qquad (3.220b)$$

式中，+ 或 – 是按照更短的磁化强度径迹来选择的。另一方面，我们也可以选择最短的"奈尔型"径迹。对这种情况，表达式是

$$\Delta\Theta^{\mathrm{N}} = \arccos c_{\mathrm{w}} \qquad (3.220c)$$

以及

$$m_0^{\mathrm{N}} = (m_1 + m_2)/\sqrt{2(1 + c_{\mathrm{w}})}, c_{\mathrm{w}} > -1$$
$$m_0^{\mathrm{N}} = n, \ c_{\mathrm{w}} = -1 \qquad (3.220d)$$

过渡带的各向异性能阈值 $\Delta\kappa$ 的两个值定义分别为 $\Delta\kappa_1 = g(m_0) - g(m_1)$ 和 $\Delta\kappa_2 = g(m_0) - g(m_2)$，其中 $Kg(m)$ 是广义各向异性函数。注意，$\Delta\kappa$ 很可能是负值，不是对通常的畴壁，而是对例如单轴材料在封闭磁畴中的情况。此算法能应对这种场合，而这在通常的畴壁研究中是不熟悉的。

在奈尔型转变的情况下［式（3.220c、d）］，在 $\Delta\kappa_1$ 和 $\Delta\kappa_2$ 上必须加上同样的一项内部杂散磁场能项 $\Delta\kappa_{\mathrm{d}} = (1/Q)[1 - (m_0^{\mathrm{B}} \cdot m_0^{\mathrm{N}})^2]$。无磁荷径迹的假设［式（3.220a、b）］只适合于低各向异性的场合（$Q = K/K_{\mathrm{d}} \ll 1$），而最短径迹［式（3.220c、d）］对 $Q \gg 1$ 更有利。另一种可能性是如图 3.58 中那样取两种可能选择的折中以降低总能量。

我们现在根据交换劲度常数 $\varepsilon = e/A$ 来表达单位长度的能量。扩展带的长度和宽度均用畴壁宽度参数 $\Lambda = L/\sqrt{A/K}$ 和 $\delta = d/\sqrt{A/K}$ 为单位来量度。将一个封闭磁畴内部两个扩展带的贡献集中起来（见图 3.124b）得到

$$\varepsilon_{\mathrm{cl}} = \frac{1}{4}\left[\Lambda_1(\Delta\Theta_1)^2/\delta_1^{\mathrm{sp}} + \Lambda_2(\Delta\Theta_2)^2/\delta_2^{\mathrm{sp}}\right] + \frac{1}{2}\left[\Lambda_1\Delta\kappa_1\delta_1^{\mathrm{sp}} + \Lambda_2\Delta\kappa_2\delta_2^{\mathrm{sp}}\right] \qquad (3.221)$$

$$\delta_1^{\mathrm{sp}} = \frac{1}{2}\left[\Lambda_i/(\cot\beta_i + \cot\gamma_i]\right] \qquad (3.221a)$$

约束条件为
$$\beta_1 + \beta_2 \leqslant \pi - \gamma_1 - \gamma_2 \qquad (3.221b)$$

对大的 Λ 和正的 $\Delta\kappa_i$，将能量式（3.221）对 β_i 求极小值是容易的。于是，我们简单地得到 $\delta_1^{\mathrm{sp}} = \Delta\Theta_1/\sqrt{2\Delta\kappa_1}$ 和 $\delta_2^{\mathrm{sp}} = \Delta\Theta_2/\sqrt{2\Delta\kappa_2}$，结合式（3.221a）得到角 β_1 和 β_2（见示意图 3.47）。这些角度对大的 Λ 和正的 $\Delta\kappa_i$ 来说始终很小，所以，已经得到满足的不等式（3.221b）不会有进一步的影响。

示意图 3.47

在另一种小尺度或负的 $\Delta\kappa$ 的情况下，优化过程必须在约束条件 $\beta_1 + \beta_2 = \pi - \gamma_1 - \gamma_2$ 下进行，这将会避免扩展带的交叠。这个条件导致 δ_1^{sp} 和 δ_2^{sp} 之间的线性关系，因而 δ_2^{sp} 可以被消去。将总能量对 δ_1^{sp} 求极小，得到对 δ_1^{sp} 的四阶方程式，可以用数值方法求解。或者，扩展带边界的位置可以被加到模型的变量中，这最终由总能量的极小条件来决定。

类似的步骤可应用于基本磁畴之间的畴壁（见图 3.124d）。同样定义两个扩展区，以它们的

宽度 δ_1^{sp} 和 δ_2^{sp} 给出。这里我们有 $\delta_1^{\text{sp}} + \delta_2^{\text{sp}} \leqslant W/\sqrt{A/K}$。而不是角度条件［式（3.221b）］。所有其他操作和三角形封闭磁畴同样进行。这里描述的步骤计算得到的畴壁能和如果可能进行的严格计算的结果比较起来精确到大约在 10% 的范围。其优点是这种方法能将常规的畴壁和局域的不稳定或不对称的封闭畴壁用一种统一的方法来处理。此方法中在一个模型结构中没有一个磁畴必须沿着平衡的方向磁化，而这在惯常的畴壁分析中是必需的要求。上面所指出的形式过程在任何情况下都能对过渡能量提供合理的估算结果。

这样，此算法将能模拟十分复杂的结构的微磁学行为。对每一组外部参数，例如周期性磁畴图形的周期和取向，首先要构建适当的常规磁畴图形，其总能量于是将由这种图形的所有部分的如同式（3.221）的表达式的能量累加给出。总能量的最小值可以通过计算各种不同的扩展带的宽度来获得。最后变动外部参数，以找出最低能量的模型。

图 3.125 表示这样一种计算的结果[763]。超过成核范围后，在条状磁畴中的最大垂直幅度随着厚度的增大而快速上升。在更大的厚度时，内部 180°畴壁的形成指明了常规磁畴和封闭磁畴图形的形成。这一计算显示在我们的广义磁畴理论中可以模拟出条状磁畴的完全连续的成核过程。

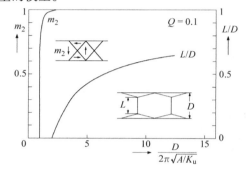

图 3.125　根据一种磁畴模型[763]在零磁场下计算出来的条状磁畴的最大垂直磁化强度幅值以及所生成的畴壁的长度和膜厚的函数关系

第二种应用延续了图 3.32 的主题。这里用严格的微磁学方法计算了小的立方形颗粒均匀磁化状态和不同的退磁状态之间的过渡。计算了最低能量状态和两个外部参数之间的函数关系：颗粒大小 L 和简约单轴各向异性强度 Q。我们的目标是将我们的"微磁学"磁畴理论和严格计算结果进行比较，将计算延伸到用严格的方法实际上无法进行处理的参数组合。我们分析了三种结构：单畴、二磁畴和三磁畴状态。只考虑了可以用单一的截面图来标定的"二维"模型，虽然三维的推广肯定能煞费苦心地搞出来，特别是如它们也在三磁畴状态中被发现的那样（见图 3.32）。我们用 3.7.4.3 节中详细阐述过的分裂封闭磁畴的模型，以涵盖从软磁到硬磁材料的全部各向异性范围。

所有磁畴模型（见图 3.126）都是通过封闭磁畴倾斜角 φ 来定义的，共同磁化角 η 导致垂直于截面的均匀磁化强度分量 $\sin\eta$。大的角度 $\eta \rightarrow \dfrac{\pi}{2}$ 导致横向磁化的单畴状态。完全封闭由 $\varphi = 0$ 来描述，而 $\varphi = \dfrac{\pi}{2}$ 代表开放磁畴图形，如在 3.3.2 节中对大 Q 值的情况中讨论过的。这些模型的总能量

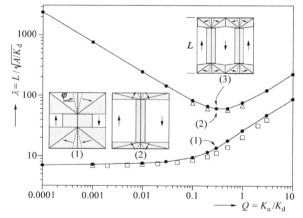

图 3.126　由"微磁学"模型计算得到的在磁性上单轴的立方形状的颗粒中二维磁畴状态的相界线。在插图中，灰色阴影部分表示在此模型中畴壁的扩展带。分立的数据点是由 IFW Dresden 的 W. Rave 通过微磁学方程式的数值解由图 3.32 获得的严格结果

包括三部分贡献：①如本节中所定义的扩展带的能量；②磁畴的各向异性能；③对非零的 φ 和 η 的杂散磁场能，它可以用 3.3.2 节中同样的表达式来表示。将总能量对 φ 和 η 求极小，可得到图 3.126 所示的相图。对于能获得的对相界的严格数值计算的结果来说，它们符合得很好。最大的偏离出现在过渡范围 $Q \approx 1$，这也是数值方法最适用的范围。用数值微磁学方法对大的或小的 Q 值计算"多畴边界线"实际上是不可能的。而在此处，前面提出的"微磁学"磁畴理论的可靠性却显得特别良好。因此，数值微磁学和磁畴理论应该被认为在磁性微结构的理论分析中是互相补充的技术。

3.7.4.7　封闭磁畴的普遍概貌

如果定量的结果要和实验观察进行比较的话，基于封闭磁畴的前面提出的模型的分析不能代替诸如图 3.119 所示的严格的微磁学的计算。即使是在 3.7.4.6 节中呈现的增强了的磁畴模型中也忽略了不少细微之处，而这些在有限元计算中都自动地考虑进去了。另外一些复杂性甚至为现存的有限元技术力不能及，只能定性地加以考虑，以下列出这一类问题。

● 畴壁接合处或节点线的微磁学性质尚未包含在任何磁畴模型分析中。这些可应用无杂散磁场方法使其中心处的磁化强度沿着节点线指向，再加上作用于基本磁畴和封闭磁畴的力矩就可以构建出来。有限元计算能充分描述这些特点，可以进行分析以理解它们的作用。

● 对封闭磁畴结构的完整的处理应该要包括封闭磁畴的磁致伸缩自作用能。作为一级近似，3.2.6.8 节的结果可能已足够了。但这些结果由于以下四个理由而并非完全合适：①它们忽略了弹性各向异性；②它们对薄片样品不成立，而只对半无限大的物体成立；③在 3.7.4.6 节中考虑的封闭磁畴中的连续过渡或许应该是弹性分析的一部分，包括在展宽了的过渡区域中的剪切应力；④磁弹性模型计算的几何结构和封闭磁畴的几何结构是不同的。迄今还没有见到包括这些弹性效应的有限元计算的例子。

● 对大的厚度 D，简单的封闭磁畴结构将让位于多半是三维分叉的结构，这首先由 Lifshitz 进行了构思（见 1.2.3 节）。这种分叉过程的细节将在 3.7.5 节中讨论，它们已超出了现有的数值方法的范围。

● 外磁场的施加对这种现象的多样性增加了一个新的维度。在垂直于表面的磁场下，带状磁畴可能瓦解形成孤立的构型（"磁泡点阵"；见 3.7.3.3 节）以节省畴壁能，再次导致三维结构。在水平磁场下，基本磁畴之间的磁致伸缩相互作用将影响相对于磁场的择优磁畴取向（见 3.7.2.3 节）。

在处理封闭磁畴能量的精细化中并不改变它的基本功能行为，其平均值和基本磁畴的周期成正比地增加，这将使在表面处对狭窄的磁畴更有利。在这种意义上，它的行为类似于如在式（3.41）中的开放磁畴模型的杂散磁场能。因为在磁通闭合和开放之间存在各种类型的过渡，比较方便的是引入广义封闭能量的概念，即常规的封闭能量和表面杂散磁场能量的总和。每单位样品表面积的这种能量显示出和样品内部磁畴图形的畴宽成正比，而不管其细节，因此它在诸如式（3.209）的计算中可以代替通常的封闭能量。

3.7.5　磁畴精细化（磁畴分叉）

3.7.5.1　概述

磁畴分叉是一种在具有强烈错取向的表面的大晶体上遇到的现象。接近表面处会被迫使出现一种精细的磁畴图形以尽量减小（广义的）封闭能量。分叉过程将宽的和窄的磁畴以一种依赖于晶体对称性以及特别是依赖于存在的易磁化方向的数目的方式联系起来。我们要在以下情况之间做出区分：

- 二维分叉，它能完全地被一个截面图进行描述（见图 3. 127a）。
- 三维分叉，它从几何角度上开发了第三个维度（见图 3. 127b、c）。

进一步还要在以下情况之间做出区分：

- 两相分叉，它必须仅用两个磁化相就能达到磁畴的精细化（见图 3. 127）。
- 多相分叉，它在分叉过程中可以运用多于两个磁化强度方向。

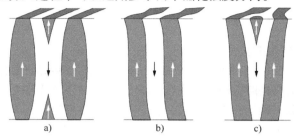

图 3. 127　在两相系统中的磁畴精细化和分叉。a）平面的二维分叉。b，c）三维变体

Lifshitz（见参考文献［24］和 1. 2. 3 节）基于早期在超导体研究中的考虑[764]提出了两相分叉的经典实例。虽然当初是试图对铁建立一个好的模型，但按现在的理解它更适用于单轴晶体。多相分叉图形的一个原型，阶梯图形（见图 3. 30），首先由 Martin[765]提出。

阐明分叉现象的先驱者们[764,24]早就认识到了分叉的基本特点：磁畴趋向表面时通过重复的几代磁畴渐次实现磁畴精细化（见示意图 3. 48 以及作为迭代原理的另一个实例所提及的阶梯图形）。但是早期的作者们曾假定分叉过程会无限地进行，趋向表面时磁畴宽度为零。这不是一个现实的假设，因为这样下去最终封闭能量获益将比畴壁能的额外耗费来得小，下面将以定量方式加以证实。

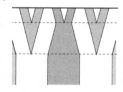

示意图 3. 48

3. 7. 5. 2　两相分叉理论

只有两个易磁化方向的分叉方案在各向异性参数 $Q = K_u/K_d \gg 1$ 的单轴材料中是很自然的，但它们也发生在处于相理论中两相条件下的立方材料中（磁化曲线中的模式Ⅲ，见 3. 4. 2. 3 节）。如果仅有两个易磁化方向，而且偏离这两个易磁化方向是被禁止的，是不可能在趋向表面时减小磁畴的宽度而不产生杂散磁场的。

这种说法的证明是基于高斯理论，如示意图 3. 49 所示，考虑一个从平板样品中心向表面延伸的截面中的一块面积，如果侧向的磁通是零，并假定没有磁通离开精细分割的表面（这就是磁畴分叉的目的），从基底处进入这块面积的磁通必须要在内部消散，这就会产生杂散磁场，我们可以看到这一论据在较不对称的情况下，即两个相被磁化并不互相反平行时仍然成立。

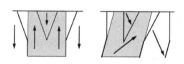

示意图 3. 49

一个两相分叉理论必须包含三个能量项：①在趋向表面时随着畴壁密度的增大而增大的畴壁能；②仅依赖于上一代磁畴的宽度的（广义）封闭能；③和内部杂散磁场相关的能量。后者可以通过假定沿着易轴的刚性的磁化强度方向和通过应用 μ^*-修正（见 3. 2. 5. 6 节）进行计算，无论如何，特别是对三维结构的显式计算是比较困难的，只有极少的研究者做了这方面的工作[766,767]。

这里我们讨论一个简化了的理论，它从较不重要的细节中概括出来而着重于基本原理[101]，它仅用一个以连续方式依赖于从表面算起的距离的有效磁畴宽度 W 作为唯一的变量。对于简单的构型，定义磁畴的宽度是容易的。在一般情况下，有效磁畴宽度可以定义为一块面积和在这块面积中总的畴壁长度的比率（见图 3.128）。这种定义和原先的直的平行畴壁情况下的定义是一致的。在图中也指出了一种由磁畴影像借助于体视学步骤来进行确定的方法[786]。

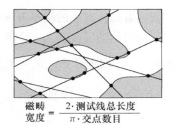

$$\frac{磁畴}{宽度} = \frac{2 \cdot 测试线总长度}{\pi \cdot 交点数目}$$

图 3.128 任意图形的磁畴宽度可以定义为一块测试面积和在此框内的总畴壁长度的比率。估算畴壁长度的一个步骤是基于体视学方法：数出畴壁和任意测试线的交点的数目，然后估算

根据定义，在一个薄截面片中单位体积的总畴壁能等于 γ_w/W，其中 γ_w 是比畴壁能。封闭能将和表面畴宽度 W_s 成正比，比例因子可由 3.7.4.3 节中的工具来确定。最后我们必须估算和磁畴分叉过程相关联的内磁场能量，这一能量肯定将随着磁畴宽度的变化率的增加而增加。所有构思的模型在这一性质上是一致的，即试图加速分叉过程必然会以增大内部磁荷为代价，而杂散磁场能是和磁荷的二次方成正比的。要描述这一行为，我们假设内部杂散磁场能和磁畴宽度对垂直于表面的坐标的微商的二次方成正比。比例因子可以由或多或少精心设计的模型来估算（最简单的一种模型见图 3.129）或者通过实验来确定。

对厚度为 D 的平板中两相分叉结构得到下列表达式，以平板的单位表面积计算：

$$e_{tot} = 2\int_0^{\frac{D}{2}} \left[(\gamma_w/W(z)) + F_i\left(\frac{dW(z)}{dz}\right)^2 \right] dz + 2C_s W_s \tag{3.222}$$

式中，F_i 和 C_s 分别为描述内磁场能和封闭能的因子；z 是从平板中心算起垂直于平板的坐标。系数 F_i 和 C_s 将依赖于周围环境，我们先将它们作为唯象参数处理。

$W(z)$ 的优化解将依赖于膜厚 D 及参数 γ_w、F_i 和 C_s。为将其求得，我们将式（3.222）作为变分问题而用畴壁计算的同样方法来进行操作（见 3.6.1.4 节），区别就在于边界条件。它受到依赖于边界值的封闭项 $W_s = W(D/2)$ 贡献的影响。

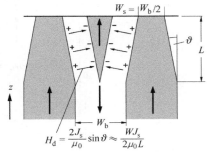

图 3.129 对一代分叉过程的内部杂散磁场的估算。要推出式（3.222）中的系数 F_i，将此示意图中的一个分叉中的杂散磁场能

$$\frac{1}{2}W_b L \cdot \frac{1}{2}\mu_0 H_d^2$$ 和相应的面积 $W_b L$

进行比较，然后将磁畴宽度中的相对减小

$$\frac{1}{2}W_b/L$$ 和 dW/dz 等置起来，在应用 μ^*-

修正以后其结果就是 $F_i = K_d/\mu^*$

我们从欧拉方程及其第一次积分开始：

$$\frac{\gamma_w}{W(z)} - \frac{\gamma_w}{W(0)} = F_i\left(\frac{dW(z)}{dz}\right)^2 \quad 或者 \quad dz = -\sqrt{\frac{F_i}{\gamma_w}} \frac{dW}{\sqrt{1/W - 1/W_0}} \tag{3.223}$$

其结果使我们能积分出总能量，可得

$$e_{tot} = 2\sqrt{W_b \gamma_w F_i}\left[3\arccos\sqrt{\omega} - \sqrt{\omega(1-\omega)}\right] + 2C_s \omega W_b \tag{3.224}$$

式中，$W_b = W(0)$ 是基本畴宽；$\omega = W_s/W_b$ 是相对表面畴宽。我们通过将空间依赖关系式（3.223）积分，并代入 $z = D/2$ 就得到 W_s 和 W_b 之间的隐函数关系式：

$$D = \sqrt{W_b^3 F_i/\gamma_w}\left[\arccos\sqrt{\omega} - \sqrt{\omega(1-\omega)}\right] \tag{3.225}$$

在约束条件［式（3.225）］下，将能量式（3.224）对 W_b 和 ω 求极小得到图 3.130。图中以简约单位画出了基本磁畴宽度 W_b 和表面磁畴宽度 W_s 与膜厚的函数关系。

我们看到，对小的膜厚 $W = W_s = W_b$ 和 $W = \sqrt{D\gamma_w/2C_s}$ 的非分叉结构占优势，这是如前面朗道模型明确显示的（见3.7.4.2节）相同的非分叉图形的经典行为。从大约在一个特征膜厚 $D_s = \frac{1}{8}\pi^4\gamma_w F_i^2/C_s^3$ 附近开始，$W_s < W_b$ 的分叉出现了。从式（3.225）令 $\omega = 0$ 推出基本磁畴宽度 W_b 按 $D^{2/3}$ 明显地、更强劲地增大：

$$W_b = \sqrt[3]{(4/\pi^2)(\gamma_w/F_i)D^2} \tag{3.226}$$

对更大的膜厚，表面畴宽曲线趋于水平：

$$W_s = 4\gamma_w F_i/C_s^2 \tag{3.227}$$

对较厚样品表面畴宽趋于恒定的性质似乎是分叉磁畴图形的普遍特征。过渡厚度 D_s 在数学上定义为在对数坐标曲线图中两条曲线［式（3.226）和式（3.227）］的渐近线的交截点的坐标值，如图3.130所示。

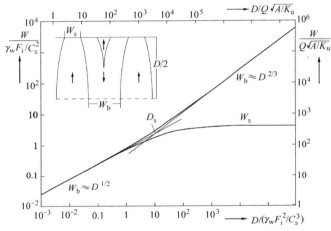

图3.130　两相分叉结构计算出的表面和基本畴宽度与膜厚的函数关系。右边和上边的标尺对 $Q \gg 1$ 时应用更惯常的单位，在此情况下，$\mu*$ -修正变得可以忽略

在表面和内部磁畴宽度之间存在一个令人惊异的关系式，这在我们的模型中在任何厚度下都成立：

$$(1/W_s) - (1/W_b) = (1-\omega)(\omega W_b) = C_s^2/(4\gamma_w F_i) \tag{3.228}$$

在样品厚度较小时，在中心处的磁畴宽度和表面处只有微小的差别。在这一范围内的实验验证是不大可能的。因为这里的数学上的证明式（3.228）是基于两个大数目（磁畴宽度的倒数）之间的很小的差别。对大的膜厚，$1/W_b$ 比起 $1/W_s$ 变得可以忽略。式（3.228）即刻再次变为式（3.227）。

图3.131所示为在对数尺度下磁畴宽度 $W(z)$ 和从表面算起的距离之间的依赖关系。这些曲线的直线部分显示磁畴分叉过程的分形性质。在中心区可以看到由于对称性引起的对线性关系的偏离，而在表面层内，它在厚度上可与表面磁畴宽度 W_s 相比较。在两种情况之间，磁畴宽度遵从 $W \sim (D/2 - z)^{2/3}$，意味着 $\frac{2}{3}$ 的分形尺度可能归因于构型。

基本磁畴宽度的函数关系式（3.226）可从下列能量表达式中正式地推导出来。

$$e_{tot} = \gamma_w D/W + (\pi^2/8)F_i W^2/D \tag{3.229}$$

将此能量表达式对 W 求极小就回过来得到式（3.226），这意味着畴壁能被有效封闭能量所

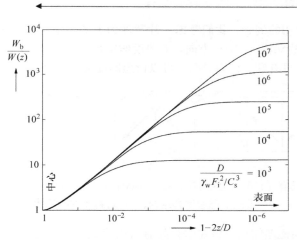

图 3.131 在不同样品厚度下计算得到的单轴分叉构型的磁畴宽度和从表面算起的距离之间函数关系的幂律，指出了分叉的分形性质

平衡，而它依赖于片厚以及内部分叉能量惩罚系数 F_i。厚片样品的基本磁畴宽度和实际的闭合系数 C_s 无关，这种解释在研究主要依赖于基本磁畴宽度的样品特性如非取向电工钢片的涡流损耗时是很有用处的。

为了对这些结果有更好的理解，让我们观察式（3.222）中三个系数的真正的表达式。我们将关注此问题中最重要的情况，即具有高各向异性的单轴材料，着重在图 3.127a 的简单二维模型，则按式（3.109），畴壁能为 $\gamma_w = 4\sqrt{AK_u}$，按式（3.42），封闭能量系数（对一个表面）为 $C_s = 0.136K_d \cdot 2/(1 + \sqrt{\mu^*})$，而根据图 3.129 估算出的内磁场能量系数为 $F_i = 0.5K_d/\mu^*$。对大的各向异性（$\mu^* \approx 1$）得出 $D_s = 5000Q\sqrt{A/K_u}$（请记住定义 $K_d = J_s^2/2\mu_0$，$Q = K_u/K_d$，$\mu^* \approx 1 + 1/Q$）。因此，两相分叉就是大块晶体的典型现象。无论何时，晶体沿着此轴的长度达到上面提到的畴壁宽度参数的几千倍的阈值范围时此现象就会出现。

图 3.127b、c 所示的三维两相分叉模型定性地说和简单的两相分叉模型的预期并无差别。在参考文献［101］中引入的一些计算显示，如果也考虑到除了片状磁畴以外的其他形式（如折皱的片状、蜂巢状或棋盘状图形等），封闭能量系数的增加不会超过 10%。对三维磁畴图形来说，其中折皱（见图 3.127b）可以被解释为磁畴精细化的初始阶段而可以连续地改变其幅度，磁畴宽度连续变化的假设也变得似乎更加有道理。（要看清这一点，在此模型中将图 3.128 中的方法应用于不同的截面）。实际上，实验观察得出的三维分叉图形通常开始于（对逐渐增加的厚度）折皱，然后发展为匕首形磁畴，接着重复这些步骤。只有当正交各向异性或者外加磁场时能导致强烈的各向异性的比畴壁能，三维分叉会变得不利，如图 5.9a 所示，正如对受强应力的样品的某些观察中似乎所表明的那样，作为图 3.129 的基础的简单的片状分叉方案可能更可取。无论如何，我们假设式（3.222）的关系也适用于三维图形。有些论点认为如图 3.127c 所示的三维结构对于内磁场的能量来说是有利的，但在这方面的研究仍然欠缺。如果这种推测证实是正确的，那么基本上在式（3.222）中分叉速度项的系数 F_i 对三维结构必须进行修改。

3.7.5.3 四相分叉——阶梯构型

在立方材料中的磁畴精细化和单轴材料的情况不同，因为多轴分叉可以在没有内部杂散磁场的情况下实现，因而和**分叉**过程相关的能量就比较低，所以发生分叉的临界厚度也比单轴材料的低得多。

作为一个简单的两相的例子,我们考虑一片宽度为 L 的长薄单晶铁片(见图3.132),其表面必须是(001)面而边缘沿[110]方向。其厚度假定足够大,容许产生大块材料的畴壁结构,又足够薄而使面内磁化更有利。作为导引,可以设想厚度为 $20\sim100\mu m$。

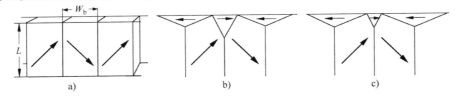

图3.132 在一块具有[110]边缘的伸长的立方晶体片中可以设想的基本磁畴结构。a)简单的开放结构,b)一种普通的磁通闭合结构,c)对封闭磁畴的体积进行优化后的图形

图3.132a中的初始磁畴结构应该在边缘处有自由磁极,然而这肯定不成立,因为铁中杂散磁场能常数 K_d 对各向异性能常数 K_{cl} 的比率超过30。作为起点,我们要避免杂散磁场,因而假设在表面处形成完全封闭的情况(见图3.132b、c),这要花费一些各向异性能。

在第一步中我们仅分析图3.132c的简单结构,然后在第二步中将它和分叉的替代结构进行比较。如果窄的和宽的封闭磁畴具有同样的深度,即 $W_b/\sqrt{8}$,就可得到表面磁畴的最小体积。封闭磁畴的角度可以由式(3.114)确定(见图3.122d)。如果我们将 K_{cl} 简写为 K,则对于[110]磁化方向的封闭磁畴中的各向异性能密度为 $K/4$。这里忽略与基本磁畴和封闭磁畴之间过渡相关联的交换能。在计算总的封闭能量密度时我们计及在两个表面的封闭磁畴,并加上基本畴壁的畴壁能。

$$e_{tot} = W_b K/(8\sqrt{2}L) + (L - W_b/\sqrt{2})\gamma_w/(W_b L) \tag{3.230}$$

式中,γ_w 是90°畴壁的比畴壁能(对于{110}锯齿形畴壁,$\gamma_w = 1.42\sqrt{AK}$;见图3.68)。

用简约单位:

$$\varepsilon = e/K, \quad \Lambda = L/\sqrt{A/K}, \quad \omega_b = W_b/L, \quad \eta = \gamma_w/\sqrt{A/K}$$

总能量变为

$$\varepsilon_{tot} = \omega_b/(8/\sqrt{2}) + \eta/(\omega_b \Lambda) - \eta/(\sqrt{2}\Lambda) \tag{3.231}$$

将此表达式对 ω_b 进行优化,得到

$$\omega_{opt} = 4\sqrt{\eta/(\sqrt{2}\Lambda)}, \quad \varepsilon_{opt} = \sqrt{\eta/(2\sqrt{2}\Lambda)} - \eta/(\sqrt{2}\Lambda) \tag{3.232}$$

在实际单位中,磁畴宽度 W 应和样品长度的二次方根成正比——正如对简单的、无分叉的图形所预期的那样。

作为可供选择的替代,让我们来考察阶梯图形(见图3.133)。这是一种在趋向表面时磁畴宽度一步步递减的分叉图形[765]。这种递减在靠近边缘处相对较窄的区域内以一种二维、无磁荷的方式发生。

图3.133b、c所示为用两代精细化来重复阶梯图形的可能性。用同样的方法可以加进更多的代次(这是一种 Martin[765] 所未曾提到过的可能性)。多代次分叉也曾由 Privorotskij[511] 研究过,但他用了一种稍微有点不利的二维模型。作为一种普遍的分析,我们用符号 $b^{(n)}$ 来表征阶梯图形,其中 n 表示代次的数目,而 b 是每一代分叉的比率。例如,图3.133c 中的贡献包含了 $n = 2$ 代,而每一代的分叉比率为 $b = 3$,就用符号 $3^{(2)}$ 来表示。对任意图形的总的磁畴倍增因子的估值为

$$F_n = b^0 + b^1 + \cdots + b^n$$

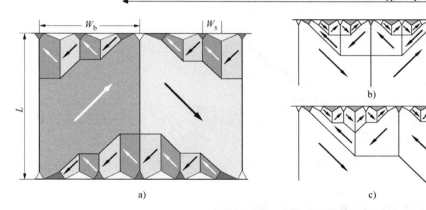

图 3.133　按照阶梯图形在立方晶体中磁畴的精细化。a）无杂散磁场像楼梯侧边的结构
能使封闭磁畴的体积相对于图 3.132c 中同样基本磁畴宽度 W_b 的分叉图形降低 5 倍。
用两个阶梯代次可以降低 b）7 倍和 c）13 倍

对图 3.133c 得到总的分叉率为 $F_2 = 1 + 3 + 9 = 13$，这个数在图题中提到了。因而，表面（封闭）磁畴宽度通过分叉过程减小到 $W_s = W_b/F_n$。

对额外产生的畴壁的总能量，我们必须将所有畴壁加起来，这导致一个对畴壁倍增因子 M_i 的递推公式。M_i 计及在阶梯图形中所有额外的 90° 和 180° 畴壁元：

$$M_1 = 1, \quad M_i = M_{i-1}b + F_{i-1} \quad (i = 2, \cdots, n)$$

运用它，并用式（3.231）中的简约量，分叉结构的总能量与参数 n 和 b 之间的函数关系可表示为

$$\varepsilon_{tot} = \frac{\omega_b}{(8\sqrt{2}F_n)} + \frac{\eta_{90}}{(\omega_b \Lambda)} + \frac{1}{\Lambda}\left[c_{90}\eta_{90} + \sqrt{2}c_{180}\eta_{180} - \frac{1}{(\sqrt{8}F_n)} \right] \tag{3.233}$$

式中，$c_{90} = 2g_{90}M_n/F_n$；$c_{180} = 2g_{180}M_n/F_n$，

$$g_{180}(b) = \text{int}\left[\frac{1}{2}(1+b)\right], \quad g_{90}(b) = \begin{cases} \frac{1}{4}b(b+2) & b \text{ 为偶数} \\ \frac{1}{4}(b+1)^2 - 1 & b \text{ 为奇数} \end{cases}$$

在式（3.233）中第一项是在封闭体积中保有的各向异性能，而第二项代表基本的 90° 畴壁能。这种封闭图形引起这一畴壁面积的缩小由在括号中的最后一项来表示。系数 g 表示每一代中额外的 180° 和 90° 畴壁元的数目，它依赖于分叉比率 b。对大的 b 值按二次方增大的 90° 畴壁面积有利于增加代次的数目 n，而不是运用过大的 b 值来达到同样的总分叉因子 F_n。图 3.134 中对几种实例给出了计数的步骤。

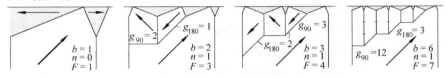

图 3.134　在阶梯图形中 180° 畴壁和 90° 畴壁总长度的估算法

将总能量对相对基本磁畴宽度 ω_b 求极小值，我们就能比较不同模型（在代次数 n 和分叉比率 b 方面不同）的能量，从而选出最佳的一种模型。唯一的参数是简约样品长度参数 $\Lambda = L/\sqrt{A/K}$，数值计算的结果如图 3.135 和图 3.136 所示。

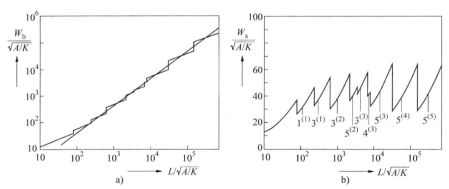

图 3.135　a）基本磁畴和 b）侧边磁畴的宽度与样品宽度间的函数关系。

对 $L < 85 \sqrt{A/K}$，可以预期得到 $W_b = W_s$ 的不分叉图形

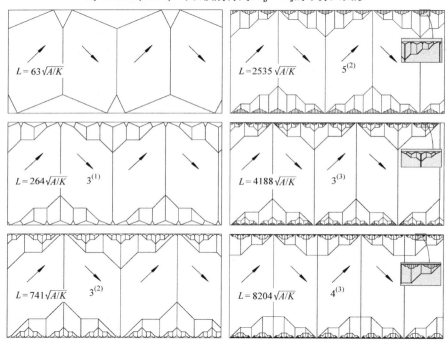

图 3.136　在样品宽度 L 不断增加时通过优化过程得出的六种较简单的阶梯图形。对较宽的样品来说，图中的分辨率不足以展示出第三代阶梯，所以在插图中就被放大展示。在所有情况下，表面磁畴宽度看起来都差不多（见图 3.135b），但尺度各不相同

计算结果中的下列特征是值得注意的：

● 第一次分叉的磁畴图形在大约 $\Lambda = 85$（这意味着对于铁，$L = 85 \sqrt{A/K} = 1.8\mu m$）时出现，相比两相分叉的情况，这发生在简约单位中小得多的厚度下。

● 多次分叉——采用了高于一代次的分叉——在大约比开始分叉大 10 倍的厚度时变得更有利。更精确地说，一个两代次的阶梯图形（$n = 2$）成为择优状态开始于 $\Lambda = 740$，紧接着是三代次、四代次和五代次图形。

● 基本畴宽粗略地随着晶体的宽度而线性地增大，在宽度 L 变化达四个数量级的范围内，可用式 $W_b \approx 0.53L$ 来描述。一个简单的非分叉模型可能预期为 $\sqrt{L}$ 的行为［式（3.210a）］，而在

两相分叉理论中，我们推出了 $L^{2/3}$ 的依赖关系（见图 3.130）。有趣的是，阶梯图形的首创者 D. H. Martin 仍然预期为 $L^{3/4}$ 行为[765]，因为在他的分析中并不包括多代阶梯。从实验上看，基本磁畴宽度和样品宽度 L 的比例关系事实上在 Carey[769] 的早期实验中已经观察到了 $L^{3/4}$，但那时候对此无法解释。

• 如在两相分叉中那样，边缘畴宽 W_s 粗略地 **保持恒定** 而和内部构型的复杂性无关。在 L 变化超过四个数量级时，它偏离 $44\sqrt{A/K}$（在铁中约为 $1\mu m$）小于一个因子 2。

总结起来，在不产生杂散磁场的情况下，在多轴晶体中多相分叉成为可能。这使分叉可能在比两相分叉小得多的样品厚度下发生。恒定的表面磁畴宽度似乎是所有分叉过程的共同特征，但对基本磁畴（宽度）的指数规律很不相同：我们在大的 D 值时发现两相分叉中的规律 $W_b \sim D^{2/3}$（见图 3.130），然而多相分叉显示出在基本畴宽和样品尺寸 D 或 L 间有线性关系（见图 3.135）。

3.7.5.4 多相分叉的解析描述

是否存在一种方法像在 3.7.5.2 节中所呈现的对两相分叉类似的理论来描述多相分叉呢？以下的建议试图覆盖这个关键点。和前面一样，我们用一个连续变化的磁畴宽度 $W(z)$，其总能量将包括用于单轴分叉的总能量式（3.222）中同样的单元，只是在此分叉过程中不会产生内部杂散磁场。分叉的速率仍将受到限制，但不是像两相分叉中那样受限于能量的惩罚，而是受到某些几何上的约束。将这种约束公式化的一种方法是对 $dW(z)/dz$ 设定一个上限 G_m，它可能数量级为 1。将约束公式化还可能有别的方法，但如我们将看到的，最大分叉速率的假定实际上重现了多相分叉的基本特点。

我们将进一步预期基本磁畴宽度将受到诸如磁致伸缩这样的二级机制的限制。基本磁畴的准封闭结构将载有一些与基本磁畴宽度成正比的磁致伸缩自作用能。综合起来，得出对片状样品单位面积的下列总能量表达式：

$$e_{tot} = 2\int_0^{\frac{D}{2}} \left[\gamma_w/W(z)\right]dz + 2C_sW_s + 2C_pW_b, \text{其中 } W'(z) \leq G_m \qquad (3.234)$$

式中，C_p 是基本磁畴的有效封闭能量系数；G_m 是对分叉速率的几何约束。其余的量和 3.7.5.2 节中的意义相同。最适当的解显然应该是一个磁畴宽度以最大容许的速率 G_m 从表面处的值 W_s 上升到体内的值 W_b 的解：

$$W(z) = W_s + G_mz, \text{对 } z \leq (W_b - W_s)/G_m$$
$$W(z) = W_b, \text{对 } z > (W_b - W_s)/G_m$$

现在将这种关系式代入式（3.234），然后积分，就得到

$$e_{tot} = \gamma_w\left[\frac{D}{W_b} - 2\frac{W_b - W_s}{G_mW_b} + \frac{2}{G_m}\ln\frac{W_b}{W_s}\right] + 2C_sW_s + 2C_pW_b \qquad (3.235)$$

将此表达式对 W_s 和 W_b 求极小，得到

$$D = 2W_b^2\frac{C_p}{\gamma_w} + \frac{C_s}{G_mC_sW_b + \gamma_w}, \quad W_s = \left(\frac{\gamma_wW_b}{G_mC_sW_b + \gamma_w}\right) \qquad (3.236)$$

这一简单的描述定性地重现了多相分叉的以下的所有推断的特点：

• 对强分叉（$W_b \gg W_s$），我们有 $G_mC_sW_b \gg \gamma_w$，则表面畴宽 $W_s = \gamma_w/(G_mC_s)$ 就和两相分叉一样与块体的磁畴宽度无关，而与畴壁能成正比。

• 在某个厚度范围内，块体磁畴宽度变得与片厚 D 成正比，只要"准封闭"系数 C_p 可忽略，$W_b = \frac{1}{2}G_mD$。如果 C_p 项变得重要了，就会出现 $W_b \sim \sqrt{D}$ 经典的行为。"分叉深度"，也就是充满了附加的磁畴网络的表面以下的区域变为与在此限度内的基本磁畴宽度（G_mW_b）成正比。

● 在小 D 的极限情况下，我们得到 $W_s = W_b$ 以及经典的 $W_b \sim D^{1/2}$ 行为（明确地说，$W_b = \sqrt{0.5\gamma_w D/(C_s + C_p)}$）。

对此普遍行为的一个典型的例子如图 3.137 所示，在此实例中 $W_b \sim D$ 的范围达大约三个数量级。

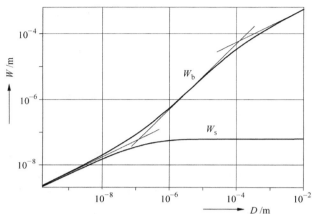

图 3.137　由式(3.236)以 $G_m = 1$ 以及对立方材料代入的参数典型地为 $C_s = 10^4$，

$C_p = 10 \mathrm{J/m^3}$, $\gamma_w = 6.3 \cdot 10^{-4} \mathrm{J/m^2}$ 时大块畴宽 W_b 和表面畴宽 W_s 与片厚 D 的函数关系

3.7.5.5　三维多相分叉

如果磁化强度矢量没有被限制在一个平面上,第三个维度增加了分叉的新的可能性,这在定性上与上一节中讨论的二维的解不同。不仅磁化强度矢量可以利用第三个维度,而且磁畴图形的几何结构也可采用三维的特征。

从所谓的棋盘图形的例子,其基本点变得很清楚(见图 3.138[124] 和示意图 3.50)。这是一个适用于具有(110)表面的铁片的二代次的分叉图形。其中面内[001]易轴由于例如受到适当方向的外应力或者外磁场的影响而变得在能量上不利。在这种几何结构中,我们寻找一种基本磁畴沿着两个能量上有利的内部轴向而只有封闭磁畴是沿着[001]轴的结构。

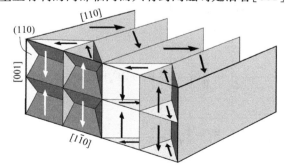

图 3.138　作为三维分叉的一个例子的棋盘图形。图中右边一半
为了看清内部而将表面磁畴略去了。这幅图的方向的选择(使棋盘
图形朝前面)是考虑到下面对奈尔块的讨论中
(见 3.7.6 节)还要用到

示意图 3.50

棋盘图形满足这个条件。它包含三类磁畴:基本磁畴沿着两个能量上有利的易轴磁化。一个磁畴的中间层部分地沿着反平行(和平行)于基本磁畴的方向磁化,它仍然是沿着两个能量有利的

易轴。只有浅的表面畴是沿着能量上不利的易轴磁化。当然,棋盘图形比较复杂,还有比较简单的阶梯状图形来跟它竞争。这里我们对一个扩展的晶体平板应用一种阶梯状图形的变种。在其中封闭磁畴沿着如图3.139中插图所示的第三个能量上并不有利的易轴磁化,而不是沿着3.7.5.3节中讨论过的薄片样品中必需的沿着难磁化方向磁化。对于磁化方向来说,这个阶梯状图形的变种已经是三维的了,然而畴壁的空间分布仍然是二维的。

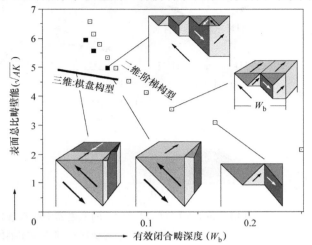

图3.139表示三维棋盘图形与结构上仍为二维的阶梯图形的比较结果。这里分叉结构所需要的每单位样品表面的畴壁能对所需要的相对于基本磁畴宽度的平均封闭磁畴宽度或"**封闭深度**"作图。在畴壁能中,将各种必需的畴壁以其适当的比畴壁能加权后累加起来。而封闭磁畴深度仅考虑不沿着能量上有利的易轴之一磁化的浅表面磁畴。对厚的样品更趋向于小的相对封闭磁畴深度。

图 3.139　二维和三维分叉方案的比较。数据点表示的是分叉系统每单位样品表面积的额外畴壁能和以基本磁畴宽度 W_b 为单位的有效封闭磁畴深度的关系。不同畴壁类型的比畴壁能是基于铁样品的情形

我们看到用三维棋盘图形能达到大约0.05或更小的封闭深度,且其平均畴壁能比任何能想到的二维阶梯图形的变体更小。在图3.139中,棋盘图形的粗的连续线对应于其表面单元的长宽比的连续变化。将棋盘的单元由正方形换成长方形能节省封闭体积,但要多花费内部畴壁能。

棋盘构型是唯一一个三维分叉结构的相对简单的例子。一旦一种三维构型显得比二维构型更有利,对更厚的样品,三维分叉过程将继续保持。对这些过程尚未有人试图做详细的描述。

3.7.5.6　分叉过程中的准磁畴

在3.4.5节中引入的准磁畴的概念提供了一个对复杂分叉结构的总体描述方法。此方法对(111)取向的小镍片的例子在图3.140中做了概述。图3.140a、b指出从顶部俯视的可得到的<111>型易磁化方向和不同的磁畴代次。我们由图3.140c开始,其中显示了基本磁畴以及第一层次封闭磁畴的示意图。我们假定基本磁畴由180°磁畴组成以节省磁致伸缩能。这些基本磁畴的封闭磁畴是由能导致平行于表面的净磁化强度的易磁化方向的组合——准磁畴中选择。

基本和封闭磁畴之间的畴壁的角度由避免产生杂散磁场的条件来决定。如图3.122d所示。唯一的区别是封闭磁畴的磁化强度矢量必须取为适用的准磁畴系统磁化矢量的平均值。在基本磁畴中磁化强度矢量的长度对应于真实方向在画面上的投影。这样,磁通闭合的原理就可以从图中直接看出来了。到底选择哪一种可能的基本磁畴带的指向,以及哪一种可能的封闭磁畴的准磁化强度方向则依赖于能量——主要依赖于基本畴壁能和必要的封闭体积,而对于大的磁畴的情况也依赖于磁致伸缩能,这里不过是显示了一个没有进行系统的能量优化过程的例子,仅用来说明其原理。

在下一个分叉的代次(图3.140d)我们用图3.140c中的准封闭磁畴的磁化强度分量作为新的基本磁畴。一般情况下,第二代的最好的磁畴取向和第一代磁畴的取向是不一样的。但是,在这种特殊情况下,沿着初级磁畴的纵向发源的次级分裂似乎是比较好的选择。可能通过将次级图形的

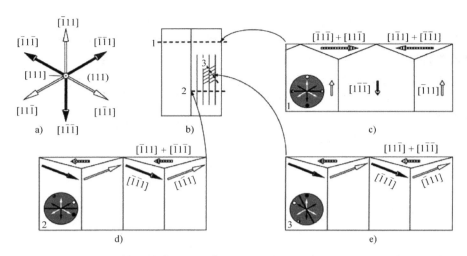

图 3.140 基于对(111)镍片构建的准磁畴中的双重分叉结构。这仅仅是容许存在的序列中的一个例子,它还需要对取向角和相继的代次的周期性进行优化

轴转动一个角度可以节省能量。第三代次(图 3.140e)绝对将选择和前面一代不同的磁化取向;在图中指出了一种合理的方案。这意味着此总体的结构是三维的。无论如何,我们可以如在图 3.140c ~ e 中对最初三代次所示的那样将每一代次以二维的方式画出来。当一种均匀磁化的封闭磁畴模型比下一代次准磁畴的产生更可取时,也就是说,当与再次分割相关联的额外的畴壁能超过了在封闭磁畴中的各向异性能的时候,这一分叉过程就终止了。

棋盘图形也可以用准磁畴的概念来描述。在第一代次中,封闭磁畴并不载有净磁化强度,而图 3.141 的截面显示出了常规的朗道型封闭结构。

3.7.5.7 条状磁畴和分叉

多相分叉并不受限于立方或别的多轴材料。依靠三维结构的类似现象也会在各向异性比杂散磁场能弱 ($Q \ll 1$)的单轴材料中发生。这如图 3.142a 所示。其中展示了金属玻璃中实验观察到的一种分叉模型。样品载有垂直于表面的应力感生的各向异性。超过某一临界的

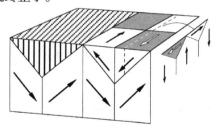

图 3.141 棋盘图形的准磁畴表示法

应力水平,其基本磁畴结构由类似于 3.7.2 节中讨论过的密条状磁畴发展出来的类似的周期性垂直磁畴组成。十分惊人地,这些条状磁畴的封闭磁畴(在图的左边可以看到)仅在略为高一点的应力水平上(从顶部到底部渐次增高)本身就被调制了。

这类图形的定量的微观分析[180,770]显示出在表面上的连续调制,与图 3.110 中垂直各向异性薄膜密条状磁畴的解析解具有一致的特征。这一观察对这种现象提出了一个如图 3.142b 所示的模型。条状图形的封闭磁畴沿着相对于应力各向异性的难轴方向上被磁化。达到某一各向异性水平时,它们将因而以在薄膜中的密条状磁畴(见 3.7.2.1 节)差不多相同的方式自发地衰变为次级的条状图形。更详细的考虑指出,次级条状磁畴的振荡如果取照片和模型中所见到的特征性的折叠形状的话,可以与基本磁畴联系起来。随着样品的厚度或各向异性的进一步增大,次级条状磁畴将生长成正规的磁畴,它们的封闭磁畴将如图 3.142c 中那样衰变成第三代条状图形。

在前一代次级条状封闭磁畴中,条状磁畴的连续形成的原理似乎是低各向异性磁性材料中的普遍特征。它与 3.3.4 节中讨论过的关于叠加到常规的磁畴图形之上的连续的封闭畴带的可能性

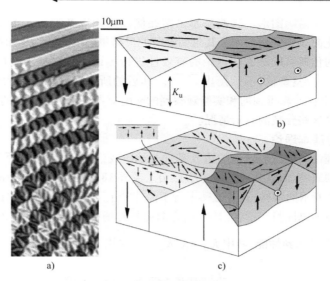

图 3.142　在约 $20\mu m$ 厚的具有感生的从顶面到底面逐渐增大的垂直各向异性的金属玻璃上观察到的较弱的单轴材料的分叉现象。模型(图 b)表示具有调制的封闭磁畴的基本朗道图形。在图 c 中用图解阐释了在图 a 的下部可以见到的第二代分叉

相一致。限于较厚样品表面的密条状磁畴的微磁学描述在参考文献[771,748]中以不同的环境进行了数值计算。从单一条状磁畴到上面显示的分叉条状磁畴的过渡发生在数量级为 $100\sqrt{A/K}$ 的临界厚度处,而不像对高各向异性单轴材料中发生在高得多的数值处(见图 3.130)。仅基于两相分叉的在参考文献[763]中提出的相图因而不适合于 $Q<1$ 的范围。

3.7.6　作为经典例子的奈尔块

3.7.6.1　引言

Néel[600]开创了对铁晶体的一种看起来很简单的几何形体的定量的讨论,这种形体首先由 Kaya[772,773]进行过研究,即一个长的块状晶体具有[100]表面和[01$\bar{1}$]侧面(见图 3.143)。对如镍那样的负各向异性材料也存在类似的形状。

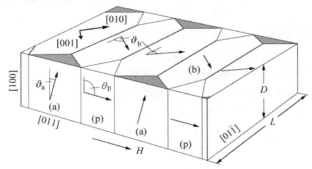

图 3.143　奈尔块和奈尔的原始磁畴模型的几何结构。在基本磁畴中的磁化强度角 ϑ_b 在沿着样品轴的外磁场中可能由 45°发生偏离

厚度为 D、宽度为 L 的晶体假定非常长或者是镶嵌在理想的软磁磁轭中以致纵向的退磁效应可以忽略。样品的各个维度假设都比布洛赫壁的厚度大。一个外磁场施加于样品的轴线方向,导

致理想的简单片状基本磁畴图形。这些基本磁畴在侧面必须以某种形式予以封闭。Néel 根据相理论计算了它的磁化曲线和磁畴周期。其封闭磁畴的最简单的可能的构思如图 3.143 所示。希望这些理论计算结果的预期可以对磁畴理论的有效性进行测试。第一批实验在形状制备得不太好的较薄晶体上进行,并反复确认,消除疑虑[774,775]。其后的所有实验都在更大的、制作精密的晶体上进行[776-787],其结果在计算得到的和实验观察到的磁畴周期之间存在强烈的分歧,典型的差别超过一倍。下面将讨论这些分歧的背景情况。

3.7.6.2 奈尔块的基本理论

我们从讨论相理论所推出的理论的边界条件开始。我们假定有一个有限的(即使是小的)有效磁场将沿样品的轴线施加,这就不需考虑必然引入额外 180° 畴壁的完全的退磁状态。那么**基本磁畴**必须如图 3.143 所示的那样,这些磁畴平行于晶体的上下表面而磁化,它们在弹性上也是兼容的。适用于基本磁畴的总能量包括在沿[011]方向的外磁场中的塞曼能[式(3.15)]以及可以用式(3.9b)来表达的立方各向异性能,其中 $K_{e1} = K, K_{e2} = 0$,并代入 $\varphi = \frac{\pi}{2}$:

$$e_{tot} = \frac{1}{4} K (\cos^2 \vartheta - \sin^2 \vartheta)^2 - HJ_s \sin\vartheta \tag{3.237}$$

对 ϑ 进行优化,对基本磁畴中的磁化强度角 ϑ_b(见图 3.143)得到以下条件:

$$h = \sin\vartheta_b (\sin^2\vartheta_b - \cos^2\vartheta_b), h \leq 1$$

$$\vartheta_b = \frac{\pi}{2}, h > 1 \tag{3.237a}$$

式中,缩略符号 $h = HJ_s/(2K)$。在图 3.144 中画出了能量 $e_b = e_{tot}(\vartheta_b)$ 和磁化强度角 ϑ_b 对简约磁场 h 的函数关系曲线。

超出相理论的范畴来推导磁畴的周期需要考虑畴壁和封闭磁畴能量对外磁场的函数关系。基本磁畴之间的畴壁能由图 3.68 获得。在奈尔块中畴壁的平均取向为 $\Psi = 90°$,故而我们预期有平均能量对应于曲线的最小值 $\gamma_w/\sin\Psi$ 的锯齿状畴壁(我们忽略锯齿状畴壁扭结区域的能量和锯齿状片段的磁致伸缩能[784])。

对封闭磁畴,Néel 作为第一步假设了一种如图 3.143 所示的两类磁畴的混合体。这两种磁畴类型在小磁场下都是有问题的:沿着接近于一个易磁化方向磁化的 a 磁畴在样品顶部和底部的端面处并不是很好

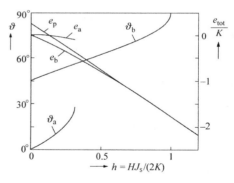

图 3.144　在奈尔块几何构型中的能量和基本及封闭磁畴的磁化强度角与简约磁场间的函数关系

地闭合的,而 p 磁畴是沿着难磁化方向磁化的。让我们先跟随 Néel 的思路在忽略 a 磁畴杂散磁场的情况下来计算 a 和 p 磁畴的能量密度和平衡宽度。

由于侧面上的磁化强度受限于平面 $(01\bar{1})$ 内,其能量可以用式(3.9b)在 $\varphi = 0$ 的情况下计算出来:

$$e_{ss} = K \sin^2 \vartheta \left(\frac{1}{4} \sin^2 \vartheta + \cos^2 \vartheta \right) - HJ_s \sin\vartheta \tag{3.238}$$

将此式对 ϑ 优化得到两个解:

$$h = \sin\vartheta_a \left(\cos^2\vartheta_a - \frac{1}{2} \sin^2\vartheta_a \right), \quad 0 \leq h \leq \frac{1}{9}\sqrt{8} \tag{3.239a}$$

$$\vartheta_p = \frac{\pi}{2}, \; h \geqslant 0 \tag{3.239b}$$

相应于这些解的能量作曲线于图 3.144 中。如果磁场不为零的话，和基本磁畴比起来两种模式在能量上都是不利的。但它们仍可能作为封闭磁畴存在。p 磁畴可能在饱和场以下的任何磁场中发生，而 a 磁畴仅能在小磁场 $h < \frac{1}{9}\sqrt{8} = 0.314$ 时存在。

总能量可以对 p 和 a 磁畴的体积以及决定封闭磁畴体积的基本磁畴周期进行优化。对一个给定的 a 和 p 磁畴的表面宽度 w，以及它们的体积 v，从而其能量 e_a 和 e_p 为

$$v_a = \frac{1}{4}\omega_a^2 d_a D, \, d_a = \frac{\cos\vartheta_b}{\sin\vartheta_b + \sin\vartheta_a}, e_a = v_a e_{ss}(\vartheta_a) = F_a \omega_a^2 D$$

$$v_p = \frac{1}{4}\omega_p^2 d_p D, \, d_p = \frac{1 + \sin\vartheta_b}{\cos\vartheta_b}, e_p = v_p e_{ss}(\vartheta_p) = F_p \omega_p^2 D \tag{3.240}$$

因子 d_a 和 d_p 是棱柱形封闭磁畴的深度的量度（见 3.7.4.4 节），而 F_a 和 F_p 是外加磁场函数的缩写，其详细定义由式（3.238）和式（3.239a、b）推出。于是每单位体积的总能量是

$$e_{tot} = \frac{\left[2(F_a\omega_a^2 + F_p\omega_p^2) + 2L\gamma_z - \gamma_z(\omega_a d_a + \omega_p d_p)\right]}{\left[L(\omega_a + \omega_p)\right]} \tag{3.241}$$

式中，γ_z 是锯齿状畴壁的平均比能量。最后一项描述了由于存在封闭磁畴而引起的畴壁面积的修正。总能量式（3.241）必须对封闭磁畴的宽度 ω_a 和 ω_p 进行数值优化。在略去式（3.241）中最后（修正）项的情况下，其结果接近于下列简单关系式：

$$\omega_a^{opt} F_a = \omega_p^{opt} F_p, p_{opt} = \omega_a^{opt} + \omega_p^{opt} = \sqrt{(F_a + F_p)\gamma_z L / F_a F_p} \tag{3.242}$$

这些方程式预言了在奈尔模型中两种封闭磁畴的相对尺寸以及基本磁畴的整体周期 p_{opt} 作为通过两个函数 F_a 和 F_p 进入的各磁场的函数关系。

3.7.6.3 讨论

知道了几何关系和能量密度以后，这些作为基本磁畴周期和磁场函数关系的表达式就很容易估算了。那么实验证实失败的原因是什么呢？以下是最重要的观点，它们大多数是在硅铁和镍晶体上的许多仔细研究的进程中逐步浮现出来的（对镍来说，其奈尔块的几何关系必须适应于这种材料的负的各向异性常数）：

• 奈尔块并没有包括在低磁场情况下起决定作用的封闭磁畴的磁致伸缩能，它在 Spreen 的研究中[781,782]在合理的近似程度上被包括进去了。但在较高的磁场下，磁致伸缩能仅给出很小的修正。此情况下图 3.144 所示的封闭磁畴和基本磁畴之间的能量差中晶体各向异性效应起主导作用。

• 实验和理论之间分歧的另外一个原因在 Ungemach 的一系列论文[786,785,787]中得到了认定。不同周期的磁畴结构之间连续地、平滑地过渡是不可能的。要减小周期，必须克服新的磁畴成核的阈值，所以在实验中很难达到能量最低的图形。在恒定的磁场上叠加一个幅度逐渐降低的交变磁场对此有帮助。最佳的结果是采用了一个沿着晶轴方向的交流电流产生的低频圆环形磁场而获得的[781,782]。在某些材料中，感生各向异性会引起额外的问题，此感生各向异性对给定的磁畴宽度有利而对过渡到不同的磁畴周期产生阻力。这些问题可以通过交变磁场下进行热处理来防止。最后，试图通过叠加交变磁场来产生平衡结构的做法可能由于涡流效应而引起磁畴的细化[786]。这一效应可以通过应用几赫兹的低频退磁场来避免。

• 但是，理论和实验的分歧的最主要的原因在于实际所发生的复杂的磁畴结构。在大晶体中，磁畴图形通过**分叉**来节省能量（见 3.7.5 节）。由于在基本的理论中没有考虑分叉现象，所

以小样品更接近于 Néel 的假设。

现在看来，奈尔模型（见图 3.143）的局限性是不足为奇的。它假设了具有很强的表面磁荷的磁畴且磁畴沿着难磁化方向磁化。而即使是完全的无磁荷的图形，仅用易磁化方向也是可能的，如图 3.145 所示。这样的解的另一个例子是棋盘状图形（见图 3.138），它和奈尔块的边界条件也是兼容的。

棋盘图形[783]以及在另一些条件下也包括阶梯状图形已经实际上观察到了（见图 3.146a）。在更高的磁场下，这些图形将会破裂，并在侧表面通过接近表面处锯齿状畴壁增强的折叠出现了磁畴的精细化。

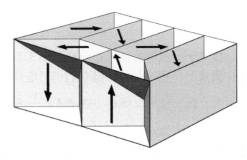

图 3.145　用来代替图 3.143 的奈尔模型的一种无杂散磁场模型，它特别是在小的外磁场中更加有利

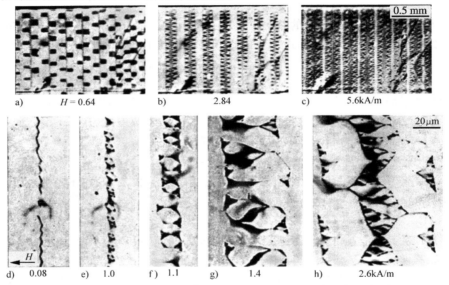

a)　　$H = 0.64$　　　b)　　2.84　　　c)　　5.6kA/m

0.5 mm

d)　0.08　　e)　1.0　　f)　1.1　　g)　1.4　　h)　2.6kA/m

20μm

图 3.146　一个硅铁奈尔块（$80 \times 4 \times 2.5 mm^3$）侧面上的封闭磁畴的低分辨克尔效应图（上面一排）和比特图形（下面一排）的详细观察。图 a 中的棋盘图形——在图 d 中用比特技术观察不到——代替了在小磁场中奈尔模型的 a 磁畴。在沿着样品轴的磁场中，复杂的、分叉的锯齿状图形生长起来，而不是 p 磁畴。其生长过程如图 b、c 所示，并在高分辨观察中如图 f～h 所示。当其中心（锯齿）壁（图 d）折叠成复杂的花边图形时，图 e～g 可以由棋盘图形推出。图 b、h 标志着向两相分叉方案过渡，将匕首形磁畴插入基本磁畴（照片由 Ch. Schwink 提供）

对接近饱和的再强一点的磁场，匕首形磁畴嵌入其中（见示意图 3.51）并配有复杂的花边状封闭磁畴图形（见图 3.146）。如在 3.7.5 节中讨论过的，这一过程指出了从多相分叉图形到两相分叉图形的过渡。平行线条的出现指出了 p 型封闭磁畴的形成，仍然和具有典型的匕首形磁畴和内部杂散磁场的片状两相分叉相关联。图 3.146 显示克尔效应和高分辨比特图形观察的概貌[784]，

示意图 3.51

展示出在精心制备的奈尔块中分叉过程的细节，这些细节不能认为已被充分理解了。这些迷人的图形的更充分的理解可能通过如图 3.147 中显示的高分辨克尔效应影像的研究来达到。这些图像是在一块厚的（110）取向的硅铁片上而不是在真正的奈尔块上拍摄下来的。但其表面取向以

及外加磁场的方向是完全一样的，而所观察到的图形明显地非常相似，因为它们展示了类似程度的分叉。研究这一系列样品随外磁场的函数关系，再将此和模型计算结合起来将最终得到对这些复杂图形的更充分的理解。

经过 40 多年的实验和理论研究，在奈尔块的分析中的许多困难现在已经清楚了，实验测量和理论预期可能会达成更好的一致。但这将要求做相当繁重的计算工作，包括对许多不同的磁畴模型进行比较。在实验方面，需要精心制备和成形的晶体，不能有丝毫的感生各向异性，但所有这些努力也许并不值得。不管怎么说，Néel 已经设计出了他的理论来提供磁畴理论和实验间的**简单**的验证，然而随后事实却表明，奈尔块的真正的磁畴结构是复杂的，强行推动它的分析工作是没有意义的。

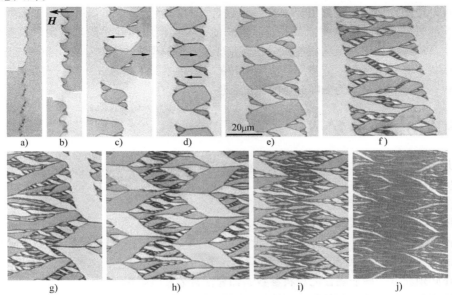

图 3.147　一块 2mm 厚的（110）取向的铁（3%硅）厚片在沿着难磁化方向的逐渐增大的磁场中的高分辨克尔效应影像，详细显示了磁化过程，这也可以从奈尔块的侧面观察到。所选择的（偏振光）入射面是沿着难磁化方向以主要显示畴壁的衬度。此系列图像从图 a 开始具有棋盘形畴壁（见图 3.146a），它在一个分叉的过程中逐渐地折叠（图 b～f）。图 c、d 中的结构与图 5.23 中将要讨论的"绳索"图形有关。然后，一个完全的重新排列导致了壮观的图形（图 h），这相应于图 3.146h，而其细节仍然无法解释。进一步增大磁场，图形再次简单化而趋向饱和（图 j）

3.8　总结

我们必须得出结论，磁畴理论和微磁学分析通常不应该用来以理论预期代替实验观察。而是理论应该在分析和阐释观察结果、基于表面观察构建三维模型中提供导向等方面做出帮助。如果存在不止一种模型，磁畴理论可以决定哪种模型能量更低。实验观察的每一种解释必须借助于磁畴理论来确定其真伪。但如果感觉到了对理论进行实验证实的必要性，比较聪明的办法是将注意力集中在已经证实的模型中的诸如某种连续变化的临界角度或长度等，而不是集中于模型的整体。

第4章

用于磁畴分析的材料参数

磁畴理论和磁畴观察之间是经由少量的内禀材料参数联系在一起的。不了解这些参数就无法对磁畴进行合理的分析。无法通过第一性原理在所需精度下计算获得这些材料特性。在某些情况下，可以使用插值法通过其组分来推导出混合的材料参数。也可以基于某个参数的温度依赖关系来推测另一个参数的温度依赖关系。但总的来说，使用实验手段来测定重要参数是不可避免的。本章综述了用于测定它们的一些经典和现代方法及理论关系式。必须强调的是，外禀参数如样品形状、晶粒结构和内应力等是决定磁畴的首要因素。本章只关注材料内禀参数，虽然其是必备知识，但却不足以成为磁畴分析的先决条件。

4.1 内禀的材料参数

下面几个磁性材料的参数是在对任意材料进行磁畴分析时所必需的：

- 饱和磁化强度 J_s；
- 交换常数或者劲度常数 A（见3.2.2节）；
- 旋磁比 γ 和阻尼常数 α_G 或 α_{LL}（见3.2.7.3节）；
- 晶体各向异性常数及其他各向异性常数 K（见3.2.3节）；
- 磁致伸缩常数 λ（见3.2.6.2节~3.2.6.4节）；

此外还必须获取一些非磁性的材料参数，如弹性常数和电阻率等。

上述的前3个参数其本质是各向同性的，因此可以使用多晶材料测定。首先，得益于各种磁强计，对饱和磁化强度及其温度依赖关系来说没有什么问题，其中振动样品磁强计（VSM）是几乎适用于任何材料的可靠工具。相比之下，交换常数则较难获得，因为它关系到磁化强度中的微观不均匀性。此量一般是从居里点或者磁化强度的温度依赖关系间接推导出来的。而对于劲度常数的直接测定则很少见。动力学常数一般可以通过共振实验推导得出。

剩余几个描述各向异性特征的参数只有在单晶样品上才能可靠地得以确定。然而不幸的是，很多材料从来未能生长出过单晶样品。另外，当一种像各向异性和磁致伸缩那样的性质与样品的退火或沉积历史有关时，那么对块体单晶来说可能很难重复这种历史。因此，尽管不如直接测量单晶样品那样严格，但能够通过所给的多晶样品提取各向异性材料参数信息的间接方法也十分重要。

本书的讨论将不按照上述参数的列出顺序来进行，而是根据其所使用到的技术进行：

- 机械测量（见4.2节）
- 磁性测量（见4.3节）
- 共振技术（见4.4节）
- 膨胀测量（见4.5节）
- 磁畴测量（见4.6节）

这些技术很多都可以用于确定不同的基本材料常数。例如，共振实验可以给出各向异性、磁致伸缩、交换常数和动力学参数的信息。转矩测量不仅可以用于精确测定各向异性，同时也可用来获得饱和磁化强度。VSM 测试也同样如此。

在 4.7 节中将讨论如何从热数据推导出交换劲度常数，随后在 4.8 节中将介绍一些理论规则。可以在参考文献 ［788，789］ 等相关书籍中获得先前关于实验方法和结果的综述。Döring 在参考文献 ［37］ 中给出了适用于测定交换劲度常数的特殊方法的综述。

适于测定材料常数的特殊方法与表征技术磁性材料的一般磁性测量手段之间天然存在很大程度的交叠。这取决于在相应情况下能否从如磁化曲线中提取出样品的基本常数。有些结果如对巴克豪森噪声或者磁损耗的测量中包含了不可预知的成分，因此从根本上不适用于我们的目的。而在另外一些情况中则更有可能获取材料参数，将在 4.3 节中对此进行详细说明。

4.2　机械测量方法

对磁性样品上机械力的静态或动态测量包含古老的和现代的技术。由于这些方法都要求与外界振动良好的隔绝，因此其在基础研究领域比常规材料表征中更为常见。这些方法按照磁场与样品间机械相互作用的类型分为两种：一种是均匀场 H 作用于磁化强度为 J、体积为 V 的均匀磁化样品上，产生一个机械扭矩 $T_{m} = VH \times J$；而如果场是非均匀的，则它的梯度产生一个机械力 $F_{m} = V\mathrm{grad}(J \cdot H)$。

4.2.1　转矩法

转矩法提供了最好和最直接的各向异性测试手段。这种方法需使用均匀的、通常是单晶的样品，最好呈球形。如果无法做成球形，也可使用圆盘形，但这种情况下可能需要进行修正。

4.2.1.1　工作原理

铁磁体所表现出的机械转矩 T_{m} 定义为其总能 E_{tot} 对角度变量 φ 的导数：$T_{m} = -\partial E_{tot}/\partial\varphi$。对于球形且磁化饱和的样品，其总能包括外场能 ［（见式（3.15）；在沿着角度为 η_{h} 的磁场 H 中，见图 4.1］，和各向异性能量密度 $e_{K}(\varphi)$ ［见式（3.9）和式（3.11）等］。对于球形样品，其退磁能与样品取向无关，因而可以忽略。而在饱和情况下，不存在局部的杂散场。基于同样原因，也可以不计入交换劲度能的贡献。在没有外界应力时可以排除磁弹耦合作用。如果样品是均匀的且磁化饱和的，那么任何类型的内应力的效应一定相互抵消。［当然，这样测得的各向异性将包含一个与自由形变状态下相同的磁致伸缩部分（见 3.2.6.2 节）］。综上，体积为 V 的球形样品总能为

$$E_{tot} = \left[-HJ_{s}\cos(\eta_{h} - \varphi) + e_{K}(\varphi) \right]V \tag{4.1}$$

在静态平衡情况下，转矩应为零，因此单位体积上来自外场的转矩应该恰好与固有转矩 T_{int} 相平衡：

$$T_{int}(\varphi) = HJ_{s}\sin(\eta_{h} - \varphi),\ T_{int}(\varphi) = -\partial e_{K}/\partial\varphi \tag{4.2}$$

如果 H 和 J_{s} 是已知的，差值 $\eta_{h} - \varphi$ 对于任意固有转矩 T_{int} 都可通过关系式 $\eta_{h} - \varphi = \arcsin[T_{m}/(HJ_{s})]$ 推导出来。测得转矩随外场方向 η_{h} 的变化关系，再通过图 4.1 所示的操作将其转换为 $T_{int}(\varphi)$。对于较大外场 H，$T_{int}(\varphi)$ 中的差值 $\eta_{h} - \varphi$ 为线性，因而该操作类似于磁化曲线的切变。则在此切变操作下，转矩曲线的最大值保持不变，进而可以仅通过转矩曲线的最大值来推得所需的各向异性信息。对于一个简单的单轴各向异性 $e_{K} = K_{u1}\sin^{2}\varphi$，由于 $T_{int}(\varphi) = -\partial e_{K}/\partial\varphi = K_{u1}\sin(2\varphi)$，因而最大转矩即为各向异性常数 K_{u1}。而图 4.1 中所绘的正是这种情况。对于立方晶体，如果它绕着轴旋转[110]且式（3.9）中的 K_{c1} 和 K_{c2} 足以描述其各向异性函数，那么也可以

进行类似的简单估算。

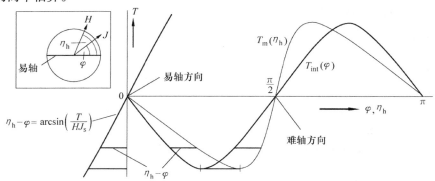

图 4.1 以简单单轴各向异性单晶样品为例，借助切变操作通过测得的
转矩 $T_{\mathrm{m}}(\eta_{\mathrm{h}})$ 确定各向异性函数的导数 $T_{\mathrm{int}}(\varphi)$

一般而言，即使最初不知道各向异性的对称性，也可以对通过切变操作获得的函数 $F(\varphi)$ 求积分来获得各向异性。在无法通过其他测量方法获得饱和磁化强度时，切变修正对外场的依赖关系也可以用来根据转矩曲线确定均匀材料的饱和磁化强度。

4.2.1.2 实验装置

第一台磁性转矩仪被 P. Weiss[790] 用来研究磁黄铁矿晶体，并使他建立了自己著名的铁磁性理论。这台仪器的原理与今天所用的仪器是一样的（见图4.2）：样品悬挂在一根扭力线上，并通过配重或者第二根悬丝得以稳定。一个可旋转的强电磁铁在与转矩轴垂直的方向上运动。借助一块附加的镜子所反射的一道光束来测定转矩。而在现代装置上，扭矩被补偿线圈中的电流自动补偿，所以此电流的数值可以作为相应扭矩的量度。

大多数转矩仪都是根据所需测量的转矩范围而进行定制的。对于高转矩，仪器的稳定性是最重要的。在针对这种应用的一个设计中[791]，扭力线被如图4.2所示的特殊结构取代。除了相对扭力的方向，这一结构对所有方向都是机械刚性的。所需的精度由适宜的电子位移传感器来实现。在另一个关于最高灵敏度的极端情形中[792]（其在薄膜的测量中是必需的），整个装置是用石英玻璃制作的。这可以避免如果样品架是磁性的，高外场下可能会产生的任何杂散磁力。也可以通过一个能够在中心处产生磁场最大值的磁极形状来提高抵抗这种磁力的稳定性[793]。这些仪器可测量的转矩范围为 $10^{-13} \sim 10^{-2}$ N·m。

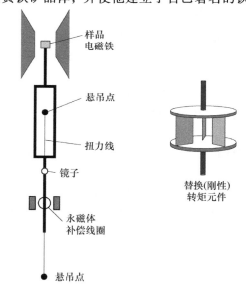

图 4.2 转矩磁量计的示意图。样品安装在磁体中的一个长杆上。这一整套（除了磁体）装置可以放入加热炉或者杜瓦中以便进行高低温测试。长杆悬挂在一根扭力线或者一个弹性构件上。此构件允许想要的扭力，但对其他的位移都是刚性的。转矩通过光学或者电子测量（即通过一个辅助线圈进行补偿，从而用所需的补偿电流来测量转矩）

而其所加磁场的大小只受磁铁技术的限制。超导磁体[794]允许的磁场可超过 10^7 A/m。关于转矩仪

设计的深入介绍可以参见 Pearson 所写的综述[789]。

4.2.1.3 改进

转矩磁强计法是仅需少量修正的直接测量方法。如果磁场足够大可以使样品完全饱和，则磁各向异性可以如 4.2.1.1 节中所述的从测量曲线直接积分获得。但是此方法只适用于当样品在测量平面内旋转时的情况。参考文献［795，796］中讨论了如何通过结合不同面内的测试以得出完整的各向异性函数。

当样品的**饱和磁化强度**不能认为是各向同性时就需要进行修正。Aubert[795]针对纯镍细致地研究了此修正。他证明了必须使用外场中的线性项来对测得的各向异性常数进行修正，此线性质包含了磁化强度各向异性的相应系数。如果 K'_n 代表测得的各向异性系数，那么真实的各向异性系数应该表示为 $K_n = K'_n + H_{ex}J_n$，其中 H_{ex} 是外场，J_n 是与饱和磁化强度的取向依赖性相关的系数。通过结合不同场下测量的转矩曲线，就可以将晶体各向异性与磁化强度各向异性这两个贡献区分开来。对于镍而言，其磁化强度各向异性的数量级约为 10^{-3}，这在对高阶晶体各向异性常数的可靠测定中必须予以考虑。

当只能获得圆柱形样品时会产生另外的复杂性。此时，样品的**内切**椭球部分将率先饱和，而剩余部分则需要更大的场来达到饱和。Kouvel 和 Graham[797]通过对这种情况的分析发现，残余的边缘磁畴结构与磁场方向之间存在着复杂的依赖关系。这将引入看似随 $1/\sqrt{H_{ex}}$ 改变的额外转矩[797]。为了消除这种效应而将结果外推到高场下，但效果并不理想。由于缺少关于边缘磁畴结构的详尽理论，因此想要可靠测量出厚圆柱样品的各向异性常数显然不可能。相比之下，制备球形单晶样品以避免这种麻烦倒是更为简便的方法。对于通常以圆盘形状进行测试的薄膜样品来说，上述效应的影响将小一些。这种情况下交换劲度效应将会抑制边缘区域中的强烈偏差。

4.2.1.4 扭转振荡法

此技术使用的是转矩测量方法的一个变体，主要用于测量厚度可小到几个原子层的超薄膜样品[798]。它不是对转矩的静态平衡进行测量，而是测量在磁场下激发出的一个小扭转振荡。这些振荡的频率一方面取决于摆锤的转动惯量，另一方面则取决于式（4.2）中所述的磁转矩。当振荡幅值较小时，磁转矩可以在摆锤平衡位置附近展开。此时振荡频率就是样品自由能对其旋转角二阶导数的函数。将振荡频率的二次方对外磁场倒数的变化作图[799-801]，就可以同时获得磁矩与上述自由能的二阶导。如果事先已经知道了各向异性函数的形状，则可以通过图解法获得缺失的各向异性常数；如果不知道的话，则可能需要对沿着不同磁场方向的大量测量进行数值计算。扭转振荡法的决定性优势就是它的灵敏度，甚至可以满足对单原子层的小片进行测量。尤其是超薄膜的表面各向异性也因此得以精确测定。

4.2.2 磁场梯度法

4.2.2.1 法拉第天平

这个经典方法可以测量处于磁场梯度中的样品所受到的静力。它的精度很高，可以用于所有种类的磁性物质。在铁磁体中，该方法最适合于饱和磁化强度高精度测量。通过一个电磁铁产生均匀磁场，然后通过一组额外的线圈产生梯度场，对其进行优化从而能得到均匀的磁性梯度[802]。如果样品的安装是有弹性的，则其受力所产生的位移将被探测到并由一个校准过的电磁反作用力补偿。而补偿的电流即为力的量度。对磁化强度的估算中唯一需要给出的量就是样品体积。

4.2.2.2 振簧磁强计

这类磁强计最初是为了测量微小铁磁颗粒而发明的[803]，表面上有点类似 4.3.3.2 节将要介绍的大家熟知的 VSM。在后者中，样品是机械振动的，此运动产生了电信号。而振簧磁强计记录的则是一个由磁激励的信号。具有一定磁矩的样品被安装在弹性悬臂或"簧片"上，然后通过交变梯度磁场将其激发进入谐振运动。在最初的设计中是通过显微镜记录振动的。压电检测系统[804]的引入提高了其灵敏度，使其甚至可以用于测量微米级的钡铁氧体颗粒。而更加常用且结实的现代装置中[805]则包含了一个补偿系统，其使用一个线圈的磁矩来平衡样品的磁矩从而不再激发出振动。补偿电流因而可用来测量磁矩。就像振动样品磁强计一样，在该技术中也可以进行磁场扫描并施加高低温，但是其灵敏度要高出两个数量级。

4.3 磁性测量方法

4.3.1 概述：方法与可测参量

众所周知的磁滞回线的经典测量方法有时也可用来获取基本参量的信息。除了 4.2 节中所讨论的机械测量法，还有 3 种磁性方法可以用来测量磁化强度曲线：磁力法、感应法和光学法。

磁力法中，通过一些磁场传感器测量有限大小样品的与平均磁化强度成正比的退磁场随外场的变化。感应法中，样品被一个线圈包围其中，而样品磁化强度的变化将在线圈中感应出电压。对此电压进行积分从而得出直接与磁通变化成正比的信号。在感应法的一个变体中，样品的磁化强度没有改变，而是将样品进行移动或者旋转。光学磁强计通过磁光效应测量样品的表面磁化强度（见 2.3 节）。这对于薄膜材料尤其适用，因为其对于感应法或磁力法的信号都比较弱。

最主要的需要通过磁化强度测量来确定的基本常数是饱和磁化强度。如果要得出其他参量，则必须避免磁滞效应（不可逆性）。如果样品是单晶的且没有过多晶格缺陷，则其磁化强度曲线的可逆部分（例如趋近饱和）可以用来估算各向异性参数。如果随外应力的变化进行测量，则在相同条件下可以得出磁致伸缩常数。

要通过磁化强度测量得出各向异性特性一般需要单晶样品。但在有利的情况下，多晶样品磁化强度曲线趋近饱和部分的一阶或二阶导数的某种反常也可用来推导出各向异性的常数。

4.3.2 磁力法

经典的磁力法是借助一个可旋转的针测量磁化样品所产生的偶极场。如今则更倾向于采用霍尔探头等电子的磁场检测器件。在如图 4.3 所示的装置中，两个探头的差值信号与样品磁矩成正比，同时对驱动场不敏感。

磁力法的缺点是它对非均匀外场的敏感性。而其优势在于可以检测到任何缓慢的磁化过程。探头必须放在离样品足够远的地方，以便只检测样品的偶极场。也就是说样品最好小而短，但除此条件外其可以是任何形状。这种方法因而更适用于硬的或者高各向异性的磁性材料而非软磁性材料，因为退磁将主导软磁性短样品的内禀特性。

在磁力法中，可以很容易地对样品施加不同的环境条件，如高低温或者机械应力

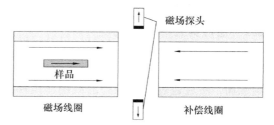

图 4.3 磁力法测量磁化强度装置示例。两个磁场探头以串联方式连接，对于沿箭头方向的磁场会产生正信号。补偿线圈与磁场线圈串联反接

等。此方法经济且易于实施。但有一个条件，那就是驱动场的几何结构不能随着磁场强度的改变而变化，这在装置中含有铁磁部件或杂质时就可能发生。

4.3.3 感应法

基于感应现象的磁化强度测量通过对探测线圈中感生的电动势进行积分从而得到与磁化强度成正比的信号。而感应效应可以通过各种方式获得：传统方式是将样品从线圈中移开、相对于探测线圈进行旋转或者振荡，或者扫描通过磁化曲线（此过程必须缓慢进行以避免涡流产生的影响）。所产生的信号必须进行积分。传统上是采用冲击检流计或者蠕变检流计来完成。如今则倾向于电子磁通计，对其进行调整可完成数分钟的积分且没有干扰性的漂移。准静态感应测量方法的有用性取决于在抑制积分电路中漂移方面的进展。出于此原因，基于样品振荡或者旋转的动态测量方法成为首选。但不是所有形状的样品都适用于这种动态测量方法，例如其不能用于闭合磁路。下面首先讨论样品静止时的准静态测量方法，然后在 4.3.3.2 节中再讨论动态测量方法。

4.3.3.1 准静态测量方法

不同于前面所说的磁力计方法中可以且必须使用紧凑短小的样品，在静态感应测量方法中建议使用闭合磁路或者细长的样品。这种闭合磁通构型对于高磁导率的软磁样品是必需的。

探测线圈中需要包括补偿线圈以抵消外场的作用。则差值信号只与磁化强度成正比。此时有两种可能性：如果空间足够，那么可以并排放置两个完全相同的线圈；或者，将一只线圈的外层绕线这样连接，即使得它们的绕线面积与核心层绕线面积相等且相反。当然，两只线圈难以在任何场强下对所有形状的样品都等价。另外，补偿线圈有可能会探测到样品的剩余退磁场。这些情况限制了感应法的灵敏度和精度。

补偿线圈中感应出的信号也可用来测量有效内场。基于麦克斯韦方程，如果样品表面没有电流的话，那么磁场的切向分量在样品表面的两边应该是相等的。因此，如果将一个线圈靠近样品表面就能以足够的精度测到内场（为了精确测量，需要在不同距离下测量信号然后外推到与表面距离为零）。使用这一技术，即使对较短的样品也可以获得其未切变的磁化强度曲线。

在静态感应法中，探测线圈必须靠近样品放置，这使得加应力和变温变得困难。测试时间则受限于磁通计的稳定性。由于磁通计零点的设置是任意的，因此该方法只能进行相对测量，需要一个明确的参考状态（如饱和状态）。另外一个劣势在于积分磁通计的灵敏度限制，这使得该方法难以用于薄膜样品。但是对于**块体的软磁**样品，感应技术是首选方法。

探测线圈通常放在样品中心的周围。由于非椭球样品两端的磁化强度不能代表整体，因此不建议将线圈放在短样品端部的前方或者周围。但如果将样品放置在软磁磁轭中，那么情况就不同了。此时放置在样品与磁轭之间狭窄缝隙中的薄探测线圈只是测量磁通密度，而不会受到退磁场的影响。这种布置使得该方法具有适用于不同形状横截面的样品的优势。

4.3.3.2 振动样品磁强计

VSM[806-808]结合了磁力法与静态感应法的优势。在如图 4.4 所示的标准设计中，样品放置在磁体中并在垂直于磁场的方向上振动。将来自一对多匝探测线圈的信号与永磁体在一对参考探测线圈中产生的信号进行对比。这种设置对任意形状的**静磁场**都不敏感，因此可以施加强外场而不会产生不良影响。有些装置中甚至使用了可以将硬磁材料磁化到饱和的超导磁体。由于样品与探测线圈之间良好的分离，因此样品可以被冷却或加热装置包围。这种装置的灵敏度主要受到从振动器机械地传输到探测线圈上的噪声的影响，而商业仪器已经较好地抑制了这种噪声。由于样品在 VSM 中的磁化强度是静态的，因此不需要考虑涡流效应。样品的形状基本上是任意的，对其的限制与在磁力技术中一样。

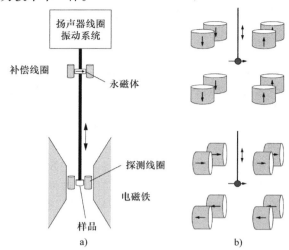

图 4.4　振动样品磁强计原理（图 a）。样品借助扬声器线圈进行振荡。通过电子方式将探测线圈中感应到的信号与参考线圈中感应的电动势进行对比。或者，此处也可以使用可变电容器装置。样品可以放在加热或冷却的样品台中。图 b 给出了探测线圈的两种布置方式，箭头表示每个线圈的灵敏方向

此方法是相当直接的。在理想情况下，如果探测线圈的形状和样品的体积已知，那么不需要进行校准就可以得到磁化强度。如果可以由简单的空心线圈产生磁场，那么就能做到这一点。但是，要产生所需的磁场必须使用电磁铁或者超导磁体，则磁性材料会与测试过程相互作用。由于存在软磁的铁轭，就会在电磁铁中产生样品的"镜像"，此镜像也将在探测线圈中磁感应出电动势。由于镜像的强度取决于铁轭的磁导率，进而依赖于磁体中的感应水平，因此就必须对 VSM 进行校正。最佳的方式是使用同样尺寸和形状的镍样品替换待测样品，然后依靠镍确切的已知磁化强度来校正。

由于测试过程不受退磁效应的影响，并且可以施加足够大的饱和场，因此 VSM 是测量任何铁磁材料饱和磁化强度的最佳仪器。由于此方法十分灵敏，因此通常可以减小样品的尺寸，使其相对于探测线圈装置来说足够小。这样一来，可以只记录样品的偶极磁矩，而抑制更高阶矩的影响。由于退磁效应，此仪器与磁力法一样对于测定软磁材料磁化曲线中的其他参数并不适用。而对于高各向异性或者硬磁材料，VSM 则是各种磁性测量中的首选。

VSM 还可以通过增加一组记录**垂直磁场方向**磁化强度分量的检测线圈[809,810]来进一步增强。根据转矩平衡方程式（4.2），此垂直分量 $J_\perp = J_s \sin(\eta_h - \varphi)$ 直接测量转矩函数 $T_m(\eta_h) = H_{ex} J_\perp$。因此，这种装置相当于一个转矩仪。对于合适的单晶样品，其能够如 4.2.1 节所讨论的那样用来精确测量各向异性。磁化强度横向分量则可以通过将图 4.4b 中的标准线圈组以不同方式结合来测量，而不需要额外的线圈。

VSM 的一种变体使用超导量子干涉仪（SQUID）来测量磁场。SQUID 计算穿过探测线圈的磁通量子数，因而相当于一个高灵敏度的静态磁通计。在这种磁强计中，一系列超导探测线圈反向连接在一起，使得均匀外场不会对净电流有贡献。当样品在这些线圈之间振动时，会感应出电流并传输到放置在磁体范围之外的 SQUID 电路中。SQUID 磁强计[811]要比常规的 VSM 更灵敏，但它也更易受到外部扰动的影响而可能产生虚假信号。热或者机械脉冲可能会解钉扎超导材料中的磁通线，因此需要通过仔细的设计来避免。

4.3.4　光学磁强计

2.3 节中所述的磁旋光效应是磁化强度的线性函数，因而从理论上非常适合用于磁强计。在不透明的块体材料中，光学方法并不适用于我们的目标，因为光只能扫描样品的表面。一般情况下表面的磁畴与内部磁畴有很大的不同。出于此原因测量表面磁化曲线并不能增加对材料基本参数的认识，因而在材料表征中很少使用。而对透明材料则不存在这样的限制，可以通过法拉第效应使用光学方法测得它的平均磁化强度曲线。

对于不透明材料，光学磁强计只有对薄膜才有意义，因为其表面的磁化强度能够代表内部。对于薄膜材料来说光学方法有很多优势：直接性、快捷性，并且可以进行准静态测量。通过扫描表面可以实现空间分辨的测量。光学方法还可以实现在材料的制备或处理过程中的即时测量，例如在真空腔体内。

光学磁强计可以由如图 2.14a 所示的克尔装置组成，配备光学探测器以取代照相机。由于其具有更好的稳定性，激光光源或者高强度发光二极管[812]要好于弧光灯。可以探测微弱信号的磁强计很有用，但其需要采取一些措施来抑制非磁性噪声。实现这个目的的方式之一就是将部分激光分离出来，然后反馈到放大器作为参考信号。如果使用旋转检偏器或者光电器件对光的偏振进行调制[813-815]，那么就可以使用锁相放大器来探测磁信号从而达到几乎无限的灵敏度。出于某种原因，许多作者喜欢使用首字母简写 MOKE（磁光克尔效应）来代表克尔磁强计。

借助交变磁场及锁相技术，光学磁强计也可以对有频率依赖性的磁导率进行直接测量。横向磁导率的测量（其中沿静磁场的垂直方向施加交变场）对于通过磁化强度曲线上的临界点来确定各向异性常数很有用[610]。3.4.4 节中已详细介绍了临界点与各向异性的关系。如参考文献[816] 所介绍的，绘制磁化率倒数与静磁场的函数关系甚至可以作为测量薄膜各向异性函数的一般性方法。

光学磁强计一般情况下都需要细致的校准和调整。其信号的强度取决于起偏器和检偏器的精细设置以及表面条件，即是否存在表面层。因此，最可靠的方式是用其他测量方式获取的饱和磁化强度来对光学信号进行归一化。有时会观察到一个在外场中线性变化的叠加信号，而不是在饱和状态下恒定的信号。这可能是由光学组件中的法拉第效应引起的，很容易进行修正。

另一个问题是其信号对磁化强度方向的严格依赖性。对于每一个处于斜入射的起偏器与检偏器设置，特定的面内磁化强度方向将产生最大的克尔效应信号，而其垂直方向则不产生信号。因此必须将"敏感"方向与想要的测量方向调整一致。采用纯粹的横向克尔效应可以避免确定敏感方向的困难。如示意图 4.1，使起偏器方向与入射面平行就可以省去检偏器。这样，只有与入射面垂直的磁化强度分量才能引起反射强度的变化，可以对其进行电子探测。

横向设计的好处是可以很好地装入磁体或者克尔显微镜中[159]。这样就可以在微米分辨率下对材料参数的局域变化进行可控测量[206]，同时还能够观察其磁性微结构。这种横向光学磁强计还可以避免磁化强度分量中二次磁光效应的影响，其可能导致磁化强度回线的不对称畸变[817,818]。

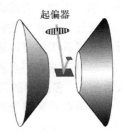

起偏器

示意图 4.1

4.3.5　磁化曲线的评估

除了饱和磁化强度，还可以通过磁化曲线获得具有一定准确性的几种各向异性参量。对于单晶样品，只需要直接比较其难轴和易轴方向的磁化强度曲线就可以实现。但对于多晶样品，则需要进行仔细分析评估才能得到有用的结果。

4.3.5.1 单晶测量

通过磁化曲线来确定各向异性能量项看起来是非常直接明了的,因为磁各向异性的定义就是沿不同轴磁化到饱和所需能量的差。如图 4.5 所示,对立方和单轴晶体计算得到的曲线展示了如何直接通过磁化曲线上方面积的差来确定各向异性常数。应用于有限样品的剪切变换并不会改变这些关系。但在实践中,有两种复杂情况会大大限制此方法的实用性。

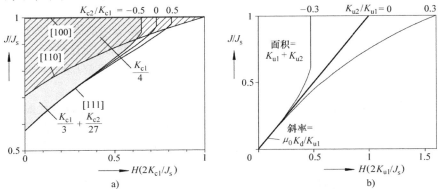

图 4.5 图 a 为沿着具有正各向异性($K_{c1}>0$)的理想立方晶体的简单晶体方向计算得到的磁化曲线。各向异性常数可以通过磁化曲线上方的面积推导得出。沿 [111] 轴的曲线取决于第二各向异性常数 K_{c2},这在 3 个例子中进行了展示。如图 b 中所显示的,磁化强度曲线的曲率或者初始斜率与面积之间的关系都可以使我们获得单轴晶体的二阶各向异性常数

1)磁滞效应使得无法明确计算面积。依靠**理想化磁化曲线**(通过在每一个直流磁场上叠加一个幅值递减的交变磁场而获得)可合理地解决这一问题。如果无法做到这一点,那么至少可以选择磁滞曲线两条分支间平均值来进行粗略估算。

2)第二个问题来自趋近饱和时的非理想行为。内应力、夹杂物及形状不规则等均会使磁化曲线圆滑。这些效应依赖于磁化强度的方向,因为这些不规则周围的磁化强度偏差受各向异性的影响。因此,直接通过磁化曲线来确定各向异性大多不可靠。

变压器钢和永磁体中都会使用高度织构化的材料。如果通过其他独立测量已知了其织构情况,或者其织构可以通过不同方向的测量结果推断出来,那么就可以按照与单晶样品类似的方法来估算这些材料在不同轴向的磁化曲线[819,820]。

4.3.5.2 多晶中的近饱和行为

如果在较宽磁场范围内测量无织构多晶样品对饱和值的偏差,那么此偏差可以按照外场的幂倒数来分析表示。一般来说,可以通过下面所述的估算系数来计算出各向异性常数[821]。但是趋近饱和行为还进一步受到其他两个过程的影响[503]:缺陷与局域化非均匀性,以及所谓的平行过程,即外场抑制自旋系统的热涨落。根据自旋波理论的预测,后者随着有效场的二次方根的倒数变化。在温度远离居里点的情况下,这一项在中等磁场强度下通常较小。

而来自微孔和位错之类缺陷的贡献在本质上要复杂一些。在一些模型计算中[821],从中等到较高磁场强度的宽范围中推导出这一效应的对饱和值的偏离具有对的 $1/H$ 依赖。而在超高场强下,来自缺陷的所有贡献都必须具有一种 $1/H^2$ 特性,否则偏离所包含的磁性能将积分达到无穷大。而更精细的模型则会导致更复杂的磁场依赖性[503]。这些研究最大的好处就是可能获取晶格缺陷的性质和分布信息,而非基本的磁特性信息。而这些信息只有在把各向异性和晶格缺陷所

造成的影响分离后才能得到。每个晶粒内部都均匀的各向异性总是会具有 $1/H^2$ 行为。如果存在一个此种特性占主导的中间磁场范围，那么就可以将其归因于各向异性效应。而在更高场强下，缺陷的 $1/H$ 贡献则占据主导。如前所述，它们的行为将在超高场强下再次改变它们的特性。

如果在某个磁场范围内，缺陷和平行过程的贡献足够小，那么可以如下面对立方材料的详细说明来通过趋近饱和过程推导出多晶样品的晶体各向异性常数。Akulov[822] 计算了任意取向的微晶在趋近饱和时的平均效应：

$$J \cong J_s \left[1 - \frac{2}{105}(H_K/H)^2 \right], \ H_K = 2K_{c1}/J_s \tag{4.3}$$

但此公式只适用于多晶中的晶粒之间不存在 Néel[823] 详细阐述过的磁性相互作用的情况。相反，如果晶粒都像固体中那样密堆在一起，那么静磁相互作用对近饱和将有较大影响。当场强较大时，将外场 H 替换为更大的洛伦兹场 $H_{Lor} = H + \frac{1}{3}J_s/\mu_0$。在中等场强下，这种效应没有那么强烈，但在 $1/H^2$ 项中依然达到了一半。通过 Néel 的理论考虑到这些相互作用，就可能对第一各向异性常数形成合理估计。但理论本身包含的不确定性使得这种途径无法成为一个精确的方法。甚至由于 H_K 在式（4.3）中是二次方项，因此连各向异性常数的符号也无法确定。如果晶粒较小或者尺寸与布洛赫壁宽相当则会带来另一个限制，因为此时晶粒间的交换耦合作用就变得十分重要了。这一困难使得趋近饱和方法几乎无法应用，例如在传统沉积薄膜中其晶粒尺寸通常与交换长度相当。

如果可以测量出无滞后或者理想的磁导率，此量也许能提供有用的信息。但这并不总是可行。对于经由畴壁运动磁化的多晶多轴样品，理想的起始磁导率只由退磁效应决定，因此只衡量了有效退磁因子而不涉及样品的内禀特性。而多晶**单轴**样品则表现出复杂的由晶粒内部和晶粒间的畴壁位移和退磁效应相互作用所主导的行为，被总体模糊地描述为"内部退磁因子"。因此，无法通过多晶样品的无滞后磁化强度曲线来得到基本信息。

如果存在一种磁化强度的纯转动状态的话，那么理想磁导率测量就有用武之地了。此时，转动磁导率 μ^*（见 3.2.5.6 节）与各向异性直接相关（更准确地说，是与广义各向异性函数的二阶导数相关）。同样，使用这个方法也可以确定立方或非晶材料的感应和磁弹各向异性。可以通过测量外界应力作用下沿难轴的磁化强度曲线来确定非晶带材中较小的磁致伸缩常数[824]。

本节中所讨论的局限性适用于纵向磁化强度（沿着外场方向测量到的）及多晶样品。如前所述，单晶的**横向**磁化曲线与转矩曲线是等价的。因此，其使得可以对各向异性的测量与扭矩法在理论上具有同样的精度。

4.3.5.3　多晶中的奇点检测

奇点检测法是由 Asti 和 Rinaldi[825] 发明的，它主要用来检测某些晶粒的异常贡献在多晶样品磁化曲线上引起的奇点。以图 3.38 中关于立方材料的不同磁化强度曲线为例。对于有些磁场取向，磁化曲线较为平滑。而对于其他磁场取向，磁化曲线上则显示出特征性的结点甚至跳跃（一级磁转变）。在多晶样品中，相应取向晶粒的结点和跳跃将会表现为磁化曲线二阶导数上的奇点（极大值），而其他的晶粒则仅对平滑的背底有贡献（见图 4.6）。脉冲场实验可以对磁化强度的导数进行电子化记录[826]。一旦检测到一个峰值，就可以通过仔细的理论分析将其磁场位置与各向异性场关联起来，很多作者都已经提供了针对各种更重要的晶体对称性的理论分析。

关于这些现象的（相对深入的）理论开始于这些晶粒之间没有相互作用的假设。但对于磁性材料而言，这一假设几乎不成立。我们在 4.3.5.2 节中已经看到，这种相互作用使得对近饱和行为的估算几乎毫无意义，因为它们会带来与待测效应大小几乎相当的修正。但引人注意的是，这种相互作用对奇点探测法却似乎没有太大影响。关于从 1% ~ 100% 的各种密度的单轴单晶粒粉末实验中，在实验误差范围内没有看到什么影响[825]。同样，对于样品中晶粒不同的取向度也有相同情况。目前还不清楚为什么这种方法对磁性相互作用如此不敏感。但一种可能的解释是，那些受到周围晶粒强烈不利影响的晶粒根本不会显示在奇点信号中。这同样也解释了为什么关于相理论磁化曲线上的结点，即两相区和单相区之间的转变等也没有被奇点检测法探测到。在多晶样品中所观察到的峰值倒是对应于真实的饱和点（各向异性场），可以忽略所有

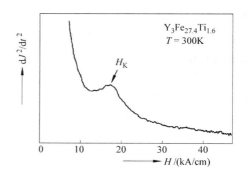

图 4.6　奇点检测实验中所记录到的信号实例
（由 Vienna 的 R. Grössinger 于提供）

磁畴效应来对其进行计算。磁畴总是通过交换力或者偶极力与周围的晶粒相互作用，而它们的不连续转变在多晶中可能会受到抑制。

奇点检测法并不适用于所有材料。细晶样品就遵循不同的规律，其晶粒间的交换耦合作用超过了晶粒的各向异性（类似于微晶沉积于薄膜中的情形）。但特别对硬磁材料来说，这种方法已成为各向异性测量不可或缺的常规途径[826]。

4.4　共振技术

4.4.1　概述：共振的类型

在典型的共振实验中，使用强静磁场将样品沿着不同方向磁化到饱和。磁场需要足够强以使样品处于均匀的磁化状态。磁化强度方向与外场方向并不需要一致。为了感生共振现象，需要沿着与磁化强度垂直的方向叠加一个高频交变场。由于交变磁场的存在，标准共振法并不适用于金属块体样品，这与不导电的氧化物材料、薄膜和粉末材料不同。一些变体只能影响到（金属）块体材料的表面。对于本章中的主题来说，未饱和样品的共振现象较不重要。

高频磁场激励磁化矢量的进动，其会被适当的探测线圈检测到。如果进动是均匀的，即其动态偏转与样品中的位置无关，就得到了**铁磁共振**。而在更高频率下，可能会激发不均匀的进动模式。如果其波长与样品尺寸可比，那么取决于样品形状的退磁效应就变得重要，即所谓的**静磁模式**。波长更短的共振现象取决于交换劲度常数，称作**自旋波模式**。另外，畴壁自身也会被激发产生畴壁**共振**。最后，使用光而不是交变场可以在样品上激发产生磁共振的表面模式，则可以使用光谱技术替代标准的感应检测方法。

4.4.2　铁磁共振理论

在一定的均匀磁场 H_{res} 中，动态微磁学方程式（3.66）会产生一个共振进动，其频率由 $\omega_{res} = \gamma H_{res}$ 给出。观察到共振时的静磁场 H_{res} 衡量共振实验所要检测的平衡态且的稳定性。对于略微偏离平衡态且空间均匀的进动，有效共振场可以通过下面的公式由广义各向异性函数 $G(\vartheta, \varphi)$ 得出[827]：

$$H_{res} = \frac{1}{J_s \cos\vartheta} \sqrt{\frac{\partial^2 G}{\partial \vartheta^2} \frac{\partial^2 G}{\partial \varphi^2} - \left(\frac{\partial^2 G}{\partial \varphi \partial \vartheta}\right)^2} \qquad (4.4)$$

如在畴壁理论（见 3.6.1.2 节）中所述，此处的函数 $G(\vartheta, \varphi)$ 包括外场能、退磁能以及各

种各向异性的贡献。以单轴椭球形晶体为例，其各向异性轴和静态外加磁场方向与椭球的 a 轴一致（见示意图 4.2）。在沿着 c 轴的极坐标系中（示意图中只给出与 ϑ 角定义有关的截面），广义各向异性函数可写为

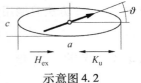

示意图 4.2

$$G(\vartheta, \varphi) = K_u(1 - \cos^2\vartheta\cos^2\varphi) - H_{ex}J_s\cos\vartheta\cos\varphi$$
$$+ K_d\left[\cos^2\vartheta(N_a\cos^2\varphi + N_b\sin^2\varphi) + N_c\sin^2\vartheta\right] \tag{4.5}$$

在 $\varphi = \vartheta = 0$ 附近对此函数求导并代入式（4.4）中，得到

$$H_{res} = \sqrt{\left[\frac{2K_u}{J_s} + H_{ex} + \frac{J_s}{\mu_0}(N_b - N_a)\right]\left[\frac{2K_u}{J_s} + H_{ex} + \frac{J_s}{\mu_0}(N_c - N_a)\right]} \tag{4.6}$$

式中，N_a、N_b 和 N_c 分别是沿着 a、b 和 c 轴的退磁因子。对于回转椭球体（$N_b = N_c$），其有效共振场是各向异性场 $H_K(= 2K_u/J_s)$、静态外加磁场 H_{ex} 和退磁场 $H_d\left[= J_s(N_b - N_a)/\mu_0\right]$ 的和。因此，如果已知饱和磁化强度 J_s、退磁因子 N 以及磁旋比 γ，就可以确定其各向异性。关于其他几何结构可以参见参考文献 [828，829]。

通过在不同磁场强度下沿着样品的不同轴进行测量，不仅可以确定各向异性常数，还可以得出饱和磁化强度和磁旋比。如果样品足够均匀且不导电，那么式（3.66a）中的内禀阻尼常数 α_G 与共振线宽相关。在大多数共振实验中，沿少数几个对称方向进行测量就可提供足够的信息来推算未知的各向异性常数。但如果需要确定未知的各向异性函数，那么就可能需要在一个连续的角度范围内进行测量。此时就需要进行修正以计及磁场与磁化方向之间的差别。虽然可以通过迭代方式进行修正，但一般很少采用。因为这样一来就失去了共振实验提供快速、精准和直接材料表征方法的主要优势。

原则上，各向异性特征可能是弥散且与测量频率有关的。共振方法使用的是微波频率来测量各向异性常数，因此不像其他大多数方法是准静态的。但这一点通常被忽略。

如果使用一个交变场对外场进行调制，从而有效地记录共振信号对外场的导数，就可以提高对各向异性测量的精度。各向异性的共振测试甚至可以探测出样品中的不均匀性。例如，如果一个多层薄膜系统包含了若干磁特性不同的层，可以据此对所得的共振峰谱进行分析。

磁弹系数可以通过弹性变形下峰位的移动来推算，或者可以通过超声对共振进行调制。这种超声技术的一个优势就是可以比静态条件下施加更加差异化的应力分量[830]。

4.4.3　自旋波共振

非均匀的磁共振模式可以与弹性体的振动模式相比。它们是非常有趣的研究对象，但却极少适用于基本参量的推导。

如果对薄膜施加垂直于表面的静磁场和平行于表面的激励场，那么就不存在退磁效应。则可以得到类似弦振动的一系列自旋模式[831-833]。其激发态与共振的精确位置取决于边界条件 [见式（3.67）]，也就是通常未知的表面各向异性。但在实际情况中，这些模式都被钉扎在表面处。这被归因于表面一个薄区，其具有不同的饱和磁化强度或有效各向异性。如果块体处于共振态，而表面区域也许没有发生**共振**，就会导致有效的动态钉扎。Wigen 等人[834]借助不同磁场角度的一系列实验确认了此概念。

对于表面钉扎，根据式（4.7），共振的有效场取决于自旋波的序数 n：

$$H_n = H_0 - (2A/J_s)(\pi^2 n^2/D^2), \quad n = 1, 3, 5\cdots \tag{4.7}$$

式中，H_0 是一致转动下的共振场；D 是薄膜厚度。只要两个表面是等价的，在均匀场下只会激发奇数模。共振峰的序列主要取决于交换劲度常数 A。自旋波共振是直接测量该量的重要方法。遗

憾的是,这个方法只能用于薄膜而非块状介质,并且需要薄膜的质量较好才能获得可用的共振谱。

4.4.4 光散射实验

由于光在磁性金属材料表面约 10nm 厚度以内被吸收,因此它可以用来激发磁性的表面自旋波。这些共振效应可与普通的水波类比。这些共振的激发导致光波能量的损失,其可以通过光谱方法对散射光进行探测而得到。

这需要在表面上引导激光束的高度专业化的实验来完成。在垂直于反射光束的方向上,在光谱仪中可探测到主线的弱散射伴线。根据磁场下其位置的变化可以得知这些伴线是源于磁性的。它们代表了表面自旋波的产生与吸收,并且通过与具体的理论进行比较,即可获得如交换劲度常数和表面各向异性等参量。这一方法的优势在于,除了整体信息外,它还给出了被照射区域的局部信息。同时,样品不需要整个都处于饱和状态来研究光的散射,而只需要被照射区域均匀磁化即可。关于这一强大的方法,即所谓的布里渊光散射的细节可以参照大量的原始文献[835-840]。

4.4.5 畴壁与磁畴共振效应

磁共振现象并不只限于近饱和态的振荡。任何处于静平衡状态的磁畴图形都可被激发进入振荡,其总能对于振荡模的二阶导数起弹簧常数的作用。其惯性由 3.6.6.4 节中讨论的畴壁质量来描述。

磁畴和畴壁共振现象很少从基本常数的角度进行评价。这是因为其阻尼机制和畴壁质量通常都是特定样品几何形状、磁畴和畴壁结构的复杂函数。而最主要的干扰来自布洛赫线,其数量和分布大多都是未知的。当一个畴壁开始移动时,那么其中的布洛赫线如果没有被钉扎的话将移动得更快,从而完全决定了畴壁的动力学。对磁泡膜中的这一现象曾有专门的研究[49]。

4.5 磁致伸缩测量

饱和磁致伸缩常数既可以通过直接方式,也可以通过间接方式来确定:直接测量考察的是磁体取决于磁化强度方向的伸长率。间接方法分析了适当磁特性的应力敏感性。3.2.6.5 节介绍了这两种方法之间的联系。直接方法适用于足够大的块体样品。而间接方法则更适用于薄膜和线材。但是,基于获取特别是薄膜的精确磁致伸缩参数的需求,也发展出了针对薄膜样品卓越的直接技术。Lee 在参考文献 [789] 中详细介绍了经典的磁致伸缩测量技术。本章只考虑取决于磁化强度的**各向异性**磁致伸缩,而忽略了取决于温度的"体磁致伸缩"。

4.5.1 间接磁致伸缩测量

前面提到了几种间接测量磁致伸缩常数的方法:磁化曲线和共振测量如果测试它们随外应力的变化,则可以从磁弹系数的角度对其进行估算。一种特殊的间接方法即小角磁化强度旋转法,被证明特别适用于块体金属玻璃[841,842]。在此方法中,条带状样品同时受到都沿着条带轴的磁场和机械应力的作用。磁场足以使样品达到饱和。一个通过样品的电流产生的横向交变磁场从而引起磁化强度的一个小角度振动,其被检测线圈以二次谐波信号的形式探测到。同时改变纵向磁场和应力以使测量到的信号保持恒定。从磁场/应力比可以推导出磁致伸缩参数。此方法灵敏到可以探测数值在 10^{-9} 范围内的磁致伸缩。其的一个特别优势是,甚至在外加应力变化时于蠕变过程或高温下都能进行磁致伸缩的快速测量。

参考文献［843］中依靠一种间接方法得到了有关薄膜材料磁致伸缩特性的有趣细节。这些作者们采用一种光学磁强计并使用图 4.5 中所示的磁化能量法测量了磁化强度方向与弯曲所感生的应力各向异性的依赖关系。

4.5.2　直接测量：一般过程

每种直接测量确定磁致伸缩常数的方法都需要测量两个不同饱和态之间长度的改变——通常是平行或者垂直于测量方向。只沿着晶体的某一个轴施加一个磁场的实验无法获得关于磁致伸缩常数的有用信息，因为这样的话只能比较某种任意的退磁态和饱和态。如图 2.55 中所说明的，这一过程只能测出退磁态的相体积，而不是磁致伸缩常数。

一个晶体不同的磁致伸缩常数需要对沿着不同轴的伸长率进行测量（除了在每种情形下旋转磁场外）。例如，如果在立方晶体中沿着［100］方向进行测量，那么平行和垂直于这个轴饱和态之间的相对长度变化可以由式（3.47）导出，为 $\Delta\left(\dfrac{\delta l}{l}\right)=\dfrac{3}{2}\lambda_{100}$。同样，对沿着［111］方向的伸长率的测量可以得出 $\Delta\left(\dfrac{\delta l}{l}\right)=\dfrac{3}{2}\lambda_{111}$。要完整描述一个材料则可能需要几种不同取向的晶体。

在多晶中只能直接确定平均饱和磁致伸缩 λ_s。该数值取决于织构和各向异性弹性模量，并且与单晶数值之间具有复杂的关系。对于立方晶体且微晶随机取向的情况，以下公式可认为是一种较好的近似[844,845]：

$$\lambda_s = c\lambda_{100} + (1-c)\lambda_{111}, c = \frac{2}{5} - \frac{1}{8}\ln r_a, r_a = 2c_{44}/(c_{11}-c_{44}) = C_3/C_2 \qquad (4.8)$$

式中，r_a 是立方材料的弹性各向异性的量度。有些教科书中仍旧使用更简单的表达 $c = \dfrac{2}{5}$，这只有在弹性各向同性 $r_a = 1$ 时有效。式（4.8）更恰当的表述考虑了在多晶中不能简单地将 λ_{100} 和 λ_{111} 进行平均。将磁致伸缩应力 $C_2\lambda_{100}$ 和 $C_3\lambda_{111}$ 进行平均也同样不正确。真实的平均数值处在两种可能性之间。这种正确的求平均还没有扩展到非饱和状态中。如果其能够使用的话，那么磁致伸缩对磁化强度的依赖结合相理论（见 3.4 节）可以实现对多晶体中各向异性磁致伸缩系数的测量：如与 Fe 类似的材料。在磁化强度曲线的初始阶段，由于所有磁畴都将被沿着某个 <100> 型易轴方向磁化，因此只有磁致伸缩常数 λ_{100} 起作用。因此，可以通过比较不同外场方向下零内场状态的磁致伸缩应变来推导出该常数。另一常数 λ_{111} 则可以由平均饱和磁致伸缩常数 λ_s 和其理论估算 ［见式（4.8）］得到。需要材料的晶粒具有随机取向且晶粒尺寸要足够大，这样才能使晶粒边界效应变次要。

大多数材料中磁致伸缩应变的数量级是 10^{-5}。因而与固态材料在 1℃ 内的热膨胀可比。因此，可用的磁致伸缩测量需要样品装置的温度稳定性至少为 0.01K。

由于直接的磁致伸缩测量必须在饱和状态下进行，因此就不能总是忽略称为**形状效应**的修正。它来源于退磁能 ［见式（3.24）］，其中的退磁因子取决于样品形状。反过来，饱和样品在正常的磁弹效应之外还倾向于沿着磁场方向伸长以减少退磁能。

样品的退磁因子越小，其形状效应越弱。这就是为什么薄圆盘的磁致伸缩常数比厚样品或者球形更容易估算。任何情况下都可以计算形状效应并将其扣除掉。Gersdorf[846] 将严格计算与应力均匀的简单假设。这一方法被证明通常情况下是足够的。对椭球体其可以按照下列方式进行

计算:对于尺寸为 a、b 和 c 的一般椭球体,其沿着 a 轴的形状效应应力为

$$\sigma_{aa}^{form} = -K_d \left[m_a^2 \left(N_a - \frac{\partial N_a}{\partial a} \right) + m_b^2 \left(N_b - \frac{\partial N_b}{\partial a} \right) + m_c^2 \left(N_c - \frac{\partial N_c}{\partial a} \right) \right] \tag{4.9}$$

对于其他轴也有类似的表达式。剪切应力 σ_{ab}^{form} 等在这一坐标系中是零。这里的 K_d 是杂散场能常数 [见式 (3.21)],N_a 是沿着 a 轴的退磁因子 [见式 (3.23)],而 m_a 是沿该轴磁化强度的方向余弦。应变可以通过胡克定律从应力推得。将数值代入式 (4.9) 中,我们可以看到如果圆盘状样品平行于盘面的退磁因子远小于小,则形状效应通常是可忽略的。

4.5.3 伸长率测量技术

4.5.3.1 应变片

在可用的不同技术中,应变片的优势在于可以局部地使用在单晶上一个优选的小区域甚至在粗晶样品的一个晶粒上。可用的应变片的有效面积可以小到 $1mm^2$。它们由具有金属薄膜传感器的塑料薄片构成,且可以使用一层薄的氰基丙烯酸酯型黏合剂对其进行粘贴。对于块状样品(包括薄片)来自应变片的反作用通常可以被忽略。通常建议在样品两边都加上应变片,并且把它们串联起来以避免由于测量电流对一侧加热所带来的样品弯曲的影响。

应变片的应变因子,即电阻改变与应变之间的比值,是由制造商提供的材料特性,是通过在校准过的弹性梁上进行弯曲实验确定的。Lee 在参考文献 [789] 中指出了**磁致伸缩测量**中的一个细微难点:由于校准是在横向收缩(泊松比)典型值约为 0.3 的传统材料上进行的,因此对于如式 (3.44) 中关于立方材料的公式可见的横向收缩比为 0.5 的磁致伸缩应变来说,此应变因子则不见得是正确的。其差别可能很小。如果要考虑它的话,则需要在双轴应力下进行校准实验。

载频电桥测量与伸长率相关联的电阻变化来进行估值的。可以很容易地测量数量级为 10^{-7} 的磁致伸缩效应。通常在一个等价的没被磁化的样品上使用一个组件平衡电桥就足够了。这一过程还能抑制不可避免的应变片对样品的加热效应。

由于具有更好的温度稳定性,金属应变片比更加灵敏的半导体应变片要好一些。重要的是在测试温度下传感器材料应是非磁的。对于高温和低温都有适用的应变片和黏合剂。适当的矿物质衬底和黏合剂使得整体测试组合比较厚。这种情况下,应该使用较厚的样品以使反作用力尽可能小。当然,应变因子可能依赖于温度。

4.5.3.2 膨胀计

人们通过非接触型的膨胀计测量可以避免应变片的很多技术难点,但却要面临其他一些问题。各种各样的直接应变测量技术得到了应用。对于厘米尺度的正常样品,需要纳米范围的分辨率,这可以通过电容传感器和光学干涉仪实现。现在的光纤技术提供了特别多样的解决方案。

膨胀计技术的困难在于,如果在样品边缘进行测量则应变和温度必须是均匀的。样品的结构需要均匀且呈椭球形,否则很难实现均匀的磁化和膨胀。膨胀计的一个优势是它几乎没有灵敏度的极限。甚至扫描隧道显微镜中使用的隧道传感器也可以用来进行磁致伸缩测量。随着灵敏度的提高,就有了在小样品上进行测量的可能性,因而减少了均匀性的问题。使用膨胀计测量小球时,上述所有困难都消失了,从而能够实现精确测量[847]。但是,这种情况下则可能需要考虑形状效应 [见式 (4.9)]。

特别对于薄膜样品有一种简便的直接测量方法,是由 Klokholm[848] 引入的。此时并不回避样品-基体复合体在磁场下的弯曲,而是将其作为主要测量信号。在一种现代变体中[849],样品暴露在一个平行于样品平面的周期性旋转磁场中。使用光学方法,通过反射激光束、象限仪探测器

和锁相技术对磁致伸缩弯曲进行探测。如果旋转磁场足够大以至可以使样品饱和，便可以对磁致伸缩常数 λ 进行精确测定：取长度为 L 的悬臂，其一端固定，且一面被磁性薄膜覆盖。适当运用弹性力学理论[850, 851]就可以得出悬臂自由端在纵向和横向磁化下的挠度差 d_f。对于可自由形变的多晶（弹性各向同性）衬底材料有

$$d_{\mathrm{f}} = d_{\parallel} - d_{\perp} = \frac{3D_{\mathrm{f}}L^2}{D_{\mathrm{s}}^2} \frac{E_{\mathrm{f}}(1+\nu_{\mathrm{s}})}{E_{\mathrm{s}}(1+\nu_{\mathrm{f}})} \cdot \frac{3}{2}\lambda_{\mathrm{s}}\sin^2\vartheta \qquad (4.10)$$

式中，D_{s} 是厚度（见示意图 4.3）；E_{s} 和 ν_{s} 分别是薄膜和衬底的弹性模量和泊松比；ϑ 是磁化强度方向角（磁化强度方向沿着悬臂时，$\vartheta = 0$）。激光束可以探测到悬臂末端的斜率 $2d_{\mathrm{f}}/L$。这一直接测量薄膜磁致伸缩的技术优势在于它完全不依赖于其他磁特性及样品的初始磁化状态，这一点与传统上对薄膜首选的测量应力感应出各向异性的间接方式不同。Watts 等人[852]和 Marcus[853]将弹性分析扩展到了悬臂一端刚性固定的情况。

示意图 4.3

对单晶薄膜（如石榴石薄膜）可以使用灵敏的 X 射线衍射技术。当外场旋转时，双晶衍射仪记录下垂直于薄膜表面的晶格常数变化。不同晶体取向的膜被用于确定不同的磁致伸缩常数[854]。

总之，没有一种通用的方法可以适用于所有种类材料和样品形状的磁致伸缩测量。薄膜可以使用弯曲实验进行直接测量，或者可以使用磁强计或共振实验进行间接测量。对大多数块体材料来说，应变片技术是合理的选择。特别对薄片来说，膨胀计法可能是最好的候选，只要足够细致，膨胀计法也可以获得精确的结果。

4.6　磁畴方法

在有利条件下，材料的参量可以通过观察到的磁畴直接推导出来。这种方法需要一个平衡状态以便可进行可靠理论处理。

4.6.1　合适的磁畴图形

适于进行定量估算的合适磁畴结构的图形需要满足几个要求：

1）其必须足够简单从而可以进行完全分析。

2）它必须至少包含一个不依赖环境就能达到最佳值的特征（如某个角度或者某个特征长度）。

3）这一特征必须对所感兴趣的材料参数敏感。

下面来看一些例子。分叉结构（见 3.7.5 节）显然过于复杂而不适于作为整体进行定量分析。但是这种图形中表面磁畴宽度可以由畴壁和闭合能量项的平衡明确给定，与整体构型无关。

类似的，在具有垂直各向异性（见图 1.1c）的单轴薄膜中观察到的迷宫畴图形发展出各种随机构型，其取决于磁场历史及形核数量和分布。但是带状畴宽度大多与总体图形无关，其常被用作这类薄膜的表征。

在常规的软磁材料中，畴壁通常形成由尺度范围很宽的大磁畴和小磁畴组成的复杂网状结构。这种情况下很难使用磁畴方法对材料进行表征。只有特殊制备的具有独立畴壁的样品对该类材料才是可用的。

作为一个不随材料参数改变的特性的例子，可以看一下低 Q 值薄膜中密条状磁畴的周期（见 3.7.2.1 节）。根据图 3.109b，在小的磁场和 Q 值下，条带宽度恰好等于薄膜厚度，与任何

材料参数无关。相反，形成条带的临界厚度［见式（3.193）］直接正比于畴壁宽度系数 $\sqrt{A/K_u}$。

很难界定出适合的磁畴图形范围。磁畴方法对于材料表征的实用性取决于磁畴和微磁学理论的进步、可获取的关于样品认识及实验观察技术的精确性。以下将给出一些磁畴方法成功应用的例子。

4.6.2　磁泡材料中的带状磁畴宽度

磁泡材料通常使用其饱和磁化强度 J_s、品质因子 Q、膜厚度 D 和退磁态下带状磁畴平衡宽度 W 来表征。这一情况说明在磁泡技术中磁畴测量构成了一种可靠的标准表征方法[855]。从带状磁畴宽度 W 可以推导出比畴壁能 γ_w，并间接得到交换常数 A 以及磁泡材料的特征长度 $l_c = \frac{1}{2}\gamma_w/$

K_d，其中 $K_d = \frac{1}{2}J_s^2/\mu_0$。

实验上，通过施加合适的倾斜磁场就可以产生平行带状磁畴而不是迷宫磁畴。对磁场进行减幅调制直到在零场强下达到明确的平衡态。计算是根据 Kooy 和 Enz 的式（3.41）（其中 $m = 0$ 而 $\Theta = 0$）。由这一表达式加上薄膜单位面积的畴壁能 $\gamma_w D/W$ 组成的带状磁畴图形总能对于磁畴周期 $P = 2W$ 求极小值，得到

$$\frac{\gamma_w}{2K_d D} = \frac{l_c}{D} = \frac{2P^2}{\pi^3 D^2}\sum_{n=1,3\cdots}^{\infty}\frac{1}{n^3}\cdot\left[\frac{\sinh x}{\sinh x + \sqrt{\mu^*}\cosh x} - \frac{x\sqrt{\mu^*}}{[\sinh x + \sqrt{\mu^*}\cosh x]^2}\right] \quad (4.11)$$

式中，$x = \pi n\sqrt{\mu^*}D/P$；$\mu^* = 1 + K_d/K_u$。

这一关系式的右侧只取决于约化周期 P/D。因此式（4.11）的左侧隐含描述了带状磁畴宽度对约化的特征长度 l_c/D 的依赖。图 4.7 显示了材料常数 $Q = K_u/K_d$ 取不同数值时的这种依赖性，该常数决定了旋转磁导率 $\mu^* = 1 + 1/Q$。该理论是基于 Q 值远大于 1 的情况。

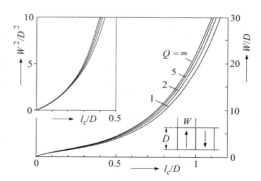

图 4.7　具有不同材料参数 Q 值的垂直各向异性薄膜中，退磁态下磁畴宽 W 与特征长度 $l_c(=\gamma_w/2K_d)$ 的理论关系

从畴壁能到交换常数的步骤需要关于磁泡材料中扭曲的畴壁结构的适当理论（见图 3.84）。或者，也可以采用关于带状磁畴的数值计算，其对包含接近 1 的各种不同数值 Q 均已完成了这样的计算[856]。这一研究结果所制成的表可支持根据名义畴壁能 $4\sqrt{AK_u}$ 的对带状磁畴的观察结果进行的直接估算。

对磁泡崩塌的直接观测也被用于材料的表征。通过对这一临界场进行一些熟知的修正就可得到饱和磁化强度，因而省去了磁强计测量[855,856]。

低畴壁运动矫顽力是磁泡薄膜的特征属性，因此磁畴图形的平衡态特性很容易就能获取。但是，只要细致考虑矫顽力效应和不可逆行为，磁畴研究也可以被应用于高矫顽力膜。在高温或者在热退磁后使用交变场进行测量可能有用。即使在这类材料中，对磁性微结构观察结果的适当分析也可能有助于回答一些基本问题。我们在参考文献［162］中通过证明被广泛研究的垂直磁记录介质具有连续的交换耦合的本质而非不连续的颗粒特征，说明显示了单磁畴实验可以判定此长期存在的争议。

4.6.3　块体单轴晶体的表面磁畴宽度

关于块体高各向异性单轴材料见 3.7.5 节中分叉结构的理论的特征之一可以被开发用于材料的表征：对于足够厚的晶体，其表面磁畴宽度 W_s（见图 3.130）预期将变为常量，与样品的尺寸和基本磁畴宽度无关。表面磁畴宽度（对于较大的 D）只取决于畴壁能 γ_w 和杂散场能常数 K_d。对于较大的 $Q(\mu^* \approx 1)$ 及简单的二维分叉体系（见图 3.127a），其变为

$$W_s = 108 \gamma_w / K_d \tag{4.12}$$

其比例因子将受到分叉模式的影响。图 3.127c 所示及通常在实验中观察到的三维分叉将减少其数值因子，因为三维图形中只需较少的额外畴壁能就可以导致杂散场减少相同的量。在参考文献［768］中，此因子是从实验中通过与薄样品中简单的未分叉的片状结构进行对比而确定的，后者可以如上节所示的那样进行精确推算。其中得到的系数值是 24.5 ± 2 而不是式（4.12）中的 108。这一校准通过参考文献［857］中对一种不同材料进行的独立测量得到了证实。通过表面磁畴宽度来确定畴壁能的方法被视为对高各向异性磁性材料进行估算的便利手段。对于任意形状的一块样品，只要其中包含足够大的晶粒且取向大致垂直于所要研究的表面就都可以进行考察。通常使用的是极化克尔效应，但如果磁畴过于细小就需要使用一些高分辨率的技术。磁力显微术或者在扫描电子显微镜中进行观察的比特（Bitter）技术[98]，都是对此有用的技术。

4.6.4　用磁畴实验测量内应力

在低各向异性材料中，磁畴经常受到长程内应力的强烈影响。尽管软磁材料都要经过退火尽可能地去除应力，但还是可能需要从局部对其进行测量。由于在线性弹性范围内均匀材料的内应力的空间平均应为零，因此真实内应力的效应在线性整体测量技术（如转矩法）中是相互抵消的。对于内应力的测量有 X 射线衍射等标准方法。但是磁致伸缩应变量级（ $\sim 10^{-5}$ ）的变形可以完全重排块体中的磁畴图形，却很难用 X 射线方法测试。因此，磁畴实验为测量磁性相关的弱内应力提供了有趣的可能性。

此类实验研究的是磁畴对外应力的反应。观察点处的内应力是通过对不同外应力下一系列观察的结果而得到的。其结果有可能受到来自其他来源各向异性的影响，例如晶体生长或者磁场感应各向异性，若可以通过别的整体测试中获得的话，这些各向异性就可被扣除。

参考文献［858］中说明了这种方法在弹性各向同性的金属玻璃中的潜力。如果局部易轴平行于表面，通过将一个 180°畴壁移动到所关注的区域即可看到其方向。常规 180°畴壁的方向表明了择优的轴。要确定有效各向异性的强度，必须施加外应力以使有效易轴转动。通过畴壁转动对外应力的依赖关系，就可以得到有效内应力。当拉应力只能平行于畴壁施加时，则可能需要施加弯曲或者扭转应力[859]以实现充分转动。

4.6.5　条状磁畴的形核与湮灭

3.7.2.2 节中，我们分析了在任意厚度的垂直各向异性软磁片状样品中，其条状垂直磁畴结构与均匀平面磁畴之间的转变与所施加面内磁场之间的关系。局部的压缩应力（对于正磁致伸缩）可以导致一个垂直的易轴，就像金属玻璃中所谓的应力图形，类似克尔图像中的指纹图形（见图 5.46）。如果在样品上可以看到这样的图形，它就能被施加的外磁场或者附加的外应力破坏掉，因而得到关于材料参数的一些信息。（在实际实验中，需要施加一个额外的减幅交变场，以便能在所有条件下观察到平衡态的图形。）对于低 Q 值的材料（如所有的软磁材料），条状磁畴形核（或者湮灭）的临界条件由式（3.193）给出。在厚样品中，这种测量差不多可以直接地

确定出有效垂直各向异性:根据式(3.193),消除条状磁畴所需的磁场等于没有修正项 $4\pi^2 A/K_u D^2$ 的各向异性场($h=1$ 或 $H=H_K$),其对于厚样品一般比较小。因此,测量条状磁畴图形消失所对应的临界磁场基本上就是测量观察点处各向异性场 H_K 的局域数值。

同样的道理,消除这些条状磁畴所需的应力与导致内应力图形的有效应力数值相等且方向相反。在不同方向上施加此外应力就可以获取内应力张量的不同分量[859,860]。一旦总平面应力张量中的一个主值不再为负值而是变成零(对于正磁致伸缩系数),条状磁畴就会消失。对于薄膜,当修正变得重要时,在初始条状图形可以被解析并且各向异性常数已知的情况下,就可能由条状磁畴形核确定出交换常数。

在参考文献[609]中,条状磁畴形核被用来确定小的额外各向异性贡献,此外几乎没有其他方式。石榴石膜中生长导致的垂直各向异性可通过相对于晶体轴的生长方向来确定。如果生长方向略微偏离对称晶体方向[111],就可能发生对预期各向异性函数的偏离,就像各向异性轴的倾斜或来自正交对称性贡献。这一偏离可以通过记录导致条状磁畴形核所需的磁场方向与所施加面内场方位角之间的依赖关系来进行确定。图4.8显示了残余磁畴结构如何灵敏地显示出二阶条状形核发生时所对应的磁场方向。在这种方法中,可以使用容易观测的零场图形来确定有效各向异性的细节,而不像形核图形那样具有小周期和小幅值因而非常难于观察。在参考文献[861]中应用并推广了这一方法。

图4.8　磁泡石榴石薄膜在方向略微不同的面内磁场方向下形核后的剩余磁畴结构。带状磁畴图形(图b)表明二级条状形核,其发生在施加磁场垂直于有效易轴方向(垂直,平行于条带)的时候。相反,一级磁泡形核(图a,c)发生在磁场向着薄膜法线方向略微倾斜几度的情况下

Yang 和 Muller[862]在条状形核理论的另一个非凡应用中导出了外延石榴石薄膜中的**单轴**磁致伸缩常数,此前这个量从来没有被获取过。通常磁泡薄膜以磁致伸缩常数 λ_{100} 和 λ_{111},以及单轴感应各向异性来表征。后者的对应量,即单轴对称性的感应磁致伸缩通常被忽略了。Yang 和 Muller 的分析证明这个量是存在的,而且具有物理上的影响。

4.6.6　软磁材料中的畴壁实验

在软磁材料中进行畴壁实验不太容易,因为其畴壁通常形成复杂的网状结构,锚定在样品的缺陷、转角或者晶界处。要避免这些复杂性就需要细心制作的完美样品。

一个理想的例子是经典的窗框晶体(见示意图4.4),可以对其中的单个畴壁进行独立研究。但也发表过在其他几何结构中得到畴壁能量的成功实验,如下面的例子。

在第一个实验中研究了被扩散后稳定了的畴壁位移。势阱的宽度(见图3.100)对应了畴壁宽度,而测量直到破裂点的畴壁位移也就直接测定了这一量[863]。

在另一例子中,一个具有(010)取向的硅铁条带表面被一个简单的垂直畴壁分割成两个磁畴(见示意图4.5)。穿过条带的横向电流产生了一个不均匀磁场并导致了畴壁的 S 形畸

变[864,865]。可以预测由弱畸变到强畸变的转变所对应的临界场，其在样品的两面都能观测到。这是对比畴壁能的灵敏测量。另外，基于纵向的交变场，可通过涡流在同样几何结构中产生动态的畴壁弯曲。而具体的理论再次预测了不稳定性的存在。在实验中，其变为速度—场关系上可见的一个结点。而畴壁能可以再次通过对理论和实验的比较获得[866]。

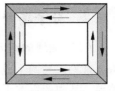

示意图 4.4

在这些实验中，如果通过直接观测计算出畴壁的数量且能够确认畴壁之间的独立性和等价性，那么就可以通过磁力方法同时记录若干个畴壁的位移。由于很难判明这些条件，因此更倾向直接观测畴壁的反应。

困难在于从观察到的磁畴周期推导出畴壁能。只有在排除磁畴分支的情况下才能使用基本磁畴宽度（见 3.7.5 节）。即使像参考文献 [867] 中那样考量过这些复杂性情况后，观察到的磁畴周期依然可能与最低能量状态下的构型不同。这个实验是在具有横向各向异性的薄膜带

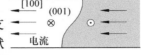

示意图 4.5

上进行的。其典型特征是，观察到的磁畴周期强烈依赖于事先施加的交流退磁场的方向。如 4.6.3 节中对单轴材料的详细描述，在立方材料中也进行适当的校准试验后，则可能对强烈分叉磁畴图形上的表面磁畴宽度进行评估。

4.6.7　畴壁动力学的测量

如果畴壁剖面已知 [见式（3.172）]，对绝缘体中单个畴壁的畴壁迁移率实验就可以立刻给出 Landau – Lifshitz – Gilbert 函数中的阻尼常数，从而对共振线宽的测量进行补充。特别是对于像钇铁石榴石这样的低阻尼材料，畴壁迁移率实验及共振实验对唯象阻尼常数所给出的结果具有系统性差异[49]，说明对简单 Landau – Lifshitz 方程的偏离。像临界速度和超过此点后的畴壁湍动（见 3.6.6.3 节）等过于复杂的现象以至于无法提取基本材料常数的现象对于基本材料表征用处不大。在块体金属材料中，畴壁迁移率几乎完全由涡流决定。因此它主要反映了电阻率、样品形状和畴壁形状（见 3.6.8 节），而对于其他的基本特性无法提供任何线索。

4.7　交换常数的热估算

到目前为止本书讨论的测量交换常数的方法只适用于特殊制备的样品。一种可能是间接但普适的途径就是分析饱和磁化强度的温度依赖性。这个曲线可以使用 4.3 节讨论的方法便利地测得。它反映了交换相互作用和热激发之间的相互影响，而它的几个特征可以给出交换劲度常数。

4.7.1　居里点

居里点理论复杂而且不够精确，因而很难由其通过第一性原理来确定劲度常数。关于临界点附近现象的统计处理必须包括自旋系统的高能激发，这在经典图像中意味着相邻自旋之间的角度较大。但是交换劲度常数衡量的是平滑的、长程的变化，相邻自旋之间的夹角较小。这就是为什么居里点 T_c 与微磁学劲度常数 A 之间的比例含有一个结构依赖因子：

$$kT_c = fJ, J = a_L A/(2S_e^2) \tag{4.13}$$

式中，a_L 是晶格常数；S_e 是基本自旋量子数；f 是在 $0.1 \sim 0.6$ 之间变化的因子，其取决于相互作用范围和特征及晶格类型。如果使用其他方法确定了一类给定对称类型和耦合方式的材料中一个材料的劲度常数，那么式（4.13）可以用来将测量扩展到相关材料中。

4.7.2 分子场理论

$J_s(T)$ 曲线的绝大部分可以由分子场理论很好地描述,例如铁磁的 Weiss 理论或者亚铁磁的 Néel 理论。当两个或者更多次晶格耦合时,曲线的形状可能与铁磁体标准曲线形状具有特征性差异,从而产生关于各次晶格间交换耦合的信息。对于具有两个次晶格的亚铁磁体,以下方程隐性地定义了饱和磁化强度:

$$J_a(T) = J_a(0) B_{S_a}\left[\frac{S_a g_L \mu_B}{kT}(N_{aa}J_a + N_{ab}J_b)\right]$$

$$J_b(T) = J_b(0) B_{S_b}\left[\frac{S_b g_L \mu_B}{kT}(N_{bb}J_b + N_{ab}J_a)\right]$$

(4.14)

式中,B_S 是大小为 S 的自旋的布里渊函数;g_L 是朗道旋磁比;μ_B 是玻耳磁子;N_{ij} 是分子场参数。求解关于双次晶格磁化强度的这个隐函数方程组,可以得到净磁化强度曲线,其以适当的相互作用系数 N_{ij} 描述了实验测量结果[868-873]。这对于尖晶石型铁氧体的劲度常数引出了表达式:

$$A = \frac{2g_L \mu_B}{J_s(0)} \frac{2N_{aa}S_a^2 + 4N_{bb}S_b^2 - 11N_{ab}S_a S_b}{16|S_a - 2S_b|}a_L^2$$

(4.15a)

同样,对于稀土铁石榴石,可以得到

$$A = \frac{2g_L \mu_B}{J_s(0)} \frac{5(40N_{aa} - 25N_{ad} + 15N_{dd} - 4N_{dc}S_c - 10N_{ac}S_c)}{16(6S_c - 5)}a_L^2$$

(4.15b)

式中,Fe^{3+} 处于 a 和 d 位上;S_c 是位于十二面体 c 位上稀土的自旋。

还没有对交换劲度参数温度依赖性的明确理论预测。参数 A 在 T_c 处会变为 0,还援引了劲度参数的温度变化遵循饱和磁化强度或次晶格磁化强度的二次方关系。相关讨论见参考文献[49]。

4.7.3 磁化强度的低温变化

分子场理论并不能正确预测低温下趋近绝对饱和的情况。平均场理论预计饱和磁化强度与温度呈指数关系,但实际观察到的是偏离后呈 $T^{3/2}$ 的关系。这一偏离是由称为自旋波的长程协同激发引起的,其能量主要由交换劲度常数决定。对块体铁磁体中这些激发的统计处理预测出以下规律[874]:

$$J_s(T) = J_s(0)\left[1 - \left(\frac{T}{\Theta_c}\right)^{3/2}\right], k\Theta_c = 13.25A(0)\sqrt[3]{\frac{g_L \mu_B}{J_s(0)}}$$

(4.16)

意味着绝对零度 $A(0)$ 度是与由 $J_s(T)$ 得出的特征温度 Θ_c 成正比的。三次方根反映了一个基本的磁性晶胞的线性尺寸。如关于劲度常数的定义由式(3.1)所提到的,该材料参数也与居里温度 T_c 相关。式(4.16)提供了至少是在低温下更直接获取交换劲度常数的途径,因为正如提到过的低温下从绝对饱和 $J_s(T) - J_s(0)$ 的偏离是与长程自旋波直接联系,其遵从经典连续介质微磁学的规则。

4.8 材料常数的理论导引

理论能推导出对磁性材料对常数温度和组分的依赖性的预测,这些非常有用。它们可能不是很可靠,但在没有其他信息时可以作为参考。

4.8.1　各向异性参数的温度依赖性

其基本思想是期望随着自旋所受热扰动的增加，基本的各向异性的自旋—晶格相互作用会逐渐平滑。这样的考虑会引出某一各向异性常数 – 温度关系与饱和磁化强度 – 温度关系之间的联系。Zener[875, 876]首先在关于铁磁体的简单局域化的图像中推导出这一规律，它可以用公式表述如下：令 n 为把某一各向异性能或者磁致伸缩项按照磁化强度方向余弦展开时的级数。那么这一系数将以 $K_n \propto J_s^{n(n+1)/2}$ 的形式随温度变化。例如，对于一阶单轴各向异性 K_{u1}，根据式（3.11）得到 $n=2$；因此其应按 J_s^3 而变化。对于三次方各向异性常数 K_{c1}，阶数 $n=4$［见式（3.9）］使其按 J_s^{10} 变化。Callen 和 Callen[877]给出了 Zener 理论更为系统的变化形式。其结果特别是在居里点附近与 Zener 公式不同。

为了合理应用这些规律，不能像式（3.9）中那样按照传统形式分析能量项，而应该按照球谐函数分析，这可能产生对传统各向异性系数稍微不同的预测。同样，在此分析中应该将自由晶体的各向异性中磁致伸缩的贡献［见式（3.48）］独立出来。采取这些措施后，就能够获得理论预测与实验之间较好的一致性。当存在像钴一样的晶格变化时会产生相关偏离[878]。此金属在420℃从六角结构转化到面心立方结构。交换耦合及饱和磁化强度并没有受到密堆序微小变化的太大影响，但各向异性特征受到剧烈影响。即使除去这种异常，在金属[879]和石榴石氧化物[880]中，理论预测与实验之间依然存在较大偏差。在任何情况下，理论都正确描述了各向异性和磁致伸缩常数其较饱和磁化强度更强烈地依赖于温度的趋势，对于立方材料尤其如此。

4.8.2　磁性绝缘体的混合法则

在绝缘体中对磁性各向异性和磁致伸缩最大的贡献来自于自旋与原子自身（而非其相邻原子）的电子构型之间的相互作用。电子轨道由离子价态和离子环境的对称性决定。考虑到离子种类在不同晶格位置上的分布，因而由混合法则可以预测总体各向异性和磁致伸缩参数。参考文献［880］中列出了在尖晶石和石榴石晶体中离子对不同环境的贡献。因此对于新成分更容易预测这些特性。

混合法则方法在氧化物材料中在 10% 以内是可靠的。由于离子分布对热历史的敏感依赖性，对其不充分的认识偶尔可能会带来问题。

4.8.3　合金系统的经验法则

金属合金与磁性绝缘体不同，因为金属的相互作用具有天生的非局域性。一般来说，目前金属系统的磁参数必须测量而不能通过理论预测获得。但是，各向异性和磁致伸缩的行为对成分的依赖性并非完全随机。假如其结构保持相同，那么存在这样的趋势：总价电子数相等的合金体系倾向于显示相同的特性。这一趋势在著名的 Bethe – Slater 图中非常明显，其将三维过渡金属的磁矩按照平均价电子数进行了排序。

各向异性与磁致伸缩看似遵循类似法则，正如 Rassmann 和 Hofmann[881]的法则所例证的一样。如果立方各向异性和平均磁致伸缩同时消失，则铁镍基合金会表现出最大的磁导率，其可以通过以下配方获得：

- 取 14.5% 原子百分比的 Fe。
- 取其他金属，其原子百分比乘上其价态的和为 19.5% 原子百分比；
- 其余为 Ni。

特征性地，在这个法则中唯一变化的是总电子数（百分比×价态）。

第 5 章

磁畴的观察和解释

本章就已观测到的磁畴图形给出系统的概述，将其与磁畴的理论概念相联系。在介绍了基于磁性微结构的磁性材料的分类之后，这些种类中最为重要的被提出并分析。重点放在了磁畴在可逆和不可逆磁化过程中的作用。

5.1 材料和磁畴的分类

如果能够记住与磁性微结构相关的磁性材料的基本分类，就有可能更好地理解磁畴现象的广泛易变性。本章依靠磁畴理论（第3章）进行分类。

5.1.1 晶体和磁的对称性

正如在光学中，多种不同的晶体类型并不能导致同等数量的根本不同的磁性材料。一种自然的分类依据易磁化方向（即零磁场下可能的磁化强度方向）的多重性区分材料。基于相理论的观点，这一准则引出了如图 5.1 所示的 3 类：在 3.4 节已示出，在零内磁场下可获得的平均磁化强度矢量"多面体"被样品的易磁化方向分隔开。这个多面体在多轴的第三类里是个三维体，在平面的第二类里退化为一个平面，在单轴的第一类里退化为一条线。

	类别	易磁化方向	例子
I	单轴	一个易轴	具有正各向异性的六角、正交、四方晶体
II	平面	在一个平面内两个或更多易轴	具有负各向异性的六角、四方晶体
III	多轴	空间非共面的 3 个或更多易轴	立方晶体，金属玻璃，具有小晶粒的多晶材料

图 5.1　根据易磁化方向多重性的磁性材料分类

在相理论中一个多轴材料（第三类）会表现出与外磁场方向无关的大初始磁化率，即使是对多晶体（如果在晶粒间没有非磁性间隙，以及如果晶粒间的磁致伸缩相互作用很小或是可忽略，磁导率将会非常大）。这是软磁材料的典型性能。具有易磁化方向连续的三维多重性的材料，如各向同性金属玻璃、细晶粒的多晶材料，或是具有锥形各向异性的单轴材料，在这方面均等同于立方材料。

单轴材料（第一类）适合于在磁体的磁滞性能上的所有应用，如在永磁材料和磁记录。易面的材料（第二类）的用途相对较少。

5.1.2 约化的材料参数

在可以通过结合微磁能量系数形成的许多的无量纲参数中，各向异性与杂散磁场能的比值最为重要。正如在 3.2.5.2 节中所介绍的，我们称之为比值 Q，定义为 $Q = K/K_d$，其中 $K_d = \frac{1}{2} J_s^2/\mu_0$ 是杂散磁场能系数，K 是有效各向异性常数，定义为围绕一个易磁化方向估算出的各向异性函数的最小曲率。与这一参量相关的另一个量是转动磁导率 $\mu^* = 1 + 1/Q$（见 3.2.5.6 节）。

材料参数 Q 决定了材料的多种应用途径。软磁材料应具有很小的值（$Q\leqslant1$）。强的永磁体常常基于具有 $Q\geqslant1$ 的材料。记录材料既应易于翻转又具有永磁性，因此 Q 值常在 1 左右。然而，必须强调的是，相对各向异性高和低的性能不是直接对应于材料的磁硬度，即矫顽力的高和低。作为一个外禀参数，矫顽力主要由其他的与磁性微结构相联系的结构特征（如晶格缺陷、晶界、样品或颗粒尺寸及表面的不规整性等）所决定。内禀参数 Q 值决定了能够获得所需硬磁性（或软磁性）的难易程度。由此可以理解图 5.2。

	定义	名称	典型应用
A	$Q\ll1$	低各向异性	软磁材料
B	$Q\approx1$	中等各向异性	记录介质
C	$Q\gg1$	高各向异性	永磁体，磁光记录

图 5.2 基于参数 $Q = K/K_d$ 的磁性材料分类，Q 比较了磁各向异性常数 K 和杂散磁场能参数 K_d

5.1.3 尺寸、维度和表面取向

一个样品的表面取向和尺寸对磁畴图形的特征乃至磁性能都有着决定性的影响。特别是当样品的尺寸与图 3.15 中列出的某个临界尺寸相当或比后者更小时会发生剧烈的变化。最重要的特征长度是畴壁宽度参数 $\Delta = \sqrt{A/K}$，其中 A 是交换常数，K 是各向异性常数。取决于与 Δ 的尺寸相当或更小的维度个数，会观察到迥异的磁性微结构。例如，在与布洛赫壁宽度 Δ 相比所有维度的尺寸都小的各向同性的小颗粒中不存在常规的磁畴图形，正如在 3.3.3 节所讨论的。磁性薄膜被定义为比布洛赫壁宽度更薄的材料。在这些样品中，畴壁的结构和能量被大大地修改，如 3.6.4 节所讨论的，这对于磁畴图形也有着严重的影响。基于这些考虑的一种样品形状的分类如图 5.3 所示。

另一个重要的方面是与易磁化方向有关的主要表面的取向。具有"错取向"表面的样品，也就是表面不包含易磁化方向的磁性微结构显著区别于仅具有良好取向表面的样品。多晶块体材料均属于有着强烈错取向和复杂磁畴图形的一类，因为即使一个晶粒的抛光表面具有良好取向，这个晶粒的内部表面也通常是强烈错取向的。表面取向的方面作为第二条规则包括于图 5.3 中。

	定义	名称	典型应用
1 a b	所有维度 $\gg\Delta$	取向薄片 非取向薄片和块状材料	变压器 旋转机器，轭铁
2 a b	两个维度 $\gg\Delta$	面内 薄膜 垂直	软磁薄膜元件， 纵向磁记录 垂直记录， 磁光记录
3	一个维度 $\gg\Delta$	细线 针状颗粒	传感器元件 颗粒记录介质 永磁体（低各向异性材料）
4	没有维度 $\gg\Delta$	等轴磁性颗粒	颗粒记录介质，永磁体（高各向异性材料） 磁性液体，地磁学

图 5.3 基于磁性样品的形状和与相对于布洛赫壁宽度参数 $\Delta = \sqrt{A/K}$ 大小的分类。与相对于主要表面相关的各向异性轴的取向作为第二准则由（a，b）指示，其中 a 适用于没有或者小的错取向，而 b 指的是强烈错取向块体材料和具有垂直易轴的薄膜

良好取向样品的概念对单晶薄片及晶粒尺寸远远大于其厚度的薄膜或薄片是有意义的。一些电工钢以及特别是取向变压器薄片属于这一类。在后面将区分两类情况：基本的磁畴图形与理想取向样品（见 3.7.1 节）本质相同的轻微错取向，以及导致新的完全不同的磁畴排列的强

烈错取向。3.7.2 节~3.7.5 节（条状磁畴、迷宫磁畴、封闭磁畴和分叉磁畴）的考虑适用于强烈错取向样品。

在 3.7.6 节中分析的 Néel（奈尔）块中磁畴的特征随着外磁场的大小而变化。在零磁场下可观察到理想取向样品的磁畴图形，而在大磁场下强烈错取向样品的分叉图形出现在晶体的侧表面上。原因在于侧表面内的易轴在外磁场下相对其他易磁化方向变得不再有利，后者在外磁场中有利但与侧表面不匹配。如果将外磁场垂直地施加于取向的变压器钢的择优方向，就会观察到相同的现象。一个称为"良好取向"的表面，意味着它包含一个易磁化方向，其性能可能因而变得与外磁场相关。这种复杂情况无法以合理方式分类，而是需要特设讨论。

5.1.4　其他方面及概要

除了已列出的内禀材料性能和几何边界条件，还有一个重要的外禀方面：即一种材料达到磁畴理论预测的平衡磁化强度构型的能力。磁滞是所有铁磁材料的共同特性，但与磁畴分析相联系的最重要的是磁滞的一个特殊方面，即关于畴壁移动是否会受到强烈阻碍的问题。如果不可逆性是由于与整体面貌不同的亚稳磁畴状态，如畴壁或畴壁节点的数量所造成，而畴壁自身是可以自由移动到局部平衡位置的，则基于平衡磁畴理论的讨论是可能的。反之，如果畴壁运动的矫顽力与微磁学的有效磁场相比是巨大的，则不会出现局部平衡且观测到的磁畴图形表现出完全不同的特征，通常与平衡结构的情况相比非常不规则。

对于适度的畴壁运动矫顽力，对于一个给定的外场仍可能通过叠加一个交变且幅度逐渐减小的外磁场来趋近平衡构型，这一过程称为"理想化"。如果可能，这一过程在磁畴观察中常被推荐。有时候只有非常普遍的特征，例如退磁态下有利的畴壁密度与平衡的性能相关联。只要这些特征现象可以被辨识，我们将在后面处理硬磁材料并关联相应的软磁材料，专注于平衡态而非不平衡态的特征。大多数情况下，与平衡磁畴理论没有明显关联的不活动磁畴可以在用于永磁体和磁记录的材料中发现，但在某些反铁磁耦合类型的多层膜中也可发现。

一个磁性微结构的每个讨论均必须始于一个合适的分类。没有这个决定所需的信息，有意义的磁畴分析都是不可能的。开始之前，样品的几何外形、饱和磁化强度、各向异性的对称性和大小、晶体取向和居里点（用于估算交换劲度参数）都应该已知。此外，材料的磁硬化程度，即壁移矫顽磁场与各向异性磁场的比值，应该已知。

即使基于图 5.1~图 5.3 的 3 个内禀准则所提出的分类被认为是充分的，仍将有 $3 \times 3 \times 6 = 54$ 个或多或少不同类型的磁性样品。而且还有形成于各类型之间的过渡类型：样品尺寸，相对各向异性参数 Q，以及畴壁宽度可以表现为任意的正实数，以至于基于这些数值的清晰分类是不可能的。而且对称性的观点不总允许一个清楚的区分。考虑一种具有弱的被叠加的感应的单轴异性的立方材料。根据图 5.1 的分类方案，这种材料将立即变成单轴的，因为其易轴不再等价，即便不考虑叠加各向异性的大小。因这没有道理，这种分类更应该理解为一种概述。

不是所有可能的类型都已在应用中受到关注并值得系统研究。以下更重要的样品类型的磁性微结构将被给出和讨论。从单轴的和多轴的块体材料开始，我们继之以降低维度的样品，其中最重要的类型是各种形式的磁性薄膜。本章最后一节是低维样品（针、线及颗粒）的特殊性能。

5.2　块体高各向异性单轴材料

本节将要讨论的是当代永磁体的典型的原材料。如果被转化为差不多的细颗粒、取向并被压结，它们就会形成硬磁性。作为块体晶体，它们显示出漂亮的分叉磁畴图形，如 3.7.5.2 节中讨论过的。

5.2.1　分叉磁畴图形

图 5.4 示出了钴晶体的基面上对应不同样品厚度的一系列磁畴图片。这些图片采用克尔技术拍摄（正如本章中大部分图像）。

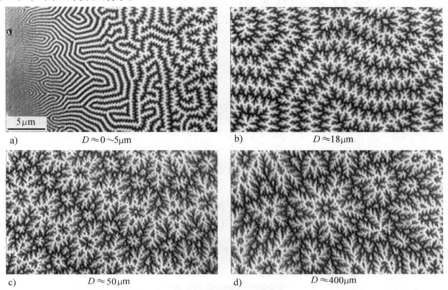

图 5.4　一个楔形钴晶体基面上的克尔效应观察到的结果。块体钴在室温下具有单轴各向异性，因此易轴与观察表面垂直。分叉的程度随着样品厚度 D 的增加而增加，而表面磁畴宽度保持基本不变

引人注目的是，尽管采用了对表面磁化强度敏感的克尔效应，内部的基础磁畴也可以分辨，随着厚度变大磁畴结构的复杂性仍会增加。其他对基础磁畴相关的杂散磁场敏感的方法，如粉纹技术（见图 2.7）、磁力显微术（见图 2.43），甚至如图 2.53 所示的模糊效应可以更加清楚地显示基础磁畴。通过估算这些系列照片，几位作者[211,766,882-889]确认了基础磁畴宽度的特征性的 $D^{2/3}$ 依赖关系（D 为样品厚度，见图 3.130）。至于表面磁畴宽度，我们至少可以根据式（3.227）定性地认识到它与样品厚度无关。

钴的分叉图形的细微结构看起来与正常的高各向异性材料有些不同，正如在与 NdFeB 分叉图形（见图 5.5）相比较时所能看到的。原因是在两种材料中的不同各向异性比值：NdFeB 的高各向异性（$Q \approx 4$）导致了如图 3.127 所勾画的纯粹的两相分叉，以特别光滑的表面图形轮廓为特征。这种图形在所有种类的高各向异性材料中均可见，在六角铁氧体里也很明显[211,882,887]。

在较低各向异性的钴中（$Q \approx 0.4$），图形的特征在宏观层面相似但在精细结构上不同。此处块体样品中分叉的模式与高各向异性材料一致。根据式（3.227），因为更小的畴壁能，表面磁畴的宽度更小。但是细致的表面图形也显示出一种更加参差不齐的特征，这在图 2.7 所示的采用更高分辨率的磁畴观察中可以在细节中更加清晰可见。这与图 5.5 中的高各向异性中的分叉突出的圆润外形形成对照。

这种差异的原因在采用聚集于表面磁化强度的面内分量而非于传统的极向分量（见图 2.39b）的电子偏振方法[890]实现高分辨率成像之前并未得到理解。随后也通过磁光的方法[180]获得了类似的结果。钴有不同图形的根本原因是由于在分叉的最上层的封闭磁畴（见图 3.121b）的出现。很显然的是这些封闭磁畴是在一个密条状磁畴图形中被调制，这与图 3.142 中所示和解

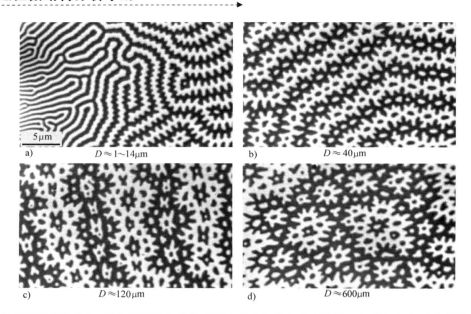

图5.5 具有不同厚度的 Dy 掺杂的 NdFeB 晶体基面上的克尔效应观察结果。与钴相比表面磁畴图形更粗化，而且有轻微的区别，参差不齐的特征较弱（样品由 IFW Dresden 的 A. Handstein 提供）

释的金属玻璃中的应力磁畴图形类似。根据这些发现，具有中等各向异性的钴形成了一种混合态，在块体中遵从高各向异性的双相分叉方案，在表面上则是低各向异性的多轴分叉方案。

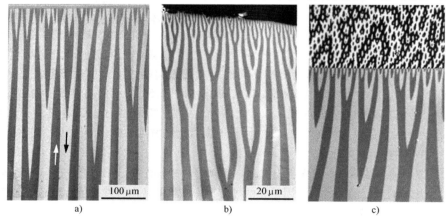

图5.6 一个钴晶体（图 a）和一个轻微错取向的 NdFeB 晶体（图 b）的侧面磁畴展示出朝着样品边缘时的磁畴分叉过程。一个 NdFeB 孪晶显示了分叉过程（图 c），其中孪晶界对磁畴图形起到了类似镜子的作用（见图 2.7）。孪晶的错取向分别是 13° 和 52°（样品由 IFW Dresden 的 A. Handstein 提供）

在一个单轴晶体的侧面上分叉机制可以被立刻观测到（见图 5.6）。尽管这些图片似乎直观可信，却不能将它们视为穿过一个分叉图形的未受影响的横截面。自由侧表面的存在改变了内部杂散磁场的能量，后者将导致近表面磁畴图形一些弛豫。可能在一个自由表面附近的分叉"速度"加快了，因为在式（3.225）中的内部杂散磁能量系数 F_i 在自由表面附近会减小。这种现象在图 5.6b 中变得非常明显，其中在表面处看到的强烈弯曲的磁畴边界指示出了以一个与晶体错取向相关联的锐角与观察表面交截的畴壁。即使是在晶体侧表面上，磁畴图形的表面形貌也可能因此与内部的磁畴结构十分不同。

图 5.6c 中的一个孪晶同时显示了内部和表面的磁畴，正如示意图 5.1 所示的截面视图。由于孪晶对特定的取向，两个晶粒的极向磁化分量是相反的，解释了在紧邻的跨越边界的磁畴中可以看到的克尔图像中的衬度反转。

示意图 5.1

一个特别漂亮的分叉图形来自 R. Szymczak[211]，他采用两种互补的方法研究了磁性氧化物晶体（见图 5.7）。这种晶体在红外光下是透明的，由此通过法拉第效应显示它们内部的磁畴图形。表面的磁畴图形可以通过 Bitter 技术呈现出来。尽管在细节上存在明显差异，但两个图形明显互为彼此。

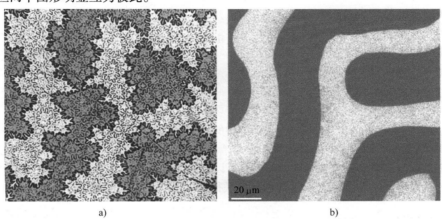

a)　　　　　　　　　　　　　　b)

图 5.7　一个厚度为 0.8mm 的钡铁氧体晶体薄片的磁畴图形。表面磁畴图形（图 a）通过 Bitter 技术呈现出来，基本磁畴（图 b）是在远红外光中通过法拉第效应观测的。在两个视图中显示出同一个磁畴图形（由 Warsaw 的 R. Szymczak 提供）[211]

随取向而变化的系统的一系列钕铁硼晶体上的分叉磁畴图形如图 5.8 所示。显然，在这些粗晶样品中通过简单地查看磁畴就可以从同而发现 10°以内的取向变化——除了磁畴图形对取向角度不再敏感的接近 90°的情况。

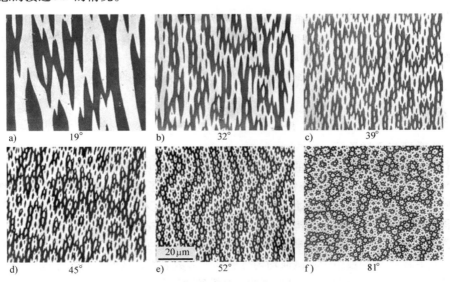

a)　　19°　　　　b)　　32°　　　　c)　　39°

d)　　45°　　　　e)　　52°　　　　f)　　81°

图 5.8　错取向逐渐增加的 NdFeB（Dy）晶粒的磁畴观察（样品由 IFW Dresden 的 A. Handstein 提供）

图 5.9 展示了两个基本的立方材料中的两相分叉的例子（图 5.9a 中的一个铁基合金，图 5.9b 中的一个富钛的尖晶石；参见参考文献［891］）。在两个样品中，强烈的内应力使得立方材料形成有效的单轴。与六角结构晶体相比不同的花状图形的表象源自于磁弹相互作用的各向异性，这种作用通常会产生正交而非单轴各向异性［见式（3.12）和式（3.52）］。正如在传统的单轴材料中，正交材料中的一个轴是有利的，但是其他两个（难）轴不对等，从而影响畴壁能。很明显在这些晶体中存在一个特殊的畴壁能的强烈各向异性。

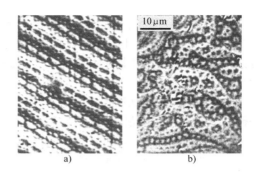

图 5.9 强单轴应力下观察到的立方材料上的双相分叉。图 a 为一个铁 – 镍陨铁（约含有 7% 镍的铁）表面附近的磁畴，图 b 为包埋的钛磁铁矿晶体上的磁畴，富含于花岗岩中的一种低磁化强度尖晶石（与 V. Hoffmann，München 合作）[208]

此处讨论的分叉磁畴图形是专门针对单轴材料的。到平面各向异性的过渡在参考文献［892 – 894］中有研究。一个平面各向异性材料的磁畴观察的例子如图 5.10 所示。在基平面上（见图 5.10b）磁畴不显示通常的择优方向，尽管在每个点都有一个明显的择优轴，它们很显然是由于内应力所致。在侧面（见图 5.10a）上可以观察到的层状结构表明，在这些材料中，磁畴图形在基平面内是基本闭合的，且沿着轴向关联很少。

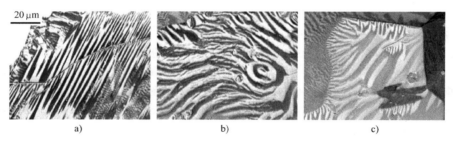

图 5.10 对平面各向异性的 Sm_2Fe_{17} 的磁畴观察。除了易面各向异性，观察到的磁畴受到微结构应力的强烈影响，图 a 为侧面，显示了沿着基平面扩展的磁畴，以及精细地分割的"应力图形"，其中局域应力有利于垂直磁化强度，图 b 为有一定的错取向的基平面上的磁畴，示出了一些分叉，图 c 为基平面上的磁畴，在晶界附近有强烈应力感生的分叉（样品由 IFW Dresden 的 A. Handstein 提供）

5.2.2 外磁场效应

5.2.2.1 外磁场与易轴平行

在平行于易轴的外磁场作用下的块体单轴晶体的基面上可以观察到的美丽磁畴从来没有被定量地分析过。图 5.11 中采自于钡铁氧体的图片系列示出了取决于磁化历史的磁畴图形演化。在对应的磁场下，我们观察到或是始于饱和态的不相连的分叉单元（见图 5.11a），或是始于退磁态（见图 5.11b）的分叉网状结构（见图 5.11c）。一个钴晶体的相似的图片如图 2.9a 所示。明显的是测得的块体磁化强度与观察到的表面磁化强度存在巨大的偏差。很明显，在之前 5.2.1 节中讨论过的封闭磁畴均被用于将磁通均匀分散到大多数表面，从而在表面导致非常窄或消失的反向磁畴以避免强烈的表面磁荷。这种机制的一个模型图如图 5.12a 所示，它至少与图 5.12b、c 的观察相一致。

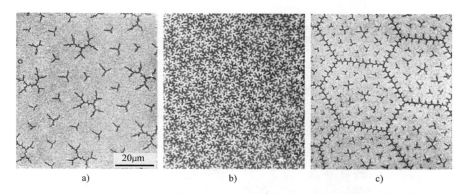

图 5.11　钡铁氧体晶体的基面上的磁畴的滞后现象，图 a 为始于磁化饱和的形核之后，图 b 为剩磁态，图 c 为始于退磁态并在与图 5.11a 相同的磁场下（磁畴图形的形态强烈地依赖于磁化历史）（样品由 TU Dresden 的 L. Jahn 提供）

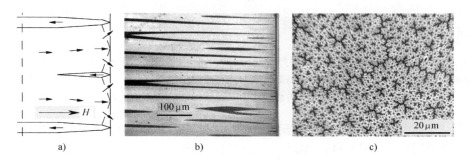

图 5.12　图 a 为沿着垂直于表面的易轴方向且磁化到饱和的 80% 钴晶体内一个可能的磁化强度构型。这个方案解释了一个均匀的磁通出现在表面这一情况是如何以适中的晶体各向异性能为代价而实现的。这可以与在侧面上（图 b）和基面上（图 c）的观察相比较。尽管黑色的磁畴仅仅占据了表面积的一小部分，但在这种状态下晶体仅仅磁化到饱和的 60%

5.2.2.2　外磁场平行于基面

迄今，只有静磁能和 180° 畴壁能决定磁畴结构。在一个垂直于易轴的强磁场下畴壁角度变得小于 180°。这引出了两个新的方面：①畴壁能减少并且变得与取向相关（见图 3.62）；②基本磁畴间的磁致伸缩相互作用变得重要。

磁致伸缩能有利于基本磁畴相对于外磁场方向垂直取向（见图 3.11）。这种影响对于大厚度和高磁场强度起主导作用[161]。然而在小磁场强度下，畴壁能有利于平行取向。始于饱和态时，形核以垂直条带的形式出现。当磁场强度减小到零的时候（见图 5.13b），垂直的磁畴取向（见图 5.13a）得以保留，但磁畴宽度和分叉程度增加。最大的基本磁畴宽度在零磁场强度下达到。在反方向再次增大磁场强度（见图 5.13c），两种倾向共同作用：磁畴宽度倾向于再次减小，且畴壁设法旋转与外磁场方向平行。

两种作用结合起来形成锯齿状图形，正如被 Kaczér 和 Gemperle 首次观察到并分析[895]。在更高的磁场强度下，磁致伸缩相互作用再次占据主导作用，使基本磁畴变直（见图 5.13d）。这种效应也发现于高磁致伸缩的石榴石膜中[896]。

到目前为止讨论的磁场依赖的特征适用于基本磁畴的行为且没有考虑分叉的行为。如图 5.14

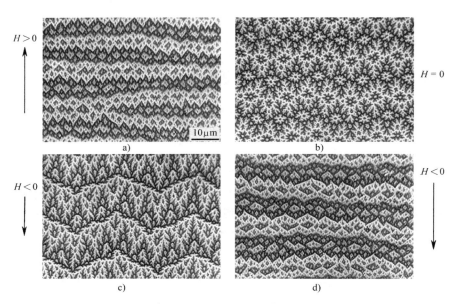

图 5.13　外磁场平行于一个钴晶体（厚度约为 180μm）的基面。在正向磁场（图 a）和剩磁态（图 b）下基本磁畴与原先的饱和磁场垂直取向。在反向磁场下（图 c）一个锯齿状折叠节省了总畴壁能。在更强的磁场下基本磁畴由于磁致伸缩的相互作用再次伸直（图 d）

所示，如果一个面内磁场强度从临界磁场强度向下减小，形核和分叉的展开就可以被观察到。接近于形核态的初始图片（见图 5.14a）显示了一个窄的、未分叉的图形。分叉的连续阶段出现在磁场强度减小时（见图 5.14b ~ f）。

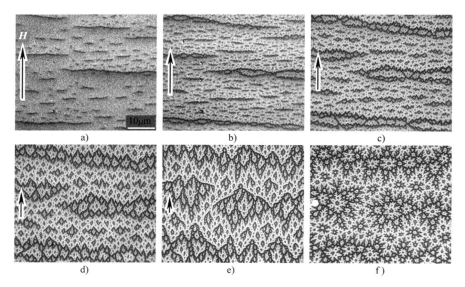

图 5.14　在一个逐渐减小的面内磁场强度下一个厚度约为 200μm 的钴晶体中连续的磁畴分叉。从锯齿状畴壁（图 e）到花状的形貌（图 f）的突然变化与畴壁能的取向依赖性有关，这种依赖性在零外磁场强度下消失

5.2.3　多晶永磁材料

粗晶永磁材料通常由一个独立的高各向异性晶粒的聚集体组成。这种情况在图 5.130 中的小的磁性颗粒的背景下要进行研究。这种材料的特有的退磁态磁畴图形也可以在图 5.15a 中的左侧看到。细晶粒的永磁体材料中的晶粒通常是强关联的，因而不能作为一个独立颗粒的聚集体来处理。在退磁态下它们倾向于显示为一种相当不规则的磁性微结构，正如图 5.15a 的右侧和图 5.15b、c 所示。这些图形可能是由在细晶粒间占主导作用的偶极相互作用所决定的，在示意图 5.2 中指明了两个仅在侧面耦合的晶粒指向。这种磁畴最早在 Alnico 材料中被观察到[897,898]。它们也被发现于所谓的 ESD（伸长的单畴）磁体上[899,900]，其晶粒间的任何交换作用均不存在。为了显示它们特别的性质，它们被称为"静磁相互作用畴"。关于早期观察的一个综述可在参考文献［44］中找到。

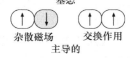

示意图 5.2

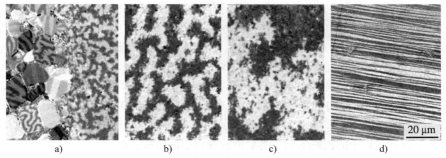

图 5.15　采用熔体快淬和热变形制备的粗晶态和细晶态的多晶 NdFeB 材料。图 a 是一个在左手侧发生晶粒长大的样品中特有的磁畴图形的过渡。在细晶部分的不规则磁畴图形（右侧，晶粒尺寸约 100nm）不处于平衡态。这可以通过比较在一个适当的磁场序列下退磁所得到的状态（图 c）和热退磁状态（图 b）看到。（图 d）为一个取向铝镍钴晶体侧面的形貌（IFW Dresden 的 K. – H. Müller, W. Grünberger 和 A. Hütten 合作）

近期，它们又被发现于细晶粒的稀土磁体中[398,901-903]。明显的是，在这些材料中晶粒间的偶极作用也胜过（明确存在的）交换作用。

静磁交换作用畴的一个特有的特征是它们沿着材料的择优轴扩展的拉长的形状，如可见于图 5.15d 所示的 Alnico 的例子。图 5.16 示出交换作用畴的"畴边界"可以在某种程度上侧向移动，但仅仅以一种非常不规则和不可逆的方式。

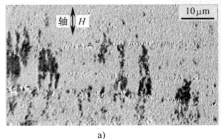

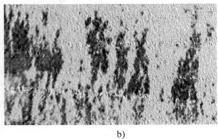

图 5.16　沿着平行于图 5.15a ~ c 中纳米晶钕铁硼材料的择优轴的方向切割的表面上观察到的交换作用畴。在一个与前期饱和磁场相反方向的 700kA/m 的磁场强度下形成的不规则片区基本沿着轴向扩展图（a），但如果磁场强度增加到 800kA/m 也会侧向扩展（图 b）

5.3 块体立方晶体

多轴材料通常具有低的相对各向异性值（$Q \ll 1$），例外很少，几乎补偿亚铁磁体可能是个例子。对晶粒尺寸远远小于样品最小维度尺寸的真实块体多晶材料的磁畴结构知之甚少。这种材料应用于（例如电磁铁的）轭铁。由于无法观察块体软磁材料内部的磁畴，对它们磁性微结构的讨论不得不依靠像相理论（见 3.4 节）那样的理论考量，并与磁化和磁致伸缩测量的分析相结合。

应用于电动工具和其他感应器件的软磁薄片或薄板的磁性微结构可以被分析得更为具体，因为大晶粒延伸穿透薄片的厚度是典型且有利的。这意味着在这类材料中磁畴结构的许多基本特征也可以在单晶体上被研究。只要薄片的厚度大于畴壁宽度，这些材料就必须被归类为块体材料，即使它们仅有几微米的厚度。

在块体立方晶体内的磁畴分布主要由磁通闭合原理决定。几乎同样重要的是这些材料的磁各向异性，因而磁畴图形的大多数细节由易轴方向相关的表面取向所决定。几种情况必须加以区分。从最简单的情况，一个有两个易轴的表面，到没有易轴的强烈错取向表面，磁畴图形逐渐地变得复杂。在例如铁的正各向异性材料中（100）表面包含两个易轴方向。在一个负各向异性材料中的（110）表面，例如镍，与铁中（100）表面相类似，因为它含有两个 < 111 > 型的易轴。表面只包含一个易轴方向的是，例如，对 $K_{c1} > 0$ 时的（110）面和对 $K_{c1} < 0$ 时的（112）面。对正各向异性而言（111）表面不包含易轴，对于负各向异性而言的（100）和（111）表面亦然。显然类似镍的材料中的磁畴不同于类似铁的材料中的磁畴，即使在对等的平面上被研究。它们在允许的畴壁角的细节上是不同的，因为铁中的易轴都是相互垂直的，然而这在类似镍的物质中则不然。然而，在两种对称类别中的磁畴高度相似，因此我们无须在每一个样品中分别讨论它们。

5.3.1 具有两个易轴的表面

简单而美丽的铁（100）面的磁畴图形广为人知且易于解释（见图 5.17a）。然而，观察到的磁畴往往较期待的更为复杂。与理想结构的这些偏差是由小的残留应力和可能感生的各向异性造成的。

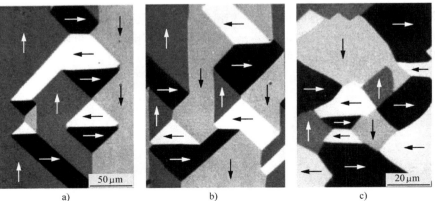

图 5.17　硅钢（Fe3wt% Si，一种用作电工钢的材料，在磁性上与纯铁相当）的（100）
表面上的磁畴，图 a 为磁畴都平行于表面被磁化，呈现出一个特别清晰的图形。图 b 为同一
位置在另一次退磁后的一个替代图形，图 c 为与之对比，残余应力生成"V 形线"
标识出垂直于表面磁化的内部磁畴

通常在一个样品中的每个位置，晶体学易轴中的一个相对于其他的是稍微有利的。图 5.17b 所示为另一次退磁处理后在与图 5.17a 中相同的位置获得的磁畴图形。一些细节，特别是磁化方向，与图 5.17a 中的不同，但在两个图形中局域的择优取向轴大体一致。

残余应力也是造成磁畴图形内部的磁通闭合定律遭到破坏（见图 5.17c）的原因。此时隐藏的内部磁畴与表面相交，犹如在基本的 Landau – Lisfshitz 图形（见图 1.2）中。表面的可见的"畴壁"实际包括一个畴壁对，各部分在表面相交形成了一个 V 字[641]。正如常规的畴壁，人们可以根据表面磁化的方向间的角度区分为 90° 和 180° 的 V 形线。图 5.18 所示为两种情况的内部结构，两者均可在图 5.17c 中发现。

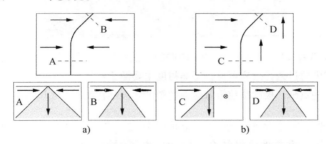

图 5.18　在一个铁的（100）表面的 180° V 形线（图 a）和 90° V 形线（图 b），两者都在两个不同取向（这些图中的内部 90° 畴壁的锯齿形折叠被忽略）

V 形线可以呈现出弯曲的整体形状，因为它们可以被沿着表面法向旋转而不产生杂散场。两种类型 V 形线的不同取向如图 5.18 所示。这类材料对所有磁畴图形均遵守闭合磁通类型的规则，无一例外，即根本无杂散场。

这可以通过对比克尔效应图片和相应的 Bitter 图形来证实。如果被我们视为 V 形线的任何边界确实是带有磁荷的畴壁，沿着它们就一定会形成强烈的胶体凝聚。事实上，V 形线在 Bitter 技术中几乎不可见，正如 2.2.4 节所阐释。文献 [84] 对这一现象给出了定性解释：内部磁畴可以上下移动，

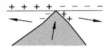

示意图 5.3

也可以稍微倾斜以弥补示意图 5.3 所示的错取向，由此抵消否则可能出现的任何源自畴壁或磁畴的净磁荷。

扩展的 V 形线通常以锯齿形的方式（见 3.6.3.3 节）反映出参与的表面下畴壁的择优取向。对比而言，分开样品表面两种易轴方向的常规畴壁的几何形貌无法从表面观察归纳出来，因为式（3.114）中的差值矢量与表面畴壁的迹线重合。无论（可允许的）畴壁的内部取向如何，它与表面的相交线均保持不变。只有相同畴壁在不同表面的观察可以提供其内部信息。

图 5.19 所示为一张与负磁致伸缩材料相应的图片。90° 畴壁被 71° 和 109° 畴壁取代。除了这些磁畴–畴壁相关的细节，图形看起来与正各向异性情况相似。注意畴壁亚结构（布洛赫线）和非常宽的畴壁在 109° 畴壁也会出现，而不仅仅出现在图 2.21 中的 180° 畴壁中。这个观察与 109° 畴壁（见 3.6.3.4 节）特征的理论预测一致。

5.3.2　表面仅有一个易轴的晶体

5.3.2.1　基本磁畴

像用于戈斯织构的变压器材料的（110）取向的铁薄片中基础的零磁场下的磁畴结构相当简单：它由与 [001] 易轴方向平行或反平行磁化的片状磁畴组成（见图 5.20）。唯一的特殊之处

图 5.19 易磁化方向沿着 <111> 轴的 (110) 取向的钇铁石榴石晶体薄片中的磁畴 [磁畴在以轻微的倾斜入射的透射模式中通过磁光效应可见,磁畴衬度主要源于福格特 (Volgt) 效应,以及纵向法拉第效应的一些贡献,极向法拉第效应在畴壁产生强烈衬度] (与 R. Fichtner 合作)

是看不见的:180°畴壁取向不是垂直于表面而是倾斜的,如图 3.64 所示,并且可以通过观察两面得以确认。这种倾斜的重要性已经结合涡流效应做了讨论 (见 3.6.8 节)。

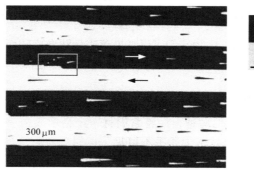

图 5.20 大体上没有受到影响的 (110) 取向的硅铁晶体表面上的片状磁畴 [孤立的柳叶刀磁畴和主畴壁上的小弯曲 (在右上图做了放大) 与内部的横向磁畴有关]

如果由于某种原因材料**内部**的易磁化方向是有利的,则可以在这个表面上观察到很多种磁畴。这可能是由缺陷、应力或横向外磁场所致。晶界或晶体棱边的退磁效应也可能感生这种磁畴。图 5.20 中在某些位置探测出与择优轴形成一个大角度的畴壁片段。它们依然是 V 形线,指示出可能与样品内某处的夹杂物相关联的内部横向磁畴。

简单的条状磁畴图形受到晶界的影响。用 φ_1 和 φ_2 表示投影的易轴与晶界法向之间的夹角 (假设它位于薄片的面内,见示意图 5.4)。如果晶界两侧的磁化方向遵从各自的易轴,一个名义的磁荷:

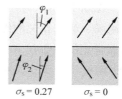

$$\sigma_s = \cos\varphi_2 - \cos\varphi_1 = 2\sin\left[\frac{1}{2}(\varphi_1 + \varphi_2)\right]\sin\left[\frac{1}{2}(\varphi_1 - \varphi_2)\right] \quad (5.1)$$

将会产生。我们看到——最好从式 (5.1) 的第二种形式——对于相同易磁化方向 $\varphi_1 = \varphi_2$ 这个磁荷密度为零,也适用于对称排列 $\varphi_1 = -\varphi_2$。

示意图 5.4

否则出现的磁荷可能会感生晶界面补偿或是封闭结构。一些例子如图 5.21 所示。

一个完整的分析不得不包括一个能够降低磁荷密度的晶界倾斜。此外,磁化强度可以通过旋转离开易轴来减少磁荷，如通过 μ^* 效应（见 3.2.5.6 节）所描述的。图 5.21a 给出了一个例子，其中的磁畴穿越晶界貌似未受影响。随着名义磁荷 σ 的增加，更多复杂的磁通补偿磁畴被引入到晶界附近，如图 5.21b ~ d 中所示。补偿的磁畴与一个附加的能量相关（这个能量可以通过减小基本磁畴的宽度来减小——以 180°畴壁能量增加为代价）。补偿的晶界磁畴的具体细节取决于名义磁荷 σ。对于小的磁荷 σ，磁通分散于匕首形状的反平行磁畴（见图 5.21b）。对于较强的磁荷，将形成基于不可见的内部横向磁畴的一个复杂的封闭图形（见图 5.21c）[904]。如果基本磁畴相对于薄片的厚度更宽，在不利的晶界处的封闭磁通只能通过图 5.21d 所示的准磁畴来实现。封闭图形也受到外应力的影响。在沿着择优轴的拉应力的影响下，图 5.21b 中匕首形状的磁畴比含有大体积横向磁畴的封闭方案更有利。

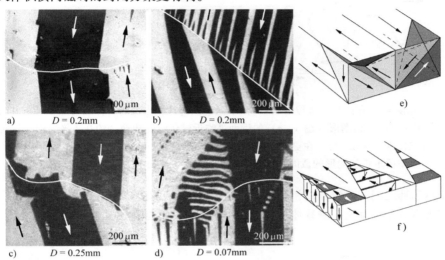

图 5.21　（110）［001］取向的材料内部磁畴图形的晶界效应取决于根据式（5.1）定义的晶界的名义磁荷，但是也取决于其他的环境因素，例如应力状态以及晶界的倾斜角度。图中给出了 4 个典型的例子：图 a 为完好的磁畴连续性，图 b 为匕首形状的补偿磁畴，图 c 为如图 e 中所描述的由内部横向磁畴导致的封闭，以及图 d 为如图 f 中所指示的针对较薄的薄片的准封闭磁畴（与 S. Arai 合作）

5.3.2.2　横向外磁场

图 5.22 所示为一系列与择优的［001］轴相垂直的外磁场下观察到的磁畴图形，以及对应的横截面模型。模型遵从以下条件：它们将一些磁通转移到横向方向，只有易轴方向被占据，而且不生成杂散磁场。引人注目的是设法转移一定量的横向磁通（最多达 $0.3J_s$）而不产生强烈磁致伸缩应力的**锯齿图形**（见图 5.22a 和参考文献［124，905，906］）。这是因为（110）取向的 90°畴壁将内部的横向磁畴与基本磁畴分开，后者允许一个磁致伸缩应变的无应力弛豫（如图 3.105b 中在一个更加透明的几何形状中）。

在更高的磁场强度下（见图 5.22b）一种在完全重组的基本磁畴之间存在弹性不兼容 90°畴壁的磁畴图形被强制形成。进一步提高磁场强度使外磁场不再被退磁场所抵偿，我们得到分叉结构（见图 5.22c、d），正如我们以前在奈尔块中见到过它们（见 3.7.6 节）。

如果磁场不是沿着完全垂直于择优轴方向施加，则会出现一种不同类型的磁畴，特征是窄且倾斜的表面线条，可呈现为一种绳状外观（见图 5.23）。若没有沿着择优轴的磁场分量，这种"绳状图形"中的封闭结构与规则的柱状图形的封闭构型（见图 5.22b）相比就会变得不利。另

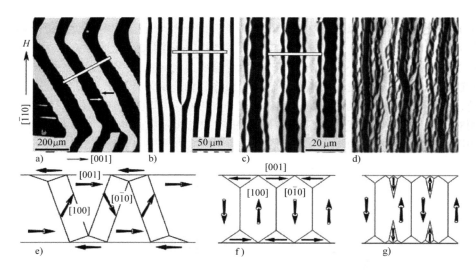

图 5.22　在横向磁场下 0.3mm 厚的（110）取向硅铁薄片上出现的 3 种磁畴图形。在大约 0.3
倍饱和磁化强度下的锯齿图形（图 a，e）的后面是临近磁化强度转动（约 0.7 倍饱和磁化强度）的
起始点的柱状图形（图 b，f）。在更高的磁场强度下，图 c 和 d 可观察到磁畴分叉的形成。下面的
模型代表了图中所示带状图形的截面。模型（图 g）示出了最简单的分叉图形，接近于图 c 中所示

一方面，基本磁畴之间的磁致伸缩相容性在如图 5.23 所示的图形中可以更好地实现。绳状图形
的总体取向可以基于畴壁能、磁致伸缩的相互作用能与封闭能量各项[904]的平衡计算得出。

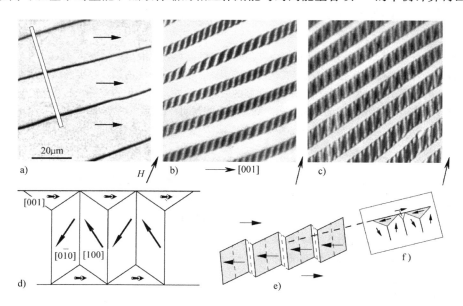

图 5.23　在一个倾斜的外磁场下的另一个图形，其中所有封闭磁畴基本上沿着同一方向磁化。
图 d 显示了穿过图 a 中的图形的一个截面。如果外磁场朝着横向的方向向后
旋转回来，封闭磁畴的体积倾向于以一个内部畴壁的折叠为代价而收缩，形成有特点的
绳状图形（图 b），这在图 e 中从顶视图给出了解释。横截面（图 f）示出了绳状图形紧邻
表面下的环境。在更强的磁场下形成了一种复杂的分叉图形（图 c）

在绳状图形中 3 个内部畴壁在表面相遇（见图 5.23d）。外磁场轻微的变化可以使这些迹线几乎不可见。如果这个磁场从横向方向转离，整个结构将潜入到表面之下。或者，在相反的磁场旋转指向下会形成扩张的绳状图形（见图 5.23b）。绳状图形与内部 90°畴壁的锯齿形折叠有关。锯齿的幅度在靠近表面时增大，从而减小了大型封闭磁畴的体积。可见的绳状线代表了增强的锯齿图形的一个次阶封闭结构，如图 5.23e、f 所示。在更高的磁场强度下，绳状线发展为一种复杂的分叉图形（见图 5.23c），即此前在奈尔块（见图 3.146）的侧面遇到的那种。图 5.22 和图 5.23 中示出的所有磁畴均为标准厚度为 0.3mm 左右的典型变压器薄片用的（110）取向样品的特征结构。

图 5.24 所示为不同厚度材料的观察结果：棋盘状图形出现在材料厚度为 1mm 时的横向磁场下，不规则的柱状图形是在厚度为 0.1mm 时，两者均取代了锯齿图形。棋盘状结构代表了一种磁致伸缩有利的高阶的分叉图形（见图 3.138），因此它择优出现于厚样品。柱状图形基本上比锯齿图形更简单。它较高的磁致伸缩能量在薄片样品中变得不重要。

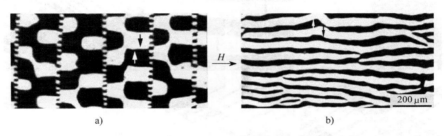

图 5.24　在横向磁场下不同厚度的（110）取向的硅铁晶体中的磁畴。对于厚样品（约 1mm）棋盘状图形取代了锯齿图形（见图 5.22a；图 a）。在薄样品（约 0.1mm）中一种不规则柱状图形（见图 5.22b）在低磁场下已经形成（图 b）

图 5.25 所示为一个薄的 SiFe 晶体中朝着逐渐变薄的边缘的磁畴细化过程。平衡磁畴宽随着样品厚度的减小而减小，观察到的磁畴结构通过插入与每步细化过程中磁畴两倍数量的钻石形状的准磁畴适应了这种趋势。这一细化过程与磁畴分叉过程貌似，但区别于这种表面相关的现象（见 3.7.5 节），因为此处磁畴的宽度是样品局部厚度的函数，而在分叉过程中磁畴宽度则是一个与表面之间距离的函数。

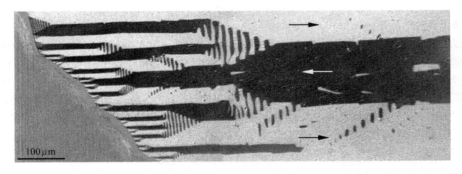

图 5.25　在逐渐变薄的 SiFe 板上的磁畴。通过插入钻石形状的准磁畴，磁畴宽度朝着薄边逐渐减小。注意在右边，样品厚的部分中沿着 180°畴壁的不规则性。也许，这些是在 2.7.6 节中提及的"内部枞树状图形"的痕迹

5.3.3 应力图形

　　沿着与（110）取向的类铁的材料的择优轴的压应力形成具有美学吸引力的应力图形[907-909]，其中一个选样如图 5.26 所示。这些中的第一个，应力图形Ⅰ，形成于较轻的应力下（见图 5.26b）。表面上与图 5.22b 的图形相似，它的不同在于含有基本磁畴间的 180°畴壁，如图 5.26g 所示。在较强的压力下，简单应力图形的封闭磁畴被细分，导致分叉的应力图形Ⅱ（见图 5.26c～e）。在更高的应力下（见图 5.26f）观察到了图形的进一步劈裂。应力图形Ⅱ出现于依赖一个事先施加的交变磁场的方向的不同取向的变体中。通过交流退磁无法辨别一个平衡的图形。结果系统且显著地依赖于外磁场方向，这一特征可以通过这个图形的一个模型被定性地理解，阐释如下。

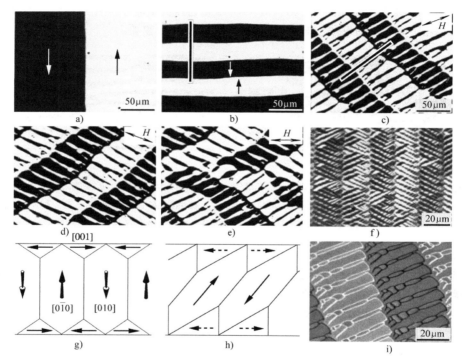

图 5.26　沿着有利于一个（110）取向的铁硅晶体的两个内部的易轴方向的择优轴的压缩应力形成的应力图形。始于无应力的状态（图 a）我们在轻微应力下（图 b）得到应力图形Ⅰ。具有沿着易轴方向分量的较高应力和交流退磁场有利于分叉的应力图形Ⅱ（图 c～e），此处见择优于箭头所示的交流磁场的不同方向的不同变体中。进一步的分叉出现于更高的应力下（图 f）。
图 b 和 c 的截面见于图 g 和 h 中，其中图 h 是一种以准磁畴为代表的形式（见图 5.27）。
"磁性蚂蚁"的漂亮图形（图 i，在 1990 年的 Brighton 的 INTERMAG 会议被拒）是在稍微不同的条件下（图 c）的放大版并且是观察于畴壁衬度下（见图 2.18a）。
"蚂蚁"的片段大概可以被理解为一种三级分叉过程，但是没有试图做出细致的分析

　　应力图形Ⅱ的一个模型（见图 5.27）指出在一个多轴分叉结构的变体中，仅有浅表面的磁畴沿着不利于压应力方向[904]的易轴方向磁化。正如在应力图形Ⅰ中，基本磁畴被 180°畴壁分隔。插入的中间层的亚表面的磁畴携有横向方向的净磁通量，它们因此在横向磁场的作用下是有利的——与应力图形Ⅰ相对照，后者没有转动的过程就无法被横向磁化。应力图形Ⅱ的这种

有趣性能在图 5.27 所示的右侧插图中被更清楚地展示出，其中表面磁畴被略去而中间层磁畴作为准磁畴以其平均磁化强度。闭合区域在横向磁场下可以长大或缩小，从而沿着磁场方向运送一些磁通量。

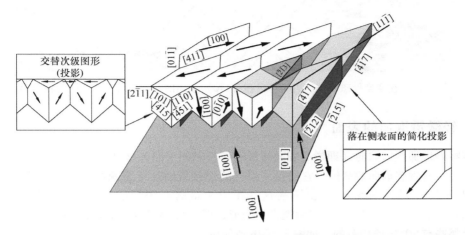

图 5.27　图 5.26c 所示的应力图形 II 的一个三维模型。右侧插图中给出的第一代准封闭磁畴携有沿着 $[1\,\overline{1}0]$ 轴的一个净磁通量。这个磁通分量可用于磁化过程。近表面的次级图形在主图中被简化，其细节在左侧的插图中给出

在不足够强到在材料内部感生垂直磁畴的非常微弱的应力下也可以观察到特殊结构，但这种应力足以强烈地改变已有的畴壁。这种观察首先在铁晶须[641]和块体磁性石榴石样品[210]中被报道。它们偶尔也能被发现于如图 5.28 所示的（100）取向的铁硅薄片中。应力将 180°畴壁变形为明显的正弦图形（见图 5.28a），显示出表层下小的垂直磁畴的痕迹，如（图 5.28c）中示意性地示出。

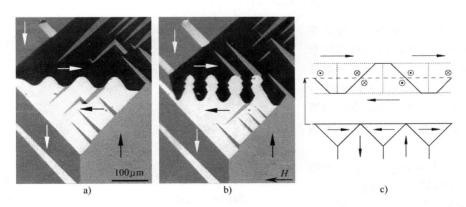

图 5.28　一个有利于垂直易轴的应力首先将一个（100）取向的铁硅晶体上的中央的 180°畴壁破坏，导致了一个畴壁的正弦型调制（图 a）。施加一个微弱磁场后表层下的垂直磁畴转变为一个常规应力的图形（图 b）。波状畴壁图形的内部结构（图 a）被勾画在图 c 中的一个拉直的变体。表层下的垂直磁畴由点状线和一个通过中间面的截面所给出

图 5.29 所示为可以通过同时施加一些机械应力和磁场而在变压器钢中产生的动人的表面图形。本书无意对这些图形给予详细的解释。我们把它留给有兴趣的读者去发现这些图形可以多

么精确地被制备和理解。

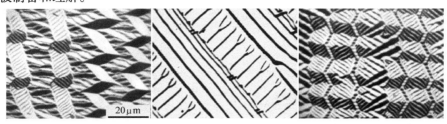

图 5.29　在变换外磁场和应力时可以在（110）取向的铁硅表面上看到的各种图形

5.3.4　轻微错取向的表面

本节将处理那些错取向（即样品表面与最近邻易轴间夹角）小于 5° 的晶体。由此基本磁畴对应于那些具有理想取向的晶体。它们由一系列通过聚敛磁通量来减小杂散磁场能的磁畴加以补充（见 3.7.1 节）。图 5.30 给出了在这些图形中最著名图形的观察结果，属于错取向的（100）表面的枞树图形[85,910,911]。有两类枞树图形，那些与 180° 畴壁相关的，如图 3.104a 所阐释的，以及那些与 90° 畴壁相关的，如图 3.104b 所勾画。

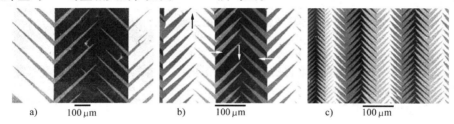

图 5.30　在相对于（100）面错取向为 2°、3° 和 4° 的表面上的枞树图形
（注意在这些例子中使用了不同的标尺）

取决于如图 5.31 所示的整体基本磁畴图形，两种取向的枞树图形可能共存。如果基本磁畴在外磁场下被移除，就会形成常规图形的一种变体，它较早被展示于图 3.107 中并且被称为"真正的"枞树图形。

图 5.32 所示为在（100）表面上的补充磁畴的其他变体。当它们在外磁场或应力下出现时，它们被

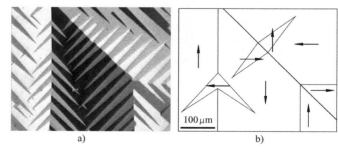

图 5.31　在基本磁畴结构中与不同畴壁类型相关的枞树
图形的两种变体（图 a）如图（图 b）中所勾画

观察到与不同的基本磁畴图形相关联。在图 5.32a 中一个沿着对角线的磁场诱发出一个双相基本磁畴图形，其中的一相（图中沿着 y 轴）比另一相明显地错取向更严重。源于这个基本磁畴相的潜在杂散磁场被稠密的黑色柳叶刀状补充磁畴所抵消。在有利的白色基本磁畴中，并非所有存在于窄的浅灰色柳叶刀磁畴区域中的黑色柳叶刀磁畴都是被接续的。剩余的磁通被输运到内部深处，在表面上形成 V 形线。这种解释可以通过基本磁畴间边界线的不规则形状加以证实。

如果一个样品沿着一个错取向的易轴几乎是饱和磁化的，则会观察到图 5.32b 中的图形。如

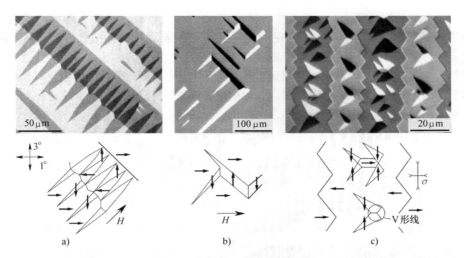

图 5.32　在一个（100）相关的 FeSi 晶体上不同类型的补充磁畴。一个磁场沿着图 a 中的一个对角线施加，在图 b 中沿着一个［100］轴，图 c 为一个应力图形的封闭畴中内部的补充磁畴（见图 3.69）。示意图给出了各图形的特征单元中的表面磁化强度方向

图 5.32a 所示为一个轴错取向的程度较轻而成为择优。沿着更有利的轴磁化的不规则尖形畴仍处于接近饱和。图 5.32c 中补充磁畴被显示叠加于应力图形之上（基本结构见图 3.69）。注意"蝴蝶"和"飞蛾"尾部的 V 形线表明收集的磁通被转移到内部，向着应力图形的基本磁畴。在锯齿状 V 形线附近无须补充磁畴，正如有关图 5.18 的解释。

图 5.33 同时以概观和高倍率的两种方式给出了轻微错取向（110）表面[734]的对应图形。随着更强的错取向补充磁畴体系变得越来越复杂，经常只在重新磁化时才会清楚地反映出基本磁畴。以下讨论与图 5.35 相关的一些细节。

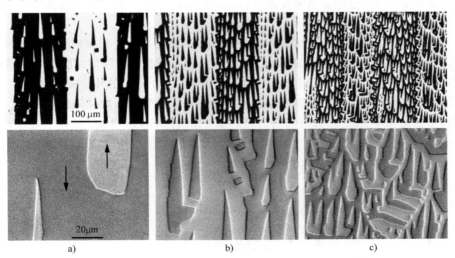

图 5.33　具有 2°、4°和 8°错取向的（110）表面上的柳叶刀图形（见图 3.104c）的一些变体。高分辨率图片（下方）以畴壁对比度为重点给出了上方的概观图片的细节。180°畴壁内的微弱扭结点表明了布洛赫线的出现（见图 3.86）。表面盖状部分的取向（见图 3.82）表现为一种固定的特征（白色的在较暗磁畴的右侧，黑色的在左侧），这是由错取向导致的杂散磁场所决定的

在3.7.1.2节我们从理论上分析了在（110）取向薄片里的梳状柳叶刀磁畴的现象，其中分立的柳叶刀磁畴共同使用一个将收集的磁通转移到另一侧表面的共有片状内部磁畴。在外磁场下，这些梳状柳叶刀磁畴（见图3.105）显示出有趣的行为。共有的片状内部磁畴通过取向以避免磁滞伸缩能。与此同时这些片状磁畴将磁通引入横向方向。一个横向磁场分量会使一个内部的易轴方向相对于其他方向更可取，这种择优可以通过梳状磁畴翻转以便它们的表面痕迹在表面上的两个[111]型轴之间快速转换来满足（见图5.34）。

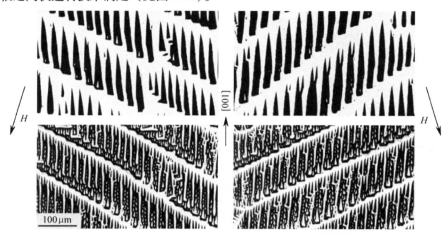

图5.34　梳状柳叶刀磁畴依据磁场的方向翻转它们的取向。磁场稍微地旋转离开择优方向。具有4°（上排）和8°（下排）错取向的（110）取向的SiFe晶体

这种磁畴重组过程发挥了双重作用：它们贡献于总体磁导率，特别是提高（110）取向材料中的**横向**磁化能力。与此同时它们导致额外的损耗，因为磁畴结构包含的能量在磁畴重组时损失了。在变压器钢中这些过程被预期在强烈错取向晶粒附近以及各个变压器铁轭之间的连接处附近会变得重要。

图5.34也给出了一个更强烈错取向晶体中的柳叶刀磁畴再取向的相同现象。此时每个柳叶刀磁畴被许多进一步减小杂散磁场强度的二级柳叶刀磁畴所覆盖。整体的图形与弱错取向（最上排）相同，说明复杂图形也是基于相同种类的连接薄片上下表面的片状横向磁畴。

在恒定的纵向磁场下，柳叶刀磁畴在较高的横向外场中生长出特殊的边沿突出，形成了所谓的V形图形，见参考文献［912］和图5.35。如果纵向磁场强度增大，这些V形磁畴收缩成了

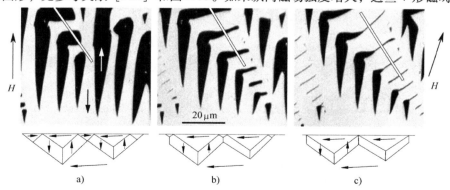

a)　　　　　　b)　　　　　　c)

图5.35　在横向磁场分量影响下从柳叶刀磁畴和V形磁畴（图a，b）中发展出来的蝌蚪状图形（图c）

在胶体观察中已知的并且被称为"蝌蚪"图形的线状结构，因为一个独特的胶体聚集出现于端部，像是一个蝌蚪的头部，见参考文献［911］、2.2.4 节和图 2.6。从局部看，此处，图 5.35c 中的图形对应着在倾斜磁场下发现于理想的（110）取向的"绳状"结构（见图 5.23a）。

在应力的影响下补充磁畴也会重新排列。对沿着（110）类材料的择优轴施加应力，它们在压应力下被增强而在拉应力下被抑制，因为拉应力对附属于所有补充磁畴的横向磁畴是不利的。沿着择优轴方向的一个单轴拉应力的磁效应与面拉应力的两倍一样强，这可以通过评估磁弹耦合能量［见式（3.52）］确认。绕着一个（110）取向的样品的横向轴弯曲有利于压缩侧与表面平行的准枞树图形（见图 3.104d），如图 5.36 所示。在这种条件下横向磁畴无法达到对面，即张力侧。

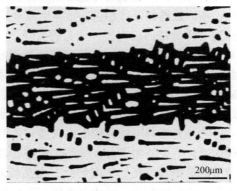

图 5.36 在弯曲的（110）相关的硅铁晶体（弯曲轴垂直于择优轴）上出现的准枞树图形。这个图形形成于受压缩面，如图 3.104d 所解释的将磁通从一个磁畴转移到相邻磁畴。在相对的表面上补充磁畴被抑制

补充磁畴经常附于基本磁畴的畴壁上，例如（110）相关的表面上的枞树图形中。但是这种情况对于在错取向（110）表面上的柳叶刀磁畴可能也是成立的，如图 3.104c 所示。

针对取向的变压器钢的特征磁致伸缩曲线的分析（见图 5.37）引出了相似的结论。当沿着［001］易轴方向再磁化时理想取向（110）的晶体在长度方向不会表现出任何磁致伸缩变化。实际观察到的伸长（见图 5.37 中的 Δ_1）表明了退磁态下横向磁畴的存在，这些正是附属于柳叶刀磁畴的内部磁畴[913-915]。初始的收缩（见图 5.37 中的 Δ_2）证明了横向磁畴总体积随着基本磁畴被消除而**增加**。很明显，许多横向磁畴附于基本磁畴间的 180°畴壁。当 180°畴壁被消除时，它们不得不扩展通过整个厚度到达相对表面。而且，在主要畴壁曾经存在的位置形成了更多的柳叶刀磁畴。

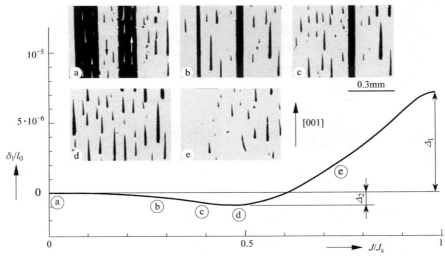

图 5.37 沿着择优轴磁化的典型（110）取向的变压器钢材料的磁致伸缩伸长。在此过程中长度变化和磁畴观察相关联进行。注意补充磁畴的总表面积在外磁场下（图 d），对应于磁滞伸缩曲线上的最小值大于在退磁态下（图 a）

再次总结补充磁畴在磁化过程中的作用，我们注意到在再磁化过程中，补充磁畴系统被完全并且重复地毁坏和重构。束缚在补充磁畴内的能量在每一次循环中损失，从而构成磁滞损耗的一个重要部分。补充磁畴和磁滞之间的这种关联在参考文献［494］中被间接地证实。在这个研究中，横向磁畴的总体积由磁致伸缩测量来确定，如图 5.37 所示。这些"横向体积"显示出与矫顽力（即磁滞回线宽度）明显的关联。

补充磁畴的磁致伸缩效应是音频变压器噪声的主要来源。另一方面，这些磁畴可以帮助避免多晶材料中晶界处的杂散磁场，从而强化材料的磁化能力。想了解这些，可看看附属于梳状柳叶刀磁畴的内部横向磁畴。当这些横向磁畴重新取向（见图 5.34），沿着横向的磁通可以几乎不费力地被转移，这在理想的片状磁畴结构中是不可能的。如果一个晶粒在取向的材料中侧向地错取向，若补充磁畴不能补偿横向磁通它的两侧将在磁化时形成强烈的杂散磁场来抑制补充磁畴，例如通过一个外加应力，增加了这些晶粒在磁化过程中被旁路的风险并由此增加了较好取向晶粒中的负担和损耗。正因如此，在晶粒取向的变压器钢上的抑制横向磁畴的"应力涂层"只有当横向晶粒错取向小时才有优势，见参考文献［911］和 6.2.1.3 节。

5.3.5　强烈错取向

出现在强烈错取向表面的磁畴图形是最常见的而且是显然未被完全理解的[32,765,916-918]。在强烈错取向表面上的表面磁畴根本不代表表面下的块体磁化强度。对这些晶体测试表面磁化回线仅对损耗研究有意义，因为有趣而漂亮的表面图形显然对磁滞损耗有贡献。但是平均表面磁化强度事实上与平均块体磁化强度无关。内部磁畴仅能通过表面图形的细微特征和动态变化来获取信息。

图 5.38 所示为源自铁的（111）表面的一些观察结果。从一阶各向异性能表达式来看，由

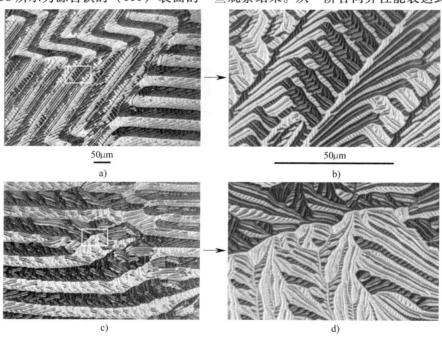

图 5.38　一个硅铁晶体的（111）表面上同样强烈分叉的两个图形的全貌图像（图 a，c）和高分辨率图像（图 b，d）的两个对比的例子。右面放大的区域在左图中以白框示出（与 J. McCord 一同研发）

于（111）表面上所有的磁化强度方向都是等价的，这些图片不易解释。单从磁畴边界的排列无法导出局部磁化强度的方向，这对于其他表面往往是可行的。这些图形的复杂性的印象可以通过分别展示同一点的全貌和高分辨率图像（见图 5.38）而获得。多代次的分叉（例子中是四代）在一张单独的图片中无法看到——一种显示分叉图形的分形特征的特性（见图 3.131 的两相分叉）。

图形的多样性对一个尚未进行的系统分析是个挑战。在磁畴尚未分叉的高磁场强度条件下开始这个分析可能是最好的途径，然后减小磁场强度而逐步地引发更多分叉的构型。在这个意义上一个分叉过程的实验研究案例如图 5.39 所示。尽管图 5.39a 基本上给出了单磁畴的一代（其中第二代正开始建立），二代和三代见于图 5.39b 和 c 中。零场图片（见图 5.39d）对应于图 5.38d，它被显示为一个四代分叉图形的一部分。

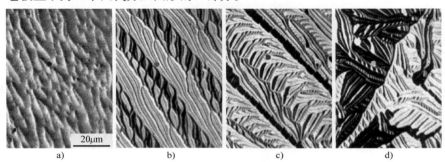

图 5.39　（111）取向的硅铁表面上一个复杂的分叉图形正在一个逐渐变小的磁场中从图 a（沿着难轴接近饱和）到图 d（剩磁）演化

在表面取向接近（100）的强烈错取向的硅铁晶体上观察到的更加明显的图形如图 5.40 所示。显眼的"胖畴壁"不是真正的畴壁而是像在截面图内解释过的内部磁畴的痕迹。在图题中提供的解释不是基于一个定量分析，而是基于磁荷的避免和补偿的既定原则。

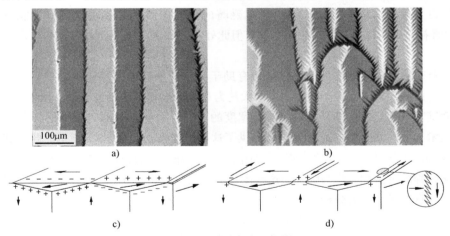

图 5.40　与（100）的两个易轴均偏离大约 7°的表面上的磁畴观察。特征性的"胖畴壁"图形在图 c 和 d 中分三步给予了解释。这个图形主要包括沿着其中一个易轴的被沿着另一个易轴磁化的浅表面封闭磁畴所覆盖的基本磁畴。截面（图 c）显示出表面上的磁荷是如何被浅表面磁畴的下界面上的磁荷所补偿。畴壁能在第二步中通过轻微地打开基本磁畴（图 d）被节省。在形成于这个打开过程中的较陡的畴壁片段上的磁荷可以被显示于插图中的一个小尺寸锯齿折叠所分散。尚未被 μ^* 效应修正了的初始磁荷示于绘图中（与 S. Arai 一同研发）

在一个垂直于样品棱边的外磁场下，理想取向的块体晶体表面上也观察到相似的图形。这种情况如图 5.41 所示的具有 {100} 型表面的粗的铁晶须。错取向逐渐增强的特征图形在靠近棱边时被观察到。

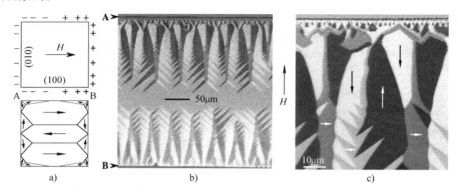

图 5.41　在垂直于样品棱边的 2.6kA/cm 外磁场影响下的理想的 {100} 取向的长条形的和截面为 0.3mm×0.3mm 的铁晶体上观察到的补充磁畴。图 a 为在截面里的实验几何图形，包括一个可能的内部磁畴分布，如文中所详细说明，图 b 为在上表面上观察到的磁畴图形，图 c 为近棱边区域的放大图像

分析这种现象的首个想法是有效的错取向表面是由外磁场、退磁场和磁晶各向异性叠加形成的。但是这种解释不正确的原因在于根据这个机理仅有一个沿着磁场的倾斜方向将是有利的，这样无法生成复杂的磁畴图形。随后的分析采用三步，其中前两步由图 5.41a 中的示意图所表明：①我们从 Bryant 和 Suhl（见图 3.25）的关于无限磁导率材料在外磁场下计算表面磁荷的方法入手；②一个与①相容的简单磁畴结构被建立，这个结构包括浅层表面磁畴，它们分布磁通量，但要以巨大的畴壁能为代价；③以补充磁畴的分叉图形代替浅层磁畴节省能量。尽管在3.7.1 节中将补充磁畴描述为磁通**收集**结构，但此处我们知道在需要磁通**分散**的情况下也能形成等效的图形。

采用具有较小各向异性的另一种材料也有助于分析强烈错取向晶体中的磁畴构型。据此观点选择的例子是铁，其表面最小的磁畴尺寸大约为 0.6μm。如果这个最小尺寸如 3.7.5.3 节所指出的随着畴壁宽度变化，选择具有较大畴壁宽度的一种合金（例如源自较小的各向异性）将去除光学显微术的分辨率问题。Ni－Fe 合金提供了这种可能性，如图 5.42 所示。此外其他的磁畴观察技术（如磁力显微术）（见图 5.43）可用于一个特殊图形的细致研究，即便它们不能提供跟踪图形演化过程的灵活性。作为弥补，这些图片提供细节的更高分辨率，并且强化了同一结构的不同方面，这有助于全面的分析。

晶体各向异性的更小数值出现于约 80% Ni 的 Ni－Fe 合金中。这些高磁导率合金，得名于它们的商品名称 Permalloy 或 Mumetal，其成分被调整以实现一阶各向异性常数 K_{c1} 和平均磁致伸缩系数 λ_s 均为零。图 5.44 所示为这一材料在其优化状态下制成的多晶卷绕铁心的磁畴。受到晶体取向影响的常规磁畴是可见的。在高磁导率材料中磁畴被平滑变化的磁化强度所取代的观点被这些观察证明是错误的，支持了 3.3.4 节的论点。

高磁导率合金中的磁畴图形强烈依赖于晶粒尺寸，而且这些区别对于静态和动态损耗及噪声性能有着直接的作用[919]。图 5.45 所示为两种材料的对比，其中一个晶粒尺寸约为 30μm（见图 5.45a），另一个是约 13μm 的晶粒尺寸。在粗晶材料中磁畴随着晶粒尺寸变化，但是在细晶材

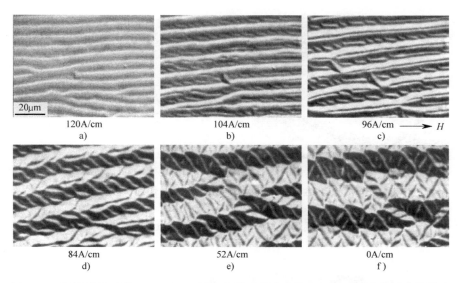

图 5.42　镍铁晶体（约 55% Ni）上的应力感生磁畴。图 a ~ f 显示了在一个逐渐减小
的磁场强度下分叉图形的打开过程。然而，因为 NiFe 较小的有效各向异性和较小的厚度
最终的图 f 在最细微的细节上比对应的图片（硅铁的图 5.26f）的复杂性较低
（与 Erlangen 的 J. McCord 合作）

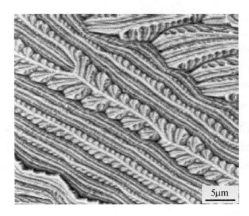

图 5.43　一个（111）取向的硅铁晶体高分辨率磁力图像（由 Orsay 的 J. M. Garcia、L. Belliard 和
J. Miltat 提供）

料中肉眼可见的磁畴跨越很多晶粒，而且仅仅通过各晶粒内的局域各向异性有所调整。因为畴壁可以在晶粒内部自由移动，粗晶材料的静态矫顽力明显较小。由于不同的原因两种材料在 kHz 频段的动态损耗都很高：在细晶材料内部，宽的畴壁间距导致巨大的过量涡流损耗，而对于粗晶材料，磁畴图形和磁化行为的不规则性似乎是高损耗的原因。如图 5.45 中的下排所示，其中初始磁畴图形在数字增强的克尔显微术中被作为参照图像加以记录。在施加了中等幅度的 1kHz 交流磁场后磁畴图形中的所有变化都显现出来了，这些变化表明了不规则和不可重复的磁化行为。在粗晶材料中（见图 5.45a）观察到非常强烈的效应，而类似的不可重复效应在 图 5.45b 中几乎不存在。这些发现也解释了在同一样品上测出的电子噪声随着晶粒的尺寸陡增的观察结果。在细晶材料的可逆磁化过程中几乎观察不到噪声，尽管其损耗大大增大。这个特点对传感器的应用是重要的。

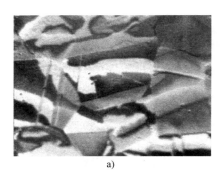

a)　　　　　　　　　　　　　　　　b)

图 5.44　高磁导率坡莫合金材料的卷绕铁心上的磁畴。作为在两个相反的饱和磁化状态之间的差分图像，图 a 中的磁畴图形必须与图 b 中可见的晶体学的孪晶结构加以区分（与 Erlangen 的 J. McCord 合作）

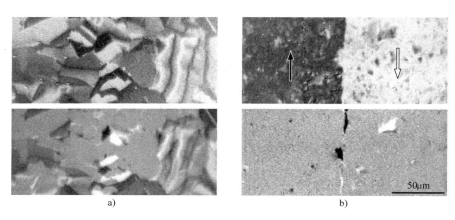

a)　　　　　　　　　　　　　　　　b)

图 5.45　厚度为 $20\mu m$ 的 $Ni_{81}Fe_{13}Mo_6$ 材料的粗晶（见图 a）和细晶（见图 b）的退磁态（上排），以及初始退磁态和施加中等幅度交变磁场后状态的图像差值（下排）。交变磁场以一种"层状"的形式来回地扫过图 b 中的畴壁，但是它在关闭磁场后实际上返回了它的初始位置。相比之下，图 a 中的过程形成了混乱的形象，导致强烈的不可逆性[919]

5.4　非晶和纳米晶带材

　　根据定义，快速冷却的非晶带材不具有晶体各向异性。尽管如此，由于残余各向异性，在这类材料中依然可以观察到清晰的磁畴图形。内应力是这些伪各向异性的主要根源。此应力可以来自制备过程，尤其是接触面和自由面之间不同的冷却速度，以及冷却过程中困在薄片下的气泡所引起的表面不平整。结晶包含物和部分结晶也会产生应力。磁化强度通过磁致伸缩常数 λ_s 与应力耦合，其在金属玻璃中并不一定为零。虽然有无磁致伸缩的富钴金属玻璃，但即使这种材料也会表现出规则的磁畴，有时甚至呈现弱应力感生的图形。这也许是由磁致伸缩常数的不均匀性导致的，其可能只是空间平均为零。

　　另外，如果金属玻璃没有经过磁场热处理，通常带有几乎呈随机取向的感生各向异性。这一感生各向异性是基于对材料组元随机成对取向的微小偏离，它是由冷却经过居里点时呈现的磁化强度分布感生出来的，也可能与淬火过程中的流型有关。这两种各向异性来源的随机性本质使得很难将其分离开。后文中当提到应力各向异性时，其可能包含一些来自随机结构各向异性的没有明确的贡献。

5.4.1 非晶带材的淬火态

在淬火态下，可以看到两种类型的图形（见图 5.46）：一种是弯曲的具有 180°畴壁的宽磁畴，其处处沿着局域的面内易轴；另一种是窄的指纹样"应力图形"，其表明易轴方向与表面垂直[337,920-926]。严格来说，图 5.46 中所有可见的磁畴都由应力决定，但通常只将这些特征性部分称为"应力图形"。总之，与下节中要介绍的更有序状态相比，淬火材料的磁性微结构可以归为无序的类。

为了理解观察到的不规则状态，我们应指出导致这一现象的内部应力的空间平均必须始终为零[920]。在没有外力时不存在应力张量的均匀分量，因此在内应力为各向异性主要来源的情况下磁畴构型必须是非均匀的。弹性理论的进一步推论是，由于弹性边界条件，表面处的应力张量必须是平面的，具有两个主值和一个特征角度。对于正磁致伸缩材料，宽的平面磁畴发生在主应力中至少有一个为正的区域。局域的择优方向是最大主应力的方向。在某一些点，两个主应力可能都为正且简并（＝相等），导致没有有效的面内各向异性。在该点的邻近区域，我们观察到如图 5.46b 所示的具有小于 180°畴壁的磁畴图形。

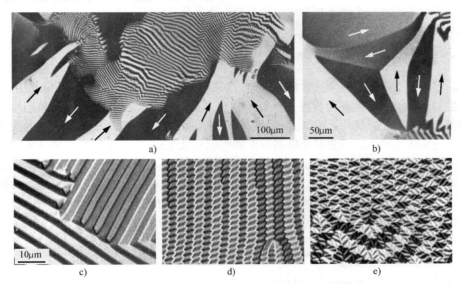

图 5.46　（图 a）淬火态的富铁磁致伸缩金属玻璃（$Fe_{78}B_{13}Si_9$，厚度为 25μm）中的磁畴表现为两种由应力主导的磁畴图形：沿着拉应力主方向的具有 180°畴壁的弯曲宽磁畴，以及平面压应力区域的指纹样"应力图形"。对应力图形的放大视图显示了简单图形（图 c）和分叉图形（图 d），甚至有些具有二级分叉（图 e）。在面内图形范围内有些特殊点，平面拉应力张量简并，导致出现畴壁角度小于 180°的畴壁（图 b）

如果两个主应力都为负，它们会产生（对于正磁致伸缩）垂直易轴并导致如图 5.46c ~ e 中所详细显示的"应力"图形。表面上可见的磁畴是内部垂直磁畴的闭合磁畴。在强应力条件下，应力图形会分叉，图 3.142 解释了这一现象。如果把压应力和拉应力分量进行交换，那么同样的论点对负磁致伸缩的材料也适用。

应力图形可以叠加在常规的宽磁畴结构上出现（见图 5.47）。对此的解释只能是应力的一个层状分布，考虑到在快速冷却过程中应力的来源，这也不是不合情理的。这样的分层应力表征起来比较困难。可以采用包括如 4.6.4 节中讨论的磁畴图形分析以及逐步打磨样品的有损探测法。考虑到移除部分材料时伴随的应力释放，可以重建初始的应力分布，但就目前所知，这一理论上的可能性还没有被证实。

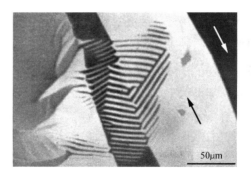

图 5.47　一个明显的覆盖图形（中心），由底部的平面磁畴和嵌入的应力图形组成。其原因一定是分层的内禀应力——表面附近的压应力和底部的拉应力。朝向左边缘的磁畴显示出具有扭曲易轴的层状面内各向异性

　　总之，由于它们经常受到通常仍不太明确的内应力的主导，因此对于金属玻璃中的自然态磁畴分析比较复杂。通过磁畴实验确定有效应力（见 4.6.4 节）的可能性在应力分层，即应力在样品中非均匀分布时并不适用。由于淬火态金属玻璃中的应力张量场未知且难以检测，因此实现对淬火态金属玻璃中磁性微结构的完全认知基本上是不可能的。在接下来的小节中，将分析一些已通过退火较大程度去除初始应力，并叠加上一个均匀的感生各向异性的情况。但是要像晶态材料中那样完全去除金属玻璃中的应力是不可能的，因为样品有晶化的风险。因此，一些关于不规则应力所带来的结果知识是有用的。

5.4.2　金属玻璃中的有序磁畴态

　　在结晶温度之下进行热处理通常能释放超过 95% 的应力。同时，如果在外磁场下进行退火，则能够产生一个可控的感生各向异性。在低于居里点的温度时，磁化会感生非晶态中的合金组分中一些原子对有序的择优化，尤其是当合金中含有超过一种过渡金属元素时。感生各向异性也可以通过机械应力产生，只要其足够强以至能引起塑性流动[927]。这种蠕变感生各向异性甚至可以在居里点之上产生，这与磁场退火在顺磁态下没有作用不同。这两种情况的结果都是产生由单一各向异性轴主导的有序磁畴态。这一各向异性可以扩展到整个样品，这是大多数应用所期望的。它也可以被限制在样品中的一部分，如表面区域。非均匀各向异性模式能导致奇特的磁畴图形。在下面"均匀各向异性状态"中讨论了规则、均匀的有序状态之后，"部分有序磁畴态"中给出了一些非均匀的例子。

5.4.2.1　均匀各向异性状态

　　在均匀磁场中对一个非晶样品进行退火（在结晶温度之下）会产生各种规则、有序的磁畴状态（见图 5.48）。如果退火磁场沿着样品纵向轴施加，其将产生几乎未受扰动的宽磁畴（见图 5.48a）。但其在交变磁场下也会导致高的反常涡流损耗。为了避免这一效应，样品可以在横向场下退火，沿着退火轴方向产生周期性的横向磁畴，在边缘具有分叉封闭合磁畴（见参考文献［928］和图 5.48b）。这样的封闭结构在卷绕铁心中会受到修改或者消失，这显然是因为此时可能在叠层之间发生一定程度的闭合磁通。在纵向磁场中，这些磁畴基本上通过转动进行磁化，只有从边界处的构型开始进行的很少的磁畴重排过程（见图 6.12）。因此，损耗也相对较低。

　　易轴垂直于样品表面的感生各向异性在实际中稍微难得到一些。如果成功的话，其产生的图形（见图 5.48c）对应于薄膜中由密条状磁畴的形核产生出的磁畴状态（见 3.7.2 节）。在纵向磁场中磁化也是通过转动完成的，与横向磁场退火后一样。其损耗可以很低——在经典涡流极限值以上的两倍以内[929,930]。但这种低损耗的情况只见于具有足够磁致伸缩的材料。在**磁致伸**

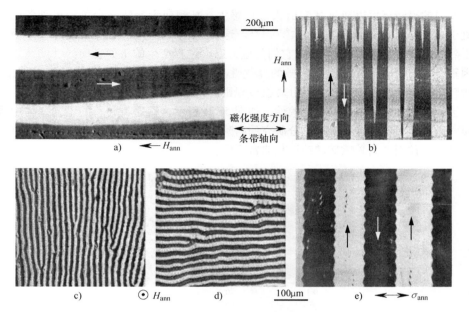

图 5.48　金属玻璃条带经过不同的退火处理产生的 5 种磁畴图形。图 a 为在平行于条带轴的磁场 H_{ann} 下退火产生的纵向磁畴（通常甚至会产生比当前图形更宽的磁畴）；图 b 为在 15mm 宽条带上进行横向磁场处理所得到的磁畴，显示为条带边缘附近区域；图 c 为对高磁致伸缩材料在垂直于表面方向进行磁场退火所感生的窄带磁畴。条带沿着与事先施加的交变磁场垂直的方向。图 d 为对低磁致伸缩材料进行同样处理，导致一个平行取向的窄带磁畴。图 e 为由应力或者蠕变退火处理产生的横向磁畴图形（样品由 Prague 的 K. Závěta 提供并处理）

缩材料中，条带会使自身垂直于外场方向排列（见图 5.48c 和图 3.111b）。在这种情况下，纵向磁场会引起封闭磁畴的"胀缩"，而不是非连续性的翻转。在无磁致伸缩材料中，条带沿着外磁场方向排列（见图 5.48d 和图 3.111a）。此时闭合结构在外磁场下的翻转（见图 5.49）会引起额外的损耗。

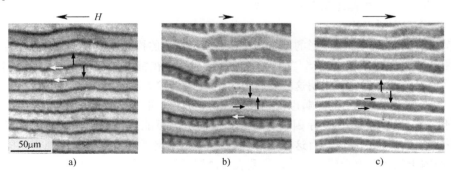

图 5.49　无磁致伸缩金属玻璃中感生的垂直磁畴的磁化行为。条状磁畴如图 5.48d 所示的沿着样品和磁场轴磁化。封闭磁畴中不连续的重取向过程在低纵向磁场下发生，是过量损耗的根源。在图 a 中，所有 V 形线都是黑色，而在图 c 中都转为白色，在图 b 中则部分为黑色，部分为白色，且一条表现出从黑到白的翻转。见图 3.142 中关于条带内部的微弱调制

273

横向取向的磁畴还可以通过蠕变退火过程感生,其倾向于导致一个负的单轴各向异性,即易面垂直于蠕变方向的平面各向异性[824,931~933]。这种方式产生的磁畴图形如图5.48e所示,经常显示出强烈弯曲或者锯齿形畴壁[933]。它们是应力退火过程产生的平面各向异性的结果如果由于某种原因垂直轴与横向轴相比具有略微的择优性。这个现象与图5.28所示的铁晶体情况类似,垂直轴的轻微择优性足以将畴壁内部分转换成规则的内部畴[933]。

垂直轴的择优性可能具有磁场依赖性,如图5.50所示。在这类材料的不同变体中观察到的这一效应,一定是由于某些还未被充分研究的高阶各向异性导致的。不管怎样,这类样品中观察到的磁化过程与预期的简单磁畴转动过程非常不同。

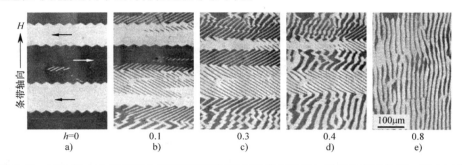

图5.50 应力退火金属玻璃中平衡态磁畴图形对沿条带轴施加磁场的依赖关系。退火过程产生了一个大致的易面各向异性,明显具有对垂直轴的微小择优。在零磁场状态(图a),磁畴沿着横向轴磁化,具有如图5.28说明的强烈调制的畴壁。随着磁场的增加(图b~e)对于内部垂直磁畴的择优性通过所观察到的磁畴显示出来。磁畴图形是对每个磁场进行交流理想化后记录的(样品由Prague的K. Zаvěta,提供)

如图5.48c那样,如果条状磁畴沿着施加磁场垂直方向排列[929],则垂直磁畴显示出几乎理想的可逆磁化转动行为。这在横向退火条带中也可以实现(见图5.48b)。通常观察到的行为不那么理想,可能是与感生易轴的倾斜取向以及和磁畴异常行为相关的各向异性不均匀性有关[934]。图5.51给出了一个至少在限定的磁场范围内接近理想行为的例子。在趋近饱和时,通常是观察到强烈的磁畴细化,而不是简单的磁化强度转动。这种磁畴劈裂过程至少在磁畴层面上与磁滞行为相联系。其根源还没有完全清楚[935]。

5.4.2.2 部分有序磁畴态

在本节中将讨论3个磁畴图形的例子,在其表面观察到的构型并没有扩展到整个样品,而是几乎被局限在一个表面区域中。当"看"到宽的基本磁畴在精细的表面磁畴图形之下运动时,这种表现为图形分层,就能够说明这一点。图5.47中针对淬火态磁畴图形已经给出了一个例子。图5.50中在磁场下所表现出的磁畴也可能被局限在表面层,但这一点还不完全清楚。

引起不均匀有效各向异性的原因多种多样。弯曲应力可能是一种明显的原因,但表面结晶或者其他表面层的修饰也可能具有这样的效应。图5.52给出了一个例子。所观察到的密条状磁畴[936]可以归因于氧化和类金属的丧失,导致表面薄层区域的结晶。结晶后体积的减小给剩余的非晶衬底施加了一个弹性应力,导致一个有效的表面各向异性。强表面各向异性可以在块体材料表面导致密条状磁畴,其方式与薄膜中垂直体各向异性类似。Hua等人已使用微磁学模拟对此进行了显示[748]。表面晶化机制通过X射线衍射分析及侵蚀实验得到证实。观察到的表面磁畴的密条状磁畴属性与这些条状磁畴跟随可随外磁场转动的基本磁畴内的磁化强度方向的观察结果是一致的(见图5.52b)。精细条状磁畴因而与其基本磁畴紧密联系在一起。如果基本畴壁被移

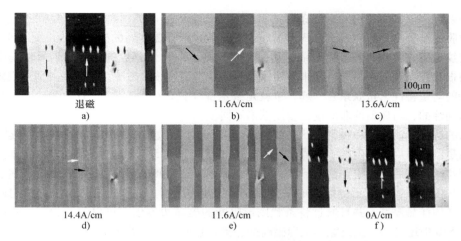

退磁
a)

11.6A/cm
b)

13.6A/cm
c)

14.4A/cm
d)

11.6A/cm
e)

0A/cm
f)

图 5.51 在磁场范围 (图 a~c) 内, 横向各向异性的金属玻璃条带中常规磁化转动导致近理想软磁行为。只有当超过限定磁场 (图 d) 时, 磁畴开始精细化并且在磁畴图形中观察到磁滞行为 (比较图 b 和图 e)。在零磁场下 (图 f), 初始磁畴宽度得到恢复 (样品由 Vacuumschmelze 的 G. Herzer 提供)

动, 条状磁畴可能被推翻, 剩下特殊的缠绕型图形, 如图 5.52c 所示。这些亚稳图形既可以归类为强条状磁畴, 也可归为强磁场也难以破坏的 360°畴壁 (见图 5.52d)。

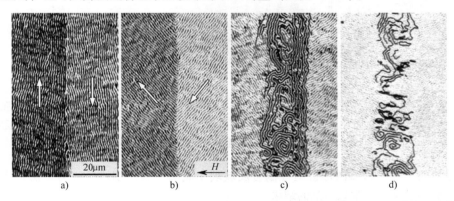

a)

b)

c)

d)

图 5.52 精细的表面条状磁畴 (图 a) 叠加在宽的基本磁畴上。条状图形是表面晶化带来的有效表面各向异性引起的[936]。图 b 为密集条带对下层磁畴磁化方向转动的反应。当基本畴壁在交变磁场下受到扰动时产生的奇异图形 (图 c, d)

图 5.53 给出了金属玻璃中的非均匀磁畴图形的第二个例子。这些明显的磁畴是在横向磁场下退火的带材中看到的, 它在别的情况下只是显示出如图 5.48b 所示那样简单的横向基本磁畴。这种调制图形首先在参考文献 [937] 中得到确认并在参考文献 [938] 中被再次观察到。之后参考文献 [939] 对其进行了更细致的研究。横向磁畴似乎受到垂直于横向基本磁

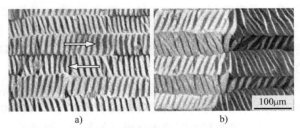

a)

b)

图 5.53 横向退火金属玻璃带材 $(Fe_{73}Ni_6B_{14.5}Si_{6.5})$ 中嵌入在横向基本磁畴中的密条状磁畴。在图 b 中可以看到纵向磁畴的痕迹 (样品由 Erlangen 的 W. Grimm 提供)

畴的主要磁化强度方向排列的精细条带的调制。这与波纹磁畴的对称性以及排列一致，其在薄的多晶薄膜中十分常见（见 5.5.2.3 节）。但是这样解释所观察到的磁畴存在一定疑问[939]。薄膜中的波纹磁畴是由与薄膜多晶微结构相关的不规则各向异性感生的。但在金属玻璃中这种磁性涨落的根源并不存在。另外，从未在块体材料中观察到过波纹磁畴；它是一种薄膜现象，与薄膜中独特的畴壁特性紧密联系在一起，也就是奈尔壁（见 3.6.4.3 节）。另一个论点是观察到的图形是周期性的，与典型的非周期性波纹图形不同。

正确的解释应该还是一种密条状磁畴图形。（请记住在 3.7.2 节中定义的体"密集"条状磁畴的周期是以膜厚度为尺度的。尽管此处所考虑的调制比图 5.52 中的要宽得多，其本质却是一样的，只是此处有效厚度更加深入到样品中。）我们在图 5.48c 及 3.7.2.3 节中看到在磁致伸缩材料中条状磁畴可以垂直于初始磁矩方向形成。此处的调制是嵌入横向磁畴的，横向磁畴占据了将近一半的样品厚度，并且通过将条状图形阻断的磁畴边界依旧可以看到它们。除横向磁畴外，图 5.53b 中还可以识别出宽的纵向磁畴的迹象，它似乎占据了样品的下半部。

第三个例子是和低磁致伸缩材料相关的。同样的，密条状磁畴叠加在宽的基本磁畴上（见图 5.54）。与之前情况不同之处在于这种低磁致伸缩材料中的密条状磁畴沿着平行于或者倾斜于基本磁畴中磁化强度的方向排列，如图 5.49 所示，而不是像图 5.53 中那样垂直于它。

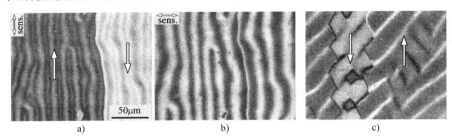

图 5.54　在低磁致伸缩金属玻璃中，叠加在宽的基本磁畴上的条状磁畴。条带（图 a, b）按照平行于基本磁畴磁化强度的方向（箭头）取向。它们表现出两个不同灵敏方向。有时条状磁畴会在一个倾斜角度上形成（图 c）（样品由 Prague 的 K. Závěta 提供[940]）

这里给出的不寻常磁畴图形说明控制金属玻璃中磁畴结构的困难。应力无法被完全去除，以及开始部分结晶会产生意想不到的结果。

5.4.3　金属玻璃中的畴壁研究

块体材料中布洛赫壁的表面结构（见图 3.82）可以通过多种方式观察，例如磁光扫描方法[941,206]、具有数码减影的克尔显微术[171,942]、自旋极化扫描电子显微术[352,943,944] 和磁力显微术[945-947]。粉纹法可以揭示畴壁深层特征的许多细节，但其对于表面封闭构型却不太有效[698,89]。涉及畴壁次结构的磁化过程特别受到关注[948-951]。金属玻璃的低各向异性有利于形成易于光学观测的宽畴壁。

在这些材料中观察到的畴壁都是源于薄膜中的非对称布洛赫壁的涡旋壁（见 3.6.4 节）。在存在畴壁的情况下进行热处理后发现了一些特别有趣的结构[699]。接着在退火过程中感生各向异性的图形遵从磁畴和畴壁的磁化强度的剖面。冷却后，保留下了畴壁的择优位置，其与自由移动畴壁之间以复杂方式相互作用，导致异常的磁化曲线并被应用于传感器。图 5.55 中给出了这些过程中的一部分。

图 5.56 给出了金属玻璃带材中一个布洛赫壁内部可能发生的不同过渡（见 3.6.4 节和 3.6.5

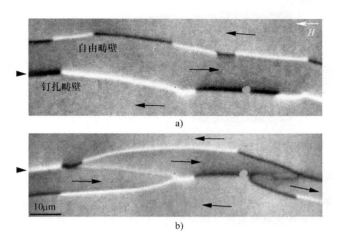

图 5.55 在无磁场状态下退火的金属玻璃样品中畴壁的反应[699]。图 a 为在外磁场中，
一个自由畴壁靠近一个"烙上"的钉扎畴壁。图 b 为两个畴壁之间复杂的
相互作用使钉扎畴壁的一部分发生翻转，但是却没有改变这个畴壁的过渡线

节中相关的理论背景）。标记畴壁基本转动指向的改变的"布洛赫线"与一个结点联系在一起。"帽盖开关"只影响畴壁的表面涡旋。它由一个磁光衬度的改变来表征，且如果不与布洛赫线重合则只显示出一个横向位移。在其他软磁材料中也能观察到类似的情况。

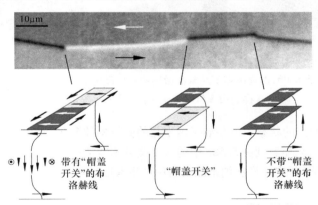

图 5.56 无磁致伸缩金属玻璃中布洛赫壁的高分辨率磁光图像，显示出所有 3 种可能的畴壁过渡类型

图 5.57 显示了在垂直于表面的磁场下畴壁过渡如何被移动，其对于磁畴实质上没有影响。磁场对"烙上"的畴壁的特征没有任何影响。自由畴壁中的布洛赫线发生移动，而"帽盖开关"则没有受影响。

5.4.4 软磁纳米晶带材中的磁畴

由大约 10nm 宽的铁磁性硅铁晶粒（在最广泛应用的合金中）组成的高磁导率纳米晶材料中，晶粒通过铁磁性金属玻璃基体磁耦合在一起。这两个磁性相之间的交换耦合导致一个看似均匀的磁性材料，其图 5.58a 中所示的磁性微结构与非晶带材没有什么不同。

将带材加热到非晶相的居里点（300℃）之上会阻断其耦合。其矫顽力上升且磁畴获得了显著不同的面貌（见图 5.58b）。当从这一中等温度降到室温使得非晶基体重新变为铁磁后，就会

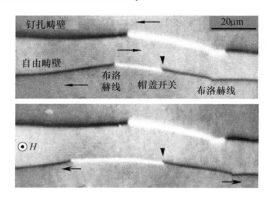

图 5.57　在与上图同一样品中观察到的布洛赫线在垂直磁场下的运动，三角符号指向与布洛赫线没有联系的"帽盖开关"过渡，因而在垂直磁场中没有变动

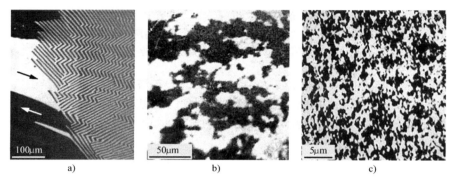

a)　　　　　　　　　b)　　　　　　　　　c)

图 5.58　FeCuNbSiB 纳米晶带在室温下（图 a）和 350℃（超过非晶成分居里温度）（图 b）的磁畴。图 c 为 800℃退火破坏了纳米晶微结构的样品中的不规则磁性微结构
（样品由 VAC Hanau 的 G. Herzer 提供）

恢复到与图 5.58a 中相当的状态。但是如果纳米晶的微结构被 800℃的"过度退火"破坏，这种软磁行为会永远消失，只能看到图 5.58c 中的非常硬且不能活动的精细磁畴。磁场和应力退火处理[954]也许可以如非晶带材中一样在纳米晶材料中产生有序磁畴态（见图 5.48）。

5.5　低各向异性磁性膜

5.5.1　概述：磁性膜的分类

本节讨论 $Q < 1$ 的薄膜，也就是说如果没有磁畴的话，磁化强度基本上与表面平行排列而与易轴取向无关。更确切地说，在没有磁场时，与表面平行或者接近平行的磁化状态是具有均匀磁化强度的最低能量状态。当易轴与膜平行时是严格平行的，在垂直时也一样。如果易轴是倾斜的，均匀磁化强度是向膜面外倾斜一个小角度的。但并不是说所有这些均匀磁化的能量极小态同样是能量最低态。一个其内部磁畴遵循真实易轴的磁畴态可能更具优势。这样的磁畴态需要一个如 3.7.2.1 节中所讨论的临界厚度。在低于临界厚度时，即使真实的易轴是指向面外的，膜也基本表现出和具有面内各向异性膜类似的行为。

在薄膜中，畴壁的结构受到膜厚度的影响较大。相比块体材料，畴壁特性在很大程度上主导了薄膜的磁化行为。特别是具有长程杂散场的**对称**奈尔壁与几乎无杂散磁场的**非对称**布洛赫和奈尔壁（见图 3.80）之间的区别十分重要。基于这些及后续的论据，以下对低各向异性磁性膜的分类有助于理顺这些多样化的现象。

- 在磁畴内和畴壁内都具有面内磁化强度的薄膜和**超薄**膜。磁畴边界是具有十字形及特征性长程相互作用的奈尔壁（见示意图 5.5a）。
- 具有面内单轴各向异性的**厚膜**，基本显示出无杂散场涡旋畴壁（非对称布洛赫和奈尔壁），它倾向于比较易移动（见示意图 5.5b）。
- 膜**单元**，其磁畴结构更多是由单元形状而不是内秉材料特性决定的。小的单元也可以被理解为磁性颗粒（见示意图 5.5c）。
- 具有垂直或者倾斜各向异性的厚膜和小平板，形成各式各样的密**条状**磁畴（弱的和强的条状磁畴）（见示意图 5.5d）。
- 多轴**单晶**膜和具有多易轴的小平板。这些膜中可能的小角度畴壁在很大程度上替代了 180°和十字畴壁（见示意图 5.5e）。
- 双层和多层膜的磁畴图形和畴壁结构遵循特殊规则，包括反铁磁耦合的膜及 90°耦合的膜（见示意图 5.5f）。

示意图 5.5

Middelhoek[955]在一系列厚度逐渐增加的坡莫合金膜上得到的经典粉纹图像，漂亮地说明了薄膜和厚膜之间的差别。图 5.59 给出了一个类似的系列，其使用了如今最广泛应用的技术，即数字增强磁光克尔效应。

人们试图通过沿着难轴施加一个幅值递减的交变磁场来达到平衡态构型。畴壁基本的特性通过这一方式可以重复，而畴壁中可见过渡数目是随机的，特别是在非常薄的膜（见图 5.59a）和较厚膜时（见图 5.59f ~ h）。这种材料的薄膜和厚膜边界在 90nm 左右，其有趣的过渡区域中的畴壁具有最高的比能量、最小的总宽度和最复杂的三维结构。

5.5.2 薄膜

这一类的典型代表是厚度在 80nm 以下的多晶坡莫合金膜。这种膜通过蒸发、溅射或者电化学方法沉积获得。在沉积过程中施加磁场，产生一个单轴感生各向异性。如果不加磁场，则产生一个局域的各向异性，其沿着在此过程中恰好建立的或多或少随机的磁化强度方向。在沉积过程中用旋转磁场或对样品旋转可以抑制各向异性，但这种可能性很少被采用。

5.5.2.1 奈尔和十字畴壁

薄膜的典型特征是对称的奈尔壁。在薄膜稳定范围内略微厚一点的膜中存在明显的十字畴壁（见图 5.59b ~ e），应当作是对称奈尔壁的一种变体（见 3.6.4.1 节）。这两种畴壁类型都可

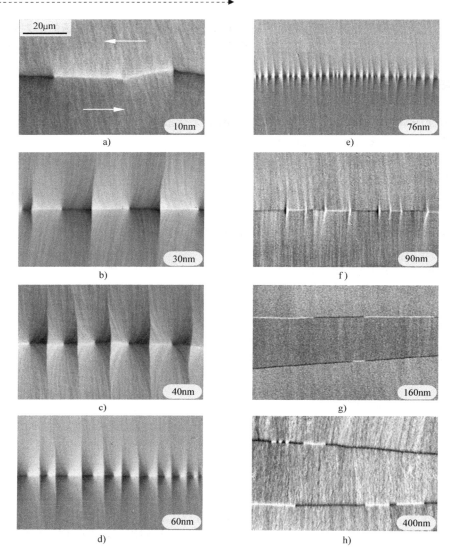

图 5.59　厚度递增的溅射和蒸发坡莫合金薄膜上 180° 畴壁的畴壁图像。该材料是具有弱单轴感生各向异性的细晶多晶体。图 a 为纯粹的对称奈尔壁,具有偶发非平衡畴壁过渡,将具有不同畴壁转动指向的片段分开。图 b ~ e 为密度逐渐增加的十字畴壁。图 f 为具有十字和非对称布洛赫壁片段的混合畴壁。图 g 和 h 为具有偶发非平衡过渡的壁宽递增的非对称布洛赫壁 (样品由 Philips Eindhoven 的 J. C. S. Kools、FHG Dresden 的 U. Wende 和 IFW Dresden 的 R. Thielsch 提供)

以通过基本上处在面内的磁化强度分布来描述。如 3.6.4.3 节中所详细讨论的,磁荷在奈尔壁中是不能避免的。在完全的平面模型中,这些磁荷将待在膜体内。事实上,这些磁荷会被输送向表面,而为了实现这一点,需要加入一个对表面平行磁化强度的微小偏离。但是,在单层膜中的讨论忽略这一细节并不会带来明显错误。因此,除了磁化强度必须指向法线方向的布洛赫线 (见 3.6.5.3 节) 以外可以认为膜的整个磁化强度图形是二维的。

这类膜的磁性微结构可以很容易地通过透射电子显微镜进行研究[247 - 249, 956 - 959]。粉纹技术对这些样品也被证实是有价值的,因为薄膜中的畴壁产生了延伸较远的强杂散磁场[960, 955]。在这些有利环境下，它们行为的很多细节在从微磁学上得到理解之前就已经知晓了。有些结构，如十字畴壁，对理论分析依然是个挑战。最早的数值结果[656]证实了实验上观察到的图像。但是目前其计算仅限于具有较小周期的图形，而且能达到的离散化对于布洛赫线的精细结构来说可能还不够。

　　奈尔壁之间的长程杂散磁场相互作用（见3.6.4.3节）导致了薄膜磁化过程中的强烈不可逆性。图 5.60 说明了具有不同厚度薄膜中的这一相互作用。十字畴壁的"十字"之间的相互作用尤为明显。

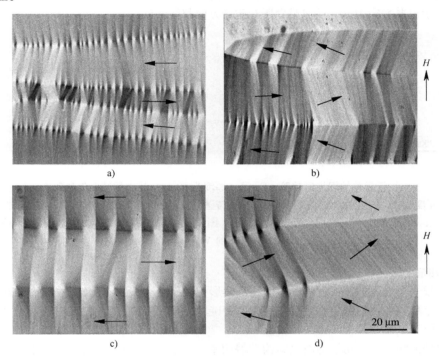

图 5.60　3 种不同厚度坡莫合金膜相互作用的十字畴壁，图 a 为 76nm，十字畴壁相邻畴壁之间强烈地相互作用着，图 b 为 90nm，接近十字和涡旋畴壁的过渡，十字畴壁显示出强烈的相互作用，而涡旋畴壁（非对称布洛赫和奈尔壁）具有更为局域化的特点，其相互作用仅在这些畴壁的过渡之间才可见，图 c 为 59nm，经典十字磁畴结构，其在难轴磁场中消失，图 d 中这一过程在图像范围的一半发生，而在另一半中强烈相互作用的十字畴壁依然存在（样品由 IFW Dresden 的 R. Thielsch、Philips Eindhoven 的 J. C. S. Kools 和 IBM，Almaden 的 S. S. P. Parkin 提供）

5.5.2.2　易轴磁化回线

　　如果将扩展的薄膜单元沿着易轴磁化，磁畴通常在某个垂直于磁场方向的样品边缘形核。在低矫顽力膜中，形核中心沿着易轴传播，并与原有磁畴之间通过锯齿形畴壁分隔（见图 5.61a）。

　　薄膜中的锯齿形畴壁是带磁荷的亚稳畴壁，要是可能发生磁畴图形的全面重组的话，它可能就不会存在。带荷畴壁之所以在薄膜中能存在是因为杂散磁场可以扩展到膜上下的空间，因而避免了浓的集杂散磁场，它在块体软磁材料中禁止了带磁荷的畴壁的出现。高分辨率观察（见图 5.61b）显示锯齿形图形中的畴壁可能由十字畴壁组成，正如相同厚度膜中的常规 180°畴壁一样。这一发现证实了图 3.83b 中关于锯齿形畴壁内部结构的概念，即磁荷分布在锯齿形畴壁之间的空间，而畴壁自身为传统的不带荷 180°畴壁。如果平衡十字周期比锯齿形周期小，则180°畴壁将衰变为十字畴壁。

对于给定膜,锯齿形的角度是特征性的,但是锯齿形的周期取决于环境。在磁场梯度中(见图 5.61c)周期将会减小,导致一个热力学稳定的锯齿形状态。在用于纵向记录的薄膜中,锯齿形畴壁可能将信息位分开;它们的不规则性是有害噪声的一个来源。

有一些磁性膜,尽管通过转矩法(见 4.2.1 节)测得了明确的各向异性,但是其沿着易轴和难轴的磁性行为并没有显示出区别。在这种膜中,畴壁运动矫顽力 H_c 比各向异性磁场 H_K 大。在弄清楚其不规则行为的起源之前,它们被泛称为反式膜[961-963]。下文讨论的普通膜只在沿着难轴磁化时显示出典型行为,在反式膜中所有磁场方向都能看到。

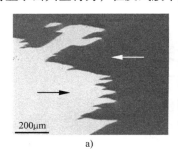
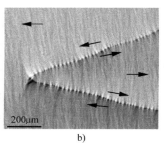
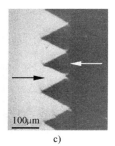

图 5.61　分隔反平行磁畴的锯齿形畴壁。Co 膜(厚度为 60nm)其中的畴壁仅是颠簸地行进(图 a),Co 薄膜(厚度为 42nm)的高分辨率图像在每一个畴壁上显示出十字形图形(图 b),梯度磁场在 50nm 厚坡莫合金膜上产生的平衡态锯齿形畴壁(图 c)(样品由 Univ. Augsburg, 的 B. Pfeifer 和 IFW Dresden 的 W. Ernst 提供)

5.5.2.3　难轴回线——波纹和阻塞

难轴回线一个显著的特征就是,即使在磁畴形核后依然有较大的剩磁。如图 5.62c 所示,剩磁态是由一个相互作用的低角度奈尔壁密集堆积起来的系统组成的,它们自身稳住了,形成了一个亚稳的阻塞或者"折曲"态[964-968]。

阻塞磁畴系统从一个初期的波纹结构发展而来(见图 5.62a),其反映了膜的不规则多晶本质。波纹现象从理论上描述为膜对单个晶粒的晶体各向异性引起的统计扰动的反应[969-971]。其与平均磁化强度方向正交的特征性纹理是由杂散磁场能引起的,纵向调制的杂散场能小于横向调制。如果两个侧面相邻的晶粒沿着与平均易轴不同的夹角 ϑ_1 和 ϑ_2 分别磁化,则在晶粒边界产生一个"横向"磁荷 $\lambda_{trans} = \sin\vartheta_1 - \sin\vartheta_2$(见示意图 5.6)。对于较小的 ϑ,这一数值比在纵向相邻的晶粒边界产生的纵向磁荷 $\lambda_{lon} = \cos\vartheta_1 - \cos\vartheta_2$ 大得多。因此,杂散磁场能抑制磁化强度在横向的变化,但是允许小的纵向变化,尤其是对于 $\vartheta_1 = -\vartheta_2$ 的情况,其 λ_{lon} 即使在较大偏离的情况下也保持为零。

随着漂移角度 ϑ_1 和 ϑ_2 的增大,当相反偏离区域之间的畴壁变得重要时(见示意图 5.7),就会发生从波纹到阻塞状态的过渡。如 3.6.4 节 3. 的内容所讨论的,形成了具有局域化的核及偶极磁荷的对称奈尔壁。一个畴壁的杂散磁场作为下一个畴壁的有效磁场,因此稳定了一列接近 90° 的畴壁,避免了能量上不利的 180° 畴壁。阻塞结构中的畴壁(见图 5.62c)事实上大多呈现出接近 90° 的畴壁角度,这可从该图中难轴敏感方向(右侧一列)变得可见的波纹状态推出。

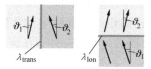

示意图 5.6

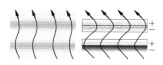

示意图 5.7

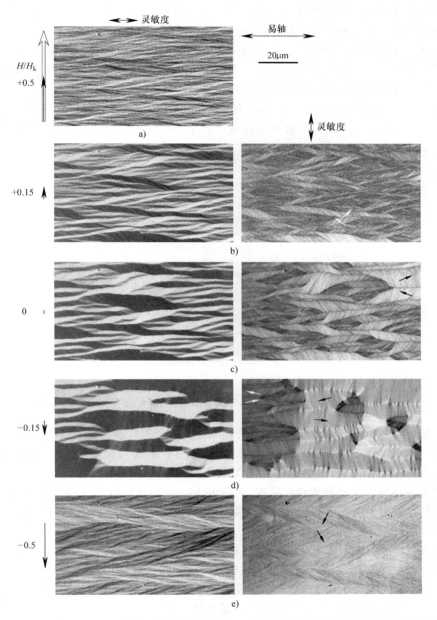

图 5.62　一个厚度为 42nm 的薄的多晶单轴钴膜在一个沿难轴磁化周期中所观察到的磁畴图形，从顶到底部显示了磁滞回线的一支，两列显示了沿着易轴（左）和难轴（右）的磁化强度分量。局域磁化强度方向可以由波纹图形推得（图 a），其不仅是此处给出的所有结构的根源，而且也可以局部地在所有图形中看到，尤其在右边的横向灵敏图像中（样品由 Univ. Augsburg 的 B. Pfeifer 提供）

Feldtkeller[962]已经定性地清楚理解了阻塞机制。对于折曲或阻塞现象的定量理论需要采用如 van den Berg[974]所做的关于对称奈尔壁[972, 973]分析相同的工具。完整理论的一个明确结果就是阻塞状态中相互作用的奈尔壁之间的距离必须小于奈尔壁尾部的范围［见式（3.144）］。

在一个与之前饱和磁场相反极性的磁场下，阻塞会破裂并激发布洛赫线的形核。对于

图 5.62 中给定的膜厚度，这导致十字畴壁的形成（见图 5.62d）。如在图 3.75 中所说明的，十字图形以一种不同的方式实现了 90°畴壁系统对 180°畴壁的替代。

一旦形成了十字畴壁，就可以通过施加一个沿难轴的磁场来移动其片段。这一过程具有相当大的滞后，这与布洛赫线的钉扎有关。圆形布洛赫线比十字布洛赫线更具移动性（见图 5.63），这可以从两种线的环境进行定性理解：圆形布洛赫线在其所在奈尔壁片段中的移动是自由的，而十字布洛赫线被绑定在两个畴壁的交集处。当其移动时，横向畴壁必须随着它移动，从而产生与这一位移相关的额外摩擦和钉扎效应。十字畴壁中的布洛赫线对被提议可作为非易失性固态存储中的信息载体[975]。

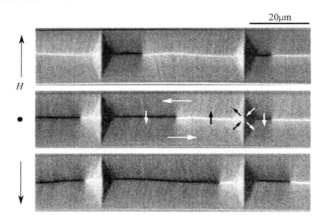

图 5.63　在一个磁场强度较小（150A/m）的外加难轴磁场中运动的十字畴壁中的布洛赫线（样品为 50nm 厚的坡莫合金薄膜单元；由 HL Planar 的 M. Schneider 提供）

在倾斜磁场中，根据 Stoner – Wohlfarth 理论（见 3.5.2 节）将会发生磁化强度一致转动。事实上则形成一个非对称阻塞图形，由不能独立稳定的相组成（见图 5.64）。磁化周期开始于图 5.64a 中沿着易轴饱和之后具有略微不均匀但依然几乎饱和的零磁场状态。在一个反向磁场中，这一状态将通过 180°畴壁运动被翻转。但是施加一个偏离易轴 35°角的反向磁场，净磁化强度向磁场旋转，同时发展出强的波纹图样（见图 5.64b，c）。基于各组元之间的杂散磁场相互作用，图 5.64d 中形成了一个阻塞构型。

这种纹理由两种效应形成（见示意图 5.8）：①平均磁化强度按照一致转动模型预测的那样开始旋转。②波纹弥散以平行于平均磁化强度的波矢展开，并具有对称的漂移以避免波纹壁上出现磁荷。这样形成的两种次级相具有不同程度的各向异性能。将磁场关闭（见图 5.64e，f），有利相（白色）简单地转到最近的易轴方向，而无利相（深色）变为次级图形，形成了所谓的迷宫畴。如果器件应用中需要快速翻转，则所有的这些阻塞和非一致翻转过程都必须避免。

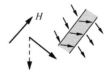

示意图 5.8

更多关于薄膜中磁化过程的例子将在涉及微加工膜单元的 5.5.4 节中给出。

5.5.2.4　超薄膜

在厚度小于 30nm（对于坡莫合金）的膜中不再能观察到十字畴壁。这与布洛赫线能量的增加和迁移率的降低相关。在这些膜中，随着厚度的减小，奈尔壁能量降低、宽度增加（见图 3.79），但是布洛赫线显示出相反的行为（见图 3.91）。布洛赫线很容易被缺陷捕获，特别是"针孔"，即膜中的非磁性空隙，在其中可以省去布洛赫线核的高交换能和杂散磁场能浓度。即使其会导致畴壁产生各种反应和非平衡构型，布洛赫线依然被钉扎。例如，如果一个 180°畴壁

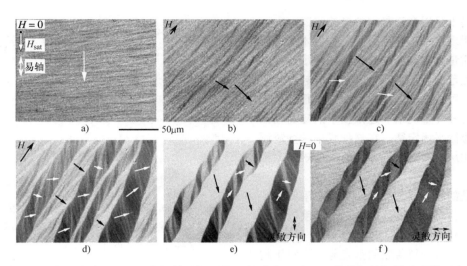

图 5.64　在一个磁场强度为 150A/m 的倾斜磁场下的阻塞图形（图 d），将磁场关闭导致了从两个不同方向
显示的迷宫畴（图 e，f）（样品为 40nm 厚的坡莫合金；由 Bosch 的 M. Freitag 提供）

经过这样一个缺陷且一个布洛赫线被捕获，将产生一个如图 5.65 所示的那样一个把畴壁和缺陷
连接起来的 360°畴壁[960]。这一亚稳态畴壁类型在较厚的膜中没有被发现。在超薄膜中要想去除
它，需要远高于移动常规 180°畴壁的磁场强度。原因是将磁化强度转向与膜平面垂直带来越来越
越强的能量惩罚，这是去除组成 360°畴壁的卷绕畴壁对的唯一方法。这些现象通过经典的透射
电子显微镜和粉纹图形进行了研究[960]。此处给出的克尔效应图像证实了早期结果，它们提供了
选择样品和磁场条件的更大自由度。

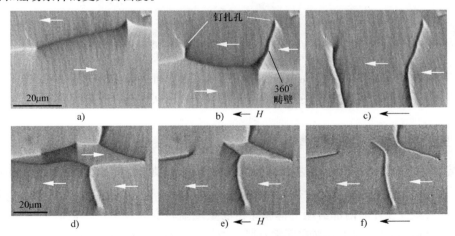

图 5.65　在溅射的 10nm 厚的坡莫合金膜中观察到的超薄膜中的畴壁，其中环形和
十字布洛赫线被膜中的缺陷钉扎。（图 a～c）在 180°畴壁中由钉扎的布洛赫线形成的两个
"竖直" 360°畴壁。第二列（图 d～f）给出了两个 "非卷绕" 的 180°畴壁片段的湮灭，
及由卷绕的 180°畴壁形成 "水平" 360°畴壁（样品由
Philips Eindhoven 的 J. C. S. Kools 提供）

　　如图 5.66 所示，通过施加交变磁场可以在这类膜中产生惊人的螺旋磁畴图形[969, 976, 977]。有
些矛盾的是，交变磁场在这种情况下产生的并不是一个平衡图形，而正好相反。原因是此处使用

的交变场不足以激活稳定的钉扎位置。

　　使用现代超高真空薄膜沉积技术,可以沉积出质量大幅改善的外延膜。有了这些技术,厚度范围只包含几个原子层的超薄膜才首次成为可能。问题是少几个分隔很远的缺陷足以钉扎畴壁网络。超薄膜中的磁畴因而经常不遵循平衡定律。在这种膜中畴壁矫顽力经常比从平衡能量推导出的任何矫顽力都要大。

　　但是如图5.67所示,磁畴纹理反映了各向异性状态的改变。此处一个厚度依赖的表面各向异性贡献引起从 $Q>1$ 到 $Q<1$ 的过渡,即从对于超薄膜的垂直易轴到对于超

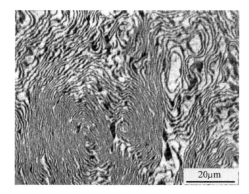

图 5.66　在 5nm 厚的 Co 膜上观察到的,由交变磁场产生的由紧密堆集的 360° 畴壁组成的螺旋畴壁(样品由 IBM 的 T. Plaskett 提供)

过 4 个原子层厚度的面内行为。在 $Q=1$ 附近通过电子极化方法观察到的磁畴宽度结果非常小。注意在特定厚度区域,无论是垂直 (图 5.67a) 还是纵向 (图 5.67b) 观察模式下磁畴都是不可分辨的。

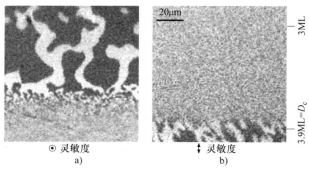

图 5.67　楔形超薄外延 Co 膜中的磁畴,表现出垂直和面内各向异性之间的过渡(ML 为单层;电子极化图像由 Halle 的 H. – P. Oepen[978] 提供)

5.5.3　具有面内各向异性的厚膜

　　厚膜定义为厚度超过奈尔 – 布洛赫壁过渡的膜,对于坡莫合金膜其典型的数值为 100nm,而一般为 $20\sqrt{A/K_d}$ (见图 3.80)。对于单轴膜其上限可以定为 $5\sqrt{A/K_u}$ (对于坡莫合金则对应为 1.5μm),此时至少在样品内部典型的薄膜布洛赫壁逐渐转变为经典的平面畴壁 (见图 3.82)。在这一厚度范围,布洛赫壁的比畴壁能随着厚度增加而降低 (见图 3.79),而畴壁宽度与薄膜厚度相当。尽管其宽度较大,布洛赫壁仍保持局域化而不向磁畴内扩展,这与薄膜中的对称奈尔壁相反。

5.5.3.1　厚膜的磁化过程

　　图 5.68 显示了一个扩展的膜的难轴磁化回线,其依然是最有趣的。从沿着难轴的饱和状态开始,如薄膜中那样首先产生了相互作用的奈尔壁 (见图 5.62)。最初,它们是以对称奈尔壁的形式形核的,但是根据理论 (见 3.6.4.5 节),它们在较低磁场强度下自发转化为非对称奈尔壁。

　　这一过渡在实验上很难观察到，但是如图 5.68a 所示的在较低磁场强度下的结果显示了非对称奈尔壁的所有特征。接近剩磁态时，亚稳态奈尔壁系统崩塌并被非对称 180° 畴壁所替代（见图 5.68b、c）。图 5.68 所示的畴壁衬度图像立即显现出了非对称奈尔壁和布洛赫壁之间的不连续过渡，其需要引入如图 5.62 中那样的过渡或者布洛赫线（详情见 5.5.3.2 节）。施加一个小的交变磁场可以移动不同畴壁类型之间的过渡线。在较大的反向磁场强度下，会发生另一个向非对称奈尔壁的畴壁转换（见图 5.68d）。有趣的是，在扩展的膜中，伴随着畴壁转换并没有发生明显的磁畴增宽，这与薄膜中的情形相反（见图 5.62）。这要归因于非对称布洛赫壁与奈尔壁之间较小的能量差异。

　　布洛赫 – 奈尔过渡会导致一些意想不到的现象。其中之一就是畴壁蠕变[979, 980]。它导致了历史上曾经十分有前途的一项技术的没落，即快速随机存取薄膜存储器（详见 6.5.3.1 节），现代半导体计算机存储器的先驱。在这种器件中，畴壁遭受到沿难轴的脉冲磁场，从而导致了布洛赫 – 奈尔转变。如果同时存在沿易轴的脉冲，即使其单独不足以移动畴壁，也可观察到畴壁在每个难轴脉冲下蠕动了大约相当于膜厚度的量。

　　对于畴壁蠕变现象的解释可以直接根据畴壁性质得出。在每一个布洛赫 – 奈尔转变中，一半的畴壁得以重构以致它可以不受局域钉扎中心的影响[658]。磁畴以类似蜗牛的间歇运动方式向着所施加的易轴磁场方向蠕动。

5.5.3.2　高分辨畴壁研究

　　由理论预测的厚膜中特征性的畴壁结构是实验研究偏好的课题。图 5.68 概括地给出了厚膜中的畴壁，并在 5.5.3.1 节中对其进行了讨论。Tsukahara[261] 使用传统的菲涅耳模式洛伦兹显微术在单晶铁膜（见图 2.27）上完成了对非对称布洛赫壁的首次观察。在这种模式下，衬度与磁化强度分布之间的联系是间接的。但是始于理论模型的衬度计算使预期与观察图像之间具有令人信服的一致性[981]。

　　正焦差分相位技术（见 2.4.3 节）使得可以直接获得畴壁内磁化强度的平均面内分量[267]，但其仍然缺乏对畴壁结构的完整二维分析。在传统洛伦兹显微术中对样品进行倾斜证实了非对称布洛赫壁与奈尔壁都有垂直分量。使用传统洛伦兹显微术进行的细致研究就可能区分所有 3 种畴壁类型，即非对称布洛赫壁与奈尔壁和在低畴壁角度下预期存在的对称奈尔壁（见图 5.69a 和参考文献 [676, 664]）。甚至理论预测的相图（见图 3.80）也在合理的精确度下得到了证实（见图 5.69b）。

　　图 5.70 给出了比图 5.68 更高的磁化强度下基于克尔效应观察到的畴壁，清晰地显示出了非对称布洛赫壁与奈尔壁不同的外观。如之前图 5.56 中显示的非晶块体材料，非对称布洛赫壁具有强烈的黑或白的衬度特征。在膜中，标示布洛赫线的畴壁结不如块体材料中明显。

　　在图 5.70b 中，非对称布洛赫壁与一种具有较弱的双极衬度的不同畴壁类型共存。其外观与非对称奈尔壁的特性相符（见 3.6.4.5 节）。正如理论预期的，非对称奈尔壁可出现在具有交替双极衬度的两个取向中（见示意图 5.9）。它们在中等外磁场强度下特别稳定，即如图 5.70c 中那样畴壁角度大约为 120°。非对称奈尔壁的双极衬度在克尔显微术中的可视化要求非常苛刻，需要像 M. Rührig[591] 首次完成的那样对显微镜进行仔细的调试。

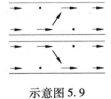

示意图 5.9

5.5.4　薄和厚的膜单元

　　对小型单元的分析由于以下两个原因而很有裨益：①因为可以观察到完整的磁畴图形，小单元中的磁化过程比扩展的样品更好理解；②在实际中不同形状的小单元比扩展的膜应用更多。这一课题已经研究了相当一段时间，最初是在天然生长的小晶片上[641, 982, 983]，我们将在关于单

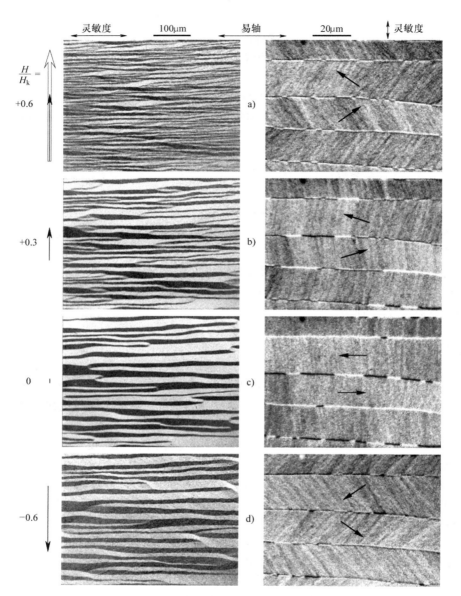

图 5.68　460nm 扩展的坡莫合金膜中沿着难轴的磁化过程。左边竖排给出了磁畴的克尔效应总览图像，右边竖排给出了相同状态下放大的畴壁图像。图 a 为从饱和态中形成的相互作用的非对称奈尔壁系统。接近剩磁或退磁态，其被隔开了主要磁畴的非对称布洛赫壁的图形所替代（图 b，c）。增加反向磁场（见图 d），布洛赫壁再次转变为奈尔壁，但是具有密集堆积的相互作用畴壁体系没有恢复
（样品由 FHG Dresden 的 U. Wende 提供）

晶膜的 5.5.6 节中再回头来看它。之后是在人工构建的沉积膜上[588, 589, 974, 984-992]，而近来也研究了非常小的单元[993-995]或者颗粒（见 5.7.2 节）。在小颗粒上可以观察到的现象大多在较大单元上也可以看到，且更为容易。

　　膜单元中的磁化过程主要取决于它们的形状。由于其形状仅由颗粒的二维轮廓及膜厚度来确定，这些过程比一般三维颗粒中的更容易分析。它们依然显示出多姿多彩的图形，而我们只能

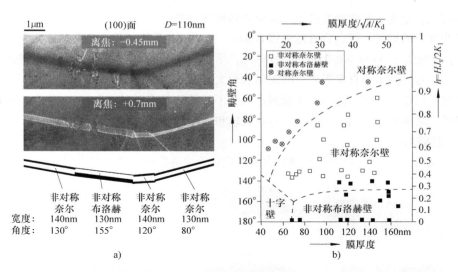

图 5.69　Ni₅₀Fe₅₀单晶样品中的不同畴壁类型用洛伦兹显微术观察的结果（图 a）。对于欠焦和过焦
图像的评估帮助确定每段畴壁的类型。畴壁角度可以通过磁畴内的波纹来推得。这些观察结果
构成了相图（图 b），定性证实了图 3.80 的理论预测（与 Stuttgart[676] 的 L. Zepper 合作）

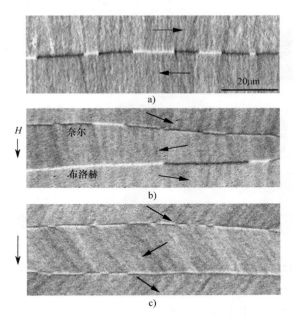

图 5.70　460nm 厚的坡莫合金膜上的克尔效应畴壁观察结果。图 a 为由不同的转动
片段组成的 180°非对称布洛赫壁。图 b 为畴壁角度在 160°~180°之间的非对称
布洛赫壁（黑和白的衬度）和非对称奈尔壁（双极衬度）的共存。图 c 为畴壁
角度约为 120°并具有两个不同取向的非对称奈尔壁
（样品由 FHG Dresden 的 U. Wende 提供）

给出一些看重反映磁滞现象的典型例子的印象。膜单元中的很多特征在薄的和厚的薄膜中是普
遍的，或至少是类似的。这也是为什么我们把它们放在一起来探讨。我们主要呈现较大膜单元的

磁光观察结果,在其平衡构型及磁化行为中的各种细节都可以进行分析。

对于非常小的单元,可以合理地根据 Stoner – Wohlfarth 分析(见 3.5.2 节)将其视为一个单畴颗粒。但即使对于 $1\mu m \times 0.1\mu m$ 的 Co 单元,尽管其具有单畴零磁场平衡态,也表现出非一致的翻转行为。对于其中会自发形成磁畴图形的较大单元来说,单畴分析没有意义。尽管该方法在许多关于这一问题的传统讨论中都能看到,但并不被认为是有益的。Stoner – Wohlfarth 颗粒与扩展的薄膜单元之间唯一共同的特征就是存在难轴和易轴。

5.5.4.1 退磁态

图 5.71 给出了在不同形状和易轴取向的厚膜单元中寻找磁性基态的尝试。

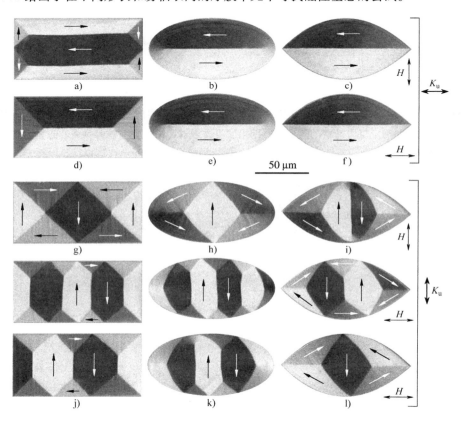

图 5.71　不同厚度单元(坡莫合金 = $Ni_{81}Fe_{19}$,厚度为 240nm)的退磁态。颗粒的形状不同,
相对于颗粒轴的易轴取向也不同。最终的退磁态明显依赖于退磁过程中所使用交变磁场的
轴向。有趣的是,这点对于具有纵向易轴的椭圆或尖头椭圆的形状不适用(b ~ e,c ~ f)。
最后两排显示,对于横向易轴和纵向交变磁场,在相同条件下可以形成不同的图形
(样品由 Bosch 和 Stuttgart 的 M. Freitag 提供,本节中未说明外都使用这一组样品)

磁畴图形是通过沿着相对于单元轴的不同方向施加一个幅值递减的交变磁场获得的。所有获得的基态与简单或者修正的 van den Berg 模型一致(见图 3.22)。但是图形并不总是能够重现。这里给出的是最频繁出现的结果,且这些依赖于交变磁场的方向。这一发现证实即使对于似乎完美的样品,要从实验上定义可与理论相比较的磁性基态也是有问题的。畴壁团簇与样品边缘之间的相互作用看起来是这种含糊的情况主要原因。当如图 5.71b、c 中那样不存在这一作用时,

就可以通过交流退磁获得唯一且可重复的结果。

薄膜单元中相应的行为一般通过对 90°畴壁的择优来表征。在具有横向易轴的单元中退磁处理之后会经常遇到如图 5.72 所示的两种情况：十字图形的变体（见图 5.72a，b），和在难轴理想化操作后倾向于出现的相互作用奈尔壁的阻塞系统（见图 5.72c，d）。

在非常薄的薄膜中较难找到能量最低态，因为畴壁钉扎比源于磁畴能的要强。关于易轴沿着对角线的正方形坡莫合金单元的图 5.73 说明了这一点。尝试通过施加幅值缓慢减小的交变场来达到能量最低态，结果导致了对于不同磁场方向的迥异结果。

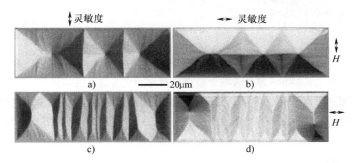

图 5.72　一个矩形薄膜单元（40nm 厚的坡莫合金），在进行易轴（图 a，b）和
难轴（图 c，d）退磁后获得的退磁态，两者都在两个灵敏轴上进行了观察

图 5.73　20nm 厚坡莫合金正方形单元沿着 3 个不同轴进行交流退磁后的"平衡"态

5.5.4.2　易轴磁化过程

图 5.74 最上一排再次给出了易轴沿着颗粒轴的矩形、椭圆和尖头椭圆形状厚膜单元的能量最低状态。通过对这些状态施加一个小的或者适中的易轴磁场，我们观察到一个几乎完全可逆的磁化行为。这是通过在正的和负的剩磁态之间的差值图像记录在图中的。

由于畴壁因而可以几乎不受钉扎地自由移动，在易轴磁场下材料表现得就像一个无限大（内在的）磁导率的材料。这是 Bryant 和 Suhl 理论的条件（见图 3.25），该理论中外部可测量的磁导率仅由样品形状决定。因此，厚膜单元是检验这一概念的最好试样[591]。

在薄膜单元中观察到了一种不同的行为，图 5.74 中的容易运动的涡旋壁被奈尔壁和十字壁所替代（见图 5.75）。尽管基态（顶排）看起来与厚膜情况很相似，但是磁化行为（中间和底排）却非常不同。十字壁是间歇式的运动，主要是受到十字布洛赫线与样品中的小缺陷之间的相互作用的钉扎。

如果一个颗粒先在易轴磁场下饱和，观察其近饱和状态崩塌所对应的临界磁场强度十分有趣。如图 5.76 所示，具有平行易轴的不同形状的伸长单元，表现出大为不同的翻转行为。矩形

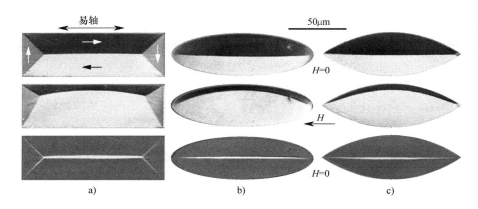

图 5.74　厚膜单元（240nm 厚的坡莫合金膜）对称的交流退磁磁畴图形（顶排）。畴壁在
磁场下可逆移动（第二排）并在撤掉磁场后几乎回到其先前的位置。这记录在
第三排中正负剩磁态之间的差值图像中（来自一个零剩磁、不含铁的磁体系统）

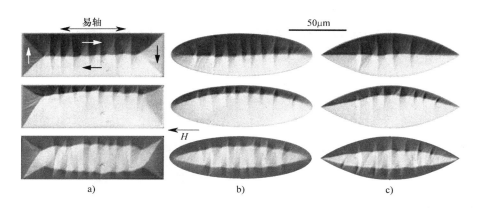

图 5.75　与图 5.74 相同的位于奈尔壁和十字壁主导范围的单元（40nm 厚）。与厚膜单元相反，
十字壁引起了畴壁运动中强烈的不可逆性。特别是在底排的差值图像中，初始畴壁和
十字壁交集处的十字布洛赫线可以看到在畴壁运动过程中存在滞后

及椭圆形在钝端形成一个闭合图形，而尖头椭圆的形状中没有观察到这种情况。尖头椭圆单元
在近饱和态下的强稳定性显示了其作为传感器应用的优势[178, 995]。

　　圆形单元提供了特别好的研究畴壁与样品边缘之间相互作用的机会。常见的是排斥相互作
用，其一旦被克服将引起有趣的不可逆性[597]。图 5.77 给出了一些典型的观察结果。

　　有些构型磁滞的例子，它是与缺陷无关而与磁畴图形的拓扑结构相联系的不可逆磁化过程。
如图 5.77b 与 e 之间畴壁片段湮灭这样的细微区别，导致形成了完全不同的"反向"图形序列，
在此例子中还导致了不同的最终零磁场状态（见图 5.77i 和 n）。类似的现象在薄膜单元中也能
观察到[997]。

　　作为传感器应用的优选，超薄单元中的磁化过程与较厚膜十分不同。主要原因是畴壁位移
在这些膜中更加困难，因此在较厚膜中无法看到的翻转过程的细节可以在这些膜中追踪。
图 5.78 所示为一个伸长的矩形单元的翻转过程。如左侧以不同阶段所显示并说明的，翻转开始
于样品末端的封闭构型。右侧给出了翻转过程的结果，包括两边的封闭图形的不连续扩张和碰

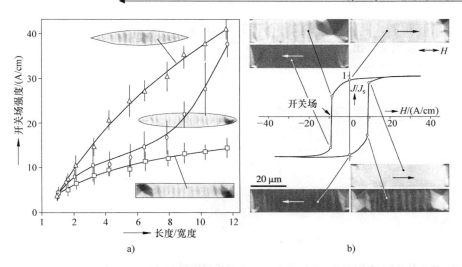

a)　　　　　　　　　　　　　　　　b)

图 5.76　所观察到的薄膜单元的矫顽力或翻转磁场（图 a）强烈依赖于样品形状（此处每个
数据点代表 5 个独立事件的平均值），插图给出了 3 个不同形状在临近翻转前的状态，
图 b 为附有插图的矩形单元的易轴磁滞曲线（样品是 40nm 厚的坡莫合金单元）

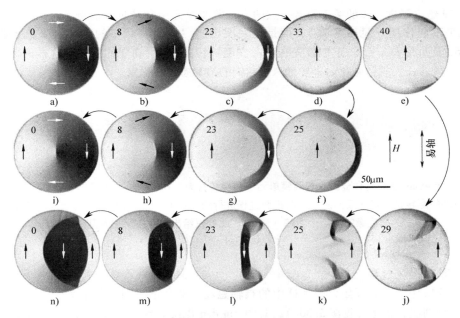

图 5.77　圆形厚膜单元中的磁化过程显示外加磁场中形成的畴壁与样品边缘之间的相互作用（图 a～d）。
如果不克服排斥相互作用，此过程保持可逆（图 f～i）。在穿孔（图 e）后会观察到一个完全不同的序列
（图 j～n）。磁场（在每个单元中以单位 A/cm 给出）开始（图 a）和结束在两种情况都为零
（图 i 和图 n）（样品为总厚度 300nm 的纳米晶 Fe – NiFe 多层膜，
由 Siemens Erlangen 的 W. Bartsch 提供）

撞。最终的构型会统计性地变化，此处给出的是经常会观察到的两种典型图形。形成两种构型之
间的哪一个取决于样品端部三角形闭合磁畴的相对取向。三角形闭合磁畴反向磁化时出现较为
简单的图形（见图 5.78b），而对于平行闭合畴则（有时）出现亚稳构型（见图 5.78d）。示意图

来自定量的克尔图像[178]。只要闭合磁畴不被非常大的磁场所破坏，这一行为就保持类似。值得注意的是，数值模拟也得出了非常类似的图形[998]。

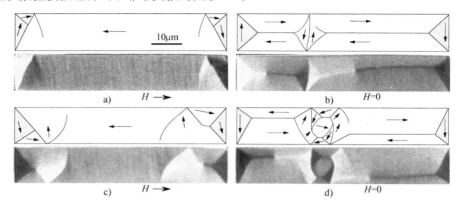

图 5.78　受样品端部封闭磁畴极性的影响，一个伸长薄膜单元（17nm 厚的坡莫合金）的翻转行为。最终状态（图 b，d）在标志端部磁畴图形接合的矫顽磁场下形成，但其在磁场关闭后依然稳定
（与 J. McCord[178] 合作）

　　图 5.79 给出了进一步的关于更宽一点的尖锐薄膜单元中翻转过程的例子。此处，样品端部的形核几乎不起作用（见图 5.76），而是由发展出的"折曲"状态的稳定性来决定翻转磁场（见图 5.62 及 5.5.4.3 节）。正如首先在参考文献［178］中所确立的那样，这样的单元没有被端部磁畴形核及长大重新磁化的事实意味着它们的饱和态特别稳定。

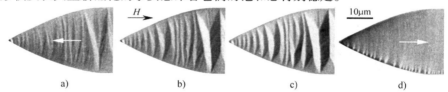

图 5.79　一个 48nm 厚坡莫合金尖头椭圆膜单元中的翻转行为。几乎看不到边缘感生的形核结构（图 a）。因此，最终的翻转是通过在反向磁场中的折曲过程进行的（图 b，c）。翻转过程的结果可能包含不规则性，例如边缘的一个十字壁（图 d）。此处仅给出单元左半边及其磁畴状态
（与 J. McCord[178] 合作）

5.5.4.3　难轴磁化过程

　　从图 5.74a 中的基态开始，施加适中的难轴磁场，就会记录到一些精美的不可逆过程（见图 5.80）。特别注意状态（见图 5.80b），其中 van den Berg 畴壁首先被施加的磁场破坏，从而被正交的 Bryant 和 Suhl 畴壁所取代（见图 3.25）。这一过程在畴壁触及样品边缘之前是可逆的。如果磁场在此状态（见图 5.80c）之后减小，在畴壁再次从边缘分离并回到初始状态（见图 5.80e）之前会形成一个新的磁畴（见图 5.80d）。如果畴壁被更高一些的磁场消灭（见图 5.80f），则会形成一个完全不同的路径。从这一近乎饱和的状态开始减小磁场强度，会形成如图 5.68 的折曲状态（见图 5.80g），接着是不规则的中间状态（见图 5.80h），并经常出现完全不同的剩磁状态（见图 5.80i）。阻塞的折曲状态既可能像扩展的膜中那样通过布洛赫线的产生而消退，也可能由畴壁三重态在样品边缘的撕裂而消退。有时畴壁三重态被撕裂却不会马上消失。此时可以观察到其如图 5.80h 中那样以清晰的亚稳态构型存在于单元的中间。

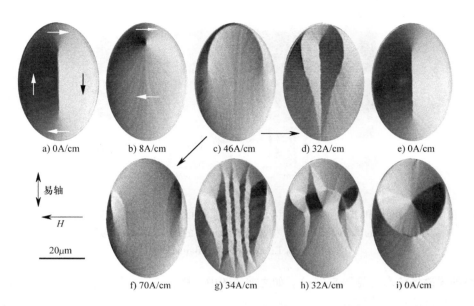

图 5.80　椭圆形厚膜单元（240nm 厚具有纵向易轴的坡莫合金）中的不可逆难轴磁化过程。
显示了从退磁态（图 a）开始的两个升降磁场的系列。尽管顶排中的过程是不可逆的，如果
（图 c）处畴壁没有被穿孔则最终态（图 e）与初始态（图 a）是一样的。在另一个情况中（底排），
磁畴图形经历了一个如图 5.68 中的手风琴或者折曲态（图 g），最终形成一个
亚稳退磁态（图 i），其只能在反向磁场中被破坏

　　这一过程在薄膜单元的磁滞中扮演重要角色。其细节依赖于畴壁和边缘相互作用的类型和强度。在特殊情况下，对于图 5.77 中的圆形样品施加一个难轴磁场后甚至可以获得一个如图 5.81 所示的同心亚稳磁畴态。应该提及的是，这一过程在最初的研究过程中是完全可重复的[597]，但数年后在同一样品上则无法重复。可能的解释也许是参考文献［597］中推测出的强各向异性的边缘应力经过一段时间后发生部分弛豫，因而改变了畴壁与边缘相互作用的细节。

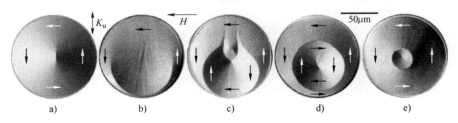

图 5.81　在基本同心磁畴图形（图 a）上施加一个难轴磁场形成的同心畴壁图形，
畴壁对于边缘的强烈黏附（图 c）有利于所形成畴壁的闭合[597]

　　在更强磁场下沿着难轴饱和后，再次观察到相互作用的奈尔壁体系，如图 5.68 所示的折曲状态或者六角手风琴图形（见图 5.80g）。如图 5.82 所示，形核的畴壁与样品边缘之间的相互作用导致明显的磁滞现象。这些复杂过程的标志性特征就是其不可重复性，就是说尽管磁场历史一致但最终状态是不可预测的。

　　图 5.83 给出了在一个具有横向易轴的尖头椭圆厚膜单元中的类似观察结果。再次显示了与折曲状态的崩塌相联系的主要跳转之前（见图 5.83a）和之后（见图 5.83b）的磁畴图形，并增

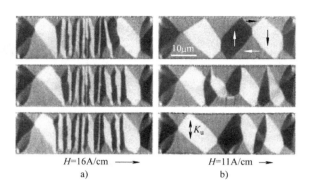

图 5.82　由沿着难轴的饱和态产生的高磁矩状态（图 a）不可重复的衰变为基本退磁的状态（图 b）[999]
（与 Erlangen 的 K. Reber 合作，样品是 300nm 厚的纳米晶 Fe – 坡莫合金多层膜，
由 Siemens Erlangen 的 W. Bartsch 提供）

加了最终的零磁场状态（见图 5.83c）。如之前的图中一样，一个过程的复杂性导致了不可逆性，因而不可能详细地追踪其起源。

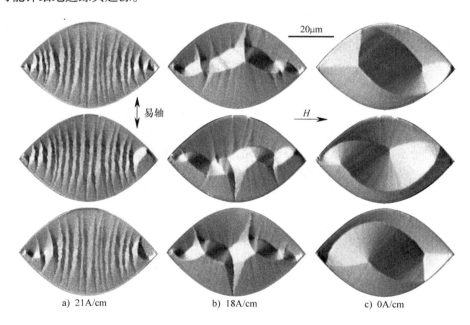

图 5.83　在一个 240nm 厚的坡莫合金厚膜单元中折曲状态的崩塌，该厚膜的易轴沿着垂直于单元轴的方向。颗粒首先被沿着难轴磁化饱和，接着磁场强度缓慢降低到零。3 个图形序列给出了主要跳转之前（图 a）和之后（图 b）的状态及剩磁态（图 c），显示了这一过程对于一致磁场历史的多变性

　　在非常薄的薄膜单元中的过程与较厚的膜中的大为不同。如图 5.62 中布洛赫线的形成在这些薄膜中很困难，因此折曲状态的畴壁不能转化为十字壁。经常是当样品的大部分都已重新磁化时它们依然保持稳定，因此就如图 5.84 那样剩下了 360°畴壁。在其他结果中（未给出）折曲状态在 360°畴壁形成前崩塌，导致立即沿着外磁场方向饱和（见示意图 5.10）。

　　在这个样品中，360°畴壁并不十分稳定。即使其如图 5.84c 中那样形成了，它们依然会在强

度稍大一点的磁场中通过布洛赫线的形成和迁移被消灭（见示意图 5.10）。在别的尤其是更薄的膜中，布洛赫线更难以形成并移动，而 360° 畴壁就变得相当稳定。

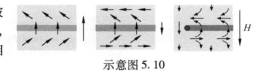

示意图 5.10

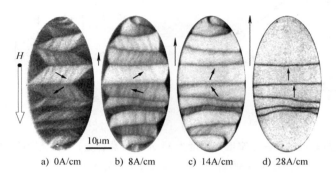

10μm

a) 0A/cm　　b) 8A/cm　　c) 14A/cm　　d) 28A/cm

图 5.84　20nm 厚椭圆形坡莫合金单元中的难轴重新磁化过程。
此时即使没有任何明显缺陷或者钉扎点也会形成 360° 畴壁

5.5.4.4　边缘卷曲壁

我们遇到过复杂的微磁学边缘结构，例如在图 5.80 中畴壁黏附在单元边缘上的形式。当垂直于膜的平直边缘施加一个大磁场时，会发现更简单但是非常有趣的构型。

除了磁场非常大的情况，即使单元内部已经平行于磁场饱和了（见示意图 5.11），磁化强度也将试图保持与边缘平行。边缘处的局域退磁效应远大于单元中间。只有在磁场下这种特定的边缘结构才会在单一膜中稳定存在。如果边缘沿着一个方向极化，然后我们把磁场旋转到相反的方向，在一定磁场角度下会产生不稳定性，这个角度依赖于磁场强度。

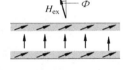

示意图 5.11

参考文献［1000］从实验和数值微磁学上对这些效应进行了研究。其结果在图 5.85 中给出。实验上观察到的翻转角度依赖于边缘的剖面，其数值比基于理想矩形横截面的计算结果小一些。但是，所有曲线遵循相同的行为。

5.5.4.5　转角图形

在矩形单元的转角处经常观察到一个特征性图形（见图 5.86），即所谓的郁金香图形，其替代了 Van den Berg 构型所预测的简单 90° 畴壁。图 5.86a 给出了这种图形的一个定量磁光图像。图 5.86b 中是其一些变体，一个简单直线 90° 畴壁、一个与三畴壁边界团簇相耦合的修正畴壁、一个与复杂图形相联系的简单畴壁，以及各种大的、小的和多重郁金香图形（底排）。

郁金香图形可以看作是由奈尔壁相互作用效应所稳定的修正 Van den Berg 图形（见图 3.22b）[591]。要看出这一点，可跟随着沿着穿过郁金香图形的对角线方向的磁化强度矢量（示意图 5.12 中的虚线），并注意其与早前讨论过的折曲状态的相似性。但是在完全相同的退磁处理之后，可以看到完全没有郁金

示意图 5.12

香图形的不同大小的图形（见图 5.86b）。这说明郁金香图形是一个亚稳态构型。一旦郁金香图形形成，其稳定的原因似乎是单元边缘中的缺陷对畴壁边缘团簇的钉扎。尽管其经常在实验上观察到，但据了解它只是被定性地分析过。

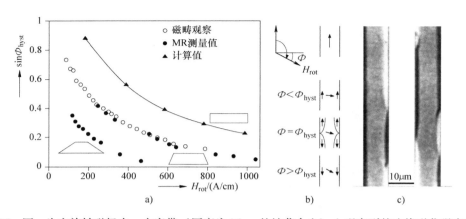

图 5.85　图 a 为在旋转磁场中一个窄带（厚度为 35nm 的坡莫合金）上观察到的边缘磁化强度翻转。
对于不同外场大小测量了其翻转磁场角度（在图 b 中定义）。空心圆标记的数据是对
实验上所观察到的磁畴图形进行分析估计得出的。高磁场强度下的翻转无法直接观察，因为
卷曲区域太窄。因而卷曲漂移的符号是在每次尝试后减小磁场强度所观察到的结果基础上
推测而来的。实心圆点来自对于同一个样品的磁电阻测试。三角形标记的曲线是对理想
矩形横截面的单元进行二维数值微磁学计算得到的。图 c 为部分翻转的边缘卷曲
区域的例子（取自参考文献［1000］）

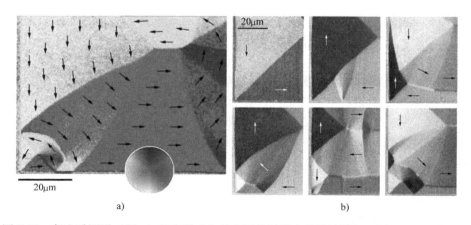

图 5.86　郁金香图形（图 a）的定量克尔效应图像以及在等效的转角（图 b）上观察到的
一系列其他图形，范围从简单和复杂 90°畴壁图形（顶排）到复杂和多重
郁金香图形（底排）（与 Erlangen 的 J. McCord 合作，见图 5.77）

5.5.4.6　颗粒相互作用效应

　　小颗粒或者单元的翻转受到其近邻翻转状态的影响。如图 5.87 所示，Kirk 等人[1001]使用透射电镜在非常小的密实堆积的单元中对这样的相互作用进行了详细研究。伸长颗粒的翻转磁场强烈依赖于其近邻的翻转状态。如果其一边或者两边近邻都已翻转，由于该颗粒被近邻产生的杂散磁场所稳定，则就需要一个大很多的磁场。这样的结果是次近邻而不是最近邻更容易翻转，导致了图中所示的交替模式。总之，翻转磁场分布受到相互作用的影响而大大展宽。
　　在大一点的单元中也同样可观察到类似现象。图 5.88 中记录了 100μm 长的单元中，由一个沿着颗粒轴的递减交变磁场产生的平衡态。有趣的是，相互作用的特定长宽比矩形单元（见

图 5.88a）形成稳定高剩磁态，而其孤立颗粒在平衡时则倾向于退磁态。这一状态受益于样品端部有效的磁通分布构型（见示意图 5.13）。在高剩磁态的椭圆形颗粒中也发现了小的封闭磁畴，但它们要小得多，而且对于减小杂散磁场强度的作用也很小。这也许能解释为什么相互作用的椭圆形颗粒（见图 5.88b）平衡时倾向于退磁态。将尖头椭圆单元（见图 5.88c）设计成抛物线轮廓以模仿**椭球体**颗粒沿着其轴的横截面。其倾向于形成饱和态，并且在相互作用的影响下甚至可以观察到规则的交替排布。

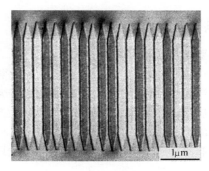

图 5.87　相互作用的 26nm 厚尖头椭圆坡莫合金单元阵列中的翻转。在沿着颗粒轴的磁场中，大约每隔一个颗粒发生一次翻转，其具有较浅的衬度。这是 Foucault 型透射电镜的显微图像。注意接近尖端的杂散磁场的效应，其在这种技术下显现出来了（由 Glasgow C. Kirk 和 J. N. Chapman 提供）

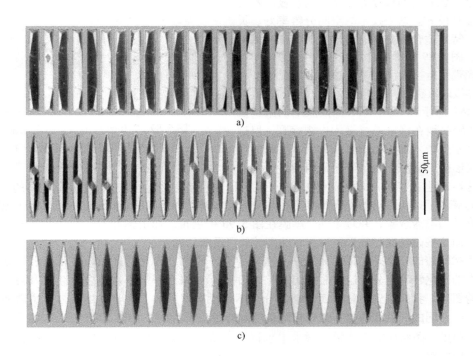

a)

b)

c)

图 5.88　相互作用的 240nm 厚的矩形（图 a）、椭圆形（图 b）和尖头椭圆（图 c）坡莫合金单元的平衡态，由一个沿着颗粒轴的幅值递减的交变磁场产生。右边给出孤立颗粒的平衡退磁态以用作对比

示意图 5.13

5.5.5　具有弱的面外各向异性的厚膜

5.5.5.1　密条状磁畴的观察

在某些比较厚的坡莫合金中搜寻反常磁化曲线的起源时发现了条状磁畴[1002]。不是所期待的低矫顽力磁滞回线，这些样品显示出奇怪的行为，包括"可旋转的各向异性"，这意味着小回线中的磁导率决定于之前的饱和磁场的方向。之后的高分辨磁畴观察揭示了这一效应的起源：不同于所预期的宽的面内磁畴，这些样品表现出窄的条状图形，其周期与膜厚度相当[742,743,1003,1004]。条纹形成的起源是通常由蒸镀膜中应力感生的弱垂直各向异性。根据式（3.52c），单轴应力 σ_u 产生一个单轴各向异性 $e_{me} = -\dfrac{3}{2}\lambda_s\sigma_u m_3^2$。对面内应力 σ_p 也同样成立，它在式（3.52b）中代入了对应的应力张量之后，导致了 $e_{me} = \dfrac{3}{2}\lambda_s\sigma_p m_3^2$。对于一个负的磁致伸缩常数（$\lambda_s < 0$）和张应力（$\sigma_p > 0$），这会产生一个垂直易轴，并在一个临界厚度以上导致密条状磁畴的形核，如3.7.2.1节所讨论的。

观察条状磁畴的最佳方法是洛伦兹显微术的常规非涅耳模式。这一技术的空间分辨率好、灵敏度高，特别适合观察靠近形核的条状磁畴的微弱调制。图 5.89 所示为这种观察的一个例子。

磁光观察能被应用在膜足够厚的情况下（请记住在形核时软磁材料中的条纹宽度等于膜厚度，如图 3.109b 所示）。薄于 100nm 的膜中的条状磁畴，能够轻松地在洛伦兹显微术中观察到，但这超出了克尔显微术的能力。另一方面，更厚的膜中的条纹形核，发生于相对更长的周期，它能被磁光方法清晰地观察到。比特技术也能被使用，因为它是对磁化强度的微小变化敏感的。

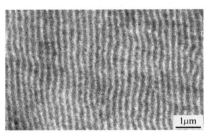

图 5.89　210nm 厚的坡莫合金膜由洛伦兹显微术观察到的条状磁畴
（由 Meudon 的 I. B. Puchalska 提供）

我们展示了条状磁畴的磁光观察。在非块体材料样品中遇到的条状磁畴的反转（见图 5.49）是一个有趣的磁滞现象，并对于一个厚膜在图 5.90 中展现。而由饱和态形成条状磁畴是一个可逆过程，而这些磁畴图形靠近零磁场时的翻转是严重滞后的。

密条状磁畴的标志是，磁化曲线在小磁场中有一段急剧变化的区域，并且在形核磁场前有一段线性的磁化转动部分。这一曲线如图 5.91 中所示，来自一个厚坡莫合金膜以及被观察到的条状磁畴图形。我们看到磁化强度转动的分叉不是没有滞后的，这明显是因为条纹周期是根据磁化历史而不同的。磁滞的陡变部分是与条纹翻转过程相关的，如图 5.90 所示。如果垂直各向异性要大得多，条状磁畴在光学显微术中也许会变得不可见，只有条状磁畴的特征磁化曲线仍能表明它们的存在。

在图 5.92 中，对一个厚膜展示出了条状磁畴形核和长大的过程，在其中接近剩磁时已经能观察到一个三维的条状磁畴图形的调制，在磁性膜中可能是想不到会出现这种图 3.142 中解释过的分叉过程。这个例子建立了垂直各向异性的薄膜和非晶块体材料中的磁畴之间的连续过渡。

通常条状磁畴沿着面内磁场的方向形核。然而在厚膜里，条状磁畴会被条状磁畴图形中的磁致伸缩相互作用强制变为垂直取向。这一效应在图 3.123 中已讨论过，在图 5.48c 中也能见到，图中以金属玻璃样品为例，将一个垂直各向异性通过磁场中的退火引入其中。

5.5.5.2　并存的强和弱的条状磁畴

一个不同种类的条状磁畴图形在倾斜各向异性的膜中被观察到[495,744-746,1005]。如果膜是在一

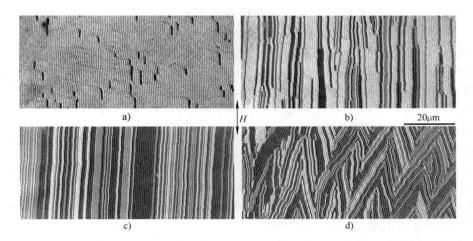

图 5.90　与条纹翻转相关联的磁滞效应，是在 1μm 厚的非晶 FeSiBCuNb 膜中观察到的。
图 a，b 为接近矫顽力的条状磁畴的逐渐翻转，图 c 为交变磁场退磁状态，
图 d 为在与退磁化过程中的磁场垂直的磁场下的旋转条状磁畴
（样品由 TU Dresden 的 G. Henninger 提供）

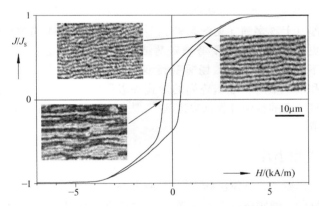

图 5.91　振动样品磁强计测得的磁滞曲线，以及一些在相同样品上观察到的磁畴
图形的例子，（样品是与 Erlangen 的 K. Reber 合作的 1000nm 厚的坡莫合金膜）

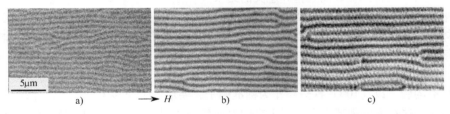

图 5.92　从条状磁畴形核（图 a）到接近剩磁的带状磁畴（图 c）的演变过程。
在后者的状态中可以看到带状磁畴的一个三维调制，一个像 3.7.5.7 节
中那样的分叉现象（样品如图 5.90 中的样品，2μm 厚）

个倾斜角度下蒸发获得的，就可能会形成具有倾斜轴的单轴各向异性。晶粒的形状和取向对总的磁各向异性会有贡献。倾斜易轴在单晶膜或者片晶中也能遇到，这取决于晶体取向——就像 5.5.6.2 节中展示的，在（100）取向的 Ni 片晶中那样。在这些情况下形成的非晶条状磁畴被称

为强条状磁畴,因为它们在洛伦兹显微术和比特粉纹法中显示出一个强的衬度(见 3.7.4.5 节)。

弱和强条状磁畴之间的区别可以阐述如下:弱的条状磁畴沿着有效各向异性的难轴从饱和状态逐渐形成。它们能通过保持一个沿着磁场轴的净磁化强度分量来"记忆"它们的起源。强的条状磁畴可以用常规磁畴模型进行最佳的形象化,此时基本磁畴沿着真实易轴磁化,封闭磁畴沿着相对的、与表面平行的易轴方向磁化[495,1006]。对于垂直各向异性两者之间没有区别:逐渐成熟的弱条状磁畴汇聚成一个"强"的条状磁畴结构。倾斜各向异性的情况不同如图 3.123 所示。在倾斜各向异性样品中,弱的和强的条状磁畴构型形成一个不连续的过渡,既随厚度而变化,又在给定厚度时在外加磁场时发生。因此,两种磁畴图形的并存可以在某些厚度上观察到(见图 5.93),从而证明了它们不同的本质。

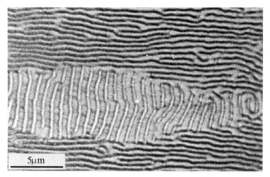

图 5.93　通过干燥的比特粉纹技术在斜向蒸发的 $Ni_{80}Co_{20}$ 膜(0.72μm 厚)上观察到的,并存的弱和强的条状磁畴。各向异性轴相对于样品法向倾斜了 27°,相对于各向异性系数 $Q = 0.09$(由 Meudon 的 H. Aitlamine 提供)

对强条状磁畴的更仔细的分析需要考虑磁畴结构中畴壁详细的性质。如处理厚膜时那样,在这些膜中预期的是不对称的无杂散磁场畴壁类型。在参考文献[1007,1008]中,强的条状磁畴以非对称布洛赫和奈尔壁的密堆积阵列的形式加以研究,并与通过洛伦兹显微术的实验观察一致。这些概念通过严密的数值计算加以证实[761,762],该计算中添加了很多关于这一磁畴类型的复杂拓扑结构的细节。

5.5.6　立方单晶膜和小片

单晶膜可以通过块体减薄,外延沉积[1009-1011]或者小晶片的直接蒸发生长[86,302,983,1012]来制作。外延膜的磁各向异性泛函,通常是在某种失配的应力之下,它可能会被所产生的磁弹各向异性所影响;否则,单晶样品的磁性材料常数应该与它们的对应块体材料相符。特别是从透明石榴石晶体的磁光分析中能得到美妙而有指导意义的结果(例如见参考文献[210])。

具有平行于表面方向的一个易轴的单晶膜和它们的多晶磁单轴材料大体上没有区别。由于随机的晶体各向异性的消失,波纹现象在单晶膜中几乎消失了。在外延膜中,波纹在难轴附近非常窄的磁场范围内被观察到[525]。它的起源被归因于与原子界面结构相关的随机的各向异性。

5.5.6.1　表面内具有两个易轴的单晶膜

这个种类的膜,以(100)铁薄膜作为标准例子,展示出了明显不同于多晶单轴薄膜的磁畴结构,同时在一些有趣的细节上也不同于它们对应的块体材料(见 5.3.1 节)。最明显的特征是使用几乎 90°的畴壁取代能量上比较不利的 180°畴壁的倾向,导致出现特征性钻石磁畴图形。180°畴壁只被用于去填充 90°畴壁网络的间隙。

在图 5.94 中,外延膜上的观察在两种材料上进行:纯铁和坡莫合金。有趣的是在坡莫合金外延膜中(见图 5.94b)就像在多晶膜中一样观察到十字形壁,而在铁膜中(见图 5.94a)它们看起来消失了。不同的是,90°和 180°畴壁内部的畴壁结构几乎和对应的单轴膜的畴壁结构没什么不同,因为各向异性对薄膜中畴壁总能量的贡献一般是重要性低一些的,如 3.6.4 节所讨论的。

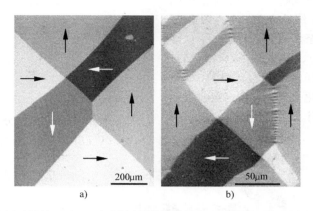

图 5.94　图 a 中展示的是（100）取向的外延铁膜（40nm 厚，由 Jülich 的 P. Grünberg 提供）
中的对 90°畴壁的偏好。180°畴壁以短片段状显现。对于 50nm 厚的外延坡莫合金薄膜
（图 b）也同样成立，只是 180°畴壁显示为十字结构
（样品由 IBM Almaden 的 S. S. P. Parkin 提供）

图 5.95 展示的是（100）取向的铁膜一系列厚度样品的畴壁观察。尽管一般是偏好于 90°畴
壁的，但 180°畴壁也能被发现，特别是在缺陷附近或者样品边缘。180°畴壁展示出众所周知且是
预料中的亚结构（布洛赫线，非对称布洛赫壁中的帽盖开关）。和在单轴多晶膜中一样（见
图 5.59），畴壁宽度作为膜厚度的函数，经历了一个最小值，这标志着奈尔 - 布洛赫过渡，这是
在厚度约 50nm 的铁膜中发现的，而作为对比在坡莫合金中是在 90nm。

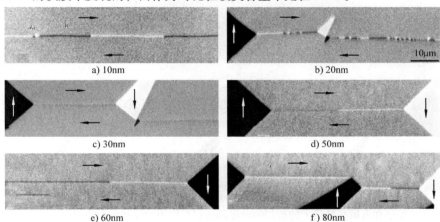

图 5.95　对不同厚度的铁薄膜的畴壁观察。交替的转动指向的细分奈尔壁见
图 a，b。图 c 和 d 中左半边中的畴壁图像的弥散的外观指示出亚微观
十字壁，如图 5.96 中所展示的。图 e 和 f 中的非对称布洛赫壁随着膜
厚度的增加变得更强（样品由 Jülich 的 P. Grünberg 和 R. Schreiber 提供）

在克尔显微术中，任何厚度的单晶铁膜都没有展示出十字形壁。原因很简单，就是由于光学
方法分辨率不足，就像 M. Schneider 等人通过磁力显微术展示的那样[387]。30nm 厚的铁膜确实展
示出十字 180°畴壁（见图 5.96），但是它们的周期和宽度大约是 0.1μm，因而是处于光学分辨率
以下的。外延铁膜中的十字形壁可以看作高分辨率磁畴观察技术的评判基准问题。

孔洞或者非磁性夹杂物对磁畴图形的影响可以在单晶膜中被细致地研究[1013]。图5.97展示了铁膜中著名的奈尔尖形磁畴的若干变体的例子（见1.2.3节），包括这些磁畴与扫过缺陷的90°畴壁的相互作用[1014]。其中一个最早矫顽力机制的可视化是180°畴壁与奈尔尖形磁畴[1015]的相互作用。这一过程如图5.98所示。

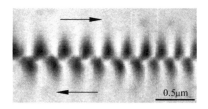

图5.96　（100）取向的30nm厚铁膜中的十字180°畴壁的高分辨MFM图像（由M. Schneide 提供[387]）

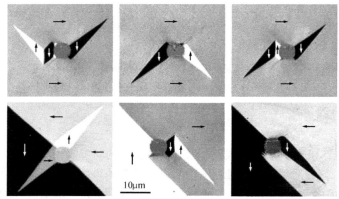

图5.97　100nm厚的单晶铁膜中的非磁性夹杂物近邻形成的尖形磁畴（样品由P. Grünberg 提供）

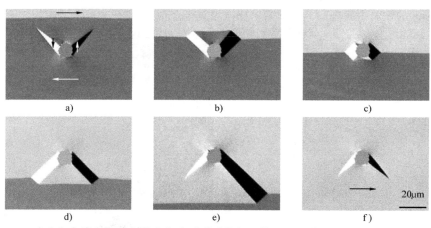

a)　　　　　　　　　b)　　　　　　　　　c)

d)　　　　　　　　　e)　　　　　　　　　f)

图5.98　180°畴壁和束缚在缺陷上的奈尔尖形磁畴的相互作用的经典矫顽力机制（样品同图5.97）

这一节中展示的外延铁薄膜是沉积在GaAs单晶衬底上的。衬底锐利的（100）边缘提供了观察梯形磁畴图形的机会，在3.7.5.3节中对其作为二维磁畴分叉的一个例子做了充分讨论。实际观察到的磁畴图形比起理论上考虑的磁畴图形（见图3.133）是难以复制和不规则的，但是所有基本特征包括多代分叉都可以被观察到，如图5.99中所示。通过使用带有两个物镜的磁光组合技术（见2.3.7节），总共四代阶梯形磁畴在这个图像中显示出。

5.5.6.2　表面内没有易轴的单晶膜

如果没有易轴平行于表面，很多不同类型的强条状磁畴可以在足够厚的单晶膜中观察到[86,611]。它们又可以通过考虑多易轴的磁畴模型来最佳地理解。块体中的易轴方向和封闭磁畴

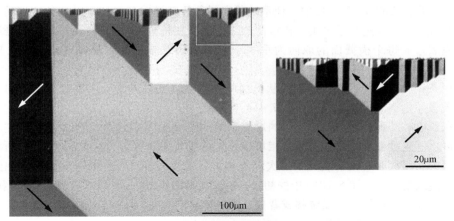

图 5.99　（001）取向的 100nm 厚的铁膜的［110］边界上观察到的阶梯形图形。主图（左）
的内插图在右面以更大倍数显示出来（样品由 Jülich 的 P. Grünberg 提供）

中相对的易轴方向的每个可能组合都在观察中发现了它的对应部分，如图 5.100 所示。

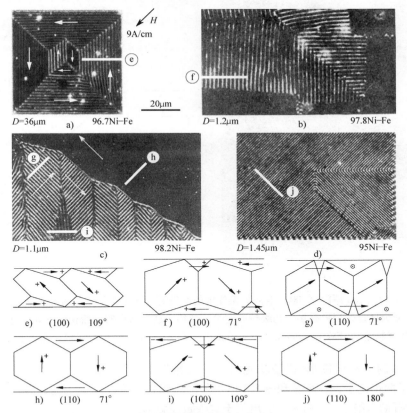

图 5.100　在（100）取向的 Ni－Fe 合金小晶片观察到的各种类条状磁畴图形，以及看似合理的
磁畴模型。不同铁成分的样品都有一个负的各向异性（$K_{c1} < 0$）。横截面的模型在假设内部磁畴
是沿着 <111> 型易轴而封闭磁畴沿着 <110> 型相对易轴方向磁化的情况下构建起来的（＋和－符号表示
横截面中矢量的第三分量）。图 c 靠上部分［模型（图 h）］中几乎不可见的条纹可以在原始
照片中隐约可见（照片由 General Electric, Schenectady, N. Y. 的 R. W. DeBlois 提供）

305

这些观察是由 DeBlois[86] 完成的，他系统研究了负各向异性材料的不同的条纹磁畴，并根据片晶厚度和成分，对其进行了分类。横截面的磁畴模型在构想上与 DeBlois 一致，但是从没详细验证或者发表过。每个横截面的取向为垂直于各自的条纹方向，如磁畴图像中白色短线所指示的。

从不同条纹类型的外观和条件以及从材料的体和表面的易轴看，依靠这些低各向异性材料中的避免磁极原则推断出的模型，如 3.7.4.4 节所示。

这些条纹磁畴图形表现出一个完美的准磁畴的例子（见 3.4.5 节）。图 5.101 通过跟随准畴壁的移动展示了这种面貌。两种类型的相可以在这些图片中被区分开，如图 5.101d 所示：净磁化强度不同的初级相和初级准磁畴中的次级亚相，后者代表着具有不同内部结构的相同的净磁化强度。通过改变磁场，图 5.101c 中的初级准畴壁相对图 5.101a，b 以有规律且可预测的方式发生了位移，而亚相的边界完全没位移或者只是无规律地位移。

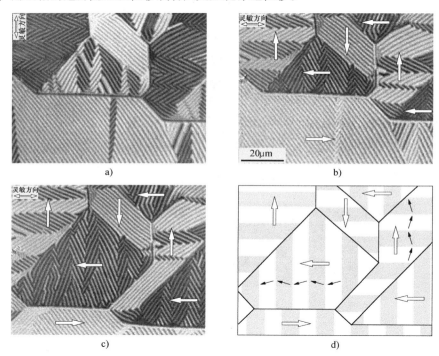

图 5.101　大约几 μm 厚的（100）取向的镍片中的准磁畴，图 a 和 b 中分别为两个不同的灵敏度方向，图 c 为通过改变形磁场，初级畴壁发生了位移。这一结构的初始相在图 d 中进行了解释
（片材料是与 IFW Dresden 的 S. Schinnerling 和 Erlangen 的 W. Habel 一起生长的）

除了一维调制的磁畴图形（"条状磁畴"），二维图形（"泡状点阵"）也较少被观察到。图 5.102 展示了两个例子，一个是和图 5.101 类似的小镍片，另一个例子是具有立方和单轴叠加的各向异性的石榴石膜[1016]。尚未有提出关于这些磁性微构型的详细理论，但是它们很明显地区别于图 5.102c 所示的厚一点的样品中发现的分叉磁畴图形。

5.5.7　双层膜

磁性双层膜由被修饰或者阻断了交换作用的非磁性层分开的两个铁磁性膜组成。这种三明治结构必须和强耦合体系区分开，比如铁磁膜直接与硬磁或者反铁磁衬底耦合，以及由多个非

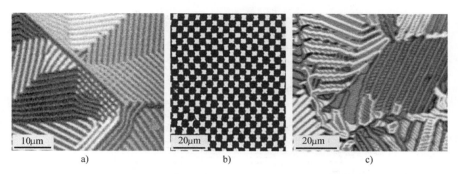

图 5.102　（100）取向的单晶膜中的正方磁畴点阵。图 a 为偶然会在局域地观察到这种磁畴图形的小镍片。图 b 为 5μm 厚的富 Co 石榴石膜，具有强的正立方各向异性和一个叠加的垂直单轴各向异性（由 Jena 的 P. Görnert，提供[1016]），图 c 为 13μm 厚的镍片，显示分叉磁畴图形，与图 a 和 b 中的二维调制但是不分叉的磁畴图形相反

常薄的薄膜组成的材料。对多层膜体系中磁现象的概述可以见于参考文献［1017］。

可以区分出 3 个基本类型的双层膜：

1）两层膜的磁化强度方向之间没有局域耦合的膜。如果非磁性层是没有"针孔"（即磁性层之间的桥梁）且厚于 5～10nm（决定于中间层的性质和完美性），这个条件就会满足。

2）弱铁磁耦合的膜，它们偏向于两层膜平行取向；如果非磁性层足够薄，这样一个耦合也可以是因为量子力学交换作用。或者，"橘皮效应"（见示意图 5.14）也可能会导致一个铁磁耦合[1018]。后者会在中间层厚度相对于磁性膜的表面起伏度比较薄的时候发生。

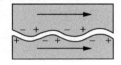

示意图 5.14

3）纳米厚度范围的金属中间层可能会导致多种令人惊奇的效应，比如两个铁磁层之间的反铁磁耦合[1019]、根据中间层厚度变化在铁磁和反铁磁之间振荡的耦合[1020]以及耦合的非共线模式[525]。

5.5.7.1　退耦的双层膜

在这种类型的双层膜中，非磁性层通常超过 10nm 厚，以至于直接交换耦合被可靠地抑制了，针孔也被避免了。然而这种体系的性质不同于单层膜[1021-1024]，因为绝大部分能决定单层膜行为的杂散磁场能通过另一膜中的对应结构进行补偿。

理想情况下，顶层中的每个磁荷与底层中的反向磁荷相匹配（见示意图 5.15）。奈尔壁假定是一个没有单层膜扩展的尾部的不一样的低能量结构。作为结果，奈尔壁发生的范围扩展到了更大的双层膜厚度并且矫顽力被大大减小了。

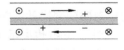

示意图 5.15

相同的原理被应用在那些在单层膜中被禁止的构型，比如带强烈磁荷的畴壁，或者迎头对着一个边缘的磁畴。（部分带磁荷的畴壁，被发现于薄的单层膜；见 5.5.2.2 节）所有这些结构在双层膜中都是允许出现的，它们有一个特征宽度，仅仅是由各向异性和杂散磁场所决定的。这一点可以从对这些结构中的一个显性计算中明显地看出来。

我们研究一对迎面对着的磁畴作为例子。如果它们是完全可能的话，这种带磁荷的畴壁在单层膜中将会具有高能量（见 3.6.4.7 节）。在双层膜里磁荷产生于一个膜中，可以被另一个膜中的反向磁荷所补偿。两个膜中磁化强度的轻微倾斜，可以将两层膜内部磁荷移向非磁性分隔层，以使得杂散磁场能量仅产生于间隙中[1023,1024]。

如果磁化强度的 x 分量仅取决于 x（见图 5.103），下面的假设就满足了上面提到的条件：

$$m_x(x) = \sin\vartheta(x), -\frac{\pi}{2} \leqslant \vartheta \leqslant \frac{\pi}{2}$$

$$m_y(x,y) = -y\cos\vartheta(x)\,\mathrm{d}\vartheta/\mathrm{d}x, 0 \leqslant y \leqslant D$$

$$m_y(x,y) = (2D + b_s - y)\cos\vartheta(x)\,\mathrm{d}\vartheta/\mathrm{d}x, D + b_s \leqslant y \leqslant 2D + b_s$$

$$m_z = \sqrt{1 - m_x^2 - m_y^2} \tag{5.2}$$

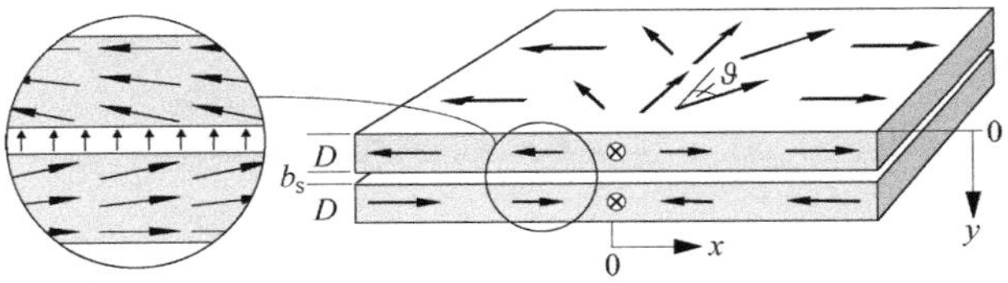

图 5.103 薄膜间没有交换耦合的双层膜中的一对迎面对着的畴壁

这个磁化强度分布在间隙中产生了一个杂散磁场，它主要决定于 x：

$$\mu_0 H_d(x)/J_s \cong m_y(x,D) = -D\cos\vartheta(x)\,\mathrm{d}\vartheta/\mathrm{d}x \tag{5.3}$$

磁场与杂散磁场能量密度相关，它可以归属于磁性层的单位体积：

$$e_d = S_d\cos^2\vartheta\vartheta'^2, S_d = \frac{1}{2}K_d b_s D \tag{5.4}$$

这个表达式数学上类似于交换劲度能量，有效劲度系数 S_d 通常是大于交换常数 A 的。双薄膜中的畴壁结构因此是相当宽的，大多是远宽于膜厚度。因此也许可以连交换能一起忽略，但是如果我们包括了（至少到最低次项的），交换劲度效应某些细节则会被更好地描述。保留主要的 ϑ'^2 项，忽略包括例如 $y^2\vartheta'^4$ 因子的更高次项[1025]，就导致

$$e_x = A(1 + \cos^2\vartheta)\vartheta'^2 \tag{5.5}$$

最终，需要各向异性能量密度：

$$e_K = K_u\cos^2\vartheta \tag{5.6}$$

因为总能量是个局域函数，对于面内畴壁，它可以按照标准步骤估算（见 3.6.1.4 节）。对应式（3.116）的 Euler 方程的第一个积分变成了

$$A(1 + \cos^2\vartheta)\vartheta'^2 + S_d\cos^2\vartheta\vartheta'^2 = K_u\cos^2\vartheta \tag{5.7}$$

分离变量和积分导致图 5.104a 中展示的解。这里畴壁剖线根据不同相对尺寸 A 和 S_d 的值画出。对于小的 S_d，对应小的磁化强度或者小的膜厚度，我们得到一个接近于经典布洛赫壁剖线的剖线。对于杂散磁场劲度系数 S_d 占主导的情况，我们得到了一个几乎线性的畴壁剖线（对于可以忽略的交换劲度能量，当 $\vartheta' = \sqrt{K_u/S_d}$，剖线可以呈现完美的线性）。

图 5.104b 也展示了双层膜中的常规奈尔壁剖线，它与迎头相对畴壁的不同在于式（5.2）中的边界条件 $0 \leqslant \vartheta \leqslant \pi$，式（5.6）中的各向异性能表达式替换为 $e_K = K_u\sin^2\vartheta$。杂散磁场主导的剖线又是远宽于经典布洛赫壁，至少在畴壁剖线的外部是这样。因为这个畴壁类型的对称中心是无磁荷的，畴壁剖线的最大斜率是与杂散磁场效应开关的，像在经典畴壁中那样以 $\sqrt{A/K_u}$ 衡量。这意味着基于这个斜率的 Lilley 畴壁宽度（见 3.6.1.3 节），并没有增大，而依照任何一个积分畴壁宽度的定义，双薄膜中的 180° 畴壁显得加宽了。然而，大多数情况下，类似于常规布洛赫壁的 $\sqrt{A/K_u}$，双层膜中的畴壁特征长度是 $\sqrt{S_d/K_u}$。

但是两层之间的磁荷补偿的好处是如此之大，只要有可能，它甚至就会采取否则不必要的结构为代价而得到遵从，例如补偿 360° 畴壁的磁荷的 0° 畴壁（见示意图 5.16）。然而，这个补偿并不总是可行的，图 5.105 给出了外加磁场影响下的叠加的奈尔壁的分析的例子。在外加磁场下，磁荷补偿变得不可能，以至于长程杂散磁场相互作用导致了扩展尾部的形成，和普通的奈尔

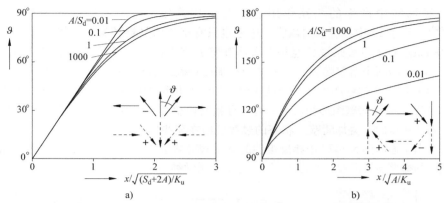

图 5.104　双层膜中对不同劲度参数 A 和有效杂散磁场劲度系数 S_d 解析计算的畴壁剖线，对垂直取向［迎头相对的畴壁（图 a）］和平行、不含磁荷取向［常规奈尔壁（图 b）］。两种情况下磁荷密度均是被第二层薄膜中的磁荷局域地补偿掉（内插示意图中的虚线箭头）

壁中一样[1026]。

　　所有这些补偿都能在其中通过实验观察[1027]明确确认的结构是构型化的双层膜中（见示意图 5.17）边缘卷曲畴壁的结构[1024]。单层膜中的一个等效的结构在 5.5.4.4节中被研究过了。而单层膜中的这些结构只有在垂直于边

示意图 5.16

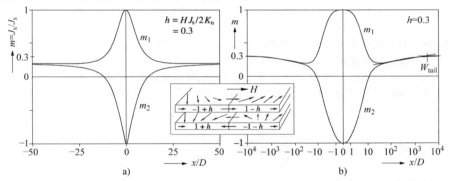

图 5.105　一个双层膜体系中不可能进行磁荷补偿的例子：奈尔壁对在一个外加面内磁场 h 下只能部分被补偿。当 $h \neq 0$，有一个不可避免的磁荷不平衡（内插图）。每半个畴壁中的净磁荷（$1-h$）等必须以某种方式进行分布。不平衡导致扩展尾部的形成，它们在准对数曲线（图 b）中变得可见，在其中函数 $\mathrm{sign}(x) \cdot \log(1 + |x/D|)$ 被作为横坐标。对弱铁磁耦合薄膜进行了计算[1026]（见下一节），但是基本的特征也适用于非耦合薄膜

缘的磁场中是窄而稳定的，在双层膜中，无磁场状态下，它们变得宽而稳定，因为对于横向各向异性和两层膜中的反平行磁化强度而形成两层膜的磁荷补偿。图 5.106 展示了计算的和实验确定的剖面的对比，以及一些均匀和部分翻转的边缘卷曲构型的图例。这些构型和过程在与感应记录磁头相关联时是很有意义的。

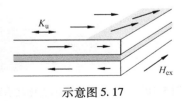

示意图 5.17

5.5.7.2　弱铁磁耦合的膜

　　在铁磁耦合的单轴薄膜中磁畴倾向于被平行磁化。如果它们首先沿着难轴方向磁化然后磁场朝着 0 减弱，一个明显的畴壁结构就会被观察到（见图 5.107a）。

　　难轴磁滞回线中产生的相互作用着的畴壁体系中，每个畴壁均显示出一个双重衬度[1017, 1028, 1029]。至于1.中处理的退耦膜，这里也只有奈尔壁是被预期的，尽管样品中两层膜的总厚度（100nm）对于单膜来说已经是在布洛赫壁的范围内了。但是在这个实验中，"孪生畴壁"（两层薄膜中的两个奈尔畴）有相同的由外加磁场确定的转动指向，以至于它们不能理想地相互补偿。因此每个奈尔壁产生了一个准畴壁，如图5.107e中计算出的剖面所示。在零磁场状态下（见图5.107b）孪生畴壁图形相对于一对具有相反转动指向的奈尔壁（见图5.107f）是亚稳定的。因此，向低能量的"叠加畴壁"状态的过渡已经在某些地方发生了。它在图5.107c中已经完成了，从而给出了通向图5.107d中相反极性的孪生畴壁的道路。双层膜因此与总厚度相当的单层膜显示出类似的畴壁磁滞回线（见图5.68），尽管微磁学细节是非常不同的。

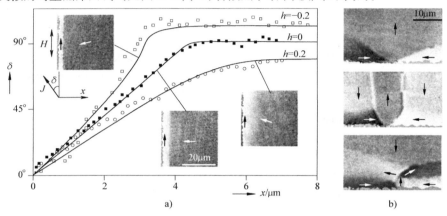

图5.106　计算的和测量的边缘卷曲畴壁剖面（图a）作为平行于边缘的磁场的函数，以及实验观察。这些计算中不需要拟合参数[1027]。负磁场中的图形（顶部的曲线）是亚稳定的。图b中进一步增大加了磁场，边缘卷曲畴壁通过沿着边缘传播的过渡以不同模式翻转（样品为400nm厚的坡莫合金｜20nm厚 SiO_2｜400nm厚的坡莫合金）

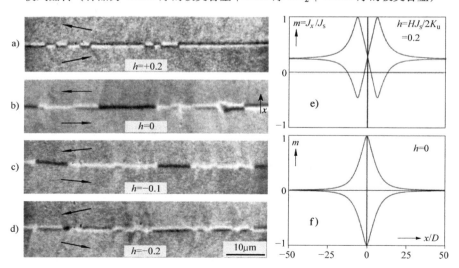

图5.107　（图a）沿难轴磁化之后观察到的三明治结构（50nm厚的坡莫合金｜3nm厚石墨｜50nm厚的坡莫合金）中的孪生畴壁。（图b，c）如果磁场进一步减小，孪生畴壁转变为互相补偿奈尔壁对，它是零磁场下的更稳定的构型。（图d）在反向磁场下，孪生畴壁重新出现了。对两种畴壁类型（图e，f）的计算是针对实验中的几何参数的，并且 $Q = 0.0005$，耦合常数［见式（5.8）］$\kappa_{cp} = 1.8$

铁磁耦合的双层膜中的另一个现象在图 5.108 中展示了。如果铁磁层相当薄（20~30nm），且一个 180°畴壁扫过一个能够俘获布洛赫线的强的缺陷，就像非常薄的单层薄膜中的一样（见图 5.65），那么 360°畴壁就可以产生。在三明治体系中，360°畴壁呈现了一个平衡的锯齿形状，这可以从这个畴壁类型的取向依赖的比能中理论推导出来，并受不同取向可能的磁荷补偿程度强烈影响[1030,1031]。

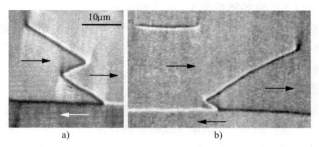

图 5.108　三明治结构（20nm 厚的坡莫合金｜3nm 厚石墨｜20nm 厚的坡莫合金）中观察到的钉扎的 360°畴壁，显示出有利的锯齿形状（图 a）。360°畴壁中的自由片段分倾向于沿着易轴取向（图 b）[1031]

垂直取向易轴的双层膜在它们是铁磁耦合时展示了一个值得注意的行为[1071]。它们的磁畴和单晶立方材料的磁畴类似。图 5.109 展示了在一个圆盘上的两个弱耦合单轴膜的磁畴图形，明显地体现出了这一特征。

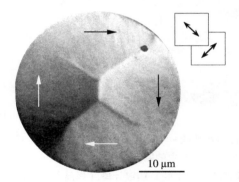

图 5.109　具有正交轴的耦合膜，表现得像具有四重易轴的立方膜。样品由两个单轴各向异性的 30nm 厚多晶坡莫合金薄膜组成，它被 5nm 厚的铬薄膜分开，这会引起一个弱的"铁磁"橘皮耦合。衬度仅是来源于顶层薄膜并反映了在式（5.9）中计算的偏差角度，这能够通过细致估算来确认[1032]（与 Erlangen 的 M. Rührig 合作）

接下来的计算展示了一个外观上像立方各向异性的行为是如何由两个耦合的单轴各向异性产生的。两个单轴各向薄膜是等效的，除了它们的易轴是交叉的。它们将通过一个类似海森堡的"双线性的"相互作用 $e_{\text{coupl}} = C_{\text{bl}}(1 - \boldsymbol{m}_1 \cdot \boldsymbol{m}_2)$〔见式（3.8）〕来进一步耦合。如果两个薄膜中的磁化强度矢量是位于面内且均匀的，它们就可以通过两个角度 φ 和 ϑ 来表征（见示意图 5.18）。然后总的约化的能量可以写成

$$e_{\text{tot}} = E_{\text{tot}}/DK_{\text{u}} = \sin^2\varphi + \cos^2\vartheta + \kappa_{\text{cp}}[1 - \cos(\varphi - \vartheta)] \tag{5.8}$$

式中，D 是铁磁层的厚度；K_{u} 是单轴各向异性常数；$\kappa_{\text{cp}} = C_{\text{bl}}/DK_{\text{u}}$，是约化的耦合系数，当 $\kappa_{\text{cp}} > 0$ 时描述了一个铁磁相互作用。根据 φ 和 ϑ 进行能量最小化我们得到当 $\kappa_{\text{cp}} > 0$ 时的稳

311

定解：

$$\vartheta_0 = \frac{\pi}{2} - \varphi_0, \tan(2\varphi_0) = \kappa_{\text{cp}}, e_0 = 1 + \kappa_{\text{cp}} - \sqrt{1 + \kappa_{\text{cp}}^2} \qquad (5.9)$$

这个状态具有一个沿着两层膜易轴的对角线方向的净磁化强度。它等效于 3 个状态，即所有角度都旋转 90°、180°、270°。它的能量 e_0 低于不稳定状态 $\varphi = \vartheta = 0$，相同单位下，它的能量是 1。这个体系模仿了一个具有两个面内正交易轴的立方材料。有效的面内各向异性正比于 $1 - e_0$，并随着耦合强度 κ_{cp} 的增加而减小。对于非常强的耦合，两个单轴各向异性会抵消，三明治结构变成各向同性的结构。

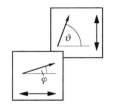

示意图 5.18

5.5.7.3 反铁磁和双二阶耦合

利用光谱学方法发现了两个铁磁膜的反铁磁耦合[1019]。例如，当中间的 1nm 厚的铬层沉积在两个铁层之间时它就会发生。图 5.110 展示了反铁磁耦合膜的磁畴现象的特性。观察到的磁畴通常有一个无规则的特征，因为两层中的磁矩在每个点都抵消了。没有了磁通连续性原理的有序行为，磁畴结构可以是非常随机的并强烈地取决于磁场历史。没有平衡的磁畴图形可以适应于这种膜。

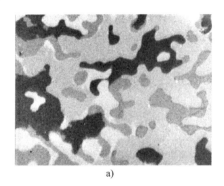

a)

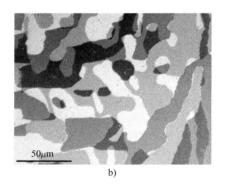

50μm

b)

图 5.110　反铁磁耦合的外延铁 – 铬 – 铁三明治膜中的磁畴。图 a 中的薄膜（5nm 铁）显示出不规则的斑点磁畴，图 b 中的厚膜三明治结构（30nm 铁）也显示为一般仍然是不规则的图形中的直的（水平的）畴壁片段（样品由 Jülich 的 P. Grünberg 提供）

局域的反铁磁交换耦合需要与脱耦膜区分开来，脱耦膜中由于静磁的原因，一个总体反平行的磁化强度分布是首选的。图 5.106 中导致边缘卷曲畴壁的构型可以作为一个例子。

一个振荡的交换作用的显著表现[1020]可以在具有楔形铬中间层的三明治结构中获得最佳的观察效果[1033]。根据铬的厚度，可以观察到一个铁磁和反铁磁耦合的交变序列，它具有在图 5.94 和图 5.110 之间过渡的磁畴图形，如图 5.111 所示。在两者之间，特征的过渡区域会被观察到，在其中耦合作用倾向于两个铁磁层 90° 相对取向[525]。一个唯象描述从二阶耦合效应中推导出倾斜耦合，它——不同于两层薄膜的磁化强度矢量之间的双线性表达式 $m_1 \cdot m_2$［在式（5.8）里使用的］——假定了一个 $(m_1 \cdot m_2)^2$ 形式的双二阶项[525]。磁畴图形的细节和对它们在这些倾斜耦合过渡区域的分析如图 5.112 所示。

图 5.111 所示为这些交换耦合三明治体系的另一个特征：磁场从精确沿着难轴［110］的饱和状态开始减小，波纹磁畴图形形成于在普通多晶膜中熟知的铁磁耦合三明治结构。然而，这在反铁磁和双二阶耦合膜中没有观察到。反而，一个不规则的斑点磁畴图形在难轴附近的一个窄

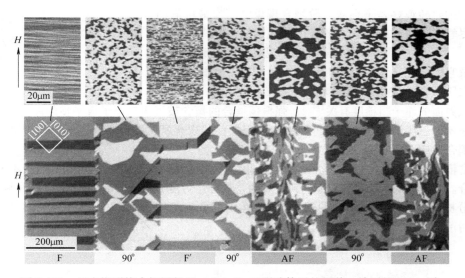

图 5.111　具有楔形铬中间层的 Fe – Cr – Fe 三明治体系的概貌。铁层是 30nm 厚，
从左到右，铬中间层的厚度从 0 增加到 0.7nm。F 标志着铁磁耦合区域，AF 为
反铁磁耦合，90° 为双二阶耦合区域，F′ 为修正的在一个沿着难轴的外加磁场中
的倾向于 90° 分布的铁磁耦合区域。顶部的高分辨率图片展示了难轴形核磁畴图
形，对应于典型的几种耦合类型：波纹对应于铁磁耦合，斑点对应于双二阶和
反铁磁耦合，某些过渡图形对应于 F′ 区域。关于耦合区域解释的更进一步的
细节见参考文献［525］。然而，值得注意，这个样品展示了显著的短周期的
耦合振荡，这在参考文献［525］中研究得不那么完美的样品中是见不到的
（样品由 Jülich 的 P. Grünberg 提供）

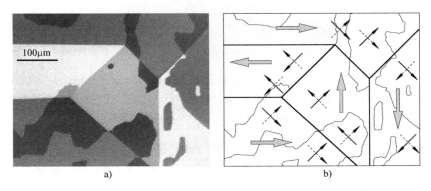

图 5.112　双层体系［Fe(30nm)｜Cr(1.6nm)｜Fe(30nm)］中的磁畴（图 a），
其耦合偏好于使两层少的磁化强度呈直角。连同外延铁层的立方各向异性一起，可以
建立起 8 个不同的磁畴类型（图 b），如果顶层是透明的，它们都能从磁光上区分开来
（灰色箭头为净磁化强度，黑色箭头为顶层的磁化强度，
虚线箭头为底层的磁化强度）

的角度范围发展。这一发现[525]可以通过示意图 5.19 所示的横向磁化强度分量的抵消来定性地解
释。单晶衬底界面处的随机台阶各向异性是波纹或者斑点不规则性的一个可能来源。

313

直接的磁畴观察是辨别双二阶耦合现象[1034,1035]最可靠的方法,尽管一旦建立起来它们的强度就能够通过很多方法进行测量[1036-1040]。在单晶和多晶耦合膜中观察到的磁畴和畴壁图形以及它们的磁光表征可以在参考文献 [155] 中找到。

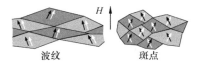

示意图5.19

双二阶耦合效应的物理起源已经被归因于耦合的涨落,与铬－铁界面的原子粗糙度有关[1041]。强振荡耦合的概念被沉积在原子级平整的晶须表面[1033]上的铁－铬楔形三明治结构的耦合特性中的短程振荡的观察所支持。其他类似的机制可能也会对非线性耦合效应有贡献,如参考文献 [527] 所概述的。

通常耦合效应是比有效矫顽力弱的,因此总体测量到的耦合效应实际上是代表不同局域构型的混合。Daykin 等人[1042]利用他们新发展的差分相位衬度方法在传统电子显微镜(见2.4.3.2节)中分析了多晶 Co/Cr/Co 三明治结构。产生的图像(见图5.113)显示了一个名义的反铁磁耦合三明治结构中不同取向区域的混合态。

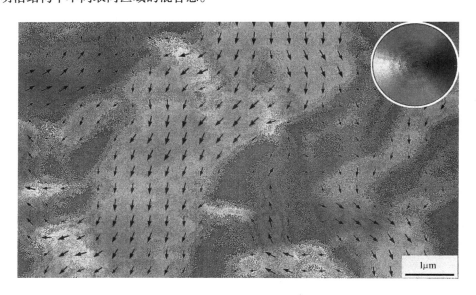

图5.113　外加磁场影响下的一个反铁磁耦合的 Co(10nm)｜Cr(1nm)｜Co(10nm)三明治结构的定量透射电子显微图片,显示了平行(长箭头)和反平行(灰色,没有箭头)排列的区域

(图片由 Oxford 的 J. P. Jakubovics 提供)

在多晶弱耦合单轴铁三明治结构中出现的对 90°耦合现象介绍见文献 [525] 中(见图5.114)。一个双二阶耦合项只有在多晶膜的单轴各向异性较弱时会导致 90°排列。这个条件对于沉积在玻璃衬底上的铁－铬－铁三明治膜是满足的。典型的具有更强的感生各向异性的合金膜通常会压制 90°耦合现象。进一步的难度与薄的多晶薄膜中的更高的畴壁移动矫顽力有关。耦合特性只能通过在减弱的交变磁场中仔细地使磁畴状态理想化之后进行对比来推断。形核图形(见图5.111)和适当的难轴磁场中的状态提供了最清楚的线索。

在大多数情况下只有多晶三明治结构的磁畴中的铁磁和反铁磁耦合因为单轴各向异性的主导性可以被区分[159,1043-1045]。图5.115 中展示了溅射的三明治结构当它们进行与巨磁电阻应用相关的研究时的例子。

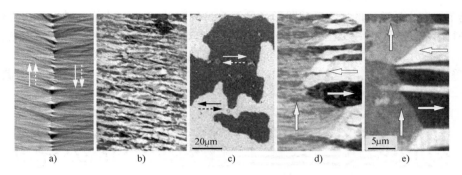

图 5.114　具有楔形铬中间层的多晶 FeCrFe 三明治结构中，在难轴磁场下，观察到的磁畴。
在交流理想化处理之后，波纹和斑点磁畴被发现于铁磁（图 a）和反铁磁（图 c）耦合部分。
在这中间（图 b）观察到一个不同的磁畴图形，它可以通过在交变磁场中进行改变（图 d），
并把它和相应的单晶观察（图 e）进行比较确认为主要是 90°耦合（与 Erlangen 的
M. Rührig 共同完成，样品：见参考文献［525］）

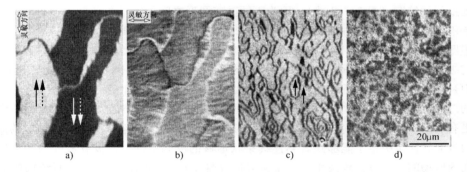

图 5.115　铁磁耦合（图 a，b）、弱耦合（图 c）和反铁磁耦合（图 d）的多晶 NiCo(3nm)/Ru(2~4nm)/NiCo(3nm)
三明治结构的磁畴[155]。在图 a 和 b 中不同的两面可见的 360°畴壁不是一个平衡的特征，而是决定于磁场
历史的。注意图 b 中可见的磁畴中的波纹。在非耦合的图 c，和反铁磁
耦合的（图 d）薄膜中能观察到复杂的图形是非平衡的结构（样品：由 IBM 的 S. S. P. Parkin 提供）

5.6　强垂直各向异性膜

这一节中的膜与 5.5.5 节中的不同在于一个占支配地位的垂直各向异性。材料参数 $Q = K_u/K_d$ 必须大于 1，其中 K_u 是单轴各向异性常数，易轴垂直于表面；而 K_d 是杂散磁场能量常数，$K_d = J_s^2/2\mu_0$。在这些条件下，单畴状态和多畴状态都倾向于垂直的磁化强度。只有在强的面内磁场或者在畴壁内部可以被水平的磁化强度方向占据。面内磁场导致密条状磁畴（见 3.7.2 节），正如在低各向异性的垂直膜中那样。但是垂直或者偏置磁场（也就是磁场垂直于膜平面，平行于易轴）产生了特殊的磁畴图形，这在 3.7.3 节进行了理论性的讨论。

5.6.1　扩展的磁畴图形

5.6.1.1　低矫顽力垂直膜
图 5.116 所示为低矫顽力垂直膜中观察到的周期或者准周期的磁畴图形特征性的例子：垂直

方向磁场下饱和之后获得的迷宫磁畴图形（见图5.116a），倾斜磁场中饱和随后再理想化处理而形成的平行带状磁畴图形（见图5.116b），在轻微偏离难轴的磁场下饱和后产生的磁泡点阵（见图5.116c），在沿着难轴方向经过临界点之后得到的混合磁畴图形（见图5.116d）（见3.4.4节）。亚稳态磁畴的多样性构成了一个受青睐的拓扑学[1046-1052]和动力学[1053-1056]研究对象。

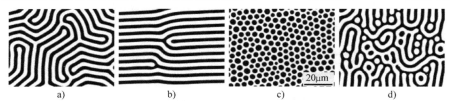

图5.116　具有生长诱导的垂直各向异性的磁泡石榴石膜中的零磁场磁畴图形。磁畴图形是在与样品平面呈90°（图a）、20°（图b）、1°（图c）和0°（图d）角时饱和磁化后产生的

　　值得注意的是，图5.116中的所有磁畴图形都是在相同条件下（零磁场下）进行观察的。这些状态（以及很多其他状态）是能抵抗小扰动的（亚）稳态。亚稳态的出现和稳定性是垂直膜中的磁畴结构的独有特征。哪个磁畴结构在哪个条件下具有最低的能量的问题可以通过理论分析获得最好的答案（见3.7.3节）。因为不同磁畴图形之间的能量差别是微小的，所以实验判断几乎是不可能的。但另一方面，给定磁畴图形的**稳定性极限**可以通过实验验证。

　　产生图5.116d中的混合磁泡磁畴的复杂过程的更多细节如图5.117所示。它通过不连续聚集过程的级联来表征。从一个多少有些无序的形核图形（见图5.117a）开始，最终态（见图5.117f）显示出相等概率的黑色和白色带状片段和磁泡。中间和最终状态的细节的排列决定于额外的二阶各向异性贡献[609]，它是叠加在这些膜的基本的垂直各向异性上的。对两个面内难轴中的更有利的一个正交各向异性是导致图5.117中下面一行里的各向异性磁畴形成的原因。这些额外的各向异性也决定了能够观察到连续条状形核的准确条件。若没有额外的垂直磁场，则只会在面内磁场的某一方位角发生。在正交各向异性不存在的情况下，石榴石结构的立方各向异性决定了通常的（111）样品取向的六个方位角的方向，在其中能观察到混合磁泡状态。在这些方向之间，产生了一种极性或者另一种极性的纯的磁泡状态，如图5.116c所示。添加一个弱的垂直磁场可以调整二阶形核条件，也可以调整这些方位角取向。这个调整所需要的垂直磁场对于伪各向异性的测量是一个灵敏的工具[609]。

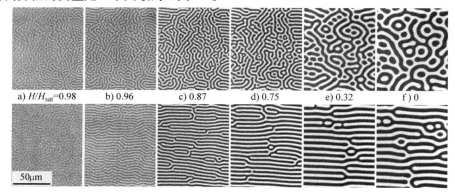

a) H/H_{sat}=0.98　　b) 0.96　　c) 0.87　　d) 0.75　　e) 0.32　　f) 0

图5.117　从（不规则的）条状磁畴形核（图a）到逐渐减小的面内磁场下形成的混合磁泡状态。这个石榴石膜（由W. Tolksdorf提供）在整个样品上展示了不同的二阶各向异性的贡献，这会导致不同的中间态和最终态磁畴图形（上一行和下一行）

图 5.117a 的形核磁畴图形在通常很完美的石榴石样品中是非常不规则的且明显地被微小的不规则性所影响，因为它们在重复实验中基本会形成相同的构型。很可能只有这种形核研究能够揭示这些细微的不规则性。提到的可重复性只适用于形核磁畴图形，而不适用于最终发展得更粗糙的构型。

在平行于磁泡磁化强度的垂直磁场中，由磁泡点阵发展而来的美丽的磁畴图形，总是能吸引研究者的注意[1057,883]。在这些磁场中，磁泡扩展，把之前的点阵转变成狭窄磁畴的网络，在其中每个"晶胞"均代表一个之前的磁泡畴。从剩磁磁泡点阵状态开始到带状磁畴状态结束的磁化循环，如图 5.118 所示，它展示了构型磁滞现象，看上去与晶体点阵缺陷或者不完美无关。

这个过程开始于较小"晶胞"的崩塌和较大"晶胞"的长大。奇怪的是小的五边形"晶胞"的相对稳定性，即所谓的磁泡陷阱[755]（见示意图 5.20），它会坚持到一个临界磁场（略大于图 5.118e 中的临界场）。在它们消失之后，如果磁场进一步增强，这个网络会快速扩展。当磁场减小时（见图 5.118g ~ h），剩余的黑色磁畴折叠，并以退磁的迷宫磁畴图形结束（见图 5.118h）。注意五边形"晶胞"里的磁泡是平行于外加磁场被磁化，不同于常规的反平行磁泡。

示意图 5.20

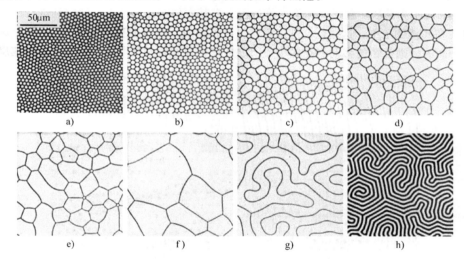

50μm

a) b) c) d)

e) f) g) h)

图 5.118　垂直磁场中的磁泡点阵的变化。初始的"微晶"磁泡点阵（图 a）在垂直磁场作用下通过熟悉的大"单元"的生长和小单元崩塌过程来扩展并"溶化"。值得注意的是，某一类型的小"单元"，五边形"单元"，能保持亚稳态，直到很高的磁场强度（图 c ~ e）。在它们崩塌之后，这个架构迅速扩展（图 f）。再次减小磁场强度（图 g ~ h）不会导致磁泡重新形核而是导致残留"晶胞"壁的折叠，在零磁场下形成迷宫磁畴图形（图 h），它重新表现为"晶化"，但是相对于图 a 是完全不同的构型（样品为 BiCuGa - 改性的 5μm 厚的钇铁石榴石膜；由 W. Tolkdorf 提供）

构型磁滞的另一个例子如图 5.119 所示。这个磁滞回线以迷宫磁畴图形开始和结束（见图 5.119a 和 e），然而它们不是等效的。在图 5.119a 中黑色磁畴展示出很多分叉点，而白色磁畴是不分叉的。施加一个对黑色磁畴不利的垂直磁场会消除黑色分叉点（见图 5.119c）。随着磁场强度降低现在白色相展示分叉点再次折叠形成迷宫图形（见图 5.119e）。分叉点的生成和湮灭是一个不连续的、滞后的过程，它也是在没有任何晶体点阵缺陷的明显影响下发生的。

我们在理论部分（见 3.7.3.3 节）解释了磁泡点阵和带状磁畴之间，以及不同周期的带状磁畴之间的转变，通常是不可能的，因为这些构型之间存在阈值。然而如果各自的点阵不是完美

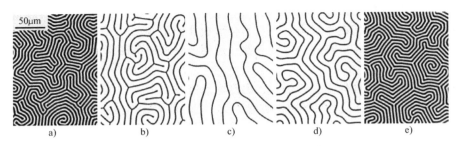

图 5.119 图 5.118h 的迷宫磁畴图形的构型磁滞。图 a 中黑色磁畴相的分叉随着磁场增大而消除（图 b 和 c）。通过再次减小磁场，白色磁畴相中的新的分叉点在这个时候形核（图 e）

的而是包含磁畴位错的，如图 5.120a 所示，这种转变就会变得可能。这些磁畴中的缺陷可以"爬行"，因此能插入或者移除点阵面并向着平衡值去调节周期。磁泡是这种位错的天然来源。如果一个磁泡从一个带状磁畴阵列中展开成条带，则在条带片段的两端会形成两个位错，以取代磁泡。

图 5.120 所示为薄膜中的磁畴图形变换过程，在其中位错的移动是能够顺利进行的，尽管它需要时间（在其他例子中，这些位错形成钉扎，导致比较不规则的磁畴图形）。如果磁场几乎是平行于膜平面的，则位错的移动将在磁场关闭之后产生，并强烈地取决于磁场变化的速度。

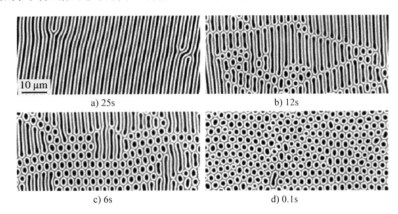

图 5.120 从初始的高面内磁场强度下的磁泡点阵（没有展示）到取决于这个样品内磁场速度的退磁态的转变。图 a 为缓慢磁场变化，可以 25s 从饱和磁场到零，产生了一个近平衡的沿着磁场轴并带有少量位错的带状磁畴图形。图 d 为一个从饱和到零磁场的快速磁场变化，导致一个具有少量点阵缺陷的亚稳态磁泡点阵。图 b 和 c 为中间速度，在带状磁畴中留下了很多位错和层错（图 b），以及残留的磁泡点阵岛（图 c）

显然，一些热激活过程是与位错移动过程相关的，其本质是未知的。可以用这种样品进行动力学实验，以显示出磁性点阵和原子点阵的相似和不同。

图 5.120 中使用的完全没有缺陷的晶体，也显示出密条状磁畴图形的一个非常规则的形核模式（见图 5.121a）——与图 5.117a 中不规则磁畴图形相反。从这个二级相变，带状磁畴图形通过稳定位错流而变粗。这个过程中的一些阶段在图 5.121b ~ d 中展示出来了。

甚至"孪生边界"和"小角边界"也可以在带状磁畴中通过施加不同方向的磁场来产生，如图 5.122 所示。

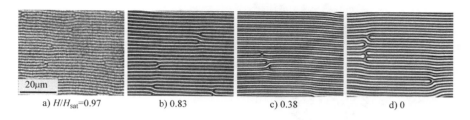

a) $H/H_{sat}=0.97$　　　b) 0.83　　　c) 0.38　　　d) 0

图 5. 121　如果调节图 5. 120 的样品上的面内磁场以产生密条状磁畴形核（图 a），则可以发现通过减小磁场强度得到的向粗的构型的过渡（图 d）是由连续的流动的位错爬行过程组成的

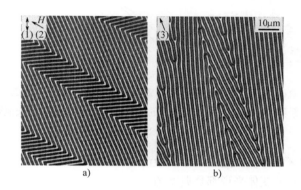

a)　　　　　　　　　　b)

图 5. 122　施加一个与带状图形轴呈大角度夹角的磁场，导致不同带状图形轴呈的准磁畴之间"孪生边界"的形成（图 a）。通过再次减小磁场角度，"小角边界"也会形成（图 b），它由一行位错构成

　　总结一下，石榴石膜中的磁畴提供了对磁化过程的可视化研究的机会。甚至复杂结构的磁滞现象的所有细节也可以被分析并与模拟概念进行比较。

5. 6. 1. 2　垂直磁光记录介质

　　5. 6. 1. 1 节中磁畴图形的常规外观对于石榴石膜和类似的具有高畴壁迁移率特征的材料来说是典型的。这种材料可以用在磁泡存储器、磁光显示或者需要这种性质的控制器件中。

　　在垂直记录介质上也发现了让人想起迷宫磁畴的磁畴图形，如图 5. 123 所示。对于这些应用，除了结构特征（例如柱状晶之间的边界）引起的大矫顽力阻碍了畴壁运动以使得信息存储变得可能之外，使用了与磁泡膜相类似的材料。尽管如此，准周期磁畴图形仍能在为这个目的优化的材料中观察到[162,98]。从饱和开始减小磁场强度，可以观察到磁泡形核，通常还有磁泡展条（见示意图 5. 21）。我们推断出一个主导的连续性特征，因为交换脱耦的圆柱趋向于以黑白相间的形式磁化，如示意图所示[162]。

　　磁光存储介质也有一个强的垂直各向异性并强烈依赖于畴壁矫顽力效应。通常，这些膜比磁泡理论的特征长度 l_c 薄（见 3. 7. 3 节），因此一般认为不会出现常规周期性的磁畴且只有巨大的带有不规则、分形的边界的磁畴能被观察到，如图 5. 124a 所示。如果膜厚度大于特征长度，则在磁滞回线中形成的畴将呈现不同的特征，反映了磁泡膜中迷宫磁畴的平衡的磁畴周期（见图 5. 124b）。

　　两种类型磁畴图形的共同特征是它们整体的非平衡特征。反向形核磁畴的前沿可以观察到

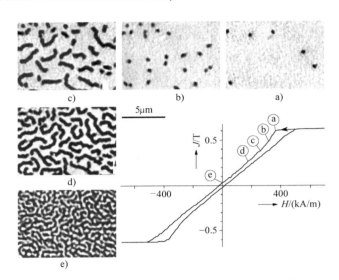

图 5.123 垂直磁记录介质中磁泡和带状磁畴的生长：622nm 厚的 Co（20at% Cr）。
从垂直磁场下的饱和开始，反向磁化的圆柱形磁畴形核然后生长成带状磁畴
（与 Erlangen 的 F. Schmidt 共同完成）

慢慢爬行到仍然饱和的区域，说明这是一个热激活过程。这个行为对
于所有垂直磁性薄膜介质的变体来说都是典型的。

必须要提到的是图 5.124a，b 中的磁畴特征的不同也可以发生在
超薄的薄膜中，在其中表达为特征长度 l_c 的静磁效应可以被排除，
如参考文献［1058］中的模拟所示。畴壁传播的热激活谱的宽度曾
被认为是这些变化的原因。

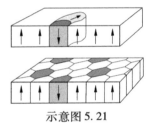

示意图 5.21

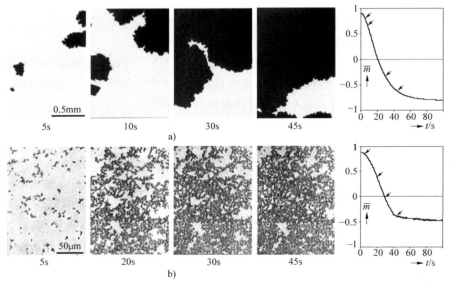

图 5.124 磁光存储层中的磁畴在接近的矫顽力的垂直磁场下，随时间推移的变化，
图 a 为 117nm 厚的 $Tb_{21}Fe_{56}Co_{17}$，图 b 为 224nm 厚的 $Tb_{27}Fe_{56}Co_{17}$。右边画出的平均
磁化强度 $\bar{m}$ 是从归一化的克尔信号推导出的（与 Erlangen 的 S. Winkler 共同完成）

5.6.2　局域化磁畴（磁泡）

对膜施加一个足够强的垂直磁场，如 5.6.1.1 节中所研究的，可以消除退磁态中呈现的扩展的磁畴图形。达到饱和之前，圆柱形磁畴或者"磁泡"经常被剩下[554]，行为如同稳定、独立、容易被移动的对象[510]。磁泡可以被一个一个地形核、操纵和消除。图 5.125 所示为分离较远的磁泡对不同外加磁场的反应。在均匀的垂直或者"偏置"磁场中，它们的直径增大或者减小直到它们或者崩塌或者又"展条"成带状磁畴。在强的水平磁场中，磁泡因为畴壁能量对取向的依赖关系被扭曲成椭圆。

在垂直梯度磁场中，磁泡横向移动到较小垂直磁场强度的方向。**梯度**是由一种电流构型，或者移动的外加磁场与局域化软磁薄膜单元之间的相互作用形成的[510,751]。这种设计可以用于各种存储器和显示应用（见 6.6 节）。

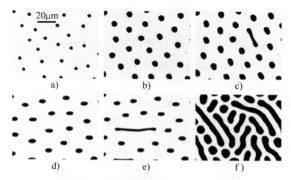

图 5.125　不同外加静磁场中的磁泡。（图 a）在强垂直磁场中，处于崩塌边缘；（图 b）在减弱的垂直磁场中，即将发生磁泡展条；（图 c）磁泡展条；（图 d）在面内磁场下，强烈的椭圆形的扭曲；（图 e）在更高的面内磁场强度下的展条过程；（图 f）在图 c 中的磁场关闭之后的剩磁状态

除了变更其尺寸和形状，外加磁场可以对磁泡有更多的作用。额外的自由度隐藏在磁泡畴壁的内部结构中。这些畴壁基本上是轻微修正的布洛赫壁。它们的结构细节在 3.6.4.8 节中进行了讨论。在没有面内磁场时磁泡的最低能量状态是具有单一转动指向的状态，也就是说没有任何布洛赫线（见 3.6.5.1 节）。在一个水平磁场中，如示意图 5.22 中具有两条布洛赫线的状态变得在能量上有利。然而，两个状态之间的转变是拓扑禁止的。它需要微磁学奇点的产生和移动以实现这个转变（见图 3.94）。所以两个状态都是亚稳态的，也能被用作存储单元（见 6.6.1.3 节）。

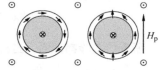

示意图 5.22

不同的畴壁状态对静态磁泡的形状几乎没有影响。除非一个磁泡畴壁中积累了过多的布洛赫线，它们的静态和准静态行为也只会受到轻微的影响。"过多"的意思是相同符号的布洛赫线密度超出了它们的平衡距离 $2\pi\sqrt{A/K_{\mathrm{d}}}$，这在 3.6.5.3 节中提到过。超过了这个阈值，磁泡会严重变形且它们的崩塌磁场强度会增大。因为它们能在常规磁泡崩塌的磁场里存在，所以它们被称作"硬磁泡"。

磁泡畴的动力学代表了一个在文献中广泛涉及了的高度专业化的课题[49, 512, 709 – 712, 751]。例如，只有少量布洛赫线的磁泡可以通过动力学区分出来。如果已经尝试了高速磁泡取代，磁泡最终没有向最低势能点移动（"沿磁场梯度下行"），而是旋磁现象变得重要起来。取决于畴壁中布洛赫线的数量和符号，磁泡多少会向远离梯度的方向偏移，如图 5.126 所示。大的移动数的硬磁泡几乎是垂直于梯度来移动。基本参数是畴壁中的磁化强度的变化绕转数 S_r，它是一个拓扑特征，计量了环绕磁泡周长的路径上的磁化强度矢量的转动的数量和符号。一个磁泡偏移的定量描述可以通过使用关于动力学反作用力［见式（3.162）］的 Thiele 的概念来获得。

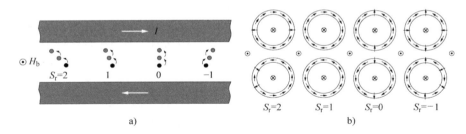

图 5.126　电流感生的梯度磁场中的磁泡偏移现象（图 a）。偏移角决定于磁泡畴壁中的转动数。
对于 4 种情况图 b 中都给出了两个例子

甚至关于磁泡畴壁状态的进一步的细节也可以通过仔细设计的动力学实验来判断。具有转动数为 1 的普通磁泡以两个不同的转动指向或者"手性"方式发生。另外，非卷绕的竖直布洛赫线对（见 3.6.5 节）可以在不改变变化数的情况下添加进来。图 5.127 展示了一个实验，在其中，额外的面内磁场存在的情况下，在偏置磁场脉冲中的动力学反作用被频闪探测，以区分这些状态。推荐读者到参考文献［49，1059 - 1061］中了解所有的细节。

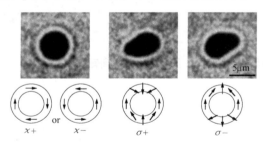

图 5.127　通过频闪法拉第显微术观察到的石榴石膜中 $S_r = 1$ 的磁泡动力学扩展。
产生的不同形状表明了畴壁结构的不同，特别是垂直布洛赫线存在与否（分类为
$\sigma^{\pm}$ 和 $\chi^{\pm}$ 状态）（由 Orsay 的 L. Zimmermann 和 J. Miltat 提供）

所有的实验都证明，当磁泡崩塌时不会有痕迹留下。对于具有非零的变化/绕转数的磁泡来说这多少是有些令人惊奇的，因为在这种磁泡状态和均匀磁化状态之间是不可能有连续过渡的。也许有人认为具有和交换长度同一量级的直径的交换稳定涡旋，但是一个细致的计算展示了有限半径的涡旋不能在铁磁体内稳定存在。圆柱形涡旋解的能量按照微磁学连续理论单调减小直到半径为零。当涡旋壁变得非常薄时，可能奇点会形核，从而打开一条通往完全湮灭的路径。据预测，稳定的涡旋解在没有反演对称性的特别的材料中能够存在并进行数值分析[546,1062]，但是没有对这些结构直接观察的报道。

5.6.3　垂直膜中的畴壁研究

尽管畴壁亚结构在垂直薄膜中起重要作用，但事实证明对它们进行直接观察是困难的。第一个布洛赫线的直接观察是由 Grundy 等人在透射电子显微镜（TEM）中实现的[1063]。这是可行的，因为磁畴中的极向磁化强度与垂直入射的电子束没有相互作用，以至于只有畴壁和它们的

微结构变得可见。然而，TEM 观察局限于没有其通常的衬底的薄膜，而且在电子显微镜中施加磁场虽然是可能的但是并不容易[1064]。

使用光学方法的观察会是更可取的，因为使用法拉第效应能够方便地观察到石榴石膜中的所有其他磁畴特征，而且任何强度、方向和频率的磁场都可以施加。光学观察的基本困难是在垂直膜中磁畴产生强的（极向）磁光效应，但畴壁的内部是平行于表面磁化的，只会产生采用常规方法不能从磁畴衬度中分离的弱的信号。在很长时间内只有动力学方法能够在光学显微术中识别布洛赫线的存在[1065−1067]。

单个布洛赫线的直接观察最终由 Thiaville[197,696,1069] 通过暗场衍射技术实现（见图 5.128）。首先一个扫描磁光显微镜[197] 被用于这个目的。不久之后，配备暗场照明的常规显微镜被证明也可以得到等效的图像[198]。精确的衬度机制随后被确认[696]。原来是与布洛赫线伴生的磁荷体系相关的畴壁的次级形变导致了在合适照明下的衍射效应。关于布洛赫线的动力学和转变的很多细节使用这一技术进行了识别[1070,1071]，尽管这种方法被它的适用性所局限，因为它需要若干微米的某一个特定膜厚度使前面提到的畴壁变形能够发生。这个方法的分辨率也不令人满意，因为它成像的是与布洛赫线相邻的畴壁形变而不是布洛赫线本身。一个方便而高分辨率的垂直各向异性薄膜中的布洛赫线观察仍然还没有出现。

图 5.128　5μm 厚的磁泡石榴石膜中的布洛赫线通过不对称暗场技术的直接观察，其中一些可见的布洛赫线用箭头标出（由 Orsay 的 A. Thiaville 提供[1068]）

5.7　颗粒、针与线

在扩展薄膜中，不能期望有不依赖于材料和几何参数的平衡单畴态。上节中特别针对垂直各向异性膜讨论了这一点。对于不止一个维度受到限制的样品中，情况又发生了变化。此处我们考虑细线、针和颗粒。此类样品作为磁记录技术中信息的载体而具有很大的实用重要性。因为其临界直径的尺寸很小，一般都低于光学显微镜的分辨率极限，所以从多畴到单畴行为的过渡细节并不清楚。受益于现代高分辨率磁畴观察技术以及如 3.3.2 节中曾讨论的适用于小颗粒研究的微磁学模拟方法，对于其行为的的了解开始逐渐增加。

5.7.1　高各向异性单轴颗粒的观察结果

图 5.129 给出了在钡铁氧体微小颗粒中观察到的非常漂亮的磁畴。这是通过扫描电镜使用干胶体技术在热退磁下对颗粒进行的观察[1072,97]。这一观察也许能够支持对小颗粒中平衡畴图形的理论研究，但却不能用于饱和态稳定极限也就是矫顽力问题的研究。

一些永磁体实际上由一些孤立的磁性颗粒聚集而成，它们之间没有交换耦合。对于这种样品的磁畴观察可以提供很有价值的信息。图 5.130 给出了取向多晶 $Nd_2Fe_{14}B$ 材料基面上热退磁态的观察结果。首先注意在晶粒内，退磁态的磁畴呈现与单晶实验一样的分叉平衡图形（见图 5.5），表明这个材料中的畴壁钉扎力很小。

我们主要关注与小颗粒相关的晶粒边界。当存在跨越边界的交换耦合时，这些边界两边的磁畴应该总是平行磁化。当不存在交换耦合时，由于退磁效应，至少那些平行于易轴取向（垂

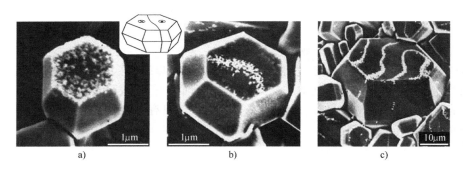

图 5.129　接近单畴行为临界厚度的钡铁氧体颗粒中的磁畴，通过对干燥粉纹图形用扫描电镜观察得到的。
在热退磁态，颗粒在图 a 中显示单畴行为，而更大的颗粒（图 b 和 c）则分裂成多个磁畴
（样品由 Sendai 的 K. Goto 提供）

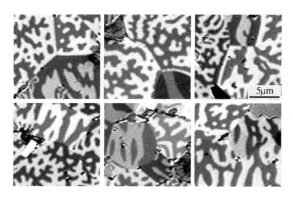

图 5.130　由非耦合晶粒组成的 $Nd_2Fe_{14}B$ 永磁体基面上的磁畴。晶粒边界通常显示出两边的
磁矩方向反平行排列（上排）。此规律的例外的情况（下排）表明对于倾斜取向的晶粒边界
预期的杂散磁场效应（样品由 MS Schramberg 的 B. Grieb 提供）

直于观察面）的晶粒边界的两个晶粒应该是反平行磁化的。当晶粒边界相对于材料的易轴倾斜时，则由于静磁的原因应该倾向于平行排列。

　　由于交换耦合会强制平行排列，因此观察到反平行排列是不存在跨越晶粒边界的完全交换耦合的明确证据。在一些材料中确实观察到了这种反平行排列（见图 5.130 上排），而在其他材料中磁畴则平行排列（见图 5.130 下排），这对于倾斜晶界来说是可想而知的。在这个材料中晶粒没有交换耦合的结论从理论上来看并不出乎意料，因为否则就无法解释在这样的粗晶粒材料中的高矫顽力。但使用其他方法给予直接证实比较难。

5.7.2　超小颗粒

　　尺寸接近单畴极限的颗粒无法通过实验手段进行详细分析。如果一个颗粒具有单畴特征，那么可以使用磁力显微镜观察到这一特性。实验技术对稍大一点的退磁颗粒来说仍然基本不可行，特别是如果由于低各向异性而几乎避免了偶极的出现。而另一方面，这一尺寸区域是微磁学公式数值解的理想适用区域。只要足够谨慎，就可以对这类颗粒进行可靠计算（见图 3.21）。图 5.131 给出了一些结果。显然，通过实验来证实这些解的详细三维构型是非常困难的。

　　非常小的薄膜单元既可以使用数值微磁学也可以使用高分辨实验技术来研究。我们给出两种方法的例子，二者之间显示出有说服力的一致性。图 5.132 给出微磁学计算出的不同形状的小

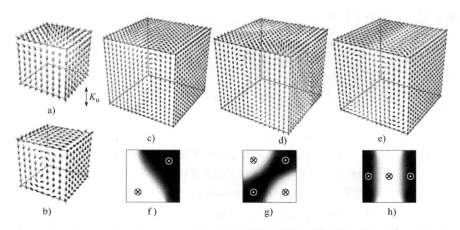

图 5.131 对于立方形且具有小单轴各向异性的退磁态颗粒计算的矢量磁场。外向视图（图 a ~ e）显示出复杂的三维构型，显示中心面上 m_z 的截面（图 f ~ h）揭示了内部简单的畴结构：一个具有扭转畴壁的双畴态（图 c 和 f），及两个不同的三畴态（图 d 和 g），（图 e 和 h）（样品由 IFW Dresden 的 W. Rave 提供，见参考文献［598］）

薄膜单元的稳态和亚稳态构型。该结果展示了模拟的超高分辨率克尔效应或者极化电子（SEM-PA）图像，这样一来就很容易看出亚微米颗粒和更大颗粒（见 5.5.4 节）之间结果的等效性。至少在低各向异性薄膜单元中，小到 0.1μm 尺寸范围内的磁畴图形依然非常类似，对尺寸依赖性不大。对这种类型进行数值计算可以得到单畴极限[598]，在这一尺寸下均匀磁化状态是能量上有利的。

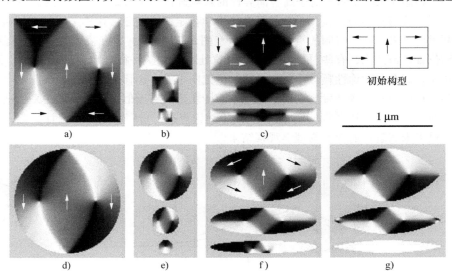

图 5.132 计算得到的针对的 20nm 厚坡莫合金材料参数的不同形状膜单元退磁态。对于初始构型的选择是为了在每种情况下都达到三畴态，除了最小单元（图 e ~ g）外都实现了（样品由 CMU Pittsburgh 的 Y. Zheng 和 J. - G. Zhu 提供）

通过磁力显微镜[1073]对椭圆形钴单元的实验研究显示出结果对磁化历史的依赖（见图 5.133）。在施加一个沿长轴方向的磁场后，亚微米单元中发现了一个单轴态，而这一状态要在更大的单元中稳定就需要具有更长的形状。在沿着椭圆单元的短轴施加磁场后会形成闭合磁通或者磁畴状态。从实验上很难确定哪一种状态代表了真实的能量极小态。

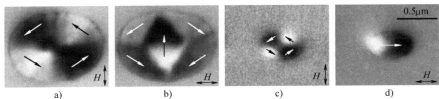

图 5.133　20nm 厚的小 Co 单元的磁力显微镜图像。较大的单元既可显示出同心态（图 a）
也可显示出三畴态（图 b）。在小一点的单元中沿着短轴施加磁场后也可在看到同心态，
否则会看到一个单畴态，辨认它的方式就是其黑白的磁荷衬度
（样品由 Lawrence Livermore Labs 的 A. Fernandez 提供）

　　如在参考文献［1074］中所全面综述的，特别微小的颗粒的磁性微结构在地球物理学领域中受到特别关注。这一领域感兴趣的基本参量是**剩余**磁化强度，它被用作岩石和沉积物在地质历史中取向的指标。特别感兴趣的是剩磁中的"稳定"部分，即在施加了适当交变磁场后的**剩余**部分（因为这一稳定部分被认为反映了颗粒最初获得的磁化强度，而没有随后在地质历史中可能获取的"软"剩磁的贡献）。对于观察到的剩磁的分析显示天然具有高剩磁的单畴颗粒的数量没有丰富到可以解释观察到的现象。诸如图 5.131 中所示的多畴态具有非常低的剩磁，但是也不足以解释观察到的现象和模型实验。这一矛盾引导地球物理学家提出"赝单畴"（PSD）行为的概念[1075]。对于这一现象的解释有很多，但总的来说其本质依然不清楚[1074]。

　　来自颗粒形状影响的可能性很显然被忽视了。图 5.131 所示多畴态的低剩磁与假设模型的对称形状有关。如图 5.134 所示，对于高各向异性的颗粒进行如 3.3.2 节中那样的简单的磁畴理论计算已经表明，**非对称**性的颗粒几乎总是具有热力学稳定的强剩磁。这里考虑了梯形颗粒，其平衡态非零剩磁包含来自两个机制的贡献：①如示意图 5.23 所示，只有杂散磁场能时有利于畴壁处在非对称位置。请注意，有些时候即使对称颗粒处在热力学平衡态也显示出剩磁，如图 3.19 中的三畴颗粒。②在非对称性颗粒中，如果畴壁位置向短的一边移动，其总畴壁能也会变小，因而提高了小颗粒中杂散磁场诱发的剩磁。总之，平衡剩磁具有近似 $1/L$ 的依赖关系，这与在人造颗粒模型上的实验结果一致[1076]。可以预期，对上述论点进行推广和适当的统计平均，就能够解释迄今为止很多未获解释的地球物理学观察结果[1077]。

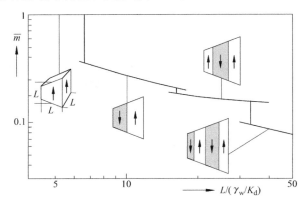

E_d^{min}: $m=0.11$

示意图 5.23

图 5.134　对于非对称棱柱形高各向异性颗粒计算得到的平衡剩磁与颗粒尺寸的函数关系。
对于梯形颗粒，在磁畴理论框架下计算了单、双和三个平面畴壁的平衡位置。
所示的过渡处代表不同磁畴状态的能量相等（与 Bremen 的 K. Fabian 合作）

5.7.3 晶须

最吸引人的铁磁性样品无疑是磁性晶须，即常常具有完美表面的细小单晶针。晶须通常使用化学反应从气相中获得。其工艺参数，如温度和气流，决定了产品的类型、尺寸和完美程度。晶须的尺寸范围从 μm 到 mm。对于磁性微结构规律的基本领悟最先就是通过对晶须的磁畴观察获得的[611, 641, 1078 - 1082]。两个有利条件促成了这一事实：①由于晶须可以被完美取向且没有缺陷，其磁畴可以很简单；②从各个侧面都可以进行磁畴观察，因此即使对于更复杂的三维图形进行可靠分析也是可能的。参考文献 [44] 中对晶须磁畴观察做了较好综述。图 5.135 给出了一些来自铁的细晶须的低分辨率和高分辨率克尔效应实例。

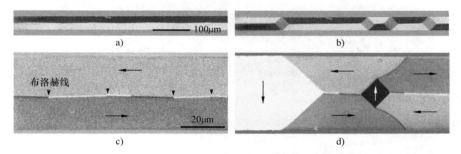

图 5.135　铁晶须中的磁畴观察结果。上排：低分辨率下样品的总览图像。下排：显示出磁畴和畴壁衬度的高分辨率观察结果。注意图 c 中具有或多或少周期性的布洛赫线出现，及图 d 中弯曲的 V 线（样品由 IFW Dresden 的 S. Schinnerling 制备并筛选）

使用磁畴观察技术，DeBlois[611]在研究具有类似单畴颗粒或者线的行为的超细晶须的特性中取得成功。这样的晶须非常柔韧，它们可以被磁场的作用所弯曲。其曲率的突然改变显示了细样品的翻转。通过巧妙的实验，他能够避免样品端部的影响，因而可以测出内禀翻转磁场和晶须粗细的函数关系。

单晶晶须的完美形状也有利于对磁场依赖过程的研究，尤其在样品端部的决定性过程。图 5.136再次回到图 5.41 中的主题；出于退磁能的要求，零磁场下完美的简单畴结构（见图 5.136a）被叠加上一个复杂的附属磁畴体系来分散磁通量。

a) H=0　　b) 40A/cm　　c) 400A/cm　　d) 950A/cm　　e) 2kA/cm

图 5.136　磁场在晶须末端感生的补充磁畴（从图 a～e 磁场逐渐增加）

5.7.4 磁性线

磁性线的翻转行为在磁畴理念的创立过程中起了作用（见 1.2.2 节）。如今它们作为传感器件和脉冲发生器重新受到关注[1083,1084]。所有这些应用都需要在磁场沿线轴方向时磁化回线呈矩形。这就需要单轴各向异性,其可能来源于外部或内部应力和符号正确的磁致伸缩常数。经常仅仅线的核心显示出翻转行为,而其外层部分则为核心提供所需应力。

在这些样品中,外部畴并不反映翻转过程[1085]。参与翻转过程的纵向磁畴只有在打磨掉线的一部分后才能看到[1086]。其外壳既可以像图5.137那样垂直于表面磁化,也可以环形磁化(见示意图5.24和参考文献[1087])。如图5.138所示,在后一种情况中有时能够观察到有趣的"竹节"形图形。在这种样品中,不仅可以利用核心部分的翻转行为,也可以利用外壳的环形磁导率(见6.2.3.2节)。

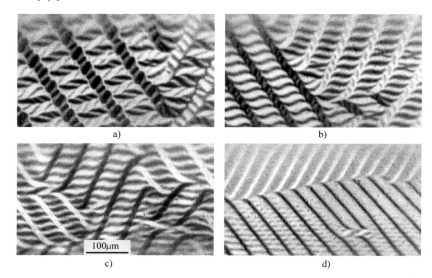

图5.137 一根非晶线(直径为0.127mm),快速淬火到水中,在无磁场(图a)和外场沿轴向递增到10kA/m下(图b~d)显示出的图形。在小得多的磁场强度下,线的核心"翻转",但其外部没有发现这一过程的痕迹(样品由Boston的F. B. Humphrey提供)

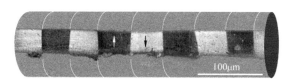

图5.138 在淬火态非晶CoSiB线的中心区域观察到的竹节畴(样品由J. Yamasaki提供)

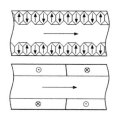

示意图5.24

5.8 有多少种不同的磁畴图形

如本章这样的综述能够算是完备了吗?开头已强调了"案例"的数目是无穷的(见5.1.4节)。但即使在如块体单轴晶体(见5.2节)这样明确的标准案例中,仍可以观察到磁畴图形令人惊奇的多样性。但是如图5.5中那样随着薄片厚度增加而增加的分叉程度其实不必认为是什么新东西。一旦理解了分叉的原理,就不会对较厚的高各向异性材料中观察到的新结果感到惊奇。

当图形的轴对称性被施加的面内磁场或者在倾斜表面中破坏时（见图 5.13 和图 5.14），会观察到出乎意料的特征。低各向异性单轴材料（$Q < 1$）中的图形在特征性细节上也很不同（见图 2.39 和图 5.4）。当单轴各向异性被强烈的正交各向异性替代时，会形成具有明显不同特征的分叉图形（见图 5.9）。这些特殊情况的结合又非常可能产生更不寻常的结果。

在块体立方晶体中观察到了更多的磁畴图形的变体（见 5.3 节）。如 3.7.5.4 节所预测及图 5.22 ~ 图 5.24 观察到的，立方晶体中的分叉现象由于从二维向三维结构的转变而变得复杂。并且，不同长度尺度，即畴壁宽度尺度和磁致伸缩主导现象的开启尺度之间的（见图 3.15）的相互作用也扮演了重要角色。例如，我们定性地讨论过（见图 5.26 和图 5.27）被磁致伸缩择优的中间磁畴所稳定的复杂的应力图形 II。另一个例子，图 5.23 中绳状图形的角度取向已知是由磁致伸缩能和依赖于取向的比畴壁能之间的平衡产生的。不同尺度、易轴、外磁场、表面取向和外部应力之间的相互作用导致极大量种类的磁畴图形，而迄今只理解了其中很小的一部分（见图 5.29）。本书在这一范畴中所给的出大多数例子都是基于约 0.2mm 的电工钢材料标准样品厚度。给出的少量来自较厚样品的图片（图 3.147 和图 5.24a）说明了在较厚且明确限定的样品中进行系统搜索将会出现新奇的磁畴结构，等待着被记录和分析。

在电工钢中，外部应力引入额外的通常是单轴的各向异性，其相对于占优势的立方各向异性依然较弱，因而易轴只在它们的能量水平而非方向上改变。如果叠加的单轴各向异性在强度上与基础的立方各向异性变得可以比拟，将产生完全新的磁性材料类型。图 5.102b 中的非常规结构只是其中的一个例子。

在研究非晶和纳米晶材料（见 5.4 节）中记录到的许多出乎意料的情况大多与内应力的分布相联系。由于这些应力的强度、分布和取向都非常容易改变，因此每个新研究的样品中都可能显示出新的出乎意料的磁畴图形。5.4.2.2 节中给出了一些与部分退火和晶化结构有关的例子。

对于磁性膜中的磁畴（见 5.5 节）研究时间较长。但不同形状薄膜单元中数量众多的亚稳态解依然令人惊奇（见 5.5.4 节）。在对小颗粒的数值分析中也存在这一特点，如图 5.131 中的几个例子所示。迄今为止，不论数值模拟还是实验观测都还不能探究特定单元的全套亚稳态微磁构型。就像图 5.111 中给出具有连续变化的中间层样品所显示的，耦合膜及多层膜中的情况更为复杂。

在本章中我们专注于未扰动、理想样品中的平衡态图形和磁化过程，希望受扰动的高矫顽力样品的磁畴图形与理想图形存在某种程度的联系。关于非理想样品的少量例子（如关于记录介质的图 5.123 和图 5.124，关于多晶多层的图 5.113 ~ 图 5.115）是和后续章节所要讨论的应用相关联的。

总之，希望给出的关于理想样品磁畴图形和磁化过程的汇集能够帮助我们理解在受扰动样品或者具有不同对称性或形状的样品中的图形和过程。在一种情况下每一种正确分析和理解的磁畴图形都可以作为相关情况下图形的导引。

第 6 章

磁畴的技术相关性

本章评述了磁性材料的工程应用，以及在这些领域中磁畴的技术相关性。它将本书前面章节详细阐述的磁性微结构的讨论和应用的讨论联系了起来。

6.1 概述

磁性微结构的作用在磁性材料的不同应用之间强烈地变化。在一些领域，例如电动工具的铁心材料中（见6.2.1节），磁畴和畴壁十分关键。没有易于移动的畴壁提供的必需的磁导率，电动工具将无法工作。同样的情况对于大多数中频和高频感应器件（见6.2.2～6.2.4节）也是如此。但是磁性微结构中的不规则也是这些器件中的损耗和噪声的（电气的和声学的）来源。

在磁性材料的一些应用中磁畴毫无作用可言，例如微波器件、形核型永磁体（见6.3.1节）以及颗粒记录介质（见6.4.1.1节）。其他器件在没有任何非均匀磁性微结构时会理想地工作，但是如果不能被抑制，磁畴则是异常行为的根源。在这些例子中，主要是在小型传感器和存储元件领域（见6.5节），磁畴的研究对于了解它们形成和控制的条件是必要的。最后，在某些应用中磁畴传播现在或曾经被直接用于技术应用，这些会在6.6节讨论。整体上以微观机理为重点的磁性材料应用的评述可以在参考文献［502，505，506，1089 - 1094］中找到。

6.2 块状软磁材料

感应器件——从动力机械到射频应用——取决于软磁心的高磁导率。这种外禀材料性能达到的数值高达真空数值的一百万倍。畴壁位移是磁性材料这一非凡性质的主要根源。理论上讲，如果各向异性均匀且小，磁化转动也可以获得高磁导率。在3.2.5.6节中讨论过的 μ^* 这个量表示转动磁导率。在特殊的高磁导率材料中可以达到 $10^2 \sim 10^4$ 量级的值。但是很难制备一种材料从而将畴壁位移抑制到一定程度使磁化转动在低频下占主导。

仅仅在少数器件（例如薄膜记录磁头和特殊的传感器）中，在高磁导率状态下通过合适的设计（见6.5节）实现了畴壁移动过程的抑制。在这些器件中，畴壁移动过程作为影响正常功能的寄生效应而具有研究兴趣。

分析在一个多轴铁磁体中可能存在纯粹的转动磁导率的情况是有趣的。以一个正各向异性的立方材料（如铁）为例。在一个软磁材料中，退磁状态一定包括一个必需含有180°和90°畴壁的磁通闭合构型（饱和状态不会显示高磁导率）。

于是避免畴壁移动的一个必要条件就是所有的180°畴壁都沿着垂直于工作方向取向，这个方向即是外磁场的方向。然而这并不充分。无法避免的90°畴壁能不同程度地贡献净磁通，如示意图6.1b和c所示。但是如果90°畴壁移动以某种方式被抑制，一种理想的、线性且可逆的基于磁化转动的软磁材料仅能以示意图6.1d所示的方式实现。正如在3.6.7节中讨论的，90°畴壁的钉扎可以通过某些感生各向异性效应实现。此外，90°畴壁位移在非常高的频率下可以被抑制，正如 Mallary 和 Smith[1095]在薄膜感应磁头元件中首先发现并分析的。

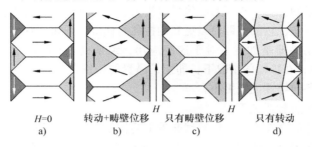

| H=0 | 转动+畴壁位移 | 只有畴壁位移 | 只有转动 |
| a) | b) | c) | d) |

示意图 6.1

由于畴壁位移相关的额外（"异常的"）涡流损耗，在高频区畴壁位移过程不如磁化转动有利。反常涡流损耗的基本机理在 3.6.9 节针对最常见的铁心设计（即包含薄的且绝缘的金属薄片的铁心）进行了讨论。对于给定的薄片厚度，随着频率的增加，畴壁位移由于这些涡流而越来越受到抑制，因此转动过程最终将实际占据主导。然而在这种频率下，即便是经典的涡流损耗［见式（3.183）］也通常变得过大，因而一个更薄的规格材料更有利。对于更薄的材料和相同的频率，畴壁位移所受的抑制减弱，因而必须再次加以考虑。

软磁材料内部的晶界必须总保持完全铁磁性，具有通过晶粒界面的完全交换耦合。这种特征并非有意开发出来，它是金属合金的标准性能。而交换作用的阻断，如永磁材料和某些磁记录介质所需的，更难以实现。

总之，感应器件的绝大多数技术应用是基于源自畴壁位移过程的高磁导率。与畴壁钉扎及磁畴的湮灭与生成过程相关的不规则性导致了电机中的损耗及通信、传感器件的噪声。如果磁性微结构的特征可以通过获得更加规则的磁畴结构而得以改善，则可以使感应器件获得更好的性能。

6.2.1 电工钢

正如在参考文献［1096］中所述，在变压器、发电机、电动机和其他感应机械的铁心中采用了多种立方晶体对称性的铁基合金。最重要的材料是硅含量最高达到 3.2wt% 的铁。电绝缘薄片典型厚度为 0.3mm，但根据应用控制在 0.1～0.5mm 之间，被叠层或缠绕在这些器件的铁心里。变压器可以被设置使磁通仅仅沿着一个材料的择优轴交变。在这种情况下，各向异性的高度织构化的材料提供了最佳性能。在旋转机械中，磁通必然在操作过程中改变其方向，各向异性材料则没有用处。因而针对这一目的大多采用各向同性的多晶材料。对平行于薄片平面的任意磁化强度方向均有利的特殊织构也得以开发，它们的磁性微结构特别有趣。

对于电工钢的许多较大应用领域而言，最重要的特性指数是每个循环的**损耗**，对于给定的频率和给定的磁感应幅度，通常用 W/kg 表示。关于这个方面的综述以及可以获得的材料选择范围可在参考文献［1097］中找到。磁导率是这些应用中的第二参量。通常，具有较小损耗的材料是优选的，即使其磁导率略小。原因在于磁损耗在空载机械中是总损耗的主要来源——大多数变压器在一半的时间里处于有效空载状态。相比而言，磁导率决定着在空载状态达到所需磁感应水平的电流。这个电流通常远远小于满负载时所需的电流。由于绕组必须按照满负载的条件进行设计，因此对于合适的磁导率，与空载磁化电流相关的损耗可以忽略不计。

铁心损耗属于外禀材料性能。正如将被更加详细阐述的，它们强烈地依赖于晶体结构和磁性微结构。一个非常重要的内禀性能是饱和磁感应强度，它决定了可以在器件中使用的最大磁感应水平。最大的可用磁感应强度水平也受到另一个内禀性能（各向异性）的限制。如果可磁化性受到各向异性的限制，一个有利的织构可以提高它。如果机械的尺寸或重量至关重要，则具有高的可磁化性的材料是优选的，即便以更高的损耗为代价。例如，对于空载损耗与其他损耗相比可以忽略的小型电动机即是如此。对于这些应用，纯铁（$J_s = 2.17T$）较标准的硅钢（$J_s = 2.05T$）可能更受青睐，在极端的情况下，即便是昂贵的钴铁合金（$J_s = 2.4T$）也可能具有竞争力，特别是因为它的各向异性比铁更小。

6.2.1.1 织构化材料的普适关系

晶粒取向或织构化的合金在电工钢领域起着重要作用[1098]。磁导率是表征这些材料的有效手段。这种可能性基于相理论，特别是在仅仅通过畴壁位移过程（见 3.4.2.3 节）就能够达到的无磁场磁化过程（"模式 I"）的范围。如果典型的如富铁合金那样，各向异性场远远大于矫顽力，在刚好抑制畴壁钉扎（矫顽力）效应的平行于薄片平面的磁场中的平均磁化强度将基本上对应于提及过的模式 I 磁化过程的边界——磁化曲线的膝点，或是我们在相理论范畴内所称的"多面体"。在电工钢中，通常采用8A/cm≅10Oe 的磁场来表征一种材料的可磁化性。磁导率 μ_8 被定义为在这一点的总相对磁导率。通常，在指定的磁场（$H = 8A/cm$）下的约化平均磁化强度 m 或 $J_s m$ 被称为"磁导率"。

令工作方向和磁场方向由单位矢量 a 表示，令一个给定晶体的立方轴系由单位矢量三脚架（e_1，e_2，e_3）表示。由此，如 3.4.2.4 节中所提及的，以下公式定义了正各向异性（类铁）立方材料的多面体。

$$m = \frac{1}{|a \cdot e_1| + |a \cdot e_2| + |a \cdot e_3|} \tag{6.1}$$

这个公式描述了在没有横向磁化分量存在的情况下沿工作方向的最大平均磁化强度。在这一方法中，任何横向磁通的分量均被假设不存在，因为它会导致退磁效应。补偿垂直于膜面方向磁化强度分量的需要从 3.7.1 节中的讨论来看是显而易见的，其中补偿磁畴被引入并且由于这个原因被明确地证实了其合理性。但是在一个多晶材料中面内的净横向分量因为相邻的晶粒也通常是不利的。每个晶粒将择优一个特定的面内磁化强度方向，但是晶粒间的相互作用倾向于抑制单个漂移，并有利于一个共同的平均磁通方向。在一阶近似下，式（6.1）所表征的状态在所有晶粒中均是择优的。晶粒排列中的局域涨落可能有利于局域的横向磁化漂移。但是现在让我们忽略这种可能性。由此可以检验相理论结果——式（6.1）的推论。在这种状态下参与相的相体积表示为

$$v_i = \frac{|a \cdot e_i|}{|a \cdot e_1| + |a \cdot e_2| + |a \cdot e_3|} \tag{6.2}$$

式中，i 适用于那 3 个易轴方向，它们与工作方向矢量 a 的标积为正值。注意那些可能出现在真实的补偿磁畴图形中的"相反"磁化相——例如在梳状柳叶刀磁畴图形（见图 3.105）中的表面柳叶刀磁畴——被忽略了。现在考虑易轴方向 e_1 仅稍稍区别于工作方向 a 的情况。于是Cos（$a \cdot e_1$）有些偏离 1。尽管如此净磁化强度 m 会显著偏离 1，因为分母中的式子 $|a \cdot e_2|$ 和 $|a \cdot e_3|$ 随着错取向角的正弦值增加。低场强可磁化性将因而随着错取向角线性减小。

源自式（6.1）的预期通常与织构测量吻合得很好，正如最先在参考文献［1099，1100］中所证实的以及在参考文献［726］所综述的。这一良好的关联关系在材料开发中被用作一种方便的织构标识。对于一个特定的磁性应用，磁导率 μ_s 以一个单独的数值表征一种织构的适用性。参考文献［1011］进行了一个特别仔细的分析。对于不同的多晶样品，测得的磁导率的结果与平均织构偏离角度的函数关系见示意图 6.2。这是与一条预测的曲线［见式（6.1）］相比较的，

这一曲线是采用测得的平均晶粒取向分布函数进行估算得来的。相理论的预测和测试结果的天体上的一致性非常好。偏离出现在非常小的也可能在非常大的织构偏离角度，两者都可以基于观察到的和预测的磁畴至少得到定性的理解。在大的错取向角度，复杂的分叉图形可能无法仅仅通过最有利的 3 个易轴方向建立起来，而这是相理论式（6.1）预测的基础。在下面 6.2.1.3 节更加详细讨论的晶粒间磁致伸缩相互作用也可能是较大织构偏离角度下减小的磁导率的成因。在小的错取向下的不一致必定是由对补充磁畴的抑制造成的。当畴壁的能量不再能被忽略，相理论就失去了其有效性。图 3.106 中分析了这种情况，其中计算了一个临界的错取向值，低于此值时补充磁畴的形成会因为所必需的畴壁能而变得不利。似乎可能的是，畴壁能的作用不仅引起补充磁畴在错取向低于 1° 以下时的抑制，而且导致了磁导率的普遍增强（源于与横向磁通非完美抑制相关的杂散场能和补充磁畴的能量密度之间的平衡）。

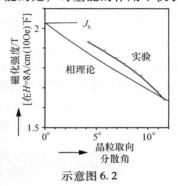

示意图 6.2

当补充磁畴被抑制时，处于临界错取向角度的剩余杂散场能有利于一个小的基础磁畴间距，这将导致动态损耗减小。对于更小的错取向角度，更宽的磁畴会再次形成，在损耗上有相反的作用。因而，正如将在下一节中更详细讨论的，对于给定的材料和厚度，临界错取向角代表着一个损耗的最佳值。

因此，磁损耗、磁导率以及其他参量如磁致伸缩（见图 5.37），均与磁性微结构有密切的联系。这一联系在晶粒取向的变压器材料中变得更为明显。

6.2.1.2　晶粒取向的硅钢薄片

最初的变压器采用普通的碳钢片制造。与碳扩散［见 3.6.7.2 节］相关的磁导率衰减会使器件在数月后失效，它们不得不被拆解和再退火。这个问题在 1900 年后通过引入无碳硅钢而得以解决。同时，损耗也由于硅钢的电阻率与纯铁相比显著提高而减半，这减小了所有类型变压器的涡流损耗。

随后的一大步是引入了基于 N. P. Goss 的发明[1102]（在参考文献［1098］中进行了综述）的晶粒取向材料。通过这一技术的进步，损耗得以再次减半。此后这种材料持续地得以改善。它一直作为标准的变压器材料，被广泛地应用于除最小型电力变压器之外的所有领域。这些显著且有经济价值的重要进展总是通过全面理解磁性微结构而取得的[726,732,1103–1105]，在这方面与许多其他的通过试错法取得进展的磁性材料不同，后者是在随后才获得微结构的认知。

晶粒取向的变压器材料由与沿着材料择优轴向［001］易轴方向取向偏差在几度内的 Fe3wt% Si 大晶粒组成。所有晶粒的表面都是具有相同取向精度的（110）晶面［一同形成一个［001］（110）织构］。择优轴与薄片材料制造过程中的轧制方向一致。这些薄片被薄的陶瓷层绝缘以避免片层之间的涡流。

如图 3.103 所展示，电工钢的损耗可以通过在不同频率下测试加以区分。主要有两种贡献：①与缺陷和表面瑕疵上的畴壁钉扎相关的磁滞损耗。补充磁畴（见 3.7.1 节和 5.3.4 节）对磁滞损耗有决定性贡献，因为它们能够被附到基础畴壁上，阻碍后者的运动（见图 3.104c），还因为每次基础畴壁扫过时它们都必须被消除和再生。②在变压器材料中同样重要的是反常涡流损耗。它们与畴壁相关的涡流效应有关联（见 3.6.8 节），如果基础磁畴的宽度超过薄片厚度则变得重要。通常，还有一种更重要的损耗机制，即在磁化过程中的磁畴重构。这一损耗机制在具有良好有序度磁畴结构的变压器钢中几乎不存在。如果变压器轭铁的一部分不是沿着有利的轴向使用，磁畴重构损耗会出现，正如有些时候在小型变压器中所做的那样。如图 5.22 和图 5.23

所示的复杂过程则会产生巨大的损耗,除非磁通的幅度保持很小。

以下的步骤促成了目前损耗控制的优异水平。

1)更好的处理工艺降低了平均错取向并从而减小了的磁滞损耗。如果一个错取向可以实现优于1°(见图3.106),就可能完全地抑制补充磁畴。这种准单晶材料将会发展出非常宽的基础磁畴,并相应地具有巨大的异常涡流损耗,也将因而变得不如最优态,正如已由实验确认的,例如在参考文献〔1105〕中描述的一样。

2)对于给定的轻微错取向,补充磁畴可以通过机械应力得以抑制,正如与图5.37相关的讨论。施加应力的最佳实用方法包括使用具有应力效应的绝缘涂层。由涂层施加的平面应力 σ_p 对这个织构等效于一个单轴应力 $\sigma_u = \frac{1}{2}\sigma_p$(在5.5.5.1节和参考文献〔1106〕中有更全面的分析)并将由此抑制补充磁畴。当补充磁畴受到抑制时,基础磁畴的间距将变小,否则总的杂散场能将升高,如图6.1所示。在此示出了同一材料在没有和有应力涂层的交流退磁状态。没有涂层时,取向良好的晶粒趋于发展为如图6.1a所示的非常宽的磁畴。涂层在很大程度上抑制了补充磁畴,而且,改善了沿着晶粒的磁通连续性,以致如果它们与取向不那么好的晶粒发生耦合的话,即便是理想取向的晶粒也呈现小的磁畴宽度(见图6.1b)。

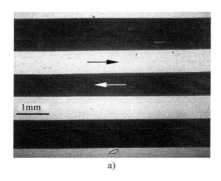 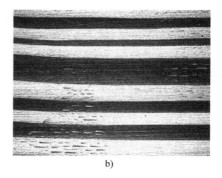

a)   b)

图6.1 晶粒取向变压器钢的表面磁畴,在理想取向晶粒中的宽磁畴见图a;
一个应力涂层,大幅度地抑制了补充磁畴,即使在相邻的理想取向晶粒中也导致了
窄磁畴(见图b)。本图通过电子背散射衬度获得(见2.5.3节)
(由日本钢铁集团的 Y. Matsuo 和 S. Arai 提供)

有趣的是,强烈的涂层应力被证实仅仅对新式的、良好取向的材料有益,例如通过细致的测试,参见参考文献〔1107〕,以及在参考文献〔1103,1108〕中评述和记载的。在具有较强错取向的材料中,补充磁畴能够根据一个个相邻晶粒内的状况,通过偏离式(6.2)所限定的状态调节薄片面内的磁通。换句话说:当根据每个晶粒的需要调整式(6.1)和式(6.2)中的平均工作方向 a 时,可以获得一个高磁导率。在晶粒取向具有较强离散度的材料中,通过应力抑制补充磁畴将使某些晶粒或晶粒簇排除出磁化过程,因而导致过度的损耗。作为上述提及的关联性的解释,参考文献〔1109〕提出了机理并得到了磁畴观察的支持。

3)基本磁畴的宽度可以通过划痕(更好的"压缩")[332]或激光刻划[1110]而人为地减小。采用这种方法局部引入的应力扰乱了基本磁畴,某种程度上表现的像是人造的晶界。划痕对磁畴的作用如图2.34所示,这与图6.2中激光刻划材料是相同的。这种基于应力的磁畴细化只能用于叠层的而非卷绕铁心变压器,因为应力会由于线芯所必需的退火处理而消失。对于后一种情况,特殊的"防热"磁畴调控处理已经被开发出来,或基于几微米深的刻槽[1111],或者基于窄的微晶区阻断磁通[1112]。与这些措施相关的磁畴机理在参考文献［1113］中做了评述。与 1）部分中的结论形成对比，通过人工的磁畴细化即使是理想取向的材料也能被有利地使用。

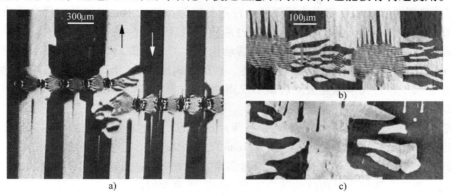

图 6.2　基本磁畴与激光刻划引入的应力集中的相互作用。图 a 为采用 SEM 的 Ⅱ 型
衬度观察到的穿透绝缘涂层的应力图形（由日本钢铁集团的 T. Nozawa 提供）。
图 b 和 c 为去除涂层后的高分辨率克尔像（图 b 为施行激光处理的正面，图 c 为背面）

由标准的激光处理引入的应力图形一定会造成一些磁滞损耗，且一定对磁致伸缩噪声有贡献。概念性的理想做法是引入规则间隔的小角度边界，以避免长程应力，而是生成一个精确调控的周期性错取向以代之。这个方面非常有趣的实验已经被实施。Sokolov 等人[1114,1115]塑性地使材料变形，在第二次再结晶步骤之前用带齿的轧辊制造出正弦状翘曲的薄片。即使一个晶粒在其中心某个点是理想取向的，其端部也会因为薄片翘曲的表面（见示意图 6.3）而自动地错取向。经过一个平整化热处理，与表面关联的晶体取向被保留，但是无应力的平整形状可通过小角度边界的结合得以实现。Nozawa 等人[1116,1117]仔细地评估了这一过程并将其与另一个相似的方法联合，后者通过在温度梯度中定向再结晶以形成准单晶材料[1118]。图 6.3 所示，通过这种方法可以兼获非常低的损耗和规则的磁畴结构。但是这些过程很难融入商业化生产，而且迄今也未能制造出损耗低于优化的激光磁畴控制法可实现的产品。

示意图 6.3

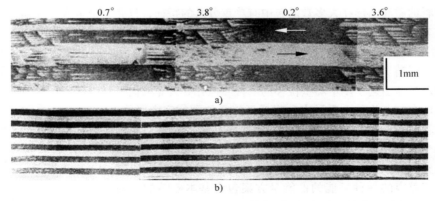

图 6.3　取向的变压器钢薄片上的磁畴（见图 a），其中晶粒取向被通过小角度界面周期性地调制，
如图 a 顶部数字所示；施加 1kp/mm² 拉应力（见图 b）产生一个有利的精细磁畴图形
（由日本钢铁集团的 T. Nozawa 提供）

基本磁畴的宽度也可以通过在高频磁场下退磁来减小[184,1119]。在实际中利用这一效应显得较困难。

4）钉扎位置是磁滞损耗和涡流损耗的一种重要根源。钉扎中心可以是内部杂质析出物与形成绝缘层相关的表面不规则性，以及大晶粒内部的小角度边界。缺陷对畴壁的钉扎导致了不规则的畴壁运动。如果其他畴壁被钉扎而无法移动，一个给定的磁通变化必定由未被钉扎的畴壁承载。如果所有可用畴壁对磁通变量贡献均等，则反常涡流损耗会出现最小值，否则会加强。动态磁畴观察证实了通过化学抛光去除表面不规则性后更加平滑和更均匀的畴壁运动[732]。这一过程对损耗的作用如图3.103所示。

5）减小损耗技术的最后一个因素是减小薄片规格的。通过制造过程的改善，薄片的厚度已实现未在织构的质量做出让步的前提下从0.3mm减至0.23mm。减小的规格有双重的益处：涡流效应随着薄片厚度强烈的减弱，只要不让反常涡流损耗增加，这可以通过3）中讨论的人为磁畴控制来实现。第二个效应是对较薄的薄片补充磁畴需要更大的错取向角，如图3.106所示。

由于诱发或至少加强了横向磁畴，压应力从损耗和噪声来考虑是有害的。弯曲亦是如此，因为在弯曲状态大约薄片体积的一半一定处于压应力下。强烈的弯曲导致非常复杂的磁畴图形（见图5.29和图5.36）和损耗的快速增加。曲率半径超过10m的非常轻微的弯曲是允许的[333]，因为源自绝缘涂层［见2）部分］的有效张应力帮助避免压应力，否则会产生横向磁畴并造成损耗的快速增加。在建造好的变压器中，弯曲应力必须小心地加以避免，或者，像卷绕铁心变压器的例子，它们必须在后期通过退火加以消除（这相当于引入应力补偿位错）。

抑制补充磁畴也会抑制磁致伸缩导致的变压器噪声。图5.37展示了横向磁畴和磁致伸缩的联系。单轴拉应力和等价的平面应力抑制了横向磁畴并由此去除了常规变压器使用中的磁致伸缩的伸长。噪声、损耗和磁畴的综合关系在参考文献［915］中被详细评述。

如果所有提及的措施被综合起来，在1.7T和50Hz磁场下，一个仅有0.35W/kg的损耗似乎是可以实现的，这仅仅是实际值的1/3[1104]。所有这些均适用于可以通过冷轧和退火过程制造的常规硅钢成分。在这个过程中，仅有稍高硅含量或其他等价的添加是可能的。基于完全不同的、更加昂贵的制造过程的高硅合金将在6.2.1.5节中单独讨论。

6.2.1.3 非取向钢

对于广泛应用于旋转电机的无取向硅钢材料的磁化过程的了解甚少。正如在5.3.5节讨论的，这种材料的磁畴图形在大多数晶粒中有严重分叉的特征，只有一个事实，即如3.7.5.3节中讨论的在立方材料中分叉的表面结构被限制在有限的近表层区域，使得高磁导率成为可能，这可能是取决于表层下面的基本磁畴。根据3.7.5.3节和3.7.5.4节中所论述的，表面图形的深度可以达到基本磁畴宽度的一半，可能是50μm，这取决于很多环境条件。很显然，分叉闭合图形的持续性重新排布引起了基本畴壁位移的一种摩擦并导致非取向材料内部不可避免的磁滞损耗。

问题依然存在，为什么磁导率和损耗可接受的数值完全可能。基本磁畴能否载荷磁通全部通过包含任意取向晶粒的薄片？相理论预测在每个晶粒中的一个低场磁化能力，正如式（6.1）给出，只是必须将充满分叉封闭结构的表面区域的体积加以扣除。与这些边界条件相兼容的一种可能的低能量方案包含基本磁畴的**折叠带**（见示意图6.4），它们可以被看作是基本的"准磁畴"（见3.4.5节）。事实上，这些折叠带将能够沿工作方向承载磁通。正

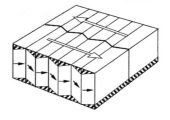

示意图6.4

如相理论提及的，对于给定的净磁化强度它们理想地包括3个最择优的易轴方向。

正如简化的示意图6.5所示，具有相反净磁化强度的折叠带会被180°畴壁与第一个折叠带分

开。很显然，在非取向材料中，有很多附加的自由度可以导致对简单图片的修正。如示意图 6.5 所示，一些 180°准畴壁的片段将被 90°畴壁取代。而且准磁畴中的净磁化强度方向无须遵从整体的磁化强度方向，而是可以遵从单个晶粒及其周边的晶体和应力各向异性的局部择优。最后，硅钢材料中准磁畴的组元之间的磁致伸缩相互作用显然是不可忽略的，它可能导致择优两组元准磁畴而非三组元准磁畴（后者会涉及一个偏离的净磁化强度方向）。

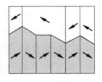

示意图 6.5

然而，如果准磁畴的图景是基本成立的，非取向材料中的磁化机制将仍然主要由 180°畴壁位移构成。在此方向上的一个间接线索可以在损耗随晶粒尺寸变化的研究中发现。磁滞损耗因为复杂的晶界结构占据相对较少的体积（一些例子见图 6.4）而随着晶粒尺寸增加而降低，动态损耗则随着晶粒尺寸增大而增加，从而导致了一个最佳晶粒尺寸[1120]，甚至是对具有极其精细的表面磁畴图形的非取向材料也是如此。很显然，基本的准磁畴在较大的晶粒中会有较大的扩展，导致反常涡流损耗的增加。

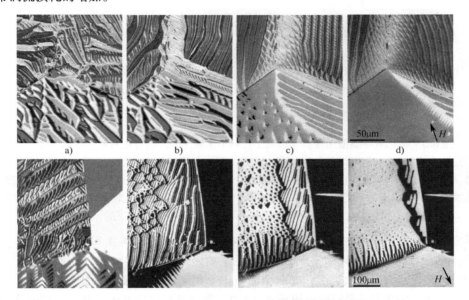

图 6.4　在从左到右逐渐增加的外磁场中，在无取向硅铁材料中晶界上磁畴的一些观察，磁场导致了在上排中（0，0.17，0.26，0.34）J_s 的平均磁化强度以及在下排中相似的值。在最高磁场强度下晶界能够被最清楚地看到并在那醒目地标记（注意晶界相关磁畴图形的磁场依赖范围，其在图 d 中延伸了约 $50\mu m$，在图 c 中是 $100\mu m$）

从实验的角度讲，这些材料中的基本磁畴几乎不可见。一种可能性是 X 射线形貌术（见 2.7.1 节）；但是除了特别高的要求，这种技术还不能看到决定性的 180°畴壁。在动态观察中，180°畴壁活动的位置在克尔显微术中或多或少能被"看见"，图 6.5 是记载这种活动的一次尝试。在幅度很小的交变磁场下，明显可见的准畴壁的痕迹显示为不规则的细线（见图 6.5b、c）。随着磁场的增加，在耦合的表面磁畴图形中的活动隐藏了主要的畴壁运动。观察结果似乎与已提出的基本准磁畴作为全部交变磁通的主要载荷者的概念吻合。

非取向材料的一个有趣特征在于其通常不超过饱和磁化强度 50% 的低剩磁。对于具有正各向异性的立方材料，对独立的晶粒取平均值将获得高于 80% 饱和磁化强度的剩磁，即便考虑到分叉封闭区域，类似的大的值也可以由相理论获得。强烈减小的剩磁一定是由晶粒间的磁致伸缩相互作用引起的。这一结论遵从了经验事实，即高剩磁（"矩形回线"）材料——例如它们在铁氧体磁心存储单元被需要的或如它们仍然应用在非线性磁性器件中——在材料的易轴的磁致伸缩常数为 0 时即可获得[1121]。如果沿着易轴的磁致伸缩不是零，正如对大多数电工钢，则晶粒间的弹性相互作用将导致每个晶粒中对允许的相体积的附加条件。尽管关于这些现象的系统理论还不存在，但定性的论点指向正确的方向。

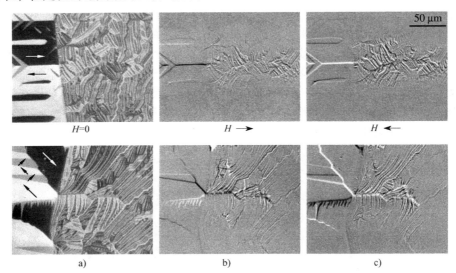

$H=0$ $H \rightarrow$ $H \leftarrow$

a)   b)   c)

图 6.5 　采用数字差值图像技术指明了在一个无取向的多晶硅铁材料中的基本磁畴。
左边为在良好取向晶粒和近（111）晶粒间晶界附近的零场磁畴图形。对其他图片这些图形作为参考图像而存储。在任一水平方向施加一个弱磁场，基本畴壁以窄的黑线和白线出现。在良好取向的晶粒中它们沿着直的磁畴边界，但是在错取向晶粒中则呈现为一些断开的线。
此外，在基本磁畴痕迹的附近可以看到一些表面图形的作用

如示意图 6.6 所示，考虑一个简单的二维例子，如两个具有弹性和静磁耦合的 ［100］和 ［110］取向的晶粒。我们在零内场下寻找最大的平均磁化强度，其符合 3 个假设：①两个晶粒中有相同的平均长轴方向磁化强度；②两个晶粒中有相同的平均磁致伸缩应变；③平均横向磁化强度为零。这只能在若反平行磁畴被插入 ［110］取向晶粒以调整磁化强度，同时横向磁畴被引入到 ［100］取向晶粒以调整应变的情况下实现。在所选的例子中耦合晶粒的平均磁化强度的结果实际上是 $\bar{J} = 0.5J_s$，尽管孤立开的晶粒的磁化强度可能分别为 $\bar{J} = 0.707J_s$ 和 $J = J_s$。实际上，条件显然更加复杂，因为严格相同的磁化强度和磁致伸缩在所有晶粒中不是必需的，或将允许一个更大些的零场磁化强度。可在如参考文献 ［1122］的磁畴研究中找到方向的线索。另一方面，对净磁化强度没有贡献的分叉封闭磁畴的体积必须扣除，而且比这个例子中偏离其取向更强烈的晶粒将产生一些影响。也许这一现象的某些自洽的平均场理论可以用公式表示出来。

总之，这里给出的思考可能解释了为什么可接受的损耗值可以完全实现。但是即使在最好的非取向材料中的损耗也会远远大于晶粒取向材料。如果在 50Hz 下磁感应幅值为 1.5T 时，最好的现有织构材料的损耗低于 0.6W/kg，同样的损耗对最好的非取向材料则高于 2W/kg。原因很清楚，是复杂磁畴的重取向过程，即我们在 5.3.2.2 节中见过的沿着横向磁化 Goss 材料的更

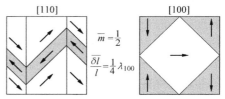

$[110]$ $[100]$

$\bar{m} = \dfrac{1}{2}$

$\dfrac{\overline{\delta l}}{l} = \dfrac{1}{4}\lambda_{100}$

示意图 6.6

加显见的情况。类似的剧烈重新排列的过程见于图 6.4，并且在图 6.6 中再次给出一个系列的概观，其选取更侧重于美学价值而非演示过程的清晰性。

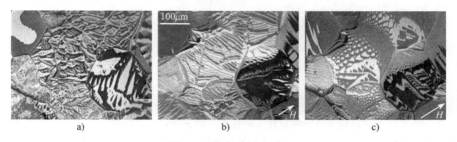

图 6.6　在无取向的硅铁材料上观察到的磁化过程，体积平均磁化强度分别是（0，0.39，0.46）J_s

对于晶粒取向和非取向材料间的比较，沿着单一择优轴的交变磁场下的常规损耗测试的对比是不够的。非取向材料用于诸如电动机和发电机等装备，其磁通量方向也存在方向上的旋转和振荡。旋转磁滞，在一个恒定的旋转磁场中的能量损耗，此处对除变压器外的所有电机铁心材料是一个重要的附加判据。像普通的磁滞损耗，这个损耗机制随着磁感应强度的增加而增加，但是在接近饱和时再次减小。这主要是由在饱和状态不存在磁畴重新排列机制所致[1123]。晶粒取向材料，尽管在沿着其择优轴方向工作时在普通的损耗方面有广泛优势，在旋转损耗方面则不如高质量的非取向材料[1124]。图 6.7 给出了一个造成旋转磁滞损耗的复杂磁畴再取向过程的图形。旋转磁化强度的另一方面如图 6.8 所示，对于固定磁场，旋转并停止于特定的角度，磁化强度图形取决于前期磁场旋转的方向。

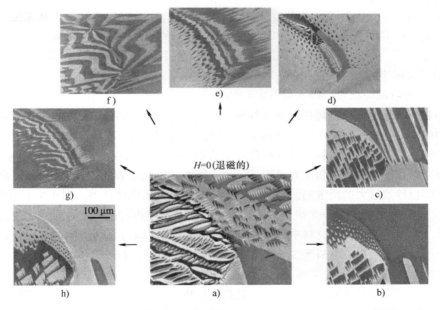

图 6.7　在旋转一个恒定磁场时（可导致约 2/3 磁化饱和），在一个无取向的材料的薄片面内可以观测到的磁畴再取向过程的一个例子（这个过程是**旋转磁滞**的成因）

采用下述方法可以使非取向材料获得高品质：①为了获得低损耗的品质，除了标准的 3% 的 Si 还加入了 1% 的 Al。这种添加会减小各向异性并增加电阻率，实现总体的改善，尽管饱和磁化

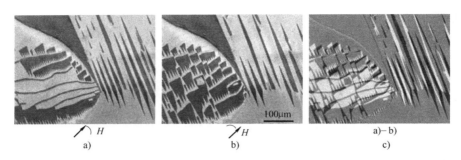

图 6.8　在一个无取向的材料上磁畴的旋转不可逆性,对于给定的磁场取向在逆时针旋转(图 a)和
顺时针旋转(图 b)之后,示出了与图 6.7 相同的环境,差值图像(图 c)指示出不可逆性的程度

强度下降。②避免杂质,特别是氧化物的析出,减少畴壁钉扎。另一方面,析出物会在退火时抑制晶粒长大,这使得调控约 150μm 最佳晶粒尺寸变得困难。③选择合适的退火条件以阻止不利的(111)取向的晶粒的择优生长。

　　在多数的旋转机械中晶粒取向变压器材料的优势因为磁通方向的变化而无法被利用。然而,大型交流发电机的定子心,其主要是沿着圆周方向磁化,可以采用交替使用晶粒取向和非取向材料构建。通过对模型的研究,参考文献[1124]的作者们得出结论,如果在分析中包括旋转和高阶谐波损耗贡献在内的所有贡献的话,使用标准的取向材料,以及使用在指定的指向下优化过的非取向材料,会形成实际上相同的结果,如果在分析中包括旋转和高阶谐波损耗贡献在内的所有的贡献。因而,进一步的改善非取向材料的质量和经济性成为一个重要的目标。

6.2.1.4　立方织构材料

　　寻找立方织构材料作为 Goss 织构变压器钢的"各向同性"相似物的工作从未被放弃。早期为获得一种类比于 Goss 织构的(100)[001]织构[1125,1126]开创了表面感生再结晶。轧制和退火过程中[1127]的变化导致了完全各向同性的(100)[0hk]织构,其中(100)面随机取向于薄片的表面。另一种,几乎各向同性的织构,包括了相对旋转了 ±22.5°两种取向的混合,如示意图 6.7 所示。

示意图 6.7

　　不幸的是,表面感生结晶最初只能允许制造厚度小于 0.1mm 的非常薄的薄片,并且发现在这种材料中的损耗相比于沿着可比的 Goss 织构材料的择优方向更大。特别是动态损耗非常巨大。原因可能在于磁畴重新排列过程,这一过程在立方织构材料中比在自由度降低的 Goss 织构材料中起着更重要的作用。磁畴重新排列过程不但由于巨大的巴克豪森(Barkhausen)跳跃而增大磁滞损耗,它们也导致过大的反常涡流损耗,因为畴壁不得不多途径移动。图 6.9(参见参考文献[1122]中关于晶界效应的另一个研究)给出了两个在晶粒边界附近的这种磁场感生的重新排列过程的例子。然而,立方织构材料中的损耗一般低于在 Goss 织构材料中横向的损耗。在例如小型层叠变压器的应用中立方材料至少在高磁感应强度水平下于损耗上具有优势[1128]。

6.2.1.5　高硅含量合金

　　具有增加的硅含量的铁硅合金将具有一系列的优势:在 Si 含量为 6.5wt% 时磁致伸缩通过零点。同一成分的电阻率几乎达到标准的 3% 合金的两倍,并且磁晶各向异性大约减半。而且,一个明显的感生各向异性可以通过磁场退火形成于这些合金中,因而允许材料的磁化强度曲线根据器件的需要而定制,而这种效应在传统变压器钢中是可忽略的。唯一不利的特征是高硅合金的饱和磁化强度低于 1.8T。正如已在概述部分提及的,关键的问题在于将这种脆性材料制造成所需的薄片形状。几种方法已经被展示。最先进的方法是一种将所需的 Si 通过气相反应加

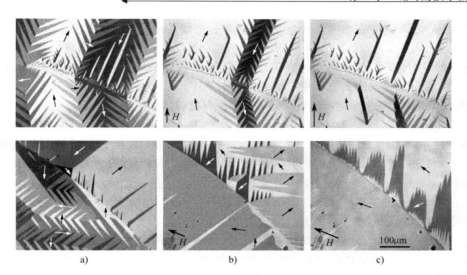

图 6.9　立方织构材料中在晶界附近磁畴过程的两个例子，在零磁场强度下显示为简单的
枞树和尖刺形磁畴（见图 a）。在外磁场中（见图 b、c）一些磁畴以一种常规方式扩展和收缩，
但是其他磁畴在较高的磁场强度下消失或是新生成（样品由日本钢铁集团的 S. Arai 提供）

入[1129,1130]。在这种方法中传统的晶粒取向的 3% SiFe 在 1200℃ 下暴露在 SiCl₄ 中，致使 Fe₃Si 沉积在表面，其随后可通过扩散进入薄片块体内。优越的磁性参数，特别是在增高的 kHz 范围的频率下得以展现。

其他可能的途径基于快淬技术，或是直接达到最终成分[1132]，或是通过一个化学反应的支持将快淬合金中的某些成分去除。后者在参考文献［1131］中得到展示，硼元素在快淬后从标准的 Si-B 基金属玻璃中通过在干燥氢气中退火的方法被提出。图 6.10 所示为采用这种方法制备的一种材料上的磁畴。磁化强度典型地显示为从一个晶粒到另一个晶粒更加平滑的流动，这与相当厚度的普通非取向材料中磁畴的表象显著不同。这种行为可能与零磁致伸缩合金中不存在应力各向异性相关，或者与高硅材料中感生各向异性的出现有关。

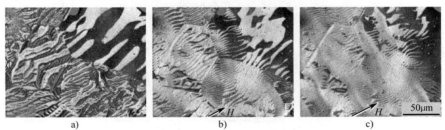

图 6.10　在一个逐渐增强的磁场下在一个非取向高硅钢薄片（20μm 厚）中的磁畴，
由硼排除法制备[1131]（样品由 IFW 德累斯顿的 S. Roth 提供）

6.2.2　高磁导率合金

多晶硅铁材料的磁导率无法超过几千，因为其晶体各向异性相较纯铁只是略为减少。更加小很多的各向异性可以在成分接近 80:20 的 NiFe 合金中实现。但是其他含 Ni 量低至 30% 的面心立方合金也具有有趣的性能，正如在参考文献［1096，1133］中详细评述的。由于铁相比镍的价格高，富镍合金只能在高磁导率必不可少的领域找到市场，主要是在高频以及如传感器和磁

屏蔽中的应用。磁传感器在参考文献［1134－1136］中做了评述。

按照一个早期的商标，80∶20合金一般称为坡莫合金。如果对其成分和热处理工艺加以选择以使其各向异性和饱和磁致伸缩同时为0，可以获得高于100000的起始磁导率。但是即使在名义各向异性和磁致伸缩为零的材料中，常规的具有清晰描绘的畴壁的磁畴也被观察到了，正如图5.44所示。高磁导率合金的不寻常特征不在于没有磁畴，而在于没有复杂的分叉表面磁畴。

通常，高磁导率材料被制备成具有粗晶的显微组织，致使多个磁畴位于晶粒内部。但是这些磁畴跨越晶界而强烈地关联，如图5.45a所示。另一种细晶粒坡莫合金材料的磁性微结构如图5.45b所示。它类似于细晶粒薄膜的磁畴结构，即磁畴延伸跨越多个晶粒，更甚于传统的大晶粒软磁材料。对于晶体各向异性被交换劲度相互作用平滑化的一种超细纳米晶显微组织的这一临界极限在6.2.3.2节进行了处理。

含有中等镍含量的材料具有较大的饱和磁化强度并因而在某些中频功率应用具有兴趣。它们具有像铁一样的有限的正晶体各向异性。在某一个接近45%镍的成分中发现了沿着易轴的磁致伸缩系数λ_{100}为零。但是具有55%镍含量的材料由于具有更高的饱和磁化强度而更常用。如果对冶金过程优化以避免畴壁的钉扎中心，就能够在高饱和磁化强度的NiFe材料中获得高磁导率。如图6.11所示，大多数观测到的磁畴图形都很简单。补充磁畴有时出现在晶界（见图6.11b）和在外磁场下（见图6.11d、e）。材料对应力非常敏感以至于应力各向异性可能完全地掩盖内在的如图5.42所示的晶体各向异性。

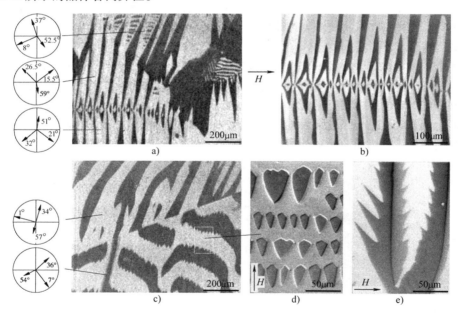

图6.11　在一个弱织构化NiFe（~55%Ni）材料上观察到的磁畴，在磁场中显示出复杂的与晶界相关的图形（见图a），其在图b中被放大显示。在晶界的另一个例子中（见图c），在外磁场下，补充磁畴出现在更加强烈错取向的晶粒中，如图d、e中放大显示

一大类镍含量在50%~65%的NiFe材料可以被制备并提供于市场做多种用途。这类材料是高度完美的立方织构材料，其内部仅有非常少的分隔特宽磁畴的畴壁被观测到[1137]。正如可以从测得的响应曲线的模型化而得知[1138,1139]，高频下过度的反常涡流损耗通过一个在内禀阻尼和涡流效应联合作用下向着表面平行构型的畴壁的整体变形而得以避免（见3.6.8节）。其他种类的

NiFe 材料可以通过摸索磁场退火工艺或其他特殊织构，或是将两者结合[1096,1133,1140]而显示定制的磁化回线。图 6.12 所示为经横向磁场退火优化以用于线性响应的一个具有低剩磁和低矫顽力的铁心上的磁畴。在这种材料里，感生各向异性看起来强于晶体各向异性。

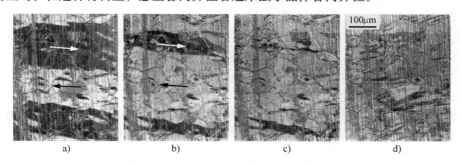

图 6.12　一个在横向磁场中退火以形成低剩磁、线性磁滞的卷绕 NiFe 铁心（$\phi 40$，片厚度为 0.1mm）上的磁化过程。图 a 为退磁状态，主要包含沿着感生各向异性轴磁化的扩展的横向磁畴，晶界也微弱可见；沿着薄带轴向图 b ~ d；平均磁化强度分别为 0.23，0.26，0.91）磁化主要导致了磁畴转动，伴有因为轻微的轴错取向造成的畴壁位移。接近饱和时（图 d）晶体各向异性明显地感生了晶粒取向相关的次级磁畴（样品为 ~ $Ni_{55}Fe_{45}$ "Permax F"，由 VAC Hanau 的 Ch. Polak 提供）

6.2.3　非晶及纳米晶合金

非晶磁性材料（"金属玻璃"）是典型成分为 80% 的铁、钴或镍，以及 20% 的"类金属"，大多数情况下是硅和硼[1141-1143]的合金。它们从熔融态淬火，如果以足够快的速度淬火，它们可保持稳定的玻璃态高至约 400℃，然后开始晶化。这些物质在非晶态和部分晶化的"纳米晶"态均可用作磁性材料。它们在应用中与高磁导率的 NiFe 合金竞争，也在功率应用中潜在地与铁基材料竞争。

6.2.3.1　用于感应器件的金属玻璃

非晶态中的磁性品质受到源于快淬过程的冻结应力的不利影响。这些应力能够通过低于晶化温度的退火在很大程度上但非完全地得以释放。尽管大多数金属玻璃在快淬状态下具有延展性，它们通常在应力退火处理后变脆，因而退火不得不在器件组装后进行。金属玻璃被直接在一个相当薄的介于 15 ~ 50μm 的规格下制备（对特定的金属可以到 100μm[1144]）。它们的电阻率很大，比相竞争的晶态磁性合金大 3 倍。两种性能都有利于高频应用（达到 100kHz 范围）。根据定义，金属玻璃没有晶体各向异性。然而它们是磁致伸缩的。最高的磁导率材料能够通过选择具有接近零的磁致伸缩常数的成分来制备，这在富钴的非晶合金中可以获得。

在功率频率下，即使没有磁畴退火处理，常规富铁金属玻璃中的损耗也低于硅铁材料。当能源价格较高时，变压器倾向于在低磁感应强度的水平下被使用，例如在 1.3T 的范围而非标准的可能用于晶粒取向硅钢的 1.7T[1145]。在这个磁感应强度水平，具有典型成分 $Fe_{78}Si_{12}B_{10}$ 的非晶玻璃显示了明显低于晶体材料的磁心损耗[1146]。这导致了基于非晶薄带的卷绕铁心分配变压器的发展，但是尚未达到在这一应用上的长期突破。造成这种情况有几个原因：①能源价格的下降减小了降低能量损耗的压力。②金属玻璃遭受各种副作用，如低的堆积因子导致较大的整体尺寸，不完全的应力弛豫在卷绕铁心中导致的额外损耗，以及在富铁材料内的不可避免的磁致伸缩噪声。如果通过压制而使小的堆积因子增大，层间的短路将导致额外的涡流损耗[1147]。③金属玻璃变压器铁心的较低损耗激发传统硅铁材料向着减小损耗的方向发展，见 6.2.1.2 节。在金属玻璃中唯一能与这些改进相当的是通过完全不经济的措施，如磨抛掉大部分材料[1144]。尽管具有非常薄的规格和高电阻率的初始优势，但金属玻璃遭受到高的反常涡流损耗，而这难以通过磁畴调控的手段来减小，而且它们还因为畴壁主要钉扎主要在表面不完整处而显示出较大的磁滞损耗。

另一方面，典型成分为 $Co_{70}Fe_5Si_{10}B_{15}$ 的富钴非晶材料可以制成具有零磁致伸缩常数。在所有高频的感应器件应用中，它们与高磁导率的晶态镍铁合金直接竞争，初始磁导率超过 10^5。一个重要优势是它们对弹性变形的不敏感性。金属玻璃还具有优秀的屈服强度且可以用作可弯曲的磁屏蔽罩[1148]，这是一种采用其他磁性材料无法实现的应用。同样的性能使金属玻璃成为零磁致伸缩成分之外的用于各种磁力换能器的优秀材料，这在参考文献［1149］中做了评述。

即使是在快淬状态下，无磁致伸缩的金属玻璃的磁畴也可被用非常宽的磁畴来表征。图6.13所示为这一状态并展示了其相较于传统的磁致伸缩材料对机械变形的不敏感性。

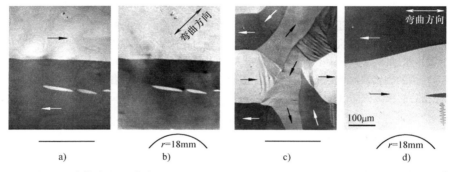

图 6.13 一个无磁致伸缩金属玻璃（图 a，b）在样品被弯曲时的不敏感性，其和一个磁致伸缩的
材料相比较（图 c，d）（样品为 Vitrovac 6030 和快淬状态的 $Fe_{39.5}Co_{39.5}Si_6B_{15}$；由 Hanau 的
VAC 的 G. Herzer 提供）

通过应力释放退火和引入可通过在磁场中或是在单轴机械载荷下退火产生的感生各向异性改善了磁导率特别是高频的动态性能。这样，宽的且不规则的磁畴（见5.4.1节）可以被转化为具有有利动态性能的规则的窄磁畴[337,1150,1151]，如5.4.2.1节所显示的。横向退火可以理想地导致纯粹的转动及可逆磁化，如图5.51a~c所示。与理想行为的偏离能够通过磁畴观察加以研究，正如图5.51d~f所示，此外对于无磁致伸缩材料的样品边沿则如图6.14所示。采用这种方法能够获得的最大转动磁导率，在参考文献［928］中进行了探索。

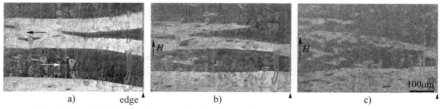

图 6.14 一个无磁致伸缩非晶材料（尺寸：宽为6mm，外直径为10mm）卷绕铁心上横向退火的磁畴。
薄带的暗面，即快淬过程中与辊子接触并且显示出气孔和其他不规整的一面，在卷绕铁心的外侧面上。
磁畴观察因此相当困难（没有抛光）。铁心边沿附近的一个区域显示出相对于正常的横向磁畴的
偏离（图a），其导致了除正常的磁畴转动之外的意料之外磁畴重新排列过程（图b，c）。铁心中的
平均磁化强度分别是（0，0.75，0.98）J_s。（样品由 Hanau 的 Vacuumschmelze 的 J. Petzold 提供）

6.2.3.2 非晶材料的传感器应用

金属玻璃在传感器器件中以多种形式被应用，其中一些在6.2.3.1节中已经提及。本部分将

聚焦于小型磁场传感器。除了在 6.2.3.1 节中讨论过的薄片，非晶丝（见 5.7.4 节）在这一应用领域也起着重要作用。它们被通过将液态合金直接淬火到旋转的水中而制成，直径约为 120μm。综述参考文献［1083］还包含这类丝材（在某种程度上也包括条带和薄膜）在磁场传感器领域应用的 3 个主要模式：

1）线状铁心经常在一个单个巨大的巴克豪森跳跃中翻转。开关线的应用在参考文献［1152］中做了评述。非晶线有望取代频率传感器和转数计数器等中的先前的、较不敏感的 Wiegand 线（J. R. Wiegand 1981）。在特殊制造的非晶薄带中也可以观测到磁化不连续，这被用于识别物品的标签[1153-1155]。

2）第二类应用领域将磁致伸缩条薄带材料和磁场与弹性变形之间的耦合用于磁场传感。最成功的原理是利用一个交变磁场激发出一个共振的弹性振动，并在激励脉冲被关闭后检测出特征的振铃效应[1156]。因为这种进一步与磁性振荡耦合的机械振动只有在共振条件下才可以被激发，这一效应也能够被用于物品识别。

3）近期引发了相当大的兴趣的第三类应用原理取决于特殊金属玻璃态的可逆高磁导率。如果一个交变电流通过一根显示出竹状磁畴图形的导线时（见图 5.138），环形的磁场引发畴壁可逆的位移。这导致一种电感性反应，强烈地增大了导线的阻抗。通过施加一个纵向磁场抑制环形磁畴图形抑制了磁效应并从而抑制了感抗。与竞争的磁电阻效应相比，**磁阻抗效应**显得更加敏感[1084,1157-1161]。工作频率在 1kHz~1MHz 之间。上限由更高频率下对基本畴壁运动的抑制给出。

在 5.4.2.1 节和 5.4.2.2 节及 5.4.3 节和 5.7.4 节讨论过的大多数磁畴和畴壁结构适用于磁场传感器应用。传感器材料和应用模式的多样性要求针对每一单独案例的细致研究，这使得发展一个普遍图景很困难。

6.2.3.3 纳米晶软磁材料

随着**纳米晶软磁材料**的发展，提供了额外的自由度[1162,1163]。它们的制造始于一种典型成分为 $Fe_{73.5}Si_{13.5}B_9Cu_1Nb_3$ 的快淬非晶材料。铜的引入产生了更多的结晶核心，铌的添加抑制了晶粒长大。如果在 500~600℃ 间的合适温度退火，最终的材料包含了镶嵌于非晶磁性基体的直径约为 10nm 的晶粒。良好的软磁特性与随机取向且足够小的晶粒之间强烈的磁耦合密切相关[1164]。

如示意图 6.8 所示，矫顽力显示出对晶粒尺寸的特征性依赖关系，这得到了理论分析和实验的支持[1164]。非常软的磁性能出现于：①对非常大的晶粒，经典的高磁导率材料范围（见 6.2.2 节）；②对非常小的晶粒，其中交换相互作用克制了单个晶粒的各向异性的性能。在两者之间，出现了一个可能用于永磁材料的矫顽力最大值（见 6.3.3 节）。$H_c(D)$ 曲线的高度及峰位取决于晶粒的内禀各向异性以及它们之间的耦合强度。

在纳米晶软磁材料中耦合作用是由一个非晶的铁磁性基体相作为中介而实现的。因为晶粒和基体相的磁致伸缩常数可以分别调节，这种复合材料较均质的金属玻璃更容易获得良好的软磁性能。特别是，这样可能制备无钴的零磁致伸缩合金，这对于标准的非晶合金是不可能的。

如图 5.58a 所示，纳米晶软磁材料的磁畴结构在光学分辨率下无法与金属玻璃的磁畴结构进行区分。如果晶粒间的磁耦合太弱，则矫顽力升高并且在磁畴图形的特征中立刻变得可见（见图 5.58b 和参考文献［953］）。相同的关联关系在另一类具有更高饱和磁化强度的典型成分为 $Fe_{84}Nb_{3.5}Zr_{3.5}B_8Cu_1$ 的锆基和铌基合金中得以展示[1167]。这些

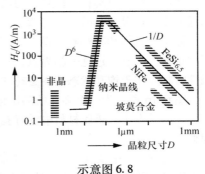

示意图 6.8

合金遭遇到锆元素具有强烈的反应活性这一障碍，因而要求昂贵的保护气氛处理。

在一个外加的磁场中退火时纳米晶材料产生感生各向异性，这可能是由于晶态相中的成对有序化造成的。图 6.15 所示为横向退火的纳米晶卷绕铁心的一个磁畴状态。类似的状态可以通过应力退火[954]产生，正如图 5.48e 中对应的例子。

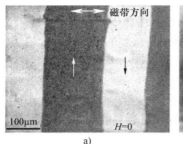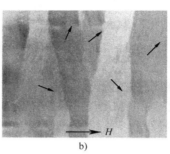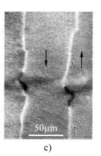

图 6.15　垂直条带方向退火的 FeSiBNbCu 基软磁卷绕铁心上的有序磁畴结构（图 a）。尽管不能忽略磁畴劈裂和畴壁位移现象，但磁化过程由磁化强度的转动控制（图 b）。高分辨率克尔图片（图 c）显示出与钉扎点相互作用的宽且不规则的畴壁，钉扎点可能与背面在淬火中形成的气穴关联（样品由 Hanau 的 VAC 的 G. Herzer 提供）

纳米晶合金主要应用于高频下的电感性应用，在此领域其倾向于既取代非晶又取代坡莫合金。在能源价格上涨的情况下，即便在功率应用上纳米晶材料也可成为一种选择。

6.2.4　尖晶石铁氧体

软磁氧化物材料[731,1168,1169]采用烧结制备。根据它们准备应用的频率范围，晶粒尺寸可选择较小或较大。在中等频率下加以优化获得好的磁导率的高磁导率的锰锌铁氧体必然含有一定数量的与常规 Fe^{3+} 离子分享八面体晶位的 Fe^{2+} 离子。这将导致由于电子在两种离子态间的跃迁而形成的电导。晶界中的这种电导率可以通过添加 Ca^{2+} 和 Si^{4+} 来减小。钛的掺杂实现了各向异性的精细调控，并且束缚了否则会对电导形成贡献的电子[1170]。抑制电导率不仅可以减小涡流，还可以减小后效和减落。在增大频率的工作于 1 ~ 100kHz 范围电源的重要市场中，损耗和饱和磁化强度是最重要的质量判据。对于非常高的频率，具有较小的磁导率但增高的电阻率得到应用，其他成分如镍铁氧体，而饱和磁化强度变得较不重要。

关于多晶体内部的磁性微结构知之不多[507]。但是一项关于磁导率和损耗对频率的依赖关系的详细分析毫无疑问地反映出畴壁的运动过程决定了测量出的行为。超过 10000 的初始磁导率无法用转动机制加以解释。而且，为高磁导率而优化的铁氧体经烧结得到超过 $20\mu m$ 的晶粒尺寸，远远大于单畴尺寸。晶粒内部遗留下来的孔洞因为阻碍畴壁运动而对高磁导率有害，而晶间的孔洞除了在近饱和时影响甚微[1171]。畴壁运动过程对于尖晶石铁氧体的直至 GHz 频率整个应用范围都重要。只有超过这一临界点，在微波范围[1172]，此时磁性石榴石而比尖晶石铁氧体更可取，磁性材料应用于饱和状态因而磁畴和畴壁运动变得不重要。

图 6.16 所示为一个多晶的热压锰锌铁氧体样品的磁化过程。这种高磁导率材料可以用于小元件，如录像头。热压材料中没有孔洞利于磁畴观察，尽管单独从表面观察很难得出更深刻的理解。

在记录磁头中铁氧体也有单晶形式的使用。优化晶体取向，使这种传感器件信号最大化和噪声最小化成为可能。磁畴研究已被用于支持这种努力（见参考文献［1174，1173］和图 6.17）。

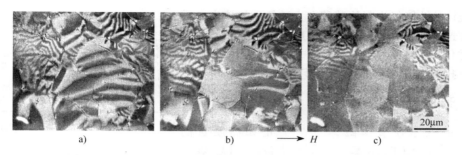

图 6.16　在一片热压锰锌铁氧体表面观察到的磁化过程，图 a 为退磁态，在施加磁场时见图 b，c；
相应的平均磁化强度为 0.94，0.98）观察到了强烈的再取向过程
（样品由纽伦堡的 Exabyte Magnetics G. Cuntze 提供）

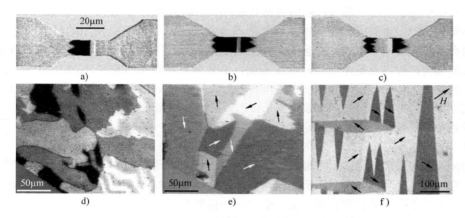

图 6.17　一个单晶锰锌铁氧体记录磁头上的磁畴[1173]。机械力处理过的飞行表面仅显示出取决于
磁场历史（见图 a~c）的非平衡磁畴。软磁行为在磁头结构的其他部分的几乎未受干扰的表面上
（见图 d，e）以及在一个完美的无应力的单晶上变得可见（图 f）（样品由约克城高地的 IBM 的 B. Argyle 提供）

6.3　永磁体

永磁体及其矫顽力机制是一个与软磁材料相当不同的丰富主题。它们在如参考文献［1175 -
1179］以及在有多方面贡献的参考文献［1091］和［1092］等文献中被评述，特别是在参考文
献［1180］中。矫顽力机制在参考文献［1181，1182］中被详细讨论了。永磁体的磁性微结构
在磁化状态下最为复杂：磁矩的基本载荷者，即这些材料中几乎独立的晶粒或颗粒，在一个或是
另外一个易轴方向磁化饱和。有趣之处在于永磁体性能的丧失、磁化翻转或矫顽力机制。

永磁材料的两种主要类型必须加以区分：小颗粒永磁体和基于各向异性的粗晶磁体。小颗
粒磁体能够表现出简单的均匀翻转过程或是不均匀翻转和畴壁的钉扎，这通常不易确定。在大
晶粒烧结磁体中两种类型可以轻易地区分：形核型磁体和钉扎型磁体。形核型磁体在磁化状态
下表现为与磁性微结构无关。仅在翻转过程中非均匀磁化状态起作用。另一方面，钉扎型磁体取
决于畴壁和沉淀物间的相互作用，这可以被研究，例如通过洛伦兹显微术观察。

两类大晶粒磁体的不同可以由示意图 6.9[1183]中所示的初始磁化强度曲线最好地看出。始于
热退磁态，形核型材料中每个晶粒内部包含许多可以被轻易移动的畴壁。这导致大的起始磁导

率。永磁体的性能仅当起始畴壁在大磁场下被清出之后出现。在这一步之后，材料只能在新的畴壁形核后才能被再次磁化。相比而言，一种具有含铜沉淀物的相似合金有效钉扎了磁畴，造成一个低的起始磁导率。

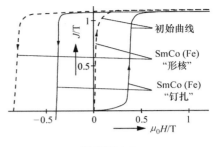

示意图 6.9

6.3.1　形核型烧结磁体

　　普通的六角铁氧体磁体[731,1184]，正如高质量的 $SmCo_5$[1185,1186] 和 $Nd_2Fe_{14}B$ 类[1187,1188] 稀土磁体一样，在一个多晶体化合物中包含相当多的、高度各向异性的晶粒，它们被采用特定方法制造以确保一个晶粒的翻转对其相邻晶粒影响甚微。因此矫顽力主要由一些单个晶粒的平均翻转阈值决定。计算这些转阈值需要 3.5.4 节中讨论过的（数值的）微磁学工具。在高矫顽力材料中，翻转过程的初始和最终状态都是基本饱和的，但通常翻转过程本身跨越一个不均匀的类似磁畴的状态。这一点从形核型磁体中晶粒的普遍使用的尺寸清楚可知。优化磁体包含的晶粒尺寸在 $10\mu m$ 的范围，而单畴尺寸一般处于 $100nm$ 的范围。这类材料中磁性微结构在决定翻转过程以及磁体品质时非常重要。必须承认，数值方法尚不能真实地模拟这些翻转过程。颗粒太大，它们以一种复杂方式与其近邻的晶粒主要以静磁方式相互作用，而且它们的形状和表面结构通常是不可知的。数值模拟可以探索可能的而非实际的机制。

　　有时翻转后的最终状态并未完全饱和，正如可以通过在一个相反磁场下的实验所获知[1189]。与完全饱和磁化的晶粒相比，刚刚翻转的晶粒很容易翻转回去。在翻转过程后一定会剩余一些残留磁畴，它们只有在远远高于翻转所需的高磁场强度下才能被清除。尽管这些残留磁畴的存在显而易见，但它们的位置和形状无法被观察到。它们的性能只能从如示意图 6.10[1190] 所示的矫顽力对"饱和"磁场 H_{max} 依赖关系的实验中得知。测试结果显示，用于清除最后残留磁畴所需的磁场可能远远超过沿着易轴的饱和磁场 J_s/μ_0，特别是对各向同性的样品或错取向的晶粒[1191]。

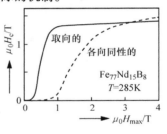

示意图 6.10

　　残留磁畴是颗粒形状和局域化杂散场集中的自然结果，正如它们在如图 5.85 中的薄膜单元实验中变得明显。它们无须与畴壁的表面钉扎关联。清除残留磁畴所必需的磁场也与新磁畴的形核场没有关系。通过研究一个非常简单但是易于解析处理的聚焦于 4 个具有倾斜易轴的晶粒的交汇点（见图 6.18）的例子，残留磁畴的作用变得更加清楚。在这种情况下，如果所有晶粒都沿各自的易轴被磁化到饱和，竖直的晶粒边界则载有大的磁荷。一个残留磁畴能够将位于杂散场最强的区域的磁荷移除。它将趋于稳定直至高磁场强度，正如可以通过一个 3.3.2 节中的简单的磁畴理论分析加以证实的。在这种方法中的总能量包括采用 3.2.5.3 节中的工具计算的退磁能、畴壁能以及外磁场能。晶界面耦合被假定不存在。假设各向异性很强，我们忽略磁化转动过程并聚焦于畴壁位移。作为残留磁畴尺寸的函数，一个特定样品的结果如图 6.18 所示。对于大多数磁场均可以发现一个稳定的残留磁畴，它的稳定极限随着晶粒取向角 η_G 的增大而增加，对于选定的几何构型 $1.364J_s/\mu_0$ 在 $\eta_G=45°$ 时达到一个最大的崩塌场。对于沿着所有 3 个方向尺寸都小，而非如例子中仅仅是沿着两个方向小的残留磁畴，可以预期更大的崩塌场值。

　　有趣的是，采用这种方法无法计算形核场。在严格的磁畴理论中，没有残留磁畴的状态（$\alpha=0$）在完全相反的磁场下是（亚）稳定的。形核磁场的计算需要一种微磁学的方法[627] 以及对于热激活的附加考虑[1192]。无论如何，通过简单的分析，可以得出一些结论：①残留磁畴的湮灭

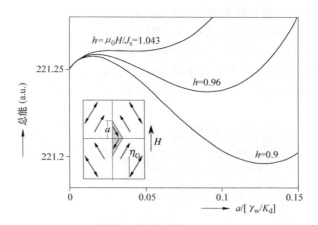

图 6.18　对于晶粒取向角 $\eta_G = 30°$ 和不同的磁化场，在一个多晶、高各向异性的聚集体中残留磁畴的能量随磁畴尺寸的变化（$K_d = J_s^2/2\mu_0$，γ_w 为比畴壁能）

过程与形核过程不同。②畴壁能量在湮灭过程中起到决定作用。将湮灭磁场仅仅与正比于 J_s 的退磁场[1190]相比较是不正确的。③湮灭磁场可以超越 J_s/μ_0 的值。这个值此前曾经被作为不存在畴壁钉扎时可能的湮灭磁场的边界，从而导致了错误的结论，即钉扎现象即便在高起始磁导率的样品中也必然起作用[1190,1193,1194]。

一旦形核型磁体中的一个晶粒被退磁，畴壁可以轻易地移动并达到平衡位置。这一状态和其他状态如图 6.19 所示。这种材料中磁畴图形的更多例子见 5.2.1 节。它们与永磁体功能并不关联，但可能对提供有关磁体参数的信息有帮助，特别是关于 4.6.3 节中详述的畴壁能量。形核型永磁材料中晶界的非耦合特征在图 5.130 中进行了详细的分析。

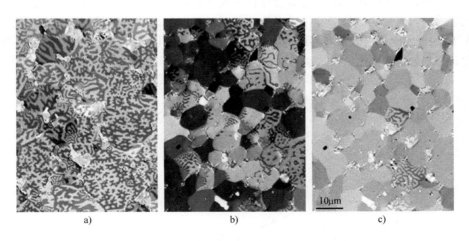

a)　　　　　b)　　　　　c)

图 6.19　一个烧结 NdFeB 磁体上的磁畴，图 a 为基面上的热退磁状态，取向磁体的轴垂直于观察表面，图 b 为通过起始于完全磁化状态并施加一个稍大于矫顽力的磁场而获得的退磁状态，图 c 为在施加一个 4T 饱和脉冲磁场后的剩磁状态（样品为耐腐蚀材料[1195]，由 MS Schramberg 的 B. Grieb 提供；样品由德累斯顿 IFW 的 D. Eckert 和 D. Hinz 处理；亦见于参考文献 [1196]）

一些化合物如 Sm_2Fe_{17} 不适合做永磁体,因为其负各向异性常数 K_u 导致的平面各向异性(见图 5.10)。这可以通过引入间隙氮原子或碳原子得以改变。由此获得的材料兼具高饱和磁化强度和大的单轴各向异性,因而成为引人关注的有潜力的材料[1198,1199]。不幸的是,在多数情况下间隙原子必须在制造过程的末尾在适当温度下通过扩散加入,因为特别是氮化物在常规的合金处理温度下是不稳定的。磁畴观察可以用于监控扩散过程[1200,1197,1201],正如图 6.20 中所示的两例。

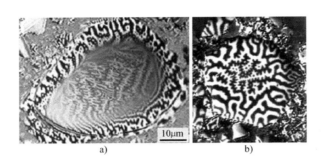

a)   b)

图 6.20 Sm_2Fe_{17} 基面上的磁畴,监控氮化的过程。在图 a 中晶粒芯部的磁畴依然显示为平面各向异性,以及图 b 中减弱的单轴各向异性(由德累斯顿的 IFW 的 P. A. P Wendhausen 和 K. – H. Müller 提供,斯顿的 IFW;见参考文献 [1197])

6.3.2   钉扎型磁体

如果畴壁由于高的内禀磁晶各向异性而较窄,畴壁可能会被细小弥散的非磁性相有效地钉扎。含有富铜的 Co_5Sm 沉淀相的 $Sm_2(CoFe)_{17}$ 合金是基于这一原理[1202-1204]的高质量永磁体的一个例子。由于铜的含量,沉淀相具有较小的磁化强度及交换劲度常数,因此畴壁倾向于沿着片状沉淀物移动。在钉扎型磁体中不能期望会存在平衡磁畴图形,矫顽力由畴壁与显微组织间的相互作用决定。残留磁畴的消除不起作用因为这些磁畴与其他磁畴一样被钉扎,因而起始磁化率低。图 6.21 的透射电子显微镜观察展示了畴壁——缺陷相互作用的基本过程。通过添加 Zr 元素可以得到非常高的矫顽力。关于这类先进合金矫顽力机制的详细分析可参看参考文献 [1205]。

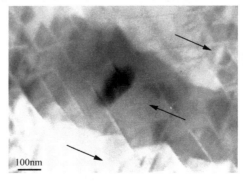

图 6.21   在沉淀硬化 SmCoFe 材料中磁畴和钉扎结构的电子显微术观察(采用 Foucault 技术)。畴壁被含铜的主要沉淀相捕获(看上去是倾斜的细线)并由此作用而呈现为锯齿形外观。第二组富锆沉淀相沿着与易轴成直角的方向取向,在这个图片中仅稍稍可见,也有助于钉扎过程(由维也纳的 J. Fidler 提供)

6.3.3 小颗粒和纳米晶磁体

6.3.3.1 总体考虑

永磁体也能够由**单畴颗粒**制备而成。如果颗粒间是非耦合的或者仅仅是弱耦合的，在一阶近似下材料表现为像一个独立颗粒的集合体。原则上讲，如果颗粒的形状和材料参数已知，翻转磁场还可以如形核型材料的例子采用微磁学方法计算出来。区别在于，与大晶粒的形核型磁体相比，磁畴图形在单畴颗粒内部是不可能有或者至少是不稳定的。小颗粒磁体的主要问题是它们的取向。尽管由大颗粒组成的磁体可以在压制前在磁场中轻易地取向，随着颗粒尺寸的减小这变得越来越困难。非取向的永磁体无法获得大的磁能积，因而只能应用于低成本的粘接材料。

如果单个颗粒由低各向异性材料组成，它们必须拥有伸长的形状以获得高的翻转磁场。在3.3.2.3 节我们已经看到，伸长颗粒的单畴尺寸远远大于等轴颗粒。对于这些具有相对较大体积的大颗粒，由热激活导致的自发翻转（超顺磁性）是不存在的。接近单畴尺寸极限的伸长的单畴颗粒因而是热稳定的，即便它们被完全地隔离。如果存在一些交换耦合作用，热稳定性会进一步提高，但是这样会更难以取得足够的矫顽力。

高各向异性的单畴颗粒可能是等轴的，但是在这种情况下一定程度的交换耦合有利于避免热退磁。孤立颗粒子必须大于一个临界尺寸以避免超顺磁效应。这个临界尺寸取决于各向异性常数。关于这一基本关系的实验数据已被收集整理和测试，例如由 Luborsky[1206] 实施并重新绘制于示意图 6.11。

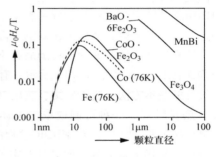

示意图 6.11

如 6.3.3.4 节中讨论的数值模拟说明矫顽力和剩磁都可以通过适当程度的交换耦合得以增强。除非磁性颗粒能够被取向，在没有交换耦合时很难达到可以接受的剩磁值。磁场取向在小颗粒磁体的制造中并非十分有效。必须应用一些其他的结构机制实现一定程度取向，正如 6.3.3.3 节讨论的。

由于颗粒之间静磁相互作用的主导性，可预期静磁的相互作用畴会出现在所有退磁态下的小颗粒磁体中，正如 5.2.3 节讨论过的。相互作用畴的例子如图 5.15 和图 5.16 所示。6.3.3.4节中对在某些类型的小颗粒磁体中重要的颗粒间交换相互作用的角色做了更加详细的讨论。

小颗粒磁体材料更适用于易于成型为任何所需形状的环氧树脂粘接磁体的重要领域[1209]。用于粘接磁体的颗粒直径约为 $100\mu m$。对于小颗粒磁体材料这些大颗粒包含了许多小的单畴晶粒，它们在大颗粒内部得到很好的保护，因而不会被腐蚀，这与通过研磨粗晶烧结磁体获得的单畴颗粒形成了对照。

6.3.3.2 经典小颗粒磁体

第一种纳米结构的永磁体，同时也是第一种现代磁体是 Alnico 合金。它们由 T. Mishima 在1931 年发明并在参考文献［1210，1211］中被评述。这种材料包含着镶嵌于非磁性的 NiAl 基体中的高饱和磁化强度的 FeCo 合金细丝。磁针（或是如参考文献［1212］展示的更像非常伸长的丝线）通过调幅分解形成，这是一种自发的固相反应，如果调幅反应温度在磁性相的居里温度之下就会受到磁场的影响。含钴合金满足这个条件，因此取向的 Alnico 优质产品可由此制备。这一过程的一种昂贵的做法依靠定向凝固以生成一种晶粒取向的材料。

迄今，Alinco 合金仍然是温度稳定性最好的磁体，也是唯一的可以在红热状态下应用的磁体（最高达 550℃）。然而，它们的使用领域正在减少。磁化机制明显地基于一个单畴过程，但这一过程在多大程度上受到磁针之间的相互作用以及受到非均匀翻转的调控尚不确定[1181]。Alnico 中的静磁相互作用畴如图 5.15d 所示。这组磁体的另一变体是 CrCoFe 磁体[1213]。它们基于相同的机制,达到与 Alnico 大致相同的磁能积。相较于 Alnico,这类合金能够如大多数永磁体在实现磁硬化并变脆的最终的热处理前的中间态被塑性变形和定形加工。

另一类基于小颗粒原理的磁体是所谓的伸长的单畴(ESD)磁体[1206,1214,1215],一种将伸长的高饱和磁化强度的 FeCo 颗粒镶嵌在易于变形的铅基体中的合成磁体。正如在 Alnico 磁体中的情况,这些颗粒仅携有可以忽略的磁晶各向异性。它们必须要靠一个伸长的、丝状或针状的形状。这些伸长的颗粒可以在液态铅基体凝固前在磁场中取向。在其流行时代,ESD 磁体具有充分的竞争力,特别是在小而尺寸精确的磁体应用领域。这类磁体使研究者着迷之处在于它似乎代表了一种可以通过理论指导定制出最高质量的理想人造材料。由于环氧树脂粘接稀土永磁的出现,同时也由于它们达不到理想水平和制造方法肮脏,这类磁体变得过时了。

6.3.3.3 高各向异性纳米晶磁体

一系列的技术可以用来将高各向异性材料前驱体(如 $Nd_2Fe_{14}B$)制备成小颗粒磁体:快淬及随后晶化[1216],机械合金化[1217-1220],以及一种被称为"氢化-歧化-脱氢-再复合(HDDR)[1221,1222]"过程的氢气—真空下固态反应。在这种方法中,初始的粗晶材料首先在氢气中退火时化学分解,然后再在真空下再生为纳米晶形态的硬磁相。

所有这些方法制成的细粉随后都不得不被压制成固态磁体。如示意图 6.12 所示,有 3 种用于压制过程的基本方法:树脂黏接、热压以及"模具翻转(热变形)",一种可制成取向磁体的各向异性的热挤压过程[1223,1224]。在 HDDR 过程的衍生法中,一种可在磁场下取向的各向异性粉末可以被制造出

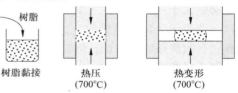

示意图 6.12

来[1225-1227]。这种始料未及的结果尚未被完全理解。如果存在特定的添加元素(如钴),再生的纳米晶粒以某种方式记忆了母合金晶粒的取向。对取向 HDDR 磁体的磁畴观察[1228,1229]有助于理解这种材料的微观状态。这一过程是制备高磁能积树脂黏接磁体的有希望的方法,只要制备过程可以通过控制得以重复。

6.3.3.4 交换强化的纳米晶磁体

人们对非取向的纳米晶材料也会保留研究兴趣,如果有希望发现一种特定的、在非常小颗粒间相对较弱的交换作用,则能获得增强的剩磁而又不明显地损失矫顽力[1230-1232]。对于非常小的晶粒,交换耦合克服各向异性,形成了如 6.2.3.3 节的软磁行为。较大的晶粒变得部分解耦,致使矫顽力出现最大值,同时耦合作用使剩磁增强,超过了各自独立取向的单易轴晶粒的 $J_r = 0.5J_s$。这一机制特别有趣是因为它使得对于非常小的颗粒难以实现的晶粒取向过程变得多余。对这种方法不可或缺的是晶粒尺寸要在纳米尺度内,这可以通过 6.2.3.3 部分介绍的方法实现。通过透射电子显微镜对磁畴和微结构的研究[902]揭示了其尺度随着晶粒尺寸的减小而减小的亚微米磁畴。

对一个简化的模型结构的数值模拟证实了这个概念的正确性,如示意图 6.13 所示[1233]。在这些计算中,在相同的晶粒尺寸范围内,剩磁随着晶粒尺寸的下降而单调增加,这与较早的三维模拟一致[1234]。

假设存在强烈交换耦合并采用 $Nd_2Fe_{14}B$ 的材料参数。对耦合弱化了的情况,最大值会向较大的晶粒尺寸移动。

6.3.3.5 双相纳米晶磁体

Coehoorn 等人[1235]发现了在非取向小颗粒磁体中获得高剩磁的进一步的可能性。它包括加入高磁感应强度的软磁相，其在尺度足够小（<30nm）的时候与基本的硬磁相强烈地交换耦合。在参考文献［1235］的实验中形成的软磁相是 Fe_3B，这是一种具有平面各向异性的化合物[1236]。硬磁相是普通的高各向异性 $Nd_2Fe_{14}B$，总体的成分可以写成 $Nd_4Fe_{77}B_{14}$。其他的一些尝试采用了纯 $\alpha-Fe$ 作为软磁相[1237]。

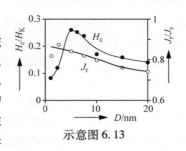

示意图 6.13

如参考文献［1238］所证实的，双相磁体的矫顽力由硬磁相决定：它恰好在 $Nd_2Fe_{14}B$ 的居里点处变为零，而非在 Fe_3B 的更高的居里点处。这些材料中的高剩磁主要源于立方的或平面的各向异性的组元，它们因为自身的多易轴特征而天然地具有高剩磁。此处的剩磁不是像 6.3.3.4 节中通过交换作用而增强的，正如参考文献［1239］中正确地指出并获得了实验结果的支持。与硬磁相的耦合是必需的，用以稳定这种剩磁状态并由此制造出硬磁材料。

通过添加合适的元素实现晶粒尺寸的精细调控，可以制备出具有竞争力品质的一种材料[1240]。它将具有易于磁化的特殊优势，这一点对应用于小型电动机中的复杂形状小磁体非常重要。这种想法的一个问题是预期的高剩磁能够容易的实现的同时可以重复地达到足够的矫顽力成为难点。

这类双相磁体将成为磁能积有望达到 $1MJ/m^3$ 未来材料的理论断言似乎有问题[1241,1242]。Kneller 和 Hawig[1243]仅仅给出了定性的论据和估算，而其中塞曼能项没有被清楚地纳入。更加严格的处理[1244,1245]聚焦软磁相的形核场，这与硬磁行为是无关的。在硬磁－软磁双相材料的剩磁增强的实验验证中通常会观察到一种所谓的交换弹簧行为[1243,1246-1249]。它意味着在接近矫顽力时软磁相是可逆地转动的，形成了如示意图 6.14 中[1247]的显著的可逆的回复曲线。这种特征行为与形核和翻转始于完全饱和状态的概念相冲突。全尺度的数值模拟[1234]重现了测试出的这种行为，并有助于找到软磁相和硬磁相的正确尺寸。

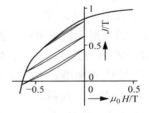

示意图 6.14

6.4 记录介质

磁记录也称"磁动力数据存储"，是目前为止磁性材料应用方面发展最迅猛的代表。当**记录介质**经过一个写入磁头时，一个磁图形将会以窄轨的形式写入这种半硬磁性、多半处于无结构状态的磁层（即记录介质）中。写入的信息可以通过读出磁头重新获得（读出）。读出过程对写入的信息不造成影响。同一磁头可以完成写入和读出两种模式的切换（见 6.5.1 节）。记录介质的评述在参考文献［1250－1252］中可见。

在纵向磁记录的经典例子中，写入信息中磁化强度的方向是与记录层表面和轨道方向平行的。在**磁光记录**中，磁极化强度的取向垂直于记录层表面。这种关系与还未问世的垂直磁记录中的关系是相同的，垂直磁记录技术的应用最终可能会使材料拥有最高的记录密度。

当独立的记录单元或颗粒因为热激活而发生磁化方向的改变时，即当材料变为超顺磁性时，磁记录材料的存储密度将会达到极限。薄膜允许更窄的过渡宽度以及更高的记录密度。但是由于一些热力学的原因，非常薄的薄膜以及其中颗粒的完美磁隔绝可能会给磁存储带来不利的影响。在一些技术中，优化的介质中允许并出现了颗粒或者晶粒间的相当显著的交换耦合作用。这些介质在一级近似下就像5.5节和5.6节中讨论的连续薄薄膜一样。由于颗粒介质的传统主导地位,人们在对连续膜进行讨论时,也倾向于使用磁性颗粒的一些说法,例如将常规磁畴视为"颗粒团簇"。但是,当这样的说法并不能够充分地反映颗粒的性质时,就会导致人们在错误方向的研究上越走越远。

在记录介质中携带信息的写入图形与本书主题所涉及的平衡态磁畴图形无关。但是,记录精度,如与记录图形有关的噪声,受微磁环境的影响极大。对于一些记录介质而言,随着其记录密度的增加噪声也会相应增加。探索噪声的根源也是微磁学分析的一项重要任务[1253]。

6.4.1 纵向记录

在这种应用最广的磁记录方式中,信息单元采用了一种在常规磁性材料中避免采用的取向方式。这种取向方式可以在记录介质中以亚稳态的形式稳定存在的原因是矫顽力作用的结果。以下的基本考虑对连续和非连续的纵向介质都适用。一个单独的信息单元的退磁场,如示意图6.15所示。

$$H_\mathrm{d} = 2DJ_\mathrm{s} \big/ \big[\mu_0(L+D) \big] \qquad (6.3)$$

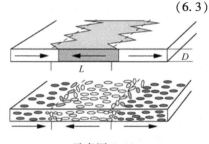

示意图6.15

(对奈尔壁的处理方式见3.6.4.1节;式中添加系数2是因为相较于奈尔壁而言此处为双倍磁荷)。信息单元只有在矫顽力 H_c 大于退磁场 H_d 时才能够稳定存在。对于给定的介质厚度和矫顽力而言,自退磁效应决定了最小的信息单元长度 L 以及最大记录密度。因此,要提高记录密度,要么必须增加矫顽力,要么需要选择更薄的介质。关于这些关系(包括转变构型的讨论)的详细分析在参考文献〔1254,1255〕中可以找到。

6.4.1.1 颗粒介质

传统的纵向记录介质由被塑料黏结剂环绕并分隔的、小的、大多为氧化物的磁性颗粒所组成。颗粒介质尺寸必须处于单畴范围内,而且具有几十到几百 kA/m 大小的开关场。如果基础材料具有立方晶体对称性,那么就需要伸长颗粒以达到所需的矫顽力。由具有强单轴磁晶各向异性的材料(如钡铁氧体)构成的颗粒形状可以是任意的。在一级近似下,颗粒介质中的每一个颗粒都是独立翻转的,这种翻转通常是非均匀的,如果颗粒的形状和材料性能已知,则可以利用数值微磁学工具对其进行研究(见3.5节)。但常常并不符合实际,所以,为了了解这种颗粒可能的翻转机制以及翻转磁场,常常采用模型计算的方法。

通常认为,完全相同的孤立粒子的规则分立排列代表了终极磁记录介质[996,1256,1257]。这种颗粒阵列或图案化介质可以通过光学干涉光刻法制备,或者如 Chou 所主张的那样通过在塑料模板上机械压印一种构型来制备。可通过电镀成光刻图案来生成高密度的、稳定的柱状阵列。可以用 MFM(磁力显微镜)技术来验证它们的单筹翻转行为[1073,1258,1259]。在这类介质上,仍有待设计一种实用的写入和读出方法[1260]。从热稳定性的角度来看,构型化介质的每个信息位只使用一个颗粒,这也是图案化介质的主要优点。如果许多不规则排列的颗粒均对一个信息位有贡献,那么这些单个颗粒必须非常小,而且如果这些小颗粒不通过交换相互作用耦合,将会增加热去磁的风险。薄膜介质中晶粒之间存在的弱交换相互作用也许能为解决这个问题带来一些启发[1261]。它也可能避免与构型化介质概念相关的许多复杂问题[1260]。不管怎么说,对纳米尺度磁性颗粒的周期性排列的研究是一个引人入胜的研究课题[1262-1264]。

与完全相同且均匀分布的颗粒的理想不同的是普通的颗粒介质目前仍然在大多数的磁带记录中占据主导地位。它们展示出一个开关场分布，它取决于颗粒的形状、尺寸和交互作用。在记录过程中，在记录中，一个窄开关场分布是有利的，因为这样避免了在写入磁头移动时所写入信息的部分擦除。正如参考文献 [1265] 所评述的一样，针对静态磁滞回线的细致分析更加适用于对这些现象的研究。由磁滞回线的不同分叉可以得到几个用以描述翻转和记录行为的特征数。其中最为重要的是两条次级"剩磁"曲线，如示意图 6.16 所定义：饱和剩磁曲线 $J_{sr}(H)$ 和"初始"或等温剩磁曲线 $J_{vr}(H)$。如果所有颗粒都是孤立的，单轴且单畴的，那么导数 $dJ_{vr}(H)/dH$ 就可以表征开关场的分布，而此时颗粒的取向和各向异性的分布可以是任意的。在相同的假设下两条曲线并不是相互独立的，它们可以通过 Wohlfarth 关系联系在一起：

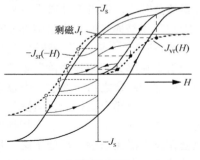

示意图 6.16

$$J_{sr}(H)/J_r = 1 - 2J_{vr}(H)/J_r \tag{6.4}$$

这意味着开关场的分布也可以由饱和剩磁曲线 $J_{sr}(H)$ 导出。Henkel 最先研究了偏离 Wohlfarth 关系时的情况，他认为这种偏离是由于颗粒间的相互作用效应[1268]导致的。但是对于多轴颗粒而言，即使颗粒间没有相互作用也会出现违反 Wohlfarth 关系的情况。

显然，所有磁性材料的磁滞回线都可以用同样的处理方式进行操作。但这并不意味它们有同样的意义。因为人们在分析颗粒介质时从宏观磁滞回线的角度切入获得了成功，所以使得这种分析方式广泛地应用到了其他情况的分析中，但这没有得到证实。因为，一个传统的，具有交换耦合作用铁磁体与相互作用的颗粒集合体在本质上是不同的。借助一个修正的开关场分布来描述这些偏离，或是以独立的 Stoner – Wohlfarth 颗粒语言来解释连续介质没什么实际帮助。

6.4.1.2　薄膜介质

在硬盘存储器件中，传统的颜料型介质已经被沉积金属膜所取代。如 5.5 节所研究的传统的坡莫合金膜，已经不能满足这种需求。薄膜记录介质必须具有与颗粒介质相同范围的矫顽力，也就是说从微观上看，它们必须在一定程度上是不均匀的。然而，沉积时没有经过特殊预防措施的膜通常具有连续的特征，这意味着磁性晶粒间的交换耦合作用压倒了退磁效应。

薄膜介质的主要优势在于其拥有更小的退磁场 [见式 (6.3)]，这使得它能够达到更高的记录密度。磁性材料的堆积因子接近于 1 的致密结构也是其一个优势所在。但是，在纵向磁记录介质中，数位单元之间在纵向磁记录过程中的头对头过渡同样也存在一些问题。薄膜中载有磁荷的 180°畴壁在图 5.61 和图 3.83 中都进行了讨论。在 6.4.1 节的开头假设了一种如示意图 6.15 所示的平衡的锯齿形以达到分布直畴壁的强磁荷的目的。记录膜的高矫顽力使得锯齿区减小并将锯齿构型压缩在一个窄的过渡区成为可能。但是，通过洛伦兹显微术的[1269]证实，锯齿过渡在高矫顽力膜中会倾向于变得特别不规则，这导致了过多的过渡噪声[1270–1276]。

对于噪声随着磁通密度变化关系的测试（见示意图 6.17[1271]）给了我们上了几堂有趣的课：①噪声随着记录密度的增加而剧烈增加，这似乎是纵向薄膜介质的普遍特征。②颗粒介质，如传统的 γ – Fe_2O_3 粉料，不显示这种效应。③垂直介质（例如 CoCr）在高频区也没有增强的噪声。通常

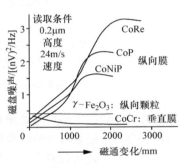

示意图 6.17

来讲,这一发现可以解释为它指明了竖直 CoCr 介质具有颗粒特性。然而,这一结论是没有根据的。正如首先被 Wielinga 等人[1277]指出并最终在参考文献[162]被展示(见图 5.123)的一样,常规的 CoCr 垂直记录磁膜具有连续特征。从普通的连续薄膜的性能来看,这一看似矛盾的解释变得清楚起来。锯齿形畴壁是一种具有面内磁化强度的连续低各向异性磁膜的特殊畴壁。无论是颗粒型还是连续的垂直膜中都没有这种特征以及由此带来的噪声。

Aoi 等人[1278]建立了一种更有趣、更简易的方法来测量一种介质向过多噪声转变的趋势。他们记录了在部分"直流擦除"状态下的噪声,而非测量写入轨道上的噪声。首先在一个方向上使介质饱和磁化之后,通过一个逐渐增大的直流写入电流的擦除,他们有效地施加了一个反向磁场。对于薄膜介质来说,当擦除磁场在矫顽场附近时,可以发现一个噪声最大值。噪声最大值的高度与写入轨道上测出的高频噪声密切相关。显然,这一现象与波纹和折曲的形成相关,它们也会在反向磁场与矫顽场处于同一量级时出现(见 5.5.2~5.5.4 节)。跟锯齿形畴壁一样,波纹也是普通薄膜的标志性特征,它对于局域各向异性的不规则性和涨落较敏感。因而,波纹似乎也与测出的记录噪声有关。

在纵向薄膜介质中为了在高记录密度下达到高的信噪比需要发展特殊的显微结构。通过将膜沉积在粗糙的铬基底层来达到高的信噪比[1279]是做得最成功的。通过上述方法,从几何角度而言晶粒间的交换作用被打断,使其形成了一种在高空间频率下具有低记录噪声的颗粒占据主导地位的膜。另有多种途径可实现同样的目的[1252,1280,1281]。这些替代方法避免了与粗糙基底层相关的一些问题。它们主要是基于处于高浓度和高沉积温度下钴基合金中铬的化学偏析提供的非磁性晶界为基础。尽管在所有案例中,确切的机理尚未清楚地建立,但在纵向记录中,高效颗粒介质是实现高密度记录的最佳选择,这一点是毫无疑问的。在这些改良的介质中[1282,1283]观察到的数位过渡有着不规则的外观,数字模拟中也证实了这一点,见参考文献[1284]和图 6.22。仍旧称其为锯齿形过渡是不正确的。无论如何,在颗粒介质中观察到的无规则数位过渡区(在其中经常发现涡旋状构型)最终限制了记录密度。它们可能是由于像静磁相互作用磁畴一样的偶极力(见 5.2.3 节)和团簇效应[1285]导致的。

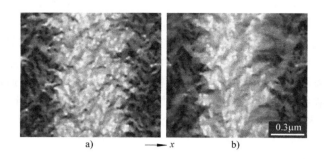

图 6.22　纵向薄膜介质中的数位过渡模拟。图 a 中没有颗粒间强烈的交换耦合作用而图 b 中有,后者呈扭曲的锯齿形,灰色标度表示 m_x,原始数据已用半径为 1/4 晶粒的高斯滤波器进行了平滑处理(由 J. Miles,Manchester 提供)[1285]

有趣的问题在于是否需要完全的交换耦合,抑或是否在不增加噪声的情况下,一定程度的残留耦合会加强记录构型的热稳定性。如果可以对记录构型产生可靠的热效应,那么通过数值模拟[1284,1286],可能可以解答这一问题。参考文献[1284]的结果显示对于静态的过渡噪声,零耦合优于某些特定的有限耦合,但是由于不充分的离散化及缺乏更加细致的计算,妨碍了清除一些结论，如任何交换耦合对纵向记录都是无益的。然而，一些说法仍然被作为材料发展的指导准则广泛接受。

6.4.1.3 倾斜蒸发的金属膜

大多数磁带仍旧采用传统的颜料型存储层。主要原因是因为它成本低，技术方面的原因是颗粒介质的塑料黏结剂与塑料载带的兼容性很好。然而，在高密度视频和音频记录中已经引入了另一种叫作"金属蒸镀（ME）"磁带[1287]的更薄型的存储层。它是由在一定的氧存在下在斜角下蒸发的 CoNi 合金组成的。这种技术在参考文献［1288 - 1290］中做了评述。对于薄膜而言，记录层的厚度相当厚（0.1 ~ 0.3μm，但是远远薄于传统的颜料记录层，这个优点很实用）。处理过程条件导致了一种明显的柱状结构，这一结构使得分析者将这种介质当作基本颗粒交换隔绝的柱体作为基本磁性单元，且一个易轴沿着柱状轴线[1291]的介质来对待。

然而，实验证据表明，采用这种方法制备的样品经常在晶粒间表现出相当大的交换相互作用。带有倾斜各向异性的厚膜在其平衡结构（见3.7.4.5节和5.5.5节）中有强烈的条状磁畴。确切地说这些磁畴是在退磁的 ME 样品中观察到的[349,1292 - 1294]。图 6.23 所示为采用 3 种不同技术获得的条状磁畴的观察示例。

强条状磁畴（一种在颗粒型介质中无法形成的微磁结构）在大于条状周期的尺度上不携带或是仅携带小的净磁矩。在对这种材料的一个数值模拟中，假设了一种柱状单元之间的交换作用弱化为仅有块体数值5%时的情况，这时仍然会导致具有相应于膜厚的预期周期[552]的、微弱的、不规则的条状磁畴的产生。5%的耦合值只是测试算法时采用的一个例子。真实的耦合强度可能更强。

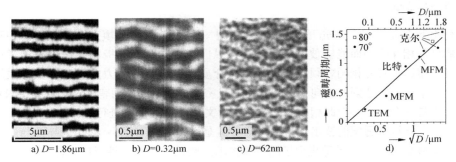

a) D=1.86μm   b) D=0.32μm   c) D=62nm   d)

图 6.23 在退磁状态下观察到的在不同厚度的斜蒸发 NiCo 薄膜中的条状磁畴。用 Kerr（克尔）技术可以看到厚膜（图 a）中的磁畴。较薄的膜（图 b）需要磁力显微镜观察。即使在非常薄的、高矫顽力的薄膜（图 c）中，也可以在高压电子显微镜中看到周期性条状磁畴（此处需要强调的是，条纹图案已用0.06μm 半径的高斯滤波器平滑化了）。在整个厚度范围（图 d）可以观察到经典的$\sqrt{D}$行为[感谢 Enschede 的[1295] L. Abelmann（图 a，d），Orsay（图 b）的 W. Rave，Oxford 的 I. B. Puchalska 及 J. Jakubovics（图 c）]

如图 6.24 所示，可以用高分辨率磁力显微镜[1290,1296]方便地观察这种材料中的写入磁道。采用这种技术观察显示出了一个有趣的性质：这些介质的方向敏感性[1297,1298]。与沿着"不利"方向的写入转变相比，当沿着"有利"的方向写入时，在后沿的磁头磁场会沿着倾斜的磁带内部的柱状结构更好地排列，由此促成了更加锐利和更明确的过渡。通过 MFM 图像可以清楚地看到这种区别。

在纵向记录中关于反对使用连续型材料的论点即带有磁荷的锯齿形畴壁的形成在这种介质中并不适用。在强条状磁畴图形内没有形成锯齿形畴壁的微磁驱动力。在这种膜中的记录可能

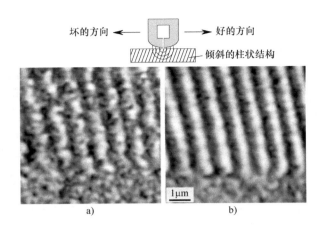

坏的方向 ◄—— ——► 好的方向

倾斜的柱状结构

a)   b)

图 6.24   用磁力显微术观察到的倾斜的蒸发的 NiCo 磁带上的写入磁道，
显示出顺着或者逆着倾斜织构的书写方向对结果的显著影响
（感谢 Enschede 的 S. Porthan 和 J. C. Lodder[1290]）

是以一种中性条状图形的调制为主。在通常因为其增强的矫顽力而受欢迎的具有强氧含量的
［"CoNi(O)"］介质中，交换耦合作用似乎被抑制，导致了一种颗粒性占据主导地位的特征。根
据此处给出的论点，这种材料的变化可能并没有给过渡噪声提供结构相关的优势。

6.4.2   垂直记录

在这种由 Iwasaki[1299,1300] 率先开发的记录技术中，信息单元相邻填充，由此反向相对磁化的
单元通过偶极的相互作用而能够彼此稳定，而在纵向记录中，其偶极相互作用限制了可能的信
息填充密度。相比于具有相同矫顽力的纵向记录介质，在比等矫顽力的纵向介质的膜厚得多的
垂直记录介质中，能够达到与纵向介质相同的信息密度，就耐磨性而言，这一点在追求更高的记
录密度过程中是一个优势。与此相关的问题在参考文献［1301］中进行了讨论。

垂直记录需要特殊适配的读出和写入磁头。但是，并非只有由 Iwasaki 倡导的与原来磁头截
然不同的"单极磁头"可满足垂直记录的特殊要求。此处，还有一种感应读出/写入磁头的有趣
的设计，它看起来很像传统的薄膜磁头（见 6.5.1 节），如示意图 6.18 所示[1302]。写入信息时，
上磁轭在薄部被磁化饱和并失效，因而此时磁头表现为单极磁头。在读出信息时，这种"开关
磁头"像是一个敏感的传统环形磁头。磁通闭合是通过垂直介质下面的一个软磁基底层来实现
的，磁通闭合可以减小有效气隙。另外，磁电阻读出磁头也可以用于垂直记录。

含铬约 20% 的钴（加入铬是为了降低饱和磁化强度并提高矫顽
力），是被作为垂直记录介质研究最多的。材料采用溅射方式沉积，
通过适当的溅射工艺可获得显著的晶体织构，这种晶体织构提供了必
要的垂直各向异性。然而，减小的各向异性参数 Q 通常小于 1，以确
保不存在稳定的具有垂直磁化方向的扩展磁畴图形。尽管一些铬在沉
积过程中的偏析提供了必要的矫顽力，优化的沉积层依然表现出充分
交换耦合的特征，从而使得介质在本质上是连续的。在这些情况下

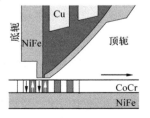

示意图 6.18

（见图 5.123），人们期望并观察到了带状畴和迷宫畴。图 6.25 所示为采用高分辨率粉纹
法[98,1303,1304]在 CoCr 沉积层中观察到的迷宫畴。

在连续的 CoCr 垂直介质中，信息采用磁畴图形调制的形式存储，这种形式与 6.4.1.3 节中讨论过的倾斜蒸发薄膜的形式类似。图 6.26 所示为采用磁力显微术观察到的写于非常窄且密的轨道中的信息。写入信息似乎被嵌入到环境中的自然磁畴图形中并且写入信息部分地受到自然磁畴图形的调制。

尽管在相当大的矫顽力范围内都可以观测到磁畴和畴壁[162,1307]，但对处理工艺的调整会使得 CoCr 镀层更加具有颗粒化的特征[1306]。在低矫顽力下，薄膜易于形成常规的带状磁畴，而在高矫顽力下的薄膜仅观察到了磁泡畴。在较高的铬含量和较高的沉积温度下，可以观测到一种铬聚集的复杂图形[1308,1309]，其会破坏常规 CoCr 膜的连续特征。在这种样品中看不到磁畴。另一个垂直记录介质的候选材料是改性钡铁氧体颗粒。这种材料会形成具有垂直方向易轴的六角小片（见图 5.129）。它们易于沿着平行于介质表面的方向取向——问题在于其易于形成团簇，但是如参考文献 ［1310］ 所述，可以采用合适的表面活性剂加以解决。尚未确定哪种材料的变体最终能够表现出最佳的性能。一个关于垂直记录过程的全面而关键的分析在参考文献 ［1311］ 中有报道。作者们

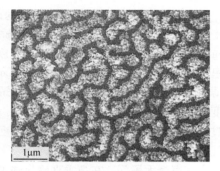

图 6.25　使用高分辨率 Bitter 技术观察到垂直记录 CoCr 介质上的磁畴（感谢 Prague 的 J. Šimšorá[1305]）

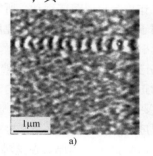

a)　　　　　　　　b)

图 6.26　通过磁力显微术观察到的在 CoCr 垂直介质上的写入轨道和磁畴（感谢 Enschede 的 S. Porthun）

提供了这样一个论点，在垂直记录中，交换耦合柱状晶粒与颗粒状品种相比，会导致更加尖锐的过渡。高密度垂直介质见于参考文献 ［1312］。在这项研究中，证实了一件事，即垂直介质产生噪声的水平低于数位长度小于 $0.1\mu m$ 的可比较的纵向介质。软磁的基底层能够成为无益扰动的来源，这种无益扰动与该薄膜中平面磁畴及畴壁有关。可能因为这一原因，这项研究中仅考虑了单层垂直膜。

6.4.3　磁光记录

在这种大容量存储技术中，基于固态激光的光学装置取代了用于读出和写入的磁头。写入过程对存储层的加热是在尖锐聚焦激光束的基础上实现的。处于加热区域的存储层之后被扩展的外磁场磁化。在一个较弱的激光功率下采用磁光克尔效应可以实现读出过程。这项技术是基于光盘基础光学、驱动和控制技术的，只不过磁光盘可以被任意重写。关于磁光记录的评述参见参考文献 ［1313 – 1317］。

6.4.3.1　材料和物理

磁光记录的存储层由非常薄的膜组成，在室温下，它具有强的垂直各向异性和低饱和磁化强度。因为溅射的非晶态 TbGdFeCo 合金符合这些要求，所以常被使用。如示意图 6.19 所示[1313]，它们亚铁磁的自旋结构导致其饱和磁化强度表现出特殊的温度依赖性。在补偿点 T_{comp} 附

近，此时过渡金属（Fe，Co）亚系统的磁化强度 J_{TM} 刚好与稀土（Tb，Gd）亚系统的磁化强度 J_{RE} 处于平衡，矫顽力陡增使得即便在达到几千A/m 的中等磁场强度时，每一个磁化强度图形也都能保持稳定。如果向居里点方向加热膜（居里点可以通过 Co 含量来调整到，如 300℃）那么薄膜的净饱和磁化强度会升高，此时矫顽力会变小，因此一个小磁场强度就足以将加热点磁化到所需的方向。另外，也可以将写入点加热到超过居里点，此时，甚至更小的磁场强度就可以在冷却过程中改变磁化强度。

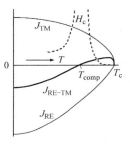

示意图 6.19

有一点毫无疑问，在高垂直磁场强度下（见图 5.124）的磁畴实验证实了磁光存储膜确实具有连续特征。因为膜的厚度小于垂直膜的特征长度 $l_c = \gamma_w/2K_d$（其中 γ_w 为特征畴壁能，$K_d = J_s^2/2\mu_0$；见 3.7.3.1 节）所以在室温下观察到的磁畴并非平衡态磁畴图形。但是在高温下写入的图形会在低温下保持冻结，并且它会被常规的畴壁将其与环境分隔开。在常温下，由于强烈的钉扎作用会阻碍畴壁运动，所以信息可以保持可靠存储。

在磁光记录中，当作用于畴壁上的有效驱动场克服了畴壁运动的矫顽场时，畴壁将会启动。有效驱动场包含外磁场、退磁场和畴壁能相关的有效场。对于一个圆形的磁畴（见 3.7.3.4 节）来说，如果外磁场和退磁场已知，那么可以将对畴壁运动的启动的观察作为测定特征畴壁能的一种方法：通过对所施加的正向和反向磁场来求出启动磁场平均值，这样可以抵消矫顽场效应，仅余未知的畴壁能[1318]。只要磁畴的形状保持圆形，这种方法即便在升高温度时也能可靠工作。

当矫顽力水平在较高温度下降低时，近平衡态磁畴可以在磁光存储层中生成。同时，特征长度可能因为增加的磁化强度而变得小于膜厚。在这种环境下观察到的磁畴对于表征材料及其写入行为是有用的，如图 5.124 所示。在功率不充分时，写入的记录标记中可能也会出现自发磁畴，正如通过 TEM 观察到的（见图 6.27）一样。正如参考文献［1320］中针对另一种介质一个 Co/Pt 多层膜所表明的分析方法，同样的现象也可以通过磁力显微术分析。

6.4.3.2 直接盖写

在标准的磁光写入方案中，只有那些与恒定的写入磁场一致的磁畴才可以被写入。因此，在光盘写入新的信息之前，需要擦除旧的信息，并且先将被写入的磁道统一磁化到与写入磁场相反的方向。这些操作需要额外的时间，直接盖写过程的目的就是避免这一延时[1321]。为了实现一种直接盖写能力（两种极性都可以在同一步中被写入），设计了多种方案。从概念上讲，最简单的方法取决于对写入磁场的调制。当磁场由一个从"背面"滑过磁光盘的垂直写入磁头生成时，这种写入能力的实现将成为可能。虽然在这一方案中写入光斑由激光束决定，且处于 µm 范围的飞行高度也足以满足这一目的，但是在盘片的另一面增加一个第二组件意味着多余的复杂化。

另一个方法取决于在高温下畴壁感生的前期写入磁畴的垮塌[1322,1323]。采用标准的材料和写入磁头

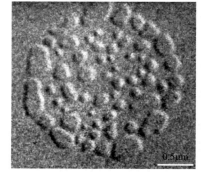

图 6.27　在 TbFe 磁光记录介质中的写入光斑，通过 Fresnel 模透射电子显微镜使之可见。该标记是在不充分的仅 80 A/cm 的磁场中写成的，因此产生的是微小亚磁畴的集合，而不是记录应用所需的一个紧凑磁畴（感谢 Almaden 的，CA 的 IBM Research 的 C. J. Lin[1319]）

是它的优点，但是似乎很难实现可靠且无噪声的操作。

第三类直接盖写方案是使用多层具有不同矫顽力和居里点的交换耦合介质来实现的。这种方法的基本设计如示意图 6.20[1314] 所示。室温下，存储层具有低居里点和高矫顽力，而参考层则具有高的居里点，但矫顽力适中。通过调节激光功率可以实现相反方向的写入。功率适中时，仅有存储层被加热到居里点以上。在冷却后，它从参考层继承了磁化强度的方向，后者事先被一个安置于读出/写入磁头前面的初始化磁体磁化为"向下"方向。在较大的

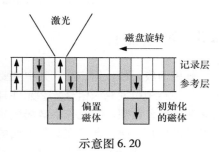

示意图 6.20

激光功率下两层均被加热到居里点以上，使得在冷却时能够写入偏置磁场的极性。这一机制中的重点在于微结构，以及分隔在存储层和参考层中相反方向磁化的数位的界面壁行为，多篇论文已经对其进行了研究（其中包括能够提供增强的可靠性多层系统[1324] 的研究）。

6.4.3.3　磁感生的超级分辨率

磁光记录的存储密度受到光学分辨率的限制。如果光头的数值孔径可以增大，或是激光的波长可以减小，就有望提高记录密度。还有一种（提高记录密度的）可能性引人关注。它直接取决于微性磁结构，被称为"磁感生超级分辨率"[1325-1327]。这种技术中，在写入和读出时只激活薄膜上一个小的热限定部分。因为热焦点可以小于光学分辨率，所以这种通过热状态调制的光学过程可以超越光学衍射的极限。

我们仅选择了基于早期发展的多个方案[1328] 中的一种以解释感生超级分辨率的原理。它包括两个磁性层，两个磁性层之间被一个非磁隔离层分隔，如示意图 6.21 所示。在室温下 DyFeCo 记录层接近无磁状态（T_{comp} = 25℃，T_c = 275℃）。当（记录层）被读出激光束加热时，其加热区域的净磁化强度提高使得其杂散磁场可以影响读出层。GdFeCo 读出层（T_{comp} = 280℃，T_c = 300℃）显示出弱的垂直各向异性，因此其可以在室温被磁化到平行于膜面的方向。加热时，其净磁化强度因

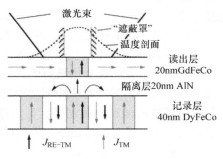

示意图 6.21

补偿效应而降低，且其各向异性足够将磁化强度转到垂直于膜面方向。在这种条件下，存储层的磁化强度局域地被复制到读出层，并在此引发了一个法拉第效应信号。（在参考文献 ［1328］ 的特殊设计中，读出层和隔离层的厚度依据读出信号的干涉增强而进行了优化，见 2.3.4 节）实际上，温度分布在激光焦点内部形成了一个"遮蔽罩"，使得信号仅仅取决于遮蔽罩内部的加热区域。在例子中，展示的遮蔽罩直径是 0.3μm，远远小于激光波长。在其他方案中，（人们）试图在存储层和读出层中形成分离的遮蔽罩，由此获得更高的分辨率（这方面的综述参见参考文献 ［1329］）。显著之处在于能使通过辅助交变场扩展读出层中的磁畴来强化信号可能性是值得注意的[1330,1331]，不然的话信号会随着减小的数位尺寸而变弱。不同变种的磁感生超级分辨率的潜在可行性在参考文献 ［1332］ 中进行了探索。

与传统记录相比，磁光记录有着天然的优势：由于记录头和记录层有一定的距离，所以这种方法非常可靠；信息可以被擦除而不留旧信息的痕迹；介质可以像在 CD 播放器中一样被方便地清除和替换。在很长的一段时间内它的存储密度也超过了传统存储的记录密度，其相应的介质具有价格优势。可以看出，随着超级分辨率的发展，蓝光激光二极管以及先进光学系统[1333] 的普

及，关于最高存储密度的竞赛还会继续。

6.5 薄膜器件

软磁薄膜元件应用广泛。其中主要利用了3种效应：①元件的磁化翻转或可逆磁化会在集成的捡拾回路中引发感应信号。②元件自身电阻率随着磁化状态的改变而发生改变时可根据此效应来测量元件电阻。③元件杂散场随磁化翻转的变化并被其他组件检测。本节将集中讨论计算机相关的应用。磁性薄膜在其他方面的应用，（如在通用传感器、薄膜电感器，或是在微波电路中）通常会利用计算机技术发展，特别是在需要小型化时。薄膜元件的一般行为在5.5.4节做过讨论。其中给出的一些例子，如图5.76和图5.85就是直接关系到薄膜在传感器中的应用。

6.5.1 磁记录中的感应薄膜磁头

在刚性的磁盘驱动器上，感应薄膜磁头主要用于写入和读出。它们通过在刚性基底上沉积一系列结构化的磁性层和导电层来制成。这种大量取代传统的铁氧体磁头（见图6.17和参考文献［1334］）的经济型技术研发和制作在由 Chiu 等人在参考文献［1335］中进行了评述。

薄膜磁头由一对薄膜坡莫合金磁轭组成（见基于参考文献［1335］中元件的示意图），该坡莫合金磁轭包围了一层或多层扁平的螺旋形铜线圈。磁轭尖端的空隙在盘面上方小于 $0.1\,\mu m$ 的飞行高度移动以实现写入和读出。磁轭被制造为易轴垂直于磁头的工作轴。各向异性是通过制造过程中施加磁场而感生的。应力各向异性也很重要，它与位于磁轭边缘的面内薄膜应力的部分弛豫相关。

在轭内部，在退磁状态下一种有利的磁畴图形包含一种在两侧边缘部位带有封闭畴的类似的 Laudau – Lifshitz 构型（见示意图6.22a和图6.28a）。这种构型大部分可通过磁矩转动的方式被磁化，形成一种线性和低噪声的读出行为。读出噪声被发现与尖端的磁畴构型强烈相关，特别是与纵向磁畴的体积分数相关，如示意图6.22b所示，其基于参考文献［1335］中的材料。

当磁头刚被用于写入时会出现另一个与磁畴相关的问题。写入时，前期的图形由于磁头至少在某些部位饱和而被损毁。写入过程之后形成的新图形可能是亚稳态的。向着更加稳定状态的转变可能会不连续地发生，由热或通过读出过程激活，在写入一定时间后的读出信号中导致不希望的噪声，即"爆米花"噪声[1336,1337]。图6.28用克尔显微镜显示了薄膜磁头上层磁轭中这种不可逆的过程（见图2.20b）。控制这种效应的努力已被报道，例如在参考文献［1338］中，其中在垂直记录磁头磁轭边缘引入划痕。

由于磁头磁轭的形貌，很难制造出没有磁致伸缩的磁头。而且，磁致伸缩可以被用于在极头尖端增强横向各向异性。与写入过程相关的温度瞬变导致附加的不均匀应力[1339]并因此必然导致

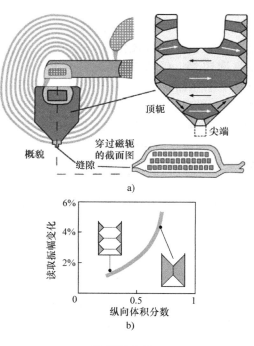

示意图 6.22

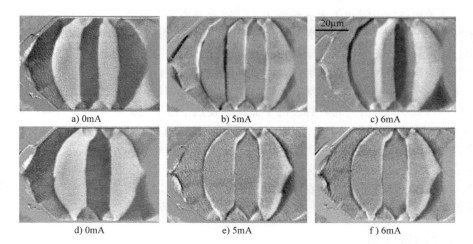

a) 0mA　　　　　　b) 5mA　　　　　　c) 6mA

d) 0mA　　　　　　e) 5mA　　　　　　f) 6mA

图 6.28　在一个薄膜磁头的磁轭中观察到的磁畴。在使用 50mA 脉冲将磁头磁化后，形成了图 a 中所示的亚稳构型。将此状态存储作为参考图像。对其施加一个最高到 5mA 的交流场激励（见图 b），只能得到很小的反应，但施加 6mA 的交流场激励（见图 c）则可感生出一个强烈的磁畴重构。关闭交流场可得到状态（见图 d），将其存储为新的参考图像。这一状态更加稳定，且不易于在小的交流场下发生磁畴重排（见图 e，f）（样品由 IBM Mainz 的 H. Grimm 提供）

有效各向异性，这可能引发磁畴重排过程。关于这一过程特别重要的是后部磁封闭区和极头尖端的邻近区域，两片磁轭在此紧密接触并因而对应力效应十分敏感[1340,1341]。如果在轭的这些位置上的磁畴图形不理想，应力瞬变可能会导致磁畴重排过程和强烈的爆米花噪声。

另一个噪声源是畴壁转换过程[990,1342]。记录磁头中的膜一般是几个微米厚，它们因此具有非对称的布洛赫和奈尔壁（见图 5.68 和图 5.70），如图 6.29 所示。即便触发磁场不会影响整体磁畴图形，它也可能足以移动、生成和湮灭不同磁畴类型和畴壁取向之间的过渡线。通常这些过程不连续地发生，因此它们对噪声有贡献。

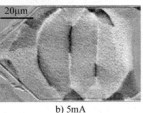

a) 0mA　　　　　　b) 5mA

图 6.29　记录磁头中 180°非对称布洛赫壁内的畴壁结构，在通过集成线圈施加一个小磁场后，许多布洛赫线被移动

相对较厚的磁轭材料通常采用电化学的方式沉积。通过改变沉积参数，NiFe 合金的成分及磁致伸缩系数可以根据应力的局域分布而精细调控[1341,1343]。对感应磁头内部复杂磁畴结构的实验研究需要针对两个磁轭。Kobayashi[327]应用与深度相关的背反射电子衬度法（见 2.5.3 节和参考文献 [331]）分别探索它们的磁畴并且探索识别出来的两磁轭间相互作用中的不规则性。

在非常高的操作速度（超过如 10^7Hz）涡流效应可能导致需要分层磁轭。如果这些多层结构的单个层不仅仅是电退耦的，而且是磁性独立的，这些多层结构的磁畴图形比单层轭被强烈地修改了，甚至更简单。注意如图 5.106 中封闭畴的消失，它们被边缘的弯曲畴壁所代替。这将必然出现在多层膜中，对噪声做出贡献。它们可以采用"封闭边缘"分层的方法避免[1344]，这难以制造但是在微磁结构上是理想的。

由于小型化时的两种机制相反的影响信号/噪声比，感应磁头在最大记录密度[1335]方面受限：①如果被记录的数位变得更短更窄，感应信号会变弱，除非通过绕组的数量来弥补。但是更

多的绕组意味着更高的电阻和更大的热噪声。②随着磁道宽度的减小,在极头尖端中形成所需的横向磁畴图形的难度加大。提高横向各向异性可能困难,而且不是理想的解决方案,因为这将导致读出过程所必需的磁导率的降低。

因为感应磁头的廉价,就有扩展其应用限制的动机。这可能需要基础设计的改变。一种有趣的方法是全集成平面磁头[1345-1347],其采用硅工艺制造,无需额外的机械抛光步骤用以确定传统薄膜磁头的极头尖端。具有更高对称性的平面设计促成了线圈与磁轭之间更为有利的耦合。另一种由 Mallary[1348,1349] 率先提出的方法是通过对磁轭围绕着线圈进行两次或多次馈送的方法改善这种耦合。尽管还需要克服在参考文献 [1335] 中指出的磁畴行为产生的问题,但这对给定的线圈倍增了信号并由此提高感应磁头的高密度潜力。

对感应磁头限制的标准答案是在读出时应用磁致电阻效应,而写入过程仍然取决于标准的薄膜磁头设计,其中集成了磁电阻传感器。这种方法在下一节讨论。

6.5.2 磁电阻传感器

6.5.2.1 概述及通用型传感器

通用型磁电阻(MR)传感器在很多领域有应用[1350-1352]。它们可以被制造成集成的形式,因此提供了紧凑和经济的设计潜力。通常,惠斯通电桥由多种形状的薄膜单元构成。在所有的磁电阻传感器应用中,最好使用均匀磁化的传感器元件。磁畴形成决定着一个元件的稳定极限并对噪声有贡献。因此,对传感器元件的磁性微结构的细致研究非常重要。图5.76 中给出的磁畴研究直接对应于这种传感器元件的灵敏度和稳定性问题。另一个例子如图6.30 所示。马蹄形的磁电阻膜被用作各种设计的磁电阻传感器桥的组件[1350]。随着磁场强度变化的翻转过程可以被观察到,其确定了这些传感器可用性的极限。

两种磁电阻效应应用于传感器,它们在一个器件中可能同时起作用。一个是"各向异性"磁电阻效应,一种电阻对电流密度 j 和磁化强度 m 夹角相对较弱的依赖关系。在有利的材料(如镍铁钴膜)中这种经典效应可以达到4%。应用于提及过的补偿电桥时,这种变化足以建造非常紧凑的磁场传感器,其灵敏度可能超过霍尔传感器。各向异性磁电阻效应在磁化强度分量中是二阶的,遵循 $(j \cdot m)^2$ 定律。这个对磁化强度方向的二阶依赖关系在数学上等价于一个各向同性材料中磁致伸缩伸长量的式(3.51)。

第二种效应被发现于研究磁性多层膜间交换耦合的过程中[1353,1354]。如果这些磁性层被厚度小于自旋扩散长度的非磁性金属间隔层所分隔,且如果相邻铁磁层沿着不同的方向被磁化,能观察到一种附加的电子散射效应。来自于某一层的电子携带源自于其自身的磁化强度方向 m_1 的自旋信息。如果它们进入具有不同磁化强度方向 m_2 的相邻层,它们会被强烈地散射,导致一个与 $m_1 \cdot m_2$ 成比例的电阻贡献。如果施加一个使这些层磁矩取向的磁场,这种额外电阻效应将消失。这种不均匀的或者"巨大的"磁电阻效应("GMR")可能比前面提及的"均匀的"各向异性效应大很多。数值可达100%的电阻率变化已有报道,甚至在大多数传感器应用中可得到的小磁场强度下也发现了增强效应。基于这种效应的传感器设计案例在参考文献 [1355-1357] 中给予了描述。

6.5.2.2 传统的磁电阻读出磁头

读出磁头中各向异性磁电阻效应的应用[1334,1358-1361]提供了一个优势,即读出信号与信息载体的移动速度无关。这个优势对于多磁道磁带读出磁头是重要的。对于硬盘记录一个适当设计的磁电阻读出磁头在信号水平上为高密度记录提供了优势。

因为各向异性磁电阻效应的电阻对 $(j \cdot m)^2$ 的依赖关系导致了一个信号对电流与磁化强度

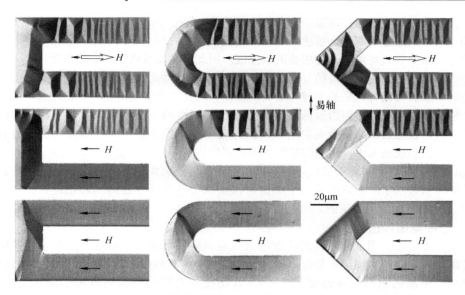

图 6.30　实验的马蹄形结构腿部的翻转过程，取决于 U 形弯的形状。在这些实验中，
易轴是与腿部轴相垂直取向的。沿着腿部轴施加一个磁场，可观察到难轴磁化过程，
如 5.5.2.3 节所讨论的。折曲过程（**顶排**）先在一个腿中崩塌（**中排**），接着在
另一个腿中崩塌（**底排**）。U 形区的剩余构型情况通常在传感器工作中被掩盖了
（样品为 40nm 厚的坡莫合金单层膜；由 Bosch 的 M. Freitag 提供）

夹角的二阶依赖关系，这个角度必须偏置到 45° 以达到线性特征。
多种用以实现这一偏置的方案被提出并在参考文献［1334］中进
行了评述。一种针对高分辨率磁盘磁头的有利构型的截面图见示
意图 6.23。它是一个屏蔽的磁头，被一个软磁近邻层所偏置（见
参考文献［1361］）。这两个设计的工作原理十分有趣。两个屏蔽
层可以作为一个薄膜磁头的磁轭。如名字所示，它们将磁电阻单
元与外界信号及噪声隔开。更重要的是另一个功能。因为磁电阻

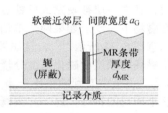

示意图 6.23

条带与其中一个屏蔽层非常接近，在读出表面上进入磁电阻条带的磁通越过屏蔽层而闭合，以
至于条带中的磁化强度转动不被孤立条带的退磁场所限制。正如一个更加细致的分析所示，它
扩展至衰减长度 $l_d = \sqrt{\dfrac{1}{2}\mu_r a_G d_{MR}}$ [1361,1362]，其中 μ_r 是条带和屏蔽层的转动磁导率，a_G 是间隙宽
度，d_{MR} 是磁电阻条带的厚度。对于 $a_G = 100nm$，$d_{MR} = 20nm$ 和 $\mu_r = 3000$，我们对于必要和有用的
磁电阻条带宽度可得到 $l_d = 1.7\mu m$。

　　屏蔽概念更进一步和决定性的特性是这个设计的高分辨率。尽管一个孤立的条带与记录的
信息会在一个与条带宽度相当的距离内发生作用，带屏蔽的安排仅仅对通过两个屏蔽层之间的
缝隙进入磁电阻条带的磁场敏感。

　　软磁近邻层与通过磁电阻条带的测量电流发生作用。如果恰当地进行调节，它几乎被推向
饱和状态。在其顶部和底部边缘的磁荷聚集产生一个磁场，其在磁电阻文件边缘处最强。这有利
于不均匀磁场在磁电阻条带中感应一个均匀的偏置磁场，因为条带自身的退磁效应在边缘处最
强（见图 5.85）。

　　对于一个正常工作的磁电阻磁头来说，在磁电阻条带读取区域不能有磁畴是一个必要条件。
Decker 和 Tsang[985,986] 研究了小的矩形单元中可能的磁畴；在本书中可以在图 5.78 和 5.82 中找

到例子。为了避免这些磁畴，需要一个进一步的偏置，即一个沿着条带长度且平行于电流方向的有效磁场。这可以通过例如位于敏感区域外的交换耦合的硬磁的或反铁磁的膜来实现。但是，一个强烈的有效纵向偏置场降低了传感器的敏感度。因此，在没有强纵向偏置磁场时，一个在中心部位不存在磁畴的单元是有优势的（见图5.76与传统传感器元件的类似的论点）。

磁电阻传感器可以直接集成到写入磁头的空隙，或是，在双磁头中，与之相邻，利用写入磁头的一个磁轭作为屏蔽层。因为屏蔽层是传感器磁性回路的一个集成部分，磁轭内部的磁畴运动可以进入读出信号。例如在极头尖端中的纵向磁畴将不提供磁导率并因而无法作为有效的屏蔽层。因此，在集成磁头中，适当的控制磁轭内部的磁畴并非不重要。写入磁头元件可以比感应写入/读出磁头更简单，包含例如仅一层绕线，因为在传统磁头中需要多个绕线层以达到一个可以接受的读出信号水平。噪声的另一个来源可以是软磁近邻层中磁畴的不稳定性，正如参考文献［1363］中数值模拟所探索的。

6.5.2.3 巨磁电阻读出磁头

读出磁头也可能应用上面提及的巨磁电阻效应，提供增强的灵敏度。应用这些效应的系统包括非常薄的膜。薄膜从理论上是合适的，因为在一个更窄的间隙它们可以对更窄的过渡敏感，由此支撑一个更高的纵向记录密度。对GMR读出磁头有利的论据被收集于参考文献［1364，1365］中。在这种系统中与缺陷和不均匀性相关的困难如图5.114和图5.115所示。

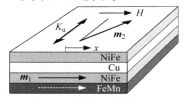

示意图6.24

有几种方法在多层膜体系组元间感生必需的不均匀磁化强度。一种可能是利用反铁磁或双二阶交换效应（见5.5.7.3节及一篇近期的综述[1366]）。这个方案的缺陷是通常需要非常大的磁场强度克服交换耦合。另一种方法包括利用弱耦合多层膜，其中一层被硬磁或反铁磁层所钉扎，以使仅有自由层可以在磁场下转动。如果两个单轴层的易轴被取向得互相垂直，如示意图6.24所示[1367]，且如果这两层不耦合，那么我们对平行于磁场的顶层中磁化强度分量就简单地有 $m \sim h$（$m = J_x/J_s$，$h = H_{ex}J_s/2K_u$）。这意味着我们曾在6.5.2.1节中看到的正比于 $\boldsymbol{m_1} \cdot \boldsymbol{m_2}$ 的巨磁电阻效应，在最高达到饱和磁场的 H 中也是线性的。这个理想的特征，这一方案概念性的简化和潜在的高灵敏度激发了大量的研发工作。磁性微结构在这些器件中的作用被研究，例如，在参考文献［1368］中使用数值模拟方法。在参考文献［1369］中一个模型构型比理想的性能差的原因被追溯至一个在两层膜之间的残余橘皮状铁磁耦合效应（见示意图5.14），这可能被一个弱的反铁磁交换耦合贡献所补偿。这种技术的各种问题显然是可以克服的[1370]，因而它实际用到了硬盘驱动器的市场中。总之，这种技术可能引领下一代高密度记录磁头的发展方向。

6.5.3 薄膜存储器

薄膜单元其自身可用于存储应用，因为像其他小粒子一样它们至少可以两种亚稳状态存在[1371]。通常可以利用两种相反的近饱和状态，单元可以在这两种状态之间被电流回路生成的脉冲磁场翻转。对一个特定单元的选择由一个矩阵方案执行。这类随机存取的、非易失性存储器可以充当一台计算机的快速中央存储器。它们最初研制于20世纪60年代，用以继承传统的铁氧体磁心存储器，并与后者共用感应读出方法。最终，它们不得不让位于半导体存储器[1372]，尽管标准的、"动态"半导体存储器有易失性且不得不被定期刷新。近期，与新的磁电阻读出方法关联的磁随机存取存储器再次活跃起来。主要不是因为它们的非易失性，而是因为它们在降低尺寸方面表现得有利，它们正在再次挑战半导体存储器。

6.5.3.1 经典的随机存取薄膜存储器

铁氧体磁心存储器的每一个磁心单元都必须被单独地制造、测试和安装，相比之下，"平直

的"薄膜存储器的制造从最初就采用了一种集成的方式。它
们最简单的形式是由具有单轴面内各向异性的平面坡莫合金
单元所组成。两个电流系统的组合使得写入时的随机存取成
为可能。字线（Word line）生成一个沿着难轴方向的磁场，
使得沿着此线的单元将在减小了的磁场中准备被翻转。翻转
随后由位线（bit line）执行，它生成一个沿易轴方向的磁场。
只有同时感受到源于两个电流的磁场的单元被翻转，其他单
元不受影响（见示意图 6.25）。

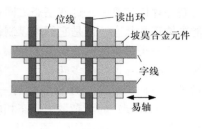

示意图 6.25

　　读出时，一个单元以相同的方法被选择。如果单元被沿
着位线的磁场反向磁化，就会在附加的感应回路中形成电压脉冲。取决于所选单元完全翻转的
读出过程是破坏性的。读出之后，因原有信息必须要重新写入而需要额外的时间。扁平的薄膜存
储器允许非破坏性地读出，但是信号的水平对于可靠的运行而言过低。理想情况下，这一方案中
的单元应该以快速、一致的方式翻转。然而在大多数情况下，观察到了一些非常慢的非一致的翻
转过程（见图 5.64）。快速翻转需要强磁场脉冲和在两个磁场分量间的最佳平衡，例如在参考文
献［1373］中详细分析的。

　　相同的原理可应用于围绕着细金属线沉积的膜（见示意
图 6.26）[1374]。这种情况下，可以使用相当厚的膜（约 $1\mu m$），
其无须沿着金属线被结构化。这些厚膜导致足够大的感应信
号，这是镀层金属线存储器概念中的一个决定性优势，甚至可
以提供非破坏性读出。在这种几何构形下，写入的信息不会产
生退磁场，这是一种对于稳定存储功能有利的特征。

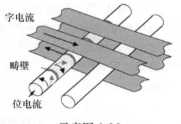

示意图 6.26

　　镀层金属线存储器在一段时期实现了市场化[1375,1372]。当
时，其采用非完全集成的制造方法甚至被视为一种优点。金属
线被连续地镀层并立刻进行磁性测试。良好的线段被切下并置入存储器组件。在失灵的情况下，
它们能够被替代。与磁心存储器的制造相比，这是一种先进的工艺过程，它提供了高收率的一种
有利途径。

　　所有类型的感应式读出随机存取薄膜存储器的问题均在于它们缺乏小型化的潜能。它们无
法在由半导体技术主导的稳步降低尺寸和成本的比赛中竞争。原因有两点：一方面，感应读出信
号在小型化时变得太小。另一个问题与相邻存储单元之间的相互作用有关。读出时所需要的难
轴字线磁场脉冲导致无法避免的畴壁转换。如果用于一个字节的位线磁场沿着字线扩展入相邻
字节，这些位置上的畴壁可能开始蠕变（见 5.5.3.1 节和参考文献［1376］），最终破坏了信息。
只要畴壁存在于这些器件中，畴壁蠕变现象就会对薄膜存储器中的位密度设定一个极限。

　　薄膜随机存取存储器基于一种不同的读出原理重新引发了兴趣。如果信息以磁电阻的方式
被读出，就可以采用小得多的单元（见下面）。

6.5.3.2　基于各向异性磁电阻读出的存储器

　　由于其"负面"的尺度行为：感应信号随着磁性单元的体积减小而减小，普适于所有传统
的薄膜存储器概念的感应读出方法构成了它们向更高密度发展的最重要障碍。比较而言，固定
厚度小单元的面内电阻及磁电阻不依赖于它的尺寸，且垂直电阻（垂直于膜面）甚至随着小型
化而增大。用于磁性薄膜存储器的磁电阻读出方法开辟了重要的新的可能性。

　　基于磁电阻读出的随机存取存储器的最初概念仍旧采用各向异性磁电阻（AMR）效应（见
6.5.2.1 节）。为了实现最大的磁电阻效应，此处的磁化强度必须相对于感应电流旋转 90°。如

5.5.4 节所分析的传统薄膜单元不支持稳定的正交状态。单畴粒子多为单轴并且只能在其反平行的基态存储信息——这些基态之间各向异性磁电阻没有不同。单晶体立方结构膜（见5.5.6节）能支持正交状态，但是它们难以制备。

这一类最有趣的代表是 Y 形磁畴存储器（见示意图6.27）[1377,1378]。它依赖于一种特殊形状的多畴单元。这种单元支持两种具有大致相等能量的磁畴状态。一种状态部分开放并带有一个净磁矩，另一种状态基本与范登伯格（Van den Berg）的无杂散场基态相应（见3.3.3.2节）。通过施加不同极性的脉冲磁场 H_p，单元可以在两种状态间被转换，如示意图6.2所示。

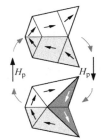

示意图 6.27

对于选定的电流路径 $I(r)$（见示意图6.28），两种状态的磁电阻不同，在几何参数优化之后显示了读出和写入的基本的存储功能[1378]。然而，这一概念有两个缺点：①在接近单畴尺寸时，减小它的尺寸会受到限制。②磁畴观察[1378,1379]揭示了预料之中的情况：在薄膜单元中的磁畴状态不是唯一的，而是高度可变的。例如，"郁金香"转角图形（见图5.86）（与畴壁在单元边缘的钉扎相关）也可以在 Y 形单元的磁畴图像中被发现，必然会干扰磁电阻的读出信号。也许由于这些原因 Y 形磁畴存储器的概念没有被进一步追随。

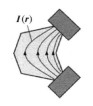

示意图 6.28

Pohm 等人[1380-1382]提出了基于各向异性磁电阻效应的其他可能。在这些论文中双层单元被应用于各种方案中。正如将要通过讨论一个有趣的变体得以证实的[1382]，采用双层结构可以实现非常小的单元。在这个方案中，信息被存储在边缘的卷曲畴壁内（见示意图6.29）。读出时，施加一个沿着单元长度的附加磁场以区分两种状态。如图5.106所示，这个磁场将扩展逻辑"1"的"平行"的边缘卷曲畴壁，并抑制逻辑"0"的反平行的边缘卷曲畴壁，由此造成一个电阻的差。尽管这一概念不允许单元尺寸在单畴范围内，但根据微磁学计算非常小的尺寸（单元宽度小到 $0.25\,\mu m$）是可能的。

在任何情况下，各向异性磁电阻效应都较弱（在FeNiCo膜中最高到 3% ~ 4%），并且在已提出的单元中仅能利用到最大效应的一部分。这就要求可能较慢的复微分或是重复读出方案。新发现的巨磁电阻效应原则上在两点上都表现得更为有利：正如将被展示的，效应更强，而且可以利用效应的全部幅度。但是，巨磁电阻技术难以掌握，而在各向异性磁电阻存储器单元的制备中没有遇见特殊的问题。尽管如此，随着巨磁电阻效应的发展，各向异

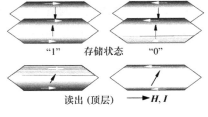

"1" 存储状态 "0"

读出（顶层） $\longrightarrow H, I$

示意图 6.29

性磁电阻存储器概念的兴趣已经下降。参考文献［1383］对两种途径均做了关键性的考查。

6.5.3.3 巨磁电阻读出存储器

与各向异性磁电阻效应相比，不均匀的或是"巨"磁电阻（见6.5.2.1节）对 180°的磁化强度转动较敏感。如果一个具有固定磁化强度的单元与另一个自由单元相结合，则这个自由单元只有在被翻转 180°才能获得最大的磁电阻信号。尽管巨磁电阻多层系统的制造要远远难于普通的薄膜，但高密度磁性随机存取存储器（MRAM）的前景已经激励了全球范围的活动。在这些器件中不需要磁畴，这些单元在单畴状态下工作最佳，即对小单元。图5.76探究了对在较大单元中高剩磁状态的高稳定性的有利形状。

自由单元的翻转必须采用符合电流方案下来执行，正如6.5.3.1节中所阐述的在传统的薄膜存储器中那样，依赖于正交的磁场脉冲。如果薄膜元件将最终达到单畴粒子的尺寸范围，则它们可以被 Stoner – Wohlfarth 理论描述（见3.5.2.1节）。其显示了 $0.5 H_K$ 的横向磁场可将开关场减

小至没有横向磁场时大小的23%（见图3.45和图3.46）。这对于符合矩阵方案是一个可靠的基础，即使翻转过程不会在一个完全均匀的模式下发生。如果至少是在剩磁状态下不存在畴壁，如在6.5.3.1节中讨论过的在大元件中能够毁坏存储信息的畴壁蠕动效应在高密度磁性随机存取存储器中就无须害怕。磁电阻读出方案的一个优点是可能含有残余磁畴的一个单元的边缘区域可以被遮挡于读取区域之外（见示意图6.30）。薄膜元件潜在的高翻转速度已经在传统的薄膜存储器中进行了探究[1373]。

在测量一个薄的多层膜单元磁电阻的传统排列中，电流在膜平面内流动（"CIP"）。原则上，一个更为有利的方案是电流经由多层膜的积层垂直于膜面流动（"CPP"）。CPP方案只需要较小的空间就能得出相对磁电阻的较高值。问题在于CPP布局中的低常规电阻。对于传统的具有金属隔层的巨磁电阻传感器，CPP方法只能被应用在有特殊制备的微柱阵列时，这在存储器环境中是很难想象的。两种将一个巨大的磁电阻和一个可接受的电阻结合在一起的效应被发现：在一个巨磁电阻效应的变体中，电子通过隧穿一个薄的绝缘层（最常见的是原位氧化的 Al_2O_3）的方式从一个铁磁体转移到其他铁磁体[1384-1386]。另一种途径是基于半导体隔层，其中热极化电子在磁性层间被传输[1387,1388]。然而，后一种方案在高度集成器件上的适用性尚未被展示出来。

参考文献［1389-1391］评述了在传统的 CIP 几何构形中的巨磁电阻或"自旋阀"存储器的组件。几个作者[1392,1393]研究了所需的小单元的微磁学。参考文献［1394-1396］报道了最初进入高密度**隧道**存储器方向的实验和思考。所有的巨磁电阻器件均需要非常薄的磁性层。在这类膜中不能动的360°畴壁的风险必须被加以考虑（见5.5.2.4节）。图6.31示出了一个具有这种畴壁的实验的隧道多层单元的顶层。

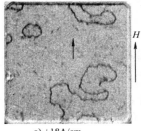
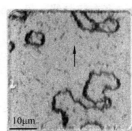
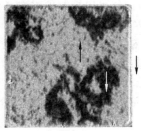

a) +18A/cm　　　　　　b) -3A/cm　　　　　　c) -8A/cm

图 6.31　在一个实验的隧道多层膜排列的顶部铁膜中的磁畴，包括以下组分：Si｜Fe6｜Cu30｜Co1.5｜Cu1｜Co1｜Al_2O_3｜Fe2｜Cu2｜Cr3（厚度单位为 nm）。Co/Cu/Co 三明治结构充当一个"人造反铁磁体"，它沿着 y 方向钉扎住 1nm 厚度的 Co 层的磁化强度。在沿着同一方向几乎饱和之后（图 a）360°畴壁可能被遗留在"自由"的铁层内。在再磁化过程中，它们在相反的磁场（图 b，c）中充当反磁化核（样品由 Erlangen 的 Siemens 的 J. Wecker 提供）

6.6　磁畴传播器件

磁畴传播在存储器或其他器件中的直接和受控使用总是提供了一个迷人的前景。只操纵磁畴而不涉及机械传输对于在其他情况下棘手的技术问题提供了可靠解决方案的前景。大多数已经提出和发展的方案都只是具有历史价值，因为毕竟其他技术提供了更经济的解决方案。值得注意的是，受控的磁畴位移目前在工业应用中没有发挥作用。实际器件几乎都是依赖于非受控的磁畴过程，例如软磁材料；或依赖于静态磁结构，例如在永磁体和磁记录中。不管怎样，磁畴传播器件的历史都是令人着迷的和值得讨论的。也许未来经改进的材料和技术将促进这些技术的复兴。

6.6.1　磁泡存储器

软磁垂直各向异性薄膜中圆柱形磁畴（"磁泡"）的形成和稳定性的基本机制在3.7.3节进行了介绍，这些磁畴结构在5.6.2节进行了展示。磁泡畴在磁泡存储器中产生、移动、复制和读出，它可以作为磁记录器件的快速、全电子、非易失的替代品[510,751,1397-1399]。磁泡存储器中的信息载体是低矫顽力的垂直膜。虽然许多候选者，如非晶态金属膜[1400]已被研究过，但外延石榴石薄膜仍然是磁泡存储器开发、构建和使用的大部分时期所选择的材料。基于该材料的可能的最小磁泡直径约为 $0.3\mu m$。容量高达16Mbit/芯片的存储器已被开发出来，这是硅技术仅仅历经一两代后就达到的集成水平。相当长时间内，磁泡技术在光刻技术的发展中起到了先锋的作用。在参考文献［1401，1402］中综述了最新的发展。

在一定的偏置磁场间隔内磁泡是稳定的。该磁场由永磁体系统产生，因此独立于存储活动。由于磁泡被认为是独立的信息载体，它们之间的相互作用应该是微弱的。这意味着磁泡不应该像磁泡点阵那样以密集填充的方式使用。根据经验，磁泡存储器中的磁泡应该间隔大约四倍于其直径的距离以避免干扰。如果磁泡确实相互靠近，则它们的相互作用可以被应用在逻辑功能中。尽管某些这种类型的功能在存储器门中被使用（见6.6.1.1），但完全集成的磁泡存储器和逻辑芯片的概念[1403]从未进入市场。半导体逻辑器件更快速、更廉价，而对于逻辑功能来说，磁信息存储的非易失性则是无关紧要的。

为了实现可靠的操作，垂直存储膜必须被薄的面内各向异性层覆盖，这通常由离子注入产生[1404]。该薄层可以抑制硬磁泡（包含许多布洛赫线；见3.6.5.1节）因为它在旋转磁场中容易呈现图3.94c中那样的状态。

6.6.1.1　磁泡的传输

在局域磁场梯度的帮助下，磁泡可以在存储器中传输。产生这些周期性磁场梯度的三个基本机制是已知的：

1）磁泡可以通过沉积在磁泡介质上方一定距离上的坡莫合金膜小单元的周期性阵列来传输。这些单元由旋转的面内磁场激励。最初的单元是对称的，原则上允许两个方向上的磁泡运动。

示意图6.31显示了最先进的不对称构型[1405]，对于给定的光刻精度，该模式允许的信息单元尺寸最小。旋转磁场（典型频率为100kHz）产生一个磁极的周期性构型，每次旋转时它均将磁泡移动一个点阵距离。在这项技术中坡莫合金单元被简单地作为能被可逆磁化的单元。尽管它们包含磁畴，但它们的行为基本上像是在3.3.3.2节中所解释的具有无限磁导率的单元。在坡莫合金单元中一直活跃的磁畴从未表现出对磁泡器件有影响。磁泡技术的发展激发了对软磁薄膜单元的理解。

2）磁泡传输可以通过离子注入的图形来实现，它将注入区的各向异性从单轴改为平面各向异性。磁泡在旋转磁场中沿注入区的边缘传输[1404]，由形成于平面各向异性注入驱动层内的带磁荷畴壁所引导[54]（见示意图6.32）。在旋转磁场中，驱动层中的磁荷携带着磁泡，改变它们的位置，如示意图6.33所示。与坡莫合金器件相比，控制层中的磁畴图形在离子注入器件中起着决定性的作用。

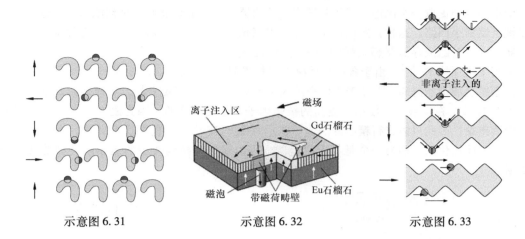

示意图 6.31　　　　　　　示意图 6.32　　　　　　　示意图 6.33

图 2.1a 所示为带磁荷畴壁的一个比特粉纹图案，其中一个和磁泡结合（带磁荷畴壁是靠近未注入盘片的短片段，而不是不起作用的扩展的"螺旋桨"状磁畴）。带磁荷畴壁形成的详细机理及其性质是非常有趣的。结果表明，磁弹机制起着决定性的作用，并与注入所引入的应力及其在注入边缘处的部分弛豫有关[1406-1408]。在参考文献［1409，1410］中评述的离子注入方案的优点是，与坡莫合金器件相比，对于给定的光刻精度可能实现更小的单元尺寸。在磁泡存储器的发展停止时，混合的离子注入坡莫合金存储器原本计划进入下一代的市场，其中传统的坡莫合金结构被用于存储器的输入和输出部分[1411]。这种混合器件显然比可想到的全离子注入设计更容易实现[1412]。虽然全离子注入设计具有迷人的特性，即所有的存储器组件都可以用单一的光刻掩模来制造，但显然用混合方法容易实现成功的设计。

3）磁泡可以通过在某一覆盖层构型中流动的电流的效应来传输。在参考文献［510，751］中详细地介绍了各种可能性。特别有趣的是电流片的概念，其中某种形状的孔可以具有与磁场中坡莫合金器件相同的效果。堆叠这样的电流片放宽了对光刻的要求，而且增加了设计的灵活性[1413]。目前的方法比旋转磁场概念的速度快，但需要大量的能量。在磁泡存储器变革的过程中，电流控制主要被用于特别的功能，比如转移门，而不是用于基本的磁泡传输。

每个磁泡传输系统都需在一定的偏置场和旋转场幅度范围内才能可靠地工作。大的传播裕度区域有利于磁泡存储器的可靠功能。该传播裕度总是小于图 3.115 所示的孤立磁泡磁畴的稳定范围。在标准设计中，磁泡的传播需要旋转磁场，但不需要电流。当旋转磁场被关闭时，磁泡将被无限期地保持存储状态，因为所必需的偏置磁场是由永磁体提供的。

6.6.1.2　存储器功能

磁泡存储器的标准设计主要由环状的**小回路**组成，在其中磁泡直到其需要时一直在旋转。这种小回路仅在存储时需要，而读写是发生在主回路中。除了传播结构之外，一个完整的磁泡芯片必须包含几个特殊的功能：①例如由一个"发夹"形电流回路组成的磁泡发生器。②在小回路和主回路之间转移或复制磁泡的门。栅极由与控制电流相互作用的复杂覆盖层构型组成。③一个读出站，其中磁泡首先被扩展成带状磁畴，然后通过磁电阻被读取。④有时会添加一个特殊的磁泡消除器，当其被电流脉冲激活时，它会消灭一个磁泡。通常不再需要的（例如读取之后的）磁泡会被简单地引导出存储器的活跃区域。

在示意图 6.34[1414] 中给出了使用两种门的芯片的组织结构的一个简单例子。所需的电连接点被集中在布局的顶部。转移门可以将一系列产生的磁泡移动到小回路中，并且它们还可以平行从每个小回路中提取一个磁泡,然后将其引向检测器读出。如果复制器是被激活的,这个磁泡串可以被反馈回小回路。这种方案的许多变体是可以想象到的,而且对于较大的芯片也是必要的。

通常人们对磁泡存储器感兴趣的一个功能是磁泡的检测器。几乎从一开始,磁电阻读出方案就被用于这项技术[1415]。由于各向异性磁电阻相当弱,磁泡借助示意图 6.35 所示的"人字形"传播构型扩展成带状磁畴[1416](密集填充的人字形有效地减小了偏置场,从而导致磁泡展条——参见图 5.125)。在实践中,使用了更高的扩张因子。这是可能的,因为磁泡大容量存储器只需要一个读出站,因此可以进行精心的制作。在示意图 6.35 中所示的两个变体中,上面的一个是针对灵敏度而优化的,而另一个是易于制造的,因为输送和检测使用的是相同类型的坡莫合金覆盖层。

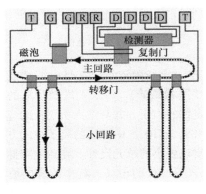

示意图 6.34

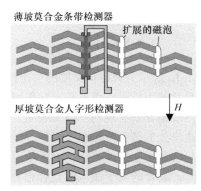

示意图 6.35

重要的是,所有功能的操作裕度与存储器的传播裕度之间都有很大的重叠。由于在磁泡芯片上只需要很少量的这些功能单元,因此,如果在一种方式下可以实现更好的重叠,则可以允许它们的设计与传播模式具有很大不同。对于磁泡存储器的特殊功能,非常细致的设计考虑是必要的。我们可参考本节开头引用的大量参考资料。

6.6.1.3 布洛赫线存储器

Konishi 提出并探索了一种新的具有更高密度的存储系统 [1417,1418]。它不是基于磁泡的存在与否,而是基于带状或磁泡畴壁中的布洛赫线的存在和不存在。由于磁泡或带状磁畴的静态特性几乎不受单个布洛赫线的影响,所以基本磁畴可以通过密集填充模式存储。这意味着使用布洛赫线存储器概念应该能达到非常高的存储密度,但是发展起来非常困难。有一个原因是可以肯定的,即与磁泡相比,布洛赫线几乎不能被实验观察到(见图 5.128 的唯一直接的、但不幸的是有局限的方法)。磁泡的行为总是可以被直接监测,从而指引复杂结构的发展,但在布洛赫线存储器的发展中缺乏同样的可能性。因此,静态和动态数值模拟一直起着突出的作用。参考文献 [1066,1067,1419 – 1421] 提供获取这一领域的大量工作的途径。

带状磁畴被用来承载布洛赫线。两者都通过叠加的纵向和横向结构(沟槽、坡莫合金条带、离子注入轨道等)固定在位置上。例如,布洛赫线是由如图 3.94 所解释的作用在注入层上的面内磁场写入的。电流脉冲导致畴壁片段的动态反应和布洛赫线的横向位移。

在特殊站点处,磁泡畴被从带中截取并通过传统磁泡检测器读取,如 6.6.1.2 节中所述。在示意图 6.36 中解释的截取过程是布洛赫线存储器的基本操作。如果被电流脉冲压在一起的两个畴壁具有非缠绕取向,则电流脉冲可从条带磁畴中截取出一个磁泡,否则不会产生磁泡。因此,截取过程对畴壁旋转方式敏感,并因此受到布洛赫线存在与否的控制。

使用这种技术，非易失性存储器每片 1GB 的存储值似乎是就在眼前[1422]。开发的原型必然被视为显著的技术成就，但仍然看不到可用的产品。基本的问题可能是奇异点产生和湮灭的可靠性。通过热、动力学过程或缺陷引起的奇异点的生成，布洛赫线对可能从缠绕转换为非缠绕，从而它们可以湮灭，进而破坏信息[1423]。在硬磁泡

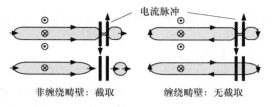

电流脉冲

非缠绕畴壁：截取   缠绕畴壁：无截取

示意图 6.36

中发现了布洛赫线的过高密度。所观察到的它们可以在高温下自发衰减的现象[1424,1425] 没有找到一致的解释。如参考文献［1426］中的发现可能得出，对于稳定的布洛赫线，也许需要高的各向异性。

6.6.2 磁畴移位寄存器

磁畴也可以在平面薄膜中传播，最佳方式是沿着高矫顽力环境所限定的通道传播[1427,1428]。在磁泡存储器中，磁畴传输可以在旋转磁场（磁场存取；［1429］）、混合方案[1430]或纯电流途径[1431]中完成。示意图 6.37 解释了后者的概念，它使用了两组导体回路和一个两相传播方案[1431]。与磁泡畴的区别在于，传播通道中的磁畴尖端以蠕动的方式移动，当磁场被关闭时停止在其当前位置。与之相反，磁泡总是呈现它们局域的平衡形状和位置。读取是通过在读取磁畴之前扩展磁畴来实现的，可以用感应[1431]的方式也可以是磁电阻[1429]的方式。

这种非易失性大容量存储器的优点是使用廉价的常规薄膜材料，而磁泡存储器需要昂贵的外延单晶膜作为基本材料。这也适用于移位寄存器的另一个例子，它使用薄膜中的布洛赫线对作为信息单元。由于薄膜中的布洛赫线与特征性的十字结构相关联，因此该方案被称为十字存储器[975]。磁畴移位寄存器长期没有研发成功，主要是因为它们的低速度和它们在平面结构小型化方面潜力不足。典型地，十字存储器概念的最新一代是磁电阻式读取随机存储器[1432]，属于 6.5.3.1 节中讨论的范畴。

软磁通道

控制电流

10μm

导体
120nm NiCoFe
30nm Al
玻璃

示意图 6.37

6.6.3 磁光显示和传感器器件

可以进行高速电子操作且具有高效率的光学显示和开关器件仍然是非常需要的。许多基于和磁泡存储器中使用的相同石榴石层的磁性器件被开发出来并显示了它们的有效性。直接基于磁泡技术的显示器是由 Lacklison[1433]开发的。尽管更加复杂，但直接存取显示器由于其速度更快仍更具优势[1434,1435]。参考文献［1436］提出了一种基于磁泡点阵的纳秒光调制器。甚至已经有人提出了基于磁泡膜的应用于记录的读取（和写入）磁头，如在参考文献［1403］中所报道的。对于磁光器件的综合概观可以在参考文献［1437］中找到。

所有这些方法的问题在于光学领域中磁光薄膜的低效率。即使使用最好的磁光材料，大部分可见光仍然是被吸收而不是透射。随着写磁光记录相关的磁光材料的不断被探索，效率的突破可以决定性地改变这一器件类型的前景。

磁光指示器和传感器器件也属于这种类型的应用。在 2.3.12.2 节中对指示器薄膜进行了综述。传感器的应用，例如在高压电力线路的电流测量中，通常在其运行中不利用磁畴效应。但是，一种特殊的基于磁畴的高速传感器被提出来，它是基于磁畴位移的磁光检测[1438]。在参考文献

［1439］中考虑了基于畴壁相关的相移效应的光学绝缘器和调制器。

6.7 磁畴和磁滞

综上所述,有没有一种方法可以模拟基于铁磁材料的器件设计中磁畴的效应? 在磁记录(见6.4.1节)、某些永磁体(见6.3.3节)和磁存储新概念(见6.5.3.3节)中使用的单畴或近单畴粒子的逼真模拟确实是可行的。当前被活跃研究着的未解决的问题在于对粒子相互作用的处理和对小粒子系统中的热效应的分析。

磁畴传播器件(见6.6节)的所有概念都广泛受到磁畴分析和微磁模拟的指导。不幸的是,对这些概念的应用的兴趣已经减弱,甚至在它们发展中所取得的辉煌成就,在可能再次需要它们的时候,也许已经被遗忘了。

更为复杂的是大片的软磁材料中的情况。在薄膜磁头和传感器(见6.5.1节和6.5.2节)中使用的较大的薄膜元件可能由于复杂的磁畴构型和磁畴过程而产生过大的噪声。磁畴观测有助于通过适当调整样品形状和有效各向异性来控制这种效应。在大块软磁材料(见6.2节)的应用之中,晶粒取向的变压器钢(见6.2.1.1节)表现突出。通过研究和控制磁畴结构,这种材料的损耗被稳步降低,由于该材料的接近单晶的性质,这一现象可以很方便地被观察到。金属玻璃和纳米晶材料(见6.2.3节)的磁畴构型和性能也被很好地理解和控制,但受制于实现明晰的均匀各向异性的有限可能性。

对于所有其他的大块软磁材料——在6.2.1.3节、6.2.2节和6.2.4节涉及的非取向的多晶SiFe、镍铁和铁氧体材料——是不会有类似的可能性的。观察这些材料表面上的磁畴只提供了对体材料中磁化过程的一瞥。如3.5节中所阐述的一般推理和在2.8节中讨论的总体性测量可以帮助分析。

然而,工程实践中会使用不同的技术来设计基于这些复杂材料的器件:借助于包含可调节参数和函数的数学工具来模拟测量到的磁滞。这些函数通过明确限定的磁测量来校准或"识别",并且这些算法可在一定范围内应用于任意条件,即施加磁场大小和方向的任意序列。

这些磁滞现象的数学描述可以分为三类:

1)第一种方法从"微粒"的观点出发,将每个磁性体看作相互作用粒子或"磁滞子"(hysterons)的集合体。如果已知这些基本单元的开关场和相互作用场的分布,则可以计算总磁滞。这一想法是由 P. Weiss 和 de Freudenreich[1440] 提出的,后来由 Preisach[1441] 阐述,最近在 MayerGoyz[1442] 的参考书中进行了评述。

2)或者是使用连续微分方程描述一般铁磁体,其中代入了某些测量的函数或参数。Jiles[1443] 的参考书是这一领域的创导者之一,提供了大量的参考文献。对软磁铁氧体沿着这些思路的处理可以在参考文献［1444］中找到。

3)Bertotti 和他的小组的方法,集中于巴克豪斯跳跃的动态相互作用来描述导电材料中的损耗的频率依赖性,强调磁化过程分析中的随机参数,这在参考文献［1445］中进行了评述。

所有这些方法都使用了磁畴理论中的某些论点和概念。它们要么假定可识别的粒子或单元,其在外部磁场、相互作用场和涡流场共同作用下磁化翻转,要么聚焦在跳过一系列障碍的单个畴壁上。数学理论与软磁性材料的复杂现实可以在何种程度上相符合,这是一个悬而未决的问题。如图5.82所示的实验观察表明,在每一个主要的巴克豪斯事件之后,形成完全新的磁畴排列,其具有新的不稳定点,与重排前存在的"磁滞单元"没有关系。

未来磁畴分析的任务之一是改善微观理解和实际有用的总体描述之间的关联。可能需要对所描述模型进行新的解释,使观察者能够将磁畴特征和行为与有用的总体特性联系起来。

参 考 文 献

1. 引言

1. L. Pierce Williams: Ampère's electrodynamic molecular model. Contemp. Phys. **4**, 113–123 (1962)
2. P. Langevin: Magnétisme et théorie des électrons. Ann. Chim. Phys. (8) **5**, 70–127 (1905) *(Magnetism and the theory of electrons)*
3. P. Weiss: L'hypothèse du champ moléculaire et la propriété ferromagnétique. J. de Phys. Rad. **6**, 661–690 (1907) *(The hypothesis of the molecular field and the property of ferromagnetism)*
4. J.D. van der Waals: *Over de continuïteit van den gas- en vloeistoftoestand*. Thesis, University of Leiden (1873) *(On the continuity of gas and fluid states)*
5. W. Heisenberg: Zur Theorie des Ferromagnetismus. Z. Phys. **49**, 619–636 (1928) *(On the theory of ferromagnetism)*
6. P. Weiss, G. Foex: *Le Magnétisme* (Armand Colin, Paris, 1926) *(Magnetism)*
7. E.C. Stoner: *Magnetism and Matter* (Methuen, London, 1934)
8. H. Barkhausen: Zwei mit Hilfe der neuen Verstärker entdeckte Erscheinungen. Phys. Z. **20**, 401–403 (1919) *(Two phenomena, discovered with the help of the new amplifiers)*
9. M.R. Forrer: Sur les grands phénomènes de discontinuité dans l'aimantation de nickel. J. de Phys. **7**, 109 (1926) *(On the great magnetization jump phenomena of nickel)*
10. F. Preisach: Untersuchungen über den Barkhauseneffekt. Ann. Physik **3**, 737–799 (1929) *(Investigations on the Barkhausen effect)*
11. K.J. Sixtus, L. Tonks: Propagation of large Barkhausen discontinuities. Phys. Rev. **37**, 930–958 (1931)
12. F. Bloch: Zur Theorie des Austauschproblems und der Remanenzerscheinung der Ferromagnetika. Z. Phys. **74**, 295–335 (1932) *(On the theory of the exchange problem and the remanence phenomenon of ferromagnets)*
13. N.S. Akulov: Zur Theorie der Magnetisierungskurve von Einkristallen. Z. Phys. **67**, 794–807 (1931) *(On the theory of the magnetization curve of single crystals)*
14. R. Becker: Zur Theorie der Magnetisierungskurve. Z. Phys. **62**, 253–269 (1930) *(On the theory of the magnetization curve)*
15. K. Honda, S. Kaya: On the magnetisation of single crystals of iron. Sci. Rep. Tohoku Imp. Univ. **15**, 721–754 (1926)
16. R. Becker, W. Döring: *Ferromagnetismus* (Springer, Berlin, 1939) *(Ferromagnetism)*
17. J. Frenkel, J. Dorfman: Spontaneous and induced magnetization in ferromagnetic bodies. Nature **126**, 274–275 (1930)
18. W. Heisenberg: Zur Theorie der Magnetostriktion und der Magnetisierungskurve. Z. Phys. **69**, 287–297 (1931) *(On the theory of magnetostriction and the magnetization curve)*
19. L. v. Hámos, P.A. Thiessen: Über die Sichtbarmachung von Bezirken verschiedenen ferromagnetischen Zustands fester Körper. Z. Phys. **71**, 442–444 (1931) *(Imaging domains of different ferromagnetic state in solid materials)*
20. F. Bitter: On inhomogeneities in the magnetization of ferromagnetic materials. Phys. Rev. **38**, 1903–1905 (1931)
21. F. Bitter: Experiments on the nature of ferromagnetism. Phys. Rev. **41**, 507–515 (1932)
22. L.D. Landau, E. Lifshitz: On the theory of the dispersion of magnetic permeability in ferromagnetic bodies. Phys. Z. Sowjetunion **8**, 153–169 (1935)
23. F. Zwicky: Permanent electric and magnetic moments of crystals. Phys. Rev. **38**, 1722–1781 (1932)
24. E. Lifshitz: On the magnetic structure of iron. J. Phys. USSR **8**, 337–346 (1944)

25. W.C. Elmore: The magnetic structure of cobalt. Phys. Rev. **53**, 757–764 (1938)

26. L. Néel: Les lois de l'aimantation et de la subdivision en domaines élémentaires d'un monocristal de fer (II). J. de Phys. (8) **5**, 265–276 (1944) *(The laws of the magnetization and the subdivision into elementary domains for an iron single crystal (II))*

27. L. Néel: Effet des cavités et des inclusions sur le champ coercitif. Cahiers de Phys. **25**, 21–44 (1944) *(The effect of cavities and inclusions on the coercive field)*

28. H.J. Williams: Direction of domain magnetization in powder patterns. Phys. Rev. **71**, 646–647 (1947)

29. C. Kittel: Theory of the structure of ferromagnetic domains in films and small particles. Phys. Rev. **70**, 965–971 (1946)

30. C. Kittel: Physical theory of ferromagnetic domains. Rev. Mod. Phys. **21**, 541–583 (1949)

31. W.C. Elmore: Ferromagnetic colloid for studying magnetic structures. Phys. Rev. **54**, 309–310 (1938)

32. H.J. Williams, R.M. Bozorth, W. Shockley: Magnetic domain patterns on single crystals of silicon iron. Phys. Rev. **75**, 155–178 (1949)

33. W.F. Brown, Jr.: Theory of the approach to magnetic saturation. Phys. Rev. **58**, 736–743 (1940)

34. W.F. Brown, Jr.: *Micromagnetics* (Wiley, New York, 1963) *[reprinted: R.E. Krieger, Huntingdon N.Y., 1978]*

35. W.F. Brown, Jr.: Micromagnetics, domains, and resonance. J. Appl. Phys. (Suppl.) **30**, 62S–69S (1959)

36. W.F. Brown, Jr.: Domains, micromagnetics, and beyond, reminiscences and assessments. J. Appl. Phys. **49**, 1937–1942 (1978)

37. W. Döring: Mikromagnetismus, in: *Handbuch der Physik*, Vol. 18/2, ed. by S. Flügge (Springer, Berlin, Heidelberg, New York, 1966) p. 341–437 *(Micromagnetics)*

38. W. Andrä: Distribution of magnetization in multilayer films. IEEE Trans. Magn. **2**, 560–562 (1966)

39. A. de Simone: Magnetization and magnetostriction curves from micromagnetics. J. Appl. Phys. **76**, 7018–7020 (1994)

40. E.D. Dahlberg, J.-G. Zhu: Micromagnetic microscopy and modeling. Physics Today **48**.4, 34–40 (1995)

41. A. Mitra, Z.J. Chen, F. Laabs, D.C. Jiles: Micromagnetic Barkhausen emissions in 2.25 wt% Cr-1wt% Mo steel subjected to creep. Phil. Mag. A **75**, 847–859 (1997)

2. 磁畴观察技术

引言

42. C. Kittel, J.K. Galt: Ferromagnetic domain theory. Solid State Phys. **3**, 437–565 (1956)

43. J.F. Dillon, Jr.: Domains and Domain Walls, in: *Magnetism*, Vol. III, ed. by G.T. Rado, H. Suhl (Academic Press, New York, 1963) p. 429–453

44. D.J. Craik, R.S. Tebble: *Ferromagnetism and Ferromagnetic Domains*, (North Holland, Amsterdam, 1965)

45. R. Carey, E.D. Isaac: *Magnetic Domains and Techniques for their Observation*, (Academic Press, New York, 1966)

46. D.J. Craik: Domain theory and observation. J. Appl. Phys. **38**, 931–938 (1967)

47. W. Andrä: Magnetische Bereiche. Brit. J. Appl. Phys. (J. Phys. D) **1**, 1–16 (1968) *(Magnetic domains)*

48. D.J. Craik: The observation of magnetic domains, in: *Methods of Experimental Physics*, Vol. 11, ed. by R.V. Coleman (Academic Press, New York, 1974)

p. 675–743

49. A.P. Malozemoff, J.C. Slonczewski: *Magnetic Domain Walls in Bubble Materials*, (Academic Press, New York, 1979)

50. R.P. Ferrier: Imaging methods for the study of micromagnetic structure, in: *Noise in Digital Magnetic Recording*, ed. by T.C. Arnoldussen, L.L. Nunnelley (World Scientific, Singapore, 1992) p. 141–179

51. R.J. Celotta, J. Unguris, M.H. Kelley, D.T. Pierce: Techniques to measure magnetic domain structures, in: *Methods in Materials Research: A Current Protocols Publication* (Wiley, New York, 1999)

比特图形

52. R. Wolfe, J.C. North: Planar domains in ion-implanted magnetic bubble garnets revealed by Ferrofluid. Appl. Phys. Lett. **25**, 122–125 (1974)

53. G.C. Rauch, R.F. Krause, C.P. Izzo, K. Foster, W.O. Bartlett: Enhanced domain imaging techniques. J. Appl. Phys. **55**, 2145–2147 (1984)

54. Y.S. Lin, D.B. Dove, S. Schwarzl, C.-C. Shir: Charged wall behavior in 1-μm-bubble implanted structures. IEEE Trans. Magn. **14**, 494–499 (1978)

55. W.C. Elmore: Interpretation of ferromagnetic colloid patterns on ferromagnetic crystal surfaces. Phys. Rev **58**, 640–642 (1940)

56. C. Kittel: Theory of the formation of powder patterns on ferromagnetic crystals. Phys. Rev. **76**, 1827 (1949)

57. K. Beckstette, H.H. Mende: Modellrechnungen und Experimente zur Kolloidansammlung bei der Bittertechnik. J. Magn. Magn. Mat. **4**, 326–336 (1977) *(Model calculations and experiments on the colloid accumulation in the Bitter technique)*

58. J.H.P. Watson: Magnetic filtration. J. Appl. Phys. **44**, 4209–4213 (1973)

59. M. Takayasu, R. Gerber, F.J. Friedlaender: The collection of strongly magnetic particles in HGMS. J. Magn. Magn. Mat. **40**, 204–214 (1983)

60. K. Fabian, A. Kirchner, W. Williams, F. Heider, T. Leibl, A. Hubert: Three-dimensional micromagnetic calculations for magnetite using FFT. Geophys. J. Intern. **124**, 89–104 (1996)

61. W.H. Bergmann: Über die Bildung von Bitterstreifen. Z. Angew. Phys. **8**, 559–561 (1956) *(On the formation of Bitter patterns)*

62. J.R. Garrood: Methods of improving the sensitivity of the Bitter technique. Proc. Phys. Soc. **79**, 1252–1262 (1962)

63. C.F. Hayes: Observation of association in a ferromagnetic colloid. J. Colloid Interface Sci. **52**, 239–243 (1975)

64. E.A. Peterson, D.A. Krueger: Reversible, field induced agglomeration in magnetic colloids. J. Colloid Interface Sci. **62**, 24–34 (1977)

65. W.-H. Liao, D.A. Krueger: Theory of large agglomerates in magnetic colloids. J. Colloid Interface Sci. **70**, 564–576 (1979)

66. J.-C. Bacri, D. Salin: Instability of ferrofluid magnetic drops under magnetic field. J. de Phys. Lett. **43**, L649–654 (1982)

67. J.-C. Bacri, D. Salin: Dynamics of the shape transition of a magnetic ferrofluid drop. J. de Phys. Lett. **44**, L415–420 (1983)

68. A.F. Pshenichnikov, I.Y. Shurubor: Stratification of magnetic fluids: Conditions of formation of drop aggregates and their magnetic properties. Bull. Acad. Sci. USSR, Phys. Ser. **51**.6, 40 (1987) *[Izv. Akad. Nauk Fiz. 51 (1987) 1081–1087]*

69. A.O. Tsebers: Thermodynamic stability of magnetofluids. Magneto-Hydrodynamics **18**, 137–142 (1982) *[Magn. Gidrodin. 18.2 (1982) 42–48]*

70. K. Sano, M. Doi: Theory of agglomeration of ferromagnetic particles in magnetic fluids. J. Phys. Soc. Japan **52**, 2810–2815 (1983)

71. A. Cebers: Phase separation of magnetic colloids and concentration domain patterns. J. Magn. Magn. Mat. **85**, 20–26 (1990)

72. G.A. Jones, D.G. Bedfield: Field induced agglomeration in thin films of mag-

netic fluids. J. Magn. Magn. Mat. **85**, 37–39 (1990)

73. M.I. Shliomis, A.F. Pshenichnikov, K.I. Morozov, I.Y. Shurubor: Magnetic properties of ferrocolloids. J. Magn. Magn. Mat. **85**, 40 (1990)

74. A.F. Pshenichnikov: Equilibrium magnetization of concentrated ferrocolloids. J. Magn. Magn. Mat. **145**, 319–326 (1995)

75. A.O. Ivanov: Phase separation in bidisperse ferrocolloids. J. Magn. Magn. Mat. **154**, 66–70 (1996)

76. H. Bogardus, D.A. Krueger, D. Thompson: Dynamic magnetization in ferrofluids. J. Appl. Phys. **49**, 3422–3429 (1978)

77. H. Pfützner: A new colloid technique enabling domain observations of SiFe sheets with coating at zero field. IEEE Trans. Magn. **17**, 1245–1247 (1981)

78. L.W. MacKeehan: Optical and magnetic properties of magnetic suspensions. Phys. Rev. **57**, 1177–1178 (1940)

79. A. Martinet: Biréfringence et dichroïsme linéaire des ferrofluides sous champ magnétique. Rheol. Acta **13**, 260–264 (1974) *(Birefringence and linear dichroism of ferrofluids in magnetic fields)*

80. G.A. Jones, I.B. Puchalska: The birefringent effects of magnetic colloid applied to the study of magnetic domain structures. Phys. Status Solidi A **51**, 549–558 (1979)

81. G.A. Jones, I.B. Puchalska: Interference colours of colloid patterns associated with magnetic structures. Phil. Mag. B **40**, 89–96 (1979)

82. G.A. Jones, E.T.M. Lacey, I.B. Puchalska: Bitter patterns in polarized light: A probe for microfields. J. Appl. Phys. **53**, 7870–7872 (1982)

83. U. Hartmann, H.H. Mende: The stray-field-induced birefringence of ferrofluids applied to the study of magnetic domains. J. Magn. Magn. Mat. **41**, 244–246 (1984)

84. J. Kranz, A. Hubert, R. Müller: Bitter-Streifen und Bloch-Wände. Z. Phys. **180**, 80–90 (1964) *(Bitter patterns and Bloch walls)*

85. L.F. Bates, P.F. Davis: 'Lozenge' and 'tadpole' domain structures on silicon-iron crystals. Proc. Phys. Soc. B **69**, 1109–1111 (1956)

86. R.W. DeBlois: Ferromagnetic domains in thin single-crystal nickel platelets. J. Appl. Phys. **36**, 1647–1658 (1965)

87. I. Khaiyer, T.H. O'Dell: Domain wall observation of Permalloy overlay bars by interference contrast technique. AIP Conf. Proc. **29**, 37–38 (1976)

88. G. Nomarski, A.R. Weil: Application a la métallographie des méthodes interferentielles à deux ondes polarisées. Rev. Metall. L **11**, 121–134 (1955) *(Application in metallography of interference methods based on two polarized waves)*

89. U. Hartmann, H.H. Mende: Observation of Bloch wall fine structures on iron whiskers by a high-resolution interference contrast technique. J. Phys. D (Appl. Phys.) **18**, 2285–2291 (1985)

90. B. Wysłocki: Über die Beobachtungsmöglichkeit der magnetischen Pulverfiguren im beliebigen Abstand von der Kristalloberfläche. Ann. Physik **13**, 109–114 (1964) *(On the possibilities of powder pattern observations at arbitrary distance from the crystal surface)*

91. B. Wysłocki, W. Ziętek: Selective powder-pattern observations of complex ferromagnetic domain structures. Acta Phys. Polon. **29**, 223–240 (1966)

92. D.J. Craik: A study of Bitter figures using the electron microscope. Proc. Phys. Soc. B **69**, 647–650 (1956)

93. W. Schwartze: Electronenmikroskopische Untersuchung magnetischer Pulvermuster. Ann. Physik **19**, 322–328 (1957) *(Electron microscopical investigation of magnetic powder patterns)*

94. D.J. Craik, P.M. Griffiths: New techniques for the study of Bitter figures. Brit. J. Appl. Phys. **9**, 279–282 (1958)

95. I.B. Puchalska, H. Jouve, R.H. Wade: Magnetic bubbles, walls, and fine structure in some ion-implanted garnets. J. Appl. Phys. **48**, 2069–2076 (1977)

96.   K. Goto, T. Sakurai: A colloid-SEM method for the study of fine magnetic domain structures. Appl. Phys. Lett. **30**, 355–356 (1977)

97.   O. Kitakami, K. Goto, T. Sakurai: A study of the magnetic domains of isolated fine particles of Ba ferrite. Jpn. J. Appl. Phys. **27**, 2274–2277 (1988)

98.   J. Šimošová, R. Gemperle, J.C. Lodder: The use of colloid-SEM method for domain observation in CoCr films. J. Magn. Magn. Mat. **95**, 85–94 (1991)

99.   P. Rice, J. Moreland: A new look at the Bitter method of magnetic imaging. Rev. Sci. Instrum. **62**, 844–845 (1991)

100. W. Andrä, C. Greiner, W. Schwab: Beobachtung der magnetischen Bereichsstruktur bei Wechselfeldmagnetisierung zur Prüfung der Theorie der Ummagnetisierungsverluste. Monatsber. Deut. Akad. Wiss. Berlin **2**, 539–543 (1960) *(Observation of magnetic domain structures in alternating fields, examining the theory of core losses)*

101. A. Hubert: Zur Theorie der zweiphasigen Domänenstrukturen in Supraleitern und Ferromagneten. Phys. Status Solidi **24**, 669–682 (1967) *(On the theory of two-phase domain structures in superconductors and ferromagnets)*

102. W. Andrä: Magnetische Pulvermuster bei höheren Temperaturen. Ann. Physik **3**, 334–339 (1959) *(Magnetic powder patterns at elevated temperatures)*

103. R.R. Birss, P.M. Wallis: Magnetic domains in gadolinium. Phys. Lett. **4**, 313 (1963)

104. L.F. Bates, S. Spivey: Bitter figure observations on gadolinium. Brit. J. Appl. Phys. **15**, 705–707 (1964)

105. R. Gemperle, P. Novotný, A. Menorsky: Bitter figure observations on U_3As_4 at low temperatures. Phys. Status Solidi A **52**, 587–596 (1979)

106. W. Andrä, E. Schwabe: Eine einfache Methode, magnetische Elementarbezirke mit trockenem Pulver sichtbar zu machen. Ann. Physik **17**, 55–56 (1955) *(A simple method to make visible elementary magnetic domains)*

107. R.I. Hutchinson, P.A. Lavin, J.R. Moon: A new technique for the study of ferromagnetic domain boundaries. J. Sci. Instrum. **42**, 885–886 (1965)

108. U. Essmann, H. Träuble: Comments on a new technique for the study of ferromagnetic domain boundaries. J. Sci. Instrum. **43**, 344 (1966)

109. K. Piotrowski, A. Szewczyk, R. Szymczak: A new method for the study of magnetic domains at low temperatures. J. Magn. Magn. Mat. **31**, 979–980 (1983)

110. A. Szewczyk, K. Piotrowski, R. Szymczak: A new method of domain structure investigation at temperatures below 35 K. J. Phys. D: Appl. Phys. **16**, 687–696 (1983)

111. O. Kitakami, T. Sakurai, Y. Miyashita, Y. Takeno, *et al.*: Fine metallic particles for magnetic domain observations. Jpn. J. Appl. Phys. Pt. 1 **35**, 1724–1728 (1996)

112. T. Sakurai, Y. Shimada: Application of the gas evaporation method to observation of magnetic domains. Jpn. J. Appl. Phys., Pt. 1 **31**, 1905–1908 (1992)

113. J. Cernák, P. Macko: The time dependence of particle aggregation in magnetic fluid layers. J. Magn. Magn. Mat. **123**, 107–116 (1993)

114. K. Mohri, S.-I. Takeuchi, T. Fujimoto: Domain and grain observation using a colloid technique for grain-oriented Si-Fe with coatings. IEEE Trans. Magn. **15**, 1346–1349 (1979)

115. H. Pfützner, C. Bengtsson, A. Leeb: Domain investigations on coated unpolished SiFe sheets. IEEE Trans. Magn. **21**, 2620–2625 (1985)

116. H. Pfützner: Nondestructive rapid investigation of domains and grain boundaries of grain oriented silicon steel. ISIJ International (Iron and Steel Institute of Japan) **29**, 828–835 (1989)

磁光方法

117. H.J. Williams, F.G. Foster, E.A. Wood: Observation of magnetic domains by

the Kerr effect. Phys. Rev. **82**, 119–120 (1951)

118. C.A. Fowler, Jr., E.M. Fryer: Magnetic domains on silicon iron by the longitudinal Kerr effect. Phys. Rev. **86**, 426 (1952)

119. J. Kerr: On rotation of the plane of polarization by reflection from the pole of a magnet. Phil. Mag. (5) **3**, 321–343 (1877)

120. C.A. Fowler, Jr., E.M. Fryer: Magnetic domains in thin films by the Faraday effect. Phys. Rev. **104**, 552–553 (1956)

121. J.F. Dillon, Jr.: Observation of domains in the ferrimagnetic garnets by transmitted light. J. Appl. Phys. **29**, 1286–1291 (1958)

122. R.C. Sherwood, J.P. Remeika, H.J. Williams: Domain behavior in some transparent magnetic oxides. J. Appl. Phys. **30**, 217–225 (1959)

123. M. Faraday: On the magnetization of light and the illumination of magnetic lines of force. Phil. Trans. Royal Soc. (London) **136**, 1–20 (1846)

124. A. Hubert: Beobachtung und Berechnung von magnetischen Bereichsstrukturen auf Siliziumeisen. Z. Angew. Phys. **18**, 474–479 (1965) *(Observation and computation of magnetic domain structures on silicon iron)*

125. E.R. Moog, S.D. Bader: SMOKE signals from ferromagnetic monolayers: p(1× 1) Fe/Au(100). Superlattices and Microstructures **1**, 543–552 (1981)

126. S.D. Bader: SMOKE. J. Magn. Magn. Mat. **100**, 440–454 (1991)

127. W. Voigt: Doppelbrechung von im Magnetfeld befindlichem Natriumdampf in der Richtung normal zu den Kraftlinien. Nachr. Kgl. Ges. Wiss. Göttingen, Math.-Phys. Kl. **4**, 355–359 (1898) *(Birefringence of sodium vapour in a magnetic field along a direction perpendicular to the lines of force)*

128. A. Cotton, H. Mouton: Sur les propriétés magnéto-optiques des colloides et des liqueurs hétérogénes. Ann. Chim. Phys. (8) **11**, 145–203 (1907) *(On magneto-optic properties of colloids and inhomogeneous liquids)*

129. W. Voigt: Magnetooptik, in: Handbuch der Elektrizität und des Magnetismus, Vol. IV, ed. by L. Graetz (A. Barth, Leipzig, 1920) p. 667–710 *(Magnetooptics)*

130. M.J. Freiser: A survey of magnetooptic effects. IEEE Trans. Magn. **4**, 152–161 (1968)

131. J.F. Dillon, Jr.: Magneto-optical properties of magnetic crystals, in: *Magnetic Properties of Materials*, ed. by J. Smit (McGraw-Hill, New York, 1971) p. 108–148

132. W. Wettling: Magneto-optics of ferrites. J. Magn. Magn. Mat. **3**, 147–160 (1976)

133. R. Atkinson, P. Lissberger: Sign conventions in magneto-optical calculations and measurements. Appl. Optics **31**, 6076–6081 (1992)

134. G.S. Krinchik, G.M. Nurmukhamedov: Magnetization of a ferromagnetic metal by the magnetic field of light waves. Sov. Phys. JETP **20**, 520–521 (1965) *[Zh. Eksp. Teor. Fiz. 48 (1965) 34–39]*

135. U. Buchenau: Über eine Messung der gyromagnetischen Konstante an Siliziumeisen. Z. Angew. Phys. **21**, 51–57 (1969) *(On a measurement of the gyromagnetic constant on silicon iron)*

136. T. Miyahara, M. Takahashi: The dependence of the longitudinal Kerr magneto-optic effect on saturation magnetization in Ni-Fe films. Jpn. J. Appl. Phys. **15**, 291–298 (1976)

137. J.F. Dillon, Jr.: Magneto-optical properties of magnetic garnets, in: *Physics of Magnetic Garnets*, ed. by A. Paoletti (North Holland, Amsterdam, 1978) p. 379–416

138. B.E. Argyle, E. Terrenzio: Magneto-optic observation of Bloch lines. J. Appl. Phys. **55**, 2569–2571 (1984)

139. R. Schäfer, A. Hubert: A new magnetooptic effect related to non-uniform magnetization on the surface of a ferromagnet. Phys. Status Solidi A **118**, 271–288 (1990)

140. G.S. Krinchik, V.A. Artemev: Magnetooptical properties of Ni, Co, and Fe in

the ultraviolet, visible, and infrared parts of the spectrum. Sov. Phys. JETP **26**, 1080–1085 (1968) *[Zh. Eksp. Teor. Fiz. 53 (1990) 1901–1912]*

141. D.B. Dove: Photography of magnetic domains using the transverse Kerr effect. J. Appl. Phys. **34**, 2067–2070 (1963)

142. W. Rave, R. Schäfer, A. Hubert: Quantitative observation of magnetic domains with the magneto-optical Kerr effect. J. Magn. Magn. Mat. **65**, 7–14 (1987)

143. J. Kranz, A. Hubert: Die Möglichkeiten der Kerr-Technik zur Beobachtung magnetischer Bereiche. Z. Angew. Phys. **15**, 220–232 (1963) *(The potential of the Kerr technique for the observation of magnetic domains)*

144. M. Mansuripur: Figure of merit for magneto-optical media based on the dielectric tensor. Appl. Phys. Lett. **49**, 19–21 (1986)

145. W.A. Challener: Figures of merit for magneto-optic materials. J. Phys. Chem. Solids **56**, 1499–1507 (1995)

146. G. Traeger, L. Wenzel, A. Hubert: Computer experiments on the information depth and the figure of merit in magnetooptics. Phys. Status Solidi A **131**, 201–227 (1992)

147. J. Kranz, W. Drechsel: Über die Beobachtung von Weißschen Bereichen in polykristallinem Material durch die vergrößerte magnetooptischen Kerrdrehung. Z. Phys. **150**, 632–639 (1958) *(On the observation of Weiss domains in polycrystalline material by the enhanced magneto-optical Kerr rotation)*

148. P.H. Lissberger: Kerr magneto-optic effect in nickel-iron films. I. Experimental. J. Opt. Soc. Am. **51**, 948–956 (1961)

149. P.H. Lissberger: Kerr magneto-optic effect in nickel-iron films. II. Theoretical. J. Opt. Soc. Am. **51**, 957–966 (1961)

150. D.O. Smith: Longitudinal Kerr effect using a very thin Fe film. J. Appl. Phys. **36**, 1120–1121 (1965)

151. A. Hubert, G. Traeger: Magnetooptical sensitivity functions of thin film systems. J. Magn. Magn. Mat. **124**, 185–202 (1993)

152. L. Wenzel, V. Kamberský, A. Hubert: A systematic first-order theory of magnetooptic diffraction in magnetic multilayers. Phys. Status Solidi A **151**, 449–466 (1995)

153. D.E. Fowler: MOKE. Magneto-optic Kerr rotation, in: *Encyclopedia of Materials Characterization*, ed. by C.R. Brundle, *et al.* (Butterworth-Heinemann, Boston, MA, 1992) Section 12.3

154. M. Rührig: Mikromagnetische Untersuchungen an gekoppelten weichmagnetischen Schichten. Thesis, U. Erlangen-Nürnberg (1993) *(Micromagnetic investigations on coupled soft magnetic films)*

155. R. Schäfer: Magneto-optical domain studies in coupled magnetic multilayers. J. Magn. Magn. Mat. **148**, 226–231 (1995)

156. G. Pénissard, P. Meyer, J. Ferré, D. Renard: Magneto-optic depth sensitivity to local magnetization in a simple ultrathin film structure. J. Magn. Magn. Mat. **146**, 55–65 (1995)

157. J. Ferré, P. Meyer, M. Nyvlt, S. Visnovsky, D. Renard: Magnetooptic depth sensitivity in a simple ultrathin film structure. J. Magn. Magn. Mat. **165**, 92–95 (1997)

158. E. Feldtkeller, K.U. Stein: Verbesserte Kerr-Technik zur Beobachtung magnetischer Domänen. Z. Angew. Phys. **23**, 100–102 (1967) *(Improved Kerr technique for magnetic domain observation)*

159. J. McCord, H. Brendel, A. Hubert, S.S.P. Parkin: Hysteresis and domains in magnetic multilayers. J. Magn. Magn. Mat. **148**, 244–246 (1995)

160. A. Green, M. Prutton: Magneto-optic detection of ferromagnetic domains using vertical illumination. J. Sci. Instrum. **39**, 244–245 (1962)

161. A. Hubert: Der Einfluß der Magnetostriktion auf die magnetische Bereichsstruktur einachsiger Kristalle, insbesondere des Kobalts. Phys. Status Solidi **22**, 709–727 (1967) *(The influence of magnetostriction on the magnetic*

domain structure of uniaxial crystal, in particular of cobalt)

162. F. Schmidt, A. Hubert: Domain observations on CoCr layers with a digitally enhanced Kerr microscope. J. Magn. Magn. Mat. **61**, 307–320 (1986)

163. H. Boersch, M. Lambeck: Mikroskopische Beobachtung gerader und gekrümmter Magnetisierungsstrukturen mit dem Faraday-Effekt. Z. Phys. **159**, 248–252 (1960) *(Microscopical imaging of straight and curved magnetization structures by the Faraday effect)*

164. M.H. Kryder, A. Deutsch: A high speed magneto-optic camera system. SPIE High speed optical techniques **94**, 49–57 (1976)

165. B.E. Argyle: A magneto-optic microscope system for magnetic domain studies. Symposium on Magnetic Materials, Processes and Devices (1990). The Electrochemical Society, Electrodeposition Division Vol. **90–8**, p. 85–110

166. N. Bardou, B. Bartenlien, C. Chappert, R. Mégy, *et al.*: Magnetization reversal in patterned Co(0001) ultrathin films with perpendicular magnetic anisotropy. J. Appl. Phys. **79**, 5848–5850 (1996)

167. D. Treves: Limitations of the magneto-optic Kerr technique in the study of microscopic magnetic domain structures. J. Appl. Phys **32**, 358–364 (1961)

168. C.A. Fowler, Jr., E.M. Fryer: Reduction of photographic noise. J. Opt. Soc. Am. **44**, 256 (1954)

169. A. Honda, K. Shirae: Domain pattern measurements using CCD. IEEE Trans. Magn. **17**, 3096–3098 (1981)

170. K. Shirae, K. Sugiyama: A CCD image sensor and a microcomputer make magnetic domain observation clear and convenient. J. Appl. Phys. **53**, 8380–8382 (1982)

171. F. Schmidt, W. Rave, A. Hubert: Enhancement of magneto-optical domain observation by digital image processing. IEEE Trans. Magn. **21**, 1596–1598 (1985)

172. A.B. Smith, W. Goller: New domain configuration in thin-film recording heads. IEEE Trans. Magn. **26**, 1331–1333 (1990)

173. J. McCord, A. Hubert: Normalized differential Kerr microscopy - An advanced method for magnetic imaging. Phys. Status Solidi A **171**, 555–562 (1999)

174. E. Kubajewska, A. Maziewski, A. Stankiewicz: Digital image processing for investigation of domain structure in garnet films. Thin Solid Films **175**, 299–303 (1989)

175. P.L. Trouilloud, B. Petek, B.E. Argyle: Methods for wide-field Kerr imaging of small magnetic devices. IEEE Trans. Magn. **30**, 4494–4496 (1994)

176. W. Rave, A. Hubert: Refinement of the quantitative magnetooptic domain observation technique. IEEE Trans. Magn. **26**, 2813–2815 (1990)

177. W. Rave, P. Reichel, H. Brendel, M. Leicht, J. McCord, A. Hubert: Progress in quantitative magnetic domain observation. IEEE Trans. Magn. **29**, 2551–2553 (1993)

178. J. McCord, A. Hubert, G. Schröpfer, U. Loreit: Domain observation on magnetoresistive sensor elements. IEEE Trans. Magn. **32**, 4806–4808 (1996)

179. S. Defoug, R. Kaczmarek, W. Rave: Measurements of local magnetization by Kerr effect on Si-Fe nonoriented sheets. J. Appl. Phys. **79**, 6036–6038 (1996)

180. A. Hubert, R. Schäfer, W. Rave: The analysis of magnetic microstructure. Proc. 5th Symp. Magn. Magn. Mat. (World Scientific, Singa-pore 1990) p. 25–42

181. J.P. Jakubovics: Interaction of Bloch-wall pairs in thin ferromagnetic films. J. Appl. Phys. **69**, 4029–4039 (1991)

182. B.E. Argyle, B. Petek, D.A. Herman, Jr.: Optical imaging of magnetic domains in motion. J. Appl. Phys. **61**, 4303–4306 (1987)

183. K. Závĕta, Z. Kalva, R. Schäfer: Permeability and domain structure of a nanocrystalline alloy. J. Magn. Magn. Mat. **148**, 390–396 (1995)

184. G.L. Houze, Jr.: Domain-wall motion in grain-oriented silicon steel in cyclic magnetic fields. J. Appl. Phys. **38**, 1089–1096 (1967)

185. W. Drechsel: Eine Anordnung zur photographischen Registrierung von Weißschen Bereichen bei Belichtungszeiten der Größenordnung 1 msec. Z. Phys. **164**, 324–329 (1961) *(A setup for the photo- graphic registration of Weiss domains with exposure times of the order of 1 millisecond)*

186. R.L. Conger, G.H. Moore: Direct observation of high-speed magnetization reversal in films. J. Appl. Phys. **34**, 1213–1214 (1963)

187. B. Passon: Über die Beobachtung ferromagnetischer Bereiche bei Magnetisierung in Wechselfeldern bis zu 20 kHz. Z. Angew. Phys. **25**, 56–61 (1968) *(On the observation of ferromagnetic domains during magnetization in alternating fields up to 20 kHz)*

188. A.P. Malozemoff: Nanosecond camera for garnet bubble domain dynamics. IBM Techn. Discl. Bull. **15**, 2756–2757 (1973)

189. L. Gál, G.J. Zimmer, F.B. Humphrey: Transient magnetic bubble domain configurations during radial wall motion. Phys. Status Solidi A **30**, 561–569 (1975)

190. G.P. Vella-Coleiro: Overshoot in the translational motion of magnetic bubble domains. J. Appl. Phys. **47**, 3287–3290 (1976)

191. M.H. Kryder, P.V. Koeppe, F.H. Liu: Kerr effect imaging of dynamic processes. IEEE Trans. Magn. **26**, 2995–3000 (1990)

192. F.H. Liu, M.D. Schultz, M.H. Kryder: High frequency dynamic imaging of domains in thin film heads. IEEE Trans. Magn. **26**, 1340–1342 (1990)

193. B. Petek, P.L. Trouilloud, B.E. Argyle: Time-resolved domain dynamics in thin-film heads. IEEE Trans. Magn. **26**, 1328–1330 (1990)

194. M.V. Chetkin, S.N. Gadetsky, A.P. Kuzmenko, A.I. Akhutkina: Investigation of supersonic dynamics of domain walls in orthoferrites. Sov. Phys. JETP **59**, 825–830 (1984) *[Zh. Eksp. Teor. Fiz. 86 (1990) 1411–1418]*

195. C.D. Wright, W. Clegg, A. Boudjemline, N.A.E. Heyes: Scanning laser microscopy of magneto-optic storage media. Jpn. J. Appl. Phys. Pt. 1 **33**, 2058–2065 (1994)

196. P. Kasiraj, R.M. Shelby, J.S. Best, D.E. Horne: Magnetic domain imaging with a scanning Kerr effect microscope. IEEE Trans. Magn. **22**, 837–839 (1986)

197. A. Thiaville, L. Arnaud, F. Boileau, G. Sauron, J. Miltat: First direct optical evidence of lines in bubble garnets. IEEE Trans. Magn. **24**, 1722–1724 (1988)

198. J. Theile, J. Engemann: Direct optical observation of Bloch lines and their motion in uniaxial garnet films using a polarizing light microscope. Appl. Phys. Lett. **53**, 713–715 (1988)

199. J. Theile, J. Engemann: Determination of twist and charge of Bloch lines by direct optical observation. IEEE Trans. Magn. **24**, 1781–1783 (1988)

200. J. Miltat, A. Thiaville, P.L. Trouilloud: Néel lines structures and energies in uniaxial ferromagnets with quality factor $Q > 1$. J. Magn. Magn. Mat. **82**, 297–308 (1989)

201. S. Egelkamp, L. Reimer: Imaging of magnetic domains by Kerr effect using a scanning optical microscope. Meas. Sci. Technol. **1**, 79–83 (1990)

202. N.A. Heyes, C.D. Wright, W. Clegg: Observations of magneto-optic phase contrast using a scanning laser microscope. J. Appl. Phys. **69**, 5322–5324 (1991)

203. C.D. Wright, N.A.E. Heyes, W. Clegg, E.W. Hill: Magneto-optic scanning laser microscopy. Microscopy and Analysis **34** (March), 23–25 (1995)

204. T.J. Silva, S. Schultz: Non-reciprocal differential detection method for scanning Kerr-effect microscopy. J. Appl. Phys. **81**, 5015–5017 (1997)

205. G.L. Ping, C.W. See, M.G. Somekh, M.B. Suddendorf, J.H. Vincent, P.K. Footner: A fast-scanning optical microscope for imaging magnetic domain-structures. Scanning **18**, 8–12 (1996)

206. G.S. Krinchik, O.M. Benidze: Magneto-optic investigation of magnetic structures under micron resolution conditions. Sov. Phys. JETP **40**, 1081–1087 (1974) *[Zh. Eksp. Teor. Fiz. 67 (1974) 2180–2194]*

383

207. V.E. Zubov, G.S. Krinchik, A.D. Kudakov: Structure of domain walls in the surface layer of iron single crystals. Sov. Phys. JETP **67**, 2527–2531 (1988) *[Zh. Eksp. Teor. Fiz. 94 (1988) 243–250]*

208. V. Hoffmann, R. Schäfer, E. Appel, A. Hubert, H. Soffel: First domain observations with the magneto-optical Kerr effect on Ti-ferrites in rocks and their synthetic equivalents. J. Magn. Magn. Mat. **71**, 90–94 (1987)

209. J. Basterfield: Domain structure and the influence of growth defects in single crystals of yttrium iron garnet. J. Appl. Phys. **39**, 5521–5526 (1968)

210. V.K. Vlasko-Vlasov, L.M. Dedukh, V.I. Nikitenko: Domain structure of yttrium iron garnet single crystals. Sov. Phys. JETP **44**, 1208–1214 (1976) *[Zh. Eksp. Teor. Fiz. 71 (1976) 2291–2304]*

211. R. Szymczak: Observation of internal domain structure of barium ferrite in infrared. Acta Phys. Polon. A **43**, 571–578 (1973)

212. R. Gemperle, I. Tomáš: Microstructure of thick 180° domain walls. J. Magn. Magn. Mat. **73**, 339–334 (1988)

213. P.R. Alers: Structure of the intermediate state in superconducting lead. Phys. Rev. **105**, 104–108 (1957)

214. W. DeSorbo, W.A. Healy: The intermediate state of some superconductors. Cryogenics **4**, 257–326 (1964)

215. H. Kirchner: High-resolution magneto-optical observation of magnetic structures in superconductors. Phys. Lett. A **26**, 651–652 (1968)

216. H. Kirchner: Ein hochauflösendes magnetooptisches Verfahren zur Untersuchung der Kinematik magnetischer Strukturen in Supraleitern. Phys. Status Solidi A **4**, 531–553 (1971) *(A high resolution magneto-optical method for the investigation of the kinematics of magnetic structures in superconductors)*

217. G. Dietrich, A. Hubert, F. Schmidt: Abbildung und Messung der Streufelder über Magnetköpfen mit Hilfe von Granatschichten, in: *Berichte der Arbeitsgemeinschaft Magnetismus*, Vol. 1 (Verlag Stahleisen, Düsseldorf, 1983) p. 176–180 *(Imaging and measurement of stray fields over magnetic heads using garnet films)*

218. L.A. Dorosinskii, M.V. Indenbom, V.I. Nikitenko, Y.A. Ossipyan, A.A. Polyanskii, V.K. Vlasko-Vlasov: Study of high-T_c superconductors by means of magnetic bubble films, in: *Progress in High Temperature Physics*, Vol. 25 (World Scientific, Singapore, 1990) p. 166–170

219. R. Fichtner, A. Hubert, H. Grimm: The detection of magnetic inclusions in the surface of a non-magnetic ceramic using the critical state of a garnet film. 13. Intern. Conf. Magnetic Films and Surfaces, Extended Abstracts (Glasgow, 1991) p. 423–424

220. L.A. Dorosinskii, M.V. Indenbom, V.I. Nikitenko, Y.A. Ossipyan, A.A. Polyanskii, V.K. Vlasko-Vlasov: Studies of HTSC crystal magnetization features using indicator magnetooptic films with in-plane anisotropy. Physica C **203**, 149–156 (1992)

221. M.R. Koblischka, R.J. Wijngaarden: Magneto-optical investigations of superconductors. Supercond. Sci. Techn. **8**, 199–213 (1995)

222. W. Andrä, K.-H. Geier, R. Hergt, J. Taubert: Magnetooptik für die Materialcharakterisierung. Materialprüfung **36**, 294–297 (1994) *(Magnetooptics for material characterization)*

223. T. Hirano, T. Namikawa, Y. Yamazaki: Bi-YIG magneto-optical coated films for visual applications. IEEE Trans. Magn. **31**, 3280–3282 (1995)

224. R. Schäfer, M. Rührig, A. Hubert: Exploration of a new magnetization-gradient-related magnetooptical effect. IEEE Trans. Magn. **26**, 1355–1357 (1990)

225. A. Thiaville, A. Hubert, R. Schäfer: An isotropic description of the new-found gradient-related magnetooptical effect. J. Appl. Phys. **69**, 4551–4555 (1991)

226. R. Schäfer, M. Rührig, A. Hubert: Magnetooptical domain wall observation at perpendicular incidence. Phys. Status Solidi A **145**, 167–176 (1994)

227. V. Kamberský: The Schäfer-Hubert magnetooptical effect and classical gyrotropy in light-wave equations. J. Magn. Magn. Mat. **104**, 311–312 (1991)

228. L. Wenzel, A. Hubert: Simulating magnetooptic imaging with the tools of Fourier optics. IEEE Trans Magn **32**, 4084–4086 (1996)

229. R. Schäfer: Magnetooptical microscopy for the analysis of magnetic microstructures. 4th Symposium on Magnetic Materials, Processes, and Devices (Chicago, 1995). The Electrochemical Society Vol. **95–18**, p. 300–318

230. R.-P. Pan, H.D. Wei, Y.R. Shen: Optical second-harmonic generation from magnetized surfaces. Phys. Rev. B **39**, 1229–1234 (1989)

231. H.A. Wierenga, M.W.J. Prins, D.L. Abraham, T. Rasing: Magnetization induced optical second harmonic generation: A probe for interface magnetism. Phys. Rev. B **50**, 1282–1285 (1994)

232. W. Hübner: Magneto-optics goes nonlinear. Phys. World **8**.10, 21–22 (1995)

233. T. Rasing: Nonlinear magneto-optics. J. Magn. Magn. Mat. **175**, 35–50 (1997)

234. B. Koopmans, A.M. Janner, H.A. Wierenga, T. Rasing, G.A. Sawatzky, F. van der Woude: Separation of interface and bulk contributions in second-harmonic generation from magnetic and non-magnetic multilayers. Appl. Phys. A **60**, 103–111 (1995)

235. I.L. Lyubchanskii, A.V. Petukhov, T. Rasing: Domain and domain wall contributions to optical second harmonic generation in thin magnetic films. J. Appl. Phys. **81**, 5668–5670 (1997)

236. J. Reif, J.C. Zink, C.-M. Schneider, J. Kirschner: Effects of surface magnetism on optical second harmonic generation. Phys. Rev. Lett. **67**, 2878–2881 (1991)

237. T. Rasing, M. Groot Koerkamp, B. Koopmans, H. van den Berg: Giant nonlinear magneto-optical Kerr effects from Fe interfaces. J. Appl. Phys. **79**, 6181–6185 (1996)

238. V.V. Pavlov, R.V. Pisarev, A. Kirilyuk, T. Rasing: Observation of a transversal nonlinear magneto-optical effect in thin magnetic garnet films. Phys. Rev. Lett. **78**, 2004–2007 (1997)

239. V. Kirilyuk, A. Kirilyuk, T. Rasing: A combined nonlinear and linear magneto-optical microscopy. Appl. Phys. Lett. **70**, 2306–2308 (1997)

透射电子显微术

240. M.E. Hale, H.W. Fuller, H. Rubinstein: Magnetic domain observation by electron microscopy. J. Appl. Phys. **30**, 789–790 (1959)

241. H. Boersch, H. Raith: Elektronenmikroskopische Abbildung Weißscher Bezirke in dünnen ferromagnetischen Schichten. Naturwissenschaften **46**, 574 (1959) *(Electron microscopical imaging of Weiss domains in thin ferromagnetic films)*

242. H. Boersch, H. Raith, D. Wohlleben: Elektronenmikroskopische Untersuchung Weißscher Bezirke in dünnen Eisenschichten. Z. Phys. **159**, 388–396 (1960) *(Electron microscopical investigation of Weiss domains in thin iron films)*

243. H.W. Fuller, M.E. Hale: Determination of magnetization distribution in thin films using electron microscopy. J. Appl. Phys. **31**, 238–248 (1960)

244. E. Fuchs: Die Ummagnetisierung dünner Nickeleisenschichten in der schweren Richtung. Z. Angew. Phys. **13**, 157–164 (1961) *(The magnetization of thin nickel iron films along a hard axis)*

245. I.B. Puchalska, R.J. Spain: Observation des mécanismes de l'hystérésis magnétique dans les couches minces. C. R. Acad. Sci. Paris **254**, 72–74 (1962) *(Observation of the magnetic hysteresis mechanisms in thin films)*

246. M.S. Cohen: Magnetic measurements with Lorentz microscopy. IEEE Trans. Magn. **1**, 156–167 (1965)

247. P.J. Grundy, R.S. Tebble: Lorentz electron microscopy. Adv. Phys. **17**, 153–243 (1968)

248. R.H. Wade: Transmission electron microscope observations of ferromagnetic domain structures. J. de Phys. (Coll.) **29**, C2–95–109 (1968)

249. V.I. Petrov, G.V. Spivak, O.P. Pavlyuchenko: Electron microscopy of the magnetic structure of thin films. Sov. Phys. Uspekhi **15**, 66/88–94 (1972) *[Usp. Fiz. Nauk 106 (1972) 229–278]*

250. L. Reimer: *Transmission Electron Microscopy. Physics of Image Formation and Microanalysis*, in: Springer Series in Optical Sciences, Vol. 36 (Springer, Berlin, Heidelberg, New York, 1993)

251. J.N. Chapman: The investigation of magnetic domain structures in thin foils by electron microscopy. J. Phys. D: Appl. Phys. **17**, 623–647 (1984)

252. J.P. Jakubovics: Lorentz microscopy, in: *Handbook of Microscopy*, Vol. 1, ed. by S. Amelinckx, *et al.* (VCH, Weinheim, New York, 1997) p. 505–514

253. M. Mankos, J.M. Cowley, M.R. Scheinfein: Quantitative micromagnetics at high spatial resolution using far-out-of-focus STEM electron holography. Phys. Status Solidi A **154**, 469–504 (1996)

254. Y. Takahashi, Y. Yajima: Magnetization contrast enhancement of recorded magnetic storage media in scanning Lorentz electron microscopy. Jpn. J. Appl. Phys., Pt. 1 **32**, 3308–3311 (1993)

255. D. Wohlleben: Diffraction effects in Lorentz microscopy. J. Appl. Phys. **38**, 3341–3352 (1967)

256. M.S. Cohen: Wave-optical aspects in Lorentz microscopy. J. Appl. Phys. **38**, 4966–4976 (1967)

257. M. Mansuripur: Computation of electron diffraction patterns in Lorentz electron microscopy of thin magnetic films. J. Appl. Phys. **69**, 2455–2464 (1991)

258. D.C. Hothersall: The investigation of domain walls in thin sections of iron by the electron interference method. Phil. Mag. **20**, 89–112 (1969)

259. D.C. Hothersall: Electronic images of two-dimensional domain walls. Phys. Status Solidi B **51**, 529–536 (1972)

260. J.N. Chapman: The application of iterative techniques to the investigation of strong phase objects in the electron microscope. Phil. Mag. **13**, 85–101 (1965)

261. S. Tsukahara, H. Kawakatsu: Asymmetric 180° domain walls in single crystal iron films. J. Phys. Soc. Japan **32**, 1493–1499 (1972)

262. H.M. Thieringer, M. Wilkens: Abbildung ferromagnetischer Bereiche in einkristallinen dünnen Schichten durch Elektronen-Beugungskontrast. Phys. Status Solidi **7**, K5–8 (1964) *(Imaging ferromagnetic domains in single crystal thin films due to electron diffraction contrast)*

263. J.P. Jakubovics: The effect of magnetic domain structure on Bragg reflection in transmission electron microscopy. Phil. Mag. **10**, 277–290 (1965)

264. J.P. Jakubovics: Application of the dynamical theory of electron diffraction to ferromagnetic crystals. Phil. Mag. **13**, 85–101 (1965)

265. S.J. Hefferman, J.N. Chapman, S. McVitie: In-situ magnetising experiments on small regular particles fabricated by electron beam lithography. J. Magn. Magn. Mat. **83**, 223–224 (1990)

266. G.R. Morrison, J.N. Chapman: STEM imaging with a quadrant detector. Electron Microscopy & Analysis (1982). Inst. of Physics Conf. Ser. Vol. **61**, p. 329–332

267. J.N. Chapman, G.R. Morrison: Quantitative determination of magnetization distributions in domains and domain walls by scanning transmission electron microscopy. J. Magn. Magn. Mat. **35**, 254–260 (1983)

268. N.H. Dekkers, H. de Lang: Differential phase contrast in a STEM. Optik **41**, 452–456 (1974)

269. J.N. Chapman, P.E. Batson, E.M. Waddell, R.P. Ferrier: The direct determination of magnetic domain wall profiles by differential phase contrast electron microscopy. Ultramicroscopy **3**, 203–214 (1978)

270. E.M. Waddell, J.N. Chapman: Linear imaging of strong phase objects using asymmetrical detectors in STEM. Optik **54**, 83–96 (1979)

271. G.R. Morrison, H. Gong, J.N. Chapman, V. Hrnciar: The measurement of narrow domain-wall widths in SmCo$_5$ using differential phase contrast elec-

tron microscopy. J. Appl. Phys. **64**, 1338–1342 (1988)

272. J.N. Chapman, I.R. McFadyen, S. McVitie: Modified differential phase contrast Lorentz microscopy for improved imaging of magnetic structures. IEEE Trans. Magn. **26**, 1506–1511 (1990)

273. J. Zweck, J.N. Chapman, S. McVitie, H. Hoffmann: Reconstruction of induction distributions in thin films from DPC images. J. Magn. Magn. Mat. **104**, 315–316 (1992)

274. I.R. McFadyen, J.N. Chapman: Electron microscopy of magnetic materials. EMSA Bull. **22**.2, 64–76 (1992)

275. J.N. Chapman, R. Ploessl, D.M. Donnet: Differential phase contrast microscopy of magnetic materials. Ultramicroscopy **47**, 331–338 (1992)

276. Y. Takahashi, Y. Yajima: Nonmagnetic contrast in scanning Lorentz electron microscopy of polycrystalline magnetic films. J. Appl. Phys. **76**, 7677–7681 (1994)

277. I.A. Beardsley: Reconstruction of the magnetization in a thin film by combination of Lorentz microscopy and external field measurements. IEEE Trans. Magn. **25**, 671–677 (1989)

278. A.C. Daykin, A.K. Petford-Long: Quantitative mapping of the magnetic induction distribution using Foucault images formed in a transmission electron microscope. Ultramicroscopy **58**, 365–380 (1995)

279. A. Daykin, J.D. Kim, J.P. Jakubovics: A study of cross-tie domain walls in cobalt using small-aperture Foucault imaging. J. Magn. Magn. Mat. **153**, 293–301 (1996)

280. A.C. Daykin, J.P. Jakubovics: Magnetization imaging at high spatial resolution using transmission electron microscopy. J. Appl. Phys. **80**, 3408–3411 (1996)

281. A. Tonomura, T. Matsuda, J. Endo, T. Arii, K. Mihama: Direct observation of fine structure of magnetic domain walls by electron holography. Phys. Rev. Lett. **44**, 1430–1433 (1980)

282. A. Tonomura: Observation of magnetic domain structure in thin ferromagnetic films by electron holography. J. Magn. Magn. Mat. **31**, 963–969 (1983)

283. A. Tonomura: *Electron Holography*, in: Springer Series in Optical Sciences, Vol. 70 (Springer, Berlin, Heidelberg, New York, 1993)

284. H. Lichte: Electron holography methods, in: *Handbook of Microscopy*, Vol. 1, ed. by S. Amelinckx, *et al.* (VCH, Weinheim, New York, 1997) p. 515–536

285. W.J. de Ruijter, J.K. Weiss: Detection limits in quantitative off-axis holography. Ultramicroscopy **50**, 269–283 (1993)

286. T. Hirayama, J. Chen, T. Tanji, A. Tonomura: Dynamic observation of magnetic domains by on-line real-time electron holography. Ultramicroscopy **54**, 9–14 (1994)

287. J. Chen, T. Hirayama, G. Lai, T. Tanji, K. Ishizuka, A. Tonomura: Real-time electron holography using a liquid-crystal panel, in: *Electron Holography*, ed. by A. Tonomura, *et al.* (Elsevier, Amsterdam, 1995) p. 81–102

288. G. Matteucci, G.F. Missiroli, J.W. Chen, G. Pozzi: Mapping of microelectric and magnetic fields with double-exposure electron holography. Appl. Phys. Lett. **52**, 176–178 (1988)

289. M. Mankos, M.R. Scheinfein, J.M. Cowley: Absolute magnetometry at nanometer transverse spatial resolution: Holography of thin cobalt films in a scanning transmission electron microscope. J. Appl. Phys. **75**, 7418–7424 (1994)

290. J.M. Cowley, M. Mankos, M.R. Scheinfein: Greatly defocused, point-projection, off-axis electron holography. Ultramicroscopy **63**, 133–147 (1996)

291. M.R. McCartney, P. Kruit, A.H. Buist, M.R. Scheinfein: Differential phase contrast in TEM. Ultramicroscopy **65**, 179–186 (1996)

292. J.N. Chapman, A.B. Johnston, L.J. Heyderman, S. McVitie, W.A.P. Nicholson, B. Bormans: Coherent magnetic imaging by TEM. IEEE Trans. Magn.

30, 4479–4484 (1994)

293. A.B. Johnston, J.N. Chapman: The development of coherent Foucault imaging to investigate magnetic microstructure. J. Microsc. Oxford **179**, 119–128 (1995)

294. A.B. Johnston, J.N. Chapman, B. Khamsehpour, C.D.W. Wilkinson: *In situ* studies of the properties of micrometre-sized magnetic elements by coherent Foucault imaging. J. Phys. D: Appl. Phys. **29**, 1419–1427 (1996)

295. G. Lai, T. Hirayama, A. Fukuhara, K. Ishizuka, T. Tanji, A. Tonomura: Three-dimensional reconstruction of magnetic vector fields using electron-holographic interferometry. J. Appl. Phys. **75**, 4593–4598 (1994)

296. D.G. Streblechenko, M.R. Scheinfein, M. Mankos, K. Babcock: Quantitative magnetometry using electron holography: field profiles near magnetic force microscope tips. IEEE Trans. Magn. **32**, 4124–4129 (1996)

297. J.N. Chapman, R.P. Ferrier, L.J. Heyderman, S. McVitie, W.A.P. Nicholson, B. Bormans: Micromagnetics, microstructure and microscopy. EMAG 93 (Liverpool, 1993). Inst. of Phys. Conf. Ser. Vol. **138**, p. 1–8

298. T. Suzuki, M. Wilkens: Lorentz-electron-microscopy of ferromagnetic specimens at high voltages. Phys. Status Solidi A **3**, 43–52 (1970)

299. R.A. Taylor, J.P. Jakubovics: Observations of magnetic domain structures in thick foils of Ni-Fe-Co-Ti alloys. J. Magn. Magn. Mat. **31**, 1001–1004 (1983)

300. J. Dooley, M. De Graef: Energy filtered Lorentz microscopy. Ultramicroscopy **67**, 113–131 (1997)

301. R.A. Taylor: Top entry magnetizing stage for the AEI EM7 electron microscope, in: *Electron Microscopy 1980*, Vol. 4, ed. by P. Bredero, J. van Landuyt (7th European Congress on Electr. Microscopy Foundation, Leiden, 1980) p. 38–41

302. C.G. Harrison, K.D. Leaver: The analysis of two-dimensional domain wall structures by Lorentz microscopy. Phys. Status Solidi A **15**, 415–429 (1973)

303. O. Bostanjoglo, T. Rosin: Stroboscopic Lorentz TEM at 100 kV up to 100 MHz. Electron Microscopy **1**, 88–89 (1980)

304. I.R. McFadyen: Implementation of differential phase contrast Lorentz microscopy on a conventional transmission electron microscope. J. Appl. Phys. **64**, 6011–6013 (1988)

电子反射和散射方法

305. G.V. Spivak, I.N. Prilezhaeva, V.K. Azovtsev: Magnitnii kontrast v electronnom zerkale i nablyudeniye domenov ferromagnetika. Doklady Acad. Nauk SSSR, Fiz. **105**, 965–967 (1955) *(Magnetic contrast in the electron mirror and the observation of ferromagnetic domains)*

306. L. Mayer: Electron mirror microscopy of magnetic domains. J. Appl. Phys. **28**, 975–983 (1957)

307. D.J. Fathers, J.P. Jakubovics: Methods of observing magnetic domains by scanning electron microscopes. Physica B **86**, 1343–1344 (1977)

308. G.A. Jones: Magnetic contrast in the scanning electron microscope: An appraisal of techniques and their applications. J. Magn. Magn. Mat. **8**, 263–285 (1978)

309. D.E. Newbury, D.C. Joy, P. Echlin, C.E. Fiori, J.I. Goldstein: Magnetic contrast in the SEM, in: *Advanced Scanning Electron Microscopy and X-Ray Microanalysis* (Plenum, New York, London, 1986) p. 147–179

310. K. Tsuno: Magnetic domain observation by means of Lorentz electron microscopy with scanning technique. Rev. Solid State Science **2**, 623–656 (1988)

311. J.R. Banbury, W.C. Nixon: The direct observation of domain structure and magnetic fields in the scanning electron microscope. J. Sci. Instrum. **44**, 889–892 (1967)

312. D.C. Joy, J.P. Jakubovics: Scanning electron microscope study of the magnetic domain structure of cobalt single crystals. Brit. J. Appl. Phys. (J. Phys. D)

2, 1367–1672 (1969)

313. G.A. Wardly: Magnetic contrast in the scanning electron microscope. J. Appl. Phys. **42**, 376–386 (1971)

314. O.C. Wells: Fundamental theorem for type-1 magnetic contrast in the scanning electron microscope SEM. J. Microsc. **131**, RP 5–6 (1983)

315. O.C. Wells: Some theoretical aspects of type-1 magnetic contrast in the scanning electron microscope. J. Microsc. **139**, 187–196 (1985)

316. J.B. Elsbrock, W. Schroeder, E. Kubalek: Evaluation of 3-dimensional micromagnetic stray fields by means of electron-beam tomography. IEEE Trans. Magn. **21**, 1593–1595 (1985)

317. R.P. Ferrier, Y. Liu, J.L. Martin, T.C. Arnoldussen: Electron beam tomography of magnetic recording head fields. J. Magn. Magn. Mat. **149**, 387–397 (1995)

318. J. Yin, S. Nomizu, J.-I. Matusda: Reconstruction of three-dimensional magnetic stray fields for magnetic heads using reflection electron beam tomography. J. Phys. D: Appl. Phys. **30**, 1094–1102 (1997)

319. M. Mundschau, J. Romanowicz, J.Y. Wang, D.L. Sun, H.C. Chen: Imaging of ferromagnetic domains using photoelectrons: photoelectron emission microscopy of neodymium-iron-boron ($Nd_2Fe_{14}B$). J. Vac. Sci. Technol. B **14**, 3126–3130 (1996)

320. J. Philibert, R. Tixier: Effets de contraste cristallin en microscopie électronique à balayage. Micron **1**, 174–186 (1969) *(Crystal-related contrast effects in a scanning electron microscope)*

321. D.J. Fathers, J.P. Jakubovics, D.C. Joy: Magnetic domain contrast from cubic materials in the scanning electron microscope. Phil. Mag. **27**, 765–768 (1973)

322. D.J. Fathers, J.P. Jakubovics, D.C. Joy, D.E. Newbury, H. Yakowitz: A new method of observing magnetic domains by scanning electron microscopy. I Theory of image contrast. Phys. Status Solidi A **20**, 535–544 (1973)

323. D.J. Fathers, J.P. Jakubovics, D.C. Joy, D.E. Newbury, H. Yakowitz: A new method of observing magnetic domains by scanning electron microscopy. II Experimental confirmation. Phys. Status Solidi A **22**, 609–619 (1974)

324. T. Yamamoto, H. Nishizawa, K. Tsuno: Magnetic domain contrast in backscattered electron images obtained with the scanning electron microscope. Phil. Mag. **34**, 311–325 (1976)

325. O.C. Wells, R.J. Savoy: Magnetic domains in thin-film recording heads as observed in the SEM by a lock-in technique. IEEE Trans. Magn. **17**, 1253–1261 (1981)

326. R.P. Ferrier, S. McVitie, W.A.P. Nicholson: Magnetisation distribution in thin film recording heads by type II contrast. IEEE Trans. Magn. **26**, 1337–1339 (1990)

327. K. Kobayashi: Observation of magnetic domains in thin-film heads by electron microscopy. IEEE Transl. J. Magn. Japan **8**, 595–601 (1993)

328. R.P. Ferrier, S. McVitie: A new method for the observation of type II magnetic contrast. XIIth International Congress for Electron Microscopy (1990). San Francisco Press, p. 764–765

329. K. Tsuno, T. Yamamoto: Observed depths of magnetic domains in high voltage scanning electron microscopy. Phys. Status Solidi A **35**, 437–449 (1976)

330. B. Fukuda, T. Irie, H. Shimanaka, T. Yamamoto: Observation through surface coatings of domain structure in 3% SiFe sheet by a high voltage scanning electron microscope. IEEE Trans. Magn. **13**, 1499–1504 (1977)

331. R.P. Ferrier, S. McVitie: The depth sensitivity of type II magnetic contrast. 49th Annual Meeting Electron Microscopy Society of America (1991). San Francisco Press, p. 766–767

332. T. Nozawa, T. Yamamoto, Y. Matsuo, Y. Ohya: Effects of scratching on losses in 3 percent SiFe single crystals with orientation near (110)[001]. IEEE Trans. Magn. **15**, 972–981 (1979)

389

333. W. Jillek, A. Hubert: The influence of mechanical stresses on losses and domains of oriented transformer steel. J. Magn. Magn. Mat. **19**, 365–368 (1980)

334. T. Yamamoto, K. Tsuno: Unusual magnetic contrast of domain images obtained in the reflective mode of scanning electron microscopy. Phil. Mag. **34**, 479–484 (1976)

335. D.C. Joy, H.J. Leamy, S.D. Ferris, H. Yakowitz, D.E. Newbury: Domain wall image contrasts in the SEM. Appl. Phys. Lett. **28**, 466–467 (1976)

336. D.J. Fathers, J.P. Jakubovics: Magnetic domain wall contrast in the scanning electron microscope. Phys. Status Solidi A **36**, K13–16 (1976)

337. J.D. Livingston, W.G. Morris: Magnetic domains in amorphous metal ribbons. J. Appl. Phys. **57**, 3555–3559 (1985)

338. O.C. Wells, R.J. Savoy: Type-2 magnetic contrast with normal electron incidence in the scanning electron microscope SEM, in: *Microbeam Analysis*, ed. by D.A. Newbury (San Francisco Press, San Francisco, CA, 1979) p. 17–21

339. L. Pogány, Z. Vértessy, S. Sándor, G. Konczos: Magnetic domain contrast type II detection by pn-junction: a highly effective new method. Proc. XIth Int. Cong. Electron Microscopy (Kyoto, 1986) p. 1737–1738

340. L. Pogany, K. Ramstöck, A. Hubert: Quantitative magnetic contrast–Part I: Experiment. Scanning **14**, 263–268 (1992)

341. G. Chrobok, M. Hofmann: Electron spin polarization of secondary electrons ejected from magnetized europium oxide. Phys. Lett. **57A**, 257–258 (1976)

342. J. Unguris, D.T. Pierce, A. Galejs, R.J. Celotta: Spin and energy analyzed secondary electron emission from a ferromagnet. Phys. Rev. Lett. **49**, 72–76 (1982)

343. H. Hopster, R. Raue, E. Kisker, G. Güntherodt, M. Campagna: Evidence for spin-dependent electron-hole-pair excitations in spin-polarized secondary-electron emission from Ni (110). Phys. Rev. Lett. **50**, 70–73 (1983)

344. D.T. Pierce: Experimental studies of surface magnetism with polarized electrons. Surface Sci. **189**, 710–723 (1987)

345. K. Koike, K. Hayakawa: Observation of magnetic domains with spin-polarized secondary electrons. Appl. Phys. Lett. **45**, 585–586 (1984)

346. K. Koike, K. Hayakawa: Scanning electron microscope observation of magnetic domains using spin-polarized secondary electrons. Jpn. J. Appl. Phys. **23**, L187–188 (1984)

347. K. Koike, H. Matsuyama, K. Hayakawa: Spin-polarized scanning electron microscopy for micromagnetic structure observation. Scanning Microscopy Suppl. **1**, 241–253 (1987)

348. J. Unguris, G. Hembree, R.J. Celotta, D.T. Pierce: Investigations of magnetic microstructure using scanning electron microscopy with spin polarization analysis. J. Magn. Magn. Mat. **54**, 1629–1630 (1986)

349. G.G. Hembree, J. Unguris, R.J. Celotta, D.T. Pierce: Scanning electron microscopy with polarization analysis: High resolution images of magnetic microstructure. Scanning Microscopy Suppl. **1**, 229–240 (1987)

350. M.R. Scheinfein, J. Unguris, M.H. Kelley, D.T. Pierce, R.J. Celotta: Scanning electronic microscopy with polarization analysis (SEMPA). Rev. Sci. Instrum. **61**, 2501–2526 (1990)

351. H.P. Oepen, J. Kirschner: Imaging of magnetic microstructures at surfaces – The scanning electron-microscope with spin polarization analysis. Scanning Microscopy (Chicago) **5**, 1–16 (1991)

352. M.R. Scheinfein, J. Unguris, R.J. Celotta, D.T. Pierce: The influence of the surface on magnetic domain wall microstructure. Phys. Rev. Lett. **65**, 668–670 (1989)

353. T. Kohashi, H. Matsuyama, K. Koike: A spin rotator for detecting all three magnetization vector components by spin-polarized scanning electron microscopy. Rev. Sci. Instrum. **66**, 5537–5543 (1995)

354. M. Haag, R. Allenspach: A novel approach to domain in natural Fe/Ti oxides

by spin-polarized scanning electron microscopy. Geophys. Res. Lett. **20**, 1943–1946 (1993)

355. T. VanZandt, R. Browning, M. Landolt: Iron overlayer polarization enhancement technique for spin-polarized electron microscopy. J. Appl. Phys. **69**, 1564–1568 (1991)

356. E. Bauer, W. Telieps: Emission and low energy reflection electron microscopy, in: *Surface and interface characterization by electron optical methods*, ed. by A. Howie, U. Vsaldré (Plenum, New York, London, 1988) p. 195–233

357. E. Bauer: Low energy electron microscopy. Rep. Progr. Phys. **57**, 895 (1994)

358. E. Bauer: The resolution of the low energy electron reflection microscope. Ultramicroscopy **17**, 51–56 (1985)

359. H. Poppa, E. Bauer, H. Pinkvos: SPLEEM of magnetic surfaces and layered structures. MRS Bull. **20**.10, 38–40 (1995)

360. E. Bauer, T. Duden, H. Pinkvos, H. Poppa, K. Wurm: LEEM studies of the microstructure and magnetic domain structure of ultrathin films. J. Magn. Magn. Mat. **156**, 1–6 (1996)

361. E. Bauer: Spin-polarized low-energy electron microscopy, in: *Handbook of Microscopy*, Vol. 2, ed. by S. Amelinckx *et al.* (VCH, Weinheim, New York, 1997) p. 751–759

362. T. Duden, E. Bauer: Magnetization wrinkle in thin ferromagnetic films. Phys. Rev. Lett. **77**, 2308–2311 (1996)

363. D.C. Joy, E.M. Schulson, J.P. Jakubovics, C.G. van Essen: Electron channelling pattern from ferromagnetic crystals in the scanning electron microscope. Phil. Mag. **20**, 843–847 (1969)

364. A. Gervais, J. Philibert, A. Rivière, R. Tixier: Contraste de domaines magnétiques dans le fer-silicium observés en microscopie à balayage. Revue Phys. Appl. **9**, 433–441 (1974) *(Contrast of magnetic domains in silicon iron observed in scanning microscopy)*

365. L.J. Balk, D.G. Davies, N. Kultscher: Investigations of Si-Fe transformer sheets by scanning electron acoustic microscopy SEAM. IEEE Trans. Magn. **20**, 1466–1468 (1984)

366. E. Kay, H.C. Siegmann: High resolution dynamic magnetic domain readout. IBM Techn. Discl. Bull. **27**, 317–320 (1984)

367. G.V. Spivak, T.N. Dombrovskaia, N.N. Sedov: The observation of ferromagnetic domain structure by means of photoelectrons. Sov. Phys. Doklady **2**, 120–123 (1957) *[Dokl. Akad. Nauk USSR 113 (1957) 78–81]*

力学(机械)显微扫描技术

368. G. Binnig, H. Rohrer: Scanning tunneling microscopy. Surface Science **152**, 17–26 (1985)

369. U. Hartmann: High-resolution magnetic imaging based on scanning probe techniques. J. Magn. Magn. Mat. **157**, 545–549 (1996)

370. G. Binnig, C. Quate, C. Gerber: Atomic force microscope. Phys. Rev. Lett. **56**, 930–933 (1986)

371. Y. Martin, H.K. Wickramasinghe: Magnetic imaging by "force microscopy" with 1000 Å resolution. Appl. Phys. Lett. **50**, 1455–1457 (1987)

372. J.J. Sáenz, N. Garcia, P. Grütter, E. Meyer, *et al.*: Observation of magnetic forces by the atomic force microscope. J. Appl. Phys. **62**, 4293–4295 (1987)

373. P. Grütter, E. Meyer, H. Heinzelmann, L. Rosenthaler, H.-R. Hidber, H.-J. Güntherodt: Application of AFM to magnetic materials. J. Vac. Sci. Technol. A **6**, 279–282 (1988)

374. Y. Martin, D. Rugar, H.K. Wickramasinghe: High resolution magnetic imaging of domains in TbFe by force microscopy. Appl. Phys. Lett. **52**, 244–246 (1988)

375. P. Grütter, T. Jung, H. Heinzelmann, A. Wadas, E. Meyer, H.-R. Hidber, H.-J. Güntherodt: 10-nm resolution by magnetic force microscopy on FeNdB.

J. Appl. Phys. **67**, 1437–1441 (1990)

376. U. Hartmann, T. Göddenhenrich, C. Heiden: Magnetic force microscopy: Current status and future trends. J. Magn. Magn. Mat. **101**, 263–270 (1991)

377. P. Grütter, H.J. Mamin, D. Rugar: Magnetic Force Microscopy (MFM), in: *Scanning Tunneling Microscopy*, Vol. II, ed. by H.-J. Güntherodt, R. Wiesendanger (Springer, Berlin, Heidelberg, New York, 1992) p.151–207

378. P. Grütter: An introduction to magnetic force microscopy. MSA Bull. **24**, 416–425 (1994)

379. A. Wadas: Magnetic force microscopy, in: *Handbook of Microscopy*, Vol. 2, ed. by S. Amelinckx, *et al.* (VCH, Weinheim, New York, 1997) p. 845–853

380. C. Schönenberger, S.F. Alvarado: Understanding magnetic force microscopy. Z. Phys. B **80**, 373–380 (1990)

381. C. Schönenberger, S.F. Alvarado, S.E. Lambert, I.L. Sanders: Separation of magnetic and topographic effects in force microscopy. J. Appl. Phys. **67**, 7278–7280 (1990)

382. O. Wolter, T. Bayer, J. Greschner: Micromachined silicon sensors for scanning force microscopy. KJ. Vac. Sci. Technol. **9**, 1353–1367 (1991)

383. P. Grütter, D. Rugar, H.J. Mamin, G. Castillo, *et al.*: Magnetic force microscopy with batch-fabricated force sensors. J. Appl. Phys. **69**, 5883–5885 (1991)

384. P.B. Fischer, M.S. Wei, S.Y. Chou: Ultrahigh resolution magnetic force microscope tip fabricated using electron beam lithography. J. Vac. Sci. Technol. B **11**, 2570–2573 (1993)

385. M. Rührig, S. Porthun, J.C. Lodder: Magnetic force microscopy using electron-beam fabricated tips. Rev. Sci. Instrum. **65**, 3224–3228 (1994)

386. M. Rührig, S. Porthun, J.C. Lodder, S. McVitie, L.J. Heyderman, A.B. Johnston, J.N. Chapman: Electron beam fabrication and characterization of high-resolution magnetic force microscopy tips. J. Appl. Phys. **79**, 2913–2919 (1996)

387. M. Schneider, S. Müller-Pfeiffer, W. Zinn: Magnetic force microscopy of domain wall fine structures in iron films. J. Appl. Phys. **79**, 8578–8583 (1996)

388. M.S. Valera, A.N. Farley: A high performance magnetic force microscope. Meas. Sci. Technol. **7**, 30–35 (1996)

389. T.G. Pokhil, R.B. Proksch: A combined magneto-optic magnetic force microscope study of Co/Pd multilayer films. J. Appl. Phys. **81**, 3846–3848 (1997)

390. W. Rave, E. Zueco, R. Schäfer, A. Hubert: Observations on high-anisotropy single crystals using a combined Kerr/magnetic force microscope. J. Magn. Magn. Mat. **177**, 1474–1475 (1998)

391. C.D. Wright, E.W. Hill: Reciprocity in magnetic force microscopy. Appl. Phys. Lett. **67**, 433–435 (1995)

392. A. Hubert, W. Rave, S.L. Tomlinson: Imaging magnetic charges with magnetic force microscopy. Phys. Status Solidi B **204**, 817–828 (1997)

393. W. Rave, L. Belliard, M. Labrune, A. Thiaville, J. Miltat: Magnetic force microscopy analysis of soft thin film elements. IEEE Trans. Magn. **30**, 4473–4478 (1994)

394. A. Thiaville, L. Belliard, J. Miltat: Micromagnetism and the interpretation of magnetic force microscopy images. Scanning Microsc., accepted, Proc. Conf. "Scanning Microscopy International" Chicago 1997

395. S.L. Tomlinson, A.N. Farley, S.R. Hoon, M.S. Valera: Interactions between soft magnetic samples and MFM tips. J. Magn. Magn. Mat. **157**, 557–558 (1996)

396. S.L. Tomlinson, E.W. Hill: Modelling the perturbative effect of MFM tips on soft magnetic thin films. J. Magn. Magn. Mat. **161**, 385–396 (1996)

397. J.-G. Zhu, Y. Zheng, X. Lin: Micromagnetics of small size patterned exchange biased Permalloy film elements. J. Appl. Phys. **81**, 4336–4341 (1997)

398. L. Folks, R. Street, R.C. Woodward, K. Babcock: Magnetic force microscopy

images of high-coercivity permanent magnets. J. Magn. Magn. Mat. **159**, 109–118 (1996)

399. S. Foss, R. Proksch, E.D. Dahlberg, B. Moskowitz, B. Walsh: Localized micromagnetic perturbation of domain walls in magnetite using a magnetic force microscope. Appl. Phys. Lett. **69**, 3426–3428 (1996)

400. S. Foss, E.D. Dahlberg, R. Proksch, B.M. Moskowitz: Measurement of the effects of the localized field of a magnetic force microscope tip on a 180° domain wall. J. Appl. Phys. **81**, 5032–5034 (1997)

401. L. Belliard, A. Thiaville, S. Lemerle, A. Lagrange, J. Ferré, J. Miltat: Investigation of the domain contrast in magnetic force microscopy. J. Appl. Phys. **81**, 3849–3851 (1997)

402. H.J. Mamin, D. Rugar, J.E. Stern, R.E. Fontana, P. Kasiraj: Magnetic force microscopy of thin Permalloy films. Appl. Phys. Lett. **55**, 318–320 (1989)

403. J.R. Barnes, S.J. O'Shea, M.E. Welland: Magnetic force microscopy study of local pinning effects. J. Appl. Phys. **76**, 418–423 (1994)

404. M.A. Al-Khafaji, W.M. Rainforth, M.R.J. Gibbs, J.E.L. Bishop, H.A. Davies: The effect of tip type and scan height on magnetic domain images obtained by MFM. IEEE Trans. Magn. **32**, 4138–4140 (1996)

405. T. Ohkubo, J. Kishigami, K. Yanagisawa, R. Kaneko: Submicron magnetizing and its detection based on the point magnetic recording concept. IEEE Trans. Magn. **27**, 5286–5288 (1991)

406. G.A. Gibson, S. Schultz: Magnetic force microscope study of the micromagnetics of submicrometer magnetic particles. J. Appl. Phys. **73**, 4516–4521 (1993)

407. J.R. Barnes, S.J. O'Shea, M.E. Welland, J.-Y. Kim, J.E. Evetts, R.E. Somekh: Magnetic force microscopy of Co-Pd multilayers with perpendicular anisotropy. J. Appl. Phys. **76**, 2974–2980 (1994)

408. T.G. Pokhil: Domain wall displacements in amorphous films and multilayers studied with a magnetic force microscope. J. Appl. Phys. **81**, 5035–5037 (1997)

409. P.F. Hopkins, J. Moreland, S.S. Malhotra, S.H. Liou: Superparamagnetic magnetic force microscopy tips. J. Appl. Phys. **79**, 6448–6450 (1996)

410. K.L. Babcock, L. Folks, R. Street, R.C. Woodward, D.L. Bradbury: Evolution of magnetic microstructure in high-coercivity permanent magnets imaged with magnetic force microscopy. J. Appl. Phys. **81**, 4438–4440 (1997)

411. R. Proksch, G.D. Skidmore, E.D. Dahlberg, S. Foss, et al.: Quantitative magnetic field measurements with the magnetic force microscope. Appl. Phys. Lett. **69**, 2599–2601 (1996)

412. D.W. Pohl, W. Denk, M. Lanz: Optical stethoscopy: Image recording with resolution $\lambda/20$. Appl. Phys. Lett. **44**, 651–653 (1984)

413. E. Betzig, J.K. Trautman: Near field optics: Microscopy, spectroscopy, and surface modification beyond the diffraction limit. Science **257**, 189–195 (1992)

414. D. Courjon, M. Spajer: Near field optical microscopy, in: *Handbook of Microscopy*, Vol. 1, ed. by S. Amelinckx, et al. (VCH, Weinheim, New York, 1997) p. 83–96

415. E. Betzig, J.K. Trautman, J.S. Weiner, T.D. Harris, R. Wolfe: Polarization contrast in near-field scanning optical microscopy. Appl. Optics **31**, 4563–4568 (1992–1993)

416. C. Durkan, I.V. Shvets, J.C. Lodder: Observation of magnetic domains using a reflection-mode scanning near-field optical microscope. Appl. Phys. Lett. **70**, 1323–1325 (1997)

417. G. Eggers, A. Rosenberger, N. Held, A. Münnemann, G. Güntherodt, P. Fumagalli: Scanning near-field magneto-optic microscopy using illuminated fiber tips. Ultramicroscopy **71**, 249–256 (1998)

418. V.I. Safarov, V.A. Kosobukin, C. Hermann, G. Lampel, J. Peretti: Near-field magneto-optical microscopy. Microsc. Microanal. Microstruct. **5**, 381–388

(1994)

419. M.W.J. Prins, R.H.M. Groeneveld, D.L. Abraham, R. Schad, H. van Kempen, H.W. van Kesteren: Scanning tunneling microscope for magneto-optical imaging. J. Vac. Sci. Technol. B **14**, 1206–1209 (1996)

420. T.J. Silva, S. Schultz: A scanning near-field optical microscope for the imaging of magnetic domains in reflection. Rev. Sci. Instrum. **67**, 715–725 (1996)

421. M. Johnson, J. Clarke: Spin-polarized scanning tunneling microscope: Concept, design, and preliminary results from a prototype operated in air. J. Appl. Phys. **67**, 6141–6152 (1990)

422. R. Wiesendanger, H.J. Güntherodt, G. Güntherodt, R.J. Gambino, R. Ruf: Scanning tunneling microscopy with spin-polarized electrons. Z. Phys. B **80**, 5–6 (1990)

423. R. Wiesendanger, I.V. Shvets, D. Bürgler, G. Tarrach, H.-J. Güntherodt, J.M.D. Coey: Magnetic imaging at the atomic level. Z. Phys. B **86**, 1–2 (1992)

424. I.V. Shvets, R. Wiesendanger, D. Bürgler, G. Tarrach, H.-J. Güntherodt, J.M.D. Coey: Progress towards spin-polarized scanning tunneling microscopy. J. Appl. Phys. **71**, 5489–5499 (1992)

425. R. Jansen, M.C.M.M. van der Wielen, M.W.J. Prins, D.L. Abraham: Progress toward spin sensitive scanning tunneling microscopy using optical orientation in GaAs. J. Vac. Sci. Technol. **12**, 2133–2135 (1994)

426. K. Mukasa, K. Sueoka, H. Hasegawa, Y. Tazuke, K. Hayakawa: Spin-polarized STM and its family. Mater. Sci. Techn. B **31**, 69–76 (1995)

427. R. Allenspach, A. Bischof: Spin-polarized secondary electrons from a scanning tunneling microscope in field emission mode. Appl. Phys. Lett. **54**, 587–589 (1989)

428. B. Kostyshyn, J.E. Brophy, I. Oi, D.D. Roshon, Jr.: External fields from domain walls of cobalt films. J. Appl. Phys. **31**, 772–775 (1960)

429. H. Koehler, B. Kostyshyn, T.C. Ku: A note on Hall probe resolution. IBM Journal **Oct.**, 326–327 (1961)

430. J. Kaczér: A new method for investigating the domain structure of ferromagnetics. Czech. J. Phys. **5**, 239–244 (1955)

431. J. Kaczér, R. Gemperle: Vibrating Permalloy probe for mapping magnetic fields. Czech. J. Phys. **6**, 173–184 (1956)

432. W. Hagedorn, H.H. Mende: A method for inductive measurement of magnetic flux density with high geometrical resolution. J. Phys. E: Sci. Instrum. **9**, 44–46 (1976)

433. H. Pfützner, G. Schwarz, J. Fidler: Computer-controlled domain detector. Jpn. J. Appl. Phys. **22**, 361–364 (1983)

434. A. Oral, S.J. Bending, M. Henini: Scanning Hall probe microscopy of superconductors and magnetic materials. J. Vac. Sci. Technol. B **14**, 1202–1205 (1996)

435. A. Thiaville, L. Belliard, D. Majer, E. Zeldov, J. Miltat: Measurement of the stray field emanating from magnetic force microscope tips by Hall effect microsensors. J. Appl. Phys. **82**, 3182–3191 (1997)

436. R. O'Barr, M. Lederman, S. Schultz: A scanning microscope using a magnetoresistive head as the sensing element. J. Appl. Phys. **79**, 6067–6069 (1996)

437. S.Y. Yamamoto, S. Schultz, Y. Zhang, H.N. Bertram: Scanning magnetoresistance microscopy (SMRM) as a diagnostic for high density recording. IEEE Trans. Magn. **33**, 891–896 (1997)

438. S.Y. Yamamoto, S. Schultz: Scanning magnetoresistance microscopy (SMRM): Imaging with a MR head. J. Appl. Phys. **81**, 4696–4698 (1997)

X射线、中子和其他方法

439. A.R. Lang: The projection topograph, a new method in X-ray diffraction topography. Acta Crystallogr. **12**, 249–250 (1959)

440. M. Polcarová, A.R. Lang: X-ray topographic studies of magnetic domain con-

figurations and movements. Appl. Phys. Lett. **1**, 13–15 (1962)

441. M. Polcarová: Applications of X-ray diffraction topography to the study of magnetic domains. IEEE Trans. Magn. **5**, 536–544 (1969)

442. M. Kuriyama, G.M. McManus: X-ray interference fringes and domain arrangements in Fe+3wt.% Si single crystals. Phys. Status Solidi **25**, 667–677 (1968)

443. M. Polcarová, A.R. Lang: On the fine structure of X-ray topography images of 90° ferromagnetic domain walls in Fe-Si. Phys. Status Solidi A **4**, 491–499 (1971)

444. J.E.A. Miltat: Fir-tree patterns. Elastic distortions and application to X-ray topography. Phil. Mag. **33**, 225–254 (1976)

445. M. Polcarová, A.R. Lang: Observation par la topographie aux rayons X des domaines ferromagnétiques dans Fe-3%Si. Bull. Soc. Fr. Minéral. Cristallogr. **91**, 645–652 (1968) *(Observation of ferromagnetic domains in Fe-3%Si by X-ray topography)*

446. M. Schlenker, P. Brissonneau, J.P. Perrier: Sur l'origine du contraste des images de parois de domaines ferromagnétiques par topographie aux rayons X dans le fer silicium. Bull. Soc. Fr. Minéral. Cristallogr. **91**, 653–665 (1968) *(On the origin of X-ray topographical image contrast of ferromagnetic domain walls in silicon iron)*

447. J.E.A. Miltat, M. Kléman: Magnetostrictive displacements around a domain wall junction: Elastic field calculation and application to X-ray topography. Phil. Mag. **28**, 1015–1033 (1973)

448. M. Polcarová, J. Kaczér: X-ray diffraction contrast on ferromagnetic domain walls in Fe-Si single crystals. Phys. Status Solidi **21**, 635–642 (1967)

449. F. Kroupa, I. Vagera: Surface magnetostrictive deformation at 180° Bloch wall. Czech. J. Phys. B **19**, 1204 (1969)

450. H.H. Mende, H. Galinski: Röntgentopographische Untersuchungen von 180°-Blochwänden in Eisenwhiskern. Appl. Phys. **5**, 211–215 (1974) *(X-ray topographic investigations of 180° Bloch walls in iron whiskers)*

451. J. Miltat, M. Kléman: Interaction of moving {110} 90°-walls in Fe-Si single crystals with lattice imperfections. J. Appl. Phys. **50**, 7695–7697 (1979)

452. J. Miltat: Internal strains of magnetostrictive origin: Their nature in the static case and behaviour in the dynamic regime. IEEE Trans. Magn. **17**, 3090–3095 (1981)

453. M. Schlenker, J. Linares-Galvez, J. Baruchel: A spin-related contrast effect. Visibility of 180° ferromagnetic domain walls in unpolarized neutron diffraction topography. Phil. Mag. B **37**, 1–11 (1978)

454. M. Schlenker, J. Baruchel: Neutron techniques for the observation of ferro- and antiferromagnetic domains. J. Appl. Phys. **49**, 1996–2001 (1978)

455. J. Baruchel, M. Schlenker, K. Kurosawa, S. Saito: Antiferromagnetic S-domains in NiO. Phil. Mag. B **43**, 853–868 (1981)

456. G. Schütz, W. Wagner, W. Wilhelm, P. Kienle, R. Zeller, R. Frahm, G. Materlik: Absorption of circularly polarized X rays in iron. Phys. Rev. Lett. **58**, 737–740 (1987)

457. C.T. Chen, F. Sette, Y. Ma, S. Modesti: Soft-X-ray magnetic circular dichroism at the $L_{2,3}$ edges of nickel. Phys. Rev. B **42**, 7262–7265 (1990)

458. C.M. Schneider: Perspectives in element-specific magnetic domain imaging. J. Magn. Magn. Mat. **156**, 94–98 (1996)

459. C.M. Schneider: Soft X-ray photoemission electron microscopy as an element-specific probe of magnetic microstructures. J. Magn. Magn. Mat. **175**, 160–176 (1997)

460. Y. Wu, S.S.P. Parkin, J. Stöhr, M.G. Samant, *et al.*: Direct observation of oscillatory interlayer exchange coupling in sputtered wedges using circularly polarized x rays. Appl. Phys. Lett. **63**, 263–265 (1993)

461. L. Baumgarten, C.-M. Schneider, H. Petersen, F. Schäfers, J. Kirschner: Mag-

netic X-ray dichroism in core-level photoemission from ferromagnets. Phys. Rev. Lett. **65**, 492–495 (1990)

462. B.P. Tonner: Spin-sensitive magnetic microscopy with circularly polarized X-rays. J. de Phys. IV C9 **4**, 407–414 (1994)

463. B.P. Tonner, D. Dunham: Sub-micron spatial resolution of a micro-XAFS electrostatic microscope with bending magnet radiation: performance assessments and prospects for aberration correction. Nucl. Instrum. Meth. Phys. Res. A **347**, 436–440 (1994)

464. B.P. Tonner, D. Dunham, T. Troubay, J. Kikuma, J. Denlinger: X-ray photoemission electron microscopy: Magnetic circular dichroism imaging and other contrast mechanisms. J. Electr. Spectr. Rel. Phen. **78**, 13–18 (1996)

465. W. Swiech, G.H. Fecher, C. Ziethen, O. Schmidt, *et al.*: Recent progress in photoemission microscopy with emphasis on chemical and magnetic sensitivity. J. Electr. Spectr. Rel. Phen. **84**, 171–188 (1997)

466. C.M. Schneider: Element specific imaging of magnetic domains in multicomponent thin film systems. J. Magn. Magn. Mat. **162**, 7–20 (1996)

467. T. Kachel, W. Gudat, K. Holldack: Element specific magnetic domain imaging from an antiferromagnetic overlayer system. Appl. Phys. Lett. **64**, 655–657 (1994)

468. F.U. Hillebrecht, T. Kinoshita, D. Spanke, J. Dresselhaus, C. Roth, H.B. Rose, E. Kisker: New magnetic linear dichroism in total photoelectron yield for magnetic domain imaging. Phys. Rev. Lett. **75**, 2224–2227 (1995)

469. Y. Kagoshima, T. Miyahara, M. Ando, J. Wang, S. Aoki: Magnetic domain-specific microspectroscopy with a scanning X-ray microscope using circularly polarized undulator radiation. J. Appl. Phys. **80**, 3124–3126 (1996)

470. P. Fischer, G. Schütz, G. Schmahl, P. Guttmann, D. Raasch: Imaging of magnetic domains with the X-ray microscope at BESSY using X-ray magnetic circular dichroism. Z. Phys. B **101**, 313–316 (1996)

471. P. Fischer, T. Eimüller, G. Schütz, P. Guttmann, G. Schmahl, K. Pruegl, G. Bayreuther: Imaging of magnetic domains by transmission X-ray microscopy. J. Phys. D: Appl. Phys. **31**, 649–655 (1998)

472. S. Stähler, G. Schütz, P. Fischer, M. Knülle, *et al.*: Distribution of magnetic moments in Co/Pt and Co/Pt/Ir/Pt multilayers detected by magnetic X-ray absorption. J. Magn. Magn. Mat. **121**, 234–237 (1993)

473. K. Futschik, H. Pfützner, A. Doblander, T. Dobeneck, N. Petersen, H. Vali: Why not use magnetotactic bacteria for domain analysis? Physica Scripta **40**, 518–521 (1989)

474. R.P. Blakemore, R.B. Frankel: Magnetic navigation in bacteria. Scient. American **245**.6, 42–49 (1981)

475. B.M. Moskowitz, R.B. Frankel, R.J. Flander, R.P. Blakemore, B.B. Schwartz: Magnetic properties of magnetotactic bacteria. J. Magn. Magn. Mat. **73**, 273–288 (1988)

476. G. Harasko, H. Pfützner, K. Futschik: Domain analysis by means of magnetotactic bacteria. IEEE Trans. Magn. **31**, 938–949 (1995)

477. G. Harasko, H. Pfützner, K. Futschik: On the effectiveness of magnetotactic bacteria for visualizations of magnetic domains. J. Magn. Magn. Mat. **133**, 409–412 (1994)

478. H.-E. Bühler, W. Pepperhoff, W. Schwenk: Zur Frage der Anätzbarkeit magnetischer Bereichsstrukturen auf Kobalt und Kobalt-Eisen-Legierungen. Z. Metallk. **57**, 201–205 (1966) *(On the question of an etchability of magnetic domains on cobalt and cobalt-iron alloys)*

479. D.J. Evans, H.J. Garret: Observation of magnetic domains in NdCo$_5$ using an electro-etching technique. IEEE Trans. Magn. **9**, 197–201 (1973)

480. D.Y. Parpia, B.K. Tanner, D.G. Lord: Direct optical observation of ferromagnetic domains. Nature **303**, 684 (1983)

481. D.G. Lord, V. Elliott, A.E. Clark, H.T. Savage, J.P. Teter, O.D. McMasters:

Optical observations of closure domains in Terfenol-D single crystals. IEEE Trans. Magn. **24**, 1716–1718 (1988)

482. A.P. Holden, D.G. Lord, P.J. Grundy: Surface deformations and domains in Terfenol-D by scanning probe microscopy. J. Appl. Phys. **79**, 6070–6072 (1996)

483. F.H. Liu, H.-C. Tong, L. Milosvlasky: Domain structure at the cross sections of thin film inductive recording heads. J. Appl. Phys. **79**, 5895–5897 (1996)

484. A.R. Lang: The early days of high-resolution X-ray topography. J. Phys. D **26**, A1–8 (1993)

485. Y. Chikaura, B.K. Tanner: Evidence of interactions between domain walls and a dislocation bundle in synchrotron X-radiation topographs of iron whisker crystals. Jpn. J. Appl. Phys. **18**, 1389–1390 (1979)

486. J. Miltat: Significance of X-ray imaging techniques in the study of ferro- or ferrimagnets, in: *The Application of Synchrotron Radiation to Problems in Materials Science*, ed. by D.K. Bowen (Daresbury Laboratory, Warrington, 1983) p. 56–65

487. J. Sandonis, J. Baruchel, B.K. Tanner, G. Fillion, V.V. Kvardakov, K.M. Podurets: Coupling between antiferro and ferromagnetic domains in hematite. J. Magn. Magn. Mat. **104**, 350–352 (1992)

488. M. Hochhold, H. Leeb, G. Badurek: Tensorial neutron tomography: A first approach. J. Magn. Magn. Mat. **157**, 575–576 (1995)

489. M. Hochhold, H. Leeb, G. Badurek: Neutron spin tomopraphy: A tool to visualize magnetic domains in bulk materials. J. Phys. Soc. Jpn. **65**, Suppl. A, 292–295 (1996)

490. S. Libovický: Spatial replica of ferromagnetic domains in iron-silicon alloys. Phys. Status Solidi A **12**, 539–547 (1972)

491. M.T. Rekveldt: Study of ferromagnetic bulk domains by neutron depolarization in three dimensions. Z. Phys. **259**, 391–410 (1973)

492. O. Schärpf, H. Strothmann: Neutron techniques for magnetic domain and domain wall investigations. Phys. Scripta **T24**, 58–70 (1988)

493. V.M. Pusenkov, N.K. Pleshanov, V.G. Syromyatnikov, V.A. Ulyanov, A.F. Schebetov: Study of domain structure of thin magnetic films by polarised neutron reflectometry. J. Magn. Magn. Mat. **175**, 237–248 (1997)

494. D. Küppers, J. Kranz, A. Hubert: Coercivity and domain structure of silicon-iron crystals. J. Appl. Phys. **39**, 608–609 (1968)

495. K. Hara: Anomalous magnetic anisotropy of thin films evaporated at oblique incidence. J. Sci. Hiroshima Univ. Ser. A-II **34**, 139–163 (1970)

496. U. Gonser, H. Fischer: Resonance γ-ray polarimetry, in: *Mössbauer Spectroscopy*, Vol. II, ed. by U. Gonser (Springer, Berlin, Heidelberg, New York, 1981) p. 98–137

497. T. Zemcik, L. Kraus, K. Závěta: Mössbauer spectroscopy in creep annealed soft amorphous alloys. Hyperfine Interactions **51**, 1051–1060 (1989)

498. H.D. Pfannes, H. Fischer: The texture problem in Mössbauer spectroscopy. Appl. Phys. **13**, 317–325 (1977)

499. J.M. Greneche, F. Varret: On the texture problem in Mössbauer spectroscopy. J. Phys. C: Solid State Phys. **15**, 5333–5344 (1982)

3. 磁畴理论

综述和教科书

500. L.D. Landau, E.M. Lifshitz: *Course of Theoretical Physics*, Vol. IX.2 Theory of the Condensed State (Pergamon, Oxford, 1980)

501. W.F. Brown, Jr.: *Magnetostatic Principles in Ferromagnetism* (North Holland, Amsterdam, 1962)

502. S. Chikazumi: *Physics of Ferromagnetism* (Clarendon Press, Oxford, 1997)

503. H. Kronmüller: Magnetisierungskurve der Ferromagnetika I, in: *Moderne Probleme der Metallphysik*, Vol. 2, ed. by A. Seeger (Springer, Berlin, Hei-

delberg, New York, 1966) p. 24–156 *(The magnetization curve of ferromagnets I)*

504. H. Träuble: Magnetisierungskurve der Ferromagnetika II, in: *Moderne Probleme der Metallphysik*, Vol. 2, ed. by A. Seeger (Springer, Berlin, Heidelberg, New York, 1966) p. 157–475 *(Magnetization curve of ferromagnets II)*

505. R.S. Tebble, D.J. Craik: *Magnetic Materials* (Wiley, London, 1969)

506. D.J. Craik: *Structure and Properties of Magnetic Materials* (Pion, London, 1971)

507. M. Rosenberg, C. Tănăsoiu: Magnetic Domains, in: *Magnetic Oxides*, Vol. 2, ed. by D.J. Craik (Wiley, London, 1972) p. 483–573

508. I.A. Privorotskii: Thermodynamic Theory of Domain Structures. Repts. Progr. Phys. **35**, 115–155 (1972)

509. A. Hubert: *Theorie der Domänenwände in Geordneten Medien* (Springer, Berlin, Heidelberg, New York, 1974) *(Theory of Domain Walls in Ordered Media)*

510. A.H. Bobeck, E. Della Torre: *Magnetic Bubbles* (North Holland, Amsterdam, 1975)

511. I.A. Privorotskii: *Thermodynamic Theory of Domain Structures* (Wiley, New York, 1976)

512. T.H. O'Dell: *Ferromagnetodynamics. The Dynamics of Magnetic Bubbles, Domains and Domain Walls* (Wiley, New York, 1981)

513. J. Miltat: Domains and domain walls in soft magnetic materials, mostly, in: *Applied Magnetism*, ed. by R. Gerber, *et al.* (Kluwer, Dordrecht, 1994) p. 221–308

514. A. Aharoni: *Introduction to the Theory of Ferromagnetism* (Clarendon Press, Oxford, 1996)

铁磁体的能量学

515. P. Asselin, A.A. Thiele: On the field Lagrangians of micromagnetics. IEEE Trans. Magn. **22**, 1876–1880 (1986)

516. A. Viallix, F. Boileau, R. Klein, J.J. Niez, P. Baras: A new method for finite element calculation of micromagnetic problems. IEEE Trans. Magn. **24**, 2371–2373 (1988)

517. D.R. Fredkin, T.R. Koehler: Ab initio micromagnetic calculations for particles. J. Appl. Phys. **67**, 5544–5548 (1990)

518. T. Schrefl, J. Fidler, H. Kronmüller: Nucleation fields of hard magnetic particles in 2D micromagnetic and 3D micromagnetic calculations. J. Magn. Magn. Mat. **138**, 15–30 (1994)

519. T.R. Koehler, D.R. Fredkin: Finite element methods for micromagnetics. IEEE Trans. Magn. **28**, 1239–1244 (1992)

520. T. Schrefl, H. Roitner, J. Fidler: Dynamic micromagnetics of nanocomposite NdFeB magnets. J. Appl. Phys. **81**, 5567–5569 (1997)

521. A.S. Arrott, B. Heinrich, D.S. Bloomberg: Micromagnetics of magnetization processes in toroidal geometries. IEEE Trans. Magn. **10**, 950–953 (1979)

522. A. Hubert, W. Rave: Arrott's ideal soft magnetic cylinder, revisited. J. Magn. Magn. Mat. **184**, 67–70 (1998)

523. K.M. Tako, T. Schrefl, M.A. Wongsam, R.W. Chantrell: Finite element micromagnetic simulations with adaptive mesh refinement. J. Appl. Phys. **81**, 4082–4084 (1997)

524. P. Grünberg, R. Schreiber, Y. Pang, M.B. Brodsky, H. Sowers: Layered magnetic structures: Evidence for antiferromagnetic coupling of Fe-layers across Cr interlayers. Phys. Rev. Lett. **57**, 2442–2445 (1986)

525. M. Rührig, R. Schäfer, A. Hubert, R. Mosler, J.A. Wolf, S. Demokritov, P. Grünberg: Domain observations on Fe-Cr-Fe layered structures. Evidence for a biquadratic coupling effect. Phys. Status Solidi A **125**, 635–656 (1991)

526. P. Bruno: Theory of interlayer magnetic coupling. Phys. Rev. B **52**, 411–439 (1995)

527. J. Slonczewski: Overview of interlayer exchange theory. J. Magn. Magn. Mat.

150, 13–24 (1995)

528. G. Aubert, Y. Ayant, E. Belorizky, R. Casalengo: Various methods for analyzing data on anisotropic scalar properties in cubic symmetry. Application to magnetic anisotropy of nickel. Phys. Rev. B **14**, 5314–5326 (1976)

529. R. Gersdorf: Experimental evidence for the X_2 hole pocket in the Fermi surface of Ni from magnetic crystalline anisotropy. Phys. Rev. Lett. **40**, 344–346 (1978)

530. W.P. Mason: Derivation of magnetostriction and anisotropic energies for hexagonal, tetragonal, and orthorhombic crystals. Phys. Rev. **96**, 302–310 (1954)

531. J.C. Slonczewski: Magnetic Annealing, in: *Magnetism*, Vol. I, ed. by G.T. Rado, H. Suhl (Academic Press, New York, 1963) p. 205–242

532. W.J. Carr, Jr.: Secondary effects in ferromagnetism, in: *Handbuch der Physik*, Vol. 18/2, ed. by S. Flügge (Springer, Berlin, Heidelberg, New York, 1966) p. 274–340

533. M.I. Darby, E.D. Isaac: Magnetocrystalline anisotropy of ferro- and ferrimagnetics. IEEE Trans. Magn. **10**, 259–301 (1974)

534. L. Néel: L'anisotropie superficielle des substances ferromagnétiques. C. R. Acad. Sci. Paris **237**, 1468–1470 (1953) *(The surface anisotropy of ferromagnetic substances)*

535. U. Gradmann: Magnetic surface anisotropies. J. Magn. Magn. Mat. **54**, 733–736 (1986)

536. H.J. Elmers, T. Furubayashi, M. Albrecht, U. Gradmann: Analysis of magnetic anisotropies in ultrathin films by magnetometry in situ in UHV. J. Appl. Phys. **70**, 5764–5768 (1991)

537. H. Fritzsche, J. Kohlhepp, U. Gradmann: Second- and fourth-order magnetic surface anisotropy of Co(0001)-based interfaces. J. Magn. Magn. Mat. **148**, 154–155 (1995)

538. G.T. Rado: Magnetic surface anisotropy. J. Magn. Magn. Mat. **104**, 1679–1683 (1992)

539. C. Chappert, P. Bruno: Magnetic anisotropy in metallic ultrathin films and related experiments on cobalt films. J. Appl. Phys. **64**, 5736–5741 (1988)

540. F.J.A. de n Broeder, W. Hoving, P.H.J. Bloemen: Magnetic anisotropy of multilayers. J. Magn. Magn. Mat. **93**, 562–570 (1991)

541. W.H. Meiklejohn: Exchange anisotropy – A review. J. Appl. Phys. (Suppl.) **33**, 1328–1335 (1962)

542. I.S. Jacobs, C.P. Bean: Fine Particles, Thin Films and Exchange Anisotropy, in: *Magnetism*, Vol. III, ed. by G.T. Rado, H. Suhl (Academic Press, New York, 1963) p. 271–350

543. A.P. Malozemoff: Mechanisms of exchange anisotropy. J. Appl. Phys. **63**, 3874–3879 (1988)

544. M.J. Carey, A.E. Berkowitz: CoO-NiO superlattices: Interlayer interactions and exchange anisotropy with $Ni_{81}Fe_{19}$. J. Appl. Phys. **73**, 6892–6897 (1993)

545. T.J. Moran, I.K. Schuller: Effects of coupling field strength on exchange anisotropy at Permalloy/CoO interfaces. J. Appl. Phys. **79**, 5109–5111 (1996)

546. A.N. Bogdanov, A. Hubert: Thermodynamical stable magnetic vortex states in magnetic crystals. J. Magn. Magn. Mat. **138**, 255–269 (1994)

547. P. Rhodes, G. Rowlands: Demagnetizing energies of uniformly magnetized rectangular blocks. Proc. Leeds Phil. Liter. Soc. **6**, 191–210 (1954)

548. W.H. Press, P.P. Flannery, S.A. Teukolsky, W.T. Vetterly: *Numerical Recipes. The Art of Scientific Computing (Fortran Version)* (Cambridge University Press, Cambridge, 1989)

549. S.W. Yuan, H.N. Bertram: Fast adaptive algorithms for micromagnetics. IEEE Trans. Magn. **28**, 2031–2036 (1992)

550. D.V. Berkov, K. Ramstöck, A. Hubert: Solving micromagnetic problems – Towards an optimal numerical method. Phys. Status Solidi A **137**, 207–225

(1993)

551. N. Hayashi, K. Saito, Y. Nakatani: Calculation of demagnetizing field distribution based on Fast Fourier Transform of convolution. Jpn. J. Appl. Phys. Pt. 1 **35**, 6065–6073 (1996)

552. M. Jones, J.J. Miles: An accurate and efficient 3–D micromagnetic simulation of metal evaporated tape. J. Magn. Magn. Mat. **171**, 190–208 (1997)

553. N. Bär, A. Hubert, W. Jillek: Quantitative Untersuchung der Supplement-Dömänenstruktur von kornorientiertem Elektroblech. J. Magn. Magn. Mat. **6**, 242–248 (1977) *(Quantitative investigation of supplementary domain structures on grain oriented electrical steel)*

554. C. Kooy, U. Enz: Experimental and theoretical study of the domain configuration in thin layers of $BaFe_{12}O_{19}$. Philips Res. Repts. **15**, 7–29 (1960)

555. M. Fox, R.S. Tebble: The demagnetizing energy and domain structure of a uniaxial single crystal. Proc. Phys. Soc. **72**, 765–769 (1958) *[ibd. 73 (1959) 325 correction]*

556. Z. Málek, V. Kamberský: On the theory of the domain structure of thin films of magnetically uniaxial materials. Czech. J. Phys. **8**, 416–421 (1958)

557. H.J.G. Draaisma, W.M.J. de Jonge: Magnetization curves of Pd/Co multilayers with perpendicular anisotropy. J. Appl. Phys. **62**, 3318–3322 (1987)

558. J. Kaczér, R. Gemperle, M. Zelený, J. Pačes, P. Šuda, Z. Frait, M. Ondris: On domain structure and magnetization processes. J. Phys. Soc. Japan **17 B-I**, 530–534 (1962)

559. G. Herzer: Effect of external stresses on the saturation magnetostriction of amorphous Co-based alloys. Soft Magnetic Materials 7 (Blackpool, 1985) p. 355–357

560. R.C. O'Handley, S.-W. Sun: Strained layers and magnetoelastic coupling. J. Magn. Magn. Mat. **104**, 1717–1720 (1992)

561. R. Koch, M. Weber, K. Thürmer, K.H. Rieder: Magnetoelastic coupling of Fe at high stress investigated by means of epitaxial Fe(001) films. J. Magn. Magn. Mat. **159**, L11–16 (1996)

562. W.F. Brown, Jr.: *Magnetoelastic Interactions* (Springer, Berlin, Heidelberg, New York, 1966)

563. M. Kléman, M. Schlenker: The use of dislocation theory in magnetoelasticity. J. Appl. Phys. **43**, 3184–3190 (1972)

564. E. Kröner: *Kontinuumstheorie der Versetzungen und Eigenspannungen* (Springer, Berlin, Heidelberg, New York, 1958) *(Continuum theory of dislocations and internal stresses)*

565. Z. Jirák, M. Zelený: Influence of magnetostriction on the domain structure of cobalt. Czech. J. Phys. B **19**, 44–47 (1969)

566. M. Kléman: *Points, Lines and Walls* (Wiley, Chichester, New York, 1983)

567. M. Kléman: Dislocations, Disclinations and Magnetism, in: *Dislocations in Solids*, Vol. 5, ed. by F.R.N. Nabarro (North Holland, Amsterdam, 1980) p. 349–402

568. M. Kléman: Internal stresses due to magnetic wall junctions in a perfect ferromagnet. J. Appl. Phys. **45**, 1377–1381 (1974)

569. J.N. Pryor, J.J. Kramer: Stress fields and strain energies associated with closure domains. AIP Conf. Proc. **29**, 570–571 (1975)

570. A.K. Head: Edge dislocations in inhomogeneous media. Proc. Phys. Soc. **66**, 793–801 (1953)

571. N.A. Pertsev, G. Arlt: Internal stresses and elastic energy in ferroelectric and ferroelastic ceramics: Calculations by the dislocation method. Ferroelectrics **123**, 27–44 (1991)

572. N.A. Pertsev, G. Arlt: Theory of the banded domain structure in coarse-grained ferroelectric ceramics. Ferroelectrics **132**, 27–40 (1992)

573. N.A. Pertsev, A.G. Zembilgotov: Energetics and geometry of 90° domain structures in epitaxial ferroelectric and ferroelastic films. J. Appl. Phys. **78**,

6170–6180 (1995)

574. K. Fabian, F. Heider: How to include magnetostriction in micromagnetic models of titanomagnetite grains. Geophys. Res. Lett. **23**, 2839–2842 (1996)

575. T.L. Gilbert: A Lagrangian formulation of the gyromagnetic equation of the magnetization field. Phys. Rev. **100**, 1243 (1955)

576. V.G. Baryakhtar, B.A. Ivanov, A.L. Sukstanskii, E.Y. Melikhov: Soliton relaxation in magnets. Phys. Rev. B **56**, 619–635 (1997)

577. F. Hoffmann: Dynamic pinning induced by nickel layers on Permalloy films. Phys. Status Solidi **41**, 807–813 (1970)

578. M. Labrune, J. Miltat: Wall structures in ferro/antiferromagnetic exchange-coupled bilayers: A numerical micromagnetic approach. J. Magn. Magn. Mat. **151**, 231–245 (1995)

579. A. Hubert: Stray-field-free magnetization configurations. Phys. Status Solidi **32**, 519–534 (1969)

磁畴起源

580. W. Williams, D.J. Dunlop: Three-dimensional micromagnetic modelling of ferromagnetic domain structure. Nature **337**, 634–637 (1989)

581. M.E. Schabes, H.N. Bertram: Magnetization processes in ferromagnetic cubes. J. Appl. Phys **64**, 1347–1357 (1988)

582. M.E. Schabes: Micromagnetic theory of non-uniform magnetization processes in magnetic recording particles. J. Magn. Magn. Mat. **95**, 249–288 (1991)

583. N.A. Usov, S.E. Peschany: Modeling of equilibrium magnetization structures in fine ferromagnetic particles with uniaxial anisotropy. J. Magn. Magn. Mat. **110**, L1–6 (1992)

584. A. Aharoni, J.P. Jakubovics: Cylindrical domains in small ferromagnetic spheres with cubic anisotropy. IEEE Trans. Magn. **24**, 1892–1894 (1988)

585. A. Aharoni, J.P. Jakubovics: Cylindrical magnetic domains in small ferromagnetic spheres with uni- axial anisotropy. Phil. Mag. B **53**, 133–145 (1986)

586. H.A.M. van den Berg: Self-consistent domain theory in soft-ferromagnetic media II. Basic domain structures in thin film objects. J. Appl. Phys. **60**, 1104–1113 (1986)

587. H.A.M. van den Berg, A.H.J. van den Brandt: Self-consistent domain theory in soft-ferromagnetic media III. Composite domain structures in thin-film objects. J. Appl. Phys. **62**, 1952–1259 (1987)

588. H.A.M. van den Berg: Order in the domain structure in soft-magnetic thin-film elements: A review. IBM J. Res. Dev. **33**, 540–582 (1989)

589. H.A.M. van den Berg, D.K. Vatvani: Wall clusters in thin soft ferromagnetic configurations. J. Appl. Phys. **52**, 6830–6839 (1981)

590. P. Bryant, H. Suhl: Thin-film magnetic patterns in an external field. Appl. Phys. Lett. **54**, 2224–2226 (1989)

591. A. Hubert, M. Rührig: Micromagnetic analysis of thin-film elements. J. Appl. Phys. **69**, 6072–6077 (1991)

592. A.S. Arrott, B. Heinrich, A. Aharoni: Point singularities and magnetization reversal in ideally soft ferromagnetic cylinders. IEEE Trans. Magn. **15**, 1228–1235 (1979)

593. A. Hubert: The role of magnetization "swirls" in soft magnetic materials. J. de Phys. (Coll.) **49**, C8–1859–1864 (1989)

594. R. Vlaming, H.A.M. van den Berg: A theory of the three-dimensional solenoidal magnetization configurations in ferro and ferrimagnetic materials. J. Appl. Phys. **63**, 4330–4332 (1988)

595. P. Bryant, H. Suhl: Micromagnetics below saturation. J. Appl. Phys. **66**, 4329 (1989)

596. K.D. Leaver: The synthesis of three-dimensional stray-field-free magnetization distributions. Phys. Status Solidi **27**, 153–163 (1975)

597. M. Rührig, W. Bartsch, M. Vieth, A. Hubert: Elementary magnetization pro-

cesses in a low-anisotropy circular thin film disk. IEEE Trans. Magn. **26**, 2807–2809 (1990)

598. W. Rave, K. Fabian, A. Hubert: Magnetic states of small cubic particles with uniaxial anisotropy. J. Magn. Magn. Mat. **190**, 332–348 (1998)

大样品中磁畴的相理论

599. R.D. James, D. Kinderlehrer: Theory of magnetostriction with applications to $Tb_xD_{1-x}Fe_2$. Phil. Mag. B **68**, 237–274 (1993)

600. L. Néel: Les lois de l'aimantation et de la subdivision en domaines élémentaires d'un monocristal de fer (I). J. de Phys. Rad. **5**, 241–251 (1944) *(The laws of the magnetization and the subdivision into elementary domains for an iron single crystal (I))*

601. H. Lawton, K.H. Stewart: Magnetization curves for ferromagnetic single crystals. Proc. Roy. Soc. A **193**, 72–88 (1948)

602. R. Pauthenet, G. Rimet: Sur la variation de l'aimantation d'un monocristal de 6 $Fe_2O_3 \cdot PbO$ en fonction de champ. C. R. Acad. Sci. Paris **249**, 656–658 (1959) *(On the field-dependent variation of the magnetization of a magneto-plumbite single crystal)*

603. Y. Barnier, R. Pauthenet, G. Rimet: Sur la variation de l'aimantation d'un monocristal de cobalt en fonction de champ. C. R. Acad. Sci. Paris **252**, 3024–3026 (1961) *(On the field-dependent variation of the magnetization of a cobalt single crystal)*

604. R.R. Birss, B.C. Hegarty, P.M. Wallis: The magnetization process in nickel single crystals II. Brit. J. Appl. Phys. **18**, 459–471 (1967)

605. R.R. Birss, D.J. Martin: The magnetization process in hexagonal ferromagnetic and ferrimagnetic single crystals. J. Phys. C: Sol. State **8**, 189–210 (1975)

606. V.G. Baryakhtar, A.N. Bogdanov, D.A. Yablonskii: The physics of magnetic domains. Sov. Phys. Uspekhi **31**, 810–835 (1988) *[Usp. Fiz. Nauk 156 (1988) 47–92]*

607. A. de Simone: Energy minimizers for large ferromagnetic bodies. Arch. Rat. Mech. Anal. **125**, 99–143 (1993)

608. L.D. Landau, E.M. Lifshitz: *Course of Theoretical Physics*, Vol. V Statistical Physics (Pergamon, Oxford, 1980)

609. A. Hubert, A.P. Malozemoff, J. DeLuca: Effects of cubic, tilted uniaxial, and orthorhombic anisotropies on homogeneous nucleation in a garnet bubble film. J. Appl. Phys. **45**, 3562–3571 (1974)

610. P.W. Shumate, Jr.: Extension of the analysis for an optical magnetometer to include cubic anisotropy in detail. J. Appl. Phys. **44**, 3323–3331 (1973)

611. R.W. DeBlois: Ferromagnetic and structural properties of nearly perfect thin nickel platelets. J. Vacuum Sci. Techn. **3**, 146–155 (1965)

小颗粒的磁化翻转

612. R. Street, J.C. Wooley: A study of magnetic viscosity. Proc. Phys. Soc. A **62**, 562–572 (1949)

613. L. Néel: Théorie du traînage magnétique de diffusion. J. de Phys. Rad. **13**, 249–263 (1952) *(Theory of the magnetic after effect by diffusion)*

614. C.P. Bean, J.D. Livingston: Superparamagnetism. J. Appl. Phys. (Suppl.) **30**, $120S$–$129S$ (1958)

615. A. Lyberatos, D.V. Berkov, R.W. Chantrell: A method for the numerical simulation of the thermal magnetization fluctuations in micromagnetics. J. Phys. Condensed Matter **5**, 8911–8920 (1993)

616. P.J. Thompson, R. Street: Viscosity, reptation and tilting effects in permanent magnets. J. Phys. D: Appl. Phys. **30**, 1273–1284 (1997)

617. E.C. Stoner, E.P. Wohlfarth: A mechanism of magnetic hysteresis in heterogeneous alloys. Phil. Trans. Roy. Soc. A **240**, 599–644 (1948)

618. W.F. Brown, Jr.: Criterion for uniform micromagnetization. Phys. Rev. **105**, 1479–1482 (1957)

619. E.H. Frei, S. Shtrikman, D. Treves: Critical size and nucleation of ideal ferromagnetic particles. Phys. Rev. **106**, 446–455 (1957)

620. J.C. Slonczewski: Theory of magnetic hysteresis in films and its application to computers. Research Report RM 003.111.224 (IBM Corp., 1956)

621. A. Aharoni: Magnetization curling. Phys. Status Solidi **16**, 1–42 (1966)

622. A. Holz: Formation of reversed domains in plate-shaped ferrite particles. J. Appl. Phys. **41**, 1095–1096 (1970)

623. A.S. Arrott, B. Heinrich, T.L. Templeton, A. Aharoni: Micromagnetics of curling configurations in magnetically soft cylinders. J. Appl. Phys. **50**, 2387–2389 (1979)

624. H.F. Schmidts, H. Kronmüller: Size dependence of the nucleation field of rectangular ferromagnetic parallelepipeds. J. Magn. Magn. Mat. **94**, 220–234 (1991)

625. Y. Uesaka, Y. Nakatani, N. Hayashi: Micromagnetic calculation of applied field effect on switching mechanism of a hexagonal platelet particle. Jpn. J. Appl. Phys. Pt. 1 **30**, 2489–2502 (1991)

626. N.A. Usov, Y.B. Grebenschikov, S.E. Peschany: Criterion for stability of a nonuniform micromagnetic state. Z. Phys. B **87**, 183–189 (1992)

627. W. Rave, K. Ramstöck, A. Hubert: Corners and nucleation in micromagnetics. J. Magn. Magn. Mat. **183**, 328–332 (1998)

628. A. Hubert, W. Rave: Systematic analysis of micromagnetic switching processes. Phys. Status Solidi B **211**, 815–829 (1999)

629. K. Ramstöck, W. Hartung, A. Hubert: The phase diagram of domain walls in narrow magnetic strips. Phys. Status Solidi A **155**, 505–518 (1996)

630. J. Ehlert, F.K. Hübner, W. Sperber: Micromagnetics of cylindrical particles. Phys. Status Solidi A **106**, 239–248 (1988)

畴壁

631. E. Dzyaloshinskii: Theory of helicoidal structures in antiferromagnets. Sov. Phys. JETP **20**, 665–671 (1965) *[Zh. Eksp. Teor. Fiz. 47 (1990) 992–1002]*

632. Y.A. Izyumov: Modulated, or long-periodic, magnetic structures of crystals. Soviet Phys. Uspekhi **27**, 845–867 (1983) *[Usp. Fiz. Nauk 144 (1984) 439–474]*

633. B.A. Lilley: Energies and widths of domain boundaries in ferromagnetics. Phil. Mag. (7) **41**, 792–813 (1950)

634. J.P. Jakubovics: Comments on the definition of ferromagnetic domain wall width. Phil. Mag. B **38**, 401–406 (1978)

635. W. Döring: Über die Trägheit der Wände zwischen Weißschen Bezirken. Z. Naturforschung **3a**, 373–379 (1948) *(On the inertia of walls between Weiss domains)*

636. J. Kaczér: Bloch walls with div $I \neq 0$. J. de Phys. Rad. **20**, 120–123 (1959)

637. A.I. Mitsek, P.F. Gaidanskii, V.N. Pushkar: Domain structure of uniaxial antiferromagnets. The problem of nucleation. Phys. Status Solidi **38**, 69–79 (1970)

638. R. Gemperle, M. Zelený: Néel walls in massive uniaxial ferromagnets in an external field. Phys. Status Solidi **6**, 839–852 (1964)

639. J.E.L. Bishop: Ruckling: A novel low-loss domain wall motion for (110)[001] SiFe. IEEE Trans. Magn. **14**, 248–255 (1976)

640. S. Chikazumi, K. Suzuki: On the maze domain of silicon iron crystal I. J. Phys. Soc. Japan **10**, 523–534 (1955)

641. R.W. DeBlois, C.D. Graham, Jr.: Domain observations on iron whiskers. J. Appl. Phys. **29**, 931–939 (1958)

642. L. Néel: Énergie des parois de Bloch dans les couches minces. C. R. Acad. Sci. Paris **241**, 533–536 (1955) *(Bloch wall energy in thin films)*

643. E.E. Huber, Jr., D.O. Smith, J.B. Goodenough: Domain-wall structure in Permalloy films. J. Appl. Phys. **29**, 294–295 (1958)

644. E. Feldtkeller: Bloch lines in nickel-iron films, in: *Electric and Magnetic Properties of Thin Metallic Layers* (Koninklijke Vlaamse Acad. v. Wetenschapen, Letteren en Schone Kunsten van België, Brussel, 1961) p. 98–110

645. A. Aharoni: Measure of self-consistency in 180° domain wall models. J. Appl. Phys. **39**, 861–862 (1968)

646. A. Aharoni, J.P. Jakubovics: Self-consistency of magnetic domain wall calculation. Appl. Phys. Lett. **59**, 369–371 (1991)

647. W.F. Brown, Jr., A.E. LaBonte: Structure and energy of one-dimensional domain walls in ferromagnetic thin films. J. Appl. Phys. **36**, 1380–1386 (1965)

648. R. Collette: Shape and energy of Néel walls in very thin ferromagnetic films. J. Appl. Phys. **35**, 3294–3301 (1964)

649. R. Kirchner, W. Döring: Structure and energy of a Néel wall. J. Appl. Phys. **39**, 855–856 (1968)

650. A. Holz, A. Hubert: Wandstrukturen in dünnen magnetischen Schichten. Z. Angew. Phys. **26**, 145–152 (1969) *(Wall structures in thin magnetic films)*

651. A. Hubert: Symmetric Néel walls in thin magnetic films. Computer Phys. Comm. **1**, 343–348 (1970)

652. H.-D. Dietze, H. Thomas: Bloch- und Néel-Wände in dünnen ferromagnetischen Schichten. Z. Phys. **163**, 523–534 (1961) *(Bloch and Néel walls in thin ferromagnetic films)*

653. E. Feldtkeller, H. Thomas: Struktur und Energie von Blochlinien in dünnen ferromagnetischen Schichten. Phys. Kondens. Materie **4**, 8–14 (1965) *(Structure and energy of Bloch lines in thin ferromagnetic films)*

654. H. Riedel, A. Seeger: Micromagnetic treatment of Néel walls. Phys. Status Solidi B **46**, 377–384 (1971)

655. A. Hubert: Interaction of domain walls in thin magnetic films. Czech. J. Phys. B **21**, 532–536 (1971)

656. Y. Nakatani, Y. Uesaka, N. Hayashi: Direct solution of the Landau-Lifshitz-Gilbert equation for micromagnetics. Jpn. J. Appl. Phys. **28**, 2485–2507 (1989)

657. A.E. LaBonte: Two-dimensional Bloch-type domain walls in ferromagnetic films. J. Appl. Phys. **40**, 2450–2458 (1969)

658. A. Hubert: Stray-field-free and related domain wall configurations in thin magnetic films II. Phys. Status Solidi **38**, 699–713 (1970)

659. A.E. LaBonte: *Theory of Bloch-type domain walls in ferromagnetic thin films.* PhD Thesis, University of Minnesota (1966)

660. A. Aharoni: Two-dimensional model for a domain wall. J. Appl. Phys. **38**, 3196–3199 (1967)

661. A. Hubert: Blochwände in dicken magnetischen Schichten. Z. Angew. Phys. **32**, 58–63 (1971) *(Bloch walls in thick magnetic films)*

662. A. Hubert: Domain wall calculations for thin single crystals. J. de Phys. **32 C1**, 404–405 (1971)

663. S. Höcker, A. Hubert: Theorie der Wandbeweglichkeit in idealen dünnen ferromagnetischen Schichten. Int. J. Magn. **3**, 139–143 (1972) *(Theory of wall mobility in ideal thin ferromagnetic films)*

664. A. Hubert: Domain wall structures in thin magnetic films. IEEE Trans. Magn. **11**, 1285–1290 (1975)

665. A. Aharoni: Asymmetry in domain walls. Phys. Status Solidi A **18**, 661–667 (1973)

666. J.P. Jakubovics: Analytic representation of Bloch walls in thin ferromagnetic films. Phil. Mag. **30**, 983–993 (1974)

667. A. Aharoni: A new approach to the structure of domain walls in magnetic films. IEEE Trans. Magn. **10**, 939–942 (1974)

668. A. Aharoni: Two-dimensional domain walls in ferromagnetic films I-III. J.

Appl. Phys. **46**, 908–916, 1783–1786 (1975)

669. A. Aharoni: Two-dimensional domain walls in ferromagnetic films IV. J. Appl. Phys. **47**, 3329–3335 (1976)

670. J.P. Jakubovics: Application of the analytical representation of Bloch walls in thin ferromagnetic films to calculations of wall structure with increasing anisotropy. Phil. Mag. **37**, 761–771 (1978)

671. V.S. Semenov: Changes in the structure of Bloch domain walls with increase in depth of film and anisotropy constant. Phys. Met. Metall. **64**.5, 1–8 (1987) *[Fiz. Metal. Metalloved. 64.5 (1987) 837–843]*

672. V.S. Semenov: Two-dimensional Bloch and Néel walls in magnetic films. I. 180° domain walls. Phys. Met. Metall. **71**.2, 61–68 (1991) *[Fiz. Metal. Metalloved. 71.2 (1991) 64–71]*

673. J. Miltat, M. Labrune: An adaptive mesh numerical algorithm for the solution of 2D Néel type walls. IEEE Trans. Magn. **30**, 4350–4352 (1994)

674. A. Aharoni, J.P. Jakubovics: Structure and energy of 90° domain walls in thin ferromagnetic films. IEEE Trans. Magn. **26**, 2810–2812 (1990)

675. S. Huo, J.E.L. Bishop, J.W. Tucker: Micromagnetic simulation of 90° domain walls in thin iron films. J. Appl. Phys. **81**, 5239–5241 (1997)

676. L. Zepper, A. Hubert: Lorentz-Mikroskopie von Bloch- und Néelwänden in Ni-Fe-Kristallen. J. Magn. Magn. Mat. **2**, 18–24 (1976) *(Lorentz microscopy of Bloch and Néel walls in NiFe crystals)*

677. S.W. Yuan, H.N. Bertram: Domain wall structures and dynamics in thin films. IEEE Trans. Magn. **27**, 5511–5513 (1991)

678. W. Rave, A. Hubert: Micromagnetic calculation of the thickness dependence of surface and interior widths of asymmetrical Bloch walls. J. Magn. Magn. Mat. **184**, 179–183 (1998)

679. F.B. Humphrey, M. Redjdal: Domain wall structure in bulk magnetic material. J. Magn. Magn. Mat. **133**, 11–15 (1994)

680. M.R. Scheinfein, J. Unguris, J.L. Blue, K.J. Coakley, D.T. Pierce, R.J. Celotta, P.J. Ryan: Micromagnetics of domain walls at surfaces. Phys. Rev. B **43**, 3395–3422 (1991)

681. L.A. Finzi, J.A. Hartmann: Wall coupling in Permalloy film pairs with large separation. IEEE Trans. Magn. **4**, 662–668 (1968)

682. A. Hubert: Charged walls in thin magnetic films. IEEE Trans. Magn. **15**, 1251–1260 (1979)

683. A. Hubert: Charged magnetic domain walls under the influence of external fields. IEEE Trans. Magn. **17**, 3440–3443 (1981)

684. M. Labrune, S. Hamzaoui, C. Battarel, I.B. Puchalska, A. Hubert: New type of magnetic domains - the small lozenge type configuration in amorphous thin films. J. Magn. Magn. Mat. **44**, 195–206 (1984)

685. J.C. Slonczewski: Theory of domain wall motion in magnetic films and platelets. J. Appl. Phys. **44**, 1759–1770 (1973)

686. E. Schlömann: Domain walls in bubble films III. J. Appl. Phys. **45**, 369–373 (1974)

687. A. Hubert: Statics and dynamics of domain walls in bubble materials. J. Appl. Phys. **46**, 2276–2287 (1975)

688. H.J. Williams, M. Goertz: Domain structure of Perminvar having a rectangular hysteresis loop. J. Appl. Phys. **23**, 316–323 (1952)

689. J. Kranz, U. Buchenau: Über die Dicke von 180°-Blochwänden auf der Oberfläche von kompaktem Siliziumeisen. IEEE Trans. Magn. **2**, 297–301 (1966) *(On the thickness of 180° Bloch walls on the surface of bulk silicon iron)*

690. L. Schön, U. Buchenau: Observation of Néel lines in silicon iron. Int. J. Magn. **3**, 145–150 (1972)

691. S. Shtrikman, D. Treves: Internal structure of Bloch walls. J. Appl. Phys. (Suppl.) **31**, 147S–148S (1960)

692. E. Feldtkeller: Mikromagnetisch stetige und unstetige Magnetisierungs-verteilungen. Z. Angew. Phys. **19**, 530–536 (1965) *(Micromagnetically continuous and discontinuous magnetization distributions)*

693. A. Hubert: Interactions between Bloch lines. AIP Conf. Proc. **18**, 178–182 (1974)

694. Y. Nakatani, N. Hayashi: Computer simulation of two-dimensional vertical Bloch lines by direct integration of Gilbert equation. IEEE Trans. Magn. **23**, 2179–2181 (1987)

695. P. Trouilloud, J. Miltat: Néel lines in ferrimagnetic garnet epilayers with orthorhombic anisotropy and canted magnetization. J. Magn. Magn. Mat. **66**, 194–212 (1987)

696. A. Thiaville, J. Ben Youssef, Y. Nakatani, J. Miltat: On the influence of wall microdeformations on Bloch line visibility in bubble garnets. J. Appl. Phys. **69**, 6090–6095 (1991)

697. K. Ramstöck, A. Hubert, D. Berkov: Techniques for the computation of embedded micromagnetic structures. IEEE Trans. Magn. **32**, 4228–4230 (1996)

698. U. Hartmann, H.H. Mende: Observation of subdivided 180° Bloch wall configurations on iron whiskers. J. Appl. Phys. **59**, 4123–4128 (1986)

699. R. Schäfer, W.K. Ho, J. Yamasaki, A. Hubert, F.B. Humphrey: Anisotropy pinning of domain walls in a soft amorphous magnetic material. IEEE Trans. Magn. **27**, 3678–3689 (1991)

700. H. Bäurich: Berechnung der Energie, Magnetisierungsverteilung und Ausdehnung einer Kreuzblochlinie. Phys. Status Solidi **16**, K39–43 (1966) *(Calculation of the energy, the magnetization distribution, and the width of a cross Bloch line) [see also Phys. Status Solidi 23 (1967) K137–138]*

701. A. Aharoni: Applications of micromagnetics. CRC Crit. Rev. Sol. State Sci. **2**, 121–180 (1971)

702. W. Döring: Point singularities in micromagnetism. J. Appl. Phys. **39**, 1006–1007 (1968)

703. J. Reinhardt: Gittertheoretische Behandlung von mikromagnetischen Singularitäten. Int. J. Magn. **5**, 263–268 (1973) *(Lattice-theoretical treatment of micromagnetic singularities)*

704. J.C. Slonczewski: Properties of Bloch points in bubble domains. AIP Conf. Proc. **24**, 613–618 (1975)

705. A. Aharoni: Exchange energy near singular points or lines. J. Appl. Phys. **51**, 3330–3332 (1980)

706. M. Toulouse, M. Kléman: Principles of a classification of defects in ordered media. J. de Phys. Lett. **37**, L149–151 (1976)

707. A. Hubert: Mikromagnetisch singuläre Punkte in Bubbles. J. Magn. Magn. Mat. **2**, 25–31 (1976) *(Micromagnetically singular points in bubbles)*

708. F.H. de Leeuw, R. van den Doel, U. Enz: Dynamic properties of magnetic domain walls and magnetic bubbles. Rep. Prog. Phys. **43**, 689–783 (1980)

709. A.A. Thiele: Steady-state motion of magnetic domains. Phys. Rev. Lett. **30**, 230–233 (1973)

710. A.A. Thiele: Applications of the gyrocoupling vector and dissipation dyadic in the dynamics of magnetic domains. J. Appl. Phys. **45**, 377–393 (1974)

711. J.C. Slonczewski: Theory of Bloch-line and Bloch-wall motion. J. Appl. Phys. **45**, 2705–2715 (1974)

712. J.C. Slonczewski: Dynamics of magnetic domain walls. Int. J. Magn. **2**, 85–97 (1972)

713. L.R. Walker: unpublished, reported in J.F. Dillon Jr., Domains and Domain Walls, in: *Magnetism*, Vol. III, ed. by G.T. Rado, H. Suhl (Academic Press, New York, 1963) p. 450–454

714. H. Suhl, X.Y. Zhang: Chaotic motions of domain walls in soft magnetic materials. J. Appl. Phys. **61**, 4216–4218 (1987)

715. N.L. Schryer, L.R. Walker: The motion of 180° domain walls in uniform dc

magnetic fields. J. Appl. Phys. **45**, 5406–5421 (1974)

716.   V.G. Baryakhtar, B.A. Ivanov, M.V. Chetkin: Dynamics of domain walls in weak ferromagnets. Sov. Phys. Usp. **28**, 563–588 (1985) *[Usp. Fiz. Nauk 146 (1985) 417–458]*

717.   N. Papanicolaou: Dynamics of domain walls in weak ferromagnets. Phys. Rev. B **55**, 12290–12308 (1997)

718.   G.W. Rathenau: Time effects in magnetism, in: *Magnetic Properties of Metals and Alloys*, ed. by R. Bozorth (Am. Soc. Metals, Cleveland, 1959) p. 168–199

719.   J.F. Janak: Diffusion-damped domain-wall motion. J. Appl. Phys. **34**, 3356–3362 (1963)

720.   H. Kronmüller: *Nachwirkung in Ferromagnetika* (Springer, Berlin, Heidelberg, New York, 1968) *(After effect in ferromagnets)*

721.   G.W. Rathenau, G. de Vries: Diffusion, in: *Magnetism and Metallurgy*, ed. by A.E. Berkowitz , E. Kneller (Academic Press, New York, 1969) p. 749–814

722.   A.F. Khapikov: Domain wall and Bloch line dynamics in a magnet with a magnetic aftereffect. Phys. Solid State **36**, 1126–1131 (1994) *[Fiz. Tverd. Tela 36 (1994) 2062–2073]*

723.   G.M. Sandler, H.N. Bertram: Micromagnetic simulations with eddy currents of rise time in thin film write heads. J. Appl. Phys. **81**, 4513–4515 (1997)

724.   H.J. Williams, W. Shockley, C. Kittel: Studies of the propagation velocity of a ferromagnetic domain boundary. Phys. Rev. **80**, 1090–1094 (1950)

725.   R.H. Pry, C.P. Bean: Calculation of the energy loss in magnetic sheet materials using a domain model. J. Appl. Phys. **29**, 532–533 (1958)

726.   J.W. Shilling, G.L. Houze, Jr.: Magnetic properties and domain structure in grain-oriented 3% Si-Fe. IEEE Trans. Magn. **10**, 195–223 (1974)

727.   J.E.L. Bishop: Modelling domain wall motion in soft magnetic alloys. J. Magn. Magn. Mat. **41**, 261–271 (1984)

728.   J.E.L. Bishop: Eddy current dominated magnetization processes in grain oriented silicon iron. IEEE Trans. Magn. **20**, 1527–1532 (1984)

729.   J.E.L. Bishop, M.J. Threapleton: An analysis of domain wall ruckling initiated at the points of maximum shear-stress on a braket wall in (110)[001] SiFe. J. Magn. Magn. Mat. **40**, 293–302 (1984)

730.   J.E.L. Bishop: Steady-state eddy-current dominated magnetic domain wall motion with severe bowing and necking. J. Magn. Magn. Mat. **12**, 102–107 (1979)

731.   J. Smit, H.P.L. Wijn: *Ferrites* (N.V. Philips, Eindhoven, 1959)

732.   T. Nozawa, M. Mizogami, H. Mogi, Y. Matsuo: Domain structures and magnetic properties of advanced grain-oriented silicon steel. J. Magn. Magn. Mat. **133**, 115–122 (1994)

特征性磁畴的理论分析

733.   Y.S. Shur, V.R. Abels: Study of magnetization processes in crystals of silicon-iron. Phys. Met. Metall. **6**.3, 167–173 (1958) *[Fiz. Metal. Metalloved. 6 (1958) 556–563]*

734.   A. Hubert, W. Heinicke, J. Kranz: Magnetische Oberflächenstrukturen auf Gossblech. Z. Angew. Phys. **19**, 521–529 (1965) *(Magnetic surface structures of Goss sheets)*

735.   Y.S. Shur, Y.N. Dragoshanskii: The shape of the closure domains inside silicon iron crystals. Phys. Met. Metall. **22**.5, 57–63 (1966) *[Fiz. Metal. Metalloved. 22.5 (1966) 702–710]*

736.   M. Birsan, J.A. Szpunar, T.W. Krause, D.L. Atherton: Magnetic Barkhausen noise study of domain wall dynamics in grain oriented 3% Si-Fe. IEEE Trans. Magn. **32**, 527–534 (1996)

737.   M. Imamura, T. Sasaki, A. Saito: Magnetization process and magnetostriction of a four percent Si-Fe single crystal close to (110)[001]. IEEE Trans. Magn. **17**, 2479–2485 (1981)

738. S. Arai, A. Hubert: The profiles of lancet-shaped surface domains in iron. Phys. Status Solidi A **147**, 563–568 (1995)

739. P.F. Davis: A theory of the shape of spike-like magnetic domains. Brit. J. Appl. Phys. (J. Phys. D) **2**, 515–521 (1969)

740. M.W. Muller: Distribution of the magnetization in a ferromagnet. Phys. Rev. **122**, 1485–1489 (1961)

741. W.F. Brown, Jr.: Rigorous calculation of the nucleation field in a ferromagnetic film or plate. Phys. Rev. **124**, 1348–1353 (1961)

742. R.J. Spain: Dense-banded domain structure in "rotatable anisotropy" Permalloy films. Appl. Phys. Lett. **3**, 208–209 (1963)

743. N. Saito, H. Fujiwara, Y. Sugita: A new type of magnetic domain in thin Ni-Fe films. J. Phys. Soc. Japan **19**, 421–422 (1964)

744. I.B. Puchalska, R.P. Ferrier: High-voltage electron microscope observation of stripe domains in Permalloy films evaporated at oblique incidence. Thin Solid Films **1**, 437–445 (1967/68)

745. R.P. Ferrier, I.B. Puchalska: 360° walls and strong stripe domains in Permalloy films. Phys. Status Solidi **28**, 335–347 (1968)

746. E. Tatsumoto, K. Hara, T. Hashimoto: A new type of stripe domains. Jpn. J. Appl. Phys. **7**, 176 (1968)

747. R. Allenspach, M. Stampanoni, A. Bischof: Magnetic domains in thin epitaxial Co/Au(111) films. Phys. Rev. Lett. **65**, 3344–3347 (1990)

748. L. Hua, J.E.L. Bishop, J.W. Tucker: Simulation of transverse and longitudinal magnetic ripple structures induced by surface anisotropy. J. Magn. Magn. Mat. **163**, 285–291 (1996)

749. R.W. Patterson, M.W. Muller: Magnetoelastic effects in micromagnetics. Int. J. Magn. **3**, 293–303 (1972)

750. A.N. Bogdanov, D.A. Yablonskii: Theory of the domain structure in ferrimagnets. Sov. Phys. Sol. State **22**, 399–403 (1980) *[Fiz. Tverd. Tela 22 (1980) 680–687]*

751. A.H. Eschenfelder: *Magnetic Bubble Technology* (Springer, Berlin, Heidelberg, New York, 1981)

752. J.A. Cape, G.W. Lehman: Magnetic domain structures in thin uniaxial plates with perpendicular easy axis. J. Appl. Phys. **42**, 5732–5756 (1971)

753. W.F. Druyvesteyn, J.W.F. Dorleijn: Calculations on some periodic magnetic domain structures; consequences for bubble devices. Philips Res. Repts. **26**, 11–28 (1971)

754. P.P. Ewald: Die Berechnung optischer und elektrostatischer Gitterpotentiale. Ann. Physik (4) **64**, 253–287 (1921) *(The calculation of optical and electrical lattice potentials)*

755. K.L. Babcock, R.M. Westervelt: Elements of cellular domain patterns in magnetic garnet films. Phys. Rev. A **40**, 2022–2037 (1989)

756. K.L. Babcock, R. Seshadri, R.M. Westervelt: Coarsening of cellular domain patterns in magnetic garnet films. Phys. Rev. A **41**, 1952–1962 (1990)

757. A.A. Thiele: Theory of the static stability of cylindrical domains in uniaxial platelets. J. Appl. Phys. **41**, 1139–1145 (1970)

758. W.J. DeBonte: Properties of thick-walled cylindrical magnetic domains in uniaxial platelets. J. Appl. Phys. **44**, 1793–1797 (1973)

759. I.A. Privorotskii: Contribution to the theory of domain structures. Sov. Phys. JETP **29**, 1145–1152 (1969) *[Zh. Eksp. Teor. Fiz. 56 (1969) 2129–2142]*

760. R. Szymczak: Teoria struktury domenowej jednoosiowych ferromagnetyków. Archiwum Elektrotechniki **15**, 477–497 (1966) *(Theory of the domain structure of uniaxial ferromagnetic substances)*

761. M. Labrune, J. Miltat: Micromagnetics of strong stripe domains in NiCo thin films. IEEE Trans. Magn. **26**, 1521–1523 (1990)

762. M. Labrune, J. Miltat: Strong stripes as a paradigm of quasi-topological hysteresis. J. Appl. Phys. **75**, 2156–2168 (1994)

763. A. Hubert: The calculation of periodic domains in uniaxial layers by a 'micromagnetic' domain model. IEEE Trans. Magn. **21**, 1604–1606 (1985)

764. L.D. Landau: On the theory of the intermediate state of superconductors. J. Phys. USSR **7**, 99–107 (1943)

765. D.H. Martin: Surface structures and ferromagnetic domain sizes. Proc. Phys. Soc. B **70**, 77–84 (1957)

766. J. Kaczér: On the domain structure of uniaxial ferromagnets. Sov. Phys. JETP **19**, 1204–1208 (1964) *[Zh. Eksp. Teor. Fiz. 46 (1964) 1787–1792]*

767. R. Szymczak: A modification of the Kittel open structure. J. Appl. Phys. **39**, 875–876 (1968)

768. R. Bodenberger, A. Hubert: Zur Bestimmung der Blochwandenergie von einachsigen Ferromagneten. Phys. Status Solidi A **44**, K7–11 (1977) *(Determining the Bloch wall energy of uniaxial ferromagnets)*

769. R. Carey: Measurement of optimum domain widths in silicon-iron. Proc. Phys. Soc. **76**, 567–569 (1960)

770. K. Koike, H. Matsuyama, W.J. Tseng, J.C.M. Li: Fine magnetic domain structure of stressed amorphous metal. Appl. Phys. Lett. **62**, 2581–2583 (1993)

771. L. Hua, J.E.L. Bishop, J.W. Tucker: Simulation of magnetization ripples on Permalloy caused by surface anisotropy. J. Magn. Magn. Mat. **144**, 655–656 (1995)

772. S. Kaya: Pulverfiguren des magnetisierten Eisenkristalls I. Z. Phys. **89**, 796–805 (1934) *(Powder patterns of the magnetized iron crystal I)*

773. S. Kaya: Pulverfiguren des magnetisierten Eisenkristalls II. Z. Phys. **90**, 551–558 (1934)

774. L.F. Bates, F.E. Neale: A quantitative examination of recent ideas on domain structure. Physica **15**, 220–224 (1949)

775. L.F. Bates, F.E. Neale: A quantitative study of the domain structure of single crystals of silicon-iron by the powder pattern technique. Proc. Phys. Soc. A **63**, 374–388 (1950)

776. L.F. Bates, C.D. Mee: The domain structure of a silicon-iron crystal. Proc. Phys. Soc. A **65**, 129–140 (1952)

777. L.F. Bates, G.W. Wilson: A study of Bitter figures on the (110) plane of a single crystal of nickel. Proc. Phys. Soc. A **66**, 819–822 (1953)

778. E.W. Lee: The influence of domain structure on the magnetization curves of single crystals. Proc. Phys. Soc. A **66**, 623–630 (1953)

779. C. Schwink, H. Spreen: Untersuchungen der Bereichsstruktur von Nickeleinkristallen. I. Beobachtungen an Kristallen mit [110] und [100] als Achse. Phys. Status Solidi **10**, 57–74 (1965) *(Investigation of the Domain structure of nickel single crystals. I. Observations on crystals with [110] and [100] axes)*

780. C. Schwink, O. Grüter: ... II. Messungen und Beobachtungen an prismatischen Kristallen mit [110] als Achse. Phys. Status Solidi **19**, 217–229 (1967) *(... II. Measurements and observations on prismatic crystals with [110] axis)*

781. H. Spreen: ... III. Die Abschlußstruktur in zylindrischen Kristallen mit [110] als Achse. Phys. Status Solidi **24**, 413–429 (1967) *(... III. The closure structure in cylindrical crystals with [110] axis)*

782. H. Spreen: ... IV. Die Grundstruktur in zylindrischen Kristallen mit [100] als Achse. Phys. Status Solidi **24**, 431–441 (1967) *(... IV. The basic structure in cylindrical crystals with [110] axis)*

783. D. Krause, H. Frey: Untersuchungen zur Temperaturabhängigkeit der Bereichsstrukturen stabförmiger Nickel-Einkristalle. Z. Phys. **224**, 257–278 (1969) *(Investigations on the temperature dependence of the domain structure of bar-shaped nickel single crystals)*

784. G. Dedié, J. Niemeyer, C. Schwink: Ferromagnetic domain structure of the [110] SiFe crystals. Phys. Status Solidi B **43**, 163–173 (1971)

785. V. Ungemach, C. Schwink: Magnetisierungskurve und Bereichsstruktur zweizähliger CoPd-Einkristalle. Physica **80B**, 381–388 (1975) *(Magnetization*

409

curve and domain structure of two-fold CoPd single crystals)

786. V. Ungemach, C. Schwink: Bereichsgröße von SiFe-Néel-Kristallen in Abhängigkeit von Magnetfeldbehandlung und Temperatur. J. Magn. Magn. Mat. **2**, 167–173 (1976) *(Domain size of SiFe Néel crystals as a function of magnetic field treatment and temperature)*

787. V. Ungemach: Dependence of the domain structure of FeSi single crystals on the frequency of demagnetizing fields. J. Magn. Magn. Mat. **26**, 252–254 (1982)

4. 用于磁畴分析的材料参数

788. H. Zijlstra: Measurement of Magnetic Quantities, in: *Experimental Methods in Magnetism*, Vol. 2 (North Holland, Amsterdam, 1967)

789. M. Kalvius, R.S. Tebble (Ed): *Experimental Magnetism*, Vol. I (Wiley, Chichester New York, 1979)

790. P. Weiss: Les propriétés magnétiques de la pyrrhotine. J. de Phys. Rad. **4**, 469–508 (1905) *(The magnetic properties of pyrrhotite)*

791. A.A. Aldenkamp, C.P. Marks, H. Zijlstra: Frictionless recording torque magnetometer. Rev. Sci. Instrum. **31**, 544–546 (1960)

792. F.B. Humphrey, A.R. Johnston: Sensitive automatic torque balance for thin magnetic films. Rev. Sci. Instrum. **34**, 348–358 (1963)

793. G. Maxim: A sensitive torque magnetometer for the measurement of small magnetic anisotropies. J. Sci. Instrum. (J. Phys. E) **2**, 319–320 (1969)

794. Y. Otani, H. Miyajima, S. Chikazumi: High field torque magnetometer for superconducting magnets. Jpn. J. Appl. Phys. **26**, 623–626 (1987)

795. G. Aubert: Torque measurements of the anisotropy of energy and magnetization of nickel. J. Appl. Phys. **39**, 504–510 (1968)

796. L.M. Pecora: The reconstruction of the anisotropy free energy function from magnetic torque data. J. Magn. Magn. Mat. **82**, 57–62 (1989)

797. J.S. Kouvel, C.D. Graham, Jr.: On the determination of magnetocrystalline anisotropy constants from torque measurements. J. Appl. Phys. **28**, 340–343 (1957)

798. G.W. Rathenau, J.L. Snoek: Magnetic anisotropy phenomena in cold rolled nickel-iron. Physica **8**, 555–575 (1941)

799. J.H.E. Griffiths, J.R. MacDonald: An oscillation type magnetometer. J. Sci. Instrum. **28**, 56–58 (1951)

800. U. Gradmann: Struktur und Ferromagnetismus sehr dünner, epitaktischer Ni-Flächenschichten. Ann. Physik **17**, 91–106 (1966) *(Structure and ferromagnetism of very thin epitaxial planar Ni films)*

801. R. Bergholz, U. Gradmann: Structure and magnetism of oligatomic Ni(111)-films on Re(0001). J. Magn. Magn. Mat. **45**, 389–398 (1984)

802. U. Enz, H. Zijlstra: Bestimmung magnetischer Grössen durch Verlagerungsmessungen. Philips Techn. Rundsch. **25**, 112–119 (1963/64) *Philips Techn. Rev. 25 (1963/64) 207*

803. H. Zijlstra: A vibrating reed magnetometer for microscopic particles. Rev. Sci. Instrum. **41**, 1241–1243 (1970)

804. W. Roos, K.A. Hempel, C. Voigt, H. Dederichs, R. Schippan: High sensitivity vibrating reed magnetometer. Rev. Sci. Instrum. **51**, 612–613 (1980)

805. T. Frey, W. Jantz, R. Stibal: Compensating vibrating reed magnetometer. J. Appl. Phys. **64**, 6002–6007 (1988)

806. S. Foner: Versatile and sensitive vibrating-sample magnetometer. Rev. Sci. Instrum. **30**, 548–557 (1959)

807. S. Foner: Further improvements in vibrating sample magnetometer sensitivity. Rev. Sci. Instrum. **46**, 1425–1426 (1975)

808. S. Foner: Review of magnetometry. IEEE Trans. Magn. **17**, 3358–3363 (1981)

809. R.M. Josephs, D.S. Crompton, C.S. Krafft: Vector vibrating sample magnetometry - A technique for three dimensional magnetic anisotropy measure-

ments. Intermag Conf. Digests (Tokyo, 1987) p. CF-05

810. L. Jahn, R. Scholl, D. Eckert: Vibrating sample vector magnetometer coils. J. Magn. Magn. Mat. **101**, 389–391 (1991)

811. J.S. Philo, W.M. Fairbank: High-sensitivity magnetic susceptometer employing superconducting technology. Rev. Sci. Instrum. **48**, 1529–1536 (1977)

812. L. Callegaro, C. Fiorini, G. Triggiani, E. Puppin: Kerr hysteresis loop tracer with alternate driving magnetic field up to 10 kHz. Rev. Sci. Instr. **68**, 2735–2740 (1997)

813. J.C. Suits: Magneto-optical rotation and ellipticity measurements with a spinning analyzer. Rev. Sci. Instrum. **42**, 19–22 (1971)

814. K. Sato: Measurement of magneto-optical Kerr effect using piezo-birefringent modulator. Jpn. J. Appl. Phys. **20**, 2403–2409 (1981)

815. M. Gomi, M. Abe: A new high-sensitivity magneto-optic readout technique and its application to Co-Cr film. IEEE Trans. Magn. **18**, 1238–1240 (1982)

816. R.P. Cowburn, A. Ercole, S.J. Gray, J.A.C. Bland: A new technique for measuring magnetic anisotropies in thin and ultrathin films by magneto-optics. J. Appl. Phys. **81**, 6879–6883 (1997)

817. R.M. Osgood, III, B.M. Clemens, R.L. White: Asymmetric magneto-optic response in anisotropic thin films. Phys. Rev. B **55**, 8990–8996 (1997)

818. K. Postava, H. Jaffres, A. Schuhl, F. Nguyen Van Dau, M. Goiran, A.R. Fert: Linear and quadratic magneto-optical measurements of the spin reorientation in epitaxial Fe films on MgO. J. Magn. Magn. Mat. **172**, 199–208 (1997)

819. S. Shtrikman, D. Treves: On the remanence of ferromagnetic powders. J. Appl. Phys. (Suppl.) **31**, 58*S*–66*S* (1960)

820. K.-H. Müller, D. Eckert, P.A.P. Wendhausen, A. Handstein, S. Wirth, M. Wolf: Description of texture for permanent magnets. IEEE Trans. Magn. **30**, 586–588 (1994)

821. L. Néel: La loi d'approche en a:H et une nouvelle théorie de la dureté magnétique. J. de Phys. Rad. **9**, 184–192 (1948) *(The law of the approach to saturation with a:H and a new theory of magnetic hardness)*

822. N.S. Akulov: Über den Verlauf der Magnetisierungskurve in starken Feldern. Z. Phys. **69**, 822–831 (1931) *(On the behaviour of the magnetization curve at high fields)*

823. L. Néel: Relation entre la constante d'anisotropie et la loi d'approche à la saturation des ferromagnétiques. J. de Phys. Rad. **9**, 193–199 (1948) *(A relation between the anisotropy constant and the law of the approach to saturation of ferromagnets)*

824. H.-R. Hilzinger: Stress induced magnetic anisotropy in a non-magnetostrictive amorphous alloy. Proc. 4th Int. Conf. Rapidly Quenched Metals (Sendai, 1981) p. 791–794

825. G. Asti, S. Rinaldi: Singular points in the magnetization curve of a polycrystalline ferromagnet. J. Appl. Phys. **45**, 3600–3610 (1974)

826. R. Grössinger: Pulsed fields: generation, magnetometry and application. J. Phys. D: Appl. Phys. **15**, 1545–1608 (1982)

827. J. Smit, H.G. Beljers: Ferromagnetic resonance absorption in $BaFe_{12}O_{19}$, a highly anisotropic crystal. Philips Res. Repts **10**, 113–130 (1955)

828. P.E. Seiden: Magnetic Resonance, in: *Magnetism and Metallurgy*, Vol. I, ed. by A.E. Berkowitz, E. Kneller (Academic Press, New York, 1969) p. 93–119

829. R.F. Soohoo: *Microwave Magnetics* (Harper & Row, New York, 1985)

830. R. Zuberek, H. Szymczak, R. Krishnan, K.B. Youn, C. Sella: Magnetostriction constant of multilayer Ni-C films. IEEE Trans. Magn. **23**, 3699–3700 (1987)

831. C. Kittel: Excitation of spin waves in a ferromagnet by a uniform rf field. Phys. Rev. **110**, 1295–1297 (1958)

832. M.H. Seavey, Jr., P.E. Tannenwald: Direct observation of spin-wave resonance. J. Appl. Phys. (Suppl.) **30**, 227*S*–228*S* (1959)

833. T.G. Phillips, H.M. Rosenberg: Spin waves in ferromagnets. Repts. Prog.

Phys. **29**, 285–332 (1966)

834. P.E. Wigen, C.F. Kooi, M.R. Shanabarger, T.D. Rossing: Dynamic pinning in thin-film spin-wave resonance. Phys. Rev. Lett. **9**, 206–20 (1962)

835. C.E. Patton: Magnetic excitations in solids. Phys. Reports **103**, 251–315 (1984)

836. J.G. Booth, G. Srinivasan, C.E. Patton, C.M. Srivastava: Spin wave stiffness parameters in lithium-zinc ferrites. Solid State Comm. **64**, 287–289 (1987)

837. W.D. Wilber, P. Kabos, C.E. Patton: Brillouin light scattering determination of the spin-wave stiffness parameter in lithium-zinc ferrite. IEEE Trans. Magn. **19**, 1862–1864 (1983)

838. J.R. Sandercock, W. Wettling: Light scattering from thermal acoustic magnons in yttrium iron garnet. Solid State Comm. **13**, 1729–1732 (1973)

839. R.W. Damon, J.R. Eshbach: Magnetostatic modes of a ferromagnet slab. J. Phys. Chem. Solids **19**, 308–320 (1961)

840. S. Demokritov, E. Tsymbal, P. Grünberg, W. Zinn, I.K. Schuller: Light scattering from spin waves in thin films and layered systems. J. Phys. Cond. Mat. **6**, 7145–7188 (1994)

841. K. Narita, J. Yamasaki, H. Fukunaga: Measurement of saturation magnetostriction of a thin amorphous ribbon by means of small-angle magnetization rotation. IEEE Trans. Magn. **16**, 435–439 (1980)

842. J.M. Barandarián, A. Hernando, V. Madurga, O.V. Nielsen, M. Vázquez, M. Vázquez-López: Temperature, stress, and structural-relaxation dependence of the magnetostriction in $(Co_{0.94}Fe_{0.06})_{75}Si_{15}B_{10}$ glasses. Phys. Rev. B **35**, 5066–5071 (1987)

843. O. Song, C.A. Ballentine, R.C. O'Handley: Giant surface magnetostriction in polycrystalline Ni and NiFe films. Appl. Phys. Lett. **64**, 2593–2595 (1994)

844. K.V. Vladimirskij: On the magnetostriction of polycrystals. C. R. Doklady Acad. Sci. USSR **16**, 10–13 (1943)

845. H.B. Callen, N. Goldberg: Magnetostriction of polycrystalline aggregates. J. Appl. Phys. **36**, 976–977 (1965)

846. R. Gersdorf: Uniform and non-uniform form effect in magnetostriction. Physica **26**, 553–574 (1960)

847. E. de Lacheisserie, J.L. Dormann: An accurate method of the magnetostriction coefficients. Application to YIG. Phys. Status Solidi **35**, 925–931 (1969)

848. E. Klokholm: The measurement of magnetostriction in ferromagnetic thin films. IEEE Trans. Magn. **12**, 819–821 (1976)

849. A.C. Tam, H. Schroeder: Precise measurements of a magnetostriction coefficient of a thin soft-magnetic film deposited on a substrate. J. Appl. Phys. **64**, 5422–5424 (1988)

850. E. du Trémolet de Lacheisserie, J.C. Peuzin: Magnetostriction and internal stresses in thin films: The cantilever method revisited. J. Magn. Magn. Mat. **136**, 189 (1994)

851. M. Weber, R. Koch, K.H. Rieder: UHV cantilever beam technique for quantitative measurements of magnetization, magnetostriction, and intrinsic stress of ultrathin magnetic films. Phys. Rev. Lett. **73**, 1166–1169 (1994)

852. R. Watts, M.R.J. Gibbs, W.J. Karl, H. Szymczak: Finite-element modelling of magnetostrictive bending of a coated cantilever. Appl. Phys. Lett. **70**, 2607–2609 (1997)

853. P.M. Marcus: Magnetostrictive bending of a cantilevered film-substrate system. J. Magn. Mag. Mat. **168**, 18–24 (1997)

854. M. Ramesh, S. Jo, R.O. Campbell, M.H. Kryder: Submicron bubble garnets with nearly isotropic magnetostriction. J. Appl. Phys. **66**, 2508–2510 (1989)

855. R.M. Josephs: Characterization of the magnetic behavior of bubble domains. AIP Conf. Proc. **10**, 286–295 (1973)

856. T.G.W. Blake, C.-C. Shir, Y. Tu, E. Della Torre: Effects of finite anisotropy parameter Q in the determination of magnetic bubble material parameters.

IEEE Trans. Magn. **18**, 985–988 (1982)

857. D. Płusa, R. Pfranger, B. Wysocki: Dependence of domain width on crystal thickness in YCo_5 single crystals. Phys. Status Solidi A **92**, 533–538 (1985)

858. P. Salzmann, A. Hubert: Local measurement of magnetic anisotropy in metallic glasses. J. Magn. Magn. Mat. **24**, 168–174 (1981)

859. P. Salzmann, W. Grimm, A. Hubert: Anisotropies and domain structures in metallic glasses. J. Magn. Magn. Mat. **31**, 1599–1600 (1983)

860. P. Löffler, R. Wengerter, A. Hubert: Experimental and theoretical analysis of "stress pattern" magnetic domains in metallic glasses. J. Magn. Magn. Mat. **41**, 175–178 (1984)

861. I.E. Dikshtein, F.V. Lisovskii, E.G. Mansvetova, V.V. Tarasenko: Determination of the anisotropy constants of ferrite garnet epitaxial films with different crystallographic orientations by the method of phase transitions. Sov. Microelectronics **13**, 176–185 (1984) *[Mikroelektronika 13.4 (1984) 337–347]*

862. M.H. Yang, M.W. Muller: Evidence for non-cubic magnetostriction in epitaxial bubble garnets. J. Magn. Magn. Mat. **1**, 251–266 (1976)

863. J. Bindels, J. Bijvoet, G.W. Rathenau: Stabilization of definable domain structures by interstitial atoms. Physica B **26**, 163–174 (1960)

864. L. Néel: Nouvelle méthode de mesure de l'énergie des parois de Bloch. C. R. Acad. Sci. **254**, 2891–2896 (1962) *(A new method of measuring the Bloch wall energy)*

865. R. Aléonard, P. Brissonneau, L. Néel: New method to measure directly the 180° Bloch wall energy. J. Appl. Phys. **34**, 1321–1322 (1963)

866. C. Beatrice, F. Vinai, G. Garra, P. Mazetti: Bloch wall dynamic instability and wall multiplication in amorphous ribbons of Metglas 2605SC. J. de Phys. (Coll.) **49**, C8–1323–1324 (1989)

867. J.M. Daughton, G.E. Keefe, K.Y. Ahn, C.-C. Cho: Domain wall energy measurements using narrow Permalloy strips. IBM J. Res. Develop. **11**, 555–557 (1967)

868. G.T. Rado, V.J. Folen: Determination of molecular field coefficients in ferrimagnets. J. Appl. Phys. **31**, 62–68 (1960)

869. G.F. Dionne: Molecular field coefficients of substituted yttrium iron garnets. J. Appl. Phys. **41**, 4874–4881 (1970)

870. G.F. Dionne: Molecular field coefficients of substituted yttrium iron garnets. Technical Report 480 (Lincoln Lab., M.I.T., Lexington, Mass., 1970)

871. G.F. Dionne: Molecular field and exchange constants of Gd^{3+} substituted ferromagnetic garnets. J. Appl. Phys. **42**, 2142–2143 (1971)

872. G.F. Dionne: Molecular field coefficients of substituted yttrium iron garnets. Technical Report 502 (Lincoln Lab., M.I.T., Lexington, Mass., 1974)

873. A. Grill, F. Haberey: Effect of diamagnetic substitutions in $BaFe_{12}O_{19}$ on the magnetic properties. Appl. Phys. **3**, 131–134 (1974)

874. T. Holstein, H. Primakoff: Field dependence of the intrinsic domain magnetization of a ferromagnet. Phys. Rev. **58**, 1098–1113 (1940)

875. C. Zener: Classical theory of the temperature dependence of magnetic anisotropy energy. Phys. Rev. **96**, 1335–1337 (1954)

876. C. Kittel, J.H. van Vleck: Theory of the temperature dependence of the magnetoelastic constants of cubic crystals. Phys. Rev. **118**, 1231–1232 (1960)

877. E.R. Callen, H.B. Callen: Static magnetoelastic coupling in cubic crystals. Phys. Rev. **129**, 578–593 (1963)

878. A. Hubert, W. Unger, J. Kranz: Messung der Magnetostriktionskonstanten des Kobalts als Funktion der Temperatur. Z. Phys. **224**, 148–155 (1969) *(Measurement of the magnetostriction constants of cobalt as a function of temperature)*

879. E.P. Wohlfarth: Iron, cobalt and nickel, in: *Ferromagnetic Materials*, Vol. 1–70, ed. by E.P. Wohlfarth (North Holland, Amsterdam, 1980) p. 34–43

880. P. Hansen: Magnetic anisotropy and magnetostriction in garnets, in: *Physics*

of Magnetic Garnets, ed. by A. Paoletti (North Holland, Amsterdam, 1978) p. 56–133 (*Proc. Int. School of Physics "Enrico Fermi", Course LXX, L. Como 1977*)

881. H.G. Rassmann, U. Hofmann: Zusammensetzung, Ordnungszustand und Eigenschaften höchstpermeabler Nickel-Eisen-Basislegierungen, in: *Magnetismus* (Verl. Grundstoffind., Leipzig, 1967) p. 176–198 (*Composition, state of order, and properties of highest permeability nickel-iron-based alloys*)

5. 磁畴的观察和解释
块体高各向异性单轴材料

882. J. Kaczér, R. Gemperle: The thickness dependence of the domain structure of magnetoplumbite. Czech. J. Phys. B **10**, 505–510 (1960)

883. J. Kaczér, R. Gemperle: Honeycomb domain structure. Czech. J. Phys. B **11**, 510–522 (1961)

884. B. Wysłocki: Untersuchung der magnetischen Struktur an großen Kobaltkristallen. Phys. Status Solidi **3**, 1333–1339 (1963) (*Investigation of the magnetic structure of large cobalt crystals*)

885. B. Wysłocki: Über Remanenzstrukturen, Ummagnetisierungsprozesse und Magnetisierungskurven in großen Kobalteinkristallen. I. Remanenzstrukturen. Acta Phys. Polon. **27**, 783–797 (1965) (*On remanent structures, magnetization processes and hysteresis loops in large cobalt crystals. I. Remanent structures*)

886. B. Wysłocki: ... III. Magnetisierungskurven. Acta Phys. Polon. **27**, 969–987 (1965) (*... III. Hysteresis loops*)

887. M. Rosenberg, C. Tănăsoiu, V. Florescu: Domain structure of hexagonal ferrimagnetic oxides with high anisotropy field. J. Appl. Phys. **37**, 3826–3834 (1966)

888. B. Wysłocki: Influence of crystal thickness on remanent domain structures in cobalt. I. Acta Phys. Polon. **34**, 327–346 (1968)

889. J. Kaczér: Ferromagnetic domains in uniaxial materials. IEEE Trans. Magn. **6**, 442–445 (1970)

890. J. Unguris, M.R. Scheinfein, R.J. Celotta, D.T. Pierce: The magnetic microstructure of the (0001) surface of hcp cobalt. Appl. Phys. Lett. **55**, 2553–2555 (1989)

891. B.M. Moskowitz, S.L. Halgedahl, C.A. Lawson: Magnetic domains on unpolished and polished surfaces of titanium-rich titanomagnetite. J. Geophys. Res. **93**, 3372–3386 (1988)

892. M. Rosenberg, C. Tănăsoiu, C. Rusu: The domain structure of $Zn_{2-x}Co_xZ$ single crystals. Phys. Status Solidi **6**, 639–650 (1964)

893. A. Hubert: Magnetic domains of cobalt single crystals at elevated temperatures. J. Appl. Phys. **39**, 444–446 (1968)

894. Y.G. Pastushenkov, A. Forkl, H. Kronmüller: Temperature dependence of the domain structure in $Fe_{14}Nd_2B$ single crystals during the spin-reorientation transition. J. Magn. Magn. Mat. **174**, 278–288 (1997)

895. J. Kaczér, R. Gemperle: The rotation of Bloch walls. Czech. J. Phys. B **11**, 157–170 (1961)

896. D.J. Breed, A.B. Voermans: Strip domains in garnet films with large magnetostriction constants under the influence of in-plane fields. IEEE Trans. Magn. **16**, 1041–1043 (1980)

897. E.A. Nesbitt, H.J. Williams: Mechanism of magnetization in Alnico V. Phys. Rev. **80**, 112–113 (1950)

898. W. Andrä: Untersuchung des Ummagnetisierungsvorgangs bei Alnico hoher Koerzitivkraft mit Hilfe der Pulvermustertechnik. Ann. d. Physik **19**, 10–18 (1956) (*Investigation of the remagnetization process of high-coercivity Alnico using the powder pattern technique*)

899. D.J. Craik, E.D. Isaac: Magnetic interaction domains. Proc. Phys. Soc. A **76**,

160–162 (1960)

900. D.J. Craik, R. Lane: Magnetization reversal mechanisms in assemblies of elongated single-domain particles. Brit. J. Appl. Phys. **18**, 1269–1274 (1967)

901. L. Folks, R. Street, R.C. Woodward: Domain structures of die-upset meltspun NdFeB. Appl. Phys. Lett. **65**, 910–912 (1994)

902. J.N. Chapman, S. Young, H.A. Davies, P. Zhang, A. Manaf, R.A. Buckley: A TEM investigation of the magnetic domain structure in nanocrystalline NdFeB Samples. 13th Int. Workshop on Rare Earth Magnets and their Applications (Birmingham, 1994) p. 95–101

903. W. Rave, D. Eckert, R. Schäfer, B. Gebel, K.-H. Müller: Interaction domains in isotropic, fine-grained $Sm_2Fe_{17}N_3$ permanent magnets. IEEE Trans. Magn. **32**, 4362–4364 (1996)

块体立方晶体

904. A. Hubert: *Zur Analyse der magnetischen Bereichsstrukturen des Eisens.* Thesis, University of Munich (1965) *(On the analysis of magnetic domain structures of iron)*

905. L.V. Kirenskii, M.K. Savchenko, I.F. Degtyarev: On the magnetization process in ferromagnets. Sov. Phys. JETP **37**, 437–441 (1960) *[Zh. Eksp. Teor. Fiz. 37 (1959) 616–619]*

906. P. Brissonneau, M. Schlenker: Domaines de Weiss "en chevrons" sur un monocristal de fer-silicium. C. R. Acad. Sci. Paris **259**, 2089–2092 (1964) *(Chevron type Weiss domains on a silicon iron single crystal)*

907. L.J. Dijkstra, U.M. Martius: Domain pattern in silicon-iron under stress. Rev. Mod. Phys. **25**, 146–150 (1953)

908. Y.S. Shur, V.A. Zaykova: Effect of elastic stresses on the magnetic structure of silicon-iron crystals. Phys. Met. Metall. **6**, 158–166 (1958) *[Fiz. Metal. Metalloved. 6 (1958) 545–555]*

909. W.D. Corner, J.J. Mason: The effect of stress on the domain structure of Goss textured silicon-iron. Brit. J. Appl. Phys. **15**, 709–718 (1964)

910. L.F. Bates, A. Hart: A comparison of the powder patterns on a sample of grain-oriented silicon-iron with those obtained on a single crystal. Proc. Phys. Soc. A **66**, 813–818 (1953)

911. W.S. Paxton, T.G. Nilan: Domain configurations and crystallographic orientation in grain-oriented silicon steel. J. Appl. Phys. **26**, 994–1000 (1955)

912. J.J. Gniewek: Effects of tensile stress on the domain structure in grain-oriented 3.25% silicon steel. J. Appl. Phys. **34**, 3618–3622 (1963)

913. V.A. Zaykova, Y.S. Shur: The shape of silicon iron crystal magnetostriction curves as dependent on the nature of the change in the domain structure on magnetization. Phys. Met. Metall. **18**.3, 31–42 (1964) *[Fiz. Metal. Metalloved. 18.3 (1964) 349–358]*

914. P. Allia, A. Ferro-Milone, G. Montalenti, G.P. Soardo, F. Vinai: Theory of negative magnetostriction in grain oriented 3% SiFe for various inductions and applied stresses. IEEE Trans. Magn. **14**, 362–364 (1978)

915. M. Imamura, T. Sasaki: The status of domain theory for an investigation of magnetostriction and magnetization processes in grain-oriented Si-Fe sheets. Phys. Scripta T **24**, 29–35 (1988)

916. A. Hubert: Magnetische Bereichsstrukturen und Magnetisierungsvorgänge. Z. Angew. Phys. **26**, 35–41 (1969) *(Magnetic domain structures and magnetization processes)*

917. M. Labrune, M. Kléman: Investigation of magnetic domain structures in {111} silicon-iron single crystals. J. de Phys. **34**, 79–89 (1973)

918. R. Szymczak, A. Szewczyk, M. Baran, V.V. Tsurkan: Domain structure in $CuCr_2Se_4$ single crystals. J. Magn. Magn. Mat. **83**, 481–482 (1990)

919. M. Müller, T. Lederer, K.H. Fornacon, R. Schäfer: Grain structure, coercivity and high frequency noise in soft magnetic Fe-81Ni-6Mo alloys. J. Mag. Magn.

Mat. **177**, 231–232 (1998)

非晶和纳米晶带材

920. A. Hubert: Aus der Schmelze abgeschreckte amorphe Ferromagnetika. J. Magn. Magn. Mat. **6**, 38–46 (1977) *(Amorphous ferromagnets quenched from the melt)*

921. H. Kronmüller, M. Fähnle, M. Domann, H. Grimm, R. Grimm, B. Gröger: Magnetic properties of amorphous ferromagnetic alloys. J. Magn. Magn. Mat. **13**, 53–70 (1979)

922. B. Gröger, H. Kronmüller: Investigation of the domain structure, the Rayleigh region and the coercive field of the amorphous ferromagnetic alloy $Fe_{40}Ni_{40}P_{14}B_6$. J. Magn Magn. Mat **9**, 203–207 (1978)

923. G. Schroeder, R. Schäfer, H. Kronmüller: Magneto-optical investigation of the domain structure of amorphous $Fe_{80}B_{20}$ alloys. Phys. Status Solidi A **50**, 475–481 (1978)

924. A. Veider, G. Badurek, R. Grössinger, H. Kronmüller: Optical and neutron domain structure studies of amorphous ribbons. J. Magn. Magn. Mat. **60**, 182–194 (1986)

925. H.J. Leamy, S.D. Ferris, G. Norman, D.C. Joy, R.C. Sherwood, E.M. Gyorgy, H.S. Chen: Ferromagnetic domain structure of metallic glasses. Appl. Phys. Lett. **26**, 259–260 (1975)

926. J.D. Livingston: Stresses and magnetic domains in amorphous metal ribbons. Phys. Status Solidi A **56**, 637 (1979)

927. T. Egami, P.J. Flanders, C.D. Graham, Jr.: Low-field magnetic properties of ferromagnetic amorphous alloys. Appl. Phys. Lett. **26**, 128–130 (1975)

928. J.D. Livingston, W.G. Morris, T. Jagielinski: Effects of anisotropy on domain structures in amorphous ribbons. IEEE Trans. Magn. **19**, 1916–1918 (1983)

929. W. Grimm, B. Metzner, A. Hubert: Optimized domain patterns in metallic glasses prepared by magnetic field heat treatment and/or surface crystallization. J. Magn. Magn. Mat. **41**, 171–174 (1984)

930. R. Schäfer, M. Rührig, A. Hubert: Loss optimization for iron-rich metallic glasses. Phys. Scripta **40**, 552–557 (1989)

931. O.V. Nielsen, H.J.V. Nielsen: Strain- and field-induced magnetic anisotropy in metallic glasses with positive or negative λ_s. Solid State Comm. **35**, 281–284 (1980)

932. O.V. Nielsen, H.J.V. Nielsen: Magnetic anisotropy in $Co_{73}Mo_2Si_{15}B_{10}$ and $Co_{0.89}Fe_{0.11}$ metallic glasses, induced by stress-annealing. J. Magn. Magn. Mat. **22**, 21–24 (1980)

933. K. Záveta, L. Kraus, K. Jurek, V. Kamberský: Zig-zag domain walls in creep-annealed metallic glass. J. Magn. Magn. Mat. **73**, 334–338 (1988)

934. K. Záveta, O.V. Nielsen, K. Jurek: A domain study of magnetization processes in a stress-annealed metallic glass ribbon for fluxgate sensors. J. Magn. Magn. Mat. **117**, 61–68 (1992)

935. J. Yamasaki, T. Chuman, M. Yagi, M. Yamaoka: Magnetization process in hard axis of Fe-Co based amorphous ribbons with induced anisotropy. IEEE Trans. Magn. **33**, 3775–3777 (1997)

936. R. Schäfer, N. Mattern, G. Herzer: Stripe domains on amorphous ribbons. IEEE Trans. Magn. **32**, 4809–4811 (1996)

937. R.H. Smith, G.A. Jones, D.G. Lord: Domain structures in rapidly annealed $Fe_{67}Co_{18}B_{14}Si_1$. IEEE Trans. Magn. **24**, 1868–1870 (1988)

938. J. Sláma, V. Nikulin: Magnetic domains in amorphous FeNiB alloy. Phys. Scripta **39**, 548–551 (1989)

939. P.T. Squire, A.P. Thomas, M.R.J. Gibbs, M. Kuźmiński: Domain studies of field-annealed amorphous ribbon. J. Magn. Magn. Mat. **104**, 109–110 (1992)

940. K. Závěta, M. Kuźmiński, H.K. Lachowicz, P. Duhaj: Domain structures in "non-magnetostrictive" $Co_{67}Fe_4Cr_7Si_8B_{14}$ wide ribbons. J. de Phys. IV **8**. Pr2, 163–166 (1998)

941. G.S. Krinchik, A.N. Verkhozin: Investigation of the magnetic structure of ferromagnetic substances by a magnetooptical apparatus with micron resolution. Sov. Phys. JETP **24**, 890–894 (1967) *[Zh. Eksp. Teor. Fiz. 51 (1966) 1321–1327]*

942. P.J. Ryan, T.B. Mitchell: Wide domain walls and Bloch lines in Permalloy and Co-Fe films using Kerr effect microscopy. J. Appl. Phys. **63**, 3162–3164 (1988)

943. K. Koike, H. Matsuyama, K. Hayakawa, K. Mitsuoka, *et al.*: Observation of Néel structure walls on the surface of 1.4-μm-thick magnetic films using spin-polarized scanning electron microscopy. Appl. Phys. Lett. **49**, 980–981 (1986)

944. H.P. Oepen, J. Kirschner: Imaging of microstructures at surfaces. J. de Phys. (Coll.) **49**, C8–1853–1857 (1988)

945. T. Göddenhenrich, U. Hartmann, M. Anders, C. Heiden: Investigation of Bloch wall fine structures by magnetic force microscopy. J. Microscopy **152**, 527–536 (1988)

946. M. Schneider, S. Müller-Pfeiffer, W. Zinn: Magnetic force microscopy of domain wall fine structures in iron films. J. Appl. Phys. **79**, 8578–8583 (1996)

947. T.G. Pokhil, B.M. Moskowitz: Magnetic force microscope study of domain wall structures in magnetite. J. Appl. Phys. **79**, 6064–6066 (1996)

948. V.E. Zubov, G.S. Krinchik, S.N. Kuzmenko: The effect of a magnetic field on the near-surface substructure of domain walls in single-crystal iron. Sov. Phys. JETP **72**, 307–313 (1991) *[Zh. Eksp. Teor. Fiz. 99 (1991) 551–561]*

949. U. Hartmann, H.H. Mende: Hysteresis of Néel-line motion and effective width of 180° Blochwalls in bulk iron. Phys. Rev. B **33**, 4777–4781 (1986)

950. K. Pátek, I. Tomáš, P. Bohácek: The process of magnetization of a single Bloch wall with a single Bloch line. J. Magn. Magn. Mat. **87**, 11–15 (1990)

951. V.E. Zubov, G.S. Krinchik, S.N. Kuzmenko: Anomalous coercive force of Bloch points in iron single-crystals. JETP Lett. **51**, 477–480 (1990) *[Pisma Zh. Eksp. Teor. Fiz. 51 (1990) 419–422]*

952. G. Herzer: Nanocrystalline soft magnetic materials. J. Magn. Magn. Mat. **157**, 133–136 (1996)

953. R. Schäfer, A. Hubert, G. Herzer: Domain observation on nanocrystalline material. J. Appl. Phys. **69**, 5325–5327 (1991)

954. L. Kraus, K. Závěta, O. Heczko, P. Duhaj, G. Vlasák, J. Schneider: Magnetic anisotropy in as-quenched and stress-annealed amorphous and nanocrystalline $Fe_{73.5}Cu_1Nb_3Si_{13.5}B_9$ alloys. J. Magn. Magn. Mat. **112**, 275–277 (1992)

低各向异性磁性膜

955. S. Middelhoek: Domain walls in thin Ni-Fe films. J. Appl. Phys. **34**, 1054–1059 (1963)

956. M. Prutton: *Thin Magnetic Films* (Butterworth, Washington D.C., 1964)

957. R.F. Soohoo: *Magnetic Thin Films* (Harper & Row, New York, 1985)

958. W. Schüppel, V. Kamberský: Bereichs- und Wandstrukturen. Phys. Status Solidi **2**, 345–384 (1962) *(Domain and wall structures)*

959. E. Feldtkeller: Review on domains in thin magnetic samples. J. de Phys. (Coll.) **32**, C1–452–456 (1971)

960. E. Feldtkeller, W. Liesk: 360°-Wände in magnetischen Schichten. Z. Angew. Phys. **14**, 195–199 (1962) *(360° walls in magnetic films)*

961. D.O. Smith, E.E. Huber, M.S. Cohen, G.P. Weiss: Anisotropy and inversion in Permalloy films. J. Appl. Phys. **31** (Suppl.) 295S–297S (1960)

962. E. Feldtkeller: Blockierte Drehprozesse in dünnen magnetischen Schichten. Elektron. Rechenanl. **3**, 167–175 (1961) *(Blocked rotation processes in thin magnetic films)*

963. M.S. Cohen: Influence of anisotropy dispersion on magnetic properties of NiFe films. J. Appl. Phys. **34**, 1841–1847 (1963)

964. E. Feldtkeller: Ripple hysteresis in thin magnetic films. J. Appl. Phys. **34**, 2646–2652 (1963)

965. S. Methfessel, S. Middelhoek, H. Thomas: Domain walls in thin Ni-Fe films. IBM Journ. **4**, 96–106 (1960)

966. S. Methfessel, S. Middelhoek, H. Thomas: Nucleation processes in thin Permalloy films. J. Appl. Phys. (Suppl.) **32**, 294S–295S (1961)

967. S. Methfessel, S. Middelhoek, H. Thomas: Partial rotation in Permalloy films. J. Appl. Phys. **32**, 1959–1963 (1961)

968. W. Metzdorf: Vorgänge beim quasistatischen Magnetisieren dünner Schichten. Z. Angew. Phys. **14**, 412–424 (1962) *(Quasistatic magnetization processes in thin films)*

969. H.W. Fuller, H. Rubinstein, D.L. Sullivan: Spiral walls in thin magnetic films. J. Appl. Phys. (Suppl.) **32**, 286S–297S (1961)

970. H. Hoffmann: Theory of magnetization ripple. IEEE Trans. Magn. **4**, 32–38 (1968)

971. K.J. Harte: Theory of magnetization ripple in ferromagnetic films. J. Appl. Phys. **39**, 1503–1524 (1968)

972. U. Krey: Die mikromagnetische Behandlung lokaler Störungen mit Hilfe der Greenschen Funktion. Phys. Kondens. Materie **6**, 218–228 (1967) *(The micromagnetic treatment of local perturbations using Green's function)*

973. W.F. Brown, Jr.: A critical assessment of Hoffmann's linear theory of ripple. IEEE Trans. Magn. **6**, 121–129 (1970)

974. H.A.M. van den Berg, F.A.N. van der Voort: Cluster creation and hysteresis in soft-ferromagnetic thin-film objects. IEEE Trans. Magn. **21**, 1936–1938 (1985)

975. L.J. Schwee, H.R. Irons, W.E. Anderson: The crosstie memory. IEEE Trans. Magn. **12**, 608–613 (1976)

976. H.J. Williams, R.C. Sherwood: Magnetic domain patterns on thin films. J. Appl. Phys. **28**, 548–555 (1957)

977. M.S. Cohen: Spiral and concentric-circle walls observed by Lorentz microscopy. J. Appl. Phys. **34**, 1221–1222 (1963)

978. M. Speckmann, H.P. Oepen, H. Ibach: Magnetic domain structures in ultrathin Co/Au(111): On the influence of film morphology. Phys. Rev. Lett. **75**, 2035–2038 (1995)

979. S. Middelhoek: Domain wall creeping in thin Permalloy films. IBM J. Res. Dev. **6**, 140–141 (1962)

980. H.C. Bourne, Jr., T. Kusuda, C.H. Lin: A study of low-frequency creep in Bloch-wall Permalloy films. IEEE Trans. Magn. **5**, 247–252 (1969)

981. J.N. Chapman, G.R. Morrison, J.P. Jakubovics, R.A. Taylor: Determination of domain wall structures in thin foils of a soft magnetic alloy. J. Magn. Magn. Mat. **49**, 277–285 (1985)

982. R. Gemperle: The ferromagnetic domain structure of thin single crystal Fe platelets in an external field. Phys. Status Solidi **14**, 121–133 (1966)

983. R.W. DeBlois: Ferromagnetic domains in single-crystal Permalloy platelets. J. Appl. Phys. **39**, 442–443 (1968)

984. E. Huijer, J.K. Watson, D.B. Dove: Magnetostatic effects of I-bars: A unifying overview of domain and continuum results. IEEE Trans. Magn. **16**, 120–126

(1980)

985. S.K. Decker, C. Tsang: Magnetoresistive response of small Permalloy features. IEEE Trans. Magn. **16**, 643–645 (1980)

986. C. Tsang, S.K. Decker: The origin of Barkhausen noise in small Permalloy magnetoresistive sensors. J. Appl. Phys. **52**, 2465–2467 (1981)

987. E. Huijer, J.K. Watson: Hysteretic properties of Permalloy I-bars. J. Appl. Phys. **50**, 2149–2151 (1979)

988. H.A.M. van den Berg, D.K. Vatvani: Wall clusters and domain structure conversions. IEEE Trans. Magn. **18**, 880–887 (1982)

989. F.A.N. van der Voort, H.A.M. van den Berg: Irreversible processes in soft-ferromagnetic thin films. IEEE Trans. Magn. **23**, 250–258 (1987)

990. D.A. Herman, Jr., B.E. Argyle, B. Petek: Bloch lines, cross ties, and taffy in Permalloy. J. Appl. Phys. **61**, 4200–4206 (1987)

991. B.W. Corb: Effects of magnetic history on the domain structure of small NiFe shapes. J. Appl. Phys. **63**, 2941–2943 (1988)

992. B.W. Corb: Charging on the metastable domain states of small NiFe rectangles. IEEE Trans. Magn. **24**, 2386–2388 (1988)

993. S. McVitie, J.N. Chapman: Magnetic structure determination in small regularly shaped particles using transmission electron microscopy. IEEE Trans. Magn. **24**, 1778–1780 (1988)

994. S. McVitie, J.N. Chapman, S.J. Hefferman, W.A.P. Nicholson: Effect of application of fields on the domain structure in small regularly shaped magnetic particles. J. de Phys. **12**, 1817–1818 (1988)

995. M. Rührig, B. Khamsehpour, K.J. Kirk, J.N. Chapman, P. Aitchison, S. McVitie, C.D.W. Wilkinson: The fabrication and magnetic properties of acicular magnetic nano-elements. IEEE Trans Magn. **32**, 4452–4457 (1996)

996. S.Y. Chou: Patterned magnetic nanostructures and quantized magnetic disks. Proc. IEEE **85**, 652–671 (1997)

997. C. Coquaz, D. Challeton, J.L. Porteseil, Y. Souche: Memory effects and nucleation of domain structures in small Permalloy shapes. J. Magn. Magn. Mat. **124**, 206–212 (1993)

998. R.D. McMichael, M.J. Donahue: Head to head domain wall structures in thin magnetic strips. IEEE Trans. Magn. **33**, 4167–4169 (1997)

999. J. McCord, A. Hubert, A. Chizhik: Domains and hysteresis in patterned soft magnetic elements. IEEE Trans. Magn. **33**, 3981–3983 (1997)

1000. R. Mattheis, K. Ramstöck, J. McCord: Formation and annihilation of edge walls in thin-film permalloy strips. IEEE Trans. Magn. **33**, 3993–3995 (1997)

1001. K.J. Kirk, J.N. Chapman, C.D.W. Wilkinson: Switching fields and magnetostatic interactions of thin film magnetic nano-elements. Appl. Phys. Lett. **71**, 539–541 (1997)

1002. M.S. Cohen: Anomalous magnetic films. J. Appl. Phys. **33**, 2968–2980 (1962)

1003. R.J. Spain: Sur une solution stable et périodique du problème de la répartition de l'aimantation spontanée dans une couche mince ferromagnétique. C. R. Acad. Sci. Paris **257**, 2427–2430 (1963) *(On a stable and periodic solution of the problem of spontaneous magnetization distribution in a thin ferromagnetic film)*

1004. N. Saito, H. Fujiwara, Y. Sugita: A new type of magnetic domain structure in negative magnetostriction Ni-Fe films. J. Phys. Soc. Japan **19**, 1116–1125 (1964)

1005. I.B. Puchalska: Stripe domain structure in ferromagnetic films on Ni-Fe. Acta Phys. Polon. **36**, 589–614 (1969)

1006. A.P. Malozemoff, W. Fernengel, A. Brunsch: Observation and theory of strong stripe domains in amorphous sputtered FeB films. J. Magn. Magn. Mat. **12**, 201–214 (1979)

1007. J.N. Chapman, R.P. Ferrier, N. Toms: Strong stripe domains I. Phil. Mag. **28**, 561–579 (1973)

1008. J.N. Chapman, R.P. Ferrier: Strong stripe domains II. Phil. Mag. **28**, 581–595 (1973)

1009. D. Unangst: Über die magnetische Bezirksstruktur dünner Eisen-"Einkristall"-Schichten. Ann. Phys. **7**, 280–301 (1961) *(On the magnetic domain structure of thin iron "single crystal" films)*

1010. H. Sato, R.S. Toth, R.W. Astrue: Checkerboard domain patterns on epitaxially grown single-crystal thin films of iron, nickel, and cobalt. J. Appl. Phys. **34**, 1062–1064 (1963)

1011. H. Sato, R.W. Astrue, S.S. Shinozaki: Lorentz microscopy of magnetic domains of single-crystal films. J. Appl. Phys. **35**, 822–823 (1964)

1012. C.G. Harrison, K.D. Leaver: Micromagnetic structures in single crystal specimens of intermediate thickness studied by Lorentz microscopy. J. Microscopy **97**, 139–145 (1973)

1013. A.F. Smith: Domain wall interactions with non-magnetic inclusions observed by Lorentz microscopy. J. Phys. D: Appl. Phys. **3**, 1044–1048 (1970)

1014. L.F. Bates, D.H. Martin: Ferromagnetic domain nucleation in silicon iron. Proc. Phys. Soc. B **69**, 145–152 (1956)

1015. H.J. Williams, W. Shockley: A simple domain structure in an iron crystal showing a direct correlation with the magnetization. Phys. Rev. **75**, 178–183 (1949)

1016. P. Görnert, Z. Šimša, J. Šimšova, I. Tomáš, R. Hergt, J. Kub: Growth and properties of $Y_{3-u}Pb_uFe_{5-x-y-z}Co_xTi_yGa_zO_{12}$ LPE films. Phys. Status Stolidi A **53**, 297–301 (1986)

1017. A. Yelon: Interactions in multilayer magnetic films, in: *Physics of Thin Films*, Vol. 6, ed. by G. Hass, R.E. Tun (Academic Press, New York, London, 1971) p. 205–300

1018. L. Néel: Sur une nouveau mode de couplage entre les aimantations de deux couches minces ferromagnétiques. Compt. Rend. Acad. Sci. (Paris) **255**, 1676–1681 (1962) *(On a new coupling mode between the magnetization of two ferromagnetic thin films)*

1019. P. Grünberg, R. Schreiber, Y. Pang, U. Walz, M.B. Brodsky, H. Sowers: Layered magnetic structures: Evidence for antiferromagnetic coupling of Fe-layers across Cr interlayers. J. Appl. Phys. **61**, 3750–3752 (1987)

1020. S.S.P. Parkin, N. More, K.P. Roche: Oscillations in exchange coupling and magnetoresistance in metallic superlattice structures: Co/Ru, Co/Cr and Fe/Cr. Phys. Rev. Lett. **64**, 2304–2307 (1990)

1021. S. Middelhoek: Domain-wall structures in magnetic double films. J. Appl. Phys. **37**, 1276–1282 (1966)

1022. J.C. Slonczewski: Structure of domain walls in multiple films. J. Appl. Phys. **37**, 1268–1269 (1966)

1023. J.C. Slonczewski: Theory of domain-wall structure in multiple magnetic films. IBM J. Res. Develop. **10**, 377–387 (1966)

1024. J.C. Slonczewski, B. Petek, B.E. Argyle: Micromagnetics of laminated Permalloy films. IEEE Trans. Magn. **24**, 2045–2054 (1988)

1025. M. Rührig, W. Rave, A. Hubert: Investigation of micromagnetic edge structures of double-layer Permalloy films. J. Magn. Magn. Mat. **84**, 102–108 (1990)

1026. I. Tomáš, H. Niedoba, M. Rührig, G. Wittmann, *et al.*: Wall transitions and coupling of magnetization in NiFe/C/NiFe double films. Phys. Status Solidi A **128**, 203–217 (1991)

1027. M. Rührig, W. Rave, A. Hubert: Investigation of micromagnetic edge structures of double-layer Permalloy films. J. Magn. Magn. Mat. **84**, 102–108 (1990)

1028. F. Biragnet, J. Devenyi, G. Clerc, O. Massenet, R. Montmory, A. Yelon: Interactions between domain walls in coupled films. Phys. Status Solidi **16**, 569–576 (1966)

1029. H. Niedoba, A. Hubert, B. Mirecki, I.B. Puchalska: First direct magneto-optical observations of quasi-Néel walls in double Permalloy films. J. Magn. Magn. Mat. **80**, 379–383 (1989)

1030. L.J. Heyderman, H. Niedoba, H.O. Gupta, I.B. Puchalska: 360° and 0° walls in multilayer Permalloy films. J. Magn. Magn. Mat. **96**, 125–136 (1991)

1031. E. Sanneck, M. Rührig, A. Hubert: A theoretical and experimental study of 360°-walls in magnetically coupled bilayers. IEEE Trans. Magn. **29**, 2500–2505 (1993)

1032. H. Niedoba, L.J. Heyderman, A. Hubert: Kerr domain contrast and hysteresis as a tool for determination of the coupling strength of double soft magnetic films. J. Appl. Phys. **73**, 6362–6364 (1993)

1033. J. Unguris, R.J. Celotta, D.T. Pierce: Observation of two different oscillation periods in the exchange coupling of Fe/Cr/Fe (100). Phys. Rev. Lett. **67**, 140–143 (1991)

1034. J. Unguris, R.J. Celotta, D.T. Pierce: Oscillatory magnetic coupling in Fe/Ag/Fe(100) sandwich structures. J. Magn. Magn. Mat. **127**, 205–213 (1993)

1035. J. McCord, A. Hubert, R. Schäfer, A. Fuss, P. Grünberg: Domain analysis in epitaxial iron-aluminium and iron-gold sandwiches with oscillatory exchange. IEEE Trans. Magn. **29**, 2735–2737 (1993)

1036. C.J. Gutierrez, J.J. Krebs, M.E. Filipkowski, G.A. Prinz: Strong temperature dependence of the 90° coupling in Fe/Al/Fe(001) magnetic trilayers. J. Magn. Magn. Mat. **116**, L305–310 (1992)

1037. B. Heinrich, Z. Celinski, J.F. Cochran, A.S. Arrott, K. Myrtle, S.T. Purcell: Bilinear and biquadratic exchange coupling in bcc Fe/Cu/Fe trilayers: Ferromagnetic-resonance and surface magneto-optical Kerr-effect studies. Phys. Rev. B **47**, 5077–5089 (1993)

1038. B. Rodmacq, K. Dumesnil, P. Mangin, M. Hennion: Biquadratic magnetic coupling in NiFe/Ag multilayers. Phys. Rev. B **48**, 3556–3559 (1993)

1039. E.E. Fullerton, K.T. Riggs, C.H. Sowers, S.D. Bader, A. Berger: Suppression of biquadratic coupling in Fe/Cr(001) superlattices below the Néel transition of Cr. Phys. Rev. Lett. **75**, 330–333 (1995)

1040. M.E. Filipkowski, J.J. Krebs, G.A. Prinz, C.J. Gutierrez: Giant near-90° coupling in epitaxial CoFe/Mn/CoFe sandwich structures. Phys. Rev. Lett. **75**, 1847–1850 (1995)

1041. J.C. Slonczewski: Fluctuation mechanism for biquadratic exchange coupling in magnetic multilayers. Phys. Rev. Lett. **67**, 3172–3175 (1991)

1042. A.C. Daykin, J.P. Jakubovics, A.K. Petford-Long: A study of interlayer exchange coupling in a Co/Cr/Co trilayer using transmission electron microscopy. J. Appl. Phys. **82**, 2447–2452 (1997)

1043. R. Schäfer, A. Hubert, S.S.P. Parkin: Domain and domain wall observations in sputtered exchange-biased wedges. IEEE Trans. Magn. **29**, 2738–3740 (1993)

1044. R. Mattheis, W. Andrä, Jr., L. Fritzsch, A. Hubert, M. Rührig, F. Thrum: Magnetoresistance and Kerr effect investigations of Co/Cu multilayers with wedge shaped Cu layers. J. Magn. Magn. Mat. **121**, 424–428 (1993)

1045. P.R. Aitchison, J.N. Chapman, D.B. Jardine, J.E. Evetts: Correlation of domain processes and magneto-resistance changes as a function of field and number of bilayers in Co/Cu multilayers. J. Appl. Phys. **81**, 3775–3777 (1997)

强垂直各向异性膜

1046. P. Molho, J.L. Porteseil, Y. Souche, J. Gouzerh, J.C.S. Levy: Irreversible evolution in the topology of magnetic domains. J. Appl. Phys. **61**, 4188–4193 (1987)

1047. K.L. Babcock, R.M. Westervelt: Avalanches and self-organization in the dynamics of cellular magnetic domain patterns. Phys. Rev. Lett. **64**, 2168 (1990)

1048. R.M. Westervelt, K.L. Babcock, M. Vu, R. Seshadri: Avalanches and self-organization in the dynamics of cellular magnetic domain patterns (invited). J. Appl. Phys. **69**, 5436–5440 (1991)

1049. M. Seul, R. Wolfe: Evolution of disorder in magnetic stripe domains II. Hairpins and labyrinth patterns versus branches and comb patterns formed by growing minority component. Phys. Rev. A **46**, 7534–7547 (1992)

1050. M. Seul, L.R. Monar, L. O'Gorman: Pattern analysis of magnetic stripe domains - Morphology and topological defects in the disordered state. Phil. Mag. B **66**, 471–506 (1992)

1051. M. Seul, R. Wolfe: Evolution of disorder in magnetic stripe domains I. Transverse instabilities and disclination unbinding in lamellar patterns. Phys. Rev. A **46**, 7519–7533 (1992)

1052. P. Bak, H. Flyvbjerg: Self-organization of cellular magnetic-domain patterns. Phys. Rev. A **45**, 2192–2200 (1992)

1053. H. Dötsch: Dynamics of magnetic domains in microwave fields. J. Magn. Magn. Mat. **4**, 180–185 (1977)

1054. B.E. Argyle, W. Jantz, J.C. Slonczewski: Wall oscillations of domain lattices in underdamped garnet films. J. Appl. Phys. **54**, 3370–3386 (1983)

1055. F.V. Lisovskii, E.G. Mansvetova, E.P. Nikolaeva, A.V. Nikolaev: Dynamic self-organization and symmetry of the magnetic-moment distribution in thin films. JETP **76**, 116–127 (1993) *[Zh. Eksp. Teor. Fiz. 103 (1993) 213–233]*

1056. F.V. Lisovskii, E.G. Mansvetova, C.M. Pak: Scenarios for the ordering and structure of self-organized two-dimensional domain blocks in thin magnetic films. JETP **81**, 567–578 (1995) *[Zh. Eksp. Teor. Fiz. 108 (1995) 1031–1051]*

1057. J. Kaczér, R. Gemperle: Remanent structure of magnetoplumbite. Czech. J. Phys. B **10**, 614 & 624a (1960)

1058. A. Kirilyuk, J. Ferré, V. Grolier, J.P. Jamet, D. Renard: Magnetization reversal in ultrathin ferromagnetic films with perpendicular anisotropy. J. Magn. Magn. Mat. **171**, 45–63 (1997)

1059. B.E. Argyle, J.C. Slonczewski, P. Dekker, S. Maekawa: Gradientless propulsion of magnetic bubble domains. J. Magn. Magn. Mat. **2**, 357–360 (1976)

1060. T. Kusuda, S. Honda, S. Hashimoto: Nondestructive sensing of wall-state transition and a dynamic bubble collapse experiment. IEEE Trans. Magn. **17**, 2415–2422 (1981)

1061. L. Zimmermann, J. Miltat: Instability of bubble radial motion associated with chirality changes. J. Magn. Magn. Mat. **94**, 207–214 (1991)

1062. A.N. Bogdanov, A. Hubert: The properties of isolated magnetic vortices. Phys. Status Solidi B **186**, 527–543 (1994)

1063. P.J. Grundy, D.C. Hothersall, G.A. Jones, B.K. Middleton, R.S. Tebble: The formation and structure of cylindrical magnetic domains in thin cobalt crystals. Phys. Status Solidi A **9**, 79–88 (1972)

1064. T. Suzuki: Direct observation of the movement of vertical Bloch lines in Ho-Co sputter-deposited films. Jpn. J. Appl. Phys. **22**, L493–495 (1983)

1065. T.M. Morris, G.J. Zimmer, F.B. Humphrey: Dynamics of hard walls in bubble garnet stripe domains. J. Appl. Phys. **47**, 721–726 (1976)

1066. T. Suzuki, H. Asada, K. Matsuyama, E. Fujita, *et al.*: Chip organization of Bloch line memory. IEEE Trans. Magn. **22**, 784–789 (1986)

1067. P. Pougnet, L. Arnaud, M. Poirier, L. Zimmermann, M.H. Vaudaine, F. Boileau: Characteristics and performance of a 1 Kbit Bloch line memory prototype. IEEE Trans. Magn. **27**, 5492–5497 (1991)

1068. A. Thiaville, F. Boileau, J. Miltat, L. Arnaud: Direct Bloch line optical observation. J. Appl. Phys. **63**, 3153–3158 (1988)

1069. A. Thiaville, J. Miltat: Néell lines in the Bloch walls of bubble garnets and their dark-field observation. J. Appl. Phys. **68**, 2883–2891 (1990)

1070. A. Thiaville, J. Miltat: Experimenting with Bloch points in bubble garnets. J. Magn. Magn. Mat. **104**, 335–336 (1992)

1071. K. Pátek, A. Thiaville, J. Miltat: Horizontal Bloch lines and anisotropic-dark-field observations. Phys. Rev. B **49**, 6678–6688 (1994)

颗粒、针与线

1072. K. Goto, M. Ito, T. Sakurai: Studies on magnetic domains of small particles of barium ferrite by colloid-SEM method. Jpn. J. Appl. Phys. **19**, 1339–1346 (1980)

1073. A. Fernandez, P.J. Bedrossian, S.L. Baker, S.P. Vernon, D.R. Kania: Magnetic force microscopy of single-domain cobalt dots patterned using interference lithography. IEEE Trans. Magn. **32**, 4472–4474 (1996)

1074. D.J. Dunlop, Ö. Özdemir: *Rock Magnetism. Fundamentals and Frontiers*, (Cambridge University Press, Cambridge, 1997)

1075. F.D. Stacey, S.K. Banerjee: *The Physical Principles of Rock Magnetism*, (Elsevier, Amsterdam, 1974)

1076. D.J. Dunlop: Magnetism in rocks. J. Geophys. Res. B **100**, 2161–2174 (1995)

1077. K. Fabian, A. Hubert: Shape-induced pseudo-single-domain remanence. Geophys. J. Intern. **138**, 717–726 (1999)

1078. R.V. Coleman, G.G. Scott: Magnetic domain patterns on single-crystal iron whiskers. Phys. Rev. **107**, 1276–1280 (1957)

1079. R.V. Coleman, G.G. Scott: Magnetic domain patterns on iron whiskers. J. Appl. Phys. **29**, 526–527 (1958)

1080. J. Kaczér, R. Gemperle, Z. Hauptman: Domain structure of cobalt whiskers. Czech. J. Phys. **9**, 606–612 (1959)

1081. C.A. Fowler, Jr., E.M. Fryer, D. Treves: Observation of domains in iron whiskers under high fields. J. Appl. Phys. **31**, 2267–2272 (1960)

1082. C.A. Fowler, Jr., E.M. Fryer: Domain structure in iron whiskers as observed by the Kerr method. J. Appl. Phys. (Suppl.) **32**, 296S–297S (1961)

1083. P.T. Squire, D. Atkinson, M.R.J. Gibbs, S. Atalay: Amorphous wires and their application. J. Magn. Magn. Mat. **132**, 10–21 (1994)

1084. M. Vázquez, A. Hernando: A soft magnetic wire for sensor applications. J. Phys. D **29**, 939–949 (1996)

1085. J. Yamasaki, F.B. Humphrey, K. Mohri, H. Kawamura, H. Takamure, R. Mälmhäll: Large Barkhausen discontinuities in Co-based amorphous wires with negative magnetostriction. J. Appl. Phys. **63**, 3949–3951 (1988)

1086. M. Soeda, M. Takajo, J. Yamasaki, F.B. Humphrey: Large Barkhausen discontinuities of die-drawn Fe-Si-B amorphous wire. IEEE Trans. Magn. **31**, 3877–3879 (1995)

1087. D. Atkinson, P.T. Squire, M.R.J. Gibbs, S.N. Hogsdon: Implications of magnetic and magnetoelastic measurements for the domain structure of FeSiB amorphous wires. J. Phys. D **27**, 1354–1362 (1994)

1088. K. Mohri, F.B. Humphrey, K. Kawashima, K. Kimura, M. Mizutani: Large Barkhausen and Matteucci effects in FeCoSiB, FeCrSiB, and FeNiSiB amorphous wires. IEEE Trans. Magn. **26**, 1789–1791 (1990)

6. 磁畴的技术相关性
概述

1089. R.M. Bozorth: *Ferromagnetism* (Van Nostrand, Princeton, 1951)

1090. B.D. Cullity: *Introduction to Magnetic Materials* (Addison-Wesley, Reading MA, 1972)

1091. E.P. Wohlfarth, K.H.J. Buschow (Ed.): *Ferromagnetic Materials*, Vol. 1–11 (North Holland, Amsterdam, 1980f)

1092. J. Evetts (Ed.): *Concise Encyclopedia of Magnetic & Superconducting Materials*, in: Advances in Materials Science and Engineering (Pergamon, Oxford, New York, 1992)

1093. J.P. Jakubovics: *Magnetism and Magnetic Materials* (The Intitute of Materials, London, 1994)

1094. R. Gerber, C.D. Wright, G. Asti (Ed.): *Applied Magnetism* (Kluwer, Dordrecht, 1994)

块状软磁材料

1095. M. Mallary, A.B. Smith: Conduction of flux at high frequencies by a charge-free magnetization distribution. IEEE Trans. Magn. **24**, 2374–2376 (1988)

1096. G.Y. Chin, J.H. Wernick: Soft magnetic metallic materials, in: *Ferromagnetic Materials*, Vol. 2, ed. by E.P. Wohlfarth (North Holland, Amsterdam, 1980) p. 55–188

1097. A.J. Moses: Development of alternative magnetic core materials and incentives for their use. J. Magn. Magn. Mat. **112**, 150–155 (1992)

1098. C.D. Graham, Jr.: Textured Magnetic Materials, in: *Magnetism and Metallurgy*, Vol. 2, ed. by A.E. Berkowitz, E. Kneller (Academic Press, New York, 1969) p. 723–748

1099. K. Foster, J.J. Kramer: Effect of directional orientation on the magnetic properties of cube-oriented magnetic sheets. J. Appl. Phys. (Suppl.) **31**, 233S–234S (1960)

1100. M.F. Littmann: Structures and magnetic properties of grain-oriented 3.2% silicon-iron. J. Appl. Phys. **38**, 1104–1108 (1967)

1101. W.M. Swift, W.R. Reynolds, J.W. Shilling: Relationship between statistical distribution of grain orientations and B_{10} in polycrystalline (110)[001] 3% Si-Fe sheet. AIP Conf. Proc. **10**, 976–980 (1973)

1102. N.P. Goss: New development in electrical strip steels characterized by fine grain structure approaching the properties of a single crystal. Trans. Amer. Soc. Metals **23**, 511–544 (1935)

1103. T. Yamamoto, T. Nozawa: Recent development of high-permeability grain-oriented silicon steels, in: *Recent Magnetics for Electronics*, ed. by Y. Sakurai (OHM, Tokyo, 1983) p. 227–243

1104. Y. Ushigami, H. Masui, Y. Okazaki, Y. Sugi, N. Takahashi: Development of low-loss grain-oriented silicon steel. J. Mater. Eng. Perform. **5**, 310–315 (1996)

1105. T. Nozawa, M. Mizogami, H. Mogi, Y. Matsuo: Magnetic properties and dynamic domain behavior in grain-oriented 3% Si-Fe. IEEE Trans. Magn. **32**, 572–589 (1996)

1106. W. Grimm, W. Jillek, A. Hubert: Messung und Auswirkungen der von den Isolierschichten auf orientiertes Transformatorenblech übertragenen Spannungen. J. Magn. Magn. Mat. **9**, 225–228 (1978) *(Measurement and effect of stresses generated by insulation layers on oriented transformer steel)*

1107. T. Yamamoto, T. Nozawa: Effects of tensile stress on total loss of single crystals of 3% silicon-iron. J. Appl. Phys. **41**, 2981–2984 (1970)

1108. J.W. Shilling, W.G. Morris, M.L. Osborn, P. Rao: Orientation dependence of domain wall spacing and losses in 3-percent Si-Fe single crystals. IEEE Trans. Magn. **14**, 104–111 (1978)

1109. A. Hubert: Some comments on the problem of the "ideal" oriented transformer steel. Soft Magnetic Materials 3 (Bratislava, 1977) p. 291–295

1110. T. Iuchi, S. Yamaguchi, T. Ichiyama, N. Nakamura, T. Ishimoto, K. Kuroki: Laser processing for reducing core loss of grain oriented silicon steel. J. Appl. Phys. **53**, 2410–2412 (1982)

1111. M. Yabumoto, H. Kobayashi, T. Nozawa, K. Hirose, N. Takahashi: Heatproof domain refining method using chemically etched pits on the surface of grain-oriented 3% Si-Fe. IEEE Trans. Magn. **23**, 3062–3064 (1987)

1112. H. Kobayashi, K. Kuroki, E. Sasaki, M. Iwasaki, N. Takahashi: Heatproof domain refining method using combination of local strain and heat treatment for grain oriented 3% Si-Fe. Physica Scripta **T24**, 36–41 (1988)

1113. T. Nozawa, Y. Matsuo, H. Kobayashi, K. Iwayama, N. Takahashi: Magnetic properties and domain structures in domain refined grain-oriented silicon steel. J. Appl. Phys. **63**, 2966–2970 (1988)

1114. B.K. Sokolov, V.V. Gubernatorov, V.A. Zaykova, Y.N. Dragoshansky: Influence of substructure redistribution on electromagnetic losses of transformer steel. Phys. Met. Metall. **44**.3, 53–58 (1977) *[Fiz. Metal. Metalloved. 44 (1977) 517–522]*

1115. V.A. Zaykova, N.K. Yesina, Y.N. Dragoshanskiy, V.F. Tiunov, B.K. Sokolov, V.V. Gubernatorov: Orientation and structure dependencies of the electromagnetic losses of locally deformed single crystals of Fe-3% Si. Phys. Met. Metall. **48**.3, 57–65 (1979) *[Fiz. Metal. Metalloved. 48 (1979) 520–529]*

1116. T. Yamamoto, T. Nozawa, T. Nakayama, Y. Matsuo: The influence of grain-orientation on 180° domain wall spacing in (110) [001] grain-oriented 3% Si-Fe with high permeability. J. Magn. Magn. Mat. **31**, 993–996 (1983)

1117. T. Nozawa, M. Yabumoto, Y. Matsuo: Studies of domain refining of grain-oriented silicon steel. Soft Magnetic Materials 7 (Blackpool, 1985). Wolfson Centre of Magnetics Techn., Cardiff. p. 131–136

1118. T. Nozawa, T. Nakayama, Y. Ushigami, T. Yamamoto: Production of single-crystal 3% silicon-iron sheet with orientation near (110)[001]. J. Magn. Magn. Mat. **58**, 67–77 (1986)

1119. T.R. Haller, J.J. Kramer: Observation of dynamic domain size variation in a silicon-iron alloy. J. Appl. Phys. **41**, 1034–1035 (1970)

1120. K. Honma, T. Nozawa, H. Kobayashi, Y. Shimoyama, I. Tachino, K. Miyoshi: Development of non-oriented and grain-oriented silicon steel. IEEE Trans. Magn. **21**, 1903–1908 (1985)

1121. H.P.J. Wijn, E.W. Gorter, C.J. Esveldt, P. Geldermans: Bedingungen für eine rechteckige Hystereseschleife bei Ferriten. Philips Techn. Rundschau **16**, 124–134 (1954) *(Conditions for a rectangular hysteresis loop in ferrites)*

1122. J.W. Shilling: Domain structure during magnetization of grain-oriented 3% Si-Fe as a function of applied tensile stress. J. Appl. Phys. **42**, 1787–1789 (1971)

1123. J. Zbroszczyk, J. Drabecki, B. Wysłocki: Angular-distribution of rotational hysteresis losses in Fe-3.25%Si single crystals with orientations (001) and (011). IEEE Trans. Magn. **17**, 1275–1282 (1981)

1124. K. Matsumura, B. Fukuda: Recent development of non-oriented electrical steel sheets. IEEE Trans. Magn. **20**, 1533–1538 (1984)

1125. F. Assmus, R. Boll, D. Ganz, F. Pfeifer: Über Silizium-Eisen mit Würfeltextur. I. Magnetische Eigenschaften. Z. Metallk. **48**, 341–343 (1957) *(On cube-textured silicon iron. I. Magnetic properties)*

1126. D. Ganz: Über die Richtungsabhängigkeit magnetischer Eigenschaften von 3%-Silizium-Eisen-Blechen mit Goss- und Würfeltextur. Z. Angew. Phys. **14**, 313–322 (1962) *(On the directional dependence of magnetic properties of 3% silicon iron sheets with Goss and cube texture)*

1127. K. Detert: Untersuchungen über eine neue Art der Sekundärrekristallisation in Fe-3% Si-Legierungen. Acta Metall. **7**, 589–598 (1959) *(Investigations on a new kind of secondary recrystallization in Fe-3% Si alloys)*

1128. S. Arai, M. Mizokami, M. Yabumoto: The magnetic properties of doubly oriented 3% Si-Fe and its application. J. Appl. Phys. **67**, 5577–5579 (1990)

1129. S.L. Ames, G.L. Houze, Jr., W.R. Bitler: Magnetic properties of textured silicon-iron alloys with silicon contents in excess of 3.25 %. J. Appl. Phys. **38**, 1577–1578 (1969)

1130. T. Yamaji, M. Abe, Y. Takada, K. Okada, T. Hiratani: Magnetic properties and workability of 6.5% silicon steel sheet manufactured in continuous CVD siliconizing line. J. Magn. Magn. Mat. **133**, 187–189 (1994)

1131. S. Roth: Effect of annealing in hydrogen on composition and properties of rapidly quenched Fe-Co-B and Fe-B-Si alloy ribbons. Mat. Sci. Eng. A **226**, 111–114 (1997)

1132. N. Tsuya, K.I. Arai, K. Ohmori, H. Shimanaka, T. Kan: Ribbon-form silicon-iron alloy containing around 6% silicon. IEEE Trans. Magn. **16**, 728–733 (1980)

1133. F. Pfeifer, C. Radeloff: Soft magnetic Ni-Fe and Co-Fe alloys — Some physical and metallurgical aspects. J. Magn. Magn. Mat. **19**, 190–207 (1980)

1134. R. Boll, K. Overshott (Ed.): *Magnetic Sensors*, in: Sensors. A Comprehensive Survey, ed. by W. Göpel, *et al.*, Vol. 5 (VCH, Weinheim, 1989)

1135. J.E. Lenz: A review of magnetic sensors. Proc. IEEE **78**, 973–989 (1990)

1136. K. Mohri: Magnetic materials for new sensors – Sensor magnetics, in: Magnetic Materials: Microstructure and Properties (Anaheim, 1991). MRS Symp. Proc. Vol. **232**, p. 331–342

1137. T. Bonnema, F.J. Friedlaender, L.F. Silva: Magnetic domain observations in 50-percent Ni-Fe tapes. IEEE Trans. Magn. **4**, 431–434 (1968)

1138. D.S. Rodbell, C.P. Bean: Influence of pulsed magnetic fields on the reversal of magnetization in square-loop metallic tapes. J. Appl. Phys. **26**, 1318–1323 (1955)

1139. F.J. Friedlaender: Flux reversal in magnetic amplifier cores. AIEE Trans. I (Comm. & Electr.) **75**, 268–278 (1956)

1140. R. Boll: Soft magnetic metals and alloys. Mat. Sci. Tech. **3B**, 401–450 (1993)

1141. F.E. Luborsky: Amorphous ferromagnets, in: *Ferromagnetic Materials*, Vol. 1, ed. by E.P. Wohlfarth (North Holland, Amsterdam, 1980) p. 451–529

1142. R. Hasegawa: Amorphous magnetic materials – A history. J. Magn. Magn. Mat. **100**, 1–12 (1991)

1143. F.E. Luborsky, M.R.J. Gibbs: Metallic Glasses, in: *Concise Encyclopedia of Magnetic and Superconducting Materials*, ed. by J. Evetts (Pergamon, Oxford, 1992) p. 314–319

1144. T. Sato: Further improvement of core loss in amorphous alloys. J. Mater. Eng. Perform. **2**, 235–240 (1993)

1145. K. Foster, M.F. Littmann: Factors affecting core losses in oriented electrical steels at moderate inductions. J. Appl. Phys. **57**, 4203–4208 (1985)

1146. T. Sato: Core materials for power devices, in: *Recent Magnetics for Electronics*, ed. by Y. Sajurai (OHM, Tokyo, 1980) p. 151–168

1147. Y. Okazaki: Loss deterioration in amorphous cores for distribution transformers. J. Magn. Magn. Mat. **160**, 217–222 (1996)

1148. L.I. Mendelsohn, E.A. Nesbitt, G.R. Bretts: Glassy metal fabric: A unique magnetic shield. IEEE Trans. Magn. **12**, 924–926 (1976)

1149. G. Hinz, H. Voigt: Magnetoresistive sensors, in: *Magnetic Sensors*, Vol. 5, ed. by R. Boll, K. Overshott (VCH, Weinheim, 1989) p. 97–152

1150. H. Fujimori, H. Yoshimoto, H. Morita: Anomalous eddy current loss in amorphous magnetic thin sheet and its improvement. IEEE Trans. Magn. **16**, 1227–1229 (1980)

1151. H.J. de Wit, M. Brouha: Domain patterns and high-frequency magnetic properties of amorphous metal ribbons. J. Appl. Phys. **57**, 3560–3562 (1985)

1152. G. Rauscher, C. Radeloff: Wiegand and pulse wire sensors, in: *Magnetic Sensors*, Vol. 5, ed. by R. Boll, K. Overshott (VCH, Weinheim, 1989) p. 315–339

1153. K.-H. Shin, C.D. Graham, Jr., P.Y. Zhou: Asymmetric hysteresis loops in Co-based ferromagnetic alloys. IEEE Trans. Magn. **28**, 2772–2774 (1992)

1154. C.D. Graham: Magnetic materials in the fight against crime. Magnews (Spring 1993) 8–10

1155. C.K. Kim, R.C. O'Handley: Development of a pinned wall sensor using cobalt-rich, near-zero magnetostrictive amorphous alloys. Metall. Mater. Trans. A **28**, 423–434 (1997)

1156. C.K. Kim, R.C. O'Handley: Development of a magnetoelastic resonant sensor using iron-rich, non-zero magnetostrictive amorphous alloys. Metall. Mat. Trans. A **27**, 3203–3213 (1996)

1157. K. Mohri, T. Kohzawa, K. Kawashima, H. Yoshida, L.V. Panina: Magneto-inductive effect (MI effect) in amorphous wires. IEEE Trans. Magn. **28**, 3150–3152 (1992)

1158. K. Mohri, K. Kawashima, T. Kohzawa, H. Yoshida: Magneto-inductive element. IEEE Trans. Magn. **29**, 1245–1248 (1993)

426

1159. L.V. Panina, K. Mohri, K. Bushida, M. Noda: Giant magneto-impedance and magneto-inductive effects in amorphous alloys. J. Appl. Phys. **76**, 6198–6203 (1994)

1160. R.S. Beach, A.E. Berkowitz: Sensitive field- and frequency-dependent impedance spectra of amorphous FeCoSiB wire and ribbon. J. Appl. Phys. **76**, 6209–6213 (1994)

1161. K.V. Rao, F.B. Humphrey, J.L. Costa-Krämer: Very large magneto-impedance in amorphous soft magnetic wires. J. Appl. Phys. **76**, 6204–6208 (1994)

1162. Y. Yoshizawa, Y. Oguma, K. Yamauchi: New Fe-based soft magnetic alloys composed of ultrafine grain structure. J. Appl. Phys. **64**, 6044–6046 (1988)

1163. G. Herzer: Nanocrystalline soft magnetic alloys, in: *Handbook of Magnetic Materials*, Vol. 10, ed. by K.H.J. Buschow (Elsevier, Amsterdam, 1997) p. 415–462

1164. G. Herzer: Grain size dependence of coercivity and permeability in nanocrystalline ferromagnets. IEEE Trans. Magn. **26**, 1397–1402 (1990)

1165. A. Makino, T. Hatanai, Y. Yamamoto, N. Hasegawa, A. Inoue, T. Masumoto: Magnetic domain structure correlated with the microstructure of nanocrystalline Fe-M-B (M=Zr,Nb) alloys. Sci. Rep. Res. Inst. Tohoku Univ. A **42**, 107–113 (1996)

1166. M. Müller, H. Grahl, N. Mattern, U. Kühn: Crystallization behaviour, structure and magnetic properties of nanocrystalline FeZrNbBCu alloys. Mater. Sci. Eng. A **226**, 565–568 (1997)

1167. A. Makino, T. Hatanai, A. Inoue, T. Masumoto: Nanocrystalline soft magnetic Fe-M-B (M = Zr, Hf, Nb) alloys and their applications. Mater. Sci. Eng. A **226**, 594–602 (1997)

1168. P.I. Slick: Ferrites for non-microwave applications, in: *Ferromagnetic Materials*, Vol. 2, ed. by E.P. Wohlfarth (North Holland, Amsterdam, 1980) p. 189–241

1169. R.C. Sundahl, Jr., Y.S. Kim: Ferrites, soft, in: *Concise Encyclopedia of Magnetic and Superconducting Materials*, ed. by J. Evetts (Pergamon, Oxford, 1992) p. 135–141

1170. T.G.W. Stijntjes, J. Klerk, A. Broese van Groenau: Permeabilities and conductivity of Ti-substituted MnZn ferrites. Philips Res. Repts. **25**, 95–107 (1970)

1171. E. Röss: Magnetic properties and microstructure of high-permeability Mn-Zn ferrites. Int. Conf. Ferrites (Japan, 1970) p. 203–209

1172. J. Nicholas: Microwave ferrites, in: *Ferromagnetic Materials*, Vol. 2, ed. by E.P. Wohlfarth (North Holland, Amsterdam, 1980) p. 243–296

1173. R. Schäfer, B.E. Argyle, P.L. Trouilloud: Domain studies in single-crystal ferrite MIG heads with image-enhanced, wide-field Kerr microscopy. IEEE Trans. Magn. **28**, 2644–2646 (1992)

1174. M. Kaneko, K. Aso: Magneto-optical observation of magnetic domains in rubbing surface of a ferrite head. IEEE Transl. J. Magn. Japan **5**, 225–231 (1990)

永磁体

1175. E.P. Wohlfarth: Permanent magnetic materials, in: *Magnetism*, Vol. III, ed. by G.T. Rado, H. Suhl (Academic Press, New York, 1963) p. 351–393

1176. K.J. Strnat: Modern permanent magnets for applications in electrotechnology. Proc. IEEE **78**, 923–946 (1990)

1177. G. Asti, M. Solzi: Permanent magnets, in: *Applied Magnetism*, ed. by R. Gerber, *et al.* (Kluwer, Dordrecht, 1994) p. 309–375

1178. H.R. Kirchmayr: Permanent magnets and hard magnetic materials. J. Phys. D: Appl. Phys. **29**, 2763–2778 (1996)

1179. J.M.D. Coey: Permanent magnetism. Solid State Comm. **102**, 101–105 (1997)

1180. K.H.J. Buschow: Magnetism and processing of permanent magnet materials, in: *Handbook of Magnetic Materials*, Vol. 10, ed. by K.H.J. Buschow (Elsevier,

Amsterdam, 1997) p. 463–593

1181. J.D. Livingston: A review of coercivity mechanisms. J. Appl. Phys. **52**, 2544–2548 (1981)

1182. J.D. Livingston: Microstructure and properties of rare earth magnets. Report 86CRD159 (General Electric Corp. Res. Dev., 1986)

1183. A. Menth, H. Nagel, R.S. Perkins: New high-performance permanent magnets based on rare earth-transition metal compounds, in: *Annual Review of Materials Science*, Vol. 8, ed. by R.A. Huggins, *et al.* (Annual Review Inc., Palo Alto, CA, 1978) p. 21–47

1184. H. Stäblein: Hard ferrites and plastoferrites, in: *Ferromagnetic Materials*, Vol. 3, ed. by E.P. Wohlfarth (North Holland, Amsterdam, 1982) p. 441–602

1185. G. Hoffer, K. Strnat: Magnetocrystalline anisotropy of YCo_5 and Y_2Co_{17}. IEEE Trans. Magn. **2**, 487–489 (1966)

1186. K.J. Strnat, R.M.W. Strnat: Rare earth-cobalt permanent magnets. J. Magn. Magn. Mat. **100**, 38–56 (1991)

1187. M. Sagawa, S. Fujimura, N. Togawa, H. Yamamoto, Y. Matsuura: New material for permanent magnets on a base of Nd and Fe. J. Appl. Phys. **55**, 2083–2087 (1984)

1188. J.F. Herbst, J.J. Croat: Neodymium-iron-boron permanent magnets. J. Magn. Magn. Mat. **100**, 57–78 (1991)

1189. J.J. Becker: Observation of magnetization reversal in cobalt-rare-earth particles. IEEE Trans. Magn. **5**, 211–214 (1969)

1190. K.-D. Durst, H. Kronmüller, H. Schneider: Magnetic hardening mechanisms in Fe-Nd-B type permanent magnets. 5th Int. Symp. on Magnetic Anisotropy and Coercivity in Rare Earth-Transition Metal Alloys (Bad Soden, 1987). DPG Vol. **II**, p. 209–225

1191. E. Adler, P. Hamann: A contribution to the understanding of coercivity and its temperature dependence in sintered $SmCo_5$ and $Nd_2Fe_{14}B$ magnets. 4th Int. Symp. Magn. Anisotr. Coercivity Rare Earth-Trans. Metal Alloys (Dayton (Ohio), 1985). Univ. of Dayton p. 747–760

1192. D. Givord, P. Tenaud, T. Viadieu: Coercivity mechanisms in ferrite and rare earth transition metal sintered magnets (SmCo5, Nd-Fe-B). IEEE Trans. Magn. **24**, 1921–1923 (1988)

1193. S. Chikazumi: Mechanism of high coercivity in rare-earth permanent magnets. J. Magn. Magn. Mat. **54**, 1551–1555 (1986)

1194. G.C. Hadjipanayis, A. Kim: Domain wall pinning versus nucleation of reversed domains in R-Fe-B magnets. J. Appl. Phys. **63**, 3310–3315 (1988)

1195. B. Grieb: New corrosion resistant materials based on neodym-iron-boron. IEEE Trans. Magn. **33**, 3904–3906 (1997)

1196. D. Eckert, K.H. Müller, P. Nothnagel, J. Schneider, R. Szymczak: Magnetization curves of thermal ac-field and dc-field demagnetized NdFeB magnets. J. Magn. Magn. Mat. **83**, 197–198 (1990)

1197. J. Zawadzki, P.A.P. Wendhausen, B. Gebel, A. Handstein, D. Eckert, K.-H. Müller: Kerr microscopy observation of carbon diffusion profiles in $Sm_2Fe_{17}C_x$. J. Appl. Phys. **76**, 6717–6719 (1994)

1198. J.M.D. Coey, H. Sun: Improved magnetic properties by treatment of iron-based rare earth intermetallic compounds in ammonia. J. Magn. Magn. Mat. **87**, L251–254 (1990)

1199. H. Sun, Y. Otani, J.M.D. Coey: Gas-phase carbonation in R_2Fe_{17}. J. Magn. Magn. Mat. **104**, 1439–1440 (1991)

1200. T. Mukai, T. Fujimoto: Kerr microscopy observation of nitrogenated Sm_2Fe_{17} intermetallic compounds. J. Magn. Magn. Mat. **103**, 165–173 (1992)

1201. J. Hu, B. Hofmann, T. Dragon, R. Reisser, *et al.*: Carbonation process and domain structure in $Sm_2Fe_{17}C_x$ compounds prepared by gas-solid interaction. Phys. Status Solidi A **148**, 275–282 (1995)

1202. J.D. Livingston, D.L. Martin: Microstructure of aged $(Co, Cu, Fe)_7Sm$ magnets. J. Appl. Phys. **48**, 1350–1354 (1977)

1203. K.-D. Durst, H. Kronmüller, W. Ervens: Investigation of the magnetic properties and demagnetization processes of an extremely high coercive $Sm(Co, Fe, Cu, Zr)_{7.6}$ permanent magnet. II The coercivity mechanism. Phys. Status Solidi A **108**, 705–719 (1988)

1204. B.Y. Wong, M. Willard, D.E. Laughlin: Domain wall pinning sites in $Sm(CoFeCuZr)_x$ magnets. J. Magn. Mag. Mat. **169**, 178–192 (1997)

1205. M. Katter: Coercivity calculation of $Sm_2(Co, Fe, Cu, Zr)_{17}$ magnets. J. Appl. Phys. **83**, 6721–6723 (1998)

1206. F.E. Luborsky: Development of elongated particle magnets. J. Appl. Phys. (Suppl.) **32**, 171S–183S (1961)

1207. J.J. Croat: Current status and future outlook for bonded neodymium permanent magnets. J. Appl. Phys. **81**, 4804–4809 (1997)

1208. J.M.D. Coey, K. O'Donnell: New bonded magnet materials. J. Appl. Phys. **81**, 4810–4815 (1997)

1209. J. Ormerod, S. Constatinides: Bonded permanent magnets: Current status and future opportunities. J. Appl. Phys. **81**, 4816–4820 (1997)

1210. K.J. de Vos: Alnico Permanent Magnet Alloys, in: *Magnetism and Metallurgy*, Vol. 1, ed. by A.E. Berkowitz, E. Kneller (Academic Press, New York, 1969) p. 473–512

1211. R.A. McCurrie: The structure and properties of Alnico permanent magnet alloys, in: *Ferromagnetic Materials*, Vol. 3, ed. by E.P. Wohlfarth (North Holland, Amsterdam, 1982) p. 107–188

1212. H. Stäblein: Dauermagnetwerkstoffe auf Alnico-Basis. Techn. Mitteilungen Krupp **29**, 101–110 (1971) *(Alnico-based permanent magnet materials)*

1213. H. Kaneko, M. Homma, K. Nakamura: New ductile permanent magnet of Fe-Cr-Co system. AIP Conf. Proc. **5**, 1088–1092 (1971)

1214. L.I. Mendelsohn, F.E. Luborsky, T.O. Paine: Permanent-magnet properties of elongated single-domain iron particles. J. Appl. Phys. **26**, 1274–1280 (1955)

1215. R.B. Falk: A current review of Lodex permanent magnet technology. J. Appl. Phys. **37**, 1108–1112 (1966)

1216. J.J. Croat: Magnetic hardening of Pr-Fe and Nd-Fe alloys by melt-spinning. J. Appl. Phys. **53**, 3161–3169 (1982)

1217. L. Schultz, J. Wecker, E. Hellstern: Formation and properties of NdFeB prepared by mechanical alloying and solid-state reaction. J. Appl. Phys. **61**, 3583–3585 (1987)

1218. L. Schultz, K. Schnitzke, J. Wecker: Mechanically alloyed isotropic and anisotropic Nd-Fe-B magnetic material. J. Appl. Phys. **64**, 5302–5304 (1988)

1219. L. Schultz, K. Schnitzke, J. Wecker, M. Katter, C. Kuhrt: Permanent magnets by mechanical alloying. J. Appl. Phys. **70**, 6339–6344 (1991)

1220. P.G. McCormick, J. Ding, E.H. Feutrill, R. Street: Mechanically alloyed hard magnetic materials. J. Magn. Magn. Mat. **157**, 7–10 (1996)

1221. T. Takeshita, R. Nakayama: Magnetic properties and microstructure of the NdFeB magnet powder produced by hydrogen treatment. 10th Int. Workshop on Rare Earth Magnets and their Applications (Kyoto, 1989) Vol. **1**, p. 551–557

1222. O. Gutfleisch, I.R. Harris: Fundamental and practical aspects of hydrogenation, disproportionation, desorption and recombination process. J. Phys. D: Appl. Phys. **29**, 2255–2265 (1996)

1223. R.W. Lee, E.G. Brewer, N.A. Schaffel: Processing of neodymium-iron-boron melt-spun ribbons to fully dense magnets. IEEE Trans. Magn. **21**, 1958–1963 (1985)

1224. Y. Nozawa, K. Iwasaki, S. Tanigawa, M. Tokunaga, H. Harada: Nd-Fe-B die-upset and anisotropic bonded magnets. J. Appl. Phys. **64**, 5285–5289 (1988)

1225. T. Takeshita, R. Nakayama: Magnetic properties and microstructures of the Nd-Fe-B magnet powders produced by the hydrogen treatment-(III). 11th Int.

Workshop on Rare Earth Magnets and their Applications (Pittsburgh, 1990). Carnegie Mellon Univ. Vol. **1**, p. 49–71

1226. R. Nakayama, T. Takeshita: Nd-Fe-B anisotropic magnet powders by the HDDR process. J. Alloys Comp. **193**, 259–261 (1993)

1227. C. Short, P. Guegan, O. Gutfleisch, O.M. Ragg, I.R. Harris: HDDR processes in $Nd_{16}Fe_{76-x}Zr_xB_8$ alloys and the production of anisotropic magnets. IEEE Trans. Magn. **32**, 4368–4370 (1996)

1228. M. Uehara, T. Tomida, H. Tomizawa, S. Hirosawa, Y. Maehara: Magnetic domain structure of anisotropic $Nd_2Fe_{14}B$-based magnets produced via the hydrogenation, decomposition, desorption and recombination (HDDR) process. J. Magn. Magn. Mat. **159**.3, L304–308 (1996)

1229. P. Thompson, O. Gutfleisch, J.N. Chapman, I.R. Harris: Domain studies in thin sections of HDDR processed Nd-Fe-B-type magnets by TEM. J. Magn. Magn. Mat. **177**, 978–979 (1998)

1230. R.W. McCallum, A.M. Kadin, G.B. Clemente, J.E. Keem: High performance isotropic permanent magnet based on Nd-Fe-B. J. Appl. Phys. **61**, 3577–3579 (1987)

1231. G.B. Clemente, J.E. Keem, J.P. Bradley: The microstructural and compositional influence upon HIREM behavior of $Nd_2Fe_{14}B$. J. Appl. Phys. **64**, 5299–5301 (1988)

1232. H. Kronmüller: Micromagnetism of hard magnetic nanocrystalline materials. Nanostruct. Mater. **6**, 157–168 (1995)

1233. W. Rave, K. Ramstöck: Micromagnetic calculation of the grain size dependence of remanence and coercivity in nanocrystalline permanent magnets. J. Magn. Magn. Mat. **171**, 69–82 (1997)

1234. R. Fischer, T. Schrefl, H. Kronmüller, J. Fidler: Grain-size dependence of remanence and coercive field of isotropic nanocrystalline composite permanent magnets. J. Magn. Magn. Mat. **153**, 35–49 (1996)

1235. R. Coehoorn, D.B. de Mooij, J.P.W.B. Duchateau, K.H.J. Buschow: Novel permanent magnetic materials made by rapid quenching. J. de Phys. (Colloque) **49**, C8–669–670 (1989)

1236. W. Coene, F. Hakkens, R. Coehoorn, D.B. de Mooij, C. de Waard, J. Fidler, R. Grössinger: Magnetocrystalline anisotropy of Fe_3B, Fe_2B and $Fe_{1.4}Co_{0.6}B$ as studied by Lorentz electron microscopy, singular point detection and magnetization measurements. J. Magn. Magn. Mat. **96**, 189–196 (1991)

1237. J. Wecker, K. Schnitzke, H. Cerva, W. Grogger: Nanostructured Nd-Fe-B magnets with enhanced remanence. Appl. Phys. Lett. **67**, 563–565 (1995)

1238. D. Eckert, K.-H. Müller, A. Handstein, J. Schneider, R. Grössinger, R. Krewenka: Temperature dependence of the coercive force in $Nd_4Fe_{77}B_{19}$. IEEE Trans. Magn. **26**, 1834–1836 (1990)

1239. K.-H. Müller, D. Eckert, A. Handstein, M. Wolf, S. Wirth, L.M. Martinez: Viscosity and magnetization processes in annealed melt-spun $Nd_4Fe_{77}B_{19}$. 8th Int. Symp. on Magnetic Anisotropy and Coercivity in RE-TM Alloys (Birmingham, 1994), p. 179–187

1240. S. Hirosawa, H. Kanekiyo, M. Uehara: High-coercivity iron-rich rare-earth permanent magnet material based on $(Fe, Co)_3$B-Nd-M (M = Al, Si, Cu, Ga, Ag, Au). J. Appl. Phys. **73**, 6488–6490 (1993)

1241. R. Skomski, J.M.D. Coey: Nucleation field and energy product of aligned two-phase magnets – Progress towards the '1 MJ/m^3' magnet. IEEE Trans. Magn. **29**, 2860–2862 (1993)

1242. R. Skomski: Aligned two-phase magnets: Permanent magnetism of the future? J. Appl. Phys. **76**, 7059–7064 (1994)

1243. E.F. Kneller, R. Hawig: The exchange spring magnet: A new material principle for permanent magnets. IEEE Trans. Magn. **27**, 3588–3600 (1991)

1244. R. Skomski, J.M.D. Coey: Giant energy product in nanostructured two-phase magnets. Phys. Rev. B **48**, 15812–15816 (1993)

430

1245. T. Leineweber, H. Kronmüller: Micromagnetic examination of exchange coupled ferromagnetic nanolayers. J. Magn. Magn. Mat. **176**, 145–154 (1997)

1246. J. Schneider, D. Eckert, K.-H. Müller, A. Handstein, H. Mühlbach, H. Sassik, H.R. Kirchmayr: Magnetization processes in $Nd_4Fe_{77}B_{19}$ permanent magnetic materials. Materials Lett. **9**, 201–203 (1990)

1247. S. Hirosawa, A. Kanekiyo: Exchange-coupled permanent magnets based on $\alpha - Fe/Nd_2Fe_{14}B$ nanocrystalline composite. 13th Int. Workshop on Rare Earth Magnets and their Applications (Birmingham, 1994) p. 87–94

1248. E.H. Feutrill, P.G. McCormick, R. Street: Magnetization behavior in exchange-coupled $Sm_2Fe_{14}Ga_3C_2/\alpha$-Fe. J. Phys. D: Appl. Phys. **29**, 2320–2326 (1996)

1249. I. Panagiotopoulos, L. Withanawasam, G.C. Hadjipanayis: Exchange spring behavior in nanocomposite hard magnetic materials. J. Magn. Magn. Mat. **152**, 353–358 (1996)

记录介质

1250. E. Köster, T.C. Arnoldussen: Recording media, in: *Magnetic Recording*, Vol. I, ed. by C.D. Mee, E.D. Daniel (McGraw-Hill, New York, 1987) p. 98–243

1251. G. Bate: Magnetic recording materials since 1975. J. Magn. Magn. Mat. **100**, 413–424 (1991)

1252. K.E. Johnson: Fabrication of low noise thin-film media, in: *Noise in Digital Magnetic Recording*, ed. by T.C. Arnoldussen, L.L. Nunnelley (World Scientific, Singapore, 1992) p. 7–63

1253. T.C. Arnoldussen, L.L. Nunnelley (Ed.): *Noise in Digital Magnetic Recording* (World Scientific, Singapore, 1992)

1254. C.D. Mee, E.D. Daniel (Ed.): *Magnetic Recording*, Vol. I (McGraw-Hill, New York, 1987)

1255. H.N. Bertram: *Theory of Magnetic Recording* (Cambridge University Press, Cambridge, 1994)

1256. S.Y. Chou, M.S. Wei, P.R. Krauss, P.B. Fischer: Single-domain magnetic pillar array of 35 nm diameter and 65 Gbits/in^2 density for ultrahigh density quantum magnetic storage. J. Appl. Phys. **76**, 6673–6675 (1994)

1257. R.M.H. New, R.F.W. Pease, R.L. White: Lithographically patterned single-domain cobalt islands for high-density magnetic recording. J. Magn. Magn. Mat. **155**, 140–145 (1996)

1258. M. Löhndorf, A. Wadas, G. Lütjering, D. Weiss, R. Wiesendanger: Micromagnetic properties and magnetization switching of single domain Co dots studied by magnetic force microscopy. Z. Phys. B **101**, 1–2 (1996) *[Erratum: Z. Phys. B 102 (1997) 289]*

1259. S.Y. Chou, P.R. Krauss, L. Kong: Nanolithographically defined magnetic structures and quantum magnetic disk. J. Appl. Phys. **79**, 6101–6106 (1996)

1260. R.L. White, R.M.H. New, R.F.W. Pease: Patterned media: A viable route to 50 Gbit/in^2 and up for magnetic recording? IEEE Trans. Magn. **33**, 990–995 (1997)

1261. P.-L. Lu, S.H. Charap: Thermal instability at 10 Gbit/in^2 magnetic recording. IEEE Trans. Magn. **30**, 4230–4232 (1994)

1262. J.F. Smyth, S. Schultz, D.R. Fredkin, D.P. Kern, *et al.*: Hysteresis in lithographic arrays of Permalloy particles: Experiment and theory. J. Appl. Phys. **69**, 5262–5266 (1991)

1263. R.M.H. New, R.F.W. Pease, R.L. White: Submicron patterning of thin cobalt films for magnetic storage. J. Vac. Sci. Technol. B **12**, 3196–3201 (1994)

1264. M.A.M. Haast, J.R. Schuurhuis, L. Abelmann, J.C. Lodder, T.J. Popma: Reversal mechanism of submicron patterned CoNi/Pt multilayers. IEEE Trans. Magn. **34**, 1006–1008 (1998)

1265. R.W. Chantrell, K. O'Grady: Magnetic characterization of recording media. J. Phys. D **25**, 1–23 (1992)

1266. E.P. Wohlfarth: Relations between different modes of acquisition of the remanent magnetization of ferromagnetic particles. J. Appl. Phys. **29**, 595–596 (1958)

1267. O. Henkel: Remanenzverhalten und Wechselwirkungen in hartmagnetischen Teilchenkollektiven. Phys. Status Solidi **7**, 919–929 (1964) *(Remanence behaviour and interactions of hard magnetic particle assemblies)*

1268. E.P. Wohlfarth: A review of the problem of fine-particle interactions with special reference to magnetic recording. J. Appl. Phys. **35**, 783–790 (1964)

1269. H.C. Tong, R. Ferrier, P. Chang, J. Tzeng, K.L. Parker: The micromagnetics of thin film disk recording tracks. IEEE Trans. Magn. **20**, 1831–1832 (1984)

1270. R.A. Baugh, E.S. Murdock, B.R. Natarajan: Measurement of noise in magnetic media. IEEE Trans. Magn. **19**, 1722–1724 (1983)

1271. N.R. Belk, P.K. George, G.S. Mowry: Noise in high performance thin-film longitudinal recording media. IEEE Trans. Magn. **21**, 1350–1355 (1985)

1272. N.R. Belk, P.K. George, G.S. Mowry: Measurement of the intrinsic signal-to-noise ratio for high-performance rigid recording media. J. Appl. Phys. **59**, 557–563 (1986)

1273. T.C. Arnoldussen, H.C. Tong: Zigzag transition profiles, noise, and correlation statistics in highly oriented longitudinal film media. IEEE Trans. Magn. **22**, 889–891 (1986)

1274. Y.-S. Tang, L. Osse: Zig-zag domains and metal film disk noise. IEEE Trans. Magn. **23**, 2371–2373 (1987)

1275. K. Tang, M.R. Visokay, C.A. Ross, R. Ranjan, T. Yamashita, R. Sinclair: Lorentz transmission electron microscopy study of micromagnetic structures in real computer hard disks. IEEE Trans. Magn. **32**, 4130–4132 (1996)

1276. J.C. Lodder: Magnetic recording hard disk thin film media, in: *Handbook of Magnetic Materials*, Vol. 11.2, ed. by K.H.J. Buschow (Elsevier, Amsterdam, 1998) p. 291–405

1277. T. Wielinga, J.C. Lodder, J. Worst: Characteristics of rf-sputtered CoCr films. IEEE Trans. Magn. **18**, 1107–1109 (1982)

1278. H. Aoi, M. Saitoh, N. Nishiyama, R. Tsuchiya, T. Tamura: Noise characteristics in longitudinal thin-film media. IEEE Trans. Magn. **22**, 895–897 (1986)

1279. T. Yogi, G.L. Gorman, C. Hwang, M.A. Kakalec, S.E. Lambert: Dependence of magnetics, microstructures and recording properties on underlayer thickness in CoNiCr/Cr media. IEEE Trans. Magn. **24**, 2727–2729 (1988)

1280. B.R. Natarajan, E.S. Murdock: Magnetic and recording properties of sputtered Co-P/Cr thin film media. IEEE Trans. Magn. **24**, 2724–2726 (1988)

1281. M.F. Doerner, T. Yogi, D.S. Parker, S. Lambeth, B. Hermsmeier, O.C. Allegranza, T. Nguyen: Composition effects in high density CoPtCr media. IEEE Trans. Magn. **29**, 3667–3669 (1993)

1282. P.S. Alexopoulos, R.H. Geiss: Micromagnetic and structural studies of sputtered thin-film recording media. IEEE Trans. Magn. **22**, 566–569 (1986)

1283. P.S. Alexopoulos, I.R. McFadyen, I.A. Beardsley, T.A. Nguyen, R.H. Geiss: Micromagnetics of longitudinal recording media, in: *Science and Technology of Nanostructured Magnetic Materials*, ed. by G.C. Hadjipanayis, G.A. Prinz (Plenum Press, New York, 1991) p. 239–247

1284. J.-G. Zhu: Micromagnetic modeling of thin film recording media, in: *Noise in Digital Magnetic Recording*, ed. by T.C. Arnoldussen, L.L. Nunnelley (World Scientific, Singapore, 1992) p. 181–232

1285. J.J. Miles, M. Wdowin, J. Oakley, B.K. Middleton: The effect of cluster size on thin film media noise. IEEE Trans. Magn. **31**, 1013–1024 (1995)

1286. H.N. Bertram, J.-G. Zhu: Fundamental magnetization processes in thin-film recording media. Sol. State Phys.: Adv. Res. Appl. Suppl. **46**, 271–371 (1992)

1287. K. Shinohara, H. Yoshida, M. Odagiri, A. Tomaga: Columnar structure and some properties of metal-evaporated tape. IEEE Trans. Magn. **20**, 824–826 (1984)

1288. H.J. Richter: An approach to recording on tilted media. IEEE Trans. Magn. **29**, 2258–2265 (1993)

1289. H.J. Richter: An analysis of magnetization processes in metal evaporated tape. IEEE Trans. Magn. **29**, 21–33 (1993)

1290. S.B. Luitjens, S.E. Stupp, J.C. Lodder: Metal evaporated tape — State of the art and prospects. J. Magn. Magn. Mat. **155**, 261–265 (1996)

1291. B.K. Middleton, J.J. Miles, S.R. Cumpson: Models of metal evaporated tape. J. Magn. Magn. Mat. **155**, 266–272 (1996)

1292. I.B. Puchalska, A. Hubert, S. Winkler, B. Mirecki: Strong stripe domains in 80Co20Ni obliquely deposited films. IEEE Trans. Magn. **24**, 1787–1789 (1988)

1293. H. Aitlamine, L. Abelmann, I.B. Puchalska: Induced anisotropies in NiCo obliquely deposited films and their effect on magnetic domains. J. Appl. Phys. **71**, 353–361 (1992)

1294. T. Kohashi, H. Matsuyama, K. Koike, T. Takayama: Observation of domains in obliquely evaporated Co-CoO films by spin-polarized scanning electron microscopy. J. Appl. Phys. **81**, 7915–7921 (1997)

1295. L. Abelmann: Oblique evaporation of Co80Ni20 films for magnetic recording. PhD Thesis, University of Twente, The Netherlands (1994)

1296. S. Porthun, L. Abelmann, C. Lodder: Magnetic force microscopy of thin film media for high density magnetic recording. J. Magn. Magn. Mat. **182**, 238–273 (1998)

1297. N. Nouchi, H. Yoshida, K. Shinohara, A. Tomago: Analysis due to vector magnetic field for recording characteristic of metal evaporated tape. IEEE Trans. Magn. **22**, 385–387 (1986)

1298. G. Krijnen, S.B. Luitjens, R.W. de Bie, J.C. Lodder: Correlation between anisotropy direction and pulse shape for metal evaporated tape. IEEE Trans. Magn. **24**, 1817–1819 (1988)

1299. S.-I. Iwasaki, K. Takemura: An analysis for the circular mode of magnetization in short wavelength recording. IEEE Trans. Magn. **11**, 1173–1175 (1975)

1300. S.-I. Iwasaki: Perpendicular magnetic recording – Evolution and future. IEEE Trans. Magn. **20**, 657–662 (1984)

1301. W. Cain, A. Payne, M. Baldwinson, R. Hempstead: Challenges in the practical implementation of perpendicular magnetic recording. IEEE Trans. Magn. **32**, 97–102 (1996)

1302. H. Schewe, D. Stephani: Thin-film inductive heads for perpendicular recording. IEEE Trans. Magn. **26**, 2966–2971 (1990)

1303. J. Šimšová, R. Gemperle, J.C. Lodder, J. Kaczér, L. Murtinová, S. Saic, I. Tomáš: Domain period determination in CoCr films. Thin Solid Films **188**, 43–56 (1990)

1304. J. Šimšová, R. Gemperle, J. Kaczér, J.C. Lodder: Stripe and bubble domains in CoCr films. IEEE Trans. Magn. **26**, 30–32 (1990)

1305. J. Šimšová, V. Kamberský, R. Gemperle, J.C. Lodder, W.J.M.A. Geerts, B. Otten, P. ten Berge: Domain structure of Co-Cr films on minor loops. J. Magn. Magn. Mat. **101**, 196–198 (1991)

1306. H. Hoffmann: Thin-film media (CoCr films with perpendicular anisotropy). IEEE Trans. Magn. **22**, 472–477 (1986)

1307. J.C. Lodder, D. Wind, G.E. v. Dorssen, T.J.A. Popma, A. Hubert: Domains and magnetic reversals in CoCr. IEEE Trans. Magn. **23**, 214–216 (1987)

1308. Y. Maeda, M. Takahashi: Compositional microstructures within Co-Cr film grains. J. Magn. Soc. Japan **13**, 673–678 (1989)

1309. Y. Maeda, M. Takahashi: Selective chemical etching of latent compositional microstructures in sputtered Co-Cr films. Jpn. J. Appl. Phys. **29**, 1705–1710 (1990)

1310. D.E. Speliotis, J.P. Judge, W. Lynch, J. Burbage, R. Keirsted: Magnetic and recording characterization of Ba-ferrite particulate rigid disk media. IEEE

Trans. Magn. **29**, 3625–3627 (1993)

1311. W. Andrä, H. Danan, R. Mattheis: Theoretical aspects of perpendicular magnetic recording media. Phys. Status Solidi A **125**, 9–55 (1991)

1312. Y. Hirayama: Development of high resolution and low noise single-layered perpendicular recording media for high density recording. IEEE Trans. Magn. **33**, 996–1001 (1997)

1313. M.H. Kryder: Magneto-optical storage materials. Ann. Rev. Mater. Sci. **23**, 411–436 (1993)

1314. M.H. Kryder: Magnetic information storage, in: *Applied Magnetism*, ed. by R. Gerber, *et al.* (Kluwer, Dordrecht, 1994) p. 39–112

1315. R. Carey, D.M. Newman, B.W.J. Thomas: Magneto-optic recording. J. Phys. D **28**, 2207–2227 (1995)

1316. M. Mansuripur: *The Physical Principles of Magneto-Optical Recording* (Cambridge University Press, Cambridge, 1995)

1317. T. Suzuki: Magneto-optic recording materials. MRS Bull. **21**.9, 42–47 (1996)

1318. D. Raasch, J. Reck, C. Mathieu, B. Hillebrands: Exchange stiffness constant and wall energy density of amorphous GdTb–FeCo films. J. Appl. Phys. **76**, 1145–1149 (1994)

1319. J.C. Suits, R.H. Geiss, C.J. Lin, D. Rugar, A.E. Bell: Observation of laser-written magnetic domains in amorphous TbFe films by Lorentz microscopy. J. Appl. Phys. **61**, 3509–3513 (1987)

1320. H.W. van Kesteren, A.J. de n Boef, W.B. Zeper, J.H.M. Spruit, B.A.J. Jacobs, P.F. Carcia: Scanning magnetic force microscopy on Co/Pt magneto-optical disks. J. Appl. Phys. **70**, 2413–2422 (1991)

1321. K. Tsutsumi, T. Fukami: Direct overwrite in magneto-optic recording. J. Magn. Magn. Mat. **118**, 231–247 (1993)

1322. H.-P.D. Shieh, M.H. Kryder: Magneto-optic recording materials with direct overwrite capability. Appl. Phys. Lett. **49**, 473–474 (1986)

1323. H.-P.D. Shieh, M.H. Kryder: Operating margins for magneto-optic recording materials with direct overwrite capability. IEEE Trans. Magn. **23**, 171–173 (1987)

1324. D. Mergel: Magnetic interface walls under applied magnetic fields. J. Appl. Phys. **70**, 6433–6435 (1991)

1325. M. Kaneko, K. Aratani, M. Ohta: Multilayered magneto-optical disk for magnetically induced superresolution. Jpn. J. Appl. Phys. **31**, 568–575 (1992)

1326. T.D. Milster, C.H. Curtis: Analysis of superresolution in magneto-optic data storage devices. Appl. Optics **31**, 6272–6279 (1992)

1327. Y. Murakami, A. Takahashi, S. Terashima: Magnetic super-resolution. IEEE Trans. Magn. **31**, 3215–3220 (1995)

1328. J. Hirokane, A. Takahashi: Magnetically induced superresolution using interferential in-plane magnetization readout layer. Jpn. J. Appl. Phys. Pt. 1 **35**, 5701–5704 (1996)

1329. K. Takahashi, K. Katayama: The influence of the rear mask on copying recorded marks for magnetically induced superresolution disks. Jpn. J. Appl. Phys. Pt. 1 **36**, 6329–6338 (1997)

1330. H. Awano, S. Ohnuki, H. Shirai, N. Ohta, A. Yamaguchi, S. Sumi, K. Torazawa: Magnetic domain expansion readout for amplification of an ultra high density magneto-optical recording signal. Appl. Phys. Lett. **69**.27, 4257–4259 (1996)

1331. X. Ying, K. Shimazaki, H. Awano, M. Yoshihiro, H. Watanabe, N. Ohta, K.V. Rao: Magnetic expansion readout of 0.2 μm packed domains on a magneto-optical disk with an in-plane magnetized readout layer. Appl. Phys. Lett. **72**, 614–616 (1998)

1332. M. Birukawa, N. Miyatake, T. Suzuki: MSR high density recording. IEEE Trans. Magn. **34**, 438–443 (1998)

1333. I. Ichimura, S. Hayashi, G.S. Kino: High-density optical recording using a solid immersion lens. Appl. Opt. **36**, 4339–4348 (1997)

薄膜器件

1334. F. Jeffers: High-density magnetic recording heads. Proc. IEEE **74**, 1540–1586 (1986)

1335. A. Chiu, I. Croll, D.E. Heim, R.E. Jones, Jr., *et al.*: Thin-film inductive heads. IBM J. Res. Dev. **40**, 283–300 (1996)

1336. F.H. Liu, M.H. Kryder: Dynamic domain instability and popcorn noise in thin film heads. J. Appl. Phys. **75**, 6391–6393 (1994)

1337. F.H. Liu, M.H. Kryder: Inductance fluctuation, domain instability and popcorn noise in thin film heads. IEEE Trans. Magn. **30**, 3885–3887 (1994)

1338. H. Muraoka, Y. Nakamura: Artificial domain control of a single-pole head and its read/write performance in perpendicular magnetic recording. J. Magn. Magn. Mat. **134**, 268–274 (1994)

1339. K.B. Klaassen, J.C.L. van Peppen: Delayed relaxation in thin-film heads. IEEE Trans. Magn. **25**, 3212–3214 (1989)

1340. P.L. Trouilloud, B.E. Argyle, B. Petek, D.A. Herman, Jr.: Domain conversion under high frequency excitation in inductive thin film heads. IEEE Trans. Magn. **25**, 3461–3463 (1989)

1341. P.V. Koeppe, M.E. Re, M.H. Kryder: Thin film head domain structures versus Permalloy composition: Strain determination and frequency response. IEEE Trans. Magn. **28**, 71–75 (1992)

1342. B.E. Argyle, B. Petek, M.E. Re, F. Suits, D.A. Herman, Jr.: Bloch line influence on wall motion response in thin film heads. J. Appl. Phys. **64**, 6595–6597 (1988)

1343. O. Shinoura, T. Koyanagi: Magnetic thin film head with controlled domain structure by electroplating technology. Electrochim. Acta **42**, 3361–3366 (1997)

1344. J.C. Slonczewski: Micromagnetics of closed-edge laminations. IEEE Trans. Magn. **26**, 1322–1327 (1990)

1345. P. Deroux-Dauphin, J.P. Lazzari: A new thin film head generation IC head. IEEE Trans. Magn. **25**, 3190–3193 (1989)

1346. J.-P. Lazzari: Planar silicon heads / conventional thin-film heads recording behavior comparisons. IEEE Trans. Magn. **32**, 80–83 (1996)

1347. W. Cain, A. Payne, G. Qiu, D. Latev, *et al.*: Achieving 1 Gbit/in^2 with inductive recording heads. IEEE Trans. Magn. **32**, 3551–3553 (1996)

1348. M.L. Mallary, S. Ramaswamy: A new thin film head which doubles the flux through the coil. IEEE Trans. Magn. **29**, 3832–3836 (1993)

1349. M.L. Mallary, L. Dipalma, K. Gyasi, A.L. Sidman, A. Wu: Advanced multi-via heads. IEEE Trans. Magn. **30**, 287–290 (1994)

1350. U. Dibbern: Magnetoresistive sensors, in: *Magnetic Sensors*, Vol. 5, ed. by R. Boll, K. Overshott (VCH, Weinheim, 1989) p. 341–380

1351. F. Rottmann, F. Dettmann: New magnetoresistive sensors: Engineering and applications. Sensors & Actuators **25**, 763–766 (1991)

1352. D.J. Mapps: Magnetoresistive sensors. Sensors & Actuators A **59**, 9–19 (1997)

1353. M.N. Baibich, J.M. Broto, A. Fert, F. Nguyen Van Dau, *et al.*: Giant magnetoresistance of (001)Fe/(001)Cr magnetic superlattices. Phys. Rev. Lett. **61**, 2472–2475 (1988)

1354. G. Binasch, P. Grünberg, F. Saurenbach, W. Zinn: Enhanced magnetoresistance in layered magnetic structures with antiferromagnetic interlayer exchange. Phys. Rev. B **39**, 4828–4830 (1989)

1355. J.K. Spong, V.S. Speriosu, R.E. Fontana, M.M. Dovek, T.L. Hylton: Giant magnetoresistive spin valve bridge sensor. IEEE Trans. Magn. **32**, 366–371 (1996)

1356. H.A.M. van den Berg, W. Clemens, G. Gieres, G. Rupp, W. Schelter, M. Vieth: GMR sensor scheme with artificial antiferromagnetic subsystem. IEEE Trans. Magn. **32**, 4624–4626 (1996)

1357. H. Yamane, J. Mita, M. Kobayashi: Sensitive giant magnetoresistive sensor using ac bias magnetic field. Jpn. J. Appl. Phys. Pt. 2 **36**, L1591–L1593 (1997)

1358. R.P. Hunt: A magnetoresistive readout transducer. IEEE Trans. Magn. **7**, 150–154 (1971)

1359. D.A. Thompson, L.T. Romankiw, A.F. Mayadas: Thin film magnetoresistors in memory, storage, and related applications. IEEE Trans. Magn. **11**, 1039–1050 (1975) D.A. Thompson: Magnetoresistive transducers in high-density magnetic recording. AIP Conf. Proc. **24**, 528–533 (1975)

1360. C.D. Mee, E.D. Daniel: Recording heads, in: *Magnetic Recording*, Vol. I, ed. by C.D. Mee, E.D. Daniel (McGraw-Hill, New York, 1987) p. 244–336

1361. F.B. Shelledy, J.L. Nix: Magnetoresistive heads for magnetic tape and disk recording. IEEE Trans. Magn. **28**, 2283–2288 (1992)

1362. R.I. Potter: Digital magnetic recording theory. IEEE Trans. Magn. **10**, 502–508 (1974)

1363. J.-G. Zhu, D.J. O'Connor: Stability of soft-adjacent-layer magnetoresistive heads with patterned exchange longitudinal bias. J. Appl. Phys. **81**, 4890–4892 (1997)

1364. J.A. Brug, T.C. Anthony, J.H. Nickel: Magnetic recording head materials. MRS Bull. **21**.9, 23–27 (1996)

1365. J.A. Brug, L. Tran, M. Bhattacharyya, J.H. Nickel, T.C. Anthony, A. Jander: Impact of new magneto-resistive materials on magnetic recording heads. J. Appl. Phys. **79**, 4491–4495 (1996)

1366. S. Demokritov: Biquadratic interlayer coupling in layered magnetic systems. J. Phys. D: Appl. Phys. **31**, 925–941 (1998)

1367. W. Folkerts, J.C.S. Kools, T.G.S.M. Rijks, R. Coehoorn, *et al.*: Application of giant magnetoresistive elements in thin film tape heads. IEEE Trans. Magn. **30**, 3813–3815 (1994)

1368. T.R. Koehler, M.L. Williams: Micromagnetic simulation of 10 GB/in^2 spin valve heads. IEEE Trans. Magn. **32**.5, 3446–3448 (1996)

1369. J. McCord, A. Hubert, J.C.S. Kools, J.J.M. Ruigrok: Domain observations on NiFeCo/Cu/NiFeCo-sandwiches for giant magnetoresistive sensors. IEEE Trans. Magn. **33**, 3984–3986 (1997)

1370. B.A. Gurney, V.S. Speriosu, D.R. Wilholt, H. Lefakis, R.E. Fontana, Jr., D.E. Heim, M. Dovek: Can spin valves be reliably deposited for magnetic recording applications? J. Appl. Phys. **81**, 3998–4003 (1997)

1371. M.S. Blois, Jr.: Preparation of thin magnetic films and their properties. J. Appl. Phys. **26**, 975–980 (1955)

1372. S. Middelhoek, P.K. George, P. Dekker: *Physics of Computer Memory Devices* (Academic Press, London, New York, 1976)

1373. K.-U. Stein: Kohärente und inkohärente Drehung bei der Impulsummagnetisierung dünner Nickeleisenschichten. Z. Angew. Phys. **20**, 36–46 (1965) *(Coherent and incoherent rotation in pulse magnetization reversal of thin nickel iron films)*

1374. T.R. Long: Electrodeposited memory elements for a nondestructive memory. J. Appl. Phys. (Suppl.) **31**, 123*S*–124*S* (1960)

1375. J.S. Mathias, G.A. Fedde: Plated-wire technology: A critical review. IEEE Trans. Magn. **5**, 728–751 (1969)

1376. S. Middelhoek, D. Wild: Review of wall creeping in thin magnetic films. IBM J. Res. Dev. **11**, 93–105 (1967)

1377. D.S. Lo, G.J. Cosimini, L.G. Zierhut, R.H. Dean, M.C. Paul: A Y-domain magnetic thin film memory element. IEEE Trans. Magn. **21**, 1776–1778 (1985)

1378. G.J. Cosimini, D.S. Lo, L.G. Zierhut, M.C. Paul, R.H. Dean, K.J. Matysik: Improved Y-domain magnetic film memory elements. IEEE Trans. Magn. **24**, 2060–2067 (1988)

1379. G.P. Cameron, W.J. Eberle: Characterization of chevron-shaped Permalloy magnetic memory elements by four magnetic imaging techniques. Scanning

13, 419–428 (1991)

1380. A.V. Pohm, C.S. Comstock: 0.75, 1.25 and 2.0 μm wide M-R transducers. J. Magn. Magn. Mat. **54**, 1667–1669 (1986)

1381. A.V. Pohm, J.M. Daughton, C.S. Comstock, H.Y. Yoo, J. Hur: Threshold properties of 1, 2 and 4 μm multilayer M-R memory cells. IEEE Trans. Magn. **23**, 2575–2577 (1987)

1382. A.V. Pohm, J.M. Daughton, K.E. Spears: A high output mode for submicron m-r memory cells. IEEE Trans. Magn. **28**, 2356–2358 (1992)

1383. J.M. Daughton: Magnetoresistive memory technology. Thin Solid Films **216**, 162–168 (1992)

1384. M. Julliere: Tunneling between ferromagnetic films. Phys. Lett. **54A**, 225–226 (1975)

1385. T. Miyazaki, N. Tezuka: Giant magnetic tunneling effect in $Fe/Al_2O_3/Fe$ junction. J. Magn. Magn. Mat. **139**, L231–L234 (1995)

1386. J.S. Moodera, L.R. Kinder, T.M. Wong, R. Meservey: Large magnetoresistance at room temperature in ferromagnetic thin film tunnel junctions. Phys. Rev. Lett. **74**, 3273–3276 (1995)

1387. D.J. Monsma, J.C. Lodder, T.J.A. Popma, B. Dieny: Perpendicular hot electron spin-valve effect in a magnetic field sensor: The spin valve transistor. Phys. Rev. Lett. **74**, 5260–5263 (1995)

1388. D.J. Monsma, R. Vlutters, T. Shimatsu, E.G. Keim, R.H. Mollema, J.C. Lodder: Development of the spin-valve transistor. IEEE Trans. Magn. **33**, 3495–3499 (1997)

1389. J.L. Brown, A.V. Pohm: 1-MB memory chip using giant magnetoresistive memory cells. IEEE Trans Comp., Pack. & Man. Techn. **17**, 373–378 (1994)

1390. D.D. Tang, P.K. Wang, V.S. Speriosu, S. Le, K.K. Kung: Spin valve RAM cell. IEEE Trans. Magn. **31**, 3206–3208 (1995)

1391. K. Nordquist, S. Pendharkar, M. Durlam, D. Resnick, *et al.*: Process development of sub-0.5 μm nonvolatile magnetoresistive random access memory arrays. J. Vac. Sci. Techn. B **15**, 2274–2278 (1997)

1392. Y. Zheng, J.-G. Zhu: Micromagnetics of spin valve memory cell. IEEE Trans. Magn. **32**, 4237–4239 (1996)

1393. J.O. Oti, S.E. Russek: Micromagnetic simulations of magnetoresistive behavior of sub-micrometer spin-valve MRAM devices. IEEE Trans. Magn. **33**, 3298–3300 (1997)

1394. W.J. Gallagher, S.S.P. Parkin, Y. Lu, X.P. Bian, *et al.*: Microstructured magnetic tunnel junctions. J. Appl. Phys. **81**, 3741–3746 (1997)

1395. J.M. Daughton: Magnetic tunneling applied to memory. J. Appl. Phys. **81**, 3758–3763 (1997)

1396. Z.G. Wang, D. Mapps, L.N. He, W. Clegg, D.T. Wilton, P. Robinson, Y. Nakamura: Feasibility of ultra-dense spin-tunneling random-access memory. IEEE Trans. Magn. **33**, 4498–4512 (1997)

磁畴传播器件

1397. H. Jouve (Ed.): *Magnetic Bubbles* (Academic Press, New York, 1986)

1398. A.H. Bobeck, H.E.D. Scovil: Magnetic bubbles. Scient. American **224**.6, 78–90 (1971)

1399. T.H. O'Dell: Magnetic-bubble domain devices. Rep. Progr. Phys. **49**, 589–620 (1986)

1400. P. Chaudhari, J.J. Cuomo, R.J. Gambino: Amorphous metallic films for bubble domain applications. IBM J. Res. Develop. **17**, 66–68 (1973)

1401. Y. Sugita: Magnetic bubble memories. Solid state file utilizing micromagnetic domains, in: *Physics and Engineering Applications of Magnetism*, Vol. 92, ed. by N. Miura, Y. Ishikawa (Springer, Berlin, Heidelberg, New York, 1991) p. 231–259

1402. R. Suzuki: Recent development in magnetic-bubble memory. Proc. IEEE **74**,

1582–1590 (1986)

1403. H. Chang (Ed.): *Magnetic Bubble Technology: Integrated Circuit Magnetics for Digital Storage and Processing* (IEEE Press, New York, 1975)

1404. R. Wolfe, J.C. North, W.A. Johnson, R.R. Spiwak, L.J. Varnerin, R.F. Fischer: Ion implanted patterns for magnetic bubble propagation. AIP Conf. Proc. **10**, 339–343 (1973)

1405. S. Orihara, T. Yanase: Field access Permalloy devices, in: *Magnetic Bubbles*, ed. by H. Jouve (Academic Press, New York, 1986) p. 137–213

1406. S.C.M. Backerra, W.H. de Roode, U. Enz: The influence of implantation-induced stress gradients in magnetic bubble layers. Philips J. Res. **36**, 112–121 (1980)

1407. Y. Hidaka, H. Matsutera: Charged wall formation mechanism in ion-implanted contiguous disk bubble devices. J. Appl. Phys. **39**, 116–118 (1981)

1408. A. Hubert: Micromagnetics of ion-implanted garnet layers. IEEE Trans. Magn. **20**, 1816–1821 (1984)

1409. T.J. Nelson, D.J. Muehlner: Circuit design and properties of patterned ion-implanted layers for field access bubble devices, in: *Magnetic Bubbles*, ed. by H. Jouve (Academic Press, New York, 1986) p. 215–290

1410. R. Suzuki: Recent development in magnetic-bubble memory. Proc. IEEE **74**, 1582–1590 (1986)

1411. Y. Sugita, R. Suzuki, T. Ikeda, T. Tacheuki, *et al.*: Ion-implanted and Permalloy hybrid magnetic bubble memory devices. IEEE Trans. Magn. **22**, 239–246 (1986)

1412. Y.S. Lin, G.S. Almasi, G.E. Keefe, E.W. Pugh: Self-aligned contiguous-disk chip using 1 μm bubbles and charged wall functions. IEEE Trans. Magn. **15**, 1642–1647 (1979)

1413. K. Matsuyama, H. Urai, K. Yoshimi: Optimum design consideration for dual conductor bubble devices. IEEE Trans. Magn. **19**, 111–119 (1983)

1414. H. Chang: *Magnetic Bubble Technology* (Marcel Dekker, New York, Basel, 1978)

1415. G.S. Almasi, G.E. Keefe, Y.S. Lin, D.A. Thompson: Magnetoresistive detector for bubble domains. J. Appl. Phys. **42**, 1268–1269 (1971)

1416. A.H. Bobeck, I. Danylchuk, F.C. Rossol, W. Strauss: Evolution of bubble circuits processed by a single mask level. IEEE Trans. Magn. **9**, 474–480 (1973)

1417. S. Konishi: A new ultra-high-density solid state memory: Bloch line memory. IEEE Trans. Magn. **19**, 1838–1840 (1983)

1418. Y. Hidaka, K. Matsuyama, S. Konishi: Experimental confirmation of fundamental functions for a novel Bloch line memory. IEEE Trans. Magn. **19**, 1841–1843 (1983)

1419. F.B. Humphrey, J.C. Wu: Vertical Bloch line memory. IEEE Trans. Magn. **5**, 1762–1766 (1985)

1420. Y. Maruyama, T. Ikeda, R. Suzuki: Primary operation of R/W gate for Bloch line memory devices. IEEE Transl. J. Magn. Japan **4**, 730–740 (1989)

1421. J.C. Wu, R.R. Katti, H.L. Stadler: Major line operation in vertical Bloch line memory. J. Appl. Phys. **69**, 5754–5756 (1991)

1422. S. Konishi, K. Matsuyama, I. Chida, S. Kubota, H. Kawahara, M. Ohbo: Bloch line memory, an approach to gigabit memory. IEEE Trans. Magn. **20**, 1129–1134 (1984)

1423. L. Zimmermann, J. Miltat, P. Pougnet: Stability of information in Bloch line memories. IEEE Trans. Magn. **27**, 5508–5510 (1991)

1424. B.S. Han, R. Dahlbeck, Y. Yuan, J. Engemann: On the mechanism of the critical temperature for the break-down of VBL chains. J. Magn. Magn. Mat. **104**, 305–306 (1992)

1425. B.S. Han: Behavior of vertical Bloch-line chains of hard domains in garnet bubble films. J. Magn. Magn. Mat. **100**, 455–468 (1991)

1426. K. Fujimoto, Y. Maruyama, R. Imura: Dependence of read/write operations on uniaxial anisotropy constant in Bloch line memories. IEEE Trans. Magn. **33**, 4469–4474 (1997)

1427. R.J. Spain: Controlled domain tip propagation. Part I. J. Appl. Phys. **37**, 2572–2583 (1966)

1428. R.J. Spain, H.I. Javits: Controlled domain tip propagation. Part II. J. Appl. Phys. **37**, 2584–2593 (1966)

1429. R. Spain, M. Marino: Magnetic film domain-wall motion devices. IEEE Trans. Magn. **6**, 451–463 (1970)

1430. C.P. Battarel, R. Morille, A. Caplain: Increasing the density of planar magnetic domain memories. IEEE Trans. Magn. **19**, 1509–1513 (1983)

1431. H. Deichelmann: Ferromagnetic domain memories, in: *Digital Memory and Storage*, ed. by W.E. Proebster (Vieweg, Braunschweig, 1978) p. 239–245

1432. R.F. Hollman, M.C. Mayberry: Switching and signal characteristics of a zigzag-shaped crosstie RAM cell. IEEE Trans. Magn. **23**, 245–249 (1987)

1433. D.E. Lacklison, G.B. Scott, A.D. Giles, J.A. Clarke, R.F. Pearson, J.L. Page: The magnetooptic bubble display. IEEE Trans. Magn. **13**, 973–981 (1977)

1434. B. Hill, K.P. Schmidt: Fast switchable magneto-optic memory-display components. Philips J. Res. **33**, 211–225 (1978)

1435. B. Hill: $x - y$ addressing methods for iron-garnet display components. IEEE Trans. Electr. Dev. **27**, 1825–1834 (1980)

1436. E.I. Nikolaev, A.I. Linnik, V.N. Sayapin: Magnetic bubble dynamics in an iron garnet film working as a spatial light modulator. Tech. Phys. **39**, 580–583 (1994) *[Zh. Tekh. Fiz. 64.6 (1994) 113–120]*

1437. J.-P. Castera: Magneto-optical devices, in: *Encyclopedia of Applied Physics*, Vol. 9, ed. by G.L. Trigg (VCH, Weinheim, New York, 1994) p. 229–244

1438. H. Hauser, F. Haberl, J. Hochreiter, M. Gaugitsch: Measurement of small distances between light spots by domain wall displacements. Appl. Phys. Lett. **64**, 2448–2450 (1994)

1439. A.F. Popkov, M. Fehndrich, M. Lohmeyer, H. Dötsch: Nonreciprocal TE-mode phase shift by domain walls in magnetooptic rib waveguides. Appl. Phys. Lett. **72**, 2508–2510 (1998)

磁畴和磁滞

1440. P. Weiss, J. de Freudenreich: Étude de l'aimantation initiale en fonction de la température. Archives des Sciences Physiques et Naturelles (Genève) **42**, 449–470 (1916) *(Study of the initial magnetization as a function of temperature)*

1441. F. Preisach: Über die magnetische Nachwirkung. Z. Phys. **94**, 277–302 (1935) *(On magnetic aftereffect)*

1442. I.D. Mayergoyz: *Mathematical Models of Hysteresis* (Springer, Berlin, Heidelberg, New York, 1991)

1443. D.C. Jiles: *Introduction to Magnetism and Magnetic Materials* (Chapman & Hall, London, 1995)

1444. M. Esguerra: Computation of minor hysteresis loops from measured major loops. J. Magn. Magn. Mat. **157**, 366–368 (1995)

1445. G. Bertotti: *Hysteresis in Magnetism* (Academic Press, New York, 1998)

教科书和综述文章

Aharoni, A.: *Introduction to the Theory of Ferromagnetism* (Clarendon Press, Oxford, 1996)

Arnoldussen, T.C. and L.L. **Nunnelley** (Ed.): *Noise in Digital Magnetic Recording* (World Scientific, Singapore, 1992)

Bate, G.: Magnetic recording materials since 1975. J. Magn. Magn. Mat. 100, 413–424 (1991)

Becker, R., W. **Döring**: *Ferromagnetismus* (Springer, Berlin, 1939) *(Ferromagnetism)*

Bertram, H.N.: *Theory of Magnetic Recording* (Cambridge University Press, Cambridge, 1994)

Bertotti, G.: *Hysteresis in Magnetism* (Academic Press, New York, 1998)

Bobeck, A.H. and H.E.D. **Scovil**: Magnetic bubbles. Scient. American 224.6, 78–90 (1971)

Bobeck, A.H. and E. **Della Torre**: *Magnetic Bubbles* (North Holland, Amsterdam, 1975)

Boll, R. and K. **Overshott** (Ed.): *Magnetic Sensors*, in: Sensors. A Comprehensive Survey, ed. by W. Göpel, *et al.*, Vol. 5 (VCH, Weinheim, 1989)

Bozorth, R.M.: *Ferromagnetism* (Van Nostrand, Princeton, 1951)

Brown, W.F., Jr.: *Magnetostatic Principles in Ferromagnetism* (North Holland, Amsterdam, 1962)

Brown, W.F., Jr.: *Micromagnetics* (Wiley, New York, 1963) *[reprinted: R.E. Krieger, Huntingdon N.Y., 1978]*

Carey, R. and E.D. **Isaac**: *Magnetic Domains and Techniques for their Observation*, (Academic Press, New York, 1966)

Castera, J.-P.: Magneto-optical devices, in: *Encyclopedia of Applied Physics*, Vol. 9, ed. by G.L. Trigg (VCH, Weinheim, New York, 1994) p. 229–244

Celotta, R.J., J. **Unguris**, M.H. **Kelley** and D.T. **Pierce**: Techniques to measure magnetic domain structures, in: *Methods in Materials Research: A Current Protocols Publication* (Wiley, New York, 1999)

Chang, H. (Ed.): *Magnetic Bubble Technology: Integrated Circuit Magnetics for Digital Storage and Processing* (IEEE Press, New York, 1975)

Chapman, J.N.: The investigation of magnetic domain structures in thin foils by electron microscopy. J. Phys. D: Appl. Phys. 17, 623–647 (1984)

Chikazumi, S.: *Physics of Ferromagnetism* (Clarendon Press, Oxford, 1997)

Craik, D.J. and R.S. **Tebble**: *Ferromagnetism and Ferromagnetic Domains* (North Holland, Amsterdam, 1965)

Craik, D.J.: *Structure and Properties of Magnetic Materials* (Pion, London, 1971)

Craik, D.J.: The observation of magnetic domains, in: *Methods of Experimental Physics*, Vol. 11, ed. by R.V. Coleman (Academic Press, New York, 1974) p. 675–743

Cullity, B.D.: *Introduction to Magnetic Materials* (Addison-Wesley, Reading MA, 1972)

Döring, W.: Mikromagnetismus, in: *Handbuch der Physik*, Vol. 18/2, ed. by S. Flügge (Springer, Berlin, Heidelberg, New York, 1966) p. 341–437 *(Micromagnetics)*

Dunlop, D.J. and Ö. **Özdemir**: *Rock Magnetism. Fundamentals and Frontiers*, (Cambridge University Press, Cambridge, 1997)

Evetts, J. (Ed.): *Concise Encyclopedia of Magnetic & Superconducting Materials*, in: Advances in Materials Science and Engineering (Pergamon, Oxford, New York, 1992)

Gerber, R., C.D. **Wright** and G. **Asti** (Ed.): *Applied Magnetism* (Kluwer, Dordrecht, 1994)

Grütter, P., H.J. **Mamin** and D. **Rugar**: Magnetic force microscopy (MFM), in: *Scanning Tunneling Microscopy*, Vol. II, ed. by H.-J. Güntherodt and R. Wiesendanger (Springer, Berlin, Heidelberg, New York, 1992) p. 151–207

Hubert, A.: *Theorie der Domänenwände in Geordneten Medien* (Springer, Berlin, Heidelberg, New York,1974) *(Theory of Domain Walls in Ordered Media)*

Jakubovics, J.P.: *Magnetism and Magnetic Materials* (The Intitute of Materials, London, 1994)

Jiles, D.C.: *Introduction to Magnetism and Magnetic Materials* (Chapman & Hall, London, 1995)

Jouve, H. (Ed.): *Magnetic Bubbles* (Academic Press, New York, 1986)

Kalvius, M. and R.S. **Tebble** (Ed.): *Experimental Magnetism*, Vol. I (Wiley, Chichester New York, 1979)

Kittel, C.: Physical theory of ferromagnetic domains. Rev. Mod. Phys. 21, 541–583 (1949)

Kittel, C. and J.K. **Galt**: Ferromagnetic domain theory. Solid State Phys. 3, 437–565 (1956)

Kronmüller, H. and H. **Träuble**: Magnetisierungskurve der Ferromagnetika, in: *Moderne Probleme der Metallphysik*, Vol. 2, ed. by A. Seeger (Springer, Berlin, Heidelberg, New York, 1966) p. 24–475 *(The magnetization curve of ferromagnets)*

Kryder, M.H.: Magneto-optical storage materials. Ann. Rev. Mater. Sci. 23, 411–436 (1993)

Landau, L.D. and E.M. **Lifshitz**: *Course of Theoretical Physics*, Vol. IX.2: Theory of the Condensed State (Pergamon, Oxford, 1980)

Lichte, H.: Electron holography methods, in: *Handbook of Microscopy*, Vol. 1, ed.

by S. Amelinckx, *et al.* (VCH, Weinheim, New York, 1997) p. 515–536

Malozemoff, A.P. and J.C. **Slonczewski**: *Magnetic Domain Walls in Bubble Materials*, (Academic Press, New York, 1979)

Mansuripur, M.: *The Physical Principles of Magneto-Optical Recording* (Cambridge University Press, Cambridge, 1995)

Mayergoyz, I.D.: *Mathematical Models of Hysteresis* (Springer, Berlin, Heidelberg, New York, 1991)

Mee, C.D. and E.D. **Daniel** (Ed.): *Magnetic Recording*, Vol. I (McGraw-Hill, New York, 1987)

Middelhoek, S., P.K. **George** and P. **Dekker**: *Physics of Computer Memory Devices* (Academic Press, London, New York, 1976)

Newbury, D.E., D.C. **Joy**, P. **Echlin**, C.E. **Fiori** and J.I. **Goldstein**: Magnetic contrast in the SEM, in: *Advanced Scanning Electron Microscopy and X-Ray Microanalysis* (Plenum, New York, London, 1986) p. 147–179

O'Dell, T.H.: *Ferromagnetodynamics. The Dynamics of Magnetic Bubbles, Domains and Domain Walls* (Wiley, New York, 1981)

O'Dell, T.H.: Magnetic-bubble domain devices. Rep. Progr. Phys. 49, 589–620 (1986)

Privorotskii, I.A.: *Thermodynamic Theory of Domain Structures* (Wiley, New York, 1976)

Rado, G.T. and H. **Suhl** (Ed.): *Magnetism* (Academic Press, New York, 1963)

Reimer, L.: *Transmission Electron Microscopy. Physics of Image Formation and Microanalysis*, in: Springer Series in Optical Sciences, Vol. 36 (Springer, Berlin, Heidelberg, New York, 1993)

Rosenberg, M. and C. **Tānāsoiu**: Magnetic Domains, in: *Magnetic Oxides*, Vol. 2, ed. by D.J. Craik (Wiley, London, 1972) p. 483–573

Smit, J. and H.P.L. **Wijn**: *Ferrites* (N.V. Philips, Eindhoven, 1959)

Soohoo, R.F.: *Microwave Magnetics* (Harper & Row, New York, 1985)

Stacey, F.D. and S.K. **Banerjee**: *The Physical Principles of Rock Magnetism* (Elsevier, Amsterdam, 1974)

Tebble, R.S. and D.J. **Craik**: *Magnetic Materials* (Wiley, London, 1969)

Tonomura, A.: *Electron Holography*, in: Springer Series in Optical Sciences, Vol. 70 (Springer, Berlin, Heidelberg, New York, 1993)

Tsuno, K.: Magnetic domain observation by means of Lorentz electron microscopy with scanning technique. Rev. Solid State Science 2, 623–656 (1988)

Weiss, P. and G. **Foex**: *Le Magnétisme* (Armand Colin, Paris, 1926) *(Magnetism)*

Wohlfarth, E.P. and K.H.J. **Buschow** (Ed.): *(Handbook of) Ferromagnetic Materials*, Vol. 1–11 (North Holland/Elsevier, Amsterdam, 1980–1998f)

Zijlstra, H.: Measurement of magnetic quantities, in: *Experimental Methods in Magnetism*, Vol. 2 (North Holland, Amsterdam, 1967)